中国工程院战略咨询项目
《科研试验结果可靠性评价的发展战略研究》成果
国家科技基础条件平台建设项目
《全国分析检测人员能力培训与考核体系》成果

CSTM/NTC专业试验与通用基础技术能力系列培训教材

ATC 010
气相色谱分析技术

中关村材料试验技术联盟合格评定试验人员能力专业委员会
全国分析检测人员能力培训委员会　组编

刘虎威　主编

化学工业出版社
·北京·

内容简介

本书系中关村材料试验技术联盟（CSTM）合格评定试验人员能力专业委员会与全国分析检测人员能力培训委员会（NTC）联合组编的《CSTM/NTC 专业试验与通用基础技术能力系列培训教材》之一。

本书依据 CSTM 合格评定试验人员能力专业委员会与 NTC 的《ATC 010 气相色谱分析技术考核与培训大纲》编写，包括气相色谱基础、气相色谱仪器与操作、顶空气相色谱和裂解气相色谱、气相色谱新技术及其应用、气相色谱分析方法开发与验证、气相色谱的应用等内容。

本书涵盖了从事气相色谱分析工作的检测人员需要掌握的理论、仪器和应用的通用基础与专业试验知识，并附有思考题，可作为培训气相色谱技术分析检测人员的教材，也可作为高校和科研院所的相关科研、教学人员及分析检测机构技术人员的参考用书。

图书在版编目（CIP）数据

ATC 010 气相色谱分析技术 / 中关村材料试验技术联盟合格评定试验人员能力专业委员会，全国分析检测人员能力培训委员会组编；刘虎威主编. —北京：化学工业出版社，2024.4

CSTM/NTC专业试验与通用基础技术能力系列培训教材

ISBN 978-7-122-45187-3

Ⅰ.①A… Ⅱ.①中…②全…③刘… Ⅲ.①气相色谱-技术培训-教材 Ⅳ.①O657.7

中国国家版本馆 CIP 数据核字（2024）第 051694 号

责任编辑：傅聪智　　　　　　　　　　装帧设计：刘丽华
责任校对：李雨晴

出版发行：化学工业出版社
　　　　　（北京市东城区青年湖南街 13 号　邮政编码 100011）
印　　刷：北京云浩印刷有限责任公司
装　　订：三河市振勇印装有限公司
787mm×1092mm　1/16　印张 26　字数 604 千字
2024 年 7 月北京第 1 版第 1 次印刷

购书咨询：010-64518888　　　　　　　售后服务：010-64518899
网　　址：http://www.cip.com.cn
凡购买本书，如有缺损质量问题，本社销售中心负责调换。

定　　价：128.00 元　　　　　　　　　　版权所有　违者必究

CSTM/NTC 专业试验与通用基础技术能力系列培训教材

编审委员会

CSTM/NTC 专业试验与通用基础技术能力系列培训教材

序

　　科技基础条件平台在科技进步和经济发展中发挥着举足轻重的作用，而分析测试体系对于科技基础条件平台具有重要的支撑作用。分析测试技术作为科技创新的技术基础、国民经济发展和国际贸易的技术支撑、环境保护和人类健康的技术保障正受到越来越多的关注。

　　从1999年以来科技部先后组织建设并形成了分析测试方法体系、全国检测资源共享平台，大型仪器共享平台，标准物质体系以及应急分析测试体系等分析测试相关的基础条件平台。2005年在科技基础条件平台建设中，又启动了《机制与人才队伍建设——全国分析测试人员分析测试技术能力考核确认与培训系统的建立与实施》项目，从而形成了由"人员、方法、仪器、标准物质、资源"组成的完整系统的分析测试平台体系。为加强分析检测人员的队伍建设，确保分析检测人员技术能力的培训与考核工作的科学性、规范性、系统性和持续性，完成国家科技基础条件平台建设的相关任务，中华人民共和国科学技术部、国家认证认可监督管理委员会等部门共同推动成立了"全国分析检测人员能力培训委员会"（简称"NTC"），负责对分析检测人员通用技术能力的培训与考核工作。

　　从2013年起，中国工程院组织了一系列关于标准化与评价的战略咨询研究，并于2017年指导成立了面向全国的中关村材料试验技术联盟（简称"CSTM"），组建了CSTM标准化委员会以及CSTM合格评定委员会，推进中国的材料与试验标准体系与评价体系的建设。依托中国工程院《科研试验结果可靠性评价的发展战略研究报告》的成果，催生、组建了CSTM/FC98科学试验标准化领域委员会及CSTM合格评定试验人员能力专业委员会，以标准化和专业试验技术能力评价保障科学试验结果和数据的有效性，并开展专业试验技术能力的培训和考核工作，以期提高分析检测与试验表征人员的专业技术能力，支撑科学研究和产业的高质量发展。

　　自2020年开始，CSTM合格评定试验人员能力专业委员会与全国分析检测人员能力培训委员会（NTC）联合组编"CSTM/NTC专业试验与通用基础技术能力系列培训教材"，将NTC通用理化性能分析检测技术与CSTM专业试验表征技术有机地结合起来进行培训和考核，以期提高我国分析检测与试验表征人员的整体能力和水平，促进分析检测与试验表征结果的准确性和可靠性，为国家科技进步、公共安全、经济社会又好又快发展提供服务。

CSTM/NTC依据国家相关法律法规，按照分析检测与试验表征技术及相关标准、规范等开展培训工作，遵循客观公正、科学规范的工作原则开展考核工作。

CSTM/NTC分析检测与试验表征技术的分类系以通用分析检测技术为基点，兼顾专业试验表征技术，根据相关分析检测与试验表征技术设备原理进行划分，经委员会广泛征询意见，初步形成了包括化学分析、物理性能、机械及力学性能、质量控制四大类66项CSTM/NTC分析检测与试验表征技术，并将随着科学试验技术的发展适时调整。

每项技术由四个部分组成，即分析检测与试验表征技术基础、仪器与操作技术、标准方法与应用、数据处理。

通过相关技术四个部分考核的技术人员将由CSTM合格评定试验人员能力专业委员会与全国分析检测人员能力培训委员会（NTC）联合颁发技术能力证书。该证书是对分析检测与试验表征人员具备相关分析检测与试验表征技术能力的承认，取得证书的技术人员可以胜任相关技术岗位的分析检测与试验表征工作；可作为实验室资质认定、实验室认可、相关认证认可以及大型仪器共用共享时技术能力的证明。

为规范各项技术考核基本要求，CSTM/NTC正式发布了各项技术的考核培训大纲。为便于培训教师、分析检测与试验表征人员进一步理解大纲的要求，在CSTM/NTC统一领导下，由CSTM合格评定试验人员能力专业委员会与全国分析检测人员能力培训委员会（NTC）联合组织成立了CSTM/NTC教材编审委员会，系统规划教材的设置方案，设计了教材的总体架构，与考核相结合规定了每项技术各部分内容的设置，并分别组织了各技术分册的编委会，具体负责各项技术培训教材的编写，由CSTM/NTC编审委员会负责编审。CSTM/NTC共同拥有"CSTM/NTC专业试验与通用基础技术能力系列培训教材"的著作权，并指定该套教材为由 CSTM/NTC 组织的分析检测与试验表征人员技术能力培训的唯一教材，以服务于全国分析检测与试验表征人员的技术培训与考核工作。

CSTM 合格评定试验人员能力专业委员会

全国分析检测人员能力培训委员会

CSTM/NTC 通用基础技术能力分类

1 ATC——化学分析类技术

ATC 001 电感耦合等离子体原子发射光谱分析技术

ATC 002 火花源/电弧原子发射光谱分析技术

ATC 003 X 射线荧光光谱分析技术

ATC 004 辉光放电发射光谱分析技术

ATC 005 原子荧光光谱分析技术

ATC 006 原子吸收光谱分析技术

ATC 007 紫外-可见吸收光谱分析技术

ATC 008 分子荧光光谱分析技术

ATC 009 红外光谱分析技术

ATC 010 气相色谱分析技术

ATC 011 液相色谱分析技术

ATC 012 毛细管电泳分析技术

ATC 013 固体无机材料中碳硫分析技术

ATC 014 固体无机材料中气体成分（O、N、H）分析技术

ATC 015 核磁共振分析技术

ATC 016 质谱分析技术

ATC 017 电感耦合等离子体质谱分析技术

ATC 018 电化学分析技术

ATC 019 物相分离分析技术

ATC 020 重量分析法

ATC 021 滴定分析法

ATC 022 有机物中元素（C、S、O、N、H）分析技术

ATC 023 酶标分析技术

2 ATP——物理性能类技术

ATP 001 金相低倍检验技术

ATP 002 金相高倍检验技术

ATP 003 扫描电镜和电子探针分析技术

ATP 004 透射电镜分析技术

ATP 005 多晶 X 射线衍射分析技术

ATP 006 俄歇电子能谱分析技术

ATP 007 X 射线光电子能谱分析技术

ATP 008 扫描探针显微分析技术

ATP 009 密度测量技术

ATP 010 热分析技术

ATP 011 导热系数测量技术

ATP 012 热辐射特性参数测量技术

ATP 013 热膨胀系数测量技术

ATP 014 热电效应特征参数测量技术

ATP 015 电阻性能参数测量技术

ATP 016 磁性参数测量技术

ATP 017 弹性系数测量技术

ATP 018 声学性能特征参数测量技术

ATP 019 内耗阻尼性能参数测量技术

ATP 020 粒度分析技术

ATP 021 比表面分析技术

ATP 022 热模拟试验技术

3　ATM——机械及力学性能类技术

ATM 001 拉伸试验技术

ATM 002 弯曲试验技术

ATM 003 扭转试验技术

ATM 004 延性试验技术

ATM 005 硬度试验技术

ATM 006 断裂韧度试验技术

ATM 007 冲击试验技术

ATM 008 疲劳试验技术

ATM 009 磨损试验技术

ATM 010 剪切试验技术

ATM 011 压缩试验技术

ATM 012 撕裂试验技术

4　ATQ——质量控制类试验表征技术

ATQ 001 煤焦试验技术

ATQ 002 失效分析技术

ATQ 003 几何量测量技术

ATQ 004 腐蚀试验技术

ATQ 005 残余应力检测技术

ATQ 006 材料服役条件下性能测试技术

ATQ 007 无损检测技术

ATQ 008 微生物检测技术

ATQ 009 产品特性综合试验方法

前　言

气相色谱是 20 世纪 50 年代初出现的，而其理论研究可追溯到 20 世纪 40 年代初英国物理化学家 Martin 和 Synge 的工作。他们因对分配色谱理论的贡献获得了 1952 年的诺贝尔化学奖，巧合的是同一年他们发表了第一篇关于气相色谱的论文。经过 80 多年的发展，气相色谱已经成为一种非常成熟且应用广泛的仪器分析技术。在现代科学的发展过程中，色谱在有机化学、石油化工、日用化工、环境科学、药物研发、食品安全、地球化学、生命科学、材料合成、法庭科学等领域都起了极为重要的作用。正如 Pimentel 教授在其名著《化学中的机会》中所写："可以说，没有任何一种单一的分离技术能像色谱这样分离性能非常接近的化合物，如异构体"。当然，色谱包括气相色谱、液相色谱、超临界流体色谱、场流分级和毛细管电泳等，其中气相色谱以分离分析挥发性物质为特点，是色谱家族中最重要的成员之一。在我国公开的各类标准中，涉及气相色谱的标准方法就有 1400 多项。

为使分析测试领域的从业者，特别是分析检测人员尽快掌握气相色谱技术的原理和方法，我们编写了这本培训教材。本书依据 CSTM 合格评定试验人员能力专业委员会和全国分析检测人员能力培训委员会（NTC）的《ATC 010 气相色谱分析技术考核与培训大纲》编写。第 1 章是气相色谱基础，包括概述和气相色谱基本理论；第 2 章是气相色谱仪器与操作，包括进样技术、柱技术和检测技术，鉴于气相色谱-质谱联用已经成为常规分析技术，我们专门用一节简单介绍了气相色谱-质谱联用技术的仪器和操作；第 3 章介绍裂解气相谱与顶空气相色谱；第 4 章讨论了几种色谱新技术；第 5 章是方法开发与验证；第 6 章从石油化工与能源分析、农药残留分析、环境分析、药物分析、食品分析、法庭分析、保健品分析、兴奋剂检测、生命科学分析、化工与材料分析等 10 个方面介绍了气相色谱的应用。本书重点讲述气相色谱的分析方法、常用技术和应用，以期给有关分析检测人员提供一本实用教材。第 6 章又提供了很多联用分析方法的实例，培训时可以根据需要适当选择这些内容，同时读者也可以自学。需要说明一点，考虑到试验条件的准确性，书中有些引自文献的应用保留了原来的计量单位，如 ppm（10^{-6}）、psi（磅/平方英寸）等，同时注明了与国际标准单位之间的换算关系。

本书可以作为有关部门培训分析检测人员的教材，也可作为高校和科研院所的研究生以及分析检测机构技术人员的参考书。

本书由刘虎威教授执笔编写，编委会成员傅若农教授、汪正范研究员、佟艳春高级工程师、唐凌天正高级工程师、齐美玲教授和NTC秘书处共同完成。在写作过程中，参考和引用了很多文献资料，在此向文献作者表示诚挚的谢意。王海舟院士对书稿提出许多宝贵意见，并给予很多指导；书稿审阅人和出版社责任编辑投入了大量的心血。在此一并表示感谢！

希望同仁、专家和各位读者朋友能及时指出书中可能存在的不妥之处。

《ATC 010 气相色谱分析技术》编委会

2024 年 1 月

目　录

1

气相色谱基础

1.1 概述

1.1.1 气相色谱发展简史

气相色谱（GC）技术是 1952 年出现的，现已发展成一种相当成熟且应用极为广泛的复杂混合物的分离分析方法。

追溯色谱的起源，它是俄国植物学家茨维特（M. S. Tswett）在 1901 年研究植物色素时观察到的现象。1903 年 3 月，茨维特在华沙国际学术会议上用俄文发表了分离叶绿素的研究结果。1906 年茨维特在德文学术刊物上发表两篇有关色谱的论文，正式提出德文"Chromatographie"（英译名为 Chromatography），即"色谱法"的概念（中文也曾译作"层析法"或"色层法"）。这个词是由希腊语中"颜色（chroma）"和"书写（graphein）"两个词根组成的。他因此被提名为 1918 年诺贝尔化学奖的候选人。

茨维特当时用的是液相色谱（LC）分离技术，即以碳酸钙为固定相，石油醚为流动相，分离了植物色素。20 世纪 40 年代，英国人马丁（A. J. P. Martin）和辛格（R. L. M. Synge）在研究分配色谱理论的过程中，提出了气体作为色谱流动相的可行性，并预言了气相色谱（GC）的诞生。1952 年他们便发表了第一篇 GC 论文。与此巧合的是，这两位科学家获得了当年的诺贝尔化学奖。尽管诺贝尔奖委员会公布的获奖理由是他们对分配色谱理论的贡献，但也有后人误认为他们是因 GC 而获奖的。

尽管 GC 的出现较 LC 晚了约 50 年，但其在此后 20 多年的发展却是 LC 所望尘莫及的。从 1955 年第一台商品 GC 仪器的推出，到 1958 年毛细管 GC 柱的问世；从毛细管 GC 理论的研究，到各种检测技术的应用，GC 很快从实验室的研究技术变成了常规分析手段，几乎形成了色谱领域 GC 独领风骚的局面。直到 20 世纪 60 年代末高效液相色谱（HPLC）的普遍应用才改变了这一格局。究其原因，一是当时社会经济的发展以石油化工为标志，而石油化工分析采用 GC 就可以解决大部分问题；二是经典 LC 的填料粒度大，分离效率不高，分析时间长。直到 20 世纪 60 年代末，生命科学和制药工业的发展越来越多地依赖 LC，而小颗粒填料和耐高压色谱仪器的发展也取得了突破，HPLC 便蓬勃发展起来，应用范围自然超过了 GC。

20 世纪 70 年代以来，计算机技术的发展使得 GC、HPLC 等分支的色谱技术如虎添

1

翼，1979 年弹性石英毛细管柱的出现使 GC 的分离效率大为提高。这些既是高科技发展的结果，又是现代工农业生产的要求所使然。反过来，色谱技术又大大促进了现代社会经济的发展。可以这么说，在现代社会的方方面面，色谱技术均发挥着重要的作用。从日常生活中的食品和化妆品分析，到各种化工生产的工艺控制和产品质量检验，从司法检验中的物证鉴定，到地质勘探中的油气田寻找，从疾病诊断、医药分析，到考古发掘、环境保护，GC 技术的应用极为广泛。因此，不仅从事各种质量检验、环境监测、医药研发的技术人员应当学习掌握色谱技术，而且行政和生产部门的管理人员和决策人员也应对色谱技术有所了解。为此，本书将系统介绍 GC 技术，为不同领域的读者提供一本通俗易懂的参考书。

1.1.2 气相色谱的特点

当今分析化学可分为化学分析和仪器分析两大分支，而从整个分析化学的发展趋势看，仪器分析由于其效率高、可获信息量大、自动化程度高而变得越来越受重视。当然，在某些领域，经典的容量分析方法仍然有其独到的地方，在可以预见的将来还不可能被仪器分析所完全取代。然而，不可否认的是，仪器分析方法正在逐步地取代化学分析方法。比如用傅里叶变换红外光谱（FTIR）、质谱（MS）和核磁共振谱（NMR）鉴定有机化合物的结构就在很大程度上替代了传统的官能团鉴别方法。在仪器分析方法中，色谱又以其能同时进行分离和分析的特点而区别于其他方法。特别是对复杂样品、多组分混合物的分析，色谱的优势是明显的。当然，我们同时要认识到，对很多实际问题的解决，不能仅靠一种仪器方法，而是需要多种方法相互配合，相互印证。GC 适合于分析挥发性有机化合物，对于难挥发物质的分析则需要 LC。此外，多种在线联用技术，如 GC-MS、GC-FTIR、LC-MS、LC-NMR 等都是强有力的分析方法，GC-MS 和 LC-MS 已经成为实验室的常规分析手段。总之，色谱是一种极为重要的仪器分析方法，而 GC 又是色谱中最重要的分支之一。

1.1.3 气相色谱的分类

GC 主要有三种分类方法，一是依照分离原理分为吸附 GC 和分配 GC，二是根据固定相的形态分为气固色谱和气液色谱。一般气固色谱就是吸附 GC，气液色谱是分配 GC。三是根据所用色谱柱的填充情况分为填充柱 GC 和开管柱 GC，填充柱一般粗而短，固定相为固体颗粒或涂覆有固定液的颗粒，开管柱则是细而长的空心柱，其固定相涂覆在内表面上，可以是固体颗粒（气固色谱），也可以是固定液（气液色谱）。需要指出，开管柱（open tubular column）常被称为毛细管柱（capillary column），但严谨的科学术语是开管柱，因为毛细管柱可以是填充柱，也可以是空心柱（见 2.4 部分的详细讨论）。只是因为约定俗成，色谱界一般说毛细管柱就是指开管柱，除非专门说明是毛细管填充柱。本书也采取这一叫法。

1.1.4 气相色谱与液相色谱的比较

GC 与 LC 的共同特点是能够对复杂样品同时进行分离和分析。那么，GC 和 LC 相比又有什么特点呢？

1.1.4.1 流动相

GC 用气体作流动相（又称载气）。常用的载气有氦气、氮气和氢气。与 LC 相比，GC 流动相的种类少，可选择范围小，载气的主要作用是将样品带入 GC 系统进行分离，其本身对分离结果的影响很有限。而在 LC 中，流动相种类多，且对分离结果的贡献很大。因此，GC 的操作参数优化相对 LC 要简单一些。此外，GC 载气的成本要低于 LC 流动相的成本。

1.1.4.2 固定相

GC 的分离选择性主要通过不同的固定相来改变，尤其在填充柱 GC 中，固定相常由载体和涂覆在其表面的固定液组成，这对分离有决定性的影响，所以，GC 有种类繁多的固定相，迄今有数百种 GC 固定相可供选择。而 LC 在很大程度上要靠选用不同的流动相来改变分离选择性。当然，毛细管 GC 常用的固定相也不过十几种。在实际分析中，GC 一般是选定一种载气，通过改变色谱柱（即固定相）以及操作参数（柱温和载气流速等）来优化分离，而 LC 则往往是选定色谱柱后，通过改变流动相的种类和组成以及操作参数（柱温和流动相流速等）来优化分离。

1.1.4.3 分析对象

GC 可直接分离的样品是可挥发且热稳定的，沸点一般不超过 500℃。据有关统计，在目前已知的化合物中，有 20% 左右可用 GC 直接分析，其余原则上均可用 LC 分析。需要指出，有些虽然不能用 GC 直接分析的样品，通过特殊的进样技术，如顶空进样和裂解进样，也可用 GC 间接分析。比如高分子材料的裂解气相色谱（Py-GC）就是如此。这在一定程度上扩展了 GC 的应用范围。此外，与 LC 相比，GC 更适合分离永久气体。

1.1.4.4 检测技术

GC 常用的检测技术有多种，比如热导检测器（TCD）、火焰离子化检测器（FID）、电子捕获检测器（ECD）、氮磷检测器 [NPD，又称热离子检测器（TID）] 等，其中 FID 对大部分有机化合物均有响应，且灵敏度相当高，检测限可达纳克（ng）级。而在 LC 中尚无通用性这么好的高灵敏度检测器。商品 LC 仪器常配的是紫外-可见光吸收检测器（UV-Vis）和示差折光检测器（RI）。前者的通用性远不及 GC 中的 FID，后者的灵敏度又较低，且不适于梯度洗脱。当然，不论 GC 还是 LC，都有一些高灵敏度的选择性检测器，GC 有 ECD 和 NPD 等，LC 则有荧光和电化学检测器。较为通用的检测器应该首推 MS，在这一点上，GC 目前要优于 LC。因为 GC 流动相的特点，它与 MS 的在线联用已不存在任何问题，特别是毛细管 GC 与 MS 的联用（GC-MS）已成为常规分析方法。而 LC 与 MS 的联用就对流动相有一些限制，尽可能不用不挥发性盐。

1.1.4.5 制备分离

在新产品研究开发过程中，或在未知物的定性鉴定工作中，常需要收集色谱分离后的组分作进一步的分析，而某些高纯度的生化试剂和药品则是直接用色谱分离来制备的。就这一点而言，GC 在原理上应该是有优势的，因为收集流分后载气很容易除去。然而，由于 GC 的柱容量远不及 LC，用 GC 作制备相当费时。因此，制备 GC 的实用价值很有限。

制备 LC 则有很广泛的应用。如果必须用 GC 实现制备分离，可以用尺寸较大的填充柱来进行。

此外，色谱，包括毛细管电泳技术，都有一个共同的优点和一个共同的缺点。优点是分离和定量能力强，弱点是定性鉴定能力弱。比如二甲苯异构体的分析，用 GC 可将三个异构体完全分离并准确定量。但要对这三个化合物的色谱峰定性，还需要标准样品对照。否则，即使用 GC-MS 也很难准确鉴定三个异构体，因为三者的 MS 图谱极为相似。这也说明，任何一种技术都不是万能的。色谱工作者既要充分发挥自己技术的长处，又要借鉴联用别的技术，取人之长，补己之短，这样方可把分析工作做得更好。

1.1.5　气相色谱文献

1.1.5.1　参考书目

［1］卢佩章，戴朝政. 色谱基础理论［M］. 北京：科学出版社，1989.

［2］周申范，宋敬埔，王乃岩. 色谱理论与应用［M］. 北京：北京理工大学出版社，1994.

［3］耿信笃. 现代分离科学理论引论［M］. 西安：西北大学出版社，1990.

［4］傅若农，顾峻岭. 近代色谱分析［M］. 北京：国防工业出版社，1998.

［5］Poole C F，Poole S K. Chromatography Today［M］. New York：Elsevier，1991.

［6］Poole C F，Schuette S A. Contemporary Practice of Chromatography［M］. New York：Elsevier，1984.

［7］Heftmann E. Chromatography［M］. 6th Ed. New York：Elsevier，1996.

［8］李浩春，卢佩章. 气相色谱法［M］. 北京：科学出版社，1991.

［9］周良模. 气相色谱新技术［M］. 北京：科学出版社，1994.

［10］孙传经. 气相色谱分析原理与技术［M］.2 版. 北京：化学工业出版社，1993.

［11］王永华. 气相色谱分析［M］. 北京：海洋出版社，1990.

［12］詹益兴. 实用气相色谱［M］. 长沙：湖南科技出版社，1983.

［13］吴采樱. 现代毛细管柱气相色谱法［M］. 武汉：武汉大学出版社，1991.

［14］孙传经. 毛细管色谱法［M］. 北京：化学工业出版社，1991.

［15］傅若农，刘虎威. 高分辨气相色谱及高分辨裂解气相色谱［M］. 北京：北京理工大学出版社，1992.

［16］傅若农. 色谱分析概论［M］.2 版. 北京：化学工业出版社，2011.

［17］刘虎威. 气相色谱方法及应用［M］.3 版. 北京：化学工业出版社，2023.

［18］朱世永，等. 衍生物气相色谱法［M］. 北京：化学工业出版社，1993.

［19］松隈昭. 气相色谱实践［M］. 韩焕珍，译. 南京：江苏科技出版社，1983.

［20］Ettre L S. 气相色谱基本关系式［M］. 云希勤，寇登民，译. 北京：石油工业出版社，1984.

［21］David D J. 气相色谱检测器［M］. 陈骅，译. 北京：化学工业出版社，1979.

［22］Jinings W G，Rapp A. 气相色谱分析样品制备［M］. 任玉珩，译. 北京：中国石化出版社，1991.

［23］Grob R L. Modern Practice of Gas Chromatography［M］.2nd ed. New York：John Wiley & Son，1985.

［24］Lee M L，Yang F J，Bartle K D. Open Tubular Column Gas Chromatography［M］. New York：John Wiley & Son，1984.

［25］Willet J E. Gas Chromatography［M］. New York：John Wiley & Son，1987.

［26］许国旺. 分析化学手册5：气相色谱分析［M］.3 版. 北京：化学工业出版社，2016.

［27］齐美玲. 气相色谱分析及应用［M］.2 版. 北京：科学出版社，2018.

1.1.5.2　发表 GC 文献的主要期刊

［1］Journal of Chromatography A（https://www. sciencedirect. com/journal/journal-of-chromatography-a）

［2］Journal of Chromatography B（https://www. sciencedirect. com/journal/journal-of-chromatography-b）

［3］Journal of Separation Science（https://analyticalsciencejournals. onlinelibrary. wiley. com/journal/16159314）

［4］Chromatographia（https://www. springer. com/journal/10337/）

［5］Journal of Chromatography Science（https://academic. oup. com/chromsci? login＝false）

［6］LC·GC（https://www. chromatographyonline. com/）

［7］Analyst（https://pubs. rsc. org/en/journals/journalissues/an♯！ recentarticles）

［8］Trend in Analytical Chemistry（https://www. sciencedirect. com/journal/trac-trends-in-analytical-chemistry/）

［9］Analytical Chemistry（https://pubs. acs. org/journal/ancham）

［10］Analytical Chemistry Acta（https://www. sciencedirect. com/journal/analytica-chimica-acta/）

［11］Analytical and Bioanalytical Chemistry（https://www. springer. com/journal/216）

［12］Journal of Analytical and Applied Pyrolysis（https://www. sciencedirect. com/journal/journal-of-analytical-and-applied-pyrolysis）

［13］分析化学（http://www. analchem. cn/）

［14］色谱（www. chrom-China. com）

［15］分析测试学报（http://www. fxcsxb. com）

［16］分析科学学报（http://www. fxkxxb. whu. edu. cn/）

［17］分析仪器（http://www. fxyqzz. com/）

［18］分析试验室（http://www. analab. cn/WKD3/WebPublication/index. aspx?mid＝fxsy）

［19］食品安全质量检测学报（http://chinafoodj. ijournals. cn/ch/index. aspx）

［20］中国测试（http://www. chinamtt. cn/Periodical/list. aspx?cla＝36）

［21］实验与分析（https://lab. jgvogel. cn/）

［22］药物分析杂志（http://ywfxzz. yywkt. com/）

1.2 气相色谱基本概念

1.2.1 气相色谱分离过程

GC 首先是一种分离技术。一般待测样品往往是复杂基体中的多组分混合物，必须将其分离，然后对分离的组分进行定性定量分析。混合物中各组分的色谱性质在一定的分离条件下是不变的。因此，一旦确定了分离条件，就可用通过标准品的对照和校准来对样品组分进行定性和定量。这就是色谱的分析过程。

混合物的分离是基于组分的物理化学性质的差异。比如过滤时液体通过滤纸，而未溶解的固体物质则留在滤纸上，这就是利用二者物理状态不同而分离的。当然，滤液中可能会有部分已溶解的固体物质，而滤纸上的固体也会带一些液体，分离效率达不到 100%。同样，我们常用萃取来分离溶解性不同的物质，用离心来分离密度不同的物质。分离技术可利用的物理化学性质还有沸点、分子尺寸、极性、带电状态和化学反应性能等。实际上，分离技术的发展过程就是不断发现并利用物质间物化性质差异的过程。

GC 主要是利用物质的沸点、极性及吸附性质的差异来实现混合物的分离，其过程如图 1-1 所示。待分析样品在汽化室汽化后被惰性气体（即载气，也称流动相）带入色谱柱，柱内含有液体或固体固定相。由于样品中各组分的沸点、极性或吸附性能不同，每种组分都倾向于在流动相和固定相之间形成分配或吸附平衡。但由于载气是流动的，这种平衡实际上很难建立起来。也正是由于载气的流动，使样品组分在运动中进行反复多次的分配或吸附/解吸，结果在载气中分配浓度大的组分先流出色谱柱，而在固定相中分配浓度大的组分后流出。当组分流出色谱柱后，立即进入检测器。检测器能够将样品组分的存在与否转变为电信号，而组分对应的电信号就是色谱峰，它的高低或面积大小与组分的量或浓度成正比。当将这些信号放大并记录下来时，就得到如图 1-2 所示的色谱图（假设样品分离出三个组分），它包含了色谱的全部原始信息。在无样品组分流出时，只有载气通过检测器，色谱图记录的是检测器的本底信号，即色谱图的基线。

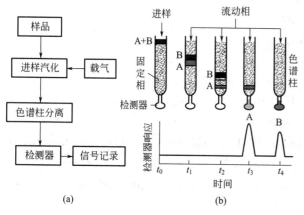

图 1-1　GC 分析流程（a）和色谱柱分离过程示意图（b）

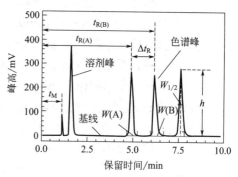

图 1-2　气相色谱图示意

1.2.2　气相色谱基本术语

1.2.2.1　有关色谱图的概念

图 1-2 是色谱图示意图，有关术语列于表 1-1。

表 1-1　有关色谱图的概念

序号	术语	符号	定义
1	色谱图		色谱分析中检测器响应信号随时间的变化曲线
2	色谱峰		物质从色谱柱流出后，通过检测器时所产生的信号变化曲线
3	基线		在正常操作条件下仅有载气通过检测器时所产生的信号曲线
4	峰底		连接峰起点与终点之间的直线
5	峰高	h	从峰最大值到峰底的距离
6	峰(底)宽	W	在峰两侧拐点处所作切线与峰底相交两点间的距离
7	半峰宽	$W_{1/2}$	在峰高的中点作平行于峰底的直线，此直线与峰两侧相交两点之间的距离
8	峰面积	A	峰的轮廓线与峰底之间的面积
9	基线漂移		基线随时间的缓慢变化
10	基线噪声		由于各种因素引起的基线波动
11	拖尾峰		后沿较前沿平缓的不对称峰
12	前伸峰		前沿较后沿平缓的不对称峰
13	假峰(鬼峰)		并非由样品本身产生的色谱峰

注：1. 峰面积和峰高一般与组分的量成正比，故是定量分析的依据。

2. 半峰宽是比峰宽更为常用的参数，大多数积分仪给出的所谓峰宽（Peak Width）实际上就是近似半峰宽，且以时间为单位。

3. 峰面积和峰高过去常用手工测量，费时又误差大。现在多采用电子积分仪或计算机软件处理数据，使峰面积和峰高的测量精度大为提高。需要指出的是，积分仪和计算机给出的峰面积和峰高单位不是采用常规的面积和长度单位，而是用信号强度和时间单位来表示。比如，峰高常用 mV 或 μA，而面积则用 μV·s 或 nA·s 表示。

1.2.2.2　有关保留值的术语

色谱最常用的保留值是保留时间。在填充柱 GC 中，特别是测定物化参数时，常用保留体积的概念。表 1-2 列出了各种保留值的定义（参见图 1-2）。

表 1-2 涉及一个压力校正因子 j。因为色谱柱中各处的压力不同，故载气体积流量也不同，j 就是用来校正色谱柱中压力梯度的，其定义为：

$$j = \frac{3}{2} \frac{(p_\mathrm{i}/p_\mathrm{o})^2 - 1}{(p_\mathrm{i}/p_\mathrm{o})^3 - 1} \tag{1-1}$$

式中，p_i 为柱入口处压力，即柱前压；p_o 为柱出口压力，一般情况下（除使用 MS 外）为大气压力。

表 1-2　有关保留值的术语

序号	术语	符号	定义及说明
1	保留时间	t_R	样品组分从进样到出现峰最大值所需的时间，即组分被保留在色谱系统的时间，当系统死体积可以忽略时，就是保留在色谱柱中的时间

序号	术语	符号	定义及说明
2	死时间	t_M	不被固定相保留的组分的保留时间。实际应用中,常用空气(热导检测器)或甲烷(火焰离子化检测器)的保留时间作为死时间
3	调整保留时间	t'_R	$t'_R=t_R-t_M$,即扣除了死时间的保留时间,是定性常用的保留值
4	校正保留时间	t°_R	$t^\circ_R=jt_R$,j 为压力校正因子
5	净保留时间	t_N	$t_N=jt'_R$,即经压力校正的调整保留时间
6	死体积	V_M	$V_M=t_M F_c$,即在死时间内通过色谱柱的载气体积,F_c 为色谱柱中载气的平均流速(见下文)
7	保留体积	V_R	$V_R=t_R F_c$,即对应于保留时间的载气体积
8	调整保留体积	V'_R	$V'_R=t'_R F_c=V_R-V_M$,即对应于调整保留时间的载气体积
9	校正保留体积	V°_R	$V^\circ_R=jV_R$,即经压力校正的保留体积
10	净保留体积	V_N	$V_N=jV'_R$,即经压力校正的调整保留体积
11	比保留体积	V_g	$V_g=(273/T_c)(V_N/M_L)$,即单位质量固定液校正到 273K 时的净保留体积,T_c 为色谱柱温度,M_L 为色谱柱中固定液的质量

还有一个载气流速的问题。通常用皂膜流量计测得的是检测器或柱出口处的温度和压力条件下的载气体积流量 F_o,扣除水的蒸气压,并经温度校正后,就得到柱出口处的实际载气流量 F_{co}:

$$F_{co}=F_o W_f T_f=F_o(p^\circ-p^w)T_c/(p^\circ T_r) \tag{1-2}$$

式中,$W_f=(p^\circ-p^w)/p^\circ$,为水蒸气压力校正因子,其中 p° 和 p^w 分别为测定场所的大气压和测定温度下水的饱和蒸气压。$T_f=T_c/T_r$,为温度校正因子,其中 T_c 和 T_r 分别为色谱柱温度和测定时的室温(以热力学温度 K 为单位)。

气体是可压缩的,虽然单位时间通过色谱柱中任一横截面的载气质量是不变的,但由于柱中各处载气压力不同,密度不同,故体积流速也不同。为求得色谱柱中载气的平均流速 (F_c),还需对 F_{co} 进行压力校正:

$$F_c=F_{co}j \tag{1-3}$$

毛细管 GC 中更多采用的是载气平均线性流速 u。当 F_c 不变时,载气通过色谱柱的线速度随柱内径不同而不同。为此采用载气线性流速(简称线流速)u 来描述载气在色谱柱中的前进速度。

$$u=L/t_M \tag{1-4}$$

式中,L 为柱长,cm;t_M 为死时间,s。使用热导检测器(TCD)时,空气峰的保留时间常作为 t_M;使用氢火焰离子化检测器(FID)时,甲烷的保留时间常作为 t_M。

1.2.2.3 有关分离的参数

① 选择性因子 α。又称选择性。即在一定的分离条件下,保留时间大的组分 B 与保留时间小的组分 A 的调整保留值之比:

$$\alpha=t'_{R(B)}/t'_{R(A)}=V'_{R(B)}/V'_{R(A)}=k_B/k_A \tag{1-5}$$

式中,k_B 和 k_A 分别为组分 B 和组分 A 的容量因子。

这是一个很常用的色谱参数。当固定相和流动相一定时,一对物质的 α 可以认为只是温度的函数,故 α 常用于色谱峰的定性。在动力学理论中,α 用来描述一对物质的分离程度优劣。在优化一个混合物的分离时，常用难分离物质对的 α 作为指标，以表征分离程度。

② 分配系数 K。其定义为在平衡状态时，某一组分在固定相与流动相中的浓度之比：

$$K = c_s/c_m \qquad (1\text{-}6)$$

式中，c_s 为固定相中的组分浓度；c_m 为流动相中的组分浓度。

③ 容量因子 k。也称分配比或分配容量。其定义为平衡状态时，组分在固定相与流动相中的质量之比：

$$k = c_s V_s/c_m V_m = K V_s/V_m = (t_R - t_M)/t_M = t_R'/t_M \qquad (1\text{-}7)$$

式中，V_s 为固定相的体积，V_m 为流动相的体积。

④ 分离度 R。用于衡量相邻两个色谱峰的分离程度，其定义为（参见图 1-2）：

$$R = 2\Delta t_R/(W_A + W_B) = 2[t_{R(B)} - t_{R(A)}]/(W_A + W_B) \qquad (1\text{-}8)$$

式中，Δt_R 为相邻两峰的保留时间之差，W_A 和 W_B 分别为两峰的峰底宽。

当两峰的峰高相差不大且峰形接近时，可认为 $W_A = W_B$，这时 $R = \Delta t_R/W$。对于高斯峰（正态分布峰）来说，$R = 1.5$ 时，两峰的重叠部分为 0.3%，被认为是达到了基线分离。这可以说是方法开发中一个金标准，即相邻色谱峰的 R 要等于或大于 1.5。

有时两峰远未分离，无法测定峰底宽，就可采用峰高分离度 R_h 来描述其分离情况（见图 1-3）：

$$R_h = (h_1 - h_w)/h_1 \qquad (1\text{-}9)$$

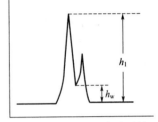

图 1-3 峰高分离度的计算

可见，R_h 等于 1 时，相邻两峰就达到了基线分离。

⑤ 分离数 TZ 或 SN。它是指某一同系物相邻两峰间可容纳的峰数。其定义为：

$$TZ = \frac{t_{R(n+1)} - t_{R(n)}}{W_{(n+1)} + W_{(n)}} - 1 \qquad (1\text{-}10)$$

1.2.2.4 有关色谱柱性能的参数

色谱柱的基本参数有柱长（L）、柱内径（r）、柱材料、固定相等，此外还有几个描述柱性能的参数。

① 相比 β。色谱柱中气相与液相体积之比：

$$\beta = V_G/V_L \qquad (1\text{-}11)$$

② 柱效。也称柱效能。是指色谱柱在分离过程中主要由动力学因素（操作参数）所决定的分离效能，通常用理论塔板数 n 或理论塔板高度 H 来表示：

$$n = 5.54\left(\frac{t_R}{W_{1/2}}\right)^2 = 16\left(\frac{t_R}{W}\right)^2 \qquad (1\text{-}12)$$

$$H = L/n \qquad (1\text{-}13)$$

这是色谱塔板理论导出的公式，用以衡量色谱柱的柱效。在相同的操作条件下，用同一样品测定色谱柱的 n 或 H 值，n 值越大（H 越小），柱效越高。注意，计算 n 和 H 时，t_R 和 $W_{1/2}$ 或 W 的单位要一致。有关色谱理论的介绍见下一节。

实际工作中常用单位柱长的理论塔板数 n' 来比较柱性能，即 $n' = n/L$。有时还用有效板数（n_{eff}）来表示柱效，其定义为用调整保留时间计算的柱效：

$$n_{eff} = 5.54 \left(\frac{t'_R}{W_{1/2}} \right)^2 = 16 \left(\frac{t'_R}{W} \right)^2 \tag{1-14}$$

与此对应,还有有效板高 H_{eff} 的概念:

$$H_{eff} = L / n_{eff} \tag{1-15}$$

③ 拖尾因子 γ (见图 1-4)

$$\gamma = b / a$$

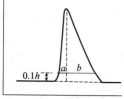

图 1-4 拖尾因子示意图

理想的色谱峰应为正态分布的高斯峰,即流出曲线呈高斯分布。然而,实际上色谱过程很复杂,色谱峰形取决于多种因素。如色谱柱对某些组分的吸附性太强,或者进样量太大造成柱超载,均会导致色谱峰的不对称。即使色谱柱的 n 很高,也可能出现某些组分的拖尾峰或前伸峰。γ 即是峰对称性的描述,其定义为峰高 10% 处的峰宽被峰高线分为两部分,γ 等于后一部分与前一部分的比值。当 $\gamma > 1$ 时为拖尾峰,$\gamma < 1$ 时为前伸峰。γ 越接近于 1,说明色谱柱的性能越好。

1.2.2.5 保留指数 I

保留指数 I 是 GC 定性分析的重要参数,最早由 Kovats 提出,故又称 Kovats 保留指数。其定义为:

$$I_x = 100 \left[z + n \left(\frac{\lg t'_{R(x)} - \lg t'_{R(z)}}{\lg t'_{R(z+n)} - \lg t'_{R(z)}} \right) \right] \tag{1-16}$$

式中,$t'_{R(x)}$、$t'_{R(z)}$ 和 $t'_{R(z+n)}$ 分别为待测物 x 以及在其前后两侧出峰的正构烷烃(其碳原子数分别为 z 和 $z+n$)的调整保留时间。n 通常为 1,也可以是 2 或 3,但不超过 5。可见 I 是用正构烷烃作为参照物(正构烷烃的 I 值是其碳原子数的 100 倍,如正庚烷的 I 为 700,正辛烷为 800),将待测物的调整保留值与正构烷烃的调整保留值相比,折合成相应碳原子数的"正构烷烃"。这样,在色谱柱操作参数确定之后,特定物质的 I 值应为一常数。所以,用 I 来对色谱峰定性就比单纯用 t'_R 可靠得多。

计算保留指数时,也可用 V_R、V_g、V_N 或 t_N 取代 t'_R。

在毛细管 GC 中,常用程序升温保留指数 I_T 来定性:

$$I_T = 100 \left[z + n \left(\frac{\lg T_{r(x)} - \lg T_{r(z)}}{\lg T_{r(z+n)} - \lg T_{r(z)}} \right) \right] \tag{1-17}$$

式中,T_r 为保留温度,即该化合物出峰时的色谱柱温度。

一般来讲,GC 中对未知峰的定性仅用保留值(包括保留指数)是不够的,因为不同的化合物在相同的色谱条件下可能有相同的保留指数,故还需有其他辅助定性方法,如 GC-MS。只有当保留值和 GC-MS 的定性结果相吻合时,未知物的定性才被认为是可靠的。另外,用不同固定相上的保留指数对未知物定性(即所谓多柱定性)也是 GC 常用的定性方法。

有关手册中收集了一些化合物的保留指数,可供查阅。但在利用文献 I 值对未知化合物定性时,必须保证在所用的色谱条件下(尽可能与文献的条件相同)能重现文献的保留指数,这往往需要用几个标准化合物来验证。否则,结果的可靠性是要打折扣的。

1.3 气相色谱基本理论

色谱理论包括热力学理论、动力学理论和分离优化理论。热力学理论是研究色谱分离原理的理论，比如平衡热力学和非平衡热力学理论。本书所涉及的范围是分析型气相色谱，而且着重于应用，因此我们不讨论热力学理论，只就动力学理论（包括塔板理论和速率理论）和分离优化理论做简要介绍。

1.3.1 色谱的塔板理论

在色谱分离过程中，不同溶质在色谱柱内不同位置的浓度是不断变化的。被分离组分在柱内的浓度分布形状被称为谱带。英国人马丁和辛格在 1941 年提出的塔板理论就是用来描述谱带运动过程的。后来有一些人对此理论进行了补充和完善，使之为色谱界所广泛接受。尽管理论还存在一些不足，但它的一些概念和结论对色谱实践仍有指导意义。

1.3.1.1 塔板理论基本方程

塔板理论借助了化工原理上的塔板概念，来描述溶质在色谱柱中的浓度变化。首先将色谱柱看成是由许多单级蒸馏的小塔板组成的精馏柱，并假设每一块塔板的高度足够小，以致在此塔板上溶质在流动相和固定相之间的分配能在瞬间达到平衡。对于一定长度的色谱柱来说，这种假设塔板的高度越小，塔板数就越多，意味着溶质在色谱柱上反复进行的分配平衡次数越多，分离效率就越高。

假定某一溶质在每片塔板上均存在两相间的分配平衡，则依据式(1-6)：

$$c_s = K c_m$$

其微分形式为

$$dc_s = K dc_m \tag{1-18}$$

假设从一根均匀的色谱柱中截取三个前后相接的塔板，如图 1-5 所示。每个塔板上流动相的体积 V_m 均相等，固定相的体积 V_s 也相等。则各塔板上某一溶质在流动相和固定相中的浓度分别为：

塔板（$p-1$）：$c_{m(p-1)}$，$c_{s(p-1)}$

塔板（p）：$c_{m(p)}$，$c_{s(p)}$

塔板（$p+1$）：$c_{m(p+1)}$，$c_{s(p+1)}$

当一微小体积的流动相 dV 从塔板（$p-1$）进入塔板（p）时，必然有相同体积的流动相被从（p）塔板上置换出来进入塔板（$p+1$）。那么，塔板（p）上溶质的质量变化可以表示为：

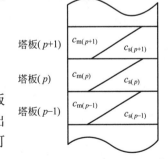

图 1-5 塔板上溶质的平衡浓度

$$dm = [c_{m(p-1)} - c_{m(p)}]dV \tag{1-19}$$

dm 将进一步分配在塔板（p）上的流动相和固定相之间，从而引起两相中溶质浓度改变 $dc_{m(p)}$ 和 $dc_{s(p)}$，即：

$$dm = V_m dc_{m(p)} + V_s dc_{s(p)} \tag{1-20}$$

由式(1-18)得 $dc_{s(p)} = K dc_{m(p)}$，代入式(1-20)得：

$$dm = V_s K dc_{m(p)} + V_m dc_{m(p)}$$
$$= (KV_s + V_m) dc_{m(p)} \tag{1-21}$$

合并式（1-19）和式（1-21），则

$$(KV_s + V_m) dc_{m(p)} = \left[c_{m(p-1)} - c_{m(p)} \right] dV$$

即

$$\frac{dc_{m(p)}}{dV} = \frac{c_{m(p-1)} - c_{m(p)}}{KV_s + V_m} \tag{1-22}$$

式中，$(KV_s + V_m)$ 反映了一片塔板上流动相和固定相的体积之和，其中包含了该塔板上所有的溶质。我们再定义一个新的变量 ν：

$$\nu = \frac{V}{KV_s + V_m} \tag{1-23}$$

将式（1-23）微分，得：

$$dV = (KV_s + V_m) d\nu \tag{1-24}$$

代入式（1-22），并整理，则：

$$\frac{dc_{m(p)}}{d\nu} = c_{m(p-1)} - c_{m(p)} \tag{1-25}$$

该式是描述流动相通过塔板（p）时溶质浓度变化的基本微分方程，将其积分就可得到色谱柱某一塔板上溶质流出曲线的函数式。对于塔板（p），一个简单的代数解为：

$$c_{m(p)} = \frac{c_0 e^{-\nu} \nu^p}{p!} \tag{1-26}$$

式中，$c_{m(p)}$ 是离开塔板（p）时流动相中溶质的浓度；c_0 是色谱柱第一片塔板上的溶质初始浓度。若色谱柱有 n 块塔板（称为理论塔板数），则色谱柱出口处流动相中的溶质浓度为：

$$c_{m(n)} = \frac{c_0 e^{-\nu} \nu^n}{n!} \tag{1-27}$$

这就是塔板理论的基本方程。它是一个泊松函数，但当 n 值足够大时，它非常接近于高斯函数。所以，色谱柱越长，n 越大，峰形越接近高斯分布。式（1-27）的另一种表达形式是：

$$c_m = \left(\frac{n}{2\pi} \right)^{\frac{1}{2}} e^{-\frac{n}{2} \left(1 - \frac{V}{V_R} \right)^2} \frac{w}{V_R}$$
$$= \left(\frac{n}{2\pi} \right)^{\frac{1}{2}} e^{-\frac{n}{2} \left(\frac{V_R - V}{V_R} \right)^2} \frac{w}{V_R} \tag{1-28}$$

式中，w 为进样量，V_R 为保留体积。该式反映当通过色谱柱的流动相体积为 V 时，色谱柱出口流动相中溶质的浓度。当 $V = V_R$ 时，式（1-28）有最大值：

$$c_{max} = \left(\frac{n}{2\pi} \right)^{\frac{1}{2}} \frac{w}{V_R} \tag{1-29}$$

代入式（1-28），得

$$c_m = c_{max} e^{-\frac{n}{2} \left(\frac{V_R - V}{V_R} \right)^2} \tag{1-30}$$

假定流动相的流速恒定，则可用保留时间替代保留体积：

$$c_{\mathrm{m}}=c_{\max}\mathrm{e}^{-\frac{n}{2}\left(\frac{t_{\mathrm{R}}-t}{t_{\mathrm{R}}}\right)^2} \tag{1-31}$$

1.3.1.2 塔板理论讨论

从式(1-28)到式(1-31)可以看出：

① $c_{\max}$ 与进样量 w 成正比，w 越大，色谱峰越高；

② $c_{\max}$ 与色谱柱的理论塔板数 n 的平方根成正比，保留时间一定时，n 越大，峰越高；

③ $c_{\max}$ 与溶质保留体积 V_{R} 成反比，当 n 和 w 一定时，V_{R} 越大，即保留时间越长，色谱峰越低，反之，保留时间越短，色谱峰越高。

塔板理论的这些结论基本反映了色谱分离过程的实际情况。同时，塔板理论还导出了几个重要的参数，如容量因子 k［式(1-7)］、分离度 R［式(1-8)］、柱效 n［式(1-12)］。

色谱塔板理论可以简单地解释色谱分离过程，它所建立的一些参数和概念已得到广泛应用。然而，塔板理论的局限性也是很明显的。首先，假设每块塔板上溶质在两相间的分配瞬间达到平衡是不符合实际的，这仅仅是一种理想状态；事实上，只有在色谱峰的最大值处，两相间的分配才接近于平衡。其次，塔板理论可以计算理论塔板数，却不能解释为什么同一溶质在不同流动相流速下会有不同的 n 值。亦即，塔板理论只考虑静态的分配过程，而没有研究动力学因素。还有，塔板理论未能将色谱柱参数和操作参数与 n 关联起来。速率理论就是为了解决这些问题而提出的。

1.3.2 色谱速率理论

荷兰人 Van Deemter（范第姆特）深入研究了影响谱带展宽的因素，在 1956 年提出了著名的色谱速率理论。其后又有不少人对此理论进行了补充和修正，使之成为被普遍接受的色谱学理论。由于篇幅所限，下面讨论将不涉及详细的数学处理和推导。

1.3.2.1 影响谱带展宽的因素

样品刚进入色谱柱时，起初是一段"塞子"状的谱带。但随着色谱过程的进行，由于扩散作用和其他因素的影响，谱带会不断展宽，因此当谱带离开色谱柱进入检测器时，记录下来的就不是矩形的色谱峰或棒图，而是高斯峰、拖尾峰或前伸峰。导致谱带展宽的因素主要有两部分，即柱外因素和柱内因素。若用方差来表示，就是 σ_{e}^2 和 σ_{c}^2。根据统计理论，有限个独立变量和的方差等于这些变量方差之和，故总方差 σ^2 为：

$$\sigma^2=\sigma_{\mathrm{e}}^2+\sigma_{\mathrm{c}}^2 \tag{1-32}$$

影响谱带展宽的柱外因素一般有样品本身引起的方差 σ_{s}^2、进样器引起的方差 σ_{i}^2、进样器到检测器各部件之间的连接管线和接头引起的方差 σ_{t}^2、检测器引起的方差 σ_{d}^2 和电子线路引起的方差 σ_{r}^2 等，即：

$$\sigma_{\mathrm{e}}^2=\sigma_{\mathrm{s}}^2+\sigma_{\mathrm{i}}^2+\sigma_{\mathrm{t}}^2+\sigma_{\mathrm{d}}^2+\sigma_{\mathrm{r}}^2 \tag{1-33}$$

上述五种柱外因素对谱带展宽的贡献大小不同，在不同的色谱系统中也是不同的。实践证明，连接管线和接头的影响是最主要的柱外因素。柱内因素远比柱外因素复杂，实际上也是速率理论要描述的。下面我们就详细讨论影响谱带展宽的各项柱内因素。

1. 3. 2. 2 速率理论基本方程

在塔板理论中，采用理论塔板数 n 和理论塔板高度 H 来表征色谱柱的分离效能。为了消除柱长的影响，在理论处理时一般都采用 H 来表征柱效。根据式（1-12）和式（1-13），以及 $W=4\sigma$，可以得到：

$$H=\frac{\sigma^2 L}{t_R^2} \tag{1-34}$$

可见理论塔板高度 H 与柱长 L 和方差的平方成正比，而与保留时间的平方成反比。速率理论认为，引起样品谱带在色谱填充柱内展宽的因素有多路径效应、纵向扩散效应、流动相传质阻力和固定相传质阻力。用方差来表示就是：

$$\sigma_c^2=\sigma_m^2+\sigma_l^2+\sigma_{rm}^2+\sigma_{rs}^2 \tag{1-35}$$

式中，σ_m^2 是多路径效应引起的方差，σ_l^2 是纵向扩散效应引起的方差，σ_{rm}^2 是流动相的传质阻力引起的方差，σ_{rs}^2 是固定相的传质阻力引起的方差。

相应地，H 也可表示为：

$$H=H_m+H_l+H_{rm}+H_{rs} \tag{1-36}$$

这就是速率理论的基本方程。下面我们逐一分析这些因素。

1. 3. 2. 3 影响谱带展宽的柱内因素

（1）多路径效应

在速率理论中，多路径效应对理论塔板高度的贡献表示为：

$$H_m=2\lambda d_p \tag{1-37}$$

式中，d_p 为填料粒径；λ 为一个与柱内填料粒度均一性和填充状态有关的常数。因为填料粒度的不均一性和填充状态的差异，色谱柱内填料颗粒之间的空隙也是不均一的，

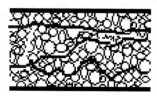

图 1-6　多路径效应示意图

这就造成了流动相的不同分子在柱内迁移路径的不同，因而分布在流动相中的溶质分子就可能经历不同的路径，如图 1-6 所示。样品进入色谱柱的瞬间，所有溶质分子可以看成是处于柱轴向上相同位置，但因为多路径效应，当一种溶质流出色谱柱时，不同的分子就会处于不同的轴向位置上，因而造成了的谱带展宽。另一方面，流动相携带着溶质流经色谱柱时，会与填料颗粒发生碰撞，从而在某些空隙中形成涡流，导致谱带的扩散。故有人称 H_m 为涡流扩散项。

从式（1-37）可知，d_p 和 λ 越小，H_m 就越小，柱效就越高。然而，填料粒径越小，要维持一定流动相流速所需的压力就越大，对仪器的耐压要求就越高。GC 填充柱常用的填料粒径一般为 80～120 目，液相色谱一般为 $3\sim5\mu m$。提高颗粒的均一性是改善柱性能的另一个主要方法，填料粒径分布越窄，λ 越小。故采用粒径单分散的填料可有效降低多路径效应。

（2）纵向扩散效应

色谱柱中的溶质谱带前后存在浓度梯度，故无论是在流动相中还是固定相中，溶质分子必然会从高浓度区向低浓度区扩散。溶质随流动相在色谱柱中迁移的过程中，谱带就会展宽，这就是纵向扩散效应。速率理论中表示为：

$$H_1 = \frac{2\gamma_1 D_m}{u} + \frac{2\gamma_2 k D_s}{u} = \frac{2\gamma_1 D_m}{u}\left(1 + \frac{\gamma_2 D_s}{\gamma_1 D_m}k\right) \tag{1-38}$$

式中，系数 γ_1 和 γ_2 分别反映填料不均一性对溶质在流动相和固定相中扩散的影响，又称为阻滞因子和弯曲因子。色谱柱填充越均匀，阻滞因子越小；D_m 和 D_s 分别为溶质在流动相和固定相中的分子扩散系数；u 为流动相流速，k 为容量因子。显然，分子扩散系数越大，纵向扩散效应就越大；扩散系数受温度的影响很大，故高温时纵向扩散效应更严重。流动相流速越大，溶质在色谱柱中的滞留时间越短，纵向扩散效应就越小。因为一般物质在气相中的 D_m 要比其在液相中的 D_s 大 $4\sim5$ 个数量级，故在 GC 中，溶质在流动相中的扩散更为重要，而在固定相中的纵向扩散效应则可以忽略，则：

$$H_1 = \frac{2\gamma_1 D_m}{u} \tag{1-39}$$

（3）流动相传质阻力

在色谱分离过程中，溶质要在流动相和固定相之间进行反复多次的分配，就必须首先从流动相扩散到流动相与固定相的界面，然后进入固定相。而后还要反方向扩散。在此过程中，由于溶质在流动相中的分子扩散系数以及柱内流动相的流型流速有差异，故造成了传质的有限性。当流动相流速不是很低时，这种传质阻力就会导致谱带的展宽。速率理论认为：

$$H_{rm} = \frac{f_1(k)d_p^2}{D_m}u \tag{1-40}$$

式中，$f_1(k)$ 是容量因子 k 的函数；d_p 为填料粒径；D_m 是溶质在流动相中的分子扩散系数；u 为流动相流速。

显然，分子扩散系数越大，越有利于传质，从而有利于溶质在两相间建立分配平衡，分离效率就高；流动相流速越快、填料粒度越大，传质有限性对理论塔板高度的贡献越大。另外，压力驱动的流动相在色谱柱中心的流速要比靠近柱壁处的流速大，原因是柱壁与流动相之间的摩擦力大。加之在填料孔中存在相对静止的流动相。这样，传质有限性就造成了类似多路径效应的谱带展宽。因此，采用较低的流动相流速和较小的填料粒度，可以减小传质阻力对理论塔板高度的贡献。此外，色谱柱温度较高时扩散系数增大，也有利于克服传质有限性。

研究结果表明，在 GC 中，流动相的传质阻力项为：

$$H_{rm} = \frac{0.01kd_p^2}{(1+k)^2 D_m}u \tag{1-41}$$

（4）固定相传质阻力

溶质从流动相进入固定相后，还必须离开固定相返回流动相，才能实现色谱分离。因此，与流动相的传质阻力类似，固定相的传质有限性也对谱带展宽有重要影响。特别是流动相流速 u 较大、固定相膜厚度 d_f 较大时，影响更为严重。溶质在固定相中的分子扩散系数 D_s 较大时有利于传质。速率理论认为：

$$H_{rs} = \frac{f_2(k)d_f^2}{D_s}u \tag{1-42}$$

当固定相为液相时，更确切地表示为：

$$H_{rs} = \frac{8}{\pi^2} \times \frac{k d_f^2}{(1+k)^2 D_s} u \tag{1-43}$$

这说明，采用较薄的固定相膜和较低的流动相流速，可获得更好的色谱分离结果。当固定相为固体吸附剂（在气固色谱中）时：

$$H_{rs} = \frac{2 t_d k u}{(1+k)^2} \tag{1-44}$$

式中，t_d 为溶质在固定相表面的平均吸附时间，$t_d = 1/k_d$，k_d 是溶质解吸附的一级速率常数。

1.3.2.4 速率理论的 Van Deemter 方程

Van Deemter 总结了上述各种影响峰展宽的因素，提出了填充柱 GC 的速率理论方程：

$$H = 2\lambda d_p + \frac{2\gamma_1 D_m}{u} + \frac{8}{\pi^2} \times \frac{k d_f^2}{(1+k)^2 D_s} u \tag{1-45}$$

此方程中 Van Deemter 认为，在 GC 中流动相的传质阻力是可以忽略的。然而，在 LC 中，流动相中的分子扩散系数比 GC 中小 4~5 个数量级，故其传质阻力是必须考虑的。基于此，后来有人推导出了流动相传质阻力表达式，得到了适合于 GC 的更完整的 Van Deemter 方程。

$$H = 2\lambda d_p + \frac{2\gamma_1 D_m}{u} + \frac{0.01 k^2 d_p^2}{(1+k)^2 D_m} u + \frac{8 k d_f^2}{\pi^2 (1+k)^2 D_s} u \tag{1-46}$$

该方程的简单表达式为：

$$H = A + \frac{B}{u} + Cu \tag{1-47}$$

$$A = 2\lambda d_p \tag{1-48}$$

$$B = 2\gamma_1 D_m \tag{1-49}$$

$$C = C_m + C_s \tag{1-50}$$

以上式中，A 为涡流扩散系数；B 为纵向扩散系数；C 为传质阻力系数；C_m 为流动相传质阻力系数；C_s 为固定相传质阻力系数。

对于气体流动相（GC）：
$$C_m = \frac{0.01 k^2 d_p^2}{(1+k)^2 D_m} \tag{1-51}$$

对于液体固定相：
$$C_s = \frac{8 k d_f^2}{\pi^2 (1+k)^2 D_s} \tag{1-52}$$

对于固体固定相：
$$C_s = \frac{2 t_d k}{(1+k)^2} \tag{1-53}$$

由于 Van Deemter 方程将色谱柱有关参数（如 d_p 和 d_f）、溶质有关特性（如 D_m、D_s 和 k）和色谱操作参数（u）关联了起来，较好地描述了影响谱带展宽的因素，故对色谱实践有很好的指导意义。方程中各项对流动相流速 u 作图，可以得到如图 1-7 所示的 van Deemter 曲线。由此我们可以求得理论塔板高度最小或柱效最高时的 u 值，即最佳流速 u_{opt}：

令
$$\frac{dH}{du} = -\frac{B}{u^2} + C_m + C_s = 0$$

则
$$u_{opt} = \sqrt{\frac{B}{C_m + C_s}} \qquad (1-54)$$

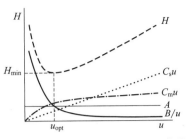

图 1-7 van Deemter 方程的 H-u 曲线

与最佳流速相对应，有最小理论塔板高度 H_{min}：

$$H_{min} = A + 2\sqrt{\frac{B}{C_m + C_s}} \qquad (1-55)$$

由方程（1-47）和图 1-7，我们可以观察到：

a）A 只与色谱柱填充状态有关，而与流动相流速无关。

b）当 $u < u_{opt}$ 时，纵向扩散效应对 H 的贡献最大，传质阻力可以忽略，故式（1-47）可以简化为：

$$H = A + \frac{B}{u} \qquad (1-56)$$

据此式作 H-$1/u$ 曲线，可由直线斜率求得 B，截距为 A。

c）当 $u > u_{opt}$ 时，传质阻力是引起谱带展宽的主要因素，随着 u 的升高，H 增加，但变化缓慢。u 很高时，纵向扩散效应可以忽略，故式（1-47）可以简化为：

$$H = A + (C_m + C_s)u \qquad (1-57)$$

据此式作 H-u 曲线，其斜率为 $(C_m + C_s)$，截距为 A。

d）当 $u = u_{opt}$ 时，H 最小，柱效最高。一般色谱分离所用流速均高于 u_{opt}，这是因为较高流速可以在牺牲一定柱效的条件下提高分析速度。只要分离度能满足要求，分析速度当然是越快越好。

e）色谱柱填料粒径对 H 有很大影响。填充柱的固定相粒径越小，柱效越高。当然，粒径越小，柱压降越大，对仪器的要求越高。在毛细管柱 GC 中，就没有填料粒径的问题了，见下文有关 Golay 方程的讨论。

1.3.2.5 速率理论方程的修正

虽然 van Deemter 方程能够较好地解释色谱过程中的谱带展宽现象，但实验结果与理论计算有所不符。因此，许多色谱学者又进行了深入研究，对 van Deemter 方程进行了修正，从而使理论更符合实际。下面介绍几个修正的速率理论方程。

（1）Giddings 方程

Giddings 的研究表明，多路径效应与流动相流速有关，且流速的变化对多路径效应和流动相传质阻力的影响也不是相互独立的。流动相在色谱柱中的填料颗粒间流动时，会引起一种微湍流。当流速增加时，填料颗粒间的传质阻力会降低；而当流动相流速较低时，这种阻力会增加。当流速趋于 0 时，多路径效应就趋于 0。据此，Giddings 于 1961 年提出了速率理论的修正方程：

$$H = \frac{A}{1 + \dfrac{E}{u}} + \frac{B}{u} + Cu \qquad (1-58)$$

这一方程被称为耦合方程。与前面介绍的 van Deemter 方程相比，Giddings 方程引入了一个峰展宽常数 E。在这里：

$$\frac{A}{1+\dfrac{E}{u}}=\frac{1}{\dfrac{1}{2\lambda d_p}+\dfrac{1}{C_m u}} \tag{1-59}$$

这就是耦合方程的含义。可见，当 $E \ll u$ 时，$A=2\lambda d_p$，式（1-58）就是式（1-47）；而当 u 趋于 0 时，$\dfrac{A}{1+\dfrac{E}{u}}$ 趋于 0，多路径效应就可忽略了。

（2）Huber 方程

Huber 在 Giddings 的基础上，进一步讨论了填料颗粒之间的流动相对传质阻力的影响。认为随着流动相流速的增加，有一种"湍流混合"作用，导致了多路径效应和纵向扩散效应对理论塔板高度的贡献趋于常数。综合考虑 GC 和 LC 的情况，Huber 导出了下面的方程：

$$H=\frac{A}{1+\dfrac{E}{\sqrt{u}}}+\frac{B}{u}+Cu+D\sqrt{u} \tag{1-60}$$

式中，A、B、C、D、E 均为常数。

（3）Horvath-Lin 方程

Horvath-Lin 方程是对 Huber 方程的进一步修正，使理论数值与实验结果更为吻合。

$$H=\frac{A}{1+\dfrac{E}{u^{1/3}}}+\frac{B}{u}+Cu+Du^{2/3} \tag{1-61}$$

（4）Golay 方程

针对毛细管柱 GC 的特点，Golay 推导出了描述毛细管柱中谱带展宽的方程。因为毛细管柱中无填料颗粒，故多路径效应为 0。所以，理论塔板高度只与纵向扩散和传质阻力有关：

$$H=\frac{2D_m}{u}+\frac{(1+6k+11k^2)r^2}{24(1+k)^2 D_m}u+\frac{2kd_f^2}{3(1+k)^2 D_s}u \tag{1-62}$$

式中，r 为毛细管柱的内半径，d_f 为固定相膜厚度。可见在毛细管柱 GC 中，H 与 r 密切相关。随着柱半径减小，柱效显著提高。这就是毛细管柱具有高分离效率的原因。对于不保留溶质，其 $k=0$，故：

$$H=\frac{2D_m}{u}+\frac{r^2}{24D_m}u \tag{1-63}$$

类似于 van Deemter 方程，Golay 方程可以简单表示为：

$$H=\frac{B}{u}+Cu \tag{1-64}$$

其中　　　　$B=2D_m$；$C=C_m+C_s=\dfrac{(1+6k+11k^2)r^2}{24(1+k)^2 D_m}+\dfrac{2kd_f^2}{3(1+k)^2 D_s}$

同样可以导出毛细管柱的最小理论塔板高度 H_{min} 和相应的最佳流速 u_{opt}：

$$H_{min}=2\sqrt{BC} \tag{1-65}$$

$$u_{opt} = \sqrt{\frac{B}{C}} \tag{1-66}$$

可见，决定毛细管柱柱效的因素主要是柱半径、固定相膜厚度、流动相流速和溶质的热力学参数。Golay 方程较好地解释了影响毛细管柱柱效的因素，为毛细管柱 GC 的研究者广泛采用。

（5）现代 van Deemter 方程

上面介绍了速率理论的多个方程，各有其适用的范围。为了简便起见，Hawkes 建议将多路径效应和流动相的传质阻力合并，对各种 GC 和 LC 均采用统一的"现代 van Deemter 方程"：

$$H = \frac{B}{u} + C_m u + C_s u \tag{1-67}$$

式中，B 为纵向扩散系数；C_s 为固定相传质阻力系数。流动相的传质阻力系数 C_m 则表示为填料粒径的平方（d_p^2）、色谱柱直径的平方（d_c^2）和流动相流速（u）的函数与溶质在流动相中的分子扩散系数（D_m）之比：

$$C_m = \frac{f(d_p^2, d_c^2, u)}{D_m} \tag{1-68}$$

这一观点已被不少国外大学的教科书所采纳。

色谱理论的研究对推动色谱科学的发展起了非常重要的作用，下面我们将关注理论对实践的指导，即在具体的色谱操作中，如何运用这些理论优化分离参数，从而获得满意的分析结果。

1.3.3 气相色谱分离优化

1.3.3.1 色谱基本关系式

前已述及，色谱分离的优劣可以用分离度 R 来表征。那么，柱效 n、容量因子 k、选择性 α 和保留时间 t_R 之间有什么关系？理解这些关系对优化分离显然是有用的。因此，在讨论分离优化之前，我们先来推导几个色谱的基本关系式。

（1）柱效 n、容量因子 k、选择性 α 和分离度 R 的关系

考虑由两个含量相当的溶质 A 和 B 组成的混合物，假设这两个组分的保留时间非常接近，则可以认为它们的峰宽近似，即：

$$W_A \approx W_B \approx W$$

故式（1-8）可以写作：

$$R = \frac{t_{R(B)} - t_{R(A)}}{W}$$

对于组分 B，由式（1-12）可得 $\quad \dfrac{1}{W} = \dfrac{\sqrt{n}}{4 t_{R(B)}}$

合并上面两个公式，得：

$$R = \frac{t_{R(B)} - t_{R(A)}}{t_{R(B)}} \times \frac{\sqrt{n}}{4}$$

19

再经一系列处理可得：

$$R = \frac{\sqrt{n}}{4}\left(\frac{\alpha-1}{\alpha}\right)\left(\frac{k_B}{1+k_B}\right) \tag{1-69}$$

或

$$n = 16R^2\left(\frac{\alpha}{\alpha-1}\right)^2\left(\frac{1+k_B}{k_B}\right)^2 \tag{1-70}$$

此式常用来计算获得一定分离度所需的理论塔板数。在理论处理时，常用到上面两式的简化形式。在一定的色谱条件下，当两个相邻的组分很难分离时，$K_A \approx K_B$。此时可以认为 $k_A \approx k_B = k$，α 趋于1，故式(1-69)和式(1-70)可以简化为：

$$R = \frac{\sqrt{n}}{4}(\alpha-1)\left(\frac{k}{1+k}\right) \tag{1-71}$$

$$n = 16R^2\left(\frac{1}{\alpha-1}\right)^2\left(\frac{1+k}{k}\right)^2 \tag{1-72}$$

式中，k 为两组分容量因子的平均值。后面讨论分离优化时将用到这些关系式。

（2）保留时间 t_R 与分离度 R 的关系

在色谱实践中，人们总是希望用最短的分析时间获得最大的分离度。然而，常常是鱼和熊掌的关系，我们不得不作折中处理。根据式(1-4)，组分 B 在色谱柱中的移动速率 $u_B = L/t_{RB}$，代入式(1-13)得：

$$u_B = \frac{nH}{t_{R(B)}} \tag{1-73}$$

而：

$$\frac{t_{R(B)}}{t_M} = \frac{u}{u_B} \quad \text{或} \quad \frac{t_{R(B)} - t_M + t_M}{t_M} = \frac{u}{u_B}$$

即

$$u_B = \frac{u}{1+k_B} \tag{1-74}$$

合并式(1-73)和式(1-74)，可得到对于特定的色谱柱，当流动相流速为 u 时，组分 B 流出色谱柱所需的时间：

$$t_{R(B)} = \frac{nH(1+k_B)}{u} \quad \text{或} \quad n = \frac{ut_{R(B)}}{H(1+k_B)}$$

将上式代入式(1-70)，得：

$$t_{R(B)} = \frac{16R^2H}{u}\left(\frac{\alpha}{\alpha-1}\right)^2\frac{(1+k_B)^3}{k_B^2} \tag{1-75}$$

此式将多个色谱参数关联起来，在预测保留时间时很有用。

1.3.3.2 分离性能的优化

纵观式(1-69)~式(1-72)和式(1-75)，可以发现每个公式均由三部分构成。第一部分与引起谱带展宽的动力学因素有关，即 n 或 H/u。第二部分是选择性因子 α，它与被分析物的性质相关。第三部分则是容量因子 k，它取决于被分析物和色谱柱的性质。可以说，后两部分均与被分离组分的热力学性质相关，即依赖于分配系数、流动相和固定相的体积等。

在优化分离时应当明确，基本参数 α、k 和 H（或 n）可在一定范围内独立调节。比如，改变温度或流动相的组成很容易改变 α 和 k；而改变固定相（即色谱柱）在实际工作中则是不太方便的。对于提高柱效 n，最简单的途径是增加柱长。根据速率理论，还可以通过调节流动相流速、改变填料粒度、改变流动相黏度（影响扩散系数）和固定相液膜厚度来改变 H。下面具体介绍有关的优化策略。

（1）提高柱效

提高柱效的途径主要有三种。第一，对于给定的色谱柱，可以通过优化操作条件，如改变流动相组成和流速以及色谱柱温度来优化柱效。根据速率理论，在接近流动相最佳流速操作，或采用较低的温度，可以获得较高的柱效（较小的理论塔板高度），但一般都以增加分析时间为代价。改变流动相组成是较为有效的方法，比如，在 GC 中，采用氮气有利于抑制纵向扩散（降低 D_m），获得较高的理论塔板数，而采用氦气或氢气流动相可以在较高流速下工作（H-u 曲线较平坦），以缩短分析时间，当然，H 要比采用氮气时高。第二，对于给定的固定相，采用较长色谱柱可成比例地增加柱效，但分析时间也会增加。故这一方法不是提高柱效的首选。第三，在保持色谱柱长不变的情况下，降低理论塔板高度以提高单位柱长的 n。此时，不会牺牲分析时间。在操作条件不变的情况下，只有更换色谱柱填料或高质量填充的色谱柱才能达到这一目的。换言之，这一途径较为有效，但色谱柱成本较高。

（2）改善容量因子 k

增大容量因子 k 常常可以显著改善分离情况。为简便起见，将式(1-69)改写为：

$$R = Q\left(\frac{k_B}{1+k_B}\right)$$

而将式(1-75)改写为：

$$t_{R(B)} = Q'\frac{(1+k_B)^3}{k_B^2}$$

式中，Q 和 Q' 代表原公式中的其他部分。分别作 R/Q-k_B 和 $t_{R(B)}/Q'$-k_B 图，可得到图 1-8 所示的曲线。显然，随着容量因子的增加，分离度会增加，同时分析时间也加长。事实上，容量因子大于 10 以后，分离度增加的幅度是很有限的，而保留时间则增加得更快一些。容量因子在 2 左右时，保留时间最小。综合考虑分离度和分析时间，容量因子应当控制在 1～5 之间，一般不要超过 10。

改变 k 是优化分离最容易的方法。在 GC 中，升高色谱柱温度可以降低 k。

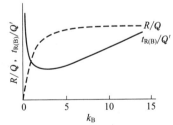

图 1-8　容量因子对 R 和 t_R 的影响

（3）改善选择性因子 α

选择性因子主要由溶质、固定相和流动相的性质所决定，当两种溶质的 α 值趋于 1 时，增加 k 和 n 均很难在合理的时间内实现这两个组分的分离。此时，应当设法增加 α，同时保持 k 值在适当的范围（1～10）内。常用于改善 α 的方法有：①改变流动相组成或

pH 值；②降低柱温；③改变固定相组成；④采用化学改性剂，改变难分离物质的保留性能。

无论在 GC 还是 LC 中，改变固定相的性质常常是改善 α 的有效途径。为此，大多数色谱实验室要配备几种常用的色谱柱，以便针对不同分析对象选用不同的色谱柱。比如，在 GC 实验室，一般要配备非极性（聚二甲基硅氧烷类固定液）、极性（聚乙二醇类固定液）和弱极性（聚甲基苯基硅氧烷类固定液）色谱柱。色谱柱温度对 α 也有一定的影响，故在更换色谱柱之前应当尝试优化温度。

还有一种方法是在固定相中加入化学改性剂，它可以与某种或某些被分析物发生络合反应或其他相互作用，从而增加难分离物质对的 α。一个典型的例子是分离烯烃时在固定相中加入银盐，由于银盐可与不饱和有机化合物形成配合物，从而改善分离效果。

（4）改善总体分离效果

对于复杂样品的分离，常常遇到图 1-9 所示的情况。当我们采用针对组分 1 和 2 的优化条件分离时［见图 1-9(a)］，组分 4 和 5 的 k 值太大（保留时间太长），且峰形很宽，影响定量分析精度。而当我们采用针对组分 4 和 5 的优化条件时，组分 1 和 2 同时出峰而不能分离［见图 1-9(b)］。此时，理想的办法是在分离过程中随时间改变有关条件。开始时采用针对组分 1 和 2 的条件，然后逐步过渡到针对组分 4 和 5 的优化条件，最后获得如图 1-9(c) 所示的良好分离结果。这在色谱分析中被称为程序方法。在 GC 中一般是改变色谱柱温度，即程序升温方法，也有改变压力的（程序升压）。

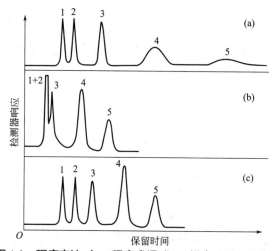

图 1-9 程序方法（GC 程序升温或 LC 梯度洗脱）示意图

（a）GC 恒温或 LC 等梯度洗脱，流动相的强度适合于峰 1 和 2；

（b）GC 恒温或 LC 等梯度洗脱，流动相的强度适合于峰 4 和 5；

（c）GC 程序升温或 LC 梯度洗脱

1.4 气相色谱数据处理

1.4.1 基本要求

数据处理最基本的要求是将检测器输出的模拟信号随时间的变化曲线即色谱图画出

来，然后计算色谱峰的有关参数，并给出分析报告。实现此功能的最简单的方法是采用一台记录仪。只要用信号电缆线将检测器输出端与记录仪输入端相连接即可。记录仪以一定的走纸速度运行，通过记录笔将色谱信号记录下来。这样就可根据走纸速度和记录纸上的距离求出色谱峰的保留时间。至于色谱峰面积和峰高等数据则需用手工测量。这样往往会带来人为的误差，现在实验室很难看到记录仪了。

另一种历史上使用较为普遍的数据处理装置是电子积分仪。积分仪和计算机的数据记录原理基本相同，即它只处理数字信号，而不能处理模拟信号。这样，在检测器输出端和积分仪之间就需要一个接口，即所谓的模数（A/D）转换器。A/D 转换器以一定的速率提取模拟信号的数据点，将连续的信号转换为不连续的数值。现在的电子技术可设计出每秒取上万个数据点的 A/D 转换器，而一般色谱分析所需的取点（采样）速率只要每秒 20 个数据点就可以了（快速色谱分析需要更高的采样速率，如每秒 200 个点）。积分仪将这些数值信号打印在以一定速率运行的记录纸上，并用光滑的曲线连接这些点，就得到了色谱图。积分仪一般有进一步的数据处理能力，它可以将数字信号储存起来，测定出色谱峰的保留时间、峰高和峰面积，并计算出峰宽等参数。当分析结束时，打印出每个峰的保留时间、峰宽、峰面积（或峰高）以及峰面积（或峰高）百分比。此外，积分仪还可自动进行各种定量方法的计算。只要操作者输入相关的数据（如标样的浓度、定量方法等），积分仪就可按方法要求打印出定量分析报告。

数据处理的高级功能是分析报告的编辑和打印。积分仪只能给出简单的分析报告，充其量再记录分析条件，而要按照具体分析要求设计分析报告格式、编辑报告，并且不仅输出打印在纸上的报告，还要输出电子报告，这就需要计算机来完成了。通过专门的应用软件，计算机不仅能完成积分仪的所有工作，而且能够设计、编辑报告格式，并用不同的格式输出报告。还可以有更大的硬盘容量，永久保存色谱原始数据，包括检测器输出信号、色谱仪的分析条件以及分析过程中仪器的状态变化（这是优良实验室规范，即所谓 GLP 所要求的）等。与此同时，采用数模（D/A）转换器，计算机还可通过键盘输入来实现仪器的自动控制（比如流动相流量、柱箱温度、检测器参数等）。通过互联网还可以实现遥控和远程故障诊断。这套系统就是所谓的色谱工作站。

1.4.2　数据处理基本参数

数据处理的基本参数是积分参数。如果积分参数设置不当，即使色谱分离没有问题，也有可能造成积分数据不准确或不重现的结果。一般积分仪（包括计算机数据处理软件）有下面几个可设置的积分参数：斜率（slop）或斜率灵敏度（slop sensitivity）、峰宽（peak width）、阈值（threshold）或最小峰高（min height）、最小峰面积（min area）或面积截除（area rejection）、衰减（attenuation）、走纸速度（chart speed）、零点（zero）。实际上，积分数据的正确与否是直接由前三个参数控制的，我们称之为积分控制参数；后三个参数是控制色谱图外观的，称为色谱图控制参数；至于最小峰面积，则是在积分之后进行计算时才使用的，可称作后积分参数。

斜率（或斜率灵敏度）用来确定色谱峰是否出现。平直的色谱基线其斜率为 0，当出现色谱峰时斜率会快速增大。当斜率大于或等于积分仪的斜率设定值时，积分仪就认为是出峰了，此时便开始积分。当斜率由正变负时，即为色谱峰的最大值，此时的信号值即为

峰高，所对应的时间值就是该峰的保留时间（计算机软件可以用斜率转变前后的几个点拟合二次曲线，通过求导算出峰最大值）。峰出完后，斜率的绝对值变小，当降低到斜率设置值以下时，积分仪认为峰结束，就停止对该峰的积分。对于两个未完全分离的峰，前一个峰未出完就出第二个峰，此时斜率由负变正，积分仪就开始第二个峰的积分。至于第一个峰，可能停止积分，也可能继续积分，这要看有关积分功能如何设置。如果积分仪有溶剂峰识别功能（斜率超过一个高限时认定为溶剂峰），且认定前一个峰为溶剂峰，或者在前一个峰设置了切线（tangent）积分功能，积分仪就会对第一个峰继续积分直到斜率转变点的切线与峰起始点基线延长线的交点处［见图 1-10(a)］，否则，积分仪会在斜率转变点结束前一个峰的积分［图 1-10(b)］。所以，斜率的设定要依据基线的稳定程度和峰的具体形状而定。原则上应该比基线波动的斜率大（否则会把基线波动当作峰处理），而比色谱图上最宽的峰的起点斜率小（否则会把此峰当作基线波动处理）。

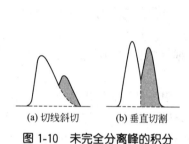

(a) 切线斜切　　(b) 垂直切割

图 1-10　未完全分离峰的积分

(a) 峰宽设定合适　　(b) 峰宽设定偏大

图 1-11　峰宽设定值对积分结果影响的示意图

图中虚线为模拟信号，实线为积分仪绘图结果

峰宽是设定积分仪采集数据速率的。前已述及，A/D 转换器有一个数据采集速率，而积分仪的数据采集速率并不一定等于该速率。峰宽参数控制积分仪处理数据时的采集速率。峰宽设定越小，采集速率越快。对于很窄的峰，采集速率应足够快。如图 1-11 所示，峰宽设定合适时，积分仪绘图结果（实线）和模拟信号基本重合，而当峰宽设定偏大时，积分仪绘图结果就与模拟信号不能重合，出现了畸变峰。另一方面，对于很宽的峰，采集速率可慢一些，对于未分离峰，峰宽值应足够小，以保证积分的正确性。总之，峰宽值设定小一些有利于保证积分数据的正确性，初始峰宽的设定值应接近于或等于色谱图上最窄峰的半峰宽值。峰宽值设定太小，有可能将基线噪声也作为色谱峰积分，而峰宽设置太大，又可能将小而窄的色谱峰作为噪声滤去。

阈值是另一个设定色谱峰判断标准的参数，它不是依据斜率判断，而是依据峰高判断。阈值实际上与最小峰高类似。即使按斜率的标准认为是色谱峰的信号，如果其峰高的最大值小于阈值，也不会作为色谱峰来积分。只有在符合斜率标准的前提下，信号值大于阈值时，色谱峰才进行有效积分。阈值越大，色谱峰起始积分点越推后，结束点越提前，相应的绝对峰面积值会有所减小。显然，设置适当的阈值既可保证所需色谱峰的积分，又能最大限度地滤除噪声。

当积分结束后，某一色谱峰是否参与最后的计算，则取决于最小峰面积的设定值。只有面积大于最小峰面积设定值的峰才参与最后计算。因此，我们可以利用这一后积分参数从最后报告中剔除不需要计算的峰。对于峰面积百分比或归一化定量方法，更应注意最小峰面积的设置。

最后，在色谱图控制参数中，走纸速度越快，峰显得越宽（但并不改变以时间单位表示的峰宽！）。衰减是控制纵坐标刻度的，衰减值越小，峰就显得越大（但并不影响以电压单位表示的峰高值！）。而零点则是设置基线位置的。此外，积分仪还有回零功能，不论何时按下回零键，当前信号值就回到零点设定的位置。总之，走纸速度、衰减、零点这三个参数设置只影响色谱图的外观，并不能影响积分数据的准确性。现在的实验室普遍采用数据工作站，输出色谱图的设置用鼠标就可以实现，色谱图控制参数的意义也就不大了。

1.4.3　色谱定性分析方法

所谓定性分析就是鉴定色谱峰的归属和色谱峰的纯度（有无共流出峰）。常用的方法有：

1.4.3.1　标准物质对照定性

就是在相同的色谱条件下，分别对标准样品和实际样品进行分析，对照保留值（GC 多用调整保留时间、相对保留时间或保留指数）即可确定色谱峰的归属。定性时必须注意，在同一色谱柱上，不同化合物可能有相同的保留值，所以，对未知样品的定性仅仅用一个保留数据是不够的。双柱或多柱保留指数定性是 GC 中较为可靠的方法，因为不同的化合物在不同色谱柱上具有相同保留值的概率要小得多。标准物质对照定性的问题是有些标准物质不容易得到，而在样品组分大部分或全部未知的情况下，选择什么标准物质对照就更困难了。所以，标准物质对照定性虽然是最直接的，但并不总是容易的。

1.4.3.2　利用文献数据定性

前人已发表的文献中有大量的数据可供参考，比如 GC 保留指数库就收集了数千种化合物在不同色谱柱上的保留指数，如果采用与文献相同规格的色谱柱和分析条件，就可以重现文献数据。因此，可以将测得的保留指数与文献值相比较，从而达到定性鉴定的目的。当然，即使利用文献数据，一般也要结合标准样品对照来定性，因为在不同的仪器上，色谱条件稍有差异，保留指数就可能不重现，在极性色谱柱上尤其如此。

1.4.3.3　利用选择性检测器定性

在 GC 有一些选择性检测器，如 NPD、ECD、FPD。可以利用这些检测器对特定物质的响应来判断样品中是否存在目标化合物。比如，在环境分析中用 GC 测定有机氯农药，若在 ECD 检测器上没有响应，就说明未检测到有机氯农药。

1.4.3.4　在线联用仪器定性

对于复杂的样品，联用仪器是强有力的定性手段，尤其是在线联用技术，比如气相色谱-质谱联用（GC-MS）、气相色谱-红外光谱联用（GC-FTIR）、气相色谱-原子发射光谱联用（GC-AED）等。联用仪器方法实际上是二维分离技术，即光谱图的横坐标垂直于色谱图的时间坐标，这样就可在色谱图的任一时刻获得光谱图，不仅能提供色谱峰的鉴定信

息，还能提供峰纯度的信息。所以，联用仪器方法的应用越来越普遍。见第 2 章关于检测器的介绍。

1.4.3.5　其他定性方法

在色谱分析中使用的定性方法还有衍生化法，即对样品进行柱前或柱后衍生化，通过观察保留时间或者检测器响应的变化，来推断目标化合物。还有一种鉴定方法是收集色谱分离后的组分，除去溶剂（流动相）后用各种光谱方法（UV-Vis、MS、IR、NMR 等）进行结构鉴定。这种方法就是所谓离线仪器联用，鉴定结果很可靠，但较费事，因为 GC 制备效率较低。

1.4.4　色谱定量分析方法

1.4.4.1　峰面积或峰高的测量

在检测器的线性范围内，响应值（峰面积或峰高）与样品浓度成正比，这是色谱定量分析的基础。因此，准确测量峰面积或峰高是定量分析的前提。历史上有过多种测量方法，如采用条形记录仪时，手工测量峰高和峰宽，然后用三角形面积近似法（峰高乘以半峰宽）进行定量，还有手工积分仪法、剪纸称重法，等等。现在多采用电子积分仪或计算机技术可以很准确地测定各种形状的峰的峰高或峰面积，但所用单位不是传统的高度和面积单位，如峰高采用 μV，时间单位为 s，则面积单位为信号强度与时间的乘积，即 $\mu V \cdot s$。若用手工计算，高斯峰（峰形对称）的峰面积计算公式为：

$$A = 1.065 h W_{1/2} \tag{1-76}$$

式中，A 为峰面积，h 为峰高，$W_{1/2}$ 为半峰宽。对于不对称的峰，常用峰高乘以平均峰宽来计算：

$$A = 0.5 h (W_{0.15} + W_{0.85}) \tag{1-77}$$

其中，$W_{0.15}$ 和 $W_{0.85}$ 分别为峰高 0.15 倍和 0.85 倍处的峰宽。

1.4.4.2　定量校正因子

在绝大部分色谱检测器上，相同浓度的不同化合物在同一分析条件下、同一检测器上得到的峰面积或峰高往往是不相等的，为此，必须用标准样品进行校准或校正，方可得到准确的定量分析结果。这样就引入了一个校正系数，叫作定量校正因子 f_i 或响应因子，其定义为单位峰面积（或峰高）代表的样品量：

$$f_i = w_i / A_i \tag{1-78}$$

其中，w_i 是组分 i 的量，可以是质量，也可以是物质的量或体积；A_i 为峰面积（或峰高）。

定量校正因子的测定要求色谱条件高度重复，特别是进样量要重复，所以，色谱条件的波动常常导致定量校正因子测定的误差较大。为了提高定量分析的准确度，又引入一个相对定量校正因子 f_i' 的概念，其定义为样品中某一组分的定量校正因子与标准物的定量校正因子之比：

$$f_i'(m) = \frac{f_i(m)}{f_s(m)} = \frac{A_s m_i}{A_i m_s} \tag{1-79}$$

式中，A 为峰面积（或峰高）；m 为质量；下标 i 表示组分 i，s 表示标准物。$f_i'(m)$

称为相对质量校正因子。若物质的量用物质的量或体积表示，则有相对物质的量校正因子 $f'_i(M)$ 或相对体积校正因子 $f'_i(V)$。在 GC 中，TCD 常用苯作为标准物，FID 则用正庚烷。

很多工具书收集有相对定量校正因子数据，可供查用。若要自己测定，则需要配制纯物质（待测物和/或标准物）的溶液，然后多次进样分析，控制响应值在检测器的线性范围内，测得峰面积（或峰高）的平均值，然后根据上面的公式计算。

1.4.4.3　常用定量计算方法

① 峰面积（峰高）百分比法　计算公式如下：

$$x_i = \frac{A_i}{\sum A_i} \times 100\%　　　　(1\text{-}80)$$

式中，x_i 为待测样品中组分 i 的含量（浓度）；A_i 为组分 i 的峰面积（也可用峰高计算）。

峰面积（峰高）百分比法最简单，但最不准确。该方法要求样品中所有组分均能从色谱柱流出，且在所用检测器上均有近似的响应因子。只有样品由同系物组成，或者只是为了粗略地定量时，该法才是可选择的。当然，在有机合成过程中监测反应原料和/或产物的相对变化时，也可用此法进行相对定量。峰面积（峰高）百分比法实际上是未校正的归一化法。下面几种定量方法均需要校正。

② 归一化法　计算公式如下：

$$x_i = \frac{f_i A_i}{\sum f_i A_i} \times 100\%　　　　(1\text{-}81)$$

式中，x_i 为待测样品中组分 i 的含量（浓度）；A_i 为组分 i 的峰面积（峰高）；f_i 为组分 i 的校正因子。

归一化法定量准确度高，但方法复杂，要求所有样品组分均出峰，且要有所有组分的标准品，以测定校正因子。

③ 外标法　计算公式如下：

$$x_i = f_i A_i = \frac{A_i}{A_E} \times E_i　　　　(1\text{-}82)$$

式中，x_i 为待测样品中组分 i 的含量（浓度）；A_i 为组分 i 的峰面积；f_i 为组分 i 的校正因子，用标准样品测定 $f_i = E_i / A_E$；E_i 为标准样品中组分 i 的含量（浓度）；A_E 为标准样品中组分 i 的峰面积；

外标法简单，是色谱分析中最常用的方法，只要用一系列浓度的标准样品做出校准曲线（样品量或浓度对峰面积或峰高作图）及其回归方程（f_i 为斜率），就可在完全一致的条件下对未知样品进行定量分析。只要待测组分可出峰且分离完全即可定量，不用考虑其他组分是否出峰和是否分离完全。需要强调，外标法定量时，分析条件必须严格重现，特别是进样量。如果测定未知物和测定校准曲线时的条件有所不同，就会导致较大的定量误差。还应注意，校准曲线可能不过原点，此时回归方程为：

$$x_i = f_i A_i + C　　　　(1\text{-}83)$$

式中，C 为截距。

④ 内标法　计算公式如下：

$$x_i = \frac{m_s A_i f_{s,i}}{m A_s} \times 100\%$$ (1-84)

式中，x_i 为待测样品中组分 i 的含量（浓度）；A_i 为组分 i 的峰面积；m 为样品的质量；m_s 为待测样品中加入内标物的质量；A_s 为待测样品中内标物的峰面积；$f_{s,i}$ 为组分 i 与内标物的校正因子之比，即相对校正因子。

内标法的定量精度最高，因为它是用相对于标准物（也称内标物）的响应值来定量的，而内标物要分别加到标准样品和未知样品中。这样就可抵消由于操作条件（包括进样量）的波动带来的误差。与外标法类似，内标法只要求待测组分出峰且分离完全即可，其余组分则可用快速升高柱温使其流出或用反吹法将其放空，这样就可缩短分析时间。尽管如此，要选择一个合适的内标物并不总是一件容易的事情，因为理想的内标物是样品中不存在的组分，其保留时间和响应因子应该与待测物尽可能接近，且要完全分离。此外，用内标法定量时，样品制备过程要多一个定量加入内标物的步骤，标准样品和未知样品均要加入一定量的内标物。

⑤ 标准加入法　又称叠加法。标准加入法是在样品中定量加入待测物的标准品，然后根据峰面积（或峰高）的增加量来进行定量计算。其样品制备过程与内标法类似，但计算原理则完全是来自外标法。标准加入法的定量精度介于内标法和外标法之间。

关于数据处理，除了上述内容外，还涉及分析结果的处理，比如有效数字问题和误差问题、数理统计和不确定度评定等。这些内容与分析化学的数据处理是一致的，所以本书不作详细讨论，需要时可参阅有关书籍（如下面所列本系列教材中臧慕文和柯瑞华编著的"成分分析中的数理统计及不确定度评定概要"）。在方法开发章节中，我们将简单介绍与色谱方法验证相关的数据处理以及不确定度评定。

至此，我们较全面地学习了气相色谱基础知识。接下来的章节我们讨论气相色谱仪器的结构及其操作。

进一步阅读建议

1. 傅若农. 色谱分析概论 [M]. 2 版. 北京：化学工业出版社，2007.

2. 汪正范. 色谱定性与定量 [M]. 2 版. 北京：化学工业出版社，2007.

3. 汪正范，等. 色谱联用技术 [M]. 2 版. 北京：化学工业出版社，2007.

4. 臧慕文，柯瑞华. 成分分析中的数理统计及不确定度评定概要 [M]. 北京：中国质检出版社，2012.

5. 刘虎威. 气相色谱方法及应用 [M]. 2 版. 北京：化学工业出版社，2007.

6. 卢佩章，等. 色谱理论基础 [M]. 2 版. 北京：科学出版社，1998.

7. 刘虎威，傅若农. 色谱分析发展简史及其给我们的启示 [J]. 色谱，2019，37：348-356.

8. Ettre L S. 气相色谱基本关系式 [M]. 云希勤，寇登民，译. 北京：石油工业出版社，1984.

习题和思考题

1. 为什么色谱技术出现之后，过了近 30 年才得到广泛认可？

2. GC 的出现比 LC 晚 50 年，但 GC 出现后发展非常迅速，1950—1970 年之间 GC 的实际应用远比 LC 广泛。1980 年以后 LC 的应用才超过 GC。原因是什么？

3. 在仪器分析技术中，色谱的独特优点是什么？

4. 为什么说色谱对化学乃至整个科学技术的发展起了重要的作用？

5. 色谱主要有哪些分支？

6. 试比较气相色谱和液相色谱的异同。

7. GC 中导致谱带展宽的因素有哪些？

8. GC 中影响分离因子 α 的参数有哪些？

9. GC 中如何控制和调节容量因子 k？

10. GC 中色谱柱的柱效 n 由哪些因素决定？如何提高柱效？

11. GC 中导致色谱峰不对称的因素是什么？

12. 试比较色谱塔板理论和速率理论的优缺点。

13. 气相色谱分析中，用 2m 长的色谱柱分离二氯代甲苯，测得死时间为 1.0min，各组分的保留时间（t_R）和峰（底）宽（W）如下所列：

出峰顺序	组分	t_R/min	W/min
①	2,6-二氯甲苯	5.00	0.30
②	2,4-二氯甲苯	5.41	0.37
③	3,4-二氯甲苯	6.33	0.67

试计算：

(1) 各组分的调整保留时间 t_R' 和容量因子 k；

(2) 相邻两组分的选择性因子 α 和分离度 R，哪两个组分为难分离物质对？

(3) 各组分的理论塔板高度和色谱柱平均理论塔板高度；

(4) 欲使难分离物质对的分离度达到 1.5，假设理论塔板高度不变，应采用多长的色谱柱？

(5) 使用较长色谱柱后，假设流动相线流速不变，组分②的保留时间将为多少？

14. 在 GC 分析中采用 40cm 长的色谱柱，流动相的流速为 35mL/min，色谱柱内的固定相体积为 19.6mL，流动相体积为 62.6mL。测定不保留组分（空气）和样品中 3 个组分的保留时间（t_R）和半峰宽（$W_{1/2}$）如下所列：

出峰顺序	组分	t_R/min	$W_{1/2}$/min
①	空气	1.90	—
②	甲基环己烷	10.00	0.76
③	甲基环己烯	10.90	0.82
④	甲苯	13.40	1.06

试计算：

(1) 3 个样品组分的平均理论塔板数；

（2）3个样品组分相邻两峰的分离度；

（3）3个样品组分的容量因子和分配系数；

（4）3个样品组分相邻两峰的选择性因子。

15. 已知 M 和 N 两个化合物在水和正己烷之间的分配系数（$K=$[在水相中的浓度]/[在正己烷中的浓度]）分别为 6.01 和 6.20，现在用含有吸附水的硅胶色谱柱分离，以正己烷为流动相。已知色谱柱内的固定相体积与流动相体积之比为 0.422，请计算：

（1）组分 M 和 N 的容量因子和两组分的选择性因子；

（2）若使两组分的分离度达到 1.5，需要多少理论塔板数？

（3）如果色谱柱的理论塔板高度为 0.022mm，则所需柱长为多少？

（4）如果流动相的线性流速为 7.10cm/min，那么，多长时间可以将两组分从该色谱柱上洗脱？

2

气相色谱仪器与操作

2.1 气相色谱仪器组成和配置

2.1.1 仪器的组成

要完成 GC 分析，就需要有相应的仪器。虽然目前市场上的 GC 仪器型号繁多，性能各异，但总的来说，仪器的基本结构是相似的，即由下面几部分组成：

(1) 气路系统　包括载气和检测器所用气体（氮气、氦气、氢气、压缩空气等）的气源（可以是气体钢瓶，也可以是气体发生器），还包括气流管线以及气流控制装置（压力表、阀件、电子流量计等）。

(2) 进样系统　其作用是有效地将样品导入色谱柱进行分离，如自动进样器、进样阀、各种进样口（如填充柱进样口、分流/不分流进样口、冷柱上进样口等），以及顶空进样器、吹扫-捕集进样器、裂解进样器等辅助进样装置。

(3) 柱系统　包括柱加热箱、色谱柱以及色谱柱与进样口和检测器的连接件，其中色谱柱本身的性能是分离成败的关键。

(4) 检测系统　用各种检测器监测色谱柱的流出物，如热导检测器（TCD）、火焰离子化检测器（FID）、氮磷检测器（NPD）、电子捕获检测器（ECD）、火焰光度检测器（FPD）、质谱检测器（MSD）、原子发射光谱检测器（AED）等。一般仪器可以同时配置 2~3 个检测器。

(5) 数据处理系统　即对 GC 原始数据进行处理，画出色谱图，并获得相应的定性定量数据。

(6) 控制系统　主要是载气、检测器、进样口、柱温和检测信号的控制等。

图 2-1 为一台中档 GC 仪器的结构示意图，它可以同时配置两个进样口和两个检测器，用键盘实现控制，也可由计算机实现控制，同时处理数据。这类仪器在实际工作中最为常见。我们将在下面的章节讨论 GC 仪器系统的具体配置。

需要指出，现在很多高档仪器的自动化程度极高，往往将各种控制功能（包括温度控制、气流控制和信号控制）和数据处理功能集于一体，全部通过计算机系统来实现。这就是所谓色谱工作站。最新的 GC 仪器都实现了气路控制的自动化，仪器自身键盘功能也都集成到计算机或平板电脑上。从外观看，色谱仪就像一个盒子，没有传统的流量计和压力

表，也没有手动控制的各种阀门。仪器右侧的控制面板也都消失了，甚至采用柱上加热技术使原来的柱温箱也大为减小。这样的仪器显得更为简洁，占用实验台的面积也大为缩小。同时还可以利用计算机的网络系统实现远程操作和故障诊断。

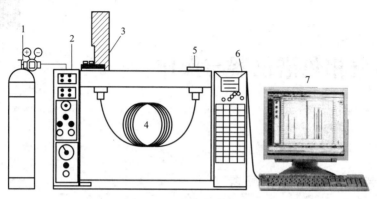

图 2-1　GC 仪器基本结构示意图

1—气源；2—气路控制系统；3—进样系统；4—柱系统；

5—检测系统；6—控制系统；7—数据处理系统

2.1.2　仪器的购置

现在市场上各种型号的 GC 仪器五花八门，各生产厂商几乎一两年就推出一种新产品。一台低配置的国产普通 GC 仪器，5 万～10 万元人民币即可购得。而一台进口的高档仪器则要 50 万～80 万元人民币。对用户来说，选择余地当然很大。激烈的市场竞争也为用户提供了花最少的钱买到实用仪器的途径。那么，如何选购一台令人满意的仪器呢？这是一个相当复杂的问题，我们只能为读者提出几条原则性建议，供购买仪器时参考。

首先简单讨论一下 GC 仪器的某些发展趋势。总的来说，GC 仪器有三个明显的发展方向：一是多功能高档型，配置齐全，性能先进，可用于各种 GC 分析。这类仪器主要用于研究与方法开发实验室。二是实用化中档型，针对绝大多数用户的需求，在满足常规分析要求的前提下，尽可能降低成本。或者针对某一类具体应用（如天然气分析）设计专门化仪器。这类仪器主要用于常规分析实验室。三是为特殊用途设计的，如用于野外分析的便携式 GC、用于航天飞行器的微型 GC。

那么，具体到每个实验室应该配置什么仪器呢？这里讨论几个购买仪器的原则。第一是实用性原则。所谓实用就是根据自己的分析需要，选择能满足自己分析要求的仪器。因为在市场经济条件下，应该考虑投入产出比，而不应一味追求性能最好、功能齐全。举例来说，如果是学校为学生开设基础 GC 实验，就不一定要购置功能齐全的仪器，那样反倒不利于学生掌握 GC 仪器的基本结构。而如果是大企业生产线上使用的工艺监测色谱仪，就必须要求性能可靠、分析速度快，不能因为监测数据出不来而影响整个生产线的运行。实用性的另一方面是购买仪器时不必配置用不着的、起码是近期用不着的零备件。比如石化行业做油品分析的实验室就不一定要配备 ECD，因为 TCD 和 FID 就可以满足绝大多数分析要求，当需要 ECD 的时候再买来配上即可，这样在经济上是合算的。不应像过去计划经济条件下那样，只要申请到一笔钱就尽量一次花完。有的单位仪器已报废，还有不少零配件未开箱使用，造成了不必要的浪费。

第二是最佳性能价格比原则，也就是花最少的钱买到最好的性能。这一条说来容易，做起来很难，需要我们在购买仪器时多做市场调研，货比多家。还要根据自己的分析要求确定哪些性能是必须达到的，哪些性能是可以降低要求的。这样就可在与厂商销售人员进行价格谈判时做到心中有数。要注意有些销售人员把其产品吹得天花乱坠（这当然无可厚非），但事实上不尽然。有的用户在购买仪器前先拿特定的样品让各厂商测试，以比较其性能，这不失为一种聪明的做法。

第三是良好售后服务原则。仪器越先进，越要求售后服务好，因为一般操作人员不可能去修理集成电路。大多数公司开通了 800 免费咨询服务电话、在线服务，有专门技术人员值班，回答用户的问题，随时帮助用户排除故障，深受用户欢迎。也有的厂商售后服务较差，要么维修人员少，服务不及时，要么维修人员的水平有限。良好售后服务的另一方面是技术支持，即不仅培训仪器操作和维护，还为用户提供分析方法方面的技术咨询。这样的厂商自然受用户的欢迎。注意在签订仪器购买合同时，一定要核实售后服务方面的条款。

第四是发展原则，即今后增加仪器配件和升级的问题。现在很多仪器是积木式（或模块式）设计，第一次购买时不一定什么都买全，今后需要时买来接上即可使用，不致由于技术的发展而使仪器过早被淘汰。还有软件的升级问题，这方面网络化是一个值得注意的发展趋势。如果仪器有网络功能，需要时可接在局域网或国际互联网上。今后这将是一个不得不考虑的问题，尤其是一些比较大的企业和大型实验室，网络化将是一个必然要解决的问题。

以上所述可以叫作选购仪器的四项基本原则，还有一些购买仪器的技术性问题，就不在此详述了。需要指出，有的厂商针对应用市场将仪器细分，比如能源与化工 GC 分析仪（包括天然气、生物柴油、液化石油气、炼厂气、新配方燃料以及模拟蒸馏分析仪）、气体杂质测定 GC 分析仪（包括大宗气体杂质、CO、CO_2、硫化物和亚硝胺类化合物、聚合物级单体分析仪等）、溶解气体 GC 分析仪（包括变压器油气体分析仪）、环境 GC 分析仪（包括温室气体和硫化物等分析仪）、法医学 GC 分析仪（包括血醇分析仪）、药物 GC 分析仪（包括残留溶剂分析仪）等，这对用户选择仪器是有帮助的。

2.2 气路系统

2.2.1 气源

气源是为 GC 仪器提供载气和/或辅助气体的高压钢瓶或气体发生器。GC 对各种气体的纯度要求较高，比如作载气的氮气、氢气或氦气都要高纯级（99.999%）的，这是因为气体中的杂质会使检测器的噪声增大，还可能对色谱柱性能有影响。检测器辅助气体如果不纯，更会增大背景噪声，缩小检测器的线性范围，严重的会污染检测器。因此，实际工作中要在气源与仪器之间连接气体净化装置。

气体中的杂质主要是一些永久气体、低分子有机化合物和水蒸气，故一般采用装有分子筛（如 5A 分子筛或 13X 分子筛）的过滤器以吸附有机杂质，采用变色硅胶除去水蒸

气。实际操作时可根据检测器的噪声水平判断气体的纯度，如果噪声明显增大，就要首先检查气体纯度。要定期更换净化装置中的填料，分子筛可以重新活化后再使用。活化方法是将分子筛从过滤装置中取出，放在坩埚中，置于马弗炉内加热到400～600℃，活化4～6h。至于硅胶，则可根据颜色变化来判断其是否失效，当颜色变红时，就要重新活化。方法是在烘箱中140℃左右加热2h即可。注意重新装填过滤装置时，要除去填料中的粉末，以避免其被载气带入色谱系统，造成气路堵塞。比较简单的办法是在一个过滤器内装一半硅胶、一半分子筛，这样，一旦硅胶变色，就可更换全部填料。大部分GC仪器本身带有气体净化器，但也要注意定期更换填料。本身带气体净化器的GC仪器，也应该在气源和仪器之间附加一个净化装置。

至于是用高压钢瓶，还是气体发生器作气源，这要视具体情况而定。如果实验室更换钢瓶方便，还是使用钢瓶为好，因为气体厂一般能保证质量，成本也不太高。但如果更换钢瓶不便，怕因此而耽误实验，就使用气体发生器。目前市场上有各种空气压缩机、氢气发生器和氮气发生器，不过需要特别注意纯度问题。空气压缩机是以实验室空气为气体来源的，且一些空气压缩机可能将油带入气体，导致有机杂质含量可能会高一些，因此净化装置是必不可少的，且要经常更换。如果用钢瓶时3个月更换一次过滤器填料就可以的话，用气体发生器就要每月更换一次。当然还要视实验室环境气体本身的质量而定。使用气体发生器的好处是方便省事，不用频繁更换钢瓶，特别是一些仪器使用率极高的实验室。但一次投资要大一些。

另外，从安全角度看，氢气钢瓶必须放置到实验室以外的安全之处，这有可能给工作带来不便，故建议使用氢气发生器。国产氢气发生器的质量已过关，价格也不高。需要指出，当用氦气或氩气作载气时（如GC-MS），目前只能使用钢瓶，因为尚无此类气体发生器供实验室使用。

2.2.2　气路控制系统

GC仪器的气路控制系统是精确控制各种气体流量的，在毛细管GC中，柱内载气流量一般为1～3mL/min，如果控制不精确，就会造成保留时间的重现性下降。因此，GC仪器往往采用多级控制方法。如图2-2所示为典型的双进样口（填充柱和分流/不分流进样口）、双柱（填充柱和毛细管柱）、双检测器（TCD和FID）仪器配置的气路控制示意图。

从钢瓶（1、2、3）出来的气体首先要经过减压阀（4）减压，GC要求的气源压力约为4MPa，压力太小会影响后面气路上有关阀件的正常工作。如果是用气体发生器，则不需要减压阀。大部分气体发生器的输出压力均为4MPa。气体经过净化装置（5）进入GC仪器。稳压阀（6）用于控制各种气体进入GC的总压力，通过压力表可测出具体压力值。作为检测器（如FID）用辅助气的氢气（燃烧气）和压缩空气（助燃气）分别经针形阀11和12调节后，直接进入检测器（FID、NPD、FPD均使用这两种气体）。载气气路稍微复杂一些，它先经两个三通接头（7）分成三路，其中一路到填充柱进样口（23），一路到毛细管柱分流/不分流进样口（14），另一路则作为毛细管柱的尾吹气经针形阀（10）调节后在柱出口处接入检测器。

两个进样口的共同之处在于：①都有柱前压调节阀和压力表（8、9），以控制色谱柱

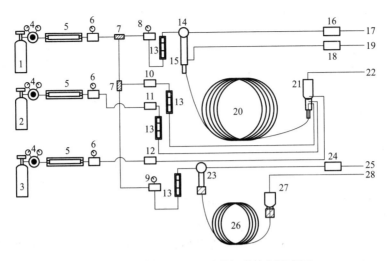

图 2-2 典型双柱仪器系统的气路控制示意图

1—载气（氮气或氢气）；2—氢气；3—压缩空气；4—减压阀（若采用气体发生器可不用减压阀）；5—气体净化器；6—稳压阀及压力表；7—三通连接头；8—分流/不分流进样口柱前压调节阀及压力表；9—填充柱进样口柱前压调节阀及压力表；10—尾吹气调节阀；11—氢气调节阀；12—空气调节阀；13—流量计（有些仪器不安装流量计）；14—分流/不分流进样口；15—分流器；16,24—隔垫吹扫气调节阀；17,25—隔垫吹扫气放空；18—分流流量控制阀；19—分流气放空口；20—毛细（开）管柱；21—检测器（FID）；22—检测器放空口；23—填充柱进样口；26—填充柱；27—检测器（TCD）；28—TCD放空口

的载气流速。流量计（13）可以读出载气流量，不过现在市售仪器已不安装流量计，而是用压力表指示流量。②隔垫吹扫气（有些仪器的填充柱进样口不用隔垫吹扫气，见进样技术章节），以消除进样口密封垫中的挥发物对分析的干扰。隔垫吹扫的流量分别用阀16和24控制，一般流量为2~3mL/min。两个进样口最大的不同是毛细管柱分流/不分流进样口有分流装置，故多一个阀（18）以控制分流流量。需要说明，不同仪器的分流气路控制系统并不是完全相同的，读者应在实际操作中注意。还有载气控制模式，有的仪器用恒压模式，即分析过程中，柱前压保持恒定，不随柱温而变化。有的则采用恒流模式，即随着柱温变化自动调节压力，使载气流量保持恒定。安装电子气路控制（EPC）系统的仪器，可由用户来选择使用恒流或恒压控制模式。

一个值得注意的问题是，分流气放空口和检测器放空口应采用管道将气体接至室外，以免分析有毒有害物质时造成室内空气污染。用氢气作载气时还要注意安全问题，此时隔垫吹扫气也要放空到室外。

此外，需要强调一点，图2-2中的气路控制系统中，TCD为单丝检测器，故填充柱系统只用一路载气即可（检测器本身还需要一路参比气）。如果是双丝TCD，则填充柱应为双气路，这也是某些仪器之所以要同时配置三个进样口和三个检测器的原因之一。

在实际操作中，气路系统最需要注意，也是最常出现的问题是泄漏。一旦某处发生泄漏，轻则影响仪器正常工作，重则造成意外事故（如氢气泄漏可能引起爆炸），所以要注意经常检漏。最简单的检漏方法是用毛刷或毛笔蘸上肥皂水，在接头处或可能发生泄漏的管道上涂抹，有吹气泡的现象出现时说明此处漏气。另一种检漏方法叫作分段检漏法，即先将色谱柱出口卸下，用一堵头将其堵上。然后打开载气，观察流量计转子，如果1~

2min后，转子落到流量计底部，说明色谱柱之前的气路不漏气，反之，则有漏气处。为找到确切漏气点，可再将色谱柱卸下，用密封堵头封死进样口的出口，再观察流量计转子。依此类推，直到发现漏气点为止。对于接头漏气，可用拧紧或更换密封垫的方法解决，管道漏气则要更换新的管道。多次进样后，进样口密封垫是最可能发生漏气的地方，故有漏气现象时应首先检查并更换密封垫。如果使用电子气路控制（EPC）系统，就可以在很大程度上实现自动检漏。

2.2.3 电子气路控制

电子气路控制（EPC）是20世纪90年代初出现的技术，不同厂家采用不同的名称，如岛津公司叫高级气流控制（AFC），实际上都是采用电子压力传感器和电子流量控制器，通过计算机来实现压力和流量的自动控制。这种技术用于GC的主要优点是：

① 流量控制准确，重现性好。采用EPC后，由于载气流量变化引起的保留时间误差可小于0.02% RSD。表2-1列出了压力传感器和流量传感器的技术指标。

② 可实现载气的多模式操作，如恒流操作、恒压操作和压力编程操作。这对优化分离更为有利。特别是压力编程操作在优化进样条件方面有重要意义。

③ 使仪器体积更小。因为不再需要各种机械阀和压力表，故仪器显得更为简洁，也不再有机械阀故障。

表 2-1 压力传感器和流量传感器的技术指标（用于载气控制）

传感器	压力传感器	流量传感器
准确度	±2%（全量程范围）	<±5%（不同气体有所不同）
重现性	±0.05% psi[①]	设定值的±0.35%
温度系数	±0.01psi/℃	对于 N_2 或 Ar/CH_4：±0.50mL/(min·℃) 对于 H_2 或 He：±0.20mL/(min·℃)
偏移	±0.1psi/6 个月	

① 1psi=6.895kPa。

④ 使仪器自动化程度更高。只要仪器出厂时校正好EPC，操作人员就只需通过计算机输入色谱柱尺寸和所需流量（或流速）或柱前压，软件就会自动计算并设置好各个压力参数，从而使GC工作效率更高。当然，对于一些法规分析，还是需要对EPC定期进行校正。

⑤ 仪器更省气。EPC具有节省气体的功能，当一段时间不进样分析时，仪器可自动开启省气功能，将载气流速降低（具体数值可人为设定）。需要进样分析时，仪器在几秒钟之内就可恢复原来的条件。有人以氦气作载气为例做过计算，采用EPC三年所省的氦气价值就相当于一台新的GC仪器。所以说，EPC可使分析成本降低。

⑥ 操作更安全。EPC可自动检测GC系统内的漏气，因为有漏气发生时压力就会下降，比如毛细管柱在柱箱内断裂，柱前压就会很快降低。EPC检测到压力意外下降时，就会自动切断有关气体或所有气体，同时报警。这就在一定程度上保证了仪器和实验人员的安全。

⑦ 分析结果更可靠。因为有了EPC，所以很容易将分析过程中各种气体的压力和流

量参数自动记录下来，实验人员可据此判断分析条件有无波动，从而对分析结果的可靠性更有信心。此外，分析结果异常时，也可通过检查这些原始记录快速找到相应的原因。

综上所述，EPC有很多优点，其局限性可能是价格还较高，使用一定时间后可能需要重新校正。比如一些计量认证单位，在认证复查时有可能要求进行校正。目前EPC已逐步普及，是大部分仪器控制载气的标配。高档仪器不仅载气用EPC，所有辅助气体也都用EPC。

2.3 进样口及其操作

2.3.1 常用进样口的技术指标

GC进样系统包括样品引入装置（如注射器和自动进样器）和汽化室（进样口），这里我们先讨论进样口。要获得良好的GC分析结果，首先要将样品定量引入色谱系统，并使样品快速汽化。然后用载气将样品快速"扫入"色谱柱。为此，要注意以下技术指标。

① 操作温度范围　一般市售仪器的最高汽化温度为 $350\sim420℃$，有的可达 $450℃$。技术上讲，这一温度设置还可以更高，但由于色谱柱的最高使用温度一般不超过 $400℃$，所以没有必要设置更高的汽化温度。大部分GC应用的汽化温度在 $400℃$ 以下，高档仪器的汽化室有程序升温功能。

② 载气压力和流量设定范围　常见仪器的载气压力范围为 $0\sim100psi$（$0\sim689.5kPa$），流量范围在 $0\sim200mL/min$ 之间。当配置了EPC后，压力和流量范围会更大。比如，快速GC应用往往需要很大的分流比，故载气流量应足够大，且可作程序变化。

③ 死体积　汽化室的死体积应足够小，以保证样品进入色谱柱的初始谱带尽可能窄，从而减少柱外效应。但死体积太小时，又会因样品汽化后体积膨胀而引起压力的剧烈波动，严重时会造成样品的"倒灌"，反而增大了柱外效应。常见汽化室的死体积为 $0.2\sim1mL$。

④ 惰性　汽化室内壁应具有足够的惰性，不能对样品发生吸附作用或化学反应，也不能对样品的分解有催化作用。为此，在汽化室的不锈钢套管中要插入一个石英玻璃衬管。下文讨论不同进样口的操作时再介绍衬管的设计。

⑤ 隔垫吹扫功能　因为进样口隔垫一般为硅橡胶材料制成，其中不可避免地含有一些残留溶剂和/或低聚物。再者，由于汽化室高温的影响，硅橡胶会发生部分降解。这些残留溶剂和降解产物如果进入色谱柱，就可能出现"鬼峰"（即不是样品本身的峰），影响分析。隔垫吹扫就是消除这一现象的有效方法。

图 2-3 是一个填充柱进样口的结构示意图及隔垫吹扫装置的放大图。可以看到，载气进入进样装置后，先经过加热块预热，这样可保证汽化温度的稳定。然后，大部分载气进入衬管起载气的作用，同时有一部分（$2mL/min$ 左右）向上流动，并从隔垫下方吹扫过，最后放空。从隔垫排出的可挥发物就随隔垫吹扫气流排出系统外。而样品是在衬管内汽化，故不会随隔垫吹扫气流失。

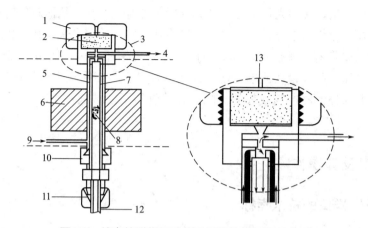

图2-3　填充柱进样口结构及隔垫吹扫原理示意图

1—固定隔垫的螺母；2—隔垫；3—隔垫吹扫装置；4—隔垫吹扫气出口；5—汽化室；

6—加热块；7—玻璃衬管；8—石英玻璃毛；9—载气入口；10—柱连接件固定螺母；

11—色谱柱固定螺母；12—色谱柱；13—3的放大图

　　从图2-3还可以看出，衬管内轴向上各处的温度是不相等的。有人做过实际测定，结果如图2-4所示。当设定汽化温度为350℃时，不同的柱箱温度有不同的温度分布，而隔垫的温度要比设定的汽化温度低很多，这样可防止隔垫的快速老化。因此，进样时注射器一定要插到底，使针尖到达衬管中部最高温度区，以保证样品的快速汽化。衬管中部塞有一些硅烷化处理过的石英玻璃毛，其作用是使针尖的样品尽快分散以加速汽化，避免注射针"歧视"效应（见下文的有关讨论）。另一个作用是防止样品中的固体颗粒或从隔垫掉下来的碎屑进入色谱柱。

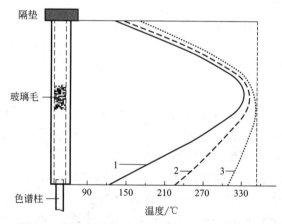

图2-4　汽化室温度（设定为350℃）分布示意图

1—柱箱温度为35℃；2—柱箱温度为150℃；3—柱箱温度为300℃

2.3.2　进样口对谱带展宽的影响及其消除方法

　　对于填充柱GC来说，进样口对谱带展宽（峰展宽）的影响可以忽略。而对于分离效率极高的毛细管柱，柱内峰展宽远比填充柱小，故进样口或进样技术的影响就是必须考虑的问题。原则上讲，消除进样口对峰展宽的影响就是要使进入色谱柱的样品初始谱带尽可能窄。进样体积小一些、进样口温度高一些、载气流速快一些、汽化室体积小一些、分流比大一些，都有利于得到窄的初始谱带宽度。此外，还可利用进样过程中的聚焦技术来减小初始谱带宽度。在讨论聚焦技术之前，先讨论进样口造成峰展宽的机理。

进样口造成峰展宽的机理有两种，一是时间上的展宽，二是空间上的展宽。时间上的峰展宽是由样品蒸气从进样口到色谱柱的转移速度决定的。速度越快，初始峰宽越小。而空间上的峰展宽则是样品进入色谱柱头时产生的。如不分流进样和冷柱上进样时，样品进入柱头会发生部分或全部冷凝。冷凝的液体样品会在载气的吹扫下移动，从而在一定的长度上分布，这一长度就相当于初始峰宽。如果样品与固定相的相容性不好，还会形成液滴而分布。这就使初始峰宽进一步加大，严重的还会造成峰分裂。那么，如何来消除这些影响呢？通常采用如下几种聚焦技术。

（1）固定相聚焦

在 GC 中，保留时间是柱温的指数函数，故柱温低时，样品从汽化室进入色谱柱后的移动速度会大为减慢。这时固定相与样品相互作用，从而使样品组分聚焦到一个窄的谱带中。由此可见，实现固定相聚焦的条件是初始柱温要低，样品与固定相的相容性要好（可用极性相似相容规律来判断）。这是最常用的聚焦技术，但只能用于程序升温分析。

（2）溶剂聚焦

样品在色谱柱头发生部分或全部冷凝以后，溶剂开始挥发，与溶剂挥发性接近的组分就会浓缩在未挥发的溶剂中，从而产生很窄的初始谱带。这就是溶剂聚焦，也称溶剂效应。如图 2-5 所示，当使用己烷作溶剂进行不分流进样时，由于其沸点低于初始柱温，且与样品十一烷（C_{11}）和十二烷（C_{12}）的沸点相差大，故无溶剂聚焦发生。但改用辛烷作溶剂后，同样的分析条件下，C_{11} 和 C_{12} 的峰明显变窄。故根据样品组分的沸点和初始柱温来选择合适的溶剂，往往可以抑制进样过程对峰展宽的影响。

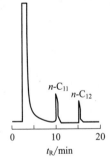

(a) 己烷为溶剂，沸点68℃　　(b) 辛烷为溶剂，沸点125℃

图 2-5　溶剂聚焦的作用

条件：不分流进样 $2\mu L$，样品浓度 $50\mu g/mL$（C_{11}、C_{12}），

OV-101 毛细管柱，115℃恒温分析

（3）热聚焦

样品在进入柱头冷凝的过程中，由于溶剂先进入色谱柱而导致溶质发生浓缩，这就是热聚焦。当柱温达到溶质汽化温度后，样品就以很窄的谱带进入色谱柱。可见低的初始柱温是热聚焦的关键。在冷柱上进样时，采用液态氮气或二氧化碳使柱头处于低温下，就是为了实现冷冻聚焦（即热聚焦）。一般实现热聚焦的条件是初始柱温低于待分析样品的沸点150℃。在此条件下，热聚焦与色谱过程无关，它只需要有一个使样品蒸气冷凝的表面。实际应用中，热聚焦往往伴随有固定相聚焦发生，甚至一个聚焦过程是以上三种聚焦作用的结合。只是在特定条件下，何种聚焦作用起主导作用而已。我们之所以分开讨论是为了理解其机理。

（4）保留间隙管的使用

使用保留间隙管（retention gap）是另一种减小初始谱带宽度的有效方法。所谓保留间隙管，就是连接在进样口和色谱柱之间的一段空柱管。它只是为样品冷凝提供一个空间，而对汽化的溶剂和溶质均无保留作用。保留间隙管的另一个作用是防止不挥发的样品组分进入色谱柱。在后面我们讲到冷柱上进样口和大体积进样技术时，常会遇到使用保留间隙管的问题。这里先就其原理作一介绍。

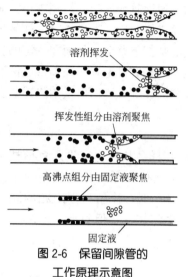

图 2-6　保留间隙管的工作原理示意图

如图 2-6 所示，当样品离开进样口进入保留间隙管后，由于低温而冷凝下来。因为该管内无固定相，所以不同样品组分不会因与固定相的作用不同而相互分离，重要的是样品液体的分布长度变小了。而后，随着溶剂的汽化，所有溶质随载气进入分析柱头，在此处就会发生溶剂聚焦和固定液聚焦（$k < 5$ 的峰多发生溶剂聚焦，$k > 5$ 的峰则多发生固定液聚焦），从而减小了初始样品谱带宽度。

样品分析中如果发现峰展宽严重并出现了分裂峰，就应考虑使用保留间隙管。保留间隙管的长度一般为 0.5m 左右（1μL 进样量约需要 30cm 长的保留间隙管），常用空的石英毛细管柱材料。注意，保留间隙管必须很好地脱活，以防止其造成峰的拖尾或样品分解。一般非极性溶剂需要非极性脱活的保留间隙管，极性溶剂需要极性脱活的保留间隙管。

2.3.3　常用进样口的特点及其选择

表 2-2 列出了常用 GC 进样口和进样技术的特点，在详细讨论各种进样技术之前，首先介绍选择进样方式要考虑的几个问题。

表 2-2　常用 GC 进样口和进样技术

进样口或进样技术	特点
填充柱进样口	最简单的进样口。所有汽化的样品均进入色谱柱，可接玻璃和不锈钢填充柱，也可接大口径毛细管柱进行直接进样
分流/不分流进样口	最常用的毛细管柱进样口。分流进样最为普遍，操作简单，但有分流歧视和样品可能分解的问题。不分流进样虽然操作复杂一些，但分析灵敏度高，常用于痕量分析
冷柱上进样口	样品以液体形态直接进入色谱柱，无分流歧视问题。分析精度高，重现性好。尤其适用于沸点范围宽或热不稳定的样品，也常用于痕量分析（可进行柱上浓缩）
程序升温汽化进样口	将分流/不分流进样和冷柱上进样结合起来，功能多，适用范围广，是较为理想的 GC 进样口
大体积进样	采用程序升温汽化或冷柱上进样口，配合以溶剂放空功能，进样量可达几百微升，甚至更高，可大大提高分析灵敏度，在环境分析中应用广泛，但操作较为复杂
阀进样	常用六通阀定量引入气体或液体样品，重现性好，容易实现自动化。但进样对峰展宽的影响大，常用于永久气体的分析，以及化工工艺过程中物料流的监测

进样口或进样技术	特点
顶空进样	只取复杂样品基体上方的气体部分进行分析,有静态顶空和动态顶空(吹扫-捕集)之分,适合于环境分析(如水中有机污染物)、食品分析(如气味分析)及固体材料中的可挥发物分析等
裂解进样	在严格控制的高温下将不能汽化或部分不能汽化的样品裂解成可汽化的小分子化合物,进而用 GC 分析,适合于聚合物样品或地矿样品等

  GC 仪器的配置要依据分析目的、样品的性质以及所选色谱柱来确定。而在仪器配置中,进样口的选择与操作对分析结果的准确度和重现性有着直接影响。特别是毛细管柱柱容量小,进样口性能的影响更为明显。前面我们讨论了进样口的技术指标,那么,进样口和操作参数的选择应注意哪些共性问题呢? 下面主要以毛细管柱分流/不分流进样口为例进行讨论。

2.3.3.1　样品的稳定性

  对于热稳定的样品,优先选择分流/不分流进样口。但对热不稳定的样品或者有易分解组分的样品,就必须考虑进样口温度的设置以及汽化室的惰性问题。进样口温度高,或者汽化室内表面有活性催化点 (如金属或玻璃表面的金属离子),就可能引起样品组分的分解。采用不分流进样时,更容易发生样品的分解,从而使色谱图上出现更多的峰,使分析准确度下降。因此,在保证样品有效汽化的前提下,进样口温度低一些有助于防止样品的分解。采用高的分流流量、对进样口内表面进行脱活处理都是防止样品降解的措施。如采用这些措施后样品仍然会分解,就应考虑用冷柱上进样技术。

2.3.3.2　隔垫和衬管

  前文我们已讨论了隔垫吹扫的问题。与隔垫有关的还有老化漏气的问题,所以,要注意选择适当耐高温的隔垫,并定期检漏,需要时及时更换,以保证分析的正常进行。

  关于衬管,现在有多种型号可供选择,多为玻璃或石英材料制成。图 2-7 给出了几种常见的衬管结构。至于如何选择,我们将在介绍每种进样技术时讨论,这里只是强调几个普遍性的问题:

  ① 衬管能起到保护色谱柱的作用。在分流/不分流进样时,不挥发的样品组分会滞留在衬管中而不进入色谱柱。如果这些物质在衬管内积存一定量,就会对分析产生直接影响。比如,它会吸附极性样品组分而造成峰拖尾,甚至峰分裂,还会出现鬼峰。因此,一定要保持衬管干净,注意及时清洗和更换。

  ② 衬管内表面的活性点可能导致样品被吸附或分解,故要进行脱活处理。常用的方法是硅烷化,但在高温下工作时,硅烷化的有效期只有几天。因此在分析极性样品时,要注意及时更换衬管或重新硅烷化处理。

  ③ 衬管中是否应填充填料,要依具体情况而定。填少量经硅烷化处理的石英玻璃毛可防止注射器针尖的歧视作用 (见下文),加速样品汽化;还可避免颗粒物质堵塞色谱柱。样品中难挥发物含量高时,还可填充一些固体吸附剂或色谱固定相,以达到样品预分离的效果,但也同时增加了样品分解和吸附的可能性,故应依据样品实际情况而定。

  ④ 衬管容积是影响分析质量的重要参数,基本要求是衬管容积至少要等于样品中溶

剂汽化后的体积。常用溶剂汽化后体积要膨胀150~500倍。如果衬管容积太小，会引起汽化样品的"倒灌"，以及柱前压突变，这对分析都是不利的。反之，如果容积太大，又会带来不必要的柱外效应，使样品初始谱带展宽。故在实际工作中要注意衬管容积与样品的匹配性。

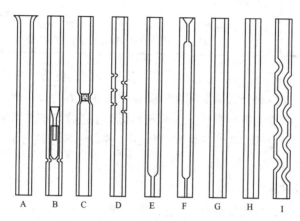

图2-7　常用GC进样口衬管的结构

A用于填充柱进样口；B~G用于毛细管柱分流进样；G和H用于不分流进样；

G、H和I用于程序升温汽化进样口

2.3.3.3　手动进样与自动进样

要比较手动进样和自动进样的孰优孰劣，也许是多余的，因为现在实验室大多有自动进样器。然而有些基层实验室还有用手动进样的，即使有自动进样器的实验室，也难免因自动进样器故障而不得不采用手动进样。这里简要说明手动进样时应注意的一些问题，此外，介绍一些自动进样器的新功能。

（1）手动进样应注意的问题

GC中手动进样技术的熟练与否，也直接影响到分析结果的好坏。熟练的进样技术应该（针对常规液体样品）要求：

① 选用合适的注射器。GC分析最常用的是10μL微量注射器，其进样量一般不要小于1μL。如果进样量要控制在1μL以下，就应采用5μL或1μL的注射器。此时要注意，5μL或1μL的注射器往往是将样品抽在针尖内，因此观察不到针管中的液面，故很可能抽入气泡。取样时反复推拉针芯，以确保针尖内没有气泡。

② 取样准确且重现。即取样量要准确，抽取样品的速度要重现，以保证进样的重现性。特别是黏度大的样品，要避免在注射器中形成气泡。防止产生气泡的办法是将注射器插入样品溶液，多次推拉针芯，推下时要快，拉起时要慢。最后可能会有很小的气泡在针管中，不易除去。这时可以取多于实际进样量的样品（比如，进样量为1μL，可取2~3μL样品），然后将针尖朝上，用手指轻轻弹击针管，气泡就会跑到液体的上方。再将多余的样品推出针管，气泡也就排出去了。要使取样量准确，也是这样倒置注射器，使视线与针管中的液面处于同一水平上。然后推压针芯到所需刻度。至于针尖外面黏附的一部分样品，可用一片滤纸快速擦拭后除去（注意不能让滤纸吸去针管内的样品），也可不管它，因为它会被进样隔垫擦去（但这会加速隔垫的老化），而隔垫的问题则由隔垫吹扫来解决。

③ 注射速度快。注射速度慢时会使样品的汽化过程变长，导致样品进入色谱柱的初始谱带变宽。正确的注射方法应当是：取样后，一只手持注射器（防止汽化室的高气压将针芯吹出），另一只手保护针尖（防止插入隔垫时弯曲），先小心地将注射针头穿过隔垫，随即以最快的速度将注射器插到底，与此同时迅速将样品注射入汽化室（注意不要使针芯弯曲），然后快速拔出注射器。注射器在汽化室中停留的时间越短越好，且每次注射的过程越重现越好。

④ 避免样品之间的相互干扰。如果进样时注射器内有上一个样品的残留组分，就会干扰下一个样品的分析。在色谱中这叫作记忆效应，是必须消除的。具体办法是洗针。取样前先用样品溶剂洗针至少三次（抽取针管的三分之二，再排出）。再用要分析的样品洗针至少三次，然后取样（多次上下抽动），这样基本上可消除记忆效应。如果同时有几个样品要分析，且要交替进样（如用外标法分析时，可能对标样和实际样品交替进样），则最好是每个样品各用一个注射器，既能避免样品之间的相互干扰，又不至于因为清洗注射器而消耗太多的样品（可用的样品量小时，这是要考虑的问题）。

⑤ 减少注射歧视。所谓注射歧视是指注射针插入 GC 进样口时，针尖内的溶剂和样品中的易挥发组分首先开始汽化；无论注射速度多快，不同沸点的组分总是有汽化速度的差异。当注射完毕抽出针尖时，注射器中残留样品的组成就与实际样品的组成有所不同。显然，高沸点组分残留得要多一些。换句话说，进入色谱柱的样品中的高沸点组分含量可能低于实际样品，从而造成定量分析的误差。如果能保证每次进样的速度严格一致（如用自动进样器），经标样校正后，可忽略这一歧视作用，但手动进样时这是难以达到的。所以必要时应使用热针进样或溶剂冲洗进样技术。前者是指取样前先将注射针插入汽化室预热一定时间，然后再按正常方法进样；后者则是取样前先在注射器中抽入一定量的溶剂，再抽取样品。这样在注射样品时，溶剂有可能将样品全部冲洗进入汽化室。相比之下，溶剂冲洗进样的操作较为简单有效，但应注意所用溶剂量太大会造成色谱柱超载。

（2）自动进样器的新功能

一般认为用自动进样器进样的好处是进样速度快且重现、可实现自动分析、减轻分析人员的劳动强度。这无疑是对的。当仪器配置了先进的自动进样器后，只要将样品准备好，置于样品盘上，编制好分析序列，仪器就可按要求进行连续的自动分析，而无需有人值守。随着 GC 进样技术的发展，一台自动进样器所能提供的功能已远远超过了上面所述。下面介绍几项自动液体进样器的新功能。

① 针对样品可设置不同的注射速度。快速注射进样可以消除针尖的歧视效应，提高进样重现性。慢速注射进样则可保证高黏度样品的有效进样。

② 进样体积范围宽。可采用 $5\mu L$、$10\mu L$、$25\mu L$、$50\mu L$ 和 $100\mu L$ 注射器，进样体积从 $0.5\mu L$ 到 $50\mu L$ 可变，能实现大体积进样，一般不用进行样品的预浓缩或稀释。采用微量样品瓶时，$10\mu L$ 的总样品量，自动进样器可成功进行连续 8 次 $1\mu L$ 的进样。

③ 适用于多种进样模式。如分流/不分流进样、多次注射进样（大体积进样）等，且可设定用两种溶剂自动清洗注射器，最多可清洗 15 次。

④ 可变取样深度。即注射器可在接近样品瓶底部取样，也可在瓶底以上 30mm 处取样。这样做的好处是：第一，样品可置于样品瓶中进行萃取，然后设定从哪一层液体取样（这一功能称为微型液-液萃取）；第二，可做微量顶空分析，即将复杂样品置于样品瓶中，

待气液（固）平衡后从液体上方取气体进样分析。为保证上述功能的实现，自动进样器样品盘有振荡功能，且可控制样品盘的温度，以保证分析的准确度。

⑤ 优先进样功能。即在一个自动序列分析中，可在任何时刻插入需要马上分析或在某一时刻分析的样品，而不影响原来序列的运行（只是时间延迟而已）。

综上所述，自动进样器不仅能完成自动进样的任务，还越来越倾向于与样品制备功能相结合，自动完成一些样品制备操作。有的自动进样器还具有自动固相微萃取功能，还有的与色谱仪集成为一体，通过主机键盘即可控制进样。这些都促进了整个 GC 仪器的自动化。

2.3.4　填充柱进样口及其操作

填充柱进样口是目前常用，也是最简单、最容易操作的 GC 进样口，其基本结构见图 2-3。该进样口的作用就是提供一个样品汽化室，所有汽化的样品都被载气带入色谱柱进行分离。进样口可以配置，也可以不配置隔垫吹扫装置。这种进样口可连接玻璃或不锈钢填充柱，还可连接大口径毛细管柱作直接进样分析。下面分别进行讨论。

2.3.4.1　填充柱进样

（1）柱连接

在填充柱进样口，使用玻璃柱或不锈钢柱时，连接方法是不同的，需使用不同的接头（又称插件）。玻璃柱可直接插入汽化室，由一个固定螺母加石墨垫密封。此时插入汽化室的色谱柱部分不应有填料在其中，否则会在高温下分解而干扰分析。这段空的色谱柱又起到了玻璃衬管的作用（相当于填充柱柱上进样），防止了样品与汽化室不锈钢表面的接触。若需进一步减小汽化室死体积，可在柱端插入一个玻璃或石英套管。玻璃填充柱常用于分析极性化合物，如农药分析等。

当采用不锈钢柱时，柱端接在汽化室的出口处，用螺母和金属压环密封。这时应在汽化室安装玻璃衬管，以避免极性组分的分解和吸附（衬管结构见图 2-7）。在日常分析工作中还要注意及时更换和清洗衬管。

（2）样品的适用范围

只要色谱柱的分离能力可满足要求，填充柱进样口适合于各种各样的可挥发性样品。由于所有汽化的样品都进入色谱柱，且填充柱柱容量大，故定量分析准确度很高。如果色谱柱能完全分离所测组分，则灵敏度一般也没问题。对于热不稳定的样品，最好采用玻璃柱，将样品直接进入柱头；而对"脏"的样品则应采用衬管，以防止污染物进入色谱柱而造成柱性能下降。

（3）操作参数设置

① 进样口温度。该温度应接近或略高于样品中待测高沸点组分的沸点。温度太高可能引起某些热不稳定组分的分解，或当进样量大时，造成样品倒灌。如果温度太低，晚流出的色谱峰会变形（展宽、拖尾或前伸）。

② 载气流速。内径为 2mm 左右的填充柱，载气流速一般为 30mL/min（氦气）。用氢气作载气时流速可更高一些，用氮气时则要稍低一些。还可以根据具体样品分离情况进行载气流速的优化。

③ 进样量和进样速度。填充柱的柱容量大，进样量一般为 1~5μL，甚至更高。由于

填充柱分离效率有限，进样速度的快慢对结果影响不大，只要进样量和进样速度重现，手动进样和自动进样所得结果的分析精度几无差别。

2.3.4.2 大口径毛细管柱直接进样

（1）柱连接

所谓直接进样就是指用大口径（≥0.53mm 内径）毛细管柱接在填充柱进样口，像填充柱进样一样，所有汽化的样品全部进入色谱柱。大口径毛细管柱柱效高于填充柱，柱容量介于填充柱和常规毛细管柱之间，其柱内载气流速可以高达 15mL/min 左右，故可采用填充柱进样口，只是将柱接头和衬管稍作改进即可。

将填充柱接头换成大口径毛细管柱专用接头就可连接大口径柱。图 2-8 所示是几种不同的连接方式，区别主要在于衬管的结构和有无隔垫吹扫。图中（a）是最常用的衬管，适合于柱流速高的大部分分析，且有隔垫吹扫装置。但当进样量大时，有可能发生倒灌问题（因为衬管容积小，样品汽化后体积膨胀，汽化室压力可能超过柱前压，从而使样品气体反扩散进入载气管路中），这时可用图中（b）所示大体积衬管，其上部的锥形可防止样品的倒灌，下部的锥形则可保证样品快速进入色谱柱。图中（c）所示的衬管是对（a）的改进，（d）则是为柱内直接进样而设计，其色谱柱端伸入衬管中，样品直接进入柱头汽化。

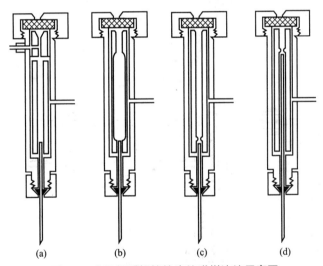

(a)　　　　(b)　　　　(c)　　　　(d)

图 2-8　大口径毛细管柱直接进样连接示意图

（2）样品的适用范围

基本与填充柱分析相同，对热不稳定的样品宜采用柱内直接进样，"脏"的样品则采用普通直接进样，利用衬管来保护色谱柱不被污染。

（3）操作参数设置

① 进样口温度。一般应高于待测组分沸点 10～25℃。

② 载气流速。从减小初始谱带宽度的角度看，载气流速越快越好。但由于填充柱进样口的载气控制常常是恒流控制模式，其稳定流速不应低于 15mL/min，而这正是大口径毛细管柱的流量上限。所以当需要载气流速低于 10mL/min 时（0.53mm 内径柱的最佳流

量为 3.5mL/min），应在气路中增加一个限流器，以稳定流速。

③ 进样量和进样速度。由于大口径柱的柱容量小于填充柱，故进样量一般不应超过 1μL。进样量大时很容易造成柱超载。同时，进样速度慢一些可以减少倒灌的可能性，改善早流出峰的分离度。

2.3.5 分流/不分流进样口及其操作

2.3.5.1 进样口结构

分流/不分流进样口是毛细管柱 GC 最常用的进样口，它既可用作分流进样，也可用作不分流进样。图 2-9 是典型的分流/不分流进样口示意图。

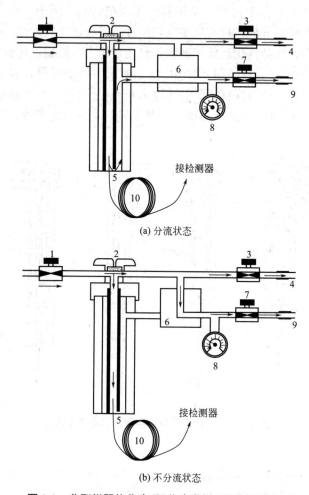

图 2-9 典型仪器的分流/不分流进样口原理示意图

1—总流量控制阀；2—进样口；3—隔垫吹扫气调节阀；4—隔垫吹扫气出口；5—分流器；6—分流/不分流电磁阀；7—柱前压调节阀；8—柱前压表；9—分流出口；10—色谱柱

从结构上看，分流/不分流进样口与填充柱进样口有明显的不同：一是前者有分流气出口及其控制装置；二是除了进样口前有一个控制阀外，在分流气路上还有一个柱前压调节阀；三是二者使用的衬管结构不同（见图 2-7）。而分流进样和不分流进样在操作参数的设置、对样品的要求以及衬管结构方面也有很大区别。

2.3.5.2　分流进样

（1）载气流路和衬管选择

分流进样时载气流路如图 2-9（a）所示。进入进样口的载气总流量由一个总流量控制阀控制，而后载气分成两部分：一是隔垫吹扫气（1～3mL/min），二是进入汽化室的载气。进入汽化室的载气与样品气体混合后又分为两部分：大部分经分流出口放空，小部分进样色谱柱。以总流量为 104mL/min 为例，如果隔垫吹扫气流速设置为 3mL/min，则另 101mL/min 进入汽化室。当分流流量为 100mL/min 时，柱内流量为 1mL/min，这时分流比为 100：1。注意，此仪器设计将柱前压调节阀置于分流气路上，这就可在总流量不变的情况下，改变柱前压。柱前压越高，柱流速越大，分析速度越快。而要在柱前压不变（柱流速不变）的条件下改变分流比，则必须调节总流量。总流量越大，分流比越大。

分流进样口可采用多种衬管，参见图 2-7。用于分流进样的衬管大都不是直通的，管内有缩径处或者烧结板，或者有玻璃珠，或者填充有玻璃毛，这主要是为了增大与样品接触的比表面，保证样品完全汽化，减小分流歧视（见下文），同时也是为了防止固体颗粒和不挥发的样品组分进入色谱柱。填充物应位于衬管的中间，即温度最高的地方，也是注射器针尖到达的地方，这样对提高汽化效率、减少注射器针尖对样品的歧视更为有效。另外，玻璃毛活性较大，不适合于分析极性化合物，此时可用经硅烷化处理的石英玻璃毛。

衬管的上端常用"O"形硅橡胶环密封，用一段时间后该环会老化而造成漏气，故要及时更换。当进样口温度超过 400℃时，最好采用石墨密封环，

（2）样品的适用性

分流进样适合于大部分可挥发样品，包括液体和气体样品，特别是对一些化学试剂（如溶剂）的分析。因为其中一些组分会在主峰前流出，而且样品不能稀释，故分流进样往往是理想的选择。此外，在毛细管柱 GC 的方法开发过程中，如果对样品的组成不很清楚，也应首先采用分流进样。对于一些相对"脏"的样品，更应采用分流进样，因为分流进样时大部分样品被放空，只有一小部分样品进入色谱柱，这在很大程度上防止了柱污染。只有在分流进样不能满足分析要求时（如灵敏度太低），才考虑其他进样方式，如不分流进样和柱上进样等。总之，分流进样的适用范围宽，灵活性很大，分流比可调范围广，故成为毛细管柱 GC 的首选进样方式。

（3）操作参数设置

① 温度。进样口温度应接近于或等于样品中最重组分的沸点，以保证样品快速汽化，减小初始谱带宽度。但温度太高有使样品组分分解的可能。对于一个未知的新样品，可将进样口温度设置为 300℃进行试验。

② 载气流速。毛细管柱 GC 所用柱内载气线流速通常为：氦气 30～50cm/s，氮气 20～40cm/s，氢气 40～60cm/s。实际流速可通过测定死时间来计算，通过调节柱前压来控制。对于分流进样，还要测定隔垫吹扫气流量和分流流量。前者一般为 2～3mL/min，后者则要依据样品情况（如待测组分浓度等）、进样量大小和分析要求来确定。常用分流比范围为（20：1）～（200：1），样品浓度大或进样量大时，分流比可相应增大，反之则减小。用大口径柱时分流比小一些（或采用不分流进样），用微径柱作快速 GC 分析时，分流比要求很大（如 1000：1 或更高）。另外，分流比小时，分流歧视（见下文）效应可能

小一些，但初始谱带（主要是溶剂谱带）宽度要大一些，必要时可采用聚焦技术；而分流比大时，初始谱带宽度小，但分流歧视效应可能会增大。所以，在实际工作中应根据样品情况和分析要求进行优化，从而选择载气流速。

③ 进样量和进样速度。分流进样的进样量一般不超过 $2\mu L$。当然，进样量和分流比是相关的，分流比大时，进样量可大一些。至于进样速度应当越快越好，一是防止不均匀汽化，二是保持窄的初始谱带宽度。因此，快速自动进样往往比手动进样的效果好。

（4）分流歧视问题

所谓分流歧视是指在一定分流比条件下，不同样品组分的实际分流比是不同的，这会造成进入色谱柱的样品组成不同于原来的样品组成，从而影响定量分析的准确度。因此，采用分流进样时必须注意这个问题。那么，什么因素可造成分流歧视呢？

不均匀汽化是分流歧视的主要原因之一。即由于样品中各组分的极性不同，沸点各异，造成汽化速度的不同。理论上讲，只要汽化温度足够高，就能使样品的全部组分迅速汽化。只要汽化室内样品处于均相气体状态，分流歧视就是可以忽略的。然而，实际上样品在汽化室是处于一种运动状态，即必须随载气流动。从汽化室汽化到进入色谱柱的时间很短（以秒计），沸点不同的组分到达分流点时，汽化状态可能不完全相同。这样，由于分流流量远大于柱内流量，样品中汽化不完全的组分就比完全汽化的组分多分流掉一些。造成分流歧视的另一个原因是不同样品组分在载气中的扩散速度不同，而扩散速度与温度是成正比的。所以，尽量使样品快速汽化是消除分流歧视的主要措施，包括采用较高的汽化温度和使用合适的衬管。

分流比的大小也会影响分流歧视。一般讲，分流比越大，越有可能造成分流歧视。所以，在样品浓度和柱容量允许的条件下，分流比小一些有利。分流比的测定是很简单的，只要在分流出口用皂膜流量计测定分流流量，再测定柱内流量（因为柱内流量很小，用皂膜流量计测定时误差较大，故常用测定死时间的办法进行流量计算），二者之比即为分流比。严格讲，两个流量值应校正到相同的温度和压力条件下，才能获得准确的分流比。实际工作中人们更关心的是分流比的重现性，分流比常用整数比表示，故一般不需要很准确地测定。

具体分析中要消除分流歧视，还应注意色谱柱的初始温度尽可能高一些。这样，汽化温度和柱箱温度之差就会小一些，因而样品在汽化室经历的温度梯度就会小一些（参看图 2-4），可避免汽化后的样品发生部分冷凝。最后一个问题是色谱柱的安装，一是要保证柱入口端超过了分流点，二是保证柱入口端处于汽化室衬管的中央，即汽化室内色谱柱与衬管是同轴的。

尽管分流进样有歧视效应问题，但它仍然是毛细管柱 GC 中最常用的进样方式。在实际工作中，分流歧视是很难完全消除的，但只要操作是重现的，一定程度的歧视是重现的，就可以通过标准样品的校准来消除歧视效应对定量准确度的影响。

另外，由于分流进样给检测灵敏度提出了更高的要求，而当样品浓度太低时。分流进样并不总是合适的选择。除了进行样品预处理（如浓缩）外，采用不分流进样就是理所当然的选择。

2.3.5.3 不分流进样

（1）载气流路和衬管选择

不分流进样与分流进样采用同一个进样口。顾名思义，不分流进样就是将分流气路的

电磁阀关闭 [图 2-9(b)]，让样品全部进入色谱柱。这样做的好处是显而易见的，既可提高分析灵敏度，又能消除分流歧视的影响。然而，在实际工作中不分流进样的应用远没有分流进样普遍，只有在分流进样不能满足分析要求时（主要是灵敏度要求），才考虑使用不分流进样。这是因为不分流进样的操作条件优化较为复杂，对操作技术和样品洁净程度的要求高。其中最突出的问题是样品初始谱带较宽（样品汽化后的体积相对于柱内载气流量太大），汽化的样品中溶剂是大量的，不可能瞬间进入色谱柱，结果溶剂峰就会严重拖尾，使早流出组分被掩盖在溶剂拖尾峰中 [如图 2-10(a) 所示]，从而使分析变得困难，甚至不可能。有人也将这一现象叫作溶剂效应。

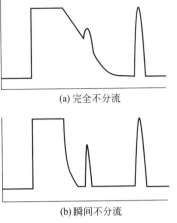

(a) 完全不分流

(b) 瞬间不分流

图 2-10　不分流进样的溶剂效应

消除这种溶剂效应可从几个方面考虑，但就载气的流路来说，主要是采用所谓瞬间不分流技术。即进样开始时关闭分流电磁阀，使系统处于不分流状态 [图 2-9(b)]，待大部分汽化的样品进入色谱柱后，开启分流阀，使系统处于分流状态 [图 2-9(a)]。这样，汽化室内残留的溶剂气体（当然包括小部分样品组分）就很快从分流出口放空，从而在很大程度上消除了溶剂拖尾 [如图 2-10(b) 所示]。分流状态一直持续到分析结束，注射下一个样品时再关闭分流阀。所以，不分流进样并不是绝对不分流，而是分流与不分流的结合，而确定一个瞬间不分流时间（从进样到开启分流阀的时间）往往是分析成败的关键。原则上讲，这一时间应足够长，以保证绝大部分样品进入色谱柱，避免分流歧视的影响；同时又要尽可能短，以最大限度地消除溶剂拖尾，使早流出峰的分析更为准确。这显然是有矛盾的。在实际工作中，常常是根据样品的具体情况（如溶剂沸点、待测组分沸点和浓度等）或操作条件来确定一个优化的折中点。研究表明，这一时间一般在 0.5～1.5min 之间。文献报道多采用 0.75min，即从进样到开启分流阀的时间为 0.75min，通常能保证 95% 以上的样品进入色谱柱。本节后面将介绍如何用实验方法确定优化的瞬间不分流时间。

衬管的尺寸是影响不分流进样性能的另一个重要因素。为了使样品在汽化室尽可能少地稀释，从而减小初始谱带宽度，衬管的容积小一些有利，一般为 0.25～1mL，且最好使用直通式衬管（见图 2-7H）。当用自动进样器进样时，因进样速度快，样品挥发快，故建议采用容积稍大一些的直通式衬管（如图 2-7G）。对于干净样品，衬管内可不填充玻璃毛，对于相对脏的样品，则需要填充玻璃或石英毛，以保证分析的重现性，并保护色谱柱不被污染。但要注意，由于不分流进样时样品在汽化室滞留的时间比分流进样时长，热不稳定化合物的分解可能性也大，故衬管和其中填充的石英毛都必须经硅烷化处理，且要及时清洗、更换和重新硅烷化。

（2）样品的适用性

不分流进样具有明显高于分流进样的灵敏度，它通常用于环境分析（如水和大气中痕量污染物的检测）、食品中的农药残留检测，以及临床和药物分析等。这些样品往往都比较"脏"，所以样品的预处理是保护色谱柱所必须注意的问题。此外，待测痕量组分如果

在溶剂拖尾处出峰的话，还可采用溶剂聚焦的方法来提高分析准确度。

不分流进样对样品溶剂有较严格的要求。因为进样口温度、色谱柱初始温度、瞬间不分流的时间和进样体积都与溶剂沸点有关。一般使用高沸点溶剂比低沸点溶剂有利，因为溶剂沸点高时，容易实现溶剂聚焦，且可使用较高的色谱柱初始温度，还可降低注射器针尖歧视以及汽化室的压力突变。表2-3列出了常见的溶剂及其沸点和实现溶剂聚焦宜采用的色谱柱初始温度。还应指出，这只能用于固定液交联的色谱柱。

表 2-3　常见溶剂的沸点和实现溶剂聚焦宜采用的色谱柱初始温度

溶剂名称	沸点/℃	初始柱温/℃	溶剂名称	沸点/℃	初始柱温/℃
乙醚	36	10～室温	正己烷	69	40
正戊烷	36	10～室温	乙酸乙酯[①]	77	45
二氯甲烷	40	10～室温	乙腈	82	50
二硫化碳	46	10～室温	正庚烷	98	70
氯仿[①]	61	25	异辛烷	99	70
甲醇[①]	65	35	甲苯	111	80

①只能用于固定液交联的色谱柱。

另外，溶剂的极性一定要与样品的极性相匹配，且要保证溶剂在所有被测样品组分之前出峰，否则早流出的峰就会被溶剂的大峰掩盖。同时，溶剂还要与固定相匹配，才能实现有效的溶剂聚焦。必要时可采用保留间隙管来达到聚焦的目的。

对于高沸点痕量组分的分析，不分流进样就容易多了。此时可以不考虑溶剂的沸点，因为固定相聚焦完全能保证窄的初始谱带，采用高的初始柱温还可缩短分析时间。事实上，不分流进样应是分析高沸点痕量组分的首选方法。

（3）操作参数设置

① 进样口温度。进样口温度的设置可以比分流进样时稍低一些，因为不分流进样时样品在汽化室滞留时间长，汽化速度稍慢一些不会影响分离结果，还可通过溶剂聚焦和/或固定相聚焦来补偿汽化速度慢的问题。不过，进样口温度的低限是能保证待测组分在瞬间不分流时完全汽化，否则，过低的进样口温度会造成高沸点组分的损失，影响分析灵敏度和重现性。当然，过高的温度又会造成样品的分解。因此，要根据样品的具体情况优化进样口温度。而当改变进样口温度后，又必须重新优化设置瞬间不分流时间。

② 载气流速。从减小初始谱带宽度的角度考虑，不分流进样的载气流速应当高一些，其上限应以保证分离度为准。分流出口的流量（开启分流阀后）一般为 $30\sim60mL/min$。只要开启分流阀的时间设置正确，分流出口流量在此范围内变化对分析结果的影响很小。

③ 进样量和进样速度。进样量一般不超过 $2\mu L$。进样量大时应选用容积大的衬管，否则会发生样品倒灌。进样速度则应快一些，最好用自动进样器。若采用手动进样，进样速度的重现性会影响分析结果。

④ 瞬间不分流时间的实验确定方法。如前文所述，瞬间不分流时间（也有人称作分流延迟时间、溶剂吹扫时间）的确定依赖于样品和溶剂的性质、衬管的容积、进样量、进样速度以及载气流速。所以这一时间的确定应在其余所有条件都确定之后进行。下面介绍一个简单的实验确定方法。

首先将这一时间设置长一些（90～120s），以保证全部样品组分进入色谱柱。对样品进行分析之后，选择一个待测组分的峰面积（该峰的 k 值应大于 5）作为测定指标，该峰面积值就代表 100% 的样品进入了色谱柱。

然后逐步缩短不分流时间（如 70s、50s、30s）分别进样分析，计算同一组分在不同溶剂吹扫时间条件下的峰面积与第一次分析的峰面积之比，直到此比值小于 0.95，此时的不分流时间为最短时间。

最后，再进一步微调不分流时间，使同一组分的峰面积达到第一次分析时峰面积的 95%～99%，此时的吹扫时间即为最佳条件。

对于高沸点样品，不分流时间长一些有利于提高分析灵敏度，而不影响测定准确度；对于低沸点样品，则要尽可能使不分流时间短一些，最大限度地消除溶剂拖尾，以保证分析准确度。对于热不稳定的化合物，最好用下节将要介绍的柱上进样技术。

2.3.6 柱上进样口及其操作

2.3.6.1 柱上进样的特点

柱上进样就是将样品直接注入处于室温或更低温度下的色谱柱内，然后再逐步升高温度使样品组分依次汽化通过色谱柱进行分离。实际工作中常用冷柱上进样，即采用干冰或液氮控制柱头温度。很显然，冷柱上进样具有如下优点：

① 消除了进样口对样品的歧视效应，包括注射器针头的歧视效应，这是因为液体样品直接进入柱内，进样过程中样品不会汽化，且没有分流问题。

② 避免了样品的分解。样品既不接触可能有催化作用的汽化室内表面，也不经受高温，所以，冷柱上进样是分析热不稳定化合物的理想方法。

③ 由于样品进入色谱柱时处于低温，故很容易实现早流出峰的溶剂聚焦。

④ 由于上述三点，冷柱上进样的分析准确度、精密度均比分流/不分流进样高。

当然，冷柱上进样的缺点也是明显的：

① 与分流/不分流进样相比，冷柱上进样的进样体积要小。大的进样量很容易造成柱超载，尤其是采用内径小或相比大的色谱柱时。

② 操作较为复杂，对初始柱温、溶剂性质、进样速度等有较为严格的要求，且要用特殊的注射器。

③ 毛细管柱容易被污染，样品记忆效应也较明显，即前次进样遗留在柱头的组分可能对后一次分析造成干扰。

④ 在溶剂峰前面流出的组分很难实现聚焦，测定起来较为困难。

正是由于这些缺点，冷柱上进样的使用远不及分流/不分流进样普遍，往往是在分析一些热不稳定化合物或要求准确度、精密度和灵敏度极高时才考虑使用冷柱上进样。此外，市售仪器的标准配置大多不带冷柱上进样口，用户需要时要作为选件另购，故仪器成本也会相应增高。

2.3.6.2 进样口设计

图 2-11 所示为冷柱上进样口的结构（不同厂家的仪器可能在设计上有所不同），它是用于自动进样器的。用 0.53mm 大口径柱时，可采用标准注射器；如果用 0.32mm 以下

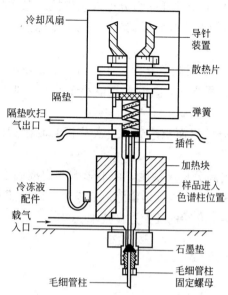

冷却风扇

导针装置

散热片

隔垫

弹簧

隔垫吹扫气出口

插件

加热块

冷冻液配件

样品进入色谱柱位置

载气入口

石墨垫

毛细管柱固定螺母

毛细管柱

图 2-11　冷柱上进样口的结构示意图

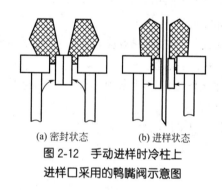

(a) 密封状态　　(b) 进样状态

图 2-12　手动进样时冷柱上
进样口采用的鸭嘴阀示意图

内径的毛细管柱，则必须采用更细的注射针头，而细针头更容易弯曲。这时，如果进样口隔垫或样品瓶隔垫较硬，或者注射器位置未对准，都可能发生针头弯曲。用自动进样器进行冷柱上进样时，进样速度快，分析精度高，但毛细管柱内径小于 0.32mm 时，最好用一段 0.53mm 的毛细管，用缩径接头连接在毛细管柱头。

手动进样时采用细的石英玻璃注射针头（与毛细管柱材料相同），冷柱上进样口的导针装置要换成手动进样导针管，主要的区别是不用隔垫（石英玻璃针头不容易穿过隔垫），而是用一个橡胶制成的鸭嘴密封装置（图 2-12），利用进样口载气压力实现密封。进样时，先将抽取样品时挂在针头外面的样品擦去（可用滤纸），然后按下导针管，此时鸭嘴密封装置松开，以便将注射针插入柱头。一旦针头插入柱内预定位置，就可松开导针管，使鸭嘴阀处于密封状态。然后迅速将样品压入柱内，立即抽出注射器。几秒钟后就可开始进样口和色谱柱的升温程序。

当需要冷冻聚焦时，还可用液氮或液态二氧化碳使进样口处于较低温度。此时柱箱初始温度可设置得高一些，甚至可超过溶剂沸点，因为聚焦已在处于进样口的柱头完成了。这样可以缩短分析周期，提高工作效率，以补偿使用液氮或液态二氧化碳造成的分析成本提高。

冷柱上进样不用衬管，只有一个小的插件以保证针头准确进入色谱柱。另外，在冷柱上进样时常常采用保留间隙管，一是它能为细内径柱的自动柱上进样提供一个"接口"，二是防止色谱柱被污染，三是通过聚焦实现柱上样品浓缩，四是在 LC-GC 联用中可作为"接口"。不过一定要注意保留间隙管的脱活问题（前面已讨论过）。至于保留间隙管的长度，主要取决于溶剂与管的相容性。相容性越好，保留间隙管可越短。比如己烷作溶剂时，每微升进样量需要 30cm 的保留间隙管，而用甲醇作溶剂时，每微升进样量则需要 2m 的保留间隙管。

2.3.6.3　样品适用性

前已述及，冷柱上进样最适用于热不稳定样品的分析，也适用于微量组分的高精度分析。不论什么样品，都要保证尽可能干净，以保护色谱柱。所用溶剂要与固定相相容，以实现有效的聚焦。如果使用保留间隙管，这些问题就可以在很大程度上得到解决。

2.3.6.4 操作条件设置

（1）温度

冷柱上进样须用程序升温技术。一旦完成了进样过程，就应该开始升温，其升温速率起码要与柱温升温速率一样快，以保证窄的初始样品谱带。有些仪器配备有柱温跟踪功能，即保证进样口温度总比柱温高。更快的进样口升温速率有利于高沸点组分的聚焦。

（2）载气流速

冷柱上进样分析需要载气流速高一些，以便将样品快速带入色谱柱。一般要求 30～50cm/s 的流速。至于隔垫吹扫可设置为 3～10mL/min。

（3）进样体积

进样体积是必须注意的问题，以 0.5μL 为好，最大不要超过 2μL。实际工作中可根据样品浓度、检测器灵敏度、色谱柱性能（相比、内径）等参数来优化进样体积。一般原则是在满足灵敏度要求的条件下，进样体积越小越好。

2.3.7 程序升温进样口及其操作

2.3.7.1 程序升温汽化进样的特点

程序升温汽化（PTV）进样就是将液体或气体样品注射入处于低温的进样口衬管内，然后按设定程序升高进样口温度。实际上，PTV 进样是把分流/不分流进样和冷柱上进样结合为一体，充分发挥了各种进样口的长处，克服了一些缺点。其适应性更强，灵活性更好，所以被认为是最为通用的进样系统。其特点是：

① 消除了注射器针头的样品歧视。这与冷柱上进样类似。

② 不需要特殊注射器。这比冷柱上进样优越。

③ 可以实现大体积进样（LVI）（见下一节）。

④ 抑制了进样口歧视（即分流歧视）。

⑤ 可除去溶剂和低沸点组分，实现样品浓缩。

⑥ 不挥发物可滞留在衬管中，保护了色谱柱。

⑦ 可低温捕集气体样品，便于同阀进样或顶空进样技术结合。

⑧ 有多种操作模式，即分流模式、不分流模式和溶剂消除模式。

⑨ 分析重现性接近于冷柱上进样。

要说 PTV 进样口的缺点，可能是其构造稍复杂一些，对操作技术要求更高一些，分析成本相对高一些（因为进样口温度可程序控制）。

2.3.7.2 程序升温汽化进样口的设计

商品仪器的 PTV 进样口设计不尽相同，但功能是很相似的。图 2-13 所示是一种典型的设计。它采用了无隔垫进样头，也可配备有隔垫进样头（图中未示出）。乍看起来，它与分流/不分流进样口很类似，不同点在于：

① 进样口热容低，便于快速升温或冷却；

② 衬管容积较小，以便减小样品的初始谱带宽度；

③ 分流出口和汽化室温度用时间编程控制；

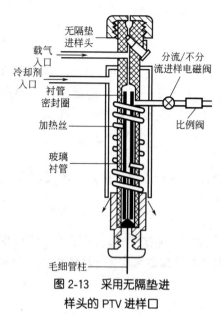

无隔垫进样头
载气入口
冷却剂入口
分流/不分流进样电磁阀
衬管密封圈
加热丝
比例阀
玻璃衬管
毛细管柱

图 2-13 采用无隔垫进样头的 PTV 进样口

④ 配备有冷却装置

PTV 进样口的衬管有几种选择。对于一般样品，根据进样体积大小可采用图 2-7 中 G 和 H 所示衬管；对于热不稳定样品，则应特别注意脱活问题，这时可采用图 2-7 中 I 所示衬管。不论采用何种衬管，其中均应填充一定的填料或经硅烷化处理的石英玻璃毛。也可对衬管内壁进行改性，以便进样和汽化过程中使样品保持在衬管中。注意定期更换或清洗衬管，以保证分析结果的重现性。

PTV 进样口的冷却常采用半导体控温技术或气体制冷技术，前者一般能满足常见样品的分析，对于易分解样品或气体样品，则需要气体制冷。比如用液氮可保持进样口温度低于 −160℃，这对于顶空分析和裂解色谱中小分子裂解产物的分析是极为有用的。

进样之后，进样口的加热多用电热丝控制，升温速率可在 0.1～700℃/s 之间设置。也有的仪器采用经预热的压缩空气加热，其升温速率的控制就不太理想了。

2.3.7.3 程序升温汽化进样模式

（1）PTV 分流进样

PTV 分流进样也称为冷分流进样，即液体样品直接注入冷的汽化室，这就防止了注射器针尖歧视，提高了进样重现性。抽出注射器后，打开分流出口阀，同时进样口开始升温。汽化后的样品与传统的分流进样一样，大部分被分流掉，小部分进入色谱柱。但与传统分流进样不同的是，样品不是瞬间汽化，而是依据其沸点高低依次汽化。所以，样品组分是顺序进入色谱柱的。在柱端的样品量要比瞬间汽化条件下少得多，这样，在相同柱容量的条件下就可以采用大一些的进样体积。此外，在样品从汽化室进入色谱柱的过程中，载气流量和压力的波动较小，故分流更为重现，分析精度更高。

（2）PTV 不分流进样

与传统的不分流进样不同，PTV 不分流进样为冷不分流进样，即进样时汽化室处于低温条件。分流出口的控制则完全与传统不分流进样相同：进样口开始升温时，关闭分流阀，待大部分样品进入色谱柱后（约 0.5～1.5min），打开分流阀，使残留溶剂气体放空。采用相同容积的衬管，PTV 不分流进样的进样体积可比传统不分流进样大，且消除了样品分解的可能性，分析重现性更好。

（3）溶剂消除分流/不分流进样

溶剂消除进样可以选择性地除去样品的溶剂，达到浓缩的目的，这也就是大体积进样的基础。进样时关闭分流出口阀（有的仪器采用溶剂放空管），进样口温度控制在接近但低于溶剂的沸点。样品被缓慢地注入，进样后立即打开分流出口，并采用大的放空气体流量（可高达 1000mL/min）将溶剂气体消除，也可同时缓慢升高进样口温度，以加速溶剂汽化。大部分溶剂气体放空之后，可以关闭分流出口，以溶剂消除不分流方式进行分析，也可不关闭分流出口，以溶剂消除分流方式进行分析。

采用溶剂消除不分流进样可大大提高分析灵敏度，简化样品处理过程。文献报道的进样体积可高达 1mL 液体，一次进样和分次累积进样均可获得良好的分析精度。至于溶剂消除分流进样则很少使用，原因是它抵消了由于消除溶剂而提高的分析灵敏度，还可能带来一定的分流歧视。

溶剂消除的一个明显的缺点是样品中的部分低沸点组分很可能随溶剂一起放空，所以在一定程度上限制了此种模式的应用。

2.3.7.4 样品适用性

PTV 分流进样适合于大部分样品的分析，特别是开发方法时或筛选样品时，首先应考虑这种进样方式。痕量分析则最好用 PTV 不分流进样技术。如果只是分析高沸点组分，则应考虑采用溶剂消除不分流进样。分析中等挥发性的样品时，宜采用 PTV 不分流进样。若要用溶剂消除 PTV 进样，则需要在衬管中填充一些吸附剂，如 Tanex、活性炭或多孔聚合物，以防止样品随溶剂放空。然而，这样就需更高的温度解吸样品，从而使操作更复杂。

PTV 进样很适合分析"脏"的样品，因为衬管可有效地保护色谱柱，这优于传统的冷柱上进样。但对于极不稳定的样品，还是采用冷柱上进样更好一些，因为 PTV 进样口衬管内壁的活性高于色谱柱。

2.3.7.5 操作条件设置

PTV 进样口的操作条件设置依进样模式不同而稍有区别。PTV 分流/不分流进样时，进样口初始温度应低于溶剂的沸点。采用溶剂消除进样时，进样口初始温度应更接近于溶剂沸点，以利于选择性地汽化溶剂。

当样品进入衬管后，进样口温度应快速升高，且进样口温度一定要高于柱箱温度，以使样品进入色谱柱的初始谱带尽可能地窄。温度上限是使全部样品组分汽化，过高的温度会使样品快速汽化，进样体积大时可能导致柱超载。

分流出口的关闭和开启设置基本与传统的分流/不分流进样口采用不分流进样分析时相同。需注意的是，使用分流/不分流进样口时，开启分流出口的时间要晚一些，因为不分流汽化需要的时间长一些。但当 PTV 进样口的升温速率足够快时，不分流时间可接近于，甚至短于传统不分流进样。这需要针对具体情况进行优化，以保证 95%～99% 的待测样品组分进入色谱柱。

在溶剂消除 PTV 进样时，分流流量应足够大，以快速去除溶剂。当然还要考虑进样速度及溶剂沸点，注意防止挥发性样品组分的损失。

至于进样速度，只要进样体积不大，快慢的影响不明显。当进样体积大时，进样速度慢一些好，以防止溶剂汽化造成的进样口压力突变。进样体积则可根据进样模式、样品浓度和柱容量等参数来确定。

2.3.8 大体积进样技术及其操作

2.3.8.1 实现大体积进样的方式

讨论毛细管柱 GC 时，人们都会强调柱容量问题。进样量大时很容易造成超载，从而降低分离度、使峰形畸变，影响柱性能。但是对于浓度很低的样品，超载问题只与溶剂有关。所以，只要有效地消除溶剂，就可以加大进样量，以提高灵敏度。这就是所谓大体积进样（LVI）技术。有些仪器可配置专门设计的 LVI 进样口，而另一些则是基于已有的进样口设计，附加一些配件来实现 LVI。无论何种配置，其原理都是相同的，一是基于冷柱上进样，二是基于 PTV 技术。

（1）用冷柱上进样口实现大体积进样

在讨论柱上进样口时我们强调它适合于分析热不稳定样品。当用于 LVI 时，需要增加溶剂放空装置。图 2-14 所示为典型的用冷柱上进样口实现 LVI 的仪器配置。其中保留间隙管用于实现样品的溶剂聚焦，预柱则用于固定相聚焦。放空阀开启时，仍有一部分气流通过阻尼管放空，这主要是为了防止放空管中的溶剂气体反扩散进入分析柱。

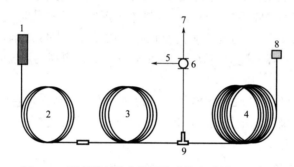

图 2-14　配备溶剂放空装置的冷柱上进样口示意图

1—进样口；2—保留间隙管；3—预柱；4—分析柱；5—阻尼管；
6—放空阀；7—溶剂出口；8—检测器；9—三通接头

实际分析中若进样量不大，可不用溶剂放空装置，将保留间隙管直接与分析柱相连，这就是冷柱上进样分析。当进样量大时，若无溶剂放空装置，保留间隙管和预柱就会超载。图 2-15 就说明了这一点。当进样量小于 $20\mu L$ 时［图中（a）和（b）］，分离结果良好。而当进样量达到 $25\mu L$ 时［图中（c）］，峰形就严重畸变。故用冷柱上进样口进行 LVI 分析时，最好连接溶剂放空装置。这样做的另一个好处是有利于降低溶剂敏感型检测器（如 ECD 和 NPD 等）的背景噪声，进一步提高分析灵敏度。

用配备溶剂放空装置的冷柱上进样口实现 LVI 的分析过程如下：进样时和进样后，打开溶剂放空阀，控制柱箱温度使溶剂选择性汽化。由于溶剂放空出口的气阻远小于分析柱的气阻，所以大量的溶剂气体通过放空阀被排出仪器系统。当大部分溶剂气体放空后，关闭放空阀，同时开始升高柱温，使残留溶剂和待测样品组分汽化进入分析柱进行分离，GC 基本操作条件的优化类似于冷柱上进样。

用带溶剂放空装置的冷柱上进样口实现 LVI 时，重要操作参数是溶剂放空阀的关闭时间。时间太短会造成分析柱中溶剂超载，影响分离效果；时间太长又会造成低沸点样品组分随溶剂放空，影响分析准确度。故此参数需要根据所用溶剂的性质（沸点）、初始柱温、载气流速和进样体积进行优化设置。有些厂家的工作站内置有计算机软件。可根据相关系数自动计算出合理的溶剂放空时间，简化了用带溶剂放空装置的冷柱上进样口实现 LVI 的方法开发。

与冷柱上进样类似，上述 LVI 技术适合于分析较低沸点样品组分，这是因为通过选择性溶剂挥发可使沸点接近于溶剂的组分保留在预柱中。此外，这种 LVI 技术要求样品

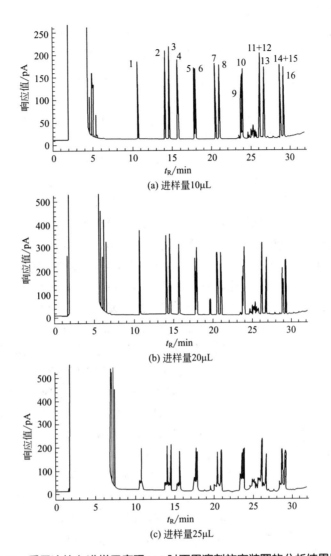

图 2-15 采用冷柱上进样口实现 LVI 时不用溶剂放空装置的分析结果比较

保留间隙管：5m×0.53mm I. D.

色谱柱：HP-5MS（30m×0.25mm×0.25μm）

柱温：50℃（5min），以 10℃/min 程序升温至 320℃

载气：氢气，1.5mL/min，恒流模式

初始柱前压：66kPa；进样：慢速，进样后停留 3s

色谱峰：1—萘；2—苊；3—二氢苊；4—芴；5—菲；6—蒽；7—荧蒽；8—芘；9—苯并[a]蒽；10—䓛；11—苯并[b]荧蒽；12—苯并[k]荧蒽；13—苯并[a]芘；14—茚并[1,2,3-cd]芘；15—二苯并[a,h]蒽；16—苯并[g,h,i]苝

相对干净（如饮用水提取物等），"脏"的样品（如废水萃取物、食品提取物等）会很快污染保留间隙管和预柱，从而影响后续分析。解决的办法是经常更换保留间隙管和预柱（降低了工作效率，提高了分析成本）。

（2）用 PTV 进样口实现大体积进样

如前文所述，PTV 进样口适合于 LVI 分析。事实上，文献报道的 LVI 应用多数是采用 PTV 进样口完成的。这主要是因为 PTV 进样时样品是在衬管中汽化的，不挥发物滞留在衬管中可以保护色谱柱不被污染，故很适合于分析"脏"的样品，尤其是环境样品中污染物如农药和多环芳烃等的分析。

PTV 的结构见图 2-13。用于 LVI 时采用溶剂消除模式，可以用手动进样，也可以用自动进样器进样。为保证进样的重现性，最好采用自动进样器进样。配备 $50\mu L$ 注射器的普通自动进样器一次可进样 $25\mu L$。如果需要更大体积的进样量，可采用分次累积进样方法。还有一种可变速大体积自动进样器，更适合于 LVI 分析，但在具备普通自动进样器的条件下再买一台可变速自动进样器显然会增加分析成本。

采用 PTV 进样口，用普通自动进样器进行 LVI 分析的步骤如下：

第一步，进样和溶剂放空。进样过程中将柱前压调节为零，以减小柱内载气流速（防止大量溶剂进入色谱柱）。此时柱温较低，不会发生固定相降解的问题。而如果使用 MSD 时柱内仍有一定的载气流量。与此同时，将分流出口的流量设置为 $100\sim150mL/min$。样品以液体状态进入冷的衬管，溶剂及部分低沸点组分随载气从分流出口放空（这与样品浓缩时在氮气吹扫下挥发溶剂的过程相同）。当大部分溶剂挥发放空后，可进行第二次进样，再重复以上溶剂放空过程。完成所需进样量后，衬管中累积了足够的待测物。注意，待测物的沸点应比溶剂的沸点高 100℃以上，否则部分待测物会随溶剂放空。

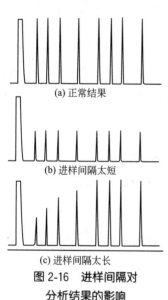

(a) 正常结果

(b) 进样间隔太短

(c) 进样间隔太长

图 2-16　进样间隔对分析结果的影响

用分次累积进样时，两次进样之间的时间差对分析结果影响很大。时间差太小，即进样太快时，衬管内会充满液体，液体样品可能会随载气被放空，导致分析结果偏低。图 2-16（b）就反映了这种情况。反之，如果进样间隔太长，挥发性组分就会损失更多，导致分析回收率降低〔如图 2-16（c）〕。所以，开发一个新的方法时，需要根据溶剂性质、分流出口流量和进样口的初始温度来优化确定进样间隔。图 2-16（a）是正常结果。

第二步，不分流转移样品。当最后一次累积进样的溶剂大部分放空后，关闭分流放空阀，同时将柱前压调节到分析所需值，然后开始进样口程序升温，直到温度达到或接近待测物中最重组分的沸点。在此过程中，样品组分依次汽化进入色谱柱。进样口升温速率的快慢主要取决于样品的性质，热不稳定的样品需要较慢的升温速率，以保证待测物不发生热分解。对于热稳定的样品，则最好用最快的升温速率，以使样品组分进入色谱柱的初始谱带尽可能地窄。

在转移样品过程中，柱箱温度一般设置在低于溶剂沸点 30℃到高于溶剂沸点 20℃之间。如果要测定低沸点组分，则柱箱温度低一些有利于实现其溶剂聚焦；反之，柱箱温度高一些有利于缩短分析时间。

第三步，色谱分离。当样品转移到色谱柱后，就开始柱箱程序升温分析。与此同时，将分流放空出口气流恢复到 $30\sim50mL/min$。必要时可以在色谱柱箱升温之前，将分流出口流量调节到 1000mL/min，进样口温度升至最高，用 2min 左右的时间把滞留在衬管中的高沸点残留物汽化放空，以避免其对后续分析的影响。之后，将分流出口气流恢复到 30~50mL/min，同时开始柱箱程序升温完成 GC 分析。

在用 PTV 进行 LVI 分析时，还应考虑进样口衬管和隔垫问题。进样口衬管首先要惰性好，以避免样品组分的吸附和分解；其次是容积要小，有利于减小样品初始谱带宽度。再次是比表面积要大，足以承受 LVI，并加快升温过程中样品组分的汽化速度。图 2-7 中 I 所示衬管是比较适合于 PTV 进样的。若要分析较低沸点组分，衬管内可填充适量经硅烷化处理的石英玻璃毛或其他填料，以保留低沸点组分，防止其随溶剂放空而损失。图 2-17 就证明了这种效果。当用空衬管时，十八烷（C_{18}）以前的组分均有损失；当用填充玻璃毛的衬管时，十四烷（C_{14}）也可获得接近 100% 的回收率。然而，分析极性化合物时，填充物的活性是一个应该注意的问题。如果对样品组分的保留作用很强，转移样品进入色谱柱时进样口的温度要更高一些。

用 PTV 进样口多次累积进样时，隔垫、样品瓶的密封垫经多次穿刺后很容易漏气，还可使隔垫碎屑进入汽化室，造成干扰［如图 2-17(a) 所示］。故分析过程中要注意检查隔垫，如有漏气，及时更换。采用无隔垫进样口应该是一个更好的选择。

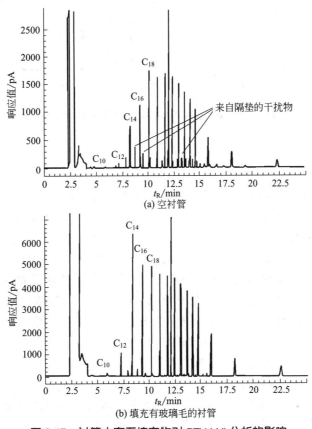

图 2-17 衬管内有无填充物对 PTV-LVI 分析的影响

前已述及，配置溶剂放空装置的冷柱上进样口适合于分析相对干净的样品中的痕量低沸点组分，而 PTV 进样口则适合于分析相对"脏"的样品中的痕量高沸点组分。如果一

个样品沸点低又较"脏",不宜用冷柱上进样口分析,也可通过低温冷冻 PTV 进样口来分析。进样时用冷冻装置(液氮、液态二氧化碳或压缩空气)使 PTV 进样口保持在低温下,就可防止低沸点组分的损失,如图 2-18 所示。用己烷作溶剂分析正构烷烃,当 PTV 进样口的初始温度为 40℃时 [图 2-18(a)],C_{18} 以下的组分均有损失,而当进样口温度冷冻到-10℃时 [图 2-18(b)],C_{10} 组分也可获得接近 100% 的回收率。当然,由于进样口温度低,溶剂的放空就不完全,这就是为什么图 2-18(b)中的溶剂峰远大于图 2-18(a)中溶剂峰的原因。

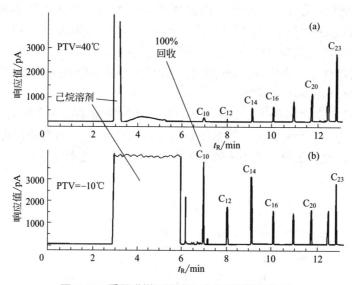

图 2-18 采用进样口冷冻技术分析低沸点组分

(a) PTV 进样口温度 40℃;(b) PTV 进样口温度-10℃

2.3.8.2 大体积进样技术的应用

从以上的讨论我们可以看出,LVI 能够有效地提高分析灵敏度,同时降低对样品处理的要求,从而消除样品处理中的浓缩步骤,提高工作效率。据文献报道,采用配置溶剂消除装置的冷柱上进样口,进样量可达 $500\mu L$;采用 PTV 进样口,甚至可用 1.5mL 的进样量。然而,任何技术的进步都是有代价的。LVI 对操作技术的要求更高,需要优化的操作参数更多,往往需要自动进样器和计算机控制的仪器,方法开发也比常规 GC 分析更为复杂。此外,无论冷柱上进样口还是 PTV 进样口,LVI 进样时要求溶剂的纯度更高。这是不言而喻的。既然样品组分可以浓缩两个数量级甚至更高,溶剂中的较高沸点杂质也以同样的倍数浓缩。常规 GC 中可以忽略的溶剂杂质,现在可能会干扰分析。因此,要选用最高纯度的溶剂,且要通过空白分析证实其纯度。

下面以蔬菜水果中农药残留的 GC-MS 分析为例来说明 PTV-LVI 的应用。食品中的农药残留越来越为人们所关注,因为已有证据表明大部分农药是内分泌干扰物,可能导致胎儿畸形、乳腺癌等多种疾病,所以,世界各国政府机构对食品及环境中残留农药有严格限制。美国国会更是在 1996 年通过立法要求加强对食品和水中可疑内分泌干扰物的监测。据统计,目前世界各国使用的农药有 700 余种。因此,多年来人们研究开发了多种监测农药残留物的方法,其中 GC 最为常用。采用 LVI 技术,农药的分析灵敏度可提高 1~2 个数量级。

进样和 GC 分析条件如图 2-19 所示，采用 10 次累积进样，总进样量 100μL，进样时柱前压降为 0，进样间隔 12s，可保证每次进样时上次进样的溶剂大部分已挥发放空。在 4min 时关闭 PTV 分流出口，同时升高柱前压，稳定柱流速。4.2min 时，PTV 进样口快速升温至 280℃，将样品汽化转移到色谱柱。6.13min 时柱箱程序升温，这一时间的确定一是为了保证有近 2min 的时间让样品全部进入色谱柱，二是所测农药的保留时间与农药数据库的保留时间相一致，以便利用数据库进行定性分析。

其他分析条件如下：PTV 进样口用液态二氧化碳冷却，载气为氦气；色谱柱 30m × 0.25mm × 0.25μm HP-5MS；柱温 50℃开始，保持 6.13min，以 30℃/min 升至 150℃，保持 2min，再以 3℃/min 升至 205℃，再以 10℃/min 升至 250℃，最后保持 20min。MS 检测，电子电离（EI）源，扫描范围 50～550amu，传输管温度 280℃，四极杆温度 150℃，离子源温度 230℃。

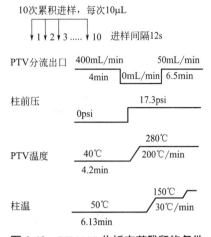

图 2-19　PTV-LVI 分析农药残留的条件

图 2-20 所示为梨萃取液的总离子流色谱图（TIC）及一种农药克菌丹（captan）（保留时间为 27.25min）的 MS 鉴定结果。采用 100μL 的 LVI，很容易检测到 μg/L 甚至 ng/L 级的农药残留。图中克菌丹的 MS 图与标准谱图的匹配系数为 96（最大为 100），通过农药数据库的保留时间进一步证实了克菌丹的存在。

2.3.9　阀进样技术及其操作

2.3.9.1　阀进样的特点

阀进样是用机械阀将气体或液体样品定量引入色谱系统。这一进样技术常用于动态气流或液流的监测，比如天然气输送管中的气体监测、化工过程物料流的实时分析、石油蒸馏塔的气体分析等。阀进样可以是手动的，也可以是自动的。它可以直接与色谱柱相连，也可以接到色谱仪进样口。

2.3.9.2　进样阀的结构

现在使用的进样阀有两种类型，一是转动阀，二是滑动阀。转动阀可在高温高压下工作，寿命较长。滑动阀的工作温度不能超过 150℃。所以尽管滑动阀的切换时间短，内部体积小，但仍然没有转动阀使用普遍。这里主要介绍转动阀的结构，滑动阀的功能与转动阀完全相同。

图 2-21 所示为常用于气体样品的普通进样阀。进样体积是由定量管（也称定量环）的内径和长度控制的（这与 HPLC 进样阀原理相同）。改变进样量时须更换定量管，常见的气体进样体积为 0.25～1mL。载样时 [图 2-21(a)]，样品由阀接头①引入，通过接头⑥进入定量管，多余的样品通过接头③连接②排出。GC 载气则通过接头⑤到④，然后直接进入色谱柱。进样时 [图 2-21(b)]，阀的转子（转动片）转动 60°，使原来相通的两接

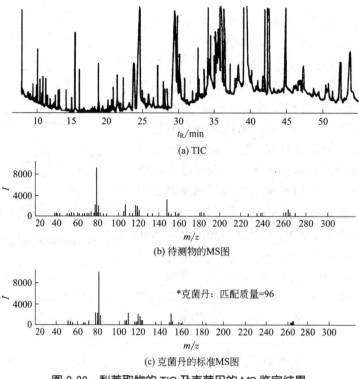

(a) TIC

(b) 待测物的MS图

*克菌丹: 匹配质量=96

(c) 克菌丹的标准MS图

图 2-20　梨萃取物的 TIC 及克菌丹的 MS 鉴定结果

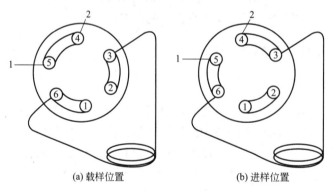

(a) 载样位置　　　　　(b) 进样位置

图 2-21　气体进样阀结构图

1—接到载气源；2—接到色谱柱

头断开，而使原来断开的两接头连通。载气通过定量管将样品带入色谱系统进行分离。阀的转动可手动控制，也可气动控制，还可以电动控制。

对于液体样品的阀进样，因汽化后体积会膨胀数百倍，故定量管的容积应大大小于气体进样阀。这时采用刻在阀转子上的定量槽（又称内部定量管）来控制进样量，一般小于$5\mu L$。如图 2-22 所示，其工作原理与气体进样阀相同，只是在样品排出口上接一个限流器，以保持一定压力，使样品在槽中（载样位置）保持为液体状态。一旦转动到进样位置，气路系统的压力下降到载气进样口压力，液体便汽化随载气进入色谱柱。

无论是气体进样阀还是液体进样阀，为保证准确的进样量，都必须恒定在一定的温

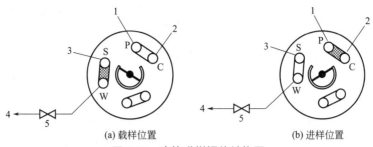

图 2-22　液体进样阀的结构图

1—接到载气源；2—接到色谱柱；3—进样口；4—接废液瓶；5—限流器

度。气体进样阀要求控制在较高温度，以防止样品的冷凝，从而保证进样的重现性。阀体通常安装在柱箱外，用独立加热块控制阀体温度，有时也将阀装在柱箱内。液体进样阀要求温度低，一般装在柱箱外。根据制造材料的不同，气体进样阀的操作温度范围为 150～350℃，液体进样阀一般在 75℃以下。

当进样阀与 GC 系统相连时，根据色谱柱的不同，连接方式也有区别。如果采用填充柱分析，进样阀应接在填充柱进样口与色谱柱之间。即用一根细的不锈钢管，一头接在进样口出口（原来连接色谱柱的接头），另一端接在阀的载气入口。用另一根不锈钢管将阀的载气出口与色谱柱相连。当阀装在柱箱外时，此连接管应有加热系统使之保持一定温度。这种连接方式的最大好处是不影响填充柱进样口的使用，操作人员可以不拆卸进样阀而进行普通 GC 分析（在进样口注射液体样品）。

当用毛细管分流/不分流进样口时，进样阀应接在进样口之前的载气气路上，且阀体与进样口之间的连接管越短越好，此段管路也应控温。这样的连接方式可以使液体样品直接进入汽化室，而不通过多余的传送管路。进样口前面高的载气流速（总流量）可保证样品快速进入色谱柱，以减小初始谱带宽度（这对毛细管柱分析尤为重要）。与此同时，可以使用进样口的分流设置来控制进入色谱柱的样品量，避免超载问题发生。另一个好处是不用拆卸进样阀就可进行普通毛细管 GC 分析。

2.3.9.3　样品适用性

常温下为气体的样品适合于用气体进样阀进样，注意阀体和连接管应保持在一定温度，以防止样品组分的冷凝或被吸附。如果要分析液体物料流，则常用液体进样阀，但前提是样品中所有组分都必须在阀切换后压力减低到柱前压时快速汽化。如果某些组分不能快速汽化，则会滞留在阀体或管道内，从而干扰下次分析或形成鬼峰。如果样品中有较难汽化的组分，则应考虑采用气体进样阀，并使样品在进入阀之前加热汽化，且在进样过程中一直保持为气体状态。

对于极性较大的样品，如酸性或碱性物质，可能会被吸附在阀体或管道中，造成分析重现性下降，或者腐蚀阀体或管道的内表面。此时应选用内表面惰性好的阀体，如镍阀体（耐高温，价格高）、聚四氟乙烯（PTFE）阀体（不耐高温）。

2.3.9.4　操作条件的设置

阀体或管道的温度控制前已述及。这里需要强调：不同材料的阀体耐高温性能不同，使用时应注意。就气体进样阀而言，PTFE 阀体吸附性小，但使用温度一般不应超过

200℃，过高温度会使阀体漏气。聚酰亚胺或石墨化聚酰亚胺阀体可耐300℃以上的高温，但吸附性较强，低于150℃可能出现漏气现象。至于连接管道的温度则应控制在样品中最重组分的沸点以上，以防止因冷凝而损失样品，造成大的分析误差。

阀进样的初始样品谱带往往较宽，故应通过选择适当的色谱柱尺寸、固定相和初始温度以实现固定相聚焦和热聚焦。

阀进样常要求载气流速大于20mL/min，以有效地将样品转移到色谱柱。所以，阀进样多用填充柱分析。而用毛细管柱分析时，进样阀接在进样口之前，载气总流量应大于20mL/min。然后通过调节分流比来控制进入色谱柱的样品量。此时还应注意汽化室死体积可能造成的谱带展宽，应选择死体积小的直通衬管。当改用注射器进样分析液体样品时，不要忘记更换衬管。

以上介绍的都是GC常用进样技术，其中最常用的是填充柱进样口和毛细管分流/不分流进样口。另外，还有一些采用辅助设备进样的技术，如顶空进样和裂解进样，也有不少应用，但一般都作为特殊的GC分析模式，即作为顶空气相色谱和裂解气相色谱进行介绍。本书也依照惯例，在后面用单独一章来介绍顶空进样和裂解进样技术，热解吸进样则作为顶空进样的一个特例一并介绍。

2.4　色谱柱系统

2.4.1　柱箱尺寸与控温

GC仪器的柱系统包括柱箱、色谱柱，以及色谱柱与进样口和检测器的连接头。色谱柱是实现色谱分离的关键部件，一般都安装在柱箱内，故我们从柱箱开始讨论。

柱箱一般为配备隔热层的不锈钢壳体，内装一恒温风扇和测温热敏元件，由电阻丝加热，电子线路控温。柱箱尺寸关系到能安装多少根色谱柱，以及操作是否方便。尺寸大一些是有利的，但太大了会增加能耗，同时增大仪器体积。从现在的商品仪器看，各厂家对柱箱尺寸的设计基本相同，其体积一般不超过15dm³（L）。表2-4列出了两种仪器的柱箱尺寸和控制参数。这样的柱箱内可同时安装4根色谱柱，而且操作起来比较方便。

表2-4　典型GC仪器的柱箱尺寸和控制参数

仪器代表	柱箱尺寸 高×宽×深/cm	操作温度 范围/℃	控温 精度	程序升 温操作	最大升温 速率/(℃/min)	过温保护
仪器Ⅰ	28×31×16 容积13.89L	室温以上4～450℃ 用液氮时−80～450℃ 用液态CO_2时 −55～450℃	±1℃	6阶升温 7个恒温平台 可程序冷却	120 步长0.1℃	450℃以下任设
仪器Ⅱ	28×28×18.4 容积14.43L	室温以上4～450℃ 用液氮时−90～450℃	±1℃	5阶升温 6个恒温平台 可程序冷却	100 步长1℃	450℃以下 任设，第二 保护温度 固定在470℃

柱箱的控温性能包括操作温度范围、控温精度、程序升温设置指标和降温时间。大部分仪器的柱箱操作温度上限为 400℃左右，下限为室温以上 10℃，有低温功能的仪器可到 -180℃。控温精度为±0.1℃；程序升温阶数 5～9 阶，升温速率 0.1～75℃/min，快速升温主要用于快速 GC 分析。从 250℃降到 60℃需要 5min 左右。柱箱的低温功能需要用液氮或液态 CO_2 来实现，主要用于冷柱上进样以及冷冻聚焦。

此外，有一些特殊的仪器，柱箱体积可以大一些。如做全二维 GC，就需要两个柱箱，以便实现一维和二维色谱柱单独控温。有的专用仪器只安装一根毛细管色谱柱、一个进样口和一个检测器，这样整个仪器的体积就小许多，其柱箱大小可以是上述仪器的一半左右。安捷伦的新仪器采用柱上加热技术，即色谱柱的材料可作为加热元件，这样，柱箱体积就更小了。

色谱柱通常都是一端连接进样口，另一端连接检测器。接头处都用螺母和密封垫密封。填充柱多用硅橡胶密封垫，较少使用石墨密封垫。毛细管柱则多用石墨密封垫。具体连接操作见下文。

2.4.2　色谱柱的类型与选择

色谱柱是 GC 仪器的心脏，通常是由玻璃、石英或不锈钢制成的圆管，管内装有固定相。根据分离机理可将色谱柱分为气固色谱柱和气液色谱柱。前者柱内装有固体吸附剂，后者则装有表面涂覆了固定液的固体颗粒（载体），或者柱内表面涂覆有固定液（即毛细管柱）。习惯上人们将色谱柱分为装满填料的填充柱和空心的开管柱（如图 2-23 所示），而开管柱又常被称为毛细管柱，但毛细管柱并不总是开管柱。事实上，毛细管柱也有填充型和开管型之分，只是人们习惯上将开管柱叫作毛细管柱而已。本书遵循习惯，如不做特别说明，毛细管柱就是指开管柱。

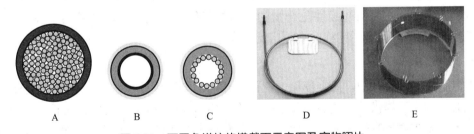

图 2-23　不同色谱柱的横截面示意图及实物照片
A—填充柱；B—壁涂开管柱（WCOT）；C—多孔层开管柱（PLOT）；
D—填充柱实物照片；E—毛细管柱实物照片

表 2-5 列出了填充柱和开管柱主要参数，可见开管柱比填充柱有更高的分离效率。这是因为开管柱内没有固体填料，气阻比填充柱小得多，故可采用较长的柱管和较小的柱内径，以及较高的载气流速。这样，既消除了填充柱中涡流扩散的问题，又大大减小了纵向扩散造成的谱带展宽。柱材料用石英玻璃管，惰性优异，减少了极性化合物的峰拖尾，而采用较薄的固定液膜又在一定程度上抵消了由于载气流速增大而引起的传质阻力增大。一般来说，一根 30m 长的开管柱很容易达到 100000 的总柱效（理论塔板数），而一根 3m 长的填充柱却最多只有 6000 的总柱效。

表 2-5　填充柱与开管柱的比较

柱型	内径/mm	常用长度/m	每米柱效 n	柱材料	柱容量	程序升温应用	固定相
填充柱	2～5	0.5～3	约 1500	玻璃、不锈钢	mg 级	较差	载体＋固定液
WCOT	0.1～0.53	10～60	约 3000	熔融石英	<100ng	较好	固定液
PLOT	0.05～0.35	10～100	约 2500	熔融石英	ng～mg	尚可	固体吸附剂

　　填充柱一般用于组成相对简单的混合物的分离，且多采用恒温分析。这是因为填充柱内的固定相（载体加固定液）热稳定性有限，在程序升温时容易流失一些挥发性成分，从而造成检测器基线的漂移。如果采用双柱双检测器系统，则可避免这一问题。而开管柱将固定液涂覆于柱管内壁，且多采用交联或/和键合技术，大大提高了热稳定性，在程序升温分析中表现了良好的柱性能，可以分析组成很复杂的样品。对于常规气体如空气和天然气的分析，一般用气固吸附色谱分析，用填充柱更具优势。如果用开管柱，就必须用PLOT 柱。WCOT 柱是不适合常规气体分析的。

　　另外，填充柱制备工艺简单，实验成本低；开管柱则需要复杂的制备工艺，多数实验室要购置商品柱，故成本较高。开管柱还有柱容量小的局限性。因为其内径小，固定液负载量小，所以，进样量过大很容易造成柱超载，因而要求检测器的灵敏度更高。开管柱对进样技术的要求也更高，载气流速的控制要求更为精确。一般来讲，填充柱可接受的单个组分的量是 10^{-6} g 量级，而开管柱则只能接受 10^{-8} g 量级或更低。

2.4.3　填充柱及其制备

2.4.3.1　管材

　　填充柱的管材多用玻璃和不锈钢，其中玻璃柱的惰性较好，但易碎；不锈钢柱耐用，但表面有一定活性，易引起极性化合物的吸附或降解。因此，玻璃柱常用于极性化合物（如农药）的分离，而不锈钢柱则有更广泛的应用。

2.4.3.2　载体

　　在气液色谱填充柱中，固定液涂覆在作为载体的多孔固体颗粒表面。载体又称担体，其作用是为固定液提供一个惰性的表面，并使固定液与流动相之间有尽可能大的接触界面。因此，要求载体有较大的比表面积，有分布均匀的孔径，良好的机械强度、化学惰性和热稳定性，表面不与固定液和样品发生化学反应，且吸附性和催化性能越小越好。表 2-6 列出了一些典型的载体，其中硅藻土类是最常用的。

表 2-6　一些典型的气液色谱用载体

名称	组成及处理技术	颜色	催化吸附性能	备注
上试 101	硅藻土载体	白色	有	国产
上试 101 酸洗	酸洗的上试 101	白色	小	国产
上试 101 硅烷化	硅烷化的上试 101	白色	小	国产
上试 201	硅藻土载体	红色	有	国产
上试 201 酸洗	酸洗的上试 201	红色	小	国产
上试 201 硅烷化	硅烷化的上试 201	红色	小	国产

续表

名称	组成及处理技术	颜色	催化吸附性能	备注
玻璃微球	特种高硅玻璃	无色	小	国产
聚四氟乙烯	聚四氟乙烯烧结塑料	白色	小	国产
Chromasorb A	硅藻土载体	白色	有	进口
Chromasorb P	硅藻土载体	红色	有	进口
Chromasorb P AW	酸洗的硅藻土载体	红色	有	进口
Chromasorb P AW HMDS	经酸洗和六甲基二硅胺烷处理的硅藻土载体	红色	小	进口
Chromasorb W	硅藻土载体	白色	有	进口
Chromasorb W AW	酸洗的硅藻土载体	白色	有	进口
Chromasorb W AW DMCS	经酸洗和二甲基氯硅烷处理的硅藻土载体	白色	很小	进口
Gas Pak F	表面涂全氟聚合物的硅藻土载体	白色	小	进口
Chemalite TF	氟树脂载体	白色	小	进口

2.4.3.3 固定液

（1）GC 对固定液的基本要求

在 GC 中，固定液对分离结果起决定性的作用，因为流动相是惰性气体，其作用主要是"运送"被分析物通过色谱柱，对分离本身作用很有限。固定液一般是高沸点的有机化合物，均匀地涂布在载体表面，在分析条件下呈液态。历史上有数百种化合物曾用作 GC 固定液，但目前常用的约有几十种，其中聚硅氧烷类和聚乙二醇类是最常用的。色谱对固定液的性能要求主要有：

a）使用温度范围宽，比如聚合物的玻璃化转变温度要低，分解温度要高；

b）黏度低，有利于提高被测物在其中的传质速率；

c）蒸气压低，热稳定性好，以减少固定液在分析过程中的流失，延长色谱柱使用寿命；

d）化学惰性好，在使用条件下不与载气、样品组分及载体发生不可逆化学反应；

e）湿润性好，易于在载体表面形成稳定的薄液膜；

f）对分析对象有良好的选择性，即可以分离结构类似的不同化合物。

能满足上面所有要求的固定液几乎是没有的。人们可依据分析目的和使用环境等因素，做一些折中，选择适合的固定液。

（2）固定液的极性指标

固定液的选择性取决于被分离组分与固定液之间的相互作用，这些作用力有色散力、静电力、诱导力和氢键作用力。在 GC 应用中，固定液常以极性来分类。所谓极性是指含不同官能团的固定液与被分析物官能团和亚甲基之间相互作用的程度。如果一种固定液对某一类化合物有较强的保留作用，则说明该固定液对此类化合物的选择性好。评价固定液性能的参数是麦克雷诺常数，简称麦氏常数，这是由罗什奈德（Rohrschneider）提出，经麦克雷诺（McReynolds）改进的方法测定的固定液相对极性参数。下面简要介绍麦克雷诺常数的测定方法。

该方法规定角鲨烷固定液的相对极性为零，然后选择了 5 种代表性的化合物作为探针分子，来测定它们在不同固定液上的保留指数，并与角鲨烷固定液上所测的保留指数比

较。这5种化合物是：代表芳烃和烯烃作用力的苯（电子给予体）、代表电子吸引力的正丁醇（质子给予体）、代表定向偶极作用力的2-戊酮、代表电子接受体的硝基甲烷和代表质子接受体的吡啶。根据分子间作用力的加和性，被测固定液的极性表示为：

$$\Delta I = I_p - I_s = ax' + by' + cz' + du' + es'$$

式中，ΔI 为保留指数差，I_p 为测试固定液上的保留指数，I_s 为角鲨烷上的保留指数，a、b、c、d、e 分别代表上述5种化合物（也称组分常数，即对于苯，$a=100$，另4个常数为零；对于正丁醇，$b=100$，另四个常数为零，其余类推）；x'、y'、z'、u' 和 s' 即为麦克雷诺常数，$x'=\Delta I_{苯}/100$，$y'=\Delta I_{正丁醇}/100$，$z'=\Delta I_{2-戊酮}/100$，$u'=\Delta I_{硝基甲烷}/100$，$s'=\Delta I_{吡啶}/100$。

很多工具书都收录了详尽的麦克雷诺常数，可供查阅。表2-7列出了一些常见的固定液及其麦克雷诺常数。应当指出，固定液的评价是一个很复杂的问题，用麦克雷诺常数表征固定液并不很完善，它也不能告诉我们何种固定液最适合于特定样品的分析。但是，该常数仍然可以在一定程度上指导我们选择固定液。比如，要分离沸点很接近的醇和醚，若想让醇在醚之前出峰，就选择 z' 值大于 y' 值的固定液。反之，在 z' 值小于 y' 值的固定液上，相同沸点的醚就会在醇之前流出。

在GC中，还有些特殊的固定液，如用于旋光异构体分离的手性固定液（环糊精、冠醚等），这里不再一一介绍。有兴趣的读者可以参看有关专著。

表2-7 常见固定液的结构和性质[1]

型号	名称	极性	使用温度/℃	麦克雷诺常数					
				x'	y'	z'	u'	x'	Σ
角鲨烷	2,6,10,15,19,23-六甲基二十四烷	非极性	20~150	0	0	0	0	0	0
OV-101	聚甲基硅氧烷	非极性	20~350	17	57	45	67	43	234
OV-1,SE-30	聚甲基硅氧烷	非极性	100~350	16	55	44	65	42	227
SE-54	1%乙烯基,5%苯基,聚甲基硅氧烷	弱极性	50~300	19	74	64	93	62	312
OV-1701	17%苯基,7%氰丙基,聚甲基硅氧烷	中极性	0-280	67	170	152	228	171	789
OV-17	50%苯基,聚甲基硅氧烷	中极性	0~275	119	158	162	243	202	884
OV-210	50%三氟丙基,聚甲基硅氧烷	极性	0~275	146	238	358	468	310	1520
OV-225	25%氰丙基,25%苯基,聚甲基硅氧烷	极性	0~265	228	369	338	492	386	1813
PEG-20M	聚乙二醇	强极性	25~275	322	536	368	572	510	2308
FFAP	聚乙二醇衍生物	强极性	50~250	340	580	397	602	627	2546
OV-275	聚二氰烷基硅氧烷	强极性	25~250	629	872	763	110	849	4219

（3）固定液的选择

针对具体分析对象选择固定液目前尚无严格的科学规律可循。经验性的原则是"极性相似相溶"，即对于非极性样品采用非极性固定液，极性样品采用极性固定液。分析烃类化合物如汽油，常用聚二甲基硅氧烷固定液；而分析醇类样品如白酒，则多选用聚乙二醇固定液。这样一般可获得较强的色谱保留作用和较好的选择性。如果样品是极性和非极性化合物的混合物，则首先要选择弱极性固定液。实际工作中往往是参考文献资料，再经过实验比较最后确定合适的固定液。

2.4.3.4 气固色谱固定相

气固色谱主要用来分离永久气体和低分子量有机化合物，所用固定相包括无机吸附剂、高分子小球、化学键合相三类。表 2-8 列出了相关的固定相及其主要应用。

表 2-8 气固色谱常用固定相及其主要应用

固定相		特性	主要用途
无机吸附剂	硅胶	氢键型强极性固体吸附剂，多用粗孔硅胶，组成为 $SiO_2 \cdot nH_2O$	分析 N_2O、SO_2、H_2S、SF_6、CF_2Cl_2 以及 $C_1 \sim C_4$ 烷烃
	氧化铝	中等极性吸附剂，多用 γ 型晶体，热稳定性和机械强度好	分析 $C_1 \sim C_4$ 烷烃，低温也可分离氢的同位素
	碳素	非极性吸附剂，主要有活性炭，石墨化炭黑和碳分子筛等品种。活性炭是具有微孔结构的无定形碳。石墨化炭黑是炭黑在惰性气体保护下经高温煅烧而成的石墨状细晶。碳分子筛则是聚偏二氯乙烯小球经高温热解处理后的残留物	活性炭用于分析永久气体和低沸点烃类。涂少量固定液后可分析空气、CO、CO_2、甲烷、乙烯、乙炔等混合物；石墨化炭黑分离同分异构体，以及 SO_2、H_2S、低级醇类、短链脂肪酸、酚和胺类；碳分子筛多用于分离稀有气体、空气、N_2O、CO_2、$C_1 \sim C_3$ 烃类
	分子筛	人工合成的硅铝酸盐，具有分布均匀的空穴，基本组成为 $MO \cdot Al_2O_3 \cdot xSiO_2 \cdot yH_2O$，其中 M 代表 Na^+、K^+、Li^+、Ca^{2+}、Sr^{2+}、Ba^{2+} 等金属离子。多用 4A、5A 和 13X 三种类型	主要用于分离 H_2、N_2、O_2、CO、甲烷以及在低温下分析惰性气体
高分子小球		苯乙烯-二乙烯苯共聚物小球，兼具吸附剂和固定液的性能，吸附活性低，应用范围广	分析各种有机物和气体，特别适合于有机物中痕量水分的测定
化学键合相		利用化学反应把固定液键合在载体表面，热稳定性好	分析 $C_1 \sim C_3$ 烷烃、烯烃、炔烃、CO_2、卤代烃和含氧有机化合物

2.4.3.5 填充柱的制备

虽然有各种市售填充柱，但有时难免缺货，或者不能满足需求，这样，如果在实验室能自己制备，就可带来很大的便利，有利于提高工作效率。在气液色谱中，填充柱的固定相由载体和涂覆在其表面的固定液所组成，而将固定液均匀的涂覆在载体表面是一项技术性很强的工作。这里就以此为例，简单介绍填充柱的制备方法。

为了制备性能良好的填充柱，一般应遵循以下几条原则：第一，尽可能筛选粒度分布均匀的载体或固定相颗粒；第二，保证固定液均匀涂渍在载体表面；第三，保证固定相填料在色谱柱内填充均匀；第四，避免载体颗粒破碎和固定液被氧化等。

常用的固定液涂渍方法有三种，即：溶解-混合-自然挥发（搅拌或不搅拌）；溶解-混合-用旋转蒸发器蒸发；溶解-通过载体过滤。这里只介绍简化的第二种方法，用接真空系

统和手摇代替旋转蒸发。实践证明这种方法的效果是较好的。如果要制备一根邻苯二甲酸二壬酯为固定液、6201红色硅藻土为载体的色谱柱，具体步骤如下：

① 载体过筛　将载体（比如6201红色硅藻土）通过60～80目或80～100目筛，除去过细或过粗的筛分。

② 载体与固定液的称取　按下式计算色谱柱体积：

$$V = L\pi r^2$$

式中，L为柱长，cm；r为柱内半径，cm；V为柱体积，mL。用一已称重的干净量筒取体积为柱体积1.4倍的载体，在台秤上称量并计算得载体的量m_S(g)，再按一定的液载比（如1：9）计算所需固定液的量m_L(g)：

$$m_L = m_S/9$$

然后，在台秤上用一个50mL烧杯称取m_L(g)固定液邻苯二甲酸二壬酯。

③ 固定液的涂渍　用20mL左右丙酮（柱长1m时）分三次将固定液溶解并转移至250mL圆底烧瓶中，摇匀。将已称好的载体倒入烧瓶内并摇动。此时，载体应刚好被液面浸没。然后用中心插一玻璃管的橡胶塞将烧瓶塞上，再通过橡胶管把玻璃管与循环水真空泵相连（中间安装缓冲瓶）。启动真空泵，在减压条件下使丙酮徐徐蒸发完（水泵形成的负压过大时，载体将被抽入缓冲瓶，而使实验失败！）。当丙酮即将挥发完毕时，载体颗粒呈分散状态而不再抱成团粒。在整个溶剂挥发过程中，应不断轻轻摇动烧瓶，以使载体颗粒与固定液的接触机会均等。这是涂渍优劣的关键，切不可操之过急。

溶剂挥发过程结束后，将涂渍好固定液的载体转移到培养皿中，置于红外灯下烘烤30min，以便进一步除去残留的丙酮溶剂。

④ 装填色谱柱　标明色谱柱的出口和入口端，先用适量玻璃棉将出口端塞住（玻璃棉太多会增加色谱柱的气阻和死体积；太少又无法堵牢，在实验过程中填料会被载气带出色谱柱）。然后将出口端包上一小块纱布，并接到真空泵缓冲瓶的橡胶管上，入口端通过橡胶管接上漏斗。开动真空泵，在减压条件下将填料（即涂好的载体）装入柱中（可用牛角勺将填料缓慢加入漏斗中）。装填过程中要用洗耳球不断轻敲柱子两端，以使色谱柱填充得更为均匀密实，但不要用力过猛，以免载体破碎。色谱柱装满（玻璃柱可以通过肉眼观察到）后再抽真空5min以上，若填料面下降，可再加入一些，直到填充柱床稳定为止。然后，将色谱柱与真空系统脱开，再关真空泵。最后在色谱柱入口端堵上玻璃棉（约占柱头5mm长度）。

⑤ 色谱柱的老化　将柱入口端与色谱仪的汽化室出口连接，检漏（柱出口端在老化过程中切勿与检测器相连接，以免不必要地污染检测器！用氢气作载气时一定要在柱出口接上通往室外的管线）。然后将柱箱温度调至固定液最高使用温度（邻苯二甲酸二壬酯为150℃）以下20～30℃加热，同时以低载气流速（约10mL/min）通过色谱柱，以进一步除去残留丙酮及载体和固定液中的易挥发物质，并使固定液膜分布更为均匀。老化可采用低速率（如2℃·min^{-1}）程序升温，也可采用台阶式升温，即分别在不同温度下老化一定时间。约4h后停机，将柱出口与检测器接通。至此就完成了色谱填充柱的制备。

⑥ 色谱柱性能的测试　测试样品为甲苯。在安装好色谱柱的仪器上，设定柱温为80～100℃，进样口温度150℃，载气（氮气或氦气）流速30mL/min，热导检测器温度

250℃。进样后记录色谱图。根据色谱图计算理论塔板数 n。若 n 值在每米 1000 左右，说明色谱柱制备是合格的。

2.4.4 毛细管柱及其制备

2.4.4.1 毛细管柱的类型

根据不同的涂渍方式，毛细管柱可分为三种类型：壁涂开管柱（WCOT）、载体涂渍开管柱（SCOT）和 PLOT 柱。PLOT 柱主要用于永久气体和低相对分子质量有机化合物的气固色谱分离；SCOT 柱所用固定液的量大一些，相比 β 较小，故柱容量较大。但由于制备技术较复杂，应用不太普遍。毛细管 GC 中的主力军是 WCOT 柱，故下面的讨论主要是针对此类柱的。

表 2-9 是 WCOT 柱的进一步分类，其柱材料大多用熔融石英，即所谓弹性石英柱。柱内径越小，分离效率越高，完成特定分离任务所需的柱长就越短。但细的色谱柱柱容量小，容易超载。当然，同样内径的色谱柱也因固定液的膜厚度不同而具有不同的柱容量。这些都是在选择色谱柱时应考虑的问题。就常规分析来说，0.20～0.32mm 内径的毛细管柱没有太大差别，只是在做 GC-MS 分析时，内径小的色谱柱在满足离子源高真空度要求方面更为有利一些。大口径柱（0.53mm）是一类特殊的毛细管柱，它的液膜厚度一般较大，故有较大的柱容量，不少人倾向于用大口径柱替代填充柱，不仅因为大口径柱的柱容量接近于填充柱，可以接在填充柱进样口采用不分流进样；而且因为大口径柱的柱效高于填充柱，程序升温性能也好，故可获得比填充柱更为有效且更为快速的分离，其定量分析精度完全可与填充柱相比。大口径柱的局限性可能是柱成本较填充柱高，当然，大口径柱的柱效不及常规毛细管柱。微径柱主要用于快速 GC 分析。

表 2-9 WCOT 柱的尺寸分类

柱类型	内径/mm	常用柱长/m	每米理论塔板数	主要用途
微径柱	不大于 0.1	1～10	4000～8000	快速 GC
常规柱	0.2～0.32	10～60	3000～5000	常规分析
大口径柱	0.53～0.75	10～50	1000～2000	定量分析

2.4.4.2 柱管的材料和制备

毛细管柱制备工艺较复杂，所以一般是专业生产者制备，测试实验室根据需要采购即可。不过作为色谱工作者，我们应该大致了解其制造过程。这里以 WCOT 柱的制备为例，简述毛细管柱的制备。

① 管材及预处理　毛细管柱的管材多用熔融石英，用纯二氧化硅拉制而成，内径有 0.1mm、0.2mm、0.25mm、0.32mm 和 0.53mm 几种。毛细管外壁涂一层高温涂料聚酰亚胺（黄色或棕红色），起保护作用，否则石英玻璃管很脆易断。制备色谱柱时，首先要对毛细管内壁进行预处理，常用的有粗糙化处理、脱活处理等，然后便可进行涂渍。

② 涂渍固定液　以 WCOT 柱为例，按照固定液膜厚要求配制溶液，常用溶剂为二氯甲烷。毛细管柱的涂渍有动态和静态之分，前者是在气压驱动下（常常加一段汞塞）使一定浓度的固定液溶液通过毛细管，然后通载气在恒定温度下使溶剂挥发，这样毛细管内壁

就挂了一层固定液。后者则是先在毛细管中充满一定浓度的固定液溶液，然后将一端封上，另一端接在真空系统上，在恒定温度下使溶剂缓慢挥发，从而在毛细管内壁形成均匀的固定液膜。这两种涂渍方法各有优缺点，动态法简单、快速，但固定液膜厚不易精确控制；静态法慢，但可精确控制膜厚。

③ 固定液的交联 涂渍完毕的毛细管柱要进行交联和/或固定化处理，方法是在通载气的情况下，控制温度，在引发剂作用下固定液分子之间发生交联反应，或固定液分子与管壁某些基团发生反应，这样可以大大提高固定液的热稳定性。需要说明的是，交联剂需事先加在固定液中。

④ 老化处理 即在通载气的情况下，逐渐升高温度，一般采用程序升温，进一步除去残留溶剂，并获得均匀的固定液膜厚。

⑤ 色谱柱性能的测试 涂渍好的色谱柱要进行性能评价，一般是用含有各种组分的Grob试剂在一定条件下测定柱效（理论塔板数）、峰对称因子、酸碱性、惰性和热稳定性等指标。图2-24为典型的Grob试剂测试色谱图，理想情况下，各组分的峰高与虚线相齐。其中醇类物质用于测定色谱柱的活性，峰越低说明色谱柱内壁的残留硅羟基越多，柱活性越大；2,6-二甲基苯酚和2,6-二甲基苯胺的峰高比反映色谱柱的酸碱性；二环己基胺的峰高则是更严格的柱活性指标；正构烷烃和脂肪酸甲酯用来测定柱效（理论塔板数）或分离效率。

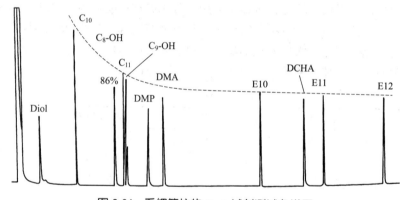

图 2-24 毛细管柱的 Grob 试剂测试色谱图

色谱峰：Diol—2,3-丁二醇；C_{10}—正癸烷；C_8-OH—正辛醇；C_{11}—正十一烷；C_9-OH—正壬醇；DMP—2,6-二甲基苯酚；DMA—2,6-二甲基苯胺；E10—癸酸甲酯；DCHA—二环己基胺；E11—十一酸甲酯；E12—十二酸甲酯

2.4.4.3 毛细管柱的选择

常规分析工作中选择色谱柱时主要考虑固定液的问题。WCOT柱常用的固定液有OV-1、SE-30、OV-101、SE-54、OV-17、OV-1701、FFAP及PEG-20M等（见表2-7）。有人估计，一个常规GC实验室只要购置三种毛细管柱，就可完成90%以上的GC分析任务。这三种柱是：OV-1（或SE-30）、SE-54、OV-17（或OV-1701）或PEG-20M。由于固定液改性及涂渍工艺的不同，采用同一固定液的色谱柱在性能上也有区别。表2-10为不同厂商毛细管色谱柱的牌号对照。现在市场上的WCOT柱多为固定液交联的色谱柱，热稳定性好，尤其是MS牌号的柱，特别适合于GC-MS应用。

表 2-10 常用的不同厂商毛细管色谱柱牌号对照

极性	固定液	HP（现 Agilent）	J&W（现 Agilent）	Supelco	Alltech	SGE	适用范围
非极性	OV-1,SE-30	HP-1,Ultra-1	DB-1	SPB-1	AT-1	BP-1	脂肪烃化合物,石化产品
弱极性	SE-54 SE-52	HP-5,Ultra-2,HP-5MS	DB-5	SPB-5	AT-5	BP-5	各类弱极性化合物及各种极性组分的混合物
中极性	OV-1701,OV-17	HP-17,HP-50	DB-1701	SPB-7	AT-1701,AT-50	BP-10	极性化合物,如农药等
强极性	PEG-20M FFAP	HP-20M HP-FFAP	DB-WAX	Supelco wax 10	AT-WAX	BP-20	极性化合物,如醇类、羧酸酯等

值得指出的是，目前很多国产毛细管柱的性能是很好的，尤其是非极性（OV-1 或 SE-30）和弱极性（SE-54）固定液的色谱柱已经可以替代进口产品。所缺乏的可能是生产的规模化、质量保证体系和市场开发的投入。只有扩大市场份额，才能进一步扩大生产规模，保证产品质量。这方面的民族产业应该是大有潜力的。

最后要强调的是，选择色谱柱时必须要看具体的分析任务。如果是做法规分析，则必须按有关法规的要求选择色谱柱。如一些产品的质量检验，尽管用毛细管柱可以得到更好的分析结果（分离效率高、分析速度快），但若国家标准或行业标准规定用填充柱，那就应该用填充柱，否则分析结果不被法规所认可。当然，作为方法开发的研究，用毛细管柱常常是有利的。从发展的观点看，现在不少用填充柱的分析方法很有必要用毛细管柱取代。这就要求我们做常规分析的色谱工作者，不仅要按照法规做好分析，而且要注意开发研究新方法，应用新技术，升级标准方法，以推动我国色谱事业的发展。

2.4.5 色谱柱操作注意事项

2.4.5.1 色谱柱的安装

填充柱的安装操作相对简单，毛细管柱则复杂一些。当把毛细管柱安装在色谱仪上时，需要将其两端分别与进样口和检测器相连接。不同厂家的仪器所用的接头有两种，一是内螺纹接头，二是外螺纹接头（如图 2-25 所示）。原理都是用一个石墨密封垫，通过接头压紧而达到固定和密封的目的。安装毛细管柱时应注意三个问题：

① 先将密封垫套在柱头，此时应将柱头朝下，避免密封垫碎屑进入柱管而造成堵塞。将石墨垫套在柱头后，应将柱头截去 1～2cm。可用专门的柱切割器，也可用一个开安瓿瓶的瓷片，在柱管上轻轻划一下，然后用手掰断。这样做可以保证柱端是整洁的，又避免了柱头污染物对分

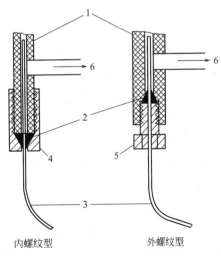

内螺纹型　　　　　　外螺纹型

图 2-25 毛细管柱接头示意图

1—仪器上的接头（进样口和检测器）；2—石墨密封垫；3—毛细管柱；4—固定接头；5—固定螺母；6—分流出口

析的干扰，因为截去了穿过密封垫时可能进入柱头的污染物，或者运输过程中可能损坏的柱端。

② 柱端伸出密封垫的长度不同仪器有不同的规定，应严格按仪器说明书确定。比如，有的仪器要求进样口一端伸出 3～5mm，检测器一端则依据检测器不同而不同。总的原则是进样口一端安装好后，柱端应处于分流点以上，并位于衬管中央。检测器一端则是柱出口尽量接近检测点（如 FID 的火焰），以避免死体积造成的柱外效应。为保证柱端伸出的长度准确，可在截去柱端后，先量好柱头伸出长度，然后用记号笔或改字液在接头下方的色谱柱上做一记号，拧紧接头后保证该记号正好位于接头端面。这样就避免了拧紧过程中因柱管移动可能造成的伸出长度不准确。

③ 接头不要拧得太紧，以免将色谱柱压裂或压碎。一般新的石墨垫用手拧紧后再用扳手拧 1/4 圈即可。如果是重复使用的石墨垫，则要多拧紧点，直到用手轻轻拉柱管拉不动为止。原则上每次安装色谱柱都要用新的石墨垫，不过同一色谱柱拆下再安装时，可重复使用石墨垫，但重复使用的次数不要超过 3 次，否则会失去密封性。

2.4.5.2 色谱柱的维护

① 每次新安装色谱柱后，都要在进样前进行老化。具体办法是：先接通载气，然后将柱温从 60℃左右以 5～10℃/min 的速率程序升温到色谱柱的最高使用温度以下 30℃，或者实际分析操作温度以上 30℃（如分析时用 240℃，老化温度应为 270℃），并在高温时恒温 30～120min，直到所记录的基线稳定为止。如果基线难以稳定，可重复进行几次程序升温老化，也可在高温下恒定更长的时间。注意，一定要等到基线稳定后，才可做空白运行或进样分析。色谱柱使用一段时间后，柱内会滞留一些高沸点组分，这时基线可能出现波动或出现鬼峰。解决此问题的办法也是老化。

② 新购买的色谱柱一定要在分析样品前先测试柱性能是否合格。具体办法是按照出厂时的测试条件进行验收，如不合格，可以退货或更换新色谱柱。这样做可以避免不必要的经济损失。此后可每隔一段时间再测一次，作为色谱柱的性能变化记录。这有助于判断色谱柱的寿命。

③ 暂时不用的色谱柱从仪器上卸下后，柱两端应当用一块硅橡胶（可利用废进样隔垫）堵上，并放在相应的柱包装盒中，以免柱头被污染。

④ 每次关机前都应将柱箱温度降到 50℃以下，然后再关电源和载气。温度高时切断载气，可能会因空气（氧气）扩散进入柱管而造成固定液的氧化降解。

⑤ 仪器有过温保护功能时，每次新安装了色谱柱都要重新设定保护温度（超过此温度值时，仪器会自动停止加热），以确保柱箱温度不超过色谱柱的最高使用温度。

2.4.5.3 色谱柱的修理

色谱柱都有一定的寿命，它与所分析的样品状况和维护情况有直接关系。柱寿命完结的主要标志是固定液流失太多而失去了分离能力，柱管堵塞或断裂也是导致柱失效的原因。有时只是因为一些高沸点极性化合物的吸附而使色谱柱丧失分离能力，这时可对其进行清洗和修理。具体办法是：先在高温下老化柱子，用载气将污染物冲洗出来；若柱性能仍不能恢复，就从仪器上卸下柱子，将柱头截去 10cm 或更长（柱头是最容易被污染的），再安装上测试。这是常用的柱性能恢复措施。如果还不起作用，可再反复注射溶剂进行清洗，常用的溶剂依次为丙酮、甲苯、乙醇、氯仿和二氯甲烷。每次可进样 $5\sim10\mu L$，这一办法常常能奏效。如果色谱柱性能还不好，就只有卸下柱子，用二氯甲烷或氯仿冲洗。可用抽真空的办法将溶剂从另一端吸入，也可用对溶剂瓶加压的方法将溶剂压入。溶剂用量依柱子的污染程度而定，一般 20mL 左右。如果这一方法仍不起作用，说明色谱柱应该报废了。需要说明，只有固定液交联的色谱柱才可用此法清洗，否则会将固定液全部洗掉。

由意外原因将性能很好的色谱柱折断是最不愿意看到的。这时断裂的柱子固然可以作为短色谱柱使用，但若能"断指再植"则可以减少损失。市场上有商品柱连接器出售，但价格稍高。实验室也可以用一截玻璃管连接断柱，具体方法如图 2-26 所示。即用干净的玻璃管在煤气灯上拉出一段细管子，管子中间的内径接近于柱外径，管子两端内径大于柱外径。这样将折断的柱子从玻璃管两端插入，直到两端对接，再在玻璃管与色谱柱的空隙中填充上聚酰亚胺黏合剂，固化

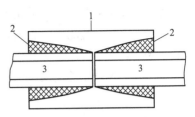

图 2-26　两截毛细管柱的连接示意图
1—玻璃连接管；2—聚酰亚胺黏合剂；
3—毛细管柱

后柱子就连接好了。这样连接后柱性能会下降一点，但仍能使用。连接好坏的关键是玻璃管中间一段的内径要接近或等于色谱柱的外径，并且断柱的断面要切割整齐，尽可能使两个断面对接在一起。

2.5　检测器及其操作

2.5.1　检测器的分类和特点

如果说色谱柱是色谱分离的心脏，那么，检测器就是色谱仪的眼睛。无论色谱分离的效果多么好，若没有好的检测器就"看"不到分离结果。因此，高灵敏度、高选择性的检测器一直是色谱仪器发展的关键技术。目前，GC 所使用的商品化的检测器不外乎热导检测器（TCD）、火焰离子化检测器（FID）、火焰光度检测器（FPD）、氮磷检测器（NPD）、电子捕获检测器（ECD）、光离子化检测器（PID）、原子发射光谱检测器（AED）、红外光谱检测器（IRD）和质谱检测器（MSD）几种。

根据检测原理的不同，可将检测器分为浓度型和质量型两种。浓度型检测器测量的是某组分浓度的瞬间变化，即检测器的响应值与通过检测器的组分浓度成正比。此类检测器的代表有 TCD 和 ECD。质量型检测器测量的是某组分进入检测器的速率变化，即检测器的响应值与单位时间内进入检测器的组分的量成正比。此类检测器的代表有 FID 和 FPD。

根据检测器对不同物质的响应情况，可将其分为通用检测器和选择性检测器。前者如 TCD、AED 和 MSD 对绝大多数化合物均有响应，后者如 ECD、FPD 和 NPD 只对特定类型的化合物有较大响应，而对其他化合物则无响应或响应很低。

根据物质通过检测器后其分子结构是否改变可将检测器分为破坏性和非破坏性两类。FID、NPD、FPD 和 MSD 均为破坏性检测器，而 TCD 和 IRD 则属于非破坏性检测器。

此外，按照检测原理还可以分为离子化检测器（如 FID、NPD、PID、ECD 和 MSD）、光度检测器（如 FPD）、整体物理性能检测器（即 TCD）以及电化学检测器等。

2.5.2 检测器的性能技术指标

色谱分析对检测器的要求主要是有噪声小、死体积小、响应时间短、稳定性好、对所测化合物的灵敏度高、线性范围宽等。下面简要讨论几个主要的性能指标。

2.5.2.1 噪声和漂移

这是评价检测器稳定性的指标，同时还影响检测器的灵敏度。

噪声：即反映检测器背景信号的波动，用 N 表示。噪声的来源主要有检测器构件的工作稳定性、电子线路的噪声以及流过检测器的气体纯度等。实际工作中人们又进一步将噪声分为短期噪声和长期噪声两种，如图 2-27(a) 和（b）所示。

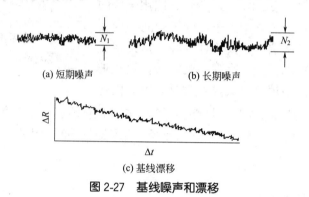

(a) 短期噪声   (b) 长期噪声

(c) 基线漂移

图 2-27 基线噪声和漂移

短期噪声是基线的瞬间高频率波动，是一般检测器所固有的背景信号。在数据处理时采用适当的滤波器可以除去，故对实际分析的影响很小。

长期噪声则是与色谱峰信号相似的基线波动，往往是载气纯度降低、色谱柱固定相流失或检测器被污染造成的，很难通过滤波器除去，故对实际分析影响较大。

漂移（Dr）：是基线随时间的单向缓慢变化，如图 2-27(c) 所示。通常表示为单位时间（0.5h 或 1.0h）内基线信号值的变化，即：

$$Dr = \Delta R / \Delta t$$

单位可以是 mV/h 或 pA/h。造成漂移的原因多是仪器系统某些部件未进入正常工作状态，如温度、载气流速以及色谱柱固定相的流失。因此，基线漂移在很大程度上是可以控制的。

2.5.2.2 灵敏度和检测限

当一定量（Q）的物质通过检测器时产生的响应值（R），以 R 对 Q 作图，直线部分的斜率就是灵敏度 S，即：

$$S = \Delta R / \Delta Q$$

由于浓度型和质量型检测器的物质量的表示方式不同，故灵敏度的单位也不同。对于前者，采用浓度单位 mg/mL，响应信号用 mV 表示，故灵敏度单位是 mV·mL/mg；而后者物质的质量采用单位 g/s，响应信号用 pA（如 FID）表示，故灵敏度的单位是 pA·s/g。

灵敏度只考虑响应信号的大小，未考虑噪声问题。为了更确切地反映检测器对样品组分的检测能力，在考察一个分析方法时应当用检测限（LOD）或检出限的概念，其定义为在检测器上所产生的响应信号等于 3 倍噪声信号时物质的质量（或浓度）。国际上也有定义 DL 是所产生的信号等于 2 倍噪声信号时物质的质量。与此有关的另一个概念是定量限（LOQ），一般定义为在检测器上所产生的响应信号等于 10 倍噪声信号时物质的质量（或浓度）。

S 和 LOD（及 LOQ）是不同的概念，一般用 S 来评价检测器的性能，LOD 和 LOQ 则用于评价一个分析方法的优劣。在第五章介绍分析方法的开发和验证时我们将详细讨论 LOD（及 LOQ）。

需要指出，对于仪器分析技术的 S 和 LOD 的关系，在不同的文献中有不同的表述方式。一般来说，S 越高，LOD 就越低。但不一定存在比例关系，因为噪声信号的大小直接影响 LOD 的高低。

2.5.2.3 线性和线性范围

线性是指检测器的响应值 R 与进入检测器的物质的量 Q 之间的呈比例关系。可以用公式表示如下：

$$R = CQ^n$$

式中，C 为常数。当 $n=1$ 时，响应为线性的，否则就是非线性的。目前使用的 GC 检测器大多数是线性的，但 FPD 对硫的响应却是非线性的，其 $n=2$。

任何检测器对特定的物质的响应只有在一定的范围内才是线性的。这一范围就是线性范围。或者说，检测器的灵敏度保持不变的区间即为线性范围。很显然，线性范围的下限就是检测限，而上限一般认为是偏离线性±5％时的响应值。具体表示方法多用上限与下限的比值，比如，FID 的线性范围为 10^7，就是这样得来的。

线性和线性范围对于定量分析是很重要的，绘制校准曲线时，样品的浓度范围应当控制在检测器的线性范围内，否则，定量的准确度就会下降。与线性范围相关的一个概念是动态范围，严格地讲，动态范围是指检测器的响应随进样量的增加而增加的范围，可能是线性的，也可能是非线性的。我们不应混淆线性范围和动态范围这两个概念。

2.5.2.4 时间常数

时间常数是某一组分从进入检测器到响应值达到其实际值的 63％ 所经过的时间，用 τ 表示。这实际上是色谱系统对输出信号的滞后时间，其原因主要是检测器的死体积和电子放大线路的滞后。显然，τ 值越小越好，尤其是对高效的毛细管色谱分离。时间常数过大会带来不可忽略的柱外效应。

表 2-11 总结了常见 GC 检测器的主要性能指标和特点。下面我们具体讨论几种检测器的原理和结构，以及操作注意事项。

表 2-11 常用 GC 检测器的特点和技术指标

检测器	类型	最高操作温度/℃	最低检测限	线性范围	主要用途
火焰离子化检测器（FID）	质量型，准通用型	450	丙烷：<5pg/s（碳）	10^7 （±10％）	各种有机化合物的分析，对烃类化合物的灵敏度高

续表

检测器	类型	最高操作温度/℃	最低检测限	线性范围	主要用途
热导检测器（TCD）	浓度型，通用型	400	丙烷：＜400pg/mL；壬烷：20000mV·mL/mg	10^4（±5%）	适用于各种无机气体和有机物的分析，多用于永久气体的分析
电子捕获检测器（ECD）	浓度型，选择性	400	六氯苯：＜0.04pg/s	＞10^4	适合分析含电负性元素或基团的有机化合物，多用于分析含卤素化合物
微型 ECD	浓度型，选择性	400	六氯苯：＜0.008pg/s	＞$5×10^4$	同 ECD
氮磷检测器（NPD）	质量型，选择性	400	用偶氮苯和马拉硫磷的混合物测定：＜0.4pg/s（氮）；＜0.2pg/s（磷）	＞10^5	适合于含氮和含磷化合物的分析
火焰光度检测器（FPD）	浓度型，选择性	250	用十二烷硫醇和三丁基膦酸酯混合物测定：＜20pg/s（硫）；＜0.9pg/s（磷）	硫：＞10^5 磷：＞10^6	适合于含硫、含磷和含氮化合物的分析
脉冲 FPD（PFPD）	浓度型，选择性	400	对硫磷：＜0.1pg/s（磷）；对硫磷：＜1pg/s（硫）；硝基苯：＜10pg/s（氮）	磷：10^5 硫：10^3 氮：10^2	同 FPD

2.5.3 热导检测器及其操作

2.5.3.1 原理与结构

TCD 是一种通用型检测器，其原理如图 2-28 所示。作为热敏元件的合金丝（如铼钨丝）是惠斯通电桥的一臂（图中 R 为电阻），置于严格控制温度的检测池体内。当热丝周围通过的是纯载气时，将电桥调平衡，输出为 0。因为作为载气的氢气或氦气的热导率比

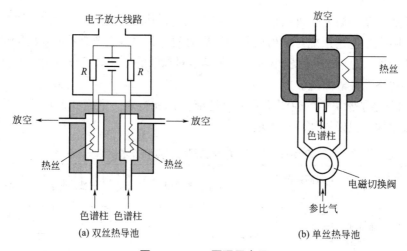

(a) 双丝热导池　　　　(b) 单丝热导池

图 2-28　TCD 原理示意图

有机化合物的热导率高 6～10 倍，故当色谱柱内有样品组分流出时，热丝周围气体的热导率发生变化，因而热丝的温度发生变化，导致电阻值变化，电桥电路失去平衡，此时输出信号不再为 0。样品组分与载气的热导率差越大，灵敏度越高。

传统的填充柱 GC 多采用双气路双丝热导，需要两根色谱柱，见图 2-28(a)。两根热丝分别为惠斯通电桥的测量臂和参比臂。这种结构由于池体积较大（几十微升），容易造成色谱峰在柱外的扩散，故灵敏度较低。毛细管柱 GC 要求更高的检测灵敏度，故多采用池体积更小（几微升）的单丝热导，见图 2-28(b)。此时只要一根色谱柱，另加一路参比气，通过一个电磁切换阀，使参比气交替进入检测池的左右两个入口，而色谱柱的流出物则进入中间的入口。这样在电磁阀的一次切换之前，通过热丝一侧的气体如果是纯载气，则在切换后通过热丝一侧的就是柱流出物。切换前后电路采集到的信号之差便是输出的色谱信号。

2.5.3.2 特点

TCD 的灵敏度除取决于池体的体积和样品与载气的热导率差之外，还取决于池体的温度、载气的纯度、热丝的电阻温度系数和通过热丝的电流等因素。载气纯度越高、热丝的电阻温度系数越大、电流越大，灵敏度越高。但是，电流越大，热丝寿命越短。TCD 的灵敏度较其他检测器低，故多用于在其他检测器上无响应或响应很低的气体的气固色谱分析。另外，由于 TCD 是非破坏性检测器，故可与其他检测器串联使用。

2.5.3.3 操作注意事项

① 确保热丝不被烧断。在检测器通电之前，一定要确保载气已经通过了检测器，否则，热丝可能被烧断，致使检测器报废！同时，关机时一定要先关检测器电源，然后关载气。任何时候进行有可能切断通过 TCD 的载气的操作，都要关闭检测器电源。这一条是 TCD 操作所必须遵循的！

② 载气中含有氧气时，会使热丝寿命缩短，所以，用 TCD 时载气必须彻底除氧。此外，不要使用聚四氟乙烯作载气输送管，因为它会渗透氧气。

③ 载气种类对 TCD 的灵敏度影响较大。原则上讲，载气与被测物的热导率之差越大越好，故氢气或氦气作载气时比氮气作载气时的灵敏度要高。当然，要测定氢气时就必须用氮气作载气。

2.5.4 火焰离子化检测器及其操作

2.5.4.1 原理与结构

FID 是目前应用最为广泛的 GC 检测器，如图 2-29(a) 所示。氢气在喷嘴出口处与空气混合而燃烧，色谱柱流出物从喷嘴下方进入检测器。其检测原理一般认为是基于有机化合物在氢火焰中可以发生裂解，所产生的自由基碎片经过与氧气的进一步反应而生成离子。

在电场的作用下，离子定向移动，通过火焰上方的收集极就可测得微电流，再由电子线路转换为电压信号输出，便是仪器记录的色谱信号。

2.5.4.2 特点

FID 的优点是死体积小，灵敏度高，线性范围宽（表 2-11），响应速度快。它对含有

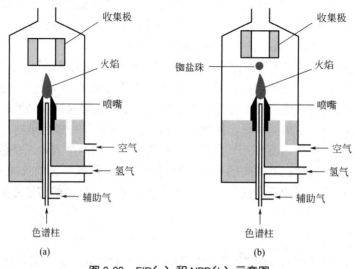

图 2-29　FID(a) 和 NPD(b) 示意图

C—H 或 C—C 键的化合物均敏感，故应用非常广泛，而对一些有机官能团如羰基、羟基、氨基或卤素的灵敏度较低。对一些永久气体，如 O_2、N_2、NH_3、CO、CO_2、N_xO_y、H_2S 和 H_2O 则几乎没有响应。

　　FID 的灵敏度与检测池死体积、喷嘴结构有关，还与火焰的氢气、空气和氮气组成比例有直接关系。在使用填充柱时，由于柱内载气流速可达 30～40mL/min，故不需要另加辅助气（或称尾吹气），但要注意，如果用氢气作载气，则要把检测器的氢气换成氮气。当用毛细管柱时，为满足检测器灵敏度对氢气、空气和氮气比例的要求，需要增加氮气作为辅助气。同时，由于毛细管柱的柱内载气流速较低，当被分离物质的谱带离开色谱柱进入检测器时，可能会因体积膨胀而造成谱带展宽，加入辅助气可消除这种柱外效应。

　　FID 是质量型检测器，其响应值与单位时间进入检测器的物质的质量成正比，故载气流速的变化对检测灵敏度的影响较小。此外，FID 是一种破坏性检测器。

2.5.4.3　操作注意事项

　　① FID 虽然是准通用型检测器，但有些物质在此检测器上的响应值很小或无响应。这些物质包括永久气体、卤代硅烷、H_2O、NH_3、CO、CO_2、CS_2、CCl_4 等。所以，检测这些物质时不应使用 FID。

　　② FID 是用氢气在空气中燃烧所产生的火焰使被测物质离子化的，故应注意安全问题。在未接色谱柱时，不要打开氢气阀门，以免氢气进入柱箱。测定流量时，一定不能让氢气和空气混合，即测氢气时，要关闭空气，反之亦然。无论什么原因导致火焰熄灭时，应尽快关闭氢气阀门，直到故障排除，重新点火时，再打开氢气阀门。高档仪器有自动检测和保护功能，火焰熄灭时可自动关闭氢气。

　　③ FID 的灵敏度与氢气、空气和氮气的比例有直接关系，因此要注意优化。一般三者的比例应接近或等于 1：10：1，如氢气 30～40mL/min，空气 300～400mL/min，氮气 30～40mL/min。另外，有些仪器设计有不同的喷嘴分别用于填充柱和毛细管柱，使用时

应查看说明书。

④ 为防止检测器被污染，检测器温度设置不应低于色谱柱实际工作的最高温度。一旦检测器被污染，轻则灵敏度明显下降或噪声增大，重则点不着火。消除污染的办法是清洗，主要是清洗喷嘴表面和气路管道。清洗喷嘴的具体方法是拆下喷嘴，依次用不同极性的溶剂（如丙酮、氯仿和乙醇）浸泡，并在超声波水浴中超声 10min 以上。还可用细不锈钢丝穿过喷嘴中间的孔，或用酒精灯烧掉喷嘴内的油状物，以达到彻底清洗的目的。有时使用时间长了，喷嘴表面会积炭（一层黑色沉积物），这也会影响灵敏度。可用细砂纸轻轻打磨表面而除去。清洗之后将喷嘴烘干，再装在检测器上进行测定。

2.5.5　氮磷检测器及其操作

2.5.5.1　原理与结构

NPD 又称热离子检测器（TID），是在 FID 基础上发展起来的，其基本结构与 FID 类似，如图 2-29(b)。它与 FID 的不同在于增加了一个热离子源（由铷盐珠或钾盐珠构成），并用微氢焰。含铷盐的玻璃珠悬在铂丝上，置于火焰喷嘴和收集极之间，在热离子源通电加热的条件下，含氮和含磷化合物的离子化效率大为提高，故可高灵敏度、选择性地检测这两类化合物，多用于农药残留的检测。

2.5.5.2　特点

NPD 的温度变化对检测灵敏度的影响极大。温度越高，灵敏度越高，但铷盐珠的寿命会缩短。增加热离子源的电压、加大氢气流量，均可提高检测灵敏度。而增加空气流量和载气或尾吹气流量会降低灵敏度。

2.5.5.3　操作注意事项

① NPD 是选择性检测器，对含氮和含磷化合物这两类化合物有高的检测灵敏度。由于用氢气，所以 NPD 的安全问题与 FID 相同。

② 热离子源的温度变化对检测灵敏度的影响极大。空气流量和载气或尾吹气流量也会影响灵敏度。空气流量太低会导致检测器的平衡时间太长；氢气流量太高，又会形成 FID 那样的火焰，大大降低铷盐珠的使用寿命，而且破坏了对氮和磷的选择性响应。气体流量一般设定为：氢气 3~4mL/min，空气 100~120mL/min，用填充柱和大口径柱，载气流量在 20mL/min 左右时，不用尾吹气，用常规毛细管柱时，尾吹气设定为 30mL/min 左右。

③ 在调节和设置热离子源的电压时，切记关闭检测器电源，以免不小心烧毁铷盐珠。

④ 热离子源的活性元素（铷盐）容易被污染而缩短使用寿命。要延长其使用寿命应注意：第一，避免 SiO_2 进入检测器，色谱柱要很好地老化，尤其是硅氧烷类固定液，其液膜要薄。还要避免衍生化后样品中有 SiO_2 残留而进入色谱柱。第二，关闭载气（如换钢瓶或换色谱柱）前，应将热离子源的电压调为 0，否则，没有载气通过，铷盐珠会在几分钟内烧毁。第三，在满足灵敏度要求的条件下，尽可能用低的热离子源电压。第四，仪器存放要避免潮湿，当仪器不用时，最好保持检测器温度在 100℃ 以上（热离子源电源要关闭）。第五，如果一段时间不进样分析（如过夜），应该降低热离子源电压，但不要关

闭。因为降低电压后铷盐珠仍是热的，再进样时升高电压很快就能稳定。如果关闭后再通电压，则需要几小时来平衡检测器。

2.5.6 电子捕获检测器及其操作

2.5.6.1 原理与结构

ECD 的结构如图 2-30 所示，检测器池体内有阴极和阳极，放射源（一般为 ^{63}Ni）镀在腔体内表面。色谱柱流出物（使用毛细管柱时还有辅助气）进入腔体后，在放射源放出的 β 射线的轰击下发生电离，产生大量电子。在电源、阴极和阳极组成的电场作用下，电子流向阳极。当只有载气进入检测器时，可获得 nA 级的基流。而当含有电负性基团（如卤素、硫、磷、硝基等）的有机化合物进入检测器时，即捕获池内电子，使基流下降，产生负峰。负峰的大小与进入检测器的组分的量成正比。这就是 ECD 的原理。

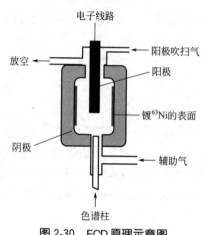

图 2-30　ECD 原理示意图

2.5.6.2 特点

ECD 是最灵敏的 GC 检测器之一，对于含卤素有机化合物、过氧化物、醌、邻苯二甲酸酯和硝基化合物有极高的灵敏度，特别适合于环境中微量有机氯农药的检测。另外，ECD 对胺、醇或烃类化合物不敏感，因此是一种选择性检测器，也是破坏性检测器。ECD 的缺点是线性范围较窄，一般为 10^3，且检测器的性能受操作条件的影响较大，载气中的痕量氧气会使背景噪声明显增大。

近年来，为配合毛细管色谱柱的快速分析应用，有些仪器配备了微型 ECD（即 μ-ECD）。由于这种检测器的池体积更小，结构设计更合理，成为目前最灵敏的 GC 检测器，线性范围可达 10^4（见表 2-11）。

2.5.6.3 操作注意事项

① 防止放射性污染。ECD 都有放射源（一般为 ^{63}Ni），故检测器出口一定要用管道接到室外，最好接到通风出口。不经过特殊培训，不要自己拆开 ECD。要遵循实验室有关放射性管理的规定。比如，至少每 6 个月应测试一次有无放射性泄漏。

② ECD 的操作温度一般要高一些，常用温度范围为 250～300℃。无论色谱柱温度多低，ECD 的温度均不应低于 250℃。这是因为温度低时，检测器很难平衡。

③ 用 ECD 时载气一般有两种选择，一是用氮气，二是用含 5％甲烷的氩气。前者灵敏度高一些，但噪声也高；后者检测限与前者基本相同，但线性范围更宽一些。氢气也可用作载气，但要用氮气作尾吹气。载气与尾吹气的流速之和一般为 60mL/min。流量太小会使峰拖尾严重，而流量太大又会降低灵敏度。

④ ECD 要避免与氧气或湿气接触，否则噪声明显增大。因此，载气和尾吹气都要求很好地净化。此外，检测器污染测试和泄漏测试都要严格按照仪器操作规程进行。

2.5.7 火焰光度检测器及其操作

2.5.7.1 原理与结构

简单地讲，FPD 是一个没有收集极的 FID 与一个化学发光检测装置的结合体。不同的是采用了富氢焰，含硫和含磷化合物在富氢焰中燃烧时生成化学发光物质，并发出特征波长的光谱。经滤光片滤光后的发射光谱再经光电倍增管放大便得到了色谱检测信号。如硫元素的特征波长为 394nm，磷元素则在 526nm 处有最大光发射。

FPD 是一种质量型、破坏性的选择性检测器。对含硫和含磷化合物的灵敏度极高（见表 2-11），多用于有机硫和有机磷农药的测定。

近年来，脉冲火焰光度检测器（PFPD）应用越来越多。这种检测器的结构如图 2-31 所示，其特点是采用了脉冲火焰，上部为点火室，下部为燃烧室。点火器通直流电，使热丝一直处于炽热状态，但无火焰。色谱柱流出物与富氢/空气混合后，进入石英燃烧管内，在此处与从外层通入的富空气/氢气混合后进入点火室，即被点燃，接着自动引燃燃烧室中的混合气，使样品组分在富氢/空气焰中燃烧，发光。由于燃烧后瞬间缺氧，造成火焰熄灭。连续的气体继续进入燃烧时，排去燃烧产物，进行第二次点火。如此反复进行，脉冲火焰的频率一般为 1～10Hz。蓝宝石将燃烧室与光学检测系统

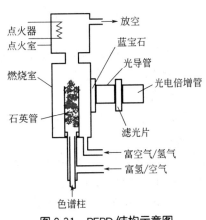

图 2-31 PFPD 结构示意图

分开，光信号通过光导管和滤光片后，由光电倍增管接收并放大，输出色谱信号。

2.5.7.2 特点

PFPD 的灵敏度比普通 FPD 提高了 100 倍左右，它可以区分杂原子和烃类化合物的发光，也可区分不同杂原子的发光。由于自动点火的功能，避免了猝灭作用。

2.5.7.3 操作注意事项

① FPD 也用氢火焰，故安全问题与 FID 相同（见上文）。

② FPD 的氢气、空气和尾吹气流量与 FID 不同，一般氢气为 60～80mL/min，空气为 100～120mL/min，而尾吹气和柱流量之和为 20～25mL/min。

2.5.8 其他检测器简介

2.5.8.1 化学发光检测器（CLD）

CLD 是基于分子发射光谱的原理，市售的主要是硫化学发光检测器（SCD）和氮化学发光检测器（NCD）。NCD 的工作原理是，GC 柱流出物进入检测器的燃烧室，经高温燃烧生成 NO，臭氧发生器产生的臭氧与 NO 在反应室中反应生成激发态 NO_2，NO_2 衰变至基态发射出特定波长的光，透过滤光片到达光电倍增管进行检测。NCD 是测定含氮化合物的选择性检测器，具有选择性好、灵敏度高、线性范围宽、样品基质干扰少等特性，可以对复杂混合物中的含氮化合物进行高灵敏测定。

SCD 与 NCD 的工作原理类似，是测定含硫化合物的选择性检测器。CLD 不需要光源，也不需要复杂的光学系统，只要有恒流泵，将化学发光试剂以一定的流速泵入混合器中，使之与柱流出物迅速且均匀地混合，并产生化学发光，通过光电倍增管将光信号变成电信号，就可进行检测。这种检测器的最小检出量可达 10^{-12}g。

2.5.8.2 光离子化检测器 （PID）

PID 也有两种类型。一种是无光窗离子化检测器，它利用微波能量激发常压惰性气体产生等离子体，PID 用石英或硬质玻璃管材料制成。当样品组分进入 PID 的离子化室后，样品分子被高能量的等离子体激发为正离子和自由电子，在强电场的作用下做定向运动形成离子流。PID 与 FID 有些类似，检测的都是离子流，但离子化机理不同。如选用氦气作为离子化气体，就是氦离子化检测器，理论上是一种通用型检测器。

另一种是光窗式光离子化检测器。它主要由紫外光源和电离室组成，中间由可透紫外光的光窗相隔，窗材料采用碱金属或碱土金属的氟化物制成。在电离室内待测组分的分子吸收紫外光能量后发生电离，选用不同能量的灯和不同的晶体光窗，可选择性地测定各种类型的化合物。

PID 对于大多数有机物有响应，尤其对芳烃和烯烃具有好的选择性。在分析脂肪烃和芳烃时，其响应值可比 FID 高 50 倍。不但灵敏度高，而且样品处理简单，具有较宽的线性范围（10^7），可在常压下进行操作，不需使用氢气、空气等，简化了设备，便于携带。目前 PID 已广泛应用于各种有机化学品检测中，特别在灾区事故泄漏检测、事故区域确认和人员防护方面发挥着重要作用。

2.5.8.3 质谱检测器 （MSD）

MSD 是质量型、通用型 GC 检测器，其原理与质谱（MS）相同（见 2.6 节）。它不仅能够给出一般 GC 检测器所能获得的色谱图〔称为总离子流色谱图（TIC）或重建离子流色谱图（RIC）〕，而且能够给出每个色谱峰所对应的质谱图。通过计算机对标准谱库的自动检索，可提供化合物分子结构的信息，故是 GC 定性分析的有效工具。使用 MSD 的 GC 常被称为色谱-质谱联用（GC-MS）分析，是将色谱的高分离能力与 MS 的结构鉴定能力结合在一起的现代分析技术，也是一种实验室常规技术，其使用越来越普遍。

MSD 实际上是一种专用于 GC 的小型 MS 仪器，一般配置电子电离（EI）和化学电离（CI）源，有的也有直接 MS 进样功能。MSD 的质量数范围通常为 10~1000u，检测灵敏度和线性范围与 FID 接近，采用选择离子监测（SIM）模式时灵敏度更高。

GC 与 MS 仪器的连接也很简单（详见 2.6.2 节）。如果是填充柱，则需要一个三通接口，将色谱柱流出的成分（载气＋被分析物）分为两路，一路（约 1mL/min）进 MS，另一路放空。这是因为 MS 离子源是在高真空下操作，如果流入的气体太多，就会影响真空度，降低检测灵敏度。如是用毛细管柱，就可以将柱出口直接接入 MS 离子源，因为毛细管柱的柱内流量为 1mL/min 左右。MS 仪器一般配置大抽量的分子涡轮泵，还有机械泵，组成二级真空系统。从 GC 到 MS 离子源之间色谱柱要有温度控制系统（传输管温度），以免高沸点组分流出色谱柱后冷凝下来。

GC-MS 的操作多用氦气作载气，一是惰性好，二是分子量小。也有人用氢气作载气，但是氢气反应活性太强，给谱图解析带来了问题。此外，安全也是需要考虑的。还有一个数据处理的问题需要强调，就是扣除本底信号的问题。GC-MS 不同于直接进样的 MS 分析，这是一个动态过程。要获得一个色谱峰的可靠的 MS 图，就要注意扣除本底。这些内容将在 2.6 节作简要介绍。

2.5.8.4　原子发射光谱检测器（AED）

AED 是一种小型原子发射光谱仪，它采用微波等离子体技术对色谱柱的流出物进行检测，实际上也是一种联用仪器（GC-AED）分析技术。GC-AED 将色谱的高分离能力与原子发射光谱的元素分析能力结合在一起，也是 GC 的有效定性手段。AED 的原理与原子发射光谱相同。GC-AED 原则上可测定除载气以外的所有元素，一次进样可同时测定不同元素的色谱图，根据元素色谱峰的面积或峰高可以确定化合物的元素组成。AED 的一个重要的优点是其响应值只与元素的含量有关，而与化合物的结构无关，因此可以进行所谓绝对定量分析。AED 的灵敏度为 pg/s 量级，如测碳元素是为 1pg/s，硫和磷为 2pg/s，氢为 4pg/s，氧为 150pg/s。线性范围为 $10^3 \sim 10^4$。

2.5.8.5　红外光谱检测器（IRD）

IRD 就是将红外光谱作为 GC 的检测器，也就是 GC-IR 联用。当然，作为 GC 的检测器，响应速度要快，所以要用傅里叶变换红外光谱。由于色谱柱流出的是气体，所以要用气体光管，得到的是气体的 IR 信号，因此不能简单采用固体的 IR 光谱来定性。GC-IR 主要用于有机化合物的鉴定，但是由于气相 IR 的灵敏度相对较低，加之气体光管必须在高温下工作，在一定程度上限制了 IRD 的应用。

2.5.9　检测器的选用及尾吹气的问题

2.5.9.1　检测器选用

检测器的选择要依据分析对象和目的来确定，表 2-11 所列的各种检测器的主要用途可供参考。在上述检测器中，FID 应用最为普遍，一般实验室均要配置。测定农药残留物的实验室还应选择 ECD（或 μ-ECD）、NPD 和/或 FPD（或 PFPD），有条件的实验室当然最好配置 MSD 和 AED。至于 PID 和 CLD，其使用远不及上述检测器普遍。PID 主要用于芳烃和杂环化合物的分析，CLD 则主要用于含氮和含硫化合物的高灵敏度检测。

现在的趋势是 GC-MS 越来越成为一种常规分析技术，尤其对复杂样品的分析，GC-MS 几乎是必不可少的仪器。一些法规方法和标准方法，也越来越多地采用 GC-MS，甚至 GC-MS/MS 也已得到了越来越多的应用。

2.5.9.2　关于尾吹气

前面介绍 FID 时提到补充气或辅助气，即尾吹气，是从色谱柱出口处直接进入检测器的一路气体。填充柱不用尾吹气，而毛细管柱则大都采用尾吹气。这是因为毛细管柱的柱内载气流量太低（常规柱为 1~3mL/min），不能满足检测器的最佳操作条件（一般检测器要求 20mL/min 的载气流量）。在色谱柱后增加一路载气直接进入检测器，可保证检测器在高灵敏度状态下工作。尾吹气的另一个重要作用是消除检测器死体积的柱外效应。经分离的化合物流出色谱柱后，可能由于管路体积增大而出现体积膨胀，导致流速减缓，从而引起谱带展宽。加入尾吹气后可消除这一问题。

那么，尾吹气流量多少合适呢？这要视所用检测器和色谱柱的尺寸而定。比如，用

0.53mm 大口径柱时，柱内流量可达 15mL/min，这对微型 TCD 和单丝 TCD 来说已经够大了，就没必要再加尾吹气了。而对于 FID、NPD、FPD 则需要至少 10mL/min 的尾吹气流量，对于 ECD 则需要 20mL/min 以上的尾吹气（ECD 一般需要载气总流量大于 25mL/min）。使用常规或微径柱时，尾吹气流量应相应增大。经验参考值为：FID、NPD、FPD 需要柱内载气和尾吹气的流量之和为 30mL/min 左右，ECD 则需要 40～60mL/min。当需要在最高灵敏度状态下工作时，应针对具体样品优化尾吹气流量以及其他气体流量。一般情况下，尾吹气所用气体类型应与载气相同。

尾吹气流量是在安装好色谱柱后，在检测器出口处用皂膜流量计测定的。注意，测定尾吹气流量时要关闭其他气体（如使用 FID 时要关闭空气和氢气），用 0.32mm 以下内径的色谱柱时，可不关闭柱内载气，这时测得的流量为柱内载气和尾吹气流量之和。市售仪器现在大都配置了所有气体的 EPC，使实验室省去了很多流量测定工作。

2.6　GC-MS 简介

2.6.1　质谱基础

2.6.1.1　质谱的发展与分类

质谱法（MS）是将样品分子转化（裂解）为运动的气态离子并按质荷比（m/z）大小进行分离的分析方法。离子强度对 m/z 作图就是质谱图，根据质谱图提供的离子（m/z 和强度）信息，可以进行各种有机物、无机物和生物分子的定性和定量分析，还可解析复杂化合物的分子结构，以及样品中各种同位素比的测定和固体表面结构和组成分析等。

MS 是 20 世纪初发展起来的一种强大的分析技术，其原理可追溯到 1906 年诺贝尔物理学奖得主 J. J. Thomson 的工作，他发现了电荷在气体中的运动现象，并于 1910 年获得了第一张 MS 图。1922 年 F. W. Aston 因采用 MS 技术发现了同位素而获得诺贝尔化学奖，1989 年的诺贝尔物理学奖颁给了发明离子阱 MS 的 W. Paul 和 H. G. Dehmelt。2002 年的诺贝尔化学奖则是颁给了用 MS 分析大分子的 J. B. Fenn（电喷雾离子化技术）和田中耕一（基质辅助激光解吸附离子化技术分析大分子）。此外，还有数位诺贝尔奖得主的工作与 MS 密切相关。从 1942 年第一台用于石油分析的商品 MS 仪器问世，到 20 世纪 60 年代各种 MS 技术的商品化，MS 被广泛应用于有机化学和生物化学领域。在有机化合物及生物大分子的结构鉴定方面，MS 是与核磁共振（NMR）、红外光谱（IR）等技术同等重要的方法，已成为有机合成、分析检测、生命组学及临床诊断的必备仪器。

MS 的分类方法有多种。按照分析对象可分为有机、无机和生物 MS；按照分辨率可分为低分辨和高分辨 MS；依据离子源又可为电子电离、化学电离、电喷雾、基质辅助解吸附、电感耦合等离子体、敞开式离子化 MS 等；依据质量分析器还可分为四极杆、离子阱、离子回旋共振、飞行时间 MS，等等。本节简要讨论 GC-MS 的基本知识，MS 及其谱图解析的详细内容请参阅有关书籍。

2.6.1.2　质谱仪的工作原理和性能指标

（1）质谱仪的工作原理

质谱仪首先将样品（分子和/或离子的混合物）离子化，然后利用电磁学原理，使带

电的样品离子按 m/z 进行分离，最后检测并记录离子的信号。其中关键的步骤是离子化及离子的分离，经典的方式是将样品分子离子化后经加速进入磁场中，其动能与加速电压及电荷 z 的关系是：

$$zeU=\frac{1}{2}mv^2$$

式中，z 为电荷数，e 为元电荷，U 为加速电压，m 为离子的质量，v 为离子被加速后的运动速率。当 z、e 和 U 一定时，v 就是 m 的函数。m 越大，v 越小，反之亦然。具有速率 v 的离子经过电磁场就实现了分离，即 z 一定时，m/z 越小，v 越大。检测器按照 m/z 从小到大的顺序就记录下离子的信号，信号强度也就是离子的丰度。图 2-32 是邻苯二甲酸酐的质谱图，纵坐标把丰度最大的离子的强度作为 100%（Base Peak，基峰），经归一化处理。图中 m/z 148 叫作分子离子峰，是邻苯二甲酸酐分子失去一个电子后形成的离子（M^+）。其余的叫碎片离子峰，是分子离子继续碎裂产生的离子。图上方给出了裂解机理，说明了双 α-裂分产生碎片离子的过程，即分子离子（M^+，m/z 148）经 α-裂分失去一分子 CO_2，产生了离子 m/z 104，再经 α-裂分，产生了 m/z 76 的离子。m/z 50 则是苯环的裂解产物。注意，MS 只能检测离子，检测不到中性碎片。

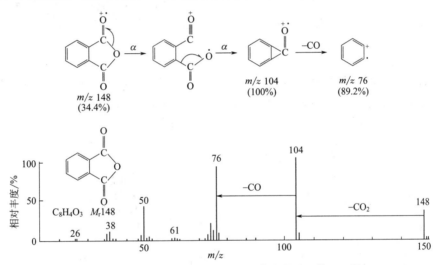

图 2-32　采用电子电离源得到的邻苯二甲酸酐的 MS 图

（引自：王光辉，熊少祥. 有机质谱解析. 北京：化学工业出版社，2005：104.）

根据离子分离（也就是质量分析器）的原理，可以将质谱仪分为动态仪器和静态仪器两大类。在静态仪器中采用稳定的电场或/和磁场，按空间位置将 m/z 不同的离子分开，如单聚焦和双聚焦质谱仪。而在动态仪器中则采用变化的电磁场，按时间不同来区分 m/z 不同的离子，如飞行时间和四极杆质谱仪。

（2）质谱仪的主要性能指标

① 质量范围　质谱仪的质量测定范围表示其所能分析样品的相对原子质量（或相对分子质量）范围，通常采用原子质量单位（u）度量。1u 等于一个处于基态的 ^{12}C 中性原子质量的 1/12，即：

$$1u=\frac{1}{12}\left(\frac{12.00000g/mol\ ^{12}C}{6.02214\times10^{23}/mol\ ^{12}C}\right)=1.66054\times10^{-24}g$$

在非精确测量的场合，常采用原子核中所含质子和中子的总数即"质量数"来表示质量的大小，其数值等于其相对质量数的整数。

无机质谱仪一般质量数测定范围在 2～250，而常用有机质谱仪一般可达 2000（即 m/z 2～2000）或更高。在生化分析中可通过多电荷技术（离子化方式）扩大分析范围，如采用电喷雾离子化就可以测定分子量达几十万甚至几百万的蛋白质。

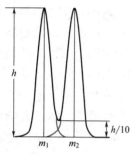

② 分辨率　分辨率是指质谱仪可分离相邻质量数离子的能力，一般定义是：对于峰高相等的两个相邻峰，当两峰间的峰谷高度不大于其峰高 10% 时，认为两峰已分开（图 2-33）。其分辨率为：

$$R = \frac{m_1}{m_2 - m_1} = \frac{m_1}{\Delta m}$$

式中，m_1、m_2 为相邻两峰的质量数，且 $m_1 < m_2$，故两峰的质量数相差越小，要求仪器的分辨率越大。

图 2-33　MS 分辨率示意

在实际工作中，很难找到高度相等且峰谷高度又不大于 10% 峰高的相邻两个峰。故常用半峰宽法计算分辨率。即选任一峰（质量数为 m），测得其峰高一半处的峰宽，也就是半峰宽 $W_{1/2}$，则：

$$R = \frac{m}{W_{1/2}}$$

质谱仪有高分辨和低分辨之分，能够分辨质量数相差万分之一或更小的两个离子，即分辨率在 10000 以上的是高分辨质谱，分辨率小于 10000 的是低分辨质谱。图 2-34 为牛胰岛素离子化后一个单电荷离子在不同分辨率下的 MS 图，可见，分辨率越高，得到的同

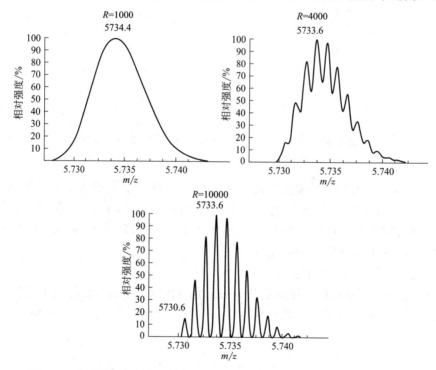

图 2-34　牛胰岛素离子化后单电荷离子在不同分辨率下的同位素分离 MS 图

位素信息越丰富。分析蛋白质的结构时往往需要高分辨质谱仪。当然，仪器的分辨率越高，价格越高。决定分辨率的主要因素是仪器的离子源和质量分析器。

③ 灵敏度　质谱仪的灵敏度有绝对灵敏度、相对灵敏度和分析灵敏度等几种表示方法。绝对灵敏度是指仪器可以检测到的最小样品量，相对灵敏度是指仪器可以同时检测的大组分与小组分含量之比，分析灵敏度则是指输入仪器的样品量与仪器输出的信号之比。这与 GC 检测器的灵敏度概念类似，人们常用分析灵敏度来判断仪器的优劣，比如，用进样 1pg 某化合物产生的信噪比高低来表示。

④ 质量准确度　质量准确度指离子质量测量的准确性，一般用测量值和真实值之间的误差来评价，单位 ppm（part per million）。

质量准确度主要取决于质量分析器的质量轴稳定性和分辨率的设置。质量轴的稳定性越好，经标准物质校准后，仪器的质量准确度越高。现在仪器的质量准确度一般小于 10ppm。目前的商品化质谱仪都是用已知质量的标准物质作为外标校正质量轴，因此质量准确度通常会比较高。有的仪器还有"质量锁定"功能，这样分辨率在几万～几十万之间时，可以获得小于 5ppm 的质量准确度。

2.6.1.3 质谱仪的组成

现在市售质谱仪多种多样，但仪器的组成基本相同，即都有进样系统、真空系统、离子源、质量分析器、检测器及数据处理系统。MS 分析的一般过程是：通过合适的进样装置将样品引入并进行汽化，汽化后的样品进入离子源被离子化，离子经过适当加速后进入质量分析器，按不同的 m/z 实现分离。分离后的离子依次到达检测器产生离子信号（质量数对应的离子强度），用软件分析数据。整个仪器由计算机系统来控制，而且数据处理软件也安装在计算机内。图 2-35 为质谱仪的组成框图。

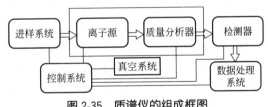

图 2-35　质谱仪的组成框图

（1）真空系统

为了保证获得离子的真实状态，必须避免离子损失，因此，凡有样品分子及离子存在和通过的地方，必须处于真空状态。从样品引入开始，到离子源再到质量分析器逐步增高真空度，一般从 10^{-3} Pa 到 10^{-6} Pa。若真空度过低，氧气可能造成离子源的真空阴极灯灯丝烧断；本底信号（噪声）增高，降低检测灵敏度；引起额外的分子-离子和离子-离子反应，从而改变分子的裂解模式，造成 MS 图解析的困难；干扰离子源中电子束的正常调节；离子加速电极放电等问题。一般质谱仪都采用机械泵预抽真空，然后用高效率扩散泵和/或分子涡轮泵连续地运行以保持质谱系统的真空度。

（2）进样系统

进样系统是将样品高效重复地引入到离子源中，并且不影响仪器正常工作的真空度。常用的进样装置有三种：气体扩散进样、直接探头进样及色谱进样。一般质谱仪都配有前

两种进样系统以适应不同的样品需要。有关色谱进样将在下一节讨论。

气体扩散进样是通过可拆卸式的试样管将少量（10～100mg）固体和液体试样引入试样储存器中，由进样系统的低压强及储存器的加热，使试样保持气态。因为进样系统的压强高于离子源的压强，故样品可以通过分子漏隙（通常是带有一个小针孔的玻璃或金属膜）扩散进入离子源。气体扩散进样可用于气体、液体和中等蒸气压的固体样品。

直接探头进样用于不能用气体扩散进样的固体及非挥发性液体试样。通常将试样放入温度可控的小杯中，通过真空闭锁装置将其直接引入离子源。采用这种技术不必使样品蒸气充满整个储存器，故可以用于样品量较小（可达1ng）和蒸气压较低的样品。直接探头进样大大拓展了MS的应用范围，使许多量少、珍贵且复杂的有机化合物，包括有机金属化合物能够进行MS分析。

在有些情况下，将样品衍生化，使其变成挥发性物质，就可以用气体扩散进样或直接探头进样。如将有机酸变成酯、将微量金属变成挥发性配位化合物等。

（3）离子源

① 概述　离子源的功能是将气态样品分子转化成离子，中性分子是MS不能直接检测的，所以，离子源是质谱仪的关键部件。可以将离子源看作比较高级的反应器，其中样品在很短时间内发生一系列特征裂解反应。由于离子化所需要的能量因分子不同而不同，因此，对于不同的分子要施加不同的离子化电压，或者选择不同的离子化方式(离子源)。能给予样品较大能量而使样品发生较多碎裂的离子化方法为硬电离方式，而给样品较小能量的为软电离方式。前者多用于一般有机化合物，后者则适用于易碎裂或易离子化的样品，如生物大分子。对一个给定的分子而言，其MS图的形貌在很大程度上取决于所用的离子源，而离子源的性能将直接影响到质谱仪的灵敏度和分辨率等性能。

将气态分子变成离子的方法很多，MS常用的离子源及基本原理和特点列于表2-12。此外，在MS发展史上还出现多种离子源，比如热电离、辉光放电电离、火花放电电离、场解吸和等离子体解吸离子源等，现在已很少用了。在此不对每种离子源进行详细讨论，只对GC-MS常用的电子电离源（EI）和化学电离源（CI）作简要介绍。

表 2-12　GC-MS 仪器常用的几种离子源

离子源名称和缩写	发明时间及发明人	原理和特点
电子电离，EI	1918，Dempster	将电子动能传递给被分析物而使其离子化。仅电离气体分子，多用于挥发性有机物分子。因电离后分子内能过高，容易产生碎片离子，故检测不到有些化合物的分子离子峰。
二次离子质谱，SIMS	1949，Herzog 和 Viehbök	SIMS是通过连续或脉冲的一次离子束轰击被分析物表面，再用MS分析所产生的二次离子的方法。此法应用广泛，灵敏度高。特别用于MS成像分析，具有很高（nm级）的空间分辨率。
化学电离，CI	1965，Munson 和 Field	利用电子先将一特定试剂气体离子化以产生气相分子离子，然后与被分析物进行气相离子-分子反应，使待测分子通过质子转移或电子转移等反应成为带电离子。是EI的互补技术，可以产生信号强度较大的分子离子

续表

离子源名称和缩写	发明时间及发明人	原理和特点
快原子轰击,FAB	1981,Barber	利用快速原子枪将氙气引入。离子源阴极灯丝加热后产生的热电子经电场加速至正极,氙气分子与电子撞击后产生氙离子,再经加速为快速氙离子,快速氙离子与其他氙原子撞击,经电荷转移形成具有高动能的氙气快速原子,之后,再撞击被分析物分子使其离子化。现在用铯离子束,其能量更高。此法适合于难挥发物质,对于高分子化合物有较好的离子化效率
大气压光致电离,APPI	2000,Robb	在大气压条件下,利用光能激发样品气态分子而使其离子化为自由基离子,或进一步将被分析物质子化生成离子。适用于中低极性、分子量小于 1500 的小分子,但应用不及 APCI 广泛
实时直接分析,DART	2005,Cody	一种敞开式离子化方式。利用氦气或氮气作为工作气体,经辉光放电装置变成激发态原子,从装置喷出的气体可将被分析物从样品表面解吸附并解离。应用广泛。很多学者基于 DART 开发了多种离子化方式。检测灵敏度和定量准确性有待进一步提高

② 电子电离源 EI 源过去称为电子轰击源,其结构如图 3-36 所示。灯丝经加热放出热电子,加速后的热电子束在磁场作用下向正极运动。样品引入方向垂直于电子运动方向,高能电子束撞上样品分子,发生能量转移,从而使样品离子化。由于分子并不是与电子撞击完成离子化,而是以能量转移的机理实现离子化的,因此,为了避免描述离子化机理的错误,现在学界建议尽量避免用电子轰击的概念,而要用电子电离的概念。电子电离主要是产生带正电荷的离子,不易产生负离子,故采用 EI 源时多用正离子模式分析。

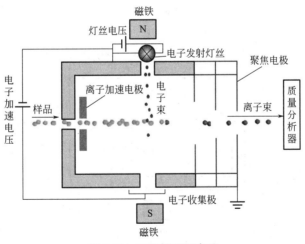

图 2-36 EI 源原理示意图

通常电子电离使用的电子能量为 70eV(即电子加速电压为 700V),此能量是甲烷气体最佳离子化效率能量区间的中间值,可提供较高重现性的 MS 图。有机分子的电离能大多为 10~20eV,70eV 时被离子化的分子因得到过高的电子能量而造成内能升高,会进一步碎裂,所以可同时观察到碎片离子。虽然较低的电子能量会使整体信号下降,但分子离子峰的相对强度会因碎裂程度下降而提高,从而较容易从谱图中辨别出分子离子的质荷比。MS 观察到的碎片离子能提供分子离子的结构信息,而 EI 源在 70eV 的能量下产生的

碎片离子有极高的重现性，故可以收集各种分子用 EI 源产生的 MS 图建立标准谱库，并通过被分析物的 MS 图和标准谱库 MS 图的比对，实现自动检索，这非常有利于化合物的定性鉴定。

现在国际上两大 MS 谱库，即 John&Wiley 公司的谱库和美国国家标准研究院（NIST）的谱库就收集电子能量为 70eV 时 EI 源的 MS 图。2020 年发布的 Wiley 第 12 版 MS 数据库收集了 785061 个化学结构、817290 张谱图（同一化合物可能有几张不同来源的谱图），NIST 20 版 MS 数据库则包含 350643 种化合物的 EI 源 MS 图。购买 MS 或 GC-MS 仪器时可将这些谱库安装在计算机上，以便进行自动检索。当然，自动检索结果并不能保证被分析物的鉴定就绝对正确，往往还需要手工解析谱图或与标准物质比对，或者加上其他数据（色谱保留数据、FTIR 和 NMR）才能确证。本书不讨论 MS 图的解析问题，读者需要时请参阅有关书籍。

③ 化学电离源　MS 可获得被分析物的重要信息之一是其分子量，即分子离子的信息，但电子电离产生的分子离子峰往往强度较低或检测不到，尤其对易电离的化合物。这样就需要用比较温和的离子化方法，化学电离（CI）就是这样一种离子化方式。CI 源的结构与 EI 源基本一致（见图 2-37），不同之处是在与电子束和样品引入（图中虚线圆圈）方向相互垂直的方向上有一个试剂气体的引入口，而且为了减少试剂气体的扩散，除了开口缩小外，取消了电子收集极，改为离子化室内接受电子，或者有些设计将其移至离子化室外。CI 的离子化是先利用电子束将试剂气体离子化，然后试剂离子与被分析物进行气相离子-分子反应，使待测分子通过质子转移或电子转移等反应变成带电离子。CI 可与 EI 互补，能产生信号强度较大的分子离子峰。

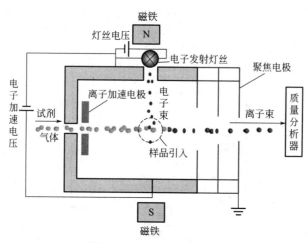

图 2-37　CI 源原理示意图

CI 源（包括 APCI）中充满试剂气体（多用甲烷），其离子化反应是：

$$CH_4 + e^- \longrightarrow \overset{+*}{C}H_4 + 2e^-$$

$$\overset{+*}{C}H_2 + H_2 \qquad \overset{+}{C}H_3 + H^*$$

$$\overset{+*}{C}H_4 + CH_4 \longrightarrow CH_5^+ + {}^*CH_3$$

$$\overset{+}{CH_3}+CH_4 \longrightarrow C_2H_5^{+}+H_2$$

$$\overset{+*}{CH_2}+2CH_4 \longrightarrow C_3H_5^{+}+2H_2+H^{*}$$

接着，这些试剂离子与被分析物进行气相离子-分子反应，通过质子转移反应、电荷交换反应和电子捕获负离子实现待测分子的离子化。图 2-38 是蛋氨酸的 EI（70eV）-MS 谱图与 CI（甲烷作试剂气体）-MS 谱图的比较，可见 CI 得到的分子离子峰的强度显著大于 EI 源，同时减少分子离子的碎裂，简化了 MS 图。

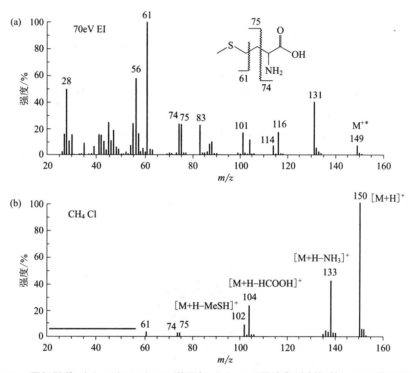

图 2-38　蛋氨酸的（a）EI(70eV)-MS 谱图与（b）CI（甲烷作试剂气体）-MS 谱图的比较

除了甲烷以外，还有一些可作试剂气体的物质，如氢气、氦气、异丁烷、氨、二甲醚、二异丙基醚、丙酮、苯等，可用于质子转移反应、电荷交换反应或电子捕获负离子的试剂，实现了多种化合物的 CI-MS 分析。

APCI 的原理与 CI 类似，不再详细讨论。需要指出，APCI 源因为可在常压条件下实现被分析物的离子化，在 GC-MS 中的应用将越来越多。另外，除了用 EI、CI 和 APCI 源以外，还有场解吸（FD）等离子源也可用于 GC-MS 分析，但其应用范围远没有 EI 源和 CI 源广泛。

（4）质量分析器

① 引言　MS 离子源产生的离子必须经质量分析器分离后才能被检测器有效检测，而分离主要是基于 m/z 的差异，采用磁场或电场来实现，这与色谱分离是不同的。MS 的分辨率主要取决于质量分析器，可以说质量分析器的发展史就是不断提高 MS 分辨率的过程。从 1912 年 Thomson 的第一台 MS 仪器采用磁场单聚焦质量分析器，到 1919 年 Aston 设计出第一台速度聚焦式质量分析器；1934 年 Mattauch 和 Herzog 报道了双聚焦

磁分析器，1946 年 Stephens 发明飞行时间（TOF）质量分析器，1949 年 Hipple 等人提出了离子回旋共振（ICR）质量分析器，1953 年 Johnson 和 Nier 发表了反置双聚焦质量分析器的工作，以及 Paul 的四极杆和四极离子阱质量分析器；再后来就是 1974 年 Comisarow 和 Marshall 发明了傅里叶变换离子回旋共振（FT-ICR）分析器，1977 年 Yost 和 Enke 发展了三重四极杆（QQQ）分析器，1984 年 Glish 和 Goeringer 发表了四极杆飞行时间（Q-TOF）MS 的工作，2000 年 Makarov 发明了轨道阱（Orbittrap）质量分析器。每一种质量分析器的出现都使 MS 的分辨率和灵敏度有了新的提高，仪器的测量精度也大为提高。

只用一种质量分析器的 MS 为单级 MS，比如 TOF-MS，用几种质量分析器组合的为串级 MS，比如 Q-TOF-MS。根据分离原理可将质量分析器分为电场式和磁场式两类，前者有 TOF、四极杆、四极离子阱和 Orbittrap 等；后者包括扇形磁场质量分析器和 FT-ICR 质量分析器。这里我们仅介绍几种 GC-MS 最常用的质量分析器。

② 扇形磁场质量分析器　扇形磁场是最早用于有机 MS 的质量分析器。不同 m/z 的离子在磁场和电场的作用下有不同的运动轨迹，据此就可以实现离子的分离。图 2-39 是扇形磁场质量分析器的原理示意图。离子源产生的离子束经加速后飞入磁场区，由于磁场作用，飞行轨迹发生弯曲。在磁场中，不同质量（m）和电荷（z）的离子在加速电压 V 作用下，得到离子动能（K）和速度（v）的关系为

$$K = \frac{mv^2}{2} = zV$$

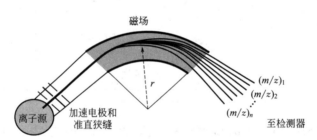

图 2-39　扇形磁场质量分析器原理示意图

当磁场（B）向量与离子运动方向垂直时，离子所受的磁力（F_B）为 $F_B = zvB$。离子作圆弧运动时向心力与磁力相等

$$\frac{mv^2}{r} = zvB$$

式中，r 是圆弧的曲率半径，与动量成正比

$$r = \frac{mv}{zB}$$

所以

$$\frac{m}{z} = \frac{r^2 B^2}{2V}$$

可见，如果 r 一定，对于给定的磁场强度 B 来说，只有相应的 m/z 值的离子能够通过该质量分析器。故随时间改变磁场强度 B 就可依次观察到不同 m/z 的离子。此外，还可以利用动能相同、质荷比不同的离子具有不同的运动半径 r 这一特性来进行检测。

③ 双聚焦质量分析器　只用一个扇形磁场进行质量分析的 MS 仪称为单聚焦仪器。设计良好的单聚焦 MS 仪分辨率可达 5000。若要求分辨率大于 5000，则需要双聚焦质谱仪。单聚焦仪器中影响分辨率提高的两个主要因素是离子束离开离子枪时的角分散和动能分散，因为各种离子是在离子源不同区域形成的。为了校正这些分散，通常在磁场前加一个静电场分析器。这一装置由两个扇形圆筒组成，向外电极加上正电压，内电极为负电压（见图 2-40）。

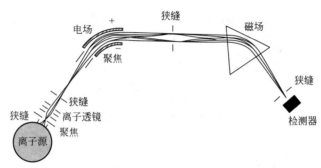

图 2-40　双聚焦质量分析器

对某一恒定电压而言，离子束通过静电场分析器的曲率半径 r_e 为

$$r_e = \frac{2U}{V_e}$$

式中，V_e 为两极板间的电压，U 为离子源的加速电压，即不同动能的离子有不同 r_e。静电场分析器用来将具有相同动能的离子分成一类，并聚焦到一点。这样，静电场分析器使离子源飞出的离子束按动能聚焦成一系列点，再经过磁场质量分析器将不同 m/z 的离子分开。也就是说，双聚焦仪器将电场和磁场相结合，实现方向和能量同时聚焦。电场作为动能选择器，可以与狭缝结合缩小离子束的动能分散程度。这些不同动能的离子在磁场作用下实现能量聚焦，达到提高分辨的目的。一般商品化双聚焦质谱仪的分辨率可达 150000，测定准确度可达 $0.03\mu g/g$。磁场质量分析器 MS 的局限性是扫描速度不够快，不能很好地满足快速 GC 分析的需要，且仪器体积大。

④ 飞行时间质量分析器　飞行时间（TOF）是用非磁场方式达到离子分离的装置。从离子源飞出的离子经静电场加速后，进入一个无场漂移管（长度约 1m），TOF 以离子飞行速度的差异来实现离子的分离。早期的 TOF 分辨率并不高，后来做了改进。一是使用延时产生的高压脉冲来加速离子，二是在无场飞行区置入一个反射静电场，使离子折返再飞行，然后聚焦于检测器，从而提高了分辨率。

单从分辨率、重现性及质量准确度来说，TOF 不及双聚焦质量分析器，但其快速扫描性能使其可用于研究快速反应以及与 GC 联用等。TOF-MS 可用于一些高质量离子分析，与磁场分析器相比，TOF 仪器体积较小，使用比较方便。

TOF 质量分析器有线性、发射式和正交式三种类型。图 2-41 所示为现在应用较多的正交加速反射式 TOF 质量分析器示意图。从离子源飞出的离子经由四极杆离子导管聚焦后进入无场飞行管。经反射器偏转离子，最后到达离子检测器。这一装置显著提高了 TOF 的质量分辨率。

⑤ 四极杆质量分析器　四极杆质量分析器的原理是让离子在专门设计的质量分析器

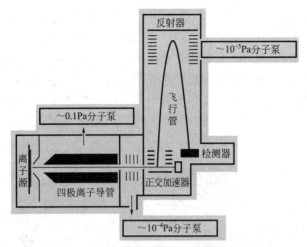

图 2-41 正交加速反射式 TOF 质量分析器

内随着交/直流电场运动。在复合电场的作用下，离子的运动轨迹与其 m/z 有关，不同 m/z 的离子呈现不同的运动行为。如果电场的作用使得离子运动轨迹不稳定而撞击电极或偏离电场区，则该离子就会被抛出分析器。反之，如果电场作用力能够保持离子在分析器内稳定的运动轨迹，则该离子可以稳定存在于分析器中，最后到达检测器。

在仪器结构上，四极杆质量分析器由四根柱状（截面可为双曲面形、圆形或方形）平行电极组成，两个电极为一组，共两组电极平行并对称于中心轴排列。两组电极的相位差为 $180°$，如图 2-42 所示。来自离子源的离子束穿过对准四根杆之间的准直小孔，进入四极杆中心空间。通过在四极上加上直流电压 U 和射频 $V_0\cos wt$，（其中 V_0 为射频电压振幅，w 为射频振荡频率，t 为时间），在极间形成一个四极复合射频场。受到电场力的作用，离子围绕其中心轴振动。只有具有一定 m/z 的离子（共振离子）才会通过稳定的振荡而进入离子检测器，而非共振离子就被抛出四极杆之外（整个四极杆在真空环境中）。这个振荡过程有严格的数学模型描述，此处省略。结论是改变 U、V_0，并使 U/V_0 比值恒定，便可以实现质量扫描。

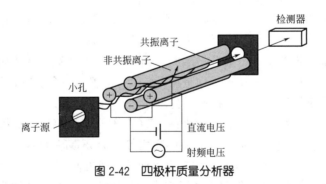

图 2-42 四极杆质量分析器

四极杆质量分析器的分辨率和 m/z 范围与磁场分析器接近。其优点首先是传输效率较高，入射离子的动能或角发散影响不大；其次是可以快速扫描，而且结构简单、体积小、质量轻，是 GC-MS 最常用的质量分析器，可以满足快速扫描的要求，也可用于微型 MS。

⑥ 离子阱质量分析器　离子阱质量分析器与前述四极杆的基本理论是相同的，有人

也把离子阱称为四极离子阱。二者最大的不同是离子阱在 z 轴上加了一个束缚场，因而形成了一个能捕获离子的三维电场。离子阱的几何形状是参照双曲面设计（图 2-43），包含一对环状电极和一对上下对称的端盖电极，其设计满足 $r_0^2 = 2Z_0^2$（r_0 为环状电极的最小半径，Z_0 为两个端盖电极间的最短距离）。它是一种通过电场或磁场将气相离子控制并储存一段时间的质量分析器。

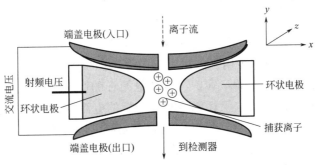

图 2-43　离子阱的一种典型结构示意图

　　直流电压 U 和射频电压 V_{rf} 加在环状电极和端盖电极之间，两端盖电极都处于低电位。离子在离子阱内的运动遵循马蒂厄微分方程。在稳定区内的离子，运动振幅保持一定大小，可以长时间留在阱内。不稳定区的离子振幅很快增长，撞击到电极而被抛出。在一定的 U 和 V_{rf} 下，一定 m/z 的离子可以处在稳定区。改变 U 或 V_{rf}，离子可能处于非稳定区。如果在引出电极上加负电压，就可将离子从阱内引出，到达检测器。因此，离子阱的质量扫描方式与四极杆类似，也是在恒定的 U/V_{rf} 下，扫描 V_{rf} 获取 MS 信息。

　　离子阱质量分析器结构简单、成本低且易于操作。广泛用于 GC-MS 中，也用于串级 MS，比如线性离子阱就用于三重四极杆 MS。

　　⑦ 质量分析器的比较　　上面讨论了几种 GC-MS 中常用的质量分析器，其他如用于高分辨 MS 的离子回旋共振（ICR）、轨道阱等质量分析器就不详细介绍了。表 2-13 列出了常用质量分析器的性能比较，实际上没有理想的质量分析器可以应对所有的应用。比如，离子阱灵敏度高、体积小，但空间电荷限制了离子捕获数目，故动态范围不宽。在使用方面，离子阱可与 GC 或 LC 联用，进行定性定量分析，也可以研究气相离子的化学反应。FT-ICR 的质量分辨率最高，适合于离子化学研究，可实现多级 MS 分析。与脉冲激光相配合，具有非破坏型离子检测与稳定的质量校正能力。FT-ICR 缺点是动态范围有限、真空度要求极高、空间电荷限制、高次谐波造成假信号、控制参数多、只容许低能量碰撞解离等。TOF 的特点是质量分析快速、非常适合脉冲激光离子源（如 MALDI）、离子传输效率极高，质量检测范围宽，但与连续式离子源配合会有一些局限。GC-MS 采用最多的是四极杆 MS，其次是离子阱 MS。

表 2-13　常见质量分析器的性能比较

质量分析器	扇形磁场 (Magnetic sector)	飞行时间 (TOF)	四极杆 (Quadrupole)	离子阱 (Ion trap)	傅里叶变换-离子回旋共振(FT-ICR)	轨道阱 (Orbitrap)
质量分辨率	约 10^4	约 10^5	约 10^3	约 10^3	约 10^6	约 10^5

续表

质量分析器	扇形磁场 (Magnetic sector)	飞行时间 (TOF)	四极杆 (Quadrupole)	离子阱 (Ion trap)	傅里叶变换-离子回旋共振(FT-ICR)	轨道阱 (Orbitrap)
质量准确度/ppm	5~50	1~5	100	50~100	1~5	2~5
质量范围	$>10^5$	10^4	$>10^3$	$>10^3$	$>10^4$	~20000

（5）检测器

MS 仪器的离子检测器一般采用法拉第杯（Faraday cup）和电子倍增器，历史上用过闪烁计数器和照相板，现已很少用。法拉第杯是最简单的检测器，它与 MS 仪器的其他部分保持一定电位差以便捕获离子。图 2-44 为法拉第杯的原理示意图。当离子经过一个或多个抑制栅极进入杯中时，法拉第杯就检测到产生的电流，经转换成电压后进行放大记录。法拉第杯的优点是简单可靠，配以合适的放大器可以检测约 10^{-15} A 的离子流。因此，其线性动态范围宽，但灵敏度不高。法拉第杯只适用于加速电压<1kV 的 MS 仪器，因为更高的加速电压将产生能量较大的离子流。离子流轰击入口狭缝或抑制栅极时会产生大量二次电子甚至二次离子，从而影响信号检测。

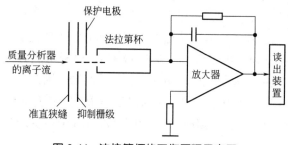

图 2-44　法拉第杯的工作原理示意图

电子倍增器有不同的种类，如分离打拿极式电子倍增器、隧道电子倍增器、微通道板以及闪烁光电倍增器等，但它们的工作原理都相同，如图 2-45 所示。一定能量的离子轰击阴极导致电子发射，电子在电场的作用下，依次轰击下一级电极而被放大。电子倍增器的放大倍数一般在 10^5~10^8。电子倍增器中电子通过的时间很短。利用电子倍增器，可以实现高灵敏、快速测定。但电子倍增器存在质量歧视效应，且随使用时间增加，增益会逐步减小。

近代 MS 仪器常采用隧道电子倍增器，其工作原理与电子倍增器相似。因为体积较小，多个隧道电子倍增器可以串联起来，可同时检测多个 m/z 不同的离子，从而大大提高分析效率。很多 MS 仪器的检测系统同时配置两种或两种以上的离子检测器，且可相互转换使用。在离子信号强时，常常使用法拉第杯进行检测；在离子信号强度<10^{-15} A 时，使用电子倍增器。MS 都采用高性能计算机对

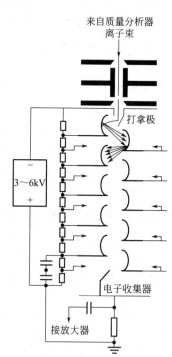

图 2-45　分离打拿极式电子倍增管的原理示意图

信号进行快速接收与处理，同时通过计算机可以对仪器进行严格监控，从而保证分析的精密度和灵敏度。

2.6.2　GC-MS 仪器

2.6.2.1　概述

GC-MS 联用技术是将 GC 与 MS 直接联机，是目前最常用的一种联用技术。GC 的分离能力很强，本身的检测器（TCD、FID、ECD、FPD 等）能保证定量分析的可靠性，但难以确认色谱峰鉴定的准确性。即使采用保留指数定性，也不能提供化合物的分子结构信息。MS 定性鉴定能力很强，但分离能力有限。即使高分辨 MS 也难以区分同分异构体，更不用说旋光异构体。所以，GC 和 MS 是强强联合，优势互补。GC 给 MS 提供了更好的进样技术，将 MS 难以分离的物质进行预先分离；MS 则给 GC 提供了强有力的检测技术，能更可靠地确定峰的归属。LC 和 MS 也是如此，正如人们常说，色谱是 MS 最好的进样器，而 MS 是色谱最好的检测器。因此，20 世纪 50 年代就有人研究二者的联用，只是由于填充柱的载气流量较大，影响了 MS 的真空度，使得应用受到限制。直到 70 年代末弹性石英毛细管柱的出现，以及高效分子涡轮泵在 MS 上的使用，才使 GC 和 MS 的联机分析成为常规技术。GC-MS 利用 GC 的分离能力将混合物中的组分分离，并通过接口将各个组分依次送入离子源进行 MS 分析。通过 GC 保留值和 MS 图双重定性解决了色谱在定性鉴定方面的不足。图 2-46 为典型的 GC-MS 仪器示意图。现在 GC-MS 已经是仪器分析实验室必不可少的设备，无论是科研开发还是常规分析，无论是食品检测还是环境分析，无论是石化分析还是法庭科学，GC-MS 都发挥着并将继续发挥非常重要的作用。

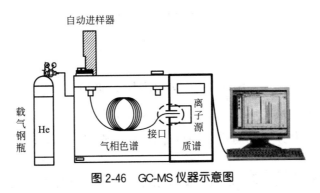

图 2-46　GC-MS 仪器示意图

2.6.2.2　接口技术

GC-MS 联用不是简单地把两台仪器连起来就可以，还必须考虑仪器间的匹配问题，主要是解决接口（interface）问题（图 2-46 中虚线圈）。GC 是气相分离，MS 的离子源就是气相离子化，从这一点看，二者是很匹配的，只要把色谱柱的出口伸入 MS 离子源即可。但问题并不是这么简单，作为接口，应该满足下列要求：

① 确保 MS 的真空度；

②不影响 MS 的检测性能；

③不损失 GC 的分离能力，保证 MS 能检测到所有从色谱柱流出的被分析物。

对于第一个要求，GC 柱出口压力约为 700kPa，而 MS 离子源（如 EI）的真空度是

0.1Pa。如果 GC 采用内径不大于 0.25mm 的毛细管柱，柱内载气流量一般不大于 10.0mL/min。MS 离子源采用抽气速度为 50L/s 的分子涡轮泵或扩散泵，就可以保证不影响离子源的真空度。如果用 CI 离子源，还需考虑反应气的问题，这时若配备 250L/s 的抽气泵，则无需担心离子源真空度会降低。如果使用 0.32mm 内径的毛细管柱，也可以通过直接接口（图 2-46 中虚线圈），将色谱柱出口端伸入离子源即可。这种直接接口的缺点是更换色谱柱时必须放空 MS（把真空降下来），否则空气会进入离子源，造成污染，影响 MS 的正常工作。

如果 GC 采用内径大于 0.32mm 的毛细管柱，即 0.53～0.75mm 内径的大口径柱，柱内载气流量超过 10mL/min，就不能用直接接口了。如果采用内径 3mm 的填充柱，柱内流量一般是 30mL/min，如果还用直接接口，离子源的真空度会快速下降，MS 仪器将难以正常工作。此时需要更复杂的接口，比如分流接口和喷射接口。

分流接口就是把色谱柱的流出物在进入离子源之前放空一部分，使进入离子源的载气＋被分析物减少到不影响真空度的程度。现在 GC-MS 仪器普遍采用开放分流接口，如图 2-47 所示。开放分流接口的设计中进入离子源的载气流速受到限流毛细管的控制，而色谱柱出口附近加入吹扫气（与载气相同）的目的，一是可以调节柱流出物的分流比，二是更换色谱柱时可保证 MS 的真空度不受影响，或者不用隔离阀。因此，在使用小内径毛细管柱时采用开放分流接口也是有利的。

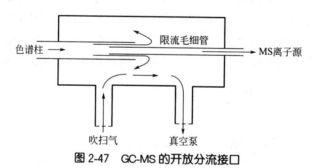

图 2-47　GC-MS 的开放分流接口

开放分流接口有两个局限性，一是被分析物随着载气也被分流，会影响方法的检测限；二是对高沸点、大分子量的化合物可能存在歧视效应。这是定量分析时应注意的问题。

喷射接口又称分子分离器，是基于扩散原理，其结构如图 2-48 所示。从 GC 柱流出的载气及样品在出口 A 聚集，并经一喷嘴加速喷射出。分子扩散系数大的载气将以较大

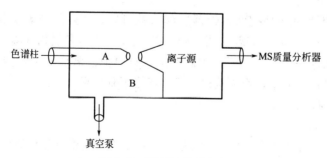

图 2-48　喷射接口示意图

的角度膨胀扩散，而扩散系数小的被分析物则以较小的角度扩散。这样大部分具有较大质量的被分析物将在惯性作用下进入离子源，而大部分载气则在喷射室 B 被真空泵抽走。因此，喷射接口对于载气和样品组分有歧视效应，即具有浓缩被分析物的功能。必要时可使用多次喷射，得到更好的被分析物浓缩效果。

喷射接口也有其局限性，一是为保证稳定的喷射效果，需要 20mL/min 左右的载气流量，这对于填充柱和大口径柱是合适的，但用毛细管柱就需要在柱后增加补充气（类似尾吹气），这就增加了装置及操作的复杂性，而且补充气的加入稀释了被分析物的浓度，抵消了接口的浓缩作用。二是喷嘴的堵塞问题，尤其是为适用于毛细管柱而使用较小口径的喷嘴时。这是因为喷射口气体快速膨胀使温度降低，被分析物中的某些高沸点成分有可能发生冷凝。给喷嘴加热在很大程度上可消除堵塞问题。

对于第二个要求，主要是载气的种类和色谱柱的选择。在第 2 章我们讨论过 GC 的载气可以用氢气、氮气和氦气。从色谱性能看，氢气最好，但安全性和反应活性应该考虑。对于 MS 也是如此，虽然也有人用氢气作 GC-MS 的载气，但氢气在离子源中更可能与离子发生反应，导致被检测的离子发生变化。氮气由于分子量较大，会导致 MS 图在低质量端（m/z 28 以下）的背景信号太大。加之氮气分子扩散系数小，对于抽真空也不利。因此，氦气是适用于 GC-MS 的最佳载气，既惰性好，又有大的分子扩散系数，只是对于国内用户来说，成本会高一些。

色谱柱的选择对于 MS 也有很大影响，这主要是色谱柱在使用过程中固定液和载体的流失会造成 MS 离子源的污染，尤其是填充柱，应该选择热稳定性好的固定相，对于毛细管柱，最好使用固定液经过交联键合的弹性石英柱。

对于第三个要求，一方面是从 GC 柱箱到 MS 离子源的温度变化，也就是传输管不能因冷凝而丢失被分析物。这通过加热传输管就可以解决，事实上，现在的仪器都是用 GC 的辅助加热功能来控制传输管的温度，最高可到 300℃。另一方面是 MS 的扫描速度，特别是快速 GC 分析，0.2s 之内出一个色谱峰，而每个色谱峰最少需要采集 20 个点的数据才能保证不失真，这就要求 MS 要有相匹配的扫描速度。现代 MS 仪器均可达到这样的扫描速度，即使在 GC×GC 分析中，使用 TOF-MS 完全能满足要求。

需要指出，由于比较大的压力差导致色谱柱末端的载气流速极快，因此毛细管柱接近出口的一段（包括在传输管中的一段）几乎丧失了分离能力。这是无法避免的，在选择色谱柱时要考虑到这一点。

2.6.2.3 用于 GC-MS 的 MS 仪器

不同的 MS 仪器都可用于 GC-MS 联用分析，但一个例外就是 MALDI-MS。因为 MALDI 的样品需要点在样品板上，还要喷涂基质，然后在高真空下离子化，所以它难以与 GC 实现在线联用。GC-MS 采用最多的是 EI-MS，其次是 CI-MS，近年来 APCI-MS 也有用于 GC-MS 分析的报道。敞开式离子化 MS 在 GC-MS 分析中很少应用，原因可能是 GC 色谱柱流出物是气体，被分析物的浓度较低，不易固定样品进行敞开式离子化，或者离子化效率低。就质量分析器而言，四极杆和离子阱用得较多。随着技术和经济的发展，串级 MS 的应用越来越多，比如三重四极杆 MS 和四极杆飞行时间（Q-TOF）MS。

2.6.3　GC-MS 数据处理

2.6.3.1　GC-MS 的数据

　　MS 采集数据的方式主要有两种，即全扫描（Full Scan，简称 SCAN）和选择离子监测（Selective Ion Mornitoring，SIM）。SCAN 是在指定质量范围内，检测器从低到高进行离子的快速扫描，并记录每个离子对应的时间和离子强度。计算机自动将每次扫描得到的 MS 图上所有离子强度相加就是某一时刻的总离子强度，总离子强度随时间变化的曲线就是总离子色谱图（TIC）。TIC 的形貌和普通的色谱图相同，也就是 MS 作为检测器得到的色谱图，所不同的是 TIC 上每一点都包含多个离子的信号，或者说色谱峰轮廓上每一点都有对应的 MS 图。如果将每张 MS 图上信号最强的峰作为基峰，就可得到基峰色谱图（BPC）。需要时可以将每个离子的信号从 TIC 中提取出来，将其强度对时间作图，得到多张重建离子色谱图（RIC）或提取离子色谱（EIC）。一种或多种离子的 EIC 也称为质量色谱图。在 MS/MS 分析中，还可利用 RIC 或 EIC，通过 MS 图上选定的前体离子质量与二级 MS 图上选定的产物离子质量一起来描述该化合物的色谱峰保留时间和信号强度，因此，能够从复杂样品信号中找出目标化合物的信息。总之，SCAN 采集到的 MS 数据更适合于化合物的定性鉴定。

　　SIM 是在分析过程中只监测特定的一个或多个离子，从而得到质量色谱图，或称 SIM 色谱图。SIM 色谱图与 EIC 的不同之处是，EIC 是把选定质量的离子从已采集到的 TIC 中提取出来，而 SIM 是采集数据时就选定了要采集哪些离子，它可以事先对采集参数进行优化（MS 调谐）。由于排除了其他离子的影响，本底信号几乎为 0，故检测灵敏度大为提高。另一个好处是由于监测离子数目有限，扫描周期缩短，扫描速度随之加快。这样 SIM 色谱图上的色谱峰就可以由更多的点组成，避免了峰形失真，也就提高了峰面积积分的准确性。因此，SIM 更适合于定量分析。由于 SIM 只检测数目有限的离子，不能得到完整的质谱图，故不能用于未知物的鉴定。但是，如果选定的离子是某已知化合物的特征离子，也可以用 SIM 图确认该化合物在样品中存在与否。

　　此外，在 GC-MS/MS 分析中还有产物离子扫描、选择反应监测（SRM）、多反应监测（MRM）、前体离子扫描和中性丢失扫描等数据采集方式。采用 SCAN 模式可以设定所需检测的质量范围，而 SIM 和 SRM 只适合于检测已知化合物。产物离子扫描和 SRM 要选定前体离子并检测该离子的碎片离子，能够提高分析灵敏度。产物离子扫描和 SRM 的不同在于，前者所扫描的质量范围涵盖了所有或部分离子碎片，而后者监测的是一个或数个前体离子的特定碎片离子（二级 MS）。这些方式目前多用于 LC-MS/MS，在此就不详细讨论了。

　　需要说明，在现代 GC-MS 分析中，一次进样可以同时采集到 SCAN 和 SIM 数据，也可以在特定的保留时间段进行不同采集模式的切换，以提高工作效率。

2.6.3.2　GC-MS 定性分析

　　如何确定一个未知色谱峰的归属是 GC-MS 分析的首要任务，常用方法是谱库检索。从总离子色谱图可以获得任一组分的 MS 图，一般情况下，为了提高信噪比，通常由色谱峰最大值处取 MS 图。但如果两个色谱峰没有完全分离，则应尽量选择色谱峰不重叠位置的 MS 图，或通过扣本底（减去峰前后的 MS 图）消除其他组分影响。计算机通过软件将采集到的 MS 图与标准谱库的 MS 进行比对，按照匹配程度大小给出检索结果，列出多达 20 个可能的化合物名称、分子式、分子量和结构式等。这里要注意不同厂商的软件采用的算法有所不同，给出的匹配度表示方法也不同。如安捷伦的软件给出的匹配度最大是 100，一般 80 以上就比较可靠，90 以上基本可靠；赛默飞世尔的软件给出的匹配度最大是 1000，一般 800 以上就比较可靠，900 以上基本可靠。用户可根据检索结果和其他信息结合，对色谱峰进行定性分析。

如前文所述，GC-MS 的商用数据库主要是 NIST 库和 Willey 库，内有 35 万多化合物的标准谱图。如果待鉴定的色谱峰是一个谱库里已有的化合物，且与相邻色谱峰完全分离，那么，经扣除本底后，计算机谱库检索一般能给出较为可靠的结果，但仍不足以完全确认，还需要其他证据，如 MS 图的手工解析，或在相同分析条件下用标准品进样比对，比较色谱保留值（最好是保留指数）和 MS 图，如果一致，就可确认鉴定结果。如果待鉴定的色谱峰是一个标准数据库里没有的化合物，那就必须手工解析 MS 图。计算机检索也会给出多个可能的结果，这些结果对解析 MS 图是很有用的参考。要是能找到标准样品，通过比较 MS 图和色谱保留值，就可以确认鉴定结果。如果找不到标准样品，就需要制备这一化合物的纯品，再通过 NMR 和光谱数据进一步确认。在植物化学研究中，常常是这样发现新化合物结构的。

如果色谱峰的离子强度太小，或者基线噪声太大，或者相邻色谱峰未完全分离，定性鉴定就比较复杂。此时，首先要根据 MS 图上的离子质量，得到 EIC。再根据各个离子的保留时间确定这些离子是否出自一个化合物，然后用扣本底后的 MS 图进行检索，最后用上述方法进行确认。下面举例说明。

图 2-49(a) 是 GC-MS 分析一个焦化厂污水排放口底泥样品的 TIC 局部，显示一个大峰及其后的一个肩峰。对于大峰（$t_R = 10.47 \text{min}$），可在峰顶处取 MS 图，直接检索就可得到鉴定结果：萘，见图 2-48(b)，匹配度 91（100 为完全匹配）。为了消除肩峰的干扰，取 MS 图的位置应该不大于 $t_R = 10.47 \text{min}$。用标准萘样品分析，得到一致的保留时间和 MS 图，这说明检索结果是可靠的。对于肩峰（$t_R = 10.60 \text{min}$），如果在 10.60min 取 MS 图进行自动检索，结果是甘菊环 [图 2-49(d)]，匹配度 64。而且 20 个可能的结果 [图 2-49(e)] 显示，第二到第十个都是萘，这显然是不可靠的，因为正常色谱分析条件下萘不可能出两个峰。从图 2-49(d) 可见，这个 MS 图有两个主要的离子：m/z 128 和 m/z 134，而与谱库中标准甘菊环的 MS 图相比，多了 m/z 134 的离子。从这两个离子的提取离子色谱图 [图 2-49(c)] 可以判断，它们不是来自同一化合物，m/z 128 离子很可能来自前面的大峰。然后进行本底扣除，即用 $t_R = 10.60 \text{min}$ 处的 MS 图减去 $t_R = 10.50 \text{min}$ 的 MS 图，得到扣本底的 MS 图 [图 2-49(f)]，可见 m/z 128 确实是大峰的干扰。这时再进行检索，得到结果是苯并噻吩，匹配度 91。用苯并噻吩标准样品对照分析，就可确认这一鉴定结果。如果简单地按照不扣本底的 MS 图进行计算机自动检索，就报告这是甘菊环，那就是错误的！此例说明扣本底检索在 GC-MS 定性分析中的重要性。

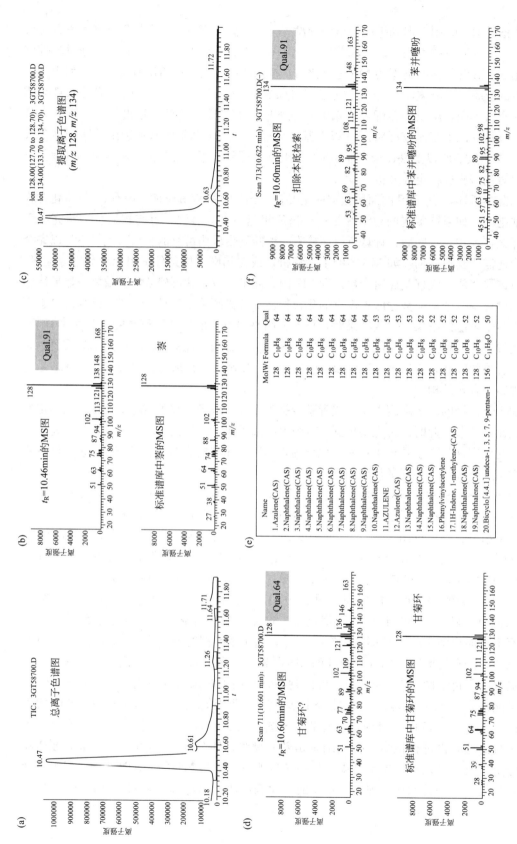

图 2-49　未分离的色谱的鉴定——扣本底后进行谱库检索

事实上，GC-MS 软件中有自动扣本底检索功能，它适用于完全分离的色谱峰。在此例肩峰的鉴定中，我们采用了手工扣本底的方法，这是因为两个峰没有完全分离，而且两个峰高相差太大。第一个大峰的分子离子 m/z 128 强度很大，肩峰的分子离子峰 m/z 134 的干扰可以忽略。反过来，离子 m/z 128 对肩峰的鉴定造成了很大的干扰，仅靠自动扣本底还达不到理想的结果。对于未分离色谱峰的鉴定，如何进行合理的本底扣除，没有一定之规，需要在实际工作中多摸索，多练习。对于完全重叠的色谱峰，最好是优化色谱条件，使其分离或部分分离后再鉴定。尤其是同分异构体，它们的 MS 图几乎相同，如果不经色谱分离，是很难用 GC 准确鉴定的。

现在很多实验室配备有 GC-MS/MS 仪器，通过二级 MS 图进行定性分析也是一个有效的方法。特别是手工解析 MS 图时，二级 MS 图可以提供前提离子的碎裂机理，对解析化合物结构很有帮助。至于 MS 图的解析，不在本书讨论的范围。有需要的读者可以参阅有关著作。

最后强调，GC-MS 定性鉴定时，仅仅靠计算机自动检索就下结论是不严谨的。作者曾用标准样品混合物的分析表明（见：刘虎威等，色谱，1996，14：331-333），无论 GC 保留值定性还是 MS 定性，单独使用一种方法都难以确证。只有同时采用两种或两种以上的方法互相配合、补充、验证，进而用标准品核对才能给出可靠的结果。还有一点要说明，文献报道 GC-MS 结果时，TIC 往往不是从 $t_R = 0$ min 开始。这时由于在色谱的死时间之前没有被分析物流出，采集的 MS 信号只是基线的信号。因此 GC-MS 的软件中设计了一个"溶剂延迟时间"，在此时间之前不采集 MS 信号。这也能减少总的数据量，节省计算机的硬盘空间。

2.6.3.3　GC-MS 定量分析

定性是定量分析的前提，即首先要确定欲测定的组分的色谱峰，才能对其进行定量测定。如果用 TIC 进行定量，则与 GC 的一般定量无异。TIC 中峰面积与相应组分的含量成正比，可以选择色谱分析法中的归一化法、外标法、内标法和标准加入法等方法。

GC-MS 优于传统 GC 定量是因为 MS 可以从 TIC 得到 EIC，用 SIM 采集数据得到质量色谱图。而 EIC 和质量色谱图大大消除了背景和其他离子的干扰，尤其是 SIM 在采集数据时就选择好定量离子，可有效提高检测灵敏度。而且，可通过选择不同 m/z 离子的质量色谱图，使正常色谱不能分离的两个峰实现分离，提高定量准确度。所以，用 SIM 质量色谱图定量是 GC-MS 常用的方法。

实际 GC-MS 定量分析中，常常是先确定定性离子，即待测化合物的特征离子，用来确认要测定的色谱峰。然后确定定量离子，通常是 MS 图上离子强度最大的峰。但如果存在干扰（其他组分也产生相同 m/z 的离子，而且色谱峰分离不开），可以选择其他没有干扰的离子。还可以选择多个离子相加，以离子强度之和作为定量的依据，灵敏度更高。如果是串级 MS 仪器，也可选择产物离子作为定量依据。究竟用哪种方法，要通过实验确定。请参阅第 6 章的应用实例。

为了提高定量的准确度，一是保证色谱峰的完全分离，二是采用适当的内标物。GC-MS 定量分析中，最好的内标物是氘代标准品。比如，测定 PAHs 或农药残留时就用氘代 PAHs 或氘代农药作内标。由于内标和待测样品的化学结构相同，相对响应因子或定量校正因子趋于 1。有几个氘原子取代了氢原子，质量差就是几个道尔顿，这在 MS 上是很容易分离的。这种定量方法也称同位素稀释 MS 法，即在试样中加入已知量的、与被

测元素相同但同位素丰度不同的物质（称为稀释剂），混合均匀达到平衡后，用质谱测量混合试样中被测元素的同位素丰度比值，由此计算出被测元素或化合物的含量。在要求分析准确度很高的应用中这是常用的方法，见第6章的应用实例。

2.7 仪器的校准和使用中检查

2.7.1 GC仪器校准的计量性能要求

为保证分析数据的准确、可靠，必须对仪器进行检定和校准。检定和校准均是计量范畴内对测量仪器的评定方式，并以相同的测试程序开展活动，以确保仪器示值的准确和可靠。即使如此，二者在目的、对象、性质、依据、方式、周期、内容和结论等方面有明显差异。检定可以取代校准，但校准不能取代检定，而且校准的内容可以根据情况的需要自行调整。本节将从GC仪器检定入手介绍仪器的校准。

按照JJG 700—2016《气相色谱仪检定规程》的规定，仪器应先满足通用技术要求，即仪器外观应无影响其正常工作的损伤，各开关、旋钮或按键应能正常操作和控制，指示灯显示清晰正确。仪器上应标明制造单位名称、型号、编号和制造日期，国产仪器应有制造计量器具许可证标志及编号。在正常操作条件下，用试漏液检查气源及仪器所有气体通过的接头，应无泄漏。室内不得存放与实验无关的易燃、易爆和强腐蚀性物质，应无机械振动和电磁干扰。然后在环境温度5~35℃、相对湿度20%~85%的条件下，GC仪器的计量性能应符合表2-14的要求。

表2-14 GC仪器的计量性能要求

检定项目	计量性能要求				
	TCD	ECD[1]	FID	FPD	NPD
载气流速稳定性(10min)	≤1%	≤1%	—	—	—
柱箱温度稳定性(10min)	≤0.5%				
程序升温重复性	≤2%				
基线噪声	≤0.1mV	≤0.2mV	≤1pA	≤0.5nA	≤1pA
基线漂移(30min)	≤0.2mV	≤0.5mV	≤10pA	≤0.5nA	≤5pA
灵敏度	≥800mV·mL/mg	—	—	—	—
检测限		≤5pg/mL	≤0.5ng/s	≤0.5ng/s（硫）／≤0.1ng/s（磷）	≤5pg/s（氮）／≤10pg/s（磷）
定性重复性	≤1%				
定量重复性	≤3%				

① 仪器输出信号使用赫兹（Hz）为单位时，基线噪声≤5Hz，基线漂移（30min）≤20Hz。

2.7.2 检定/校准用标准物质和设备

仪器所用载气的纯度一般不低于99.995%，燃气及助燃气不得含有影响仪器正常工作的物质。检定使用的标准物质应为国家计量行政部门批准的有证标准物质，检定用设备须经计量技术机构检定合格。

微量注射器量程为 $10\mu L$，最大允许误差 $\pm12\%$。钳形电阻温度计的测量范围不小于 $300℃$，最大允许误差 $\pm0.3℃$。皂膜流量计测量范围 $0\sim100mL/min$，准确度不低于 1.5 级。气压表测量范围为 $800\sim1060kPa$，最大允许误差 $\pm2.0kPa$。秒表最小分度值不大于 0.01s。检定用的标准物质见表 2-15。

表 2-15　检定用标准物质

标准物质名称	含量	相对扩展不确定度($k=2$)[①]	用途	备注
苯-甲苯溶液	$5mg/mL, 50mg/mL$		TCD	
正十六烷-异辛烷溶液	$(1\sim1000)ng/mL$		FID	
甲基对硫磷-无水乙醇溶液	$10ng/\mu L$	$\leqslant3\%$	FPD	液体
偶氮苯-马拉硫磷-异辛烷溶液	$10ng/\mu L$		NPD	
丙体六六六-异辛烷溶液	$0.1ng/\mu L$		ECD	
氮(氦、氢和氩)中甲烷	$(100\sim10000)\mu mol/mol$		TCD	气体
	$(10\sim10000)\mu mol/mol$		FID	

① 关于不确定度的评价见本书 5.4 节。

2.7.3　检定/校准方法

2.7.3.1　通用技术要求

按 2.7.1 节所述，用目测及手动法进行检查。

2.7.3.2　载气流速稳定性检定

选择适当的载气流速，待稳定后，用流量计连续测量 7 次。以 7 次测量平均值的相对标准偏差评定稳定性。

2.7.3.3　温度的检定/校准

(1) 柱箱温度稳定性检定

把温度计的探头固定在柱箱中部，设定柱箱温度为 $70℃$。待仪器温度稳定后，连续测量 10min，每分钟记录一个数据。按以下公式计算柱箱温度稳定性 Δt_1：

$$\Delta t_1 = \frac{t_{\max} - t_{\min}}{\bar{t}} \times 100\%$$

式中，$t_{\max}$ 为温度测量的最高值，℃；$t_{\min}$ 为温度测量的最低值，℃；$\bar{t}$ 为温度测量的平均值，℃。

注：对于采用密封式柱箱的仪器不做此项。

(2) 程序升温重复性检定/校准

按柱箱温度稳定性测试的连接方法，选定初温 $60℃$，终温 $200℃$，升温速率 $10℃/min$。待初温稳定后，开始程序升温，每分钟记录数据一次，直至达到终温。此实验重复 3 次，按以下公式计算出相应点的相对偏差，取其最大值为程序升温重复性 Δt_2：

$$\Delta t_2 = \frac{t'_{max} - t'_{min}}{\overline{t'}} \times 100\%$$

式中，t'_{max} 为相应点的最高温度，℃；t'_{min} 为相应点的最低温度，℃；$\overline{t'}$ 为相应点的平均温度，℃。

注：对于没有程序升温功能的气相色谱仪不做此项。

2.7.3.4 检测器性能检定/校准

检测器性能检定条件见表2-16。各种检测器性能指标的计算按照 JJG 700—2016《气相色谱仪检定规程》进行即可。

表 2-16　检测器性能检定条件一览表

设备及项目	检测器及检定条件				
	TCD	ECD	FID	FPD	NPD
色谱柱	液体检定：5%OV-101，(80～100)目白色硅烷化载体(或其他能分离的固定液和载体)填充柱或毛细柱。 气体检定：(60～80)目分子筛或高分子小球的填充柱或毛细柱。				
载气种类	H$_2$、N$_2$、He	N$_2$	N$_2$	N$_2$	N$_2$
燃气	—	—	H$_2$，流速选适当值	H$_2$，流速选适当值	H$_2$，流速按仪器说明书要求选择
助燃气	—	—	空气，流速选适当值	空气，流速选适当值	空气，流速按仪器说明书要求选择
柱箱温度	70℃左右，液体检定 50℃左右，气体检定	210℃左右	160℃左右，液体检定 80℃左右，气体检定	210℃左右，液体检定 80℃左右，气体检定	180℃左右
汽化室温度	120℃左右，液体检定 120℃左右，气体检定	210℃左右	230℃左右，液体检定 120℃左右，气体检定	230℃左右	230℃左右
检测室温度	100℃左右	250℃左右	230℃左右，液体检定 120℃左右，气体检定	250℃左右	230℃左右

注：1. 毛细柱检定应采用仪器说明书推荐的载气流速和补充气流速。
2. 在 NPD 检定前先老化铷珠，老化方法参考仪器说明书。

2.7.4 检定周期和内容

GC 仪器的检定周期一般不超过 2 年，也就是 2 年过后要进行复检，有时还要进行使用中的检查。每种检定的内容略有不同，见表2-17。按照实验室能力认可准则中有关仪器、设备项的技术要求，对分析结果有重要影响的仪器关键量或值，实验室应制定检定和校准计划。设备投入服务前和使用前进行检定和/或校准，以确定其能否满足相应的规范要求。在二次检定或校准之间还应进行期间检查，以确保仪器始终能正常工作。

表 2-17　检定项目一览表

检定项目	首次检定	后续检定	使用中检查
通用技术要求	+	+	—
载气流速稳定性	+	+	—
柱箱温度稳定性	+	+	—

续表

检定项目	首次检定	后续检定	使用中检查
程序升温重复性	+	−	−
基线噪声	+	+	+
基线漂移	+	+	+
灵敏度	+	+	+
检测限	+	+	+
定性重复性①	+	+	+
定量重复性	+	+	+

① 只适用于自动进样。

注：1. "+"为需要检定项目；"−"为不需要检定项目。

2. 经维修或更换检测器后对仪器计量性能有较大影响的，其后续检定按首次检定要求进行。

上面介绍了仪器检定的基本内容，GC 仪器的校准完全可以照此执行，或根据需要调整校准内容。关于 GC-MS 仪器的校准，请参考 JJF 1164—2018《气相色谱-质谱联用仪校准规范》和《ATC 016.1 气相色谱-质谱联用技术》

进一步阅读建议

1. 周良模. 气相色谱新技术［M］. 北京：科学出版社，1994.

2. 孙传经. 气相色谱分析原理与技术［M］. 2 版. 北京：化学工业出版社，1993.

3. 吴采樱. 现代毛细管柱气相色谱法［M］. 武汉：武汉大学出版社，1991.

4. 孙传经. 毛细管色谱法［M］. 北京：化学工业出版社，1991，

5. 傅若农，刘虎威. 高分辨气相色谱及高分辨裂解气相色谱［M］. 北京：北京理工大学出版社，1992.

6. 汪正范，等. 色谱联用技术［M］. 2 版. 北京：化学工业出版社，2007.

7. 刘国诠，等. 色谱柱技术［M］. 2 版. 北京：化学工业出版社，2007.

8. 吴烈钧，等. 气相色谱检测方法［M］. 2 版. 北京：化学工业出版社，2007.

9. 台湾质谱学会. 质谱分析技术原理与应用［M］. 北京：科学出版社，2019.

10. 王光辉，等. 有机质谱解析［M］. 北京：化学工业出版社，2005.

习题和思考题

1. GC 有多种不同的分析方法，请为下列分析任务选择最合适的方法。

（1）汽油成分的全分析　　　　（1）静态顶空 GC

（2）血液中的酒精含量分析　　（2）衍生化 GC

（3）食品中的氨基酸分析　　　（3）直接进样毛细管 GC

（4）聚合物的热稳定性分析　　（4）裂解 GC

2. 在 GC 分析中，什么检测器最适合下列目标化合物的检测？

（1）土壤中的石油污染物；　　（2）蔬菜中的有机氯农药残留；

（3）啤酒中的微量硫化物；　　（4）有机溶剂中的痕量水分；

（5）天然气中的氢气含量；　　（6）装饰材料中的甲醛和甲苯含量。

3．请推断下列混合物在 GC 分析中的出峰顺序，并说明理由：

（1）载气为氢气，采用固定相为 PEG-20M 的色谱柱分离乙醇（沸点 78℃）、丙酮（沸点 56.5℃）和异丙醇（沸点 82℃）的混合物。

（2）载气为氮气，采用固定相为 OV-1 的色谱柱分离异丙醇（沸点 82）、丙酮（沸点 56.5）和异辛烷（沸点 99.2）的混合物。

4．毛细管柱主要有 PLOT、WCOT 和 SCOT 三种类型，请比较它们的异同。

5．在 GC 分析中，如果色谱柱一定，优化分离主要靠调节什么参数？载气流速对色谱柱的理论塔板高度有什么影响？

6．试比较分流进样、不分流进样方式的优缺点。

7．用 GC 分析炸药样品时，宜采用什么进样方式？

8．MS 作为 GC 检测器有什么优越性？

9．检测器的灵敏度和检测限有什么不同？

10．ECD 的线性范围为 10^4，现在要分析一系列样品，其中某组分的浓度范围为 1ng/mL～1mg/mL。请问，如何保证所有样品定量分析的准确度？

11．与填充柱相比，毛细管柱有什么优点？

12．填充柱 GC 使用的固定相主要有哪些？毛细管柱 GC 使用的固定相主要有哪些？

13．什么叫程序升温？什么情况下宜采用程序升温分析？

14．GC-MS 联用仪器有哪些接口，各有什么优缺点？

15．GC-MS 定性分析中计算机谱库检索应该如何进行？

16．GC-MS 定量分析灵敏度为什么高于传统 GC？

17．为什么要进行仪器的检定和校准？

18．GC 仪器校准的要求有哪些？

3

顶空气相色谱和裂解气相色谱

3.1 顶空气相色谱技术及其操作[2]

3.1.1 概述

在 GC 实验室的分析工作中，样品处理往往是最费时的。有人统计过，色谱实验室通常用 60％的时间做样品制备，GC 分析所用时间只占 15％左右，其余时间做数据处理和报告编辑等。因此，加快或简化样品处理就是提高工作效率的关键。我们将在第 5 章介绍一些先进的样品处理方法。有些分析的目的只是测定复杂样品中的挥发性组分，比如垃圾中的挥发性有机污染物测定、食品的风味分析、血液中的酒精含量测定等，就可以不用复杂的样品处理方法，而采用顶空气相色谱（顶空 GC）方法进行分析。

所谓顶空 GC 分析就是取样品基质（液体或固体）上方的气相部分进行 GC 分析，也有人称之为液上色谱，其实并不准确。顶空的英文是 headspace，原本指罐头食品盒中顶部的气体，中文译为"顶空"是合适的。1958 年有人用顶空 GC 分析水中氢气的含量，1962 年出现商品化顶空进样器。现在，顶空 GC 已经成为一种应用广泛的分析技术，有不少标准方法是采用顶空 GC 的，比如用于分析聚合物材料中的残留溶剂或单体、工业废水中的挥发性有机物、食品的风味等。

顶空 GC 可以看作是一种采用顶空进样的方法，也可以看作是一种样品处理技术。我们认为顶空 GC 是 GC 的一种分析模式，它需要特殊的装置，所以在本章作单独讨论。本章着重介绍顶空 GC 的基本原理与应用，重点是顶空 GC 分析方法开发和操作注意问题，并通过实例来说明其实际应用。在第 6 章讨论 GC 的应用时，就基本不涉及顶空 GC 了。

（1）顶空 GC 基本原理

顶空 GC 分析是通过样品基体上方的气体成分来测定这些组分在原样品中的含量。这显然是一种间接分析方法，其理论依据是在一定条件下气相和凝聚相（液相或固相）之间存在着分配平衡。所以，气相的组成能反映凝聚相的组成。也可以把顶空进样看成是一种气相萃取方法，即用气体作"溶剂"来萃取样品中的挥发性成分。传统的液液萃取以及固相萃取（SPE）都是将样品溶在液体中，不可避免地会有一些共萃物干扰分析。而且溶剂本身的纯度也是一个问题，这在痕量分析中尤为重要。而气体作溶剂就可避免这些干扰，因为高纯度气体很容易得到，且成本较低。这也是顶空 GC 被广泛应用的一个重要

因素。

顶空 GC 具有以下优点：首先，顶空 GC 只取气相部分进行分析，显著减少了样品基质对分析的干扰，是最为简便的 GC 分析的样品处理方法。其次，顶空 GC 有不同的分析模式，可以通过优化操作参数而适合于各种样品。再次，顶空 GC 的分析灵敏度能满足法规的要求。最后，与其他 GC 分析模式相同，顶空 GC 完全能够进行准确的定量分析。

（2）顶空 GC 的分类与比较

顶空 GC 通常包括三个步骤，一是取样，二是进样，三是 GC 分析。根据取样和进样方式的不同，顶空分析有动态和静态之分。所谓静态顶空就是将样品密封在一个容器中，在一定温度下使气液两相达到平衡。然后取气相部分进入 GC 分析。所以静态顶空 GC 又称为平衡顶空 GC。根据这一次取样的分析结果，就可测定原来样品中挥发性组分的含量。如果再取第二次样，结果就会不同于第一次取样的分析结果，这是因为第一次取样后样品组成已经发生了变化。与此不同的是连续气相萃取，即多次取样，直到将样品中挥发性组分完全萃取出来，这就是动态顶空 GC。常用的方法是在样品中连续通入惰性气体，如氦气，挥发性成分即随该萃取气体从样品中逸出，然后通过一个吸附装置（捕集器）将样品浓缩，最后再将样品解吸进入 GC 进行分析。这种顶空 GC 方法通常叫作吹扫-捕集（Purge & Trap）方法。

静态顶空和动态顶空（吹扫-捕集）GC 各有特点，表 3-1 简单比较了二者的优缺点。实际上，静态顶空也可做连续气体萃取，得到类似吹扫-捕集的分析结果，只是其准确度稍差一些。

表 3-1　静态顶空 GC 和动态顶空（吹扫-捕集）GC 的比较

方法	优点	缺点
静态顶空 GC	样品基质的干扰极小；仪器较简单，不需要吸附装置；挥发性样品组分不会丢失；可进行连续取样分析	灵敏度稍低；难以分析较高沸点的组分
动态顶空 GC	可将挥发性组分全部萃取出来，并在捕集装置中浓缩后进行分析；灵敏度较高；比静态顶空应用更广泛，可分析沸点较高的组分	样品基质可能干扰分析；仪器较复杂；吸附和解吸可能造成样品组分的丢失

另一种进样方式是热解吸进样，其实只是动态顶空分析的一种特定模式。比如分析大气污染物时，用一个装有吸附剂的捕集管，让一定量的空气通过该管，空气中有机物就被吸附在管中。然后将该管置于热解吸装置中（与吹扫-捕集进样的热解吸装置相同），与 GC 连接进样分析。严格地讲，热解吸进样不属于顶空分析的范围，但为了叙述方便，将在本章进行讨论。

3.1.2　静态顶空气相色谱技术及操作

（1）静态顶空 GC 的理论基础

我们先来看一个容积为 V、装有体积为 V_0 液体样品的密封容器（图 3-1），其气相体积为 V_g，液相体积为 V_s，则

$$V = V_s + V_g$$

相比

$$\beta = V_g / V_s$$

当在一定温度下达到气液平衡时，可以认为液体的体积 V_s 不变，即 $V_s = V_0$。这时，气相中的样品浓度为 C_g，液相中为 C_s，样品的原始浓度为 C_0。则

平衡常数 $K = C_s/C_g$

考虑到容器是密封的，样品不会逸出，故

图 3-1　顶空样品瓶

$$C_0 V_0 = C_0 V_s = C_g V_g + C_s V_s = C_g V_g + K C_g V_s = C_g (K V_s + V_g)$$
$$C_0 = C_g [(K V_s / V_s) + V_g / V_s] = C_g (K + \beta)$$
$$C_g = C_0 / (K + \beta)$$

在一定条件下，对于一个给定的平衡系统，K 和 β 均为常数，故可以得到

$$C_g = K' C_0$$

$K' = 1/(K + \beta)$ 也为常数。

这就是说，在平衡状态下，气相的组成与样品原来的组成为正比关系。当用 GC 分析得到 C_g 后，就可以算出原来样品的组成，这就是静态顶空 GC 的理论基础。

更详细的理论推导涉及物理化学中的溶液理论，主要是 Dalton 定律，Paoult 定律和 Henry 定律。有兴趣的读者可参看 Kolb 和 Ettre 的专著（见进一步阅读），这里不作进一步推导，只是在下文讨论操作参数的优化时，将直接用到有关理论的结论。

（2）静态顶空 GC 的仪器装置

① 手动进样。采用手动进样时，静态顶空 GC 所需主要设备为一个控温精确的恒温槽（水浴或油浴），将装有样品的密封容器置于恒温槽中，在一定的温度下达到平衡后，就可应用气密注射器（普通液体注射器不适合于顶空进样）从容器中抽取顶空气体样品，注射入 GC 进行分析。这种手动进样方式有两个缺点：一是压力不容易控制，因而进样量的准确度较差。样品从顶空容器到进入注射器过程中任何压力变化的不重现都会导致实际进样量的变化。有人采用带压力锁定的气密注射器较好地克服了这个问题。二是温度的控制。注射器的温度低时，某些沸点较高的样品组分很容易冷凝，造成样品损失。有些标准方法（如美国 ASTM 方法）要求注射器温度在取样前置于 90℃ 的恒温炉中加热，以避免样品的部分冷凝。然而，在取样和进样过程中还是很难保证注射器温度的一致性，故分析重现性不及自动进样。

有一种方法可以在一定程度上克服温度不恒定的问题。这就是采用六通阀和注射器结合，样品的温度由阀体温度控制，注射器只起泵的作用，将样品抽入进样阀的定量管。如图 3-2 所示，进样阀的原理及与 GC 的连接与 5.6 节的讨论完全相同，这样就消除了注射器温度的影响。

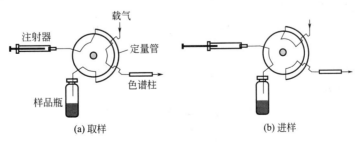

图 3-2　气体进样阀与注射器相结合进行顶空进样

尽管如此，手动进样的静态顶空 GC 分析在样品温度、平衡时间和取样速度方面的控制精度还是不能与自动进样相比，在只做定性分析时，手动进样不失为一种经济的方法，但要做精确的定量分析，则最好用自动顶空进样装置。

② 自动进样。目前，商品化的顶空自动进样器有多种设计，但其原理基本可分为三种，下面分别介绍之。

（a）采用注射器进样。基于此原理设计的仪器往往是对普通自动进样器改进的结果，主要是采用气密注射器和样品控温装置。比如，某公司的 HSS-3A/2B 顶空分析系统就是在自动进样器样品盘的上方增加了一个金属加热块，通过样品盘下面的气动装置将样品瓶依次转移到加热块中，待气液平衡后，由注射器插入样品瓶取样并注入 GC 分析。可见，除了采用气密注射器、增加了样品的加热及平衡时间控制功能外，其余功能与普通自动进样器类似。当然，注射器一般也要有控温装置。此类顶空进样装置的主要问题是不能控制样品的压力，故使用较少。

（b）压力平衡顶空进样系统。这类进样系统的原理如图 3-3 所示，样品加热平衡时，取样针头位于加热套中 [图 3-3(a)]。载气大部分进入 GC，只有一小部分通过加热套，以避免其被污染。取样针头用 O 形环密封。样品气液平衡后，取样针头穿过密封垫插入样品瓶，此时载气分为三路 [图 3-3(b)]：一路为低流速，由出口针形阀控制，继续吹扫加热套，另外两路分别进入 GC 和样品瓶，对样品瓶进行加压，直到样品瓶的压力与 GC 柱前压相等为止（这就是压力平衡的意思）。然后，关闭载气阀 [图 3-3(c)]，切断载气流。由于样品瓶中的压力与柱前压相等，故此时样品瓶中的气体将自动膨胀，载气与样品气体的混合气通过加热的输送管进入 GC 柱。控制此过程的时间就可控制进样量。压力平衡进样装置与 GC 共用一路载气，操作简便。采用这种装置时，必须控制平衡时样品瓶中的压力低于 GC 柱前压，否则，针尖一旦插入样品瓶，顶空气体就会在载气切断之前进入GC，造成分析结果的不准确。

实际工作中并不总能满足上述压力要求，比如样品平衡温度高时，样品瓶中顶空气体压力就高，若采用大口径的短毛细管柱进行分析，载气柱前压往往低于样品瓶中的顶空气

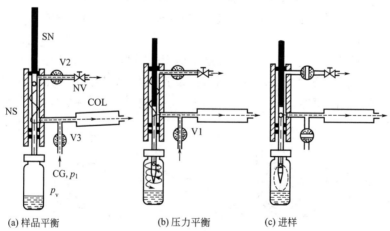

图 3-3　压力平衡顶空进样系统

CG—载气；V—电磁开关阀；SN—可移动进样针；NS—针管；NV—针形阀；

COL—色谱柱；p_1—柱前压；p_v—样品瓶中原来的顶空压力

体压力。这时，可以采用另一路载气对样品瓶加压，以防止 GC 载气切断前样品进入色谱柱。这一方法叫作加压取样。另外，也可在色谱柱后接一段细的空柱管以提高柱压降，这会使仪器的连接变得更复杂。

（c）压力控制定量管进样系统。图 3-4 所示就是这种顶空 GC 分析装置的原理，其分析过程可分为 4 个步骤：

第一步〔图 3-4(a)〕，平衡。即将样品定量加入顶空样品瓶，加盖密封，然后置于顶空进样器的恒温槽中，在设定的温度和时间条件下进行平衡。此时，载气旁路直接进入 GC 进样口，同时用低流速载气吹扫定量管，而后放空，以避免定量管被污染。先进的自动顶空进样器具有样品搅拌功能，以加速其平衡。

第二步〔图 3-4(b)〕，加压。待样品平衡后，将取样探头插入样品瓶的顶空部分，使通过定量管的载气进入样品瓶进行加压，为下一步取样做准备。加压时间和压力大小由进样器自动控制。此时，大部分载气仍然直接进入 GC 柱。

第三步〔图 3-4(c)〕，取样。V2 和 V4 同时切换，样品瓶中经加压的气体通过探头进入定量管。取样时间应足够长，以保证样品气体充满定量管，但也不应太长，以免损失样品。具体时间应根据样品瓶中压力的高低和定量管的大小而定，由进样器自动控制。一般不超过 10s。

第四步〔图 3-4(d)〕，进样。V1、V2、V3 和 V4 同时切换，使所有载气都通过定量管，将样品带入 GC 进行分析。GC 条件的设置原则与普通 GC 相同，请参看前面有关章节。

这样就完成了一次顶空 GC 分析。然后将取样探头移动到下一个样品瓶，根据 GC 分析时间的长短，在某一时刻开始对下一个样品重复上述操作。

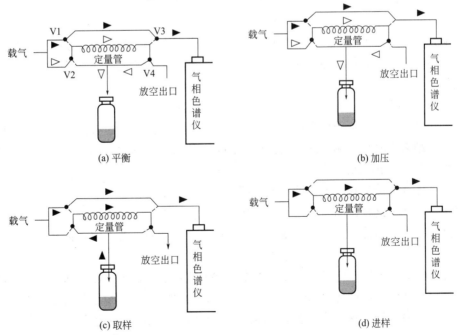

图 3-4　压力控制定量管进样的 HS-GC 系统工作原理

V1、V2、V3、V4 均为切换阀

③ 顶空进样器的技术指标　由于平衡温度、平衡时间、加压时间和压力高低、取样时间、载气流速均影响进入 GC 的样品量，所以，自动顶空进样器必须对这些条件进行严格控制。表 3-2 列出了一种压力控制定量管装置的技术指标。顶空进样装置与 GC 的连接一般是比较简单的，即在输送管的末端连接一个注射针头，然后将针头直接插入 GC 进样口。这与普通 GC 进样类似，只是在整个分析过程针头一直插在进样口不抽出来。当然，输送管一定要有加热系统，以避免样品组分冷凝。

表 3-2　一种压力控制定量管顶空进样装置的技术指标

技术指标	指标数值
样品瓶容积(最大可装样品体积)	6(4.5)mL、10(8)mL、20(17)mL
恒温槽可放置样品瓶数目	44
可同时加热的样品瓶数	6
样品瓶搅拌	低速和高速两挡
样品瓶温度控制范围	(40～200)℃±0.2℃
样品瓶加热时间	0.5～999min
定量管温度控制范围	50～220℃
输送管温度控制范围	50～220℃
定量管和输送管材料	镍或硅钢
定量管体积	0.25mL、0.5mL、2.0mL、3.0mL
加压时间	0～99min,步长0.01min
加压范围	0～30psi
定量管充样时间	0～99min,步长0.01min
进样时间	0～99min,步长0.01min

（3）影响静态顶空 GC 分析的因素

影响顶空 GC 分析结果的因素有两部分，一部分是与 GC 有关的参数，另一部分是顶空进样的参数。前者我们已在前文做了详细阐述，这里不再重复。下面我们仅就顶空进样的一些问题进行讨论。

① 样品的性质　顶空 GC 最大的优点就是不需对样品做复杂的处理，而直接取其顶空气体进行分析，我们不用担心样品中不挥发组分对 GC 分析的影响。但是样品的性质仍然会对分析结果有直接影响。这里所说的样品是指置于样品瓶中的"原样品"，而非进入 GC 的"挥发物"，因此要考虑整个样品瓶中的样品性质。

对于气体样品或者在一定条件下能全部转换为蒸气的样品，样品瓶中只有气相，而没有凝聚相。那么，这种样品与普通 GC 分析没有太大区别。要注意的是气体样品的采样温度和样品保存温度可能不同，常常是后者低于前者。在相对低温下保存样品时，有些组分可能会冷凝，所以在分析时，要在平衡温度下放置一定的时间，使样品达到均匀的气相，以消除部分样品组分冷凝带来的误差。如果是将液体样品转换为气体，那么这个转换过程是需要一定时间的，不像普通 GC 中进样口的样品汽化那么快，不完全汽化会使顶空样品与原样品的组成不同，从而影响分析结果的准确度，故也应在一定的温度下平衡足够的时间。

液体和固体样品较为复杂一些。这时样品瓶中至少有气液或气固两相，甚至气液固三相共存。顶空气体中各组分的含量既与其本身的挥发性有关，又与样品基质有关。特别是那些在样品基质中溶解度大（分配系数大）的组分，"基质效应"更为明显。这是顶空进样的一大特点，即顶空气体的组成与原样品中的组成不同，这对定量分析的影响尤为严重。因此，标准样品不能仅用待测物的标准品配制，还必须有与原样品相同或相似的基质，否则，定量误差将会很大。

实际应用中有一些消除或减少基质效应的方法，主要有：

（a）利用盐析作用，即在水溶液中加入无机盐（如硫酸钠）来改变挥发性组分的分配系数。实验证明，盐浓度小于 5％时几乎没有作用，故常用高浓度的盐，甚至用饱和浓度。需要指出的是，盐析作用对极性组分的影响远大于对非极性组分的影响。此外，在水溶液中加入盐之后，溶液体积会发生变化，定量线性范围可能变窄，这些都是在定量分析中应该考虑的。

（b）在有机溶液中加入水。当然，水要与所用有机溶剂相溶。这可以减小有机物在有机溶剂中的溶解度，增大其在顶空气体中的含量。比如，测定聚合物中的 2-乙基己基丙烯酸酯残留量时，样品溶于二甲基乙酰胺中，然后加入水，分析灵敏度可提高数百倍。

（c）调节溶液的 pH。对于碱和酸，通过控制 pH 可使其解离度改变，或使其中待测物的挥发性变得更大，从而有利于分析。

（d）固体样品的粉碎。物质在固体中的扩散系数要比在液体中小 1～2 个数量级，固体样品中挥发物的扩散速度很慢，往往需要很长时间才能达到平衡。尽量采用小颗粒的固体样品有利于缩短平衡时间。但是要注意，一般的粉碎方法会造成样品损失。比如研磨发热会导致挥发性组分丢失。故顶空 GC 中多用冷冻粉碎技术来制备固体样品。同时，用水或有机溶剂浸润样品（三相体系），也可以减小固体表面对待测物的吸附作用。

此外，稀释样品也是减小基质效应的常用方法，但其代价是降低了灵敏度。其他消除基质效应的技术，如全挥发技术等，将在下文中讨论。

最后，样品中的水分也是一个影响因素。虽然静态顶空样品中水分含量常没有动态顶空那么大，但水溶液样品在浓度较高时，水蒸气会影响 GC 分离结果，特别是采用冷冻聚焦技术时。故应在色谱柱前连接除水装置，如装有氯化钙、氯化锂等吸附剂的短预柱。当然要保证被测组分不被吸附。

② 样品量　样品量是指顶空样品瓶中的样品体积，有时也指进入 GC 的样品量。其实后者应称为进样量。在顶空 GC 分析中，进样量是通过进样时间（压力平衡系统）或定量管（压力控制定量管系统）来控制的，它还受温度和压力等因素的影响。事实上，顶空 GC 分析中绝对进样量没有多大意义，重要的是进样量的重现性，只要能保证进样条件的完全重现，也就保证了重现的进样量。即使在定量分析中，一般也不需要知道准确的进样量。

顶空样品瓶中的样品体积对分析结果影响很大，因为它直接决定相比 β。在前文我们曾导出一个方程：

$$C_g = C_0/(K+\beta)，其中 \beta = V_g/V_s，K = C_s/C_g$$

对于一个给定的气液平衡系统，K 和 C_0 为常数，β 与顶空气体的浓度成正比。也可以说，样品体积（V_s）增大时，β 减小，C_g 增大，因而灵敏度增加。但对具体的样品体系，还要看 K 的大小。换言之，$K \gg \beta$ 时，样品体积的改变对分析灵敏度影响很小。而

117

当 $K \ll \beta$ 时，影响就很大。比如，分析水溶液中的二氧六环和环己烷，用 20mL 的样品瓶在 60℃ 平衡。此时二氧六环的 K 为 642，而环己烷则为 0.04。当样品量由 1mL 变为 5mL 时，二氧六环的分析灵敏度（峰面积）只提高了 1.3%，而环己烷却提高了 452%。所以，样品量要依据样品体系的性质来确定。

与样品量有关的另一个问题是其重现性。因为静态顶空 GC 往往只从一个样品瓶中取样一次，要做平行实验时，则需要制备几份样品分别置于不同样品瓶中。这时每份样品的体积是否重现也影响分析结果。待测组分的分配系数越小（在凝聚相中的溶解度越大），样品体积波动所造成的结果误差就越大；反之，分配系数越大，这种影响就越小。然而，在实际工作中，样品体系的分配系数往往是未知的，因此我们建议任何时候都要尽量使各份样品的体积相互一致。

具体分析时，样品体积还与样品瓶的容积有关。样品体积的上限是充满样品瓶容积的 80%，以便有足够的顶空体积便于取样。常采用样品瓶容积的 50% 为样品体积。有时只用几微升样品。样品性质、分析目的和方法是决定样品体积的主要因素。

③ 平衡温度　样品的平衡温度与蒸气压直接相关，它影响分配系数。一般来说，温度越高，蒸气压越高，顶空气体的浓度越高，分析灵敏度就越高。待测组分的沸点越低，对温度越敏感。因此，顶空 GC 特别适合于分析样品中的低沸点成分。单从这个角度看，平衡温度高一些对分析是有利的，它可以缩短平衡时间。

然而，在顶空 GC 中，温度的改变只影响分配系数 K，并不影响相比 β。如前所述，我们必须同时考虑这两个参数。对于给定的样品体系，β 是常数，顶空气体的浓度与分配系数 K 成反比。如上所述，当 $K \gg \beta$ 时，温度的影响非常明显。当 $K \ll \beta$ 时，温度升高使 K 降低，但 $K + \beta$ 的变化很小，因此顶空气体的浓度变化也很小。比如，我们分析一个水溶液中的甲醇、甲乙酮、甲苯、正己烷和四氯乙烯，表 3-3 给出了这一体系在不同温度下的分配系数 K 值。用 6mL 的样品瓶，样品体积为 1mL，这时相比为 5。表中同时列出了 $1/(K + \beta)$ 值。

表 3-3　几种化合物在水-空气体系中的分配系数 K[2]

化合物	40℃		60℃		80℃	
	K	$1/(K+\beta)$	K	$1/(K+\beta)$	K	$1/(K+\beta)$
甲醇	1355	0.0007	511	0.0019	216	0.0045
甲乙酮	139.5(45℃)	0.0069	68.8	0.0136	35	0.0250
甲苯	2.82	0.1274	1.77	0.1477	1.27	0.1595
正己烷	0.14	0.1946	0.043	0.1983	0.0075	0.1997
四氯乙烯	1.48	0.1543	1.27	0.1595	0.87	0.1704

假设各组分在原样品中的浓度相同，那么，80℃ 的平衡温度与 40℃ 相比，甲醇在顶空气体中的浓度将增加 5.43 倍，甲乙酮增加 2.62 倍，甲苯只增加 25%，而正己烷和四氯乙烯则分别增加 2.6% 和 10.4%。可见，温度的影响因组分的不同而异。对于甲醇和甲乙酮，提高平衡温度可大大提高分析灵敏度；对于甲苯和四氯乙烯则影响甚微，对于正己烷，其影响完全可以忽略。因此，平衡温度应根据分析对象来选择。

实际工作中往往是在满足灵敏度的条件下（还可通过其他方法提高分析灵敏度！）选

择较低的平衡温度。这是因为，过高的温度可能导致某些组分的分解和氧化（样品瓶中有空气），还可以使顶空气体的压力太高，特别是使用有机溶剂时（故应选择较高沸点的有机溶剂）。过高的顶空气体压力会对下一步加压提出更高要求，这又可能引起仪器系统的漏气。

这里顺便指出，有人可能会问：进样前加压是否会造成样品的稀释而降低分析灵敏度？其实不存在这个问题。因为我们测定的是浓度，而非摩尔分数。加压前后样品的体积不变，故不会影响灵敏度。最后强调一点，顶空 GC 分析中必须保证温度的重现性。除了平衡温度外，取样管、定量管，以及与 GC 的连接管都要严格控制温度。这些温度往往要高于平衡温度，以避免样品的吸附和冷凝。

④ 平衡时间　平衡时间本质上取决于被测组分分子从样品基质到气相的扩散速度。扩散速度越快，即分子扩散系数越大，所需平衡时间越短。另外，扩散系数又与分子尺寸、介质黏度及温度有关。温度越高，黏度越低，扩散系数越大。所以，提高温度可以缩短平衡时间。

由于样品的性质千差万别，所以平衡时间很难预测。一般要通过实验来测定。方法是用一系列样品瓶（5～10 个）装上同一样品，每个样品瓶采用不同的平衡时间，然后进行 GC 分析。用待测物的峰面积 A 对平衡时间 t 作图，就可确定所需平衡时间。如图 3-5 所示，当平衡时间超过 t_e 时，峰面积基本不再增加，证明样品达到了平衡。

平衡时间往往要比分析时间长，换言之，顶空 GC 的分析周期往往是由平衡时间决定的。故缩短平衡时间是提高顶空 GC 分析速度的关键。从仪器来讲，可以采用重叠平衡功能来提高工作效率。比如一个样品的平衡时间为 40min，而 GC 分析时间为 15min。我们可以在第一个样品平衡 15min 后开始第二个样品的平衡。这样，当第一个样品分析完成后，第二个样品正好达到平衡，可立即开始进样分析。依此类推，当有多个样品需要分析时，就能有效地提高工作效率。自动顶空进样器均有此项功能，用户可预设置时间程序进行自动分析。

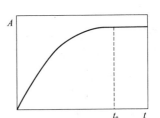

图 3-5　峰面积 A 与平衡时间 t 的关系示意图

气体样品或可全部转化为气体的液体样品所需平衡时间要短一些（气体分子扩散系数是液体分子扩散系数的 $10^4 \sim 10^5$ 倍），一般 10min 左右即可。液体样品的情况比较复杂一些，除了与样品性质、温度有关外，平衡时间还取决于样品体积。体积越大，所需平衡时间越长。而样品体积又与分析灵敏度要求有关。如前所述，对于分配系数小的组分，加大样品体积可大大提高分析灵敏度，所需平衡时间相应增加。对于分配系数大的组分，加大样品体积对提高灵敏度作用甚微，故可用小的样品体积来达到缩短平衡时间的目的。

缩短液体样品的平衡时间的另一个有效办法是采样搅拌技术。现代仪器一般都具备此功能，或者是机械振动搅拌，或者是电磁搅拌，而且还有几档搅拌速度，可根据样品的黏度来选择。实验证明，对于分配系数小、在凝聚相中溶解度小的样品，采样搅拌方法可使平衡时间缩短一半以上。但对于分配系数大的样品，影响相对小得多。

固体样品所需平衡时间更长。除了提高温度可以缩短平衡时间外，减小固体颗粒尺寸、增大比表面也可以有效地缩短平衡时间。此外，将固体样品溶解在适当的溶剂中，或

用溶剂浸润固体样品，都是实际工作中常用的方法。

⑤ 与样品瓶有关的因素

（a）样品瓶。顶空 GC 样品瓶的要求是体积准确、能承受一定的压力、密封性能良好、对样品无吸附作用。虽然过去人们也曾用过普通玻璃瓶，但现在大都用硼硅玻璃制成的顶空样品瓶，其惰性能满足绝大部分样品的分析。

在定量分析时，要涉及相比 β 的准确值，这就要求我们知道样品瓶的准确体积（容积），而不应简单地采用生产厂家的标称体积。一个简单的方法是先用天平称量空瓶质量，然后充满水再称量。根据水在称量温度下的密度（如 25℃时为 0.9971g/mL）即可计算出样品瓶的准确体积。实验证明，市售的顶空样品瓶其标称体积与真实体积之间有 1% 左右的误差。对同一批样品瓶，可以准确测定其中 5 个的真实体积，使用其平均体积作为该批样品瓶的真实体积即可。

市售样品瓶的体积有 5～22mL 多种，具体选用哪种，一要依据仪器要求而定，二要看样品情况而定。液体样品多用 10mL 左右的样品瓶就能满足要求，因为分析灵敏度取决于待测组分在顶空气体中的浓度，或者说取决于相比 β，而不是样品量。所以，采样大体积样品瓶，如果 β 不变，分析灵敏度也不会改善。固体样品因为样品本身的体积大（取样体积大一些能保证样品的代表性），故要用大一些的样品瓶。

另外，还需要考虑的因素是色谱柱。填充柱、大口径柱或毛细管柱分流进样时，进样体积一般为 0.5～2mL，这时需要大体积样品瓶。而用毛细管柱不分流进样时，进样体积往往不会超过 0.25mL，故小体积的样品瓶就足以满足要求。

顶空样品瓶最好只用一次，若要反复使用，一定要保证清洁干净！建议的清洗方法是：先用洗涤剂清洗（太脏的瓶子可用洗液浸泡），然后用蒸馏水洗，再用色谱纯甲醇冲洗，最后置于烘箱中烘干。对于新购的样品瓶，一般可不经清洗直接使用，但要注意供货商的信誉。如果是第一次使用新供货商的产品，最好先做一次空白分析以证实样品瓶是否干净。

（b）密封盖。密封盖由塑料或金属盖加密封垫组成。有可多次使用的螺旋盖和一次使用的压盖两种。现在自动化仪器多采样一次性使用的铝质压盖，使用压盖器压紧后可以保证密封性能。

密封垫的材料主要有三种，即硅橡胶、丁基橡胶和氟橡胶。丁基橡胶垫价格低，硅橡胶垫耐高温性能好，氟橡胶垫惰性好。为了防止密封垫对样品组分的吸附，现在多用内衬聚四氟乙烯或铝的密封垫，选用时要看分析条件（温度）和样品具体情况而定。常规分析可用价格低的丁基橡胶垫，痕量分析则最好用有内衬的硅橡胶垫。必要时，通过空白分析来确证密封垫中的挥发物不干扰分析。

密封垫在扎穿一次（取样）之后，可能会漏气，而且内衬垫扎穿之后就失去了保护作用，橡胶基体有可能吸附样品组分。所以，需要从一个样品瓶多次进样时，最好连续进行，不要把扎穿过密封垫的样品瓶放置一段时间后再用。相应地，在制备样品时，要将样品全部加入后再密封。比如加内标物时，若密封好再往瓶中加，就要扎穿密封垫，这对分析是不利的。

（4）静态顶空 GC 的方法开发和常用技术

① 方法开发的一般步骤　与常规 GC（见下一章）类似，方法开发的第一步是确定如

何处理样品。如待测组分是否有足够的挥发性？如果挥发性太低，采用什么衍生化方法增加挥发性？固体样品如何粉碎？如果作为液体样品分析，使用什么溶剂？这些问题确定之后，再选择适当体积的样品瓶。

第二步是根据待测组分确定 GC 分析条件，包括色谱柱、检测器及操作条件。这与普通 GC 分析相同，可以通过标准样品直接进样分析来优化分离条件。

第三步是确定平衡时间和平衡温度，参看上文所述。

第四步是样品的初步分析，主要看灵敏度是否满足要求。如果待测组分在顶空气体中的浓度很高，还可通过改变 GC 条件（如改变分流比）、顶空取样条件（改变进样时间或定量管），以及稀释样品来控制色谱信号的大小。如果浓度太低，则要进一步优化顶空条件，如改变平衡温度、改变相比、消除基质效应等，以提高分析灵敏度。还可采用下文所讨论的冷冻富集技术。如果样品中有不需要测定的高沸点组分，还可通过反吹技术（见下文）来缩短分析周期。

最后一步就是确定定量方法。稍后我们将讨论顶空 GC 与普通 GC 在定量分析方面的不同之处。

多次顶空萃取技术常常是方法开发的有用手段，下面我们将其详细讨论，然后介绍几种顶空 GC 常用的技术。

② 多次顶空萃取技术　静态顶空 GC 分析一般只对一个样品取样一次。如果在第一次取样后，让样品在相同条件下再达到平衡，也可取第二次样品进行分析。但是，由于已取了一次样，尽管分配系数保持不变，但整个样品的组成已发生了变化，第二次顶空气体的组成与第一次不同。故第二次分析所得相同组分的色谱峰面积应该比第一次小。所以我们前面讲过，要做重复进样，最好是同时用几个样品瓶，每个样品瓶进样一次。不过，我们若从另一个角度看问题，从同一样品瓶重复取样进行分析，那么，原样品中待测组分的浓度就会逐次减小，直到最后被完全"萃取"。这样，每次分析所得峰面积之和就对应于原样品中该组分的总浓度。因为待测组分最后被完全萃取，所以不再有样品"基质效应"影响分析。这就是多次顶空萃取技术的基本思路。

很显然，要将一个样品中的待测组分用顶空进样技术全部萃取完，分析时间将是相当长的。但是，已有人用数学方法研究了多次顶空萃取的理论问题，并得到了实验证实：只要做有限次（2～10）的重复进样，就可根据数学公式外推计算出原样品中待测组分的总浓度。该理论的基本公式是假设浓度随时间的变化符合一级反应动力学，则：

$$\frac{\mathrm{d}c}{\mathrm{d}t} = qc$$

式中，c 为浓度，t 为时间，q 为动力学常数。

设原样品中初始浓度为 c_0，则有：

$$c = c_0 \mathrm{e}^{-qt}$$

用取样次数 I 代替时间 t，用峰面积代替浓度 c，则可得：

$$A_i = A_1 \mathrm{e}^{-q(i-1)}, \quad \ln A_i = -q(i-1) + \ln A_1$$

$i-1$ 反映了第一次取样时时间为 0。

因为　　　　　$$\sum_{i=1}^{i=\infty} A_i = A_1 + A_1 \mathrm{e}^{-q} + A_1 \mathrm{e}^{-2q} + \cdots + A_1 \mathrm{e}^{-(i-1)q}$$

所以
$$\sum_{i=1}^{i=\infty} A_i = \frac{A_1}{1-e^{-q}}$$

设面积比
$$Q = \frac{A_2}{A_1} = \frac{A_3}{A_2} = \frac{A_{(i+1)}}{A_i} = e^{-q}$$

则有
$$-q = \ln Q$$

$$\sum_{i=1}^{i=\infty} A_i = \frac{A_1}{1-e^{-q}} = \frac{A_1}{1-Q}$$

以最简单的两次进样为例，$Q = e^{-q} = \frac{A_2}{A_1}$

$$\sum_{i=1}^{i=\infty} A_i = \frac{A_1}{1-(A_2/A_1)} = \frac{A_1^2}{A_1-A_2}$$

这样就可通过两次顶空萃取进样的分析结果计算出无数次萃取的峰面积之和，亦即原样品中待测组分的总浓度，其前提条件是：$\ln A_i$ 与（$i-1$）呈线性关系。多次萃取技术在定量分析中的应用将在以后结合实际应用加以介绍。

③ 反吹技术　所谓反吹技术就是改变气相色谱柱中载气的流动方向，将柱头滞留的高沸点、极性组分吹出色谱柱。这一技术在 GC 中经常应用，一是为缩短分析时间，二是为保护色谱柱。在顶空 GC 中反吹技术也是很重要的。因为顶空 GC 的分析对象多为易挥发组分，当我们对高沸点组分不感兴趣时，就可采取反吹技术将其放空。比如，石化环境分析中，用顶空 GC 测定工业废水中的苯、甲苯、乙苯和二甲苯（合称为 BTEX）时，常有一些高沸点烃类与 BTEX 共存一起进入色谱柱。若使这些不需测定的高沸点组分按正常操作流出色谱柱，会延长分析时间。事实上，有些极性组分必须在升高柱温后才能流出色谱柱，这样会不必要地增加柱温循环时间。如果我们在待测组分最后一个峰流出后，采用反吹技术就可将仍在柱头的高沸点组分放空，从而缩短分析时间。再比如在固体样品的分析中，所用的溶剂或分散剂常常比待测组分的沸点高，采用反吹技术也可消除这些溶剂峰，提高分析速度。

如何实现反吹要看 GC 用什么色谱柱。对于填充柱来说，采用一个六通阀，另加一路载气就可进行反吹。如图 3-6(a) 所示，正常分析用第一路载气，反吹时用第二路载气，此时第一路载气直接进入检测器。用开管柱时原则上也可采用六通阀实现反吹，但更常见的是采用两根色谱柱、两路载气〔图 3-6(b)〕。正常分析时，关闭第二路载气，当待测组分进入第二根色谱柱（分析柱）时，关闭第一路载气，同时打开第二路载气。这样，尚留在第一根色谱柱（预柱）中的组分就会被反吹掉，而第二根色谱柱则继续分析待测物。只要两路载气的压力调节适当，毛细管柱与第二路载气的连接无死体积，就可获得令人满意的结果。市场上有专用的三通接头可供选用，而现代仪器往往可以自动控制各个阀的切换，从而保证高效而重现的顶空 GC 分析。

④ 冷冻富集技术　当顶空气体中待测组分的浓度太低（可能由于原样品的浓度太低，也可能由于组分的蒸气压太低），或者当检测器灵敏度不能满足分析要求，而需要加大进样体积时，冷冻富集技术是顶空 GC 常用的提高灵敏度的方法。冷冻富集与我们在冷柱上进样中讨论过的冷冻聚焦技术很类似，所不同的是，顶空样品已经是气体，"冷阱"的作用主要是使这些气体冷凝而富集。

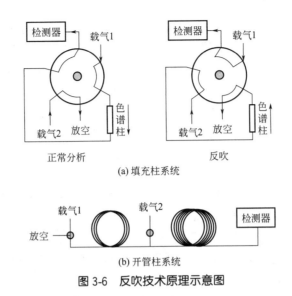

图 3-6　反吹技术原理示意图

冷冻富集主要用于毛细管柱顶空 GC 分析，其方法是用液氮或液态二氧化碳使整个柱箱、整个色谱柱或者色谱柱入口端的一段处于低温，这样大体积的顶空气体进入色谱柱时先冷凝下来，然后再升高柱温使之汽化，从而使初始样品谱带宽度变窄，消除了大体积气体很容易使色谱柱超载的问题。通常毛细管顶空 GC 的进样体积为 0.25mL 左右，采用冷冻富集技术后，进样体积可高达 1~2mL。也就是说，分析灵敏度可提高 5 倍或更多。冷冻富集的基本操作与冷柱上进样的冷冻聚焦类似，故此处不再赘述。

⑤ 衍生化反应技术　在有机合成中常用 GC 监测反应过程，顶空 GC 也可用于监测产生挥发性产物的反应。从另一个角度看，我们可以通过某些化学反应将极性的、不挥发或难挥发的物质变成挥发性物质，然后用顶空 GC 分析。在顶空 GC 中，顶空样品瓶就是一个现成的反应器，只要将反应试剂和必要的催化剂加入样品瓶中，控制温度和反应时间，就可实现所谓在线反应顶空 GC 分析。表 3-4 列出了几种常用的衍生化反应，具体反应条件的控制可参看有关有机合成的书籍。

表 3-4　顶空 GC 中常用的衍生化反应

反应类型	反应方程式举例	用途
烷基化(主要是甲基化)	$ROH + (CH_3O)_2SO_2 \xrightarrow{K_2CO_3 + KOH} ROCH_3$	分析难挥发的醇类
酯化(主要是甲酯化和乙酯化)	$RCOOH + R'OH \xrightarrow{催化剂} RCOOR' + H_2O$	分析羧酸
乙酰化	$C_3H_5(OH)_3 \xrightarrow{(CH_3CO)_2O} C_3H_5(OOCCH_3)_3$	多元醇分析
酶催化	$CH_3CH(OH)CH_2COOR \xrightarrow{酶} CH_3COCH_3$	测酶活性,测血浆中的 3-羟基丁酸酯
有机金属化合物反应	$RHgCH_3 \xrightarrow{ICH_2COOH} CH_3HgI$	测定有机汞化合物

⑥ 定量分析技术　顶空 GC 的定性分析与常规 GC 完全相同，而定量分析则由于基质效应的存在而稍微复杂一些，故在此作一些说明。

原则上讲，GC 所用的定量方法，包括归一化法、内标法和外标法均可用于顶空 GC，但由于顶空 GC 主要用来测定固体或液体样品中的挥发性成分，故归一化法极少使用，除非样品为气体，或可全部气化并用 GC 分析。而外标法和内标法共同的问题是基质效应。

在外标法中，用于测定校正因子的标准样品必须与实际样品具有同样的基质。这可通过采用"空白"制备标样来实现。比如测定机油中的挥发性芳烃时可用新鲜的机油（不含所测芳烃）来配制标样。这样，标样和实际样品的基质基本相同，新鲜的机油和用过的机油在组成上的微小差异是可以忽略的。另一个例子是测定血液中的乙醇浓度。现在世界各国的标准方法均用内标法定量，其基质效应是通过样品稀释而消除的。一般取 $0.1 \sim 0.5 \mathrm{mL}$ 血液，然后用内标（叔丁醇或正丙醇）水溶液稀释 $5 \sim 10$ 倍，这样，基质效应就可忽略了。另外，内标法定量时所选的内标物的理化性质应该尽可能接近于待测物，从而使其基质效应保持一致。

为了保持标样和实际样品基质的一致性，顶空 GC 更常用标准加入法定量，即在待测样品中加入已知量的待测物，通过比较标准加入前后峰面积的变化来计算实际样品中待测物的浓度，这样基质就完全一致了。但是要注意，在样品中加入待测物的标准溶液后，样品的体积会发生变化，进而影响相比 β。因此，要在不加标准溶液的样品中也应加入相同体积的溶剂，以确保样品体积的一致。

多次顶空萃取技术（MHE）也可用于定量分析，但较费时，故多用于理论研究。在常规分析中，如果所需定量精度不太高，或者 $\ln A_i$ 与 $(i-1)$ 有很好的线性关系，也可用两次萃取的结果来计算总峰面积，以简化分析。总之，在顶空 GC 中，首先应采用标准加入法定量，其次再选择外标法，最后才考虑使用内标法和多次顶空萃取技术。

（5）静态顶空 GC 的应用

① 血液中乙醇含量的测定　顶空 GC 定量分析的最早应用就是 1964 报道的测定血液中的乙醇浓度，经过多次改进后，这一方法已为世界各国所普遍采用，主要用来测试酒后驾车司机血液中的乙醇浓度。实践证明，该法分析速度快，准确度和精密度都符合法庭举证的要求。

a. 样品制备：

（a）乙醇标准储备液。$10 \mathrm{g/L}$ 水溶液，加一粒碘化汞晶体，冷藏保存。

（b）内标溶液。1.0%（体积分数）正丙醇的水溶液作为储备液，用水稀释到 0.25% 作为内标溶液。

（c）标准溶液。将乙醇标准储备液稀释 10 倍，然后取该溶液（浓度 $1\mathrm{g/L}$）$1\mathrm{mL}$ 置于 $10\mathrm{mL}$ 顶空样品瓶中，同时加 $1\mathrm{mL}$ 内标溶液，迅速密封。此样品用于测定校正因子。

（d）血样。取 $1\mathrm{mL}$ 充分混匀的血样转移至 $10\mathrm{mL}$ 顶空样品瓶中，同时加 $1\mathrm{mL}$ 内标溶液，迅速密封。为保证测定的可靠性，应同时配制两份血样。

b. 分析条件　色谱柱用 $2\mathrm{m} \times 2\mathrm{mm}$ 玻璃填充柱，填料为 5% PEG-20M/Carbopack B（$60 \sim 80$ 目），也可用大口径毛细管柱，如 $30\mathrm{m} \times 0.53\mathrm{mm}$ PEG-20 M 柱；柱温 $75\,^{\circ}\mathrm{C}$（用毛细管柱时可适当低一些）；填充柱进样口，$150\,^{\circ}\mathrm{C}$；FID 检测器，$200\,^{\circ}\mathrm{C}$；载气为氢气或氮气，$30\mathrm{mL/min}$（用大口径柱时约为 $15\mathrm{mL/min}$）。

c. 顶空条件　平衡温度 $50\,^{\circ}\mathrm{C}$；平衡时间 $10\mathrm{min}$（快速搅拌，若不搅拌则需平衡 $20\mathrm{min}$）；阀、输送管及定量管温度 $80\,^{\circ}\mathrm{C}$；加压 $2\mathrm{psi}$；加压时间 $0.15\mathrm{min}$；充样时间 $0.15\mathrm{min}$；压力平衡时间 $0.15\mathrm{min}$；定量管 $1.0\mathrm{mL}$。

d. 分析结果　如图 3-7 所示。图中（a）为混合标样的顶空 GC 图，说明有关化合物均获得了很好的分离。（b）为一个酒后驾车司机的血样，用内标法计算其乙醇浓度为

0.367%，超过了一般规定的 0.1% 的最低标准。

应该指出，此类分析要作为执法依据，故必须准确可靠。除了做两份样品平行分析外，还应该用 0.1% 的乙醇水溶液作为质量保证样品。在分析血样前后均应分析该样品，以保证仪器系统的可靠性。此外，还要保证乙醇与水，以及血液中可能有的其他挥发性物质如甲醇、乙醛、丙酮等完全分离。在方法开发时，还应验证检测器的线性响应范围。总之，要避免分析结果不准确而使酒后驾车者漏网，同时又不冤枉无辜者。

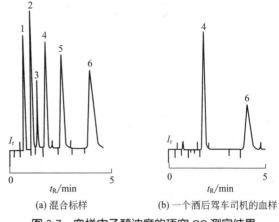

图 3-7　血样中乙醇浓度的顶空 GC 测定结果

色谱峰：1—乙醛；2—甲醇；3—丙酮；4—乙醇；5—异丙醇；6—正丙醇

② 聚合物中单体残留量的测定

聚合物材料中的残留单体往往影响材料的理化性能和力学性能，故有关质量标准都严格限制单体的残留量。下面我们以聚苯乙烯（PS）中单体苯乙烯的测定为例说明此类应用。PS 为粒料，经液氮冷冻粉碎，用所得粉末进行分析。就定量方法而言，文献报道过几种不同的方法，下面分别加以讨论，从中可理解与顶空 GC 方法开发有关的问题。

a. 用多次顶空萃取-内标法分析

（a）标准储备溶液的配制。分别取 1mL（0.9074g）苯乙烯和 1mL（0.9660g）2-甲氧基乙醇（又称甲基溶纤剂，MOE，此处用作内标），用二甲基甲酰胺（DMF）溶解并定容至 10mL，作为标准储备溶液。再配制一个内标溶液，即取 1mL（0.9660g）MOE 溶于 DMF，并定容为 10mL。

（b）标准溶液的配制与分析。采用 22mL 的顶空样品瓶，加入 2.0μL 上述标准储备溶液（含苯乙烯 181.5μg，MOE 193.2g）。置于顶空进样器上于 120℃ 下平衡 30min，使样品全部汽化。然后进行 4 次顶空萃取分析，根据所得结果计算出苯乙烯和 MOE 的总峰面积，进而计算二者的相对校正因子。

表 3-5 列出了 4 次分析的峰面积数据，以及相关计算结果。所依据的公式是我们在上一节介绍的：$\ln A_i = -q(i-1) + \ln A_1$，$Q = e^{-q}$，以及

$$\sum_{i=1}^{i=\infty} A_i = \frac{A_1^*}{1-e^{-q}} = \frac{A_1^*}{1-Q}$$

表 3-5　用多次顶空萃取技术测定苯乙烯和 MOE 的峰面积计算结果

顶空萃取次数		1	2	3	4	
峰面积	苯乙烯	2343274	933169	373967	146473	
	MOE	773093	307106	123086	48527	
线性回归结果		相关系数	斜率 q	$Q = e^{-q}$	A_1^*	总峰面积
苯乙烯		0.99999	0.9231	0.3973	2349193	3897588
MOE		0.99999	0.9219	0.3978	773542	1284486

注意，这里的 A_1^* 是对统计结果所得截距 $\ln A_1^*$ 取反对数得到的，而不是第一次分析的峰面积 A_1。这样做是为了消除 A_1 可能的偶然误差。

根据内标定量相对校正因子的计算公式可得：

$$f_i = \frac{W_i}{W_s} \times \frac{\sum A_s}{\sum A_i} = \frac{181.5}{193.2} \times \frac{1284486}{3897588} = 0.3096$$

（c）样品分析。称取 200mg PS 粉末置于顶空样品瓶中，加入内标溶液 $2.5\mu L$（$241.5\mu g$ MOE），将样品瓶置于顶空进样器上于 120℃下平衡 120min，然后进行 9 次顶空萃取分析，数据列于表 3-6，图 3-8 为分析色谱图。

现在我们可以根据上述数据计算 PS 中的苯乙烯质量 W_i：

$$W_i = W_s f_i \frac{\sum A_i}{\sum A_s} = 0.2415 \times 0.3096 \times \frac{1949378}{1572191} = 0.09271 \text{(mg)}$$

故 PS 中苯乙烯含量为 $0.09271 \times 10^3 / 0.2 = 464 (\mu g/g)$

表 3-6　多次顶空萃取测定结果

萃取次数		1	2	3	4	5	6	7	8	9
峰面积	苯乙烯	478194	371329	276909	209592	154916	116022	85186	64049	47010
	MOE	756587	398658	202251	104783	53510	28129	14364	7590	3873

线性回归结果	相关系数	斜率 q	$Q=e^{-q}$	A_1^*	总峰面积
苯乙烯	0.99981	0.2917	0.7470	493159	1949378
MOE	0.99999	0.6598	0.5170	759434	1572191

b. 用一次顶空分析-内标法定量　根据上述多次顶空萃取的分析结果可知，$\ln A_i$ 与 $(i-1)$ 有极好的线性关系，所以，可以用两次顶空萃取，而不是 9 次，来测定苯乙烯的含量，这样会简化分析。而在常规分析中，上述分析过程只是作为方法开发的第一步。在此基础上，我们就可以用更简单的一次顶空分析方法来测定 PS 中的苯乙烯含量。

这时我们可以把上面所分析的样品作为工作标样，首先计算出用于一次顶空分析的校正因子 f_c：

$$f_c = \frac{W_i}{W_s} \times \frac{A_s}{A_i} = \frac{92.71}{241.5} \times \frac{756587}{478194} = 0.6073$$

以此为标准就可对任何其他 PS 样品进行分析。注意，此时所用校正因子（0.6073）不同于多次顶空萃取分析（0.3096）。因为用多次顶空萃取技术时不存在基质效应，其校正因子只是对检测器响应值的校正，而一次顶空分析所用校正因子则不仅对检测器的响应值进行校正，还要对基质效应进行校正。

如果对一个新的 PS 样品，我们用上述同样的样品处理（取 200mg）和分析方法，一次顶空分析得到苯乙烯和 MOE 的峰面积分别为 276000 和 756000，那么，其中苯乙烯的质量就可计算为：

$$W_i = W_s f_i \frac{A_i}{A_s} = 0.2415 \times 0.6073 \times \frac{276000}{756000} = 0.0534 \text{(mg)}$$

故 PS 中苯乙烯含量为　$0.0534 \times 10^3 / 0.2 = 267 (\mu g/g)$

c. 用多次顶空分析外标法定量　如果用外标法定量，我们也可以先采用多次顶空萃取技术来开发方法。这时，可按前面所讲的方法配制标样（含苯乙烯 $181.5\mu g$）和样品，只是不需要再加内标物 MOE。如果也用四次顶空萃取分析，那么，苯乙烯的总峰面积就为 3897588，故外标校正因子 f_i 为：

$$f_i = 181.5/3897588 = 4.6567 \times 10^{-5}$$

实际样品 9 次顶空萃取所得苯乙烯的总峰面积为 1949378，苯乙烯的质量为：

$$W_i = 4.6567 \times 10^{-5} \times 1949378 = 90.8(\mu g)$$

故 PS 中苯乙烯含量为 $90.8/0.2 = 454(\mu g/g)$

可见，外标法与内标法所得结果 $464\mu g/g$ 相差仅为 2%。

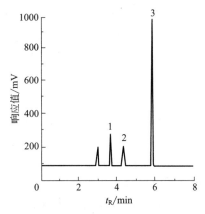

图 3-8 聚苯乙烯中残留单体苯乙烯的顶空 GC 分析结果

分析条件：$50m \times 0.32mm \times 0.4m$ PEG-20M 毛细管柱；柱温 120℃；分流进样；FID 检测 色谱峰：1—MOE；2—苯乙烯；3—DMF

应当指出，上述用多次顶空萃取技术和外标法分析中并未考虑样品体积的问题。事实上，因为标样 $2\mu L$ 是全部汽化的，故其顶空体积与样品瓶容积相等，而实际样品中，因为有 200mg PS 占据一定的体积，其顶空体积小于样品瓶容积。严格讲，应对这一体积差进行校正，即总峰面积应乘以一个样品体积校正系数 f_V。

$$f_V = V/(V - V_s)$$

式中，V 为样品瓶容积，V_s 为样品体积。

上例中若 PS 的密度取 1g/mL，则 200mg 样品的体积为 0.2mL。

$$f_V = 22/(22 - 0.2) = 1.009$$

经此校正后，苯乙烯的含量为 $458\mu g/g$，与内标法结果仅差 1.3%。

在实际工作中，当样品体积远小于样品瓶容积时（如前者小于后者的 1%）时，可不进行体积校正。

同样的道理，我们可将此样品作为工作标样，用外标法测定任何 PS 样品中的苯乙烯含量，这时校正因子应为 $f_i = 90.8/478194 = 1.9 \times 10^{-4}$。如果在相同的条件下，用一次顶空分析得到苯乙烯的峰面积为 276000，那么，其质量就为：

$$W_i = 1.9 \times 10^{-4} \times 276000 = 52.44(\mu g)$$

则 PS 中的苯乙烯含量为 $52.44/0.2 = 262(\mu g/g)$

这与用一次顶空分析-内标法定量所得结果相比，也只差 2%。

d. 用 PS 溶液进行测定　PS 可溶解在 DMF 中，然后以此溶液为样品，采用内标法、外标法或标准加入法均可测定苯乙烯的残留量。具体方法是将 200mg 苯乙烯溶于 2mL DMF 中。然后根据所用定量方法处理样品，再用顶空 GC 分析。这样做的好处是样品的平衡时间大为缩短。据文献[3]报道，PS 的 DMF 溶液在 75℃时达到气液完全平衡所需的时间为 100min，而固体 PS 样品在此温度下的平衡时间长达 20h。

然而，用溶液方法的最大缺点是降低了分析灵敏度。因为溶剂用量往往是固体体积的 10 倍以上，且待测组分在溶液中的溶解度一般都大于在固体中的溶解度，从而使蒸气压降低。所以，一般溶液方法的灵敏度要比固体方法低一个数量级。

③ 医疗设备中残留环氧乙烷的测定　环氧乙烷（EO）被用于医疗设备的消毒，但它

是一种已知的致癌物。所以，有关法规要求用顶空 GC 方法测定经消毒的医疗设备中 EO 含量。作为方法开发，我们可以用未接触 EO 的医疗设备材料作标样的基质，用多次顶空萃取技术内标或外标定量法来测定。现在我们用标准加入法来测定聚氯乙烯（PVC）和高密度聚乙烯（HDPE）制成的医疗设备经消毒后的残留 EO。

a. 单点标准加入法

（a）标准储备溶液的配制。以高纯度（HPLC 级）甲醇为溶剂，对市售 EO 的甲醇溶液进行稀释，以得到 1mg/mL 的 EO 标准溶液。配制过程要快，避免甲醇或 EO 的挥发。然后将此标准溶液分装于玻璃样品瓶中密封，冷藏保存。注意每个样品瓶要尽可能充满，以最大限度地减小瓶内顶空体积，但不要让溶液接触到瓶盖的密封垫。

（b）分析用标样和样品的制备。将待测材料 PVC 和 HDPE 冷冻粉碎，取粉末样品各两份，每份 1g。同一材料的两份样品量应严格一致（为什么？）。将上述样品置于 20mL 的顶空样品瓶中，其中两份（PVC 和 HDPE 各一份）中各加入 1μL 标准溶液（加入前应使溶液达到室温），另两份中各加入 1μL 纯甲醇（为什么？）。这样，前两份为标样，后两份则为样品。

（c）顶空分析条件。自动顶空进样器，平衡温度 100℃，平衡时间 60min；阀体（包括样品定量管）温度 105℃。输送管和连接管温度 105℃；样品瓶加压 10psi，加压时间 0.5min；定量管体积 1mL，充样时间 0.15min，进样时间 2.3min。

30m×0.32mm×0.5μm PEG-20 M 毛细管柱，柱温 90℃；分流进样口 105℃，分流比 50：1，FID 检测 200℃。

（d）分析结果。图 3-9 为 EO 的顶空 GC 图，表 3-7 列出了 4 个样品的峰面积数据。

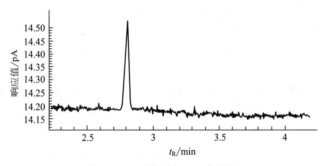

图 3-9　EO 的顶空 GC 分析图

表 3-7　4 个样品的 EO 测定结果

样品	A_{s1} PVC 标准＋1μg EO	A_1 PVC	A_{s2} HDPE 标准＋1μg EO	A_2 HDPE
峰面积	7.04	3.04	9.04	3.85

设未加入标准 EO 时，材料中含 EO 为 W_i，峰面积为 A_i，加入 W_a 的 EO 后，峰面积为 A_s，则：

$$\frac{W_i}{A_i} = \frac{W_a}{A_s - A_i} \quad 即 \quad W_i = \frac{A_i W_a}{A_s - A_i}$$

故可算得上述样品 PVC 中含 EO 为：$3.04 \times 1/(7.04 - 3.04) = 0.76(\mu g)$，即

$0.76\mu g/g$。

HDPE 中则为：$3.85/(9.04-3.85)=0.74(\mu g)$，即 $0.74\mu g/g$。

b. 多点标准加入法　　上述单点标准加入法的测定准确度取决于所测浓度范围内检测器的响应线性。换句话说，只有检测器的线性范围涵盖了所测浓度范围时，单点标准加入法的准确度才是有保证的。所以，作为方法开发，必须验证这一线性关系，然后就可以在常规分析中采用该单点标准加入法。多点标准加入法可用于验证这种线性关系。

多点标准加入法需要一系列浓度的样品，我们可按照上述样品制备方法，在 PVC 中加入不同量的 EO，从而获得表 3-8 所列的 4 个样品，图 3-10 为测得的峰面积对 EO 加入量的曲线。

表 3-8　多点标准加入法所用样品

编号	加入 EO 标液量 /μL	加入纯甲醇量 /μL	EO 含量 /(μg/g)
0	0	4	0
1	1	3	1
2	2	2	2
3	3	1	3
4	4	0	4

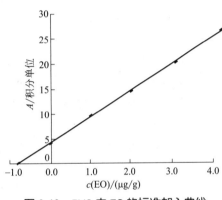

图 3-10　PVC 中 EO 的标准加入曲线

图 3-10 为直线，可以表示为：

$$A_s = aW_a + b$$

式中，A_s 为峰面积；W_a 为标准加入量；a 为斜率；b 为截距。

从标准加入法的基本关系我们可以导出类似的直线方程：

$$\frac{W_i}{A_i} = \frac{W_i + W_a}{A_s} \quad 即 \quad A_s = \frac{A_i}{W_i}W_a + A_i$$

两式对比，得　　　　　　　　　　$a = A_i/W_i \quad b = A_i$

故　　　　　　　　　　　　　　　$W_i = A_i/a = b/a$

根据线性回归结果就可算出原样品中的 EO 含量。从图上看，当 A_s 等于 0 时，直线与横坐标的交点（绝对值）就等于原样品中 EO 的含量，此例中为 $0.75\mu g/g$。

一些药品中残留有机溶剂也常用上述顶空 GC 分析方法，如美国药典方法 USP Method 467，读者可参看相关文献[4,5]。

④ 其他应用举例　　上面我们已通过实例介绍了顶空 GC 的某些应用，下面再举几个简单有趣的实例。

a. 啤酒中有机挥发物的静态顶空 GC 分析

啤酒的质量指标之一是其气味，而气味主要由挥发性醇类和酯类的含量决定，故啤酒生产企业可用顶空 GC 来检验其产品质量。通常要分析的有正丙醇、异丁醇、2-甲基丁醇、3-甲基丁醇、乙酸乙酯和乙酸异戊酯等，方法如下。

(a) 样品制备。在 $-4\sim+4℃$ 的温度下先配制上述 6 种化合物的标准溶液，用

99.95％纯度的乙醇作溶剂。标样浓度为正丙醇 12μL/L、异丁醇 10μL/L、2-甲基丁醇 20μL/L、3-甲基丁醇 45μL/L、乙酸乙酯 12μL/L 和乙酸异戊酯 2μL/L（啤酒风味不同，6 种化合物的含量会有变化）。

用正丁醇作内标，用 99.95％纯度的乙醇配制体积分数为 1.6％的标准溶液。

取 10mL 的 6 组分标准溶液转移到 20mL 顶空样品瓶中，加入 25μL 内标溶液，迅速加盖密封。此样品用于测定定量校正因子。

取 10mL 啤酒样品置于 20mL 顶空样品瓶中，加入 25μL 内标溶液，迅速加盖密封。此样品用于测定啤酒中的挥发性醇和酯。为保证分析结果的可靠，往往要制备数份样品，最后计算平均结果。

（b）顶空条件。平衡温度 50℃，平衡时间 30min；输送管和连接管温度 65℃，阀体（包括定量管）温度 76℃；加压 130kPa，加压时间 0.13min；定量管充样时间 0.15min；定量管平衡时间 0.05min。

（c）色谱条件。30m×0.32mm×1.2μm SE-54 毛细管柱；程序升温，先用液态二氧化碳冷却，初始温度 12℃，恒温 2min，以 7℃/min 升温至 150℃，再以 15℃/min 升温至 200℃，保持 2min；载气为氮气，37cm/s；不分流进样 200℃（0.5min 打开分流阀）；FID 检测器，温度 250℃。

（d）分析结果。图 3-11 为典型的啤酒气味分析结果，定量计算结果（略）。

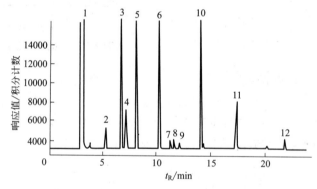

图 3-11 典型的啤酒气味顶空 GC 分析结果

色谱峰：1—乙醇；2—正丙醇；3—乙酸乙酯；4—异丁醇；5—正丁醇（内标）；6—3-甲基丁醇；7—2-甲基丁醇；8—乙酸异丁酯；9—丁酸乙酯；10—乙酸异戊酯；11—己酸乙酯；12—辛酸乙酯

b. 变压器故障早期诊断

高压输电变压器可能出现电弧、过热或局部放电等问题，而这些问题总是导致绝缘材料及矿物油的分解，结果产生一些可全部或部分溶解在变压器油中的挥发性气体，如氢气、一氧化碳、二氧化碳、甲烷、乙烷、乙烯、乙炔、丙烷等。变压器油与空气接触也会使油中含有氧气、氮气和二氧化碳。这些挥发性气体的存在与变压器的故障有直接关系，故电力部门会定期测定变压器油中这些气体的含量，以便早期诊断故障，采取相应措施，避免更严重事故的发生。美国 ASTM D3612 方法 A 或 B 就规定用真空气体萃取方法来测定变压器油中的挥发性气体。下面我们介绍顶空 GC 分析变压器油的方法，该方法可达到与 ASTM 方法相同的测定精度，且有更高的灵敏度，更短的分析时间，同时还简化了样品处理。

（a）样品制备。首先应制备空白样品，方法是将变压器油置于烧瓶中，然后放在超声波水浴中，将烧瓶与真空系统相连，在超声波作用下，连续抽真空 48h，即可脱去油中的待测气体组分。可用 GC 分析来证明空白样品中的气体含量极低。

将标准气体按一定浓度溶于空白样品中，形成外标储备液。使用时再用空白样品稀释该储备液，使气体浓度处于 $1\sim50\mu L/L$ 之间。可以配制一系列浓度的外标溶液，以便绘制工作曲线。

采用 20mL 的顶空样品瓶，使用前用氩气将瓶中空气吹走。然后取 15mL 外标样品和 15mL 待测油样分别置于顶空瓶中，迅速加盖密封，并使用内衬聚四氟乙烯的密封垫。最后置于顶空进样器上平衡后进样分析。

（b）仪器与条件。图 3-12 为分析变压器油的顶空 GC 装置图，采用两根色谱柱，Carboxen PLOT 柱用于分离轻质烃；Molsieve 5A 分子筛 PLOT 柱用于分离永久气体氧气、氢气和氮气。两根柱之间接一个六通阀。通过切换来控制两根柱流出物进入检测器的顺序。同时，采用两个检测器串联，TCD 检测永久气体，FID 检测烃类。在 FID 前面连接一个镍催化管，以将二氧化碳转化为甲烷。因为要分析永久气体，故采用氩气为载气。顶空和色谱条件如下。

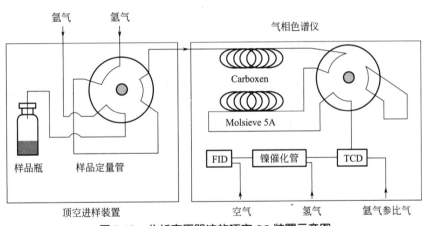

图 3-12　分析变压器油的顶空 GC 装置示意图

色谱柱 I 为 30m × 0.53mm Carboxen TM 1006 PLOT 柱，色谱柱 II 为 25m × 0.53mm 5A 分子筛 PLOT 柱；初始柱温 40℃，恒温 3min，以 24℃/min 升温至 170℃，保持 2min，再以 24℃/min 升温至 340℃，保持 5min；载气为氩气，12mL/min；检测器温度：TCD 250℃，FID 350℃；六通阀切换时间为：0～3.6min 两柱串联，3.6～8min 分子筛柱旁路，8～10min 两柱串联，10～23min 分子筛柱旁路。

顶空样品瓶 20mL，充样 15mL；平衡温度 70℃，平衡时间 30min（快速搅拌混合）；加压 0.6bar，加压时间 0.25min，压力平衡时间 0.25min，定量管 2.5mL，充样时间 0.25min，进样时间 0.9min；阀体及定量管温度 150℃。

（c）分析结果。由于采用了自动顶空进样器的快速搅拌混合功能，样品平衡时间大为缩短（若不用搅拌，则需 180min 的平衡时间）。图 3-13 为分析所得标样的色谱图，可见 14min 即可完成分析。色谱柱在 340℃保持 5min 是为了将柱内可能滞留的高沸点组分吹

出，以避免干扰下次分析。加上柱箱降温时间，色谱分析周期为 25min。这样，第一个样品从开始平衡算起，共用 55min。此后每个样品用 25min 即可（第一个样品进样后就开始平衡第二个样品）。

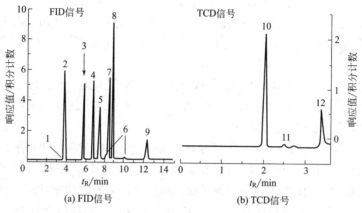

图 3-13　变压器油标准样品的顶空 GC 图

色谱峰：1—阀切换信号；2—CO_2；3—乙炔；4—乙烯；5—乙烷；6—阀切换信号；

7—甲烷；8—CO；9—丙烷；10—H_2；11—O_2；12—N_2

数据处理用外标法计算（略）。实验证明，顶空 GC 方法与 ASTM D3612 方法所得结果有很好的相关性，且分析灵敏度更高。表 3-9 列出了有关数据。

表 3-9　变压器油分析有关数据

组分	空白样品中的浓度/$(\mu L/L)$	顶空 GC 检测限/$(\mu L/L)$	ASTM D3612 方法检测限/$(\mu L/L)$	
			方法 A	方法 B
氢气(H_2)	<0.6	0.6	5	20
氧气(O_2)	17.0	11.0	50	500
氮气(N_2)	24.0	11.2	50	500
甲烷(CH_4)	<0.6	0.06	1	1
一氧化碳(CO)	1.6	0.09	25	2
二氧化碳(CO_2)	8.8	0.1	25	2
乙炔(C_2H_2)	<0.05	0.05	1	1
乙烯(C_2H_4)	<0.04	0.04	1	1
乙烷(C_2H_6)	<0.04	0.04	1	1
丙烷(C_3H_8)	<0.1	0.2	1	1

c. 特殊应用

除了作为分析方法以外，顶空 GC 还有多种特殊的应用，比如物质蒸气压的测定、活度系数的测定、焓和熵的测定、分配系数的测定、化学反应常数的测定，等等，有兴趣的读者可查阅有关文献[2]。

3.1.3　动态顶空气相色谱技术及操作

（1）吹扫-捕集进样技术的基本原理

动态顶空是相对于静态顶空而言的。与静态顶空不同，动态顶空不是分析处于平衡状态的顶空样品，而是用流动的气体将样品中的挥发性成分"吹扫"出来，再用一个捕集器将吹扫出来的物质吸附下来，然后经热解吸将样品送入 GC 进行分析。因此，通常称为吹扫-捕集（Purge & Trap）这样技术。我们在下文也采用这一术语。

在绝大部分吹扫-捕集应用中都采用氮气作为吹扫气，将其通入样品溶液鼓泡，在持续的气流吹扫下，样品中的挥发性组分随氮气逸出，并通过一个装有吸附剂的捕集装置进行浓缩。在一定的吹扫时间之后，待测组分全部或定量地进入捕集器。此时，关闭吹扫气，由切换阀将捕集器接入 GC 的载气气路，同时快速加热捕集管使捕集的样品组分解吸后随载气进入 GC 分离分析。所以，吹扫-捕集的原理就是：动态顶空萃取-吸附捕集-热解吸-GC 分析。

吹扫-捕集进样技术广泛应用于环境分析等领域，如饮用水或废水中的有机污染物分析。也用于食品中挥发物（如气味成分）的分析。显然，许多用吹扫-捕集技术分析的样品也可以用静态顶空分析，只是前者灵敏度较高，且可分析沸点相对高（蒸气压低）的组分。另外，吹扫-捕集一般比静态顶空的平衡时间短。

（2）吹扫-捕集进样装置

图 3-14 为典型的吹扫-捕集进样器气路原理图。液体样品（如水）加入样品管中（用量为 5～20mL）。通过样品管下部的玻璃筛板渗入储液管，直到两边的液面达到同一水平。然后打开吹扫气阀，气体通过储液管，经玻璃筛板后分散成小气泡，吹扫气流的大小由一调节阀控制。吹扫出的挥发性成分随载气进入捕集管，其中常填充有 Tenax、硅胶或活性炭。捕集管尺寸一般为 30cm 长，3mm 内径的不锈钢管。在此吹扫过程中，液体样品将在吹扫气的作用下全部进入样品管。

当吹扫过程结束后，关闭吹扫气阀，同时转动六通阀，载气通过捕集管进入 GC。注意此时捕集管中的气流方向与吹扫过程的方向相反。然后，捕集管加热装置开始工作（多用电加热），迅速达到解吸温度（200～800℃），样品以尽可能窄的初始谱带进入色谱柱。吹扫-捕集进样装置与 GC 的连接方式和静态顶空系统相似。连接管要保持在一定的温度，以避免样品组分冷凝。用填充柱和大口径柱时，输送管接在填充柱进样口，用常规毛细管柱时接在分流/不分流进样口。

吹扫-捕集技术分析的样品多为水溶液。吹扫过程中往往有大量的水蒸气进入捕集管，如果这些水进入色谱柱，势必影响分离结果和定量准确度，故在捕集管中除装有有机物吸附剂外，还常常装有部分吸水性强的硅胶，以减少进入色谱柱的水分。如果这样仍不能满足 GC 分析的要求，还可在 GC 之前连接一个干燥管或吸水管，以便更有效地除去水。

与静态打开类似，吹扫-捕集这样也采用冷

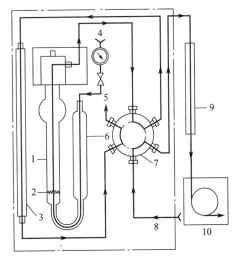

图 3-14 吹扫-捕集进样装置气路图

1—样品管；2—玻璃筛板；3—吸附捕集管；
4—吹扫气入口；5—放空；6—储液瓶；
7—六通阀（样品吹扫-捕集位置）；
8—GC 载气；9—可选择的除水
装置或冷阱；10—GC

冻富集技术来提高整个系统的分离能力。它可以通过在 GC 之前连接一个冷冻装置或者采用静态顶空技术所用的方法来实现。

（3）吹扫-捕集操作条件选择

① 温度　吹扫-捕集分析中有 3 个温度需要控制，一是样品吹扫温度。水溶液大多在室温下吹扫，只要吹扫时间足够长，就能满足分析要求。有时为缩短吹扫时间，也可对样品加热，但升高温度的副作用是增加了水的挥发。对于非水溶液，如某些肉类食品，则采用高一些的吹扫温度。

二是捕集器温度。这里又有吸附温度和解吸温度之别。吸附温度常为室温，但对不易吸附的气体也可采用低温冷冻捕集技术，即用冷气、液态二氧化碳或液氮控制捕集管的温度。至于解吸温度，是吹扫-捕集技术的重要参数，应依据待测组分的性质和吸附剂的性质来优化确定。商品化自动吹扫-捕集进样器的解吸温度最高可达 450℃，大部分环境分析的标准方法（如美国 EPA 方法）均采用 200℃ 左右的吹扫温度。

三是连接管路的温度，它应足够高以防止样品冷凝。环境分析中常用的连接管温度为 80～150℃。

② 吹扫气流速与吹扫时间　吹扫气流速取决于样品中待测物的浓度、挥发性、与样品基质的相互作用（如溶解度）以及其在捕集管中的吸附作用大小。用氦气时，流速范围为 20～60mL/min。用氮气时可稍高一些，但氮气的吹扫效果不及氦气。原因是氮气在水中的溶解度比氦气大。注意，吹扫气流速太大时会影响样品的捕集，造成样品组分的损失。

解吸时的载气流速主要取决于所用色谱柱。用填充柱时为 30～40mL/min；用大口径柱时为 5～10mL/min；用常规毛细管柱时则要按分流或不分流模式来设置载气流速。

吹扫时间是吹扫-捕集技术的重要参数之一，必须根据具体样品来优化确定。原则上讲，吹扫时间越长，分析重现性和灵敏度越高。但考虑到分析时间和工作效率，应在满足分析要求的前提下，选择尽可能短的吹扫时间。实际工作中可通过测定标准样品的回收率来确定吹扫时间。比如要测定废水中的苯和乙苯等污染物，可用未被污染的干净水作空白样品，定量加入待测物，然后通过实验绘制不同吹扫时间的回收率曲线，如图 3-15 所示。通常要求回收率在 90％ 以上。环境分析中吹扫时间一般为 10min 左右。

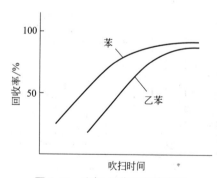

图 3-15　吹扫-捕集回收率曲线

（4）影响分析精度的因素

影响吹扫-捕集分析结果的因素不外乎两部分，一是吹扫-捕集进样器本身，二是 GC 条件。前者包括样品处理、吹扫时间、吹扫气流速和解吸温度等，这些条件都应严格控制其重现性，采用自动吹扫-捕集进样器时，样品的处理往往是影响分析精度的主要因素。所以，从采样、保存到定量加入样品管，都要严格操作，且保证不被污染。

至于 GC 的操作，与普通 GC 相同，请参看有关章节。需要强调的是，吹扫-捕集技术的分析重现性往往比静态顶空技术低，所以推荐使用内标法或标准加入法进行定量，以减小操作条件波动对结果的影响。

（5）吹扫-捕集进样技术的应用

吹扫-捕集进样技术在环境分析中应用最为成熟，比如饮用水、废水、海水、土壤中的挥发性有机物分析，吹扫-捕集多为首选技术。下面我们给出几个具体的分析例子。

① 废水中挥发性芳烃的分析——EPA 方法 602　EPA 方法 602 是专门用来分析工业废水和城市废水中的 7 种挥发性芳烃的方法（图 3-16），要求使用吹扫-捕集进样技术。分析条件如下。

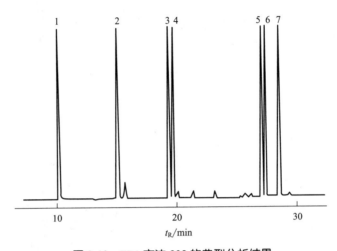

图 3-16　EPA 方法 602 的典型分析结果

色谱峰：1—苯；2—甲苯；3—氯代苯；4—乙苯；5—1,3-二氯苯；6—1,4-二氯苯；7—1,2-二氯苯

捕集管：Tenax-硅胶-活性炭，温度 35℃；吹扫时间：11min，吹扫气流：氮气，38mL/min；解吸温度：220℃，解吸时间：5min；色谱柱：30m×0.53mm×3μm HP-624，柱温：40℃恒温 4min，然后以 4℃/min 持续升温至 180℃，保持 5min；检测器：FID。

图 3-16 为典型的分析色谱图，所用样品为 5mL 水，每种芳烃的浓度为 20μg/L。

另外，EPA BTEX 方法可用与方法 602 相同的条件分析废水中的苯、甲苯和二甲苯，可用 PID 或 FID 检测器。也用 5mL 水样，每种芳烃的浓度为 20μg/L。定量方法可采用标准加入法或内标法。

② 饮用水中挥发性有机物分析——EPA 方法 502.2　EPA 方法 502.2 采用吹扫-捕集技术和毛细管色谱柱专门分析饮用水中 60 种挥发性有机物，要求使用 ELCD 和 PID 检测器。这是一个比较困难的环境分析项目，所有分析条件都要很好地优化，方可有效分离这 60 种化合物。图 3-17 是一个典型的分析结果，所用分析条件如下。

捕集管：Tenax-硅胶-活性炭，温度 35℃；吹扫时间：11min，吹扫气流：氮气，38mL/min；解吸温度：280℃，解吸时间：2min；色谱柱：105m×0.53mm RTX Volatiles 柱，柱温：25℃恒温 10min，然后以 4℃/min 持续升温至 210℃，保持 5min；检测器：ELCD 和 PID。定量方法可采用标准加入法或内标法。

③ 药物中残留溶剂的分析[6]　药品中的残留溶剂是影响药品质量的重要指标，可以

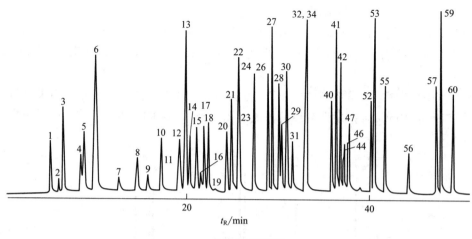

(a) ELCD检测器

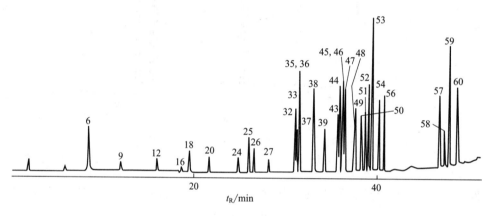

(b) PID检测器

图 3-17　EPA方法 502.2 的典型分析结果

色谱峰：1—二氯二氟甲烷；2—一氯甲烷；3—氯乙烯；4—溴代甲烷；5—氯代乙烷；6—三氯一氟甲烷；7—1,1-二氯乙烯；8—二氯甲烷；9—反-1,2-二氯乙烯；10—1,1-二氯乙烷；11—2,2-二氯丙烷；12—顺-1,2-二氯乙烯；13—氯仿；14—一溴一氯甲烷；15—1,1,1-三氯乙烷；16—1,1-二氯丙烯；17—四氯化碳；18—苯；19—1,2-二氯乙烷；20—三氯乙烯；21—1,2-二氯丙烷；22—一溴二氯甲烷；23—二溴甲烷；24—顺-1,3-二氯丙烯；25—甲苯；26—反-1,3-二氯丙烯；27—1,1,2-三氯乙烷；28—1,3-二氯丙烷；29—四氯乙烯；30—二溴一氯甲烷；31—1,2-二溴乙烷；32—氯苯；33—乙苯；34—1,1,1,2-四氯乙烷；35—间二甲苯；36—对二甲苯；37—邻二甲苯；38—苯乙烯；39—异丙苯；40—溴仿；41—1,1,2,2-四氯乙烷；42—1,2,3-三氯丙烷；43—正丙苯；44—溴苯；45—1,3,5-三甲基苯；46—2-氯甲苯；47—4-氯甲苯；48—叔丁苯；49—1,2,4-三甲基苯；50—仲丁苯；51—对异丙基甲苯；52—1,3-二氯苯；53—1,4-二氯苯；54—正丁苯；55—1,2-二氯苯；56—1,2-二溴-3-氯-丙烷；57—1,2,4-三氯苯；58—六氯丁二烯；59—萘；60—1,2,3-三氯苯

用萃取方法处理药品，然后用 GC 分析。如果用顶空方法，可简化样品处理，加快分析速度。图 3-18 为 100mg 的药物加热到 75℃ 的吹扫-捕集分析典型色谱图，其中有氯仿等多种残留溶剂。采用标准加入法或内标法可对有关溶剂进行定量分析。分析条件如下：色谱

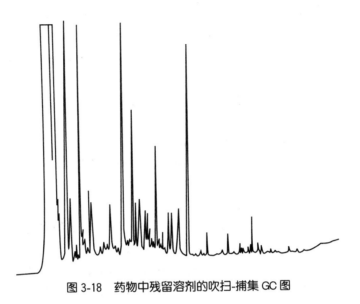

图 3-18 药物中残留溶剂的吹扫-捕集 GC 图

柱用 30m×0.53mm SE-54 毛细管柱，40℃恒温 2min，然后以 8℃/min 程序升温至 125℃；FID 检测；捕集管填料为 Tenax。

④ 食品的气味分析　食品的气味是由挥发性有机物决定的，而这些挥发物很适合于用顶空 GC 分析。可用静态顶空技术，也可用吹扫-捕集方法。在动态顶空分析中，食品样品被置于吹扫-捕集装置的加热室中恒定在某一温度下，与此同时，用氦气吹扫样品。捕集管中填充有 Tenax，用以在室温下捕集吹扫出来的挥发性有机物。吹扫 10min 左右之后，再将捕集管接在氦气气路中吹扫一定的时间，以除去其中的水。最后通过热解吸将样品导入 GC 进行分离分析。由于这些挥发物蒸气压很高，故为减小进入色谱柱的初始样品谱带，可以采用冷冻聚焦方法[7]。

3.1.4　热解吸进样技术及操作

严格地讲，热解吸进样不属于顶空分析，但在仪器方面却与动态顶空有相似之处。即热解吸进样原理与吹扫-捕集技术中的进样原理是一样的，这里作一简单介绍。

（1）热解吸进样技术简介

从仪器方面讲，热解吸是将固体样品或吸附有待测物的捕集管置于热解吸装置中。该装置与 GC 直接连接，载气通过热解吸装置进入 GC。当热解吸装置快速升高温度时，挥发性组分从固体样品或吸附剂中释放出来，随载气进入 GC 进行分离分析。可见，热解吸进样可以被看作吹扫-捕集进样的一部分。

热解吸装置可以是一个独立的热解吸器，也可以用吹扫-捕集进样器的捕集管加热装置。在后一种情况下，热解吸进样就是吹扫-捕集进样的一种特例。热解吸装置还可用直接装在 GC 进样口的热裂解装置（见下一节），此时它又可作为裂解进样技术的一个特例。

热解吸进样的操作参数主要是解吸温度、解吸时间、载气流速等。解吸温度要求严格控制升温速率和最终温度。升温速率越快、最终温度越高，解吸速度就越快，进入色谱柱

的初始样品谱带就越窄。当然，温度上限要受固体样品或吸附剂热稳定性的限制，比如，很多高分子吸附剂在300℃以上会不同程度地分解。所以，常用的解吸温度在250℃左右。

解吸时间主要取决于待测物与样品基质的作用大小，以及样品颗粒的大小。解吸过程往往是较慢的，需要较长的时间，一般为10s左右。太长的解吸时间会导致初始谱带宽度大大加宽，不利于分离。如果此种情况发生，则需要采用冷冻聚焦等技术来提高分离效率。

解吸过程中载气流速越快，越有利于解吸。但受色谱柱的限制，一般为30mL/min左右。故用毛细管柱时，应采用分流进样模式。这与顶空进样时操作条件的选择是一样的。

（2）热解吸进样技术的应用

这里我们主要讨论大气有机污染物的分析问题。随着经济的发展，大气污染越来越为人们所关注。这包括室外环境大气污染和室内工作场所的空气污染，在某些情况（如化学实验室）下，后者更为重要。目前常用的气体取样方式是用一个吸附管，其中装有一定量的有机吸附剂（与吹扫-捕集技术中类似，多用活性炭、Tenax和硅胶，或三者的混合物）。取样时，该吸附管接在一个经流量校正的真空泵上，当一定体积（几十到几千毫升）的大气在真空泵的作用下通过吸附管时，有机物就被"捕集"在吸附管中。然后密封吸附管（必要时在低温下保存），送到分析实验室进行GC或/和GC-MS分析。

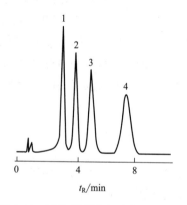

图 3-19　工作场所大气中微量氰化物的热解吸进样 GC 分析结果

色谱峰：1—丙烯腈；2—乙腈；3—丙腈；4—丁腈

当然，我们可以用溶剂将吸附管中的有机物洗脱下来，再经浓缩后进行 GC 分析。但这样做一是费时，二是有可能造成样品损失。比较理想的选择就是热解吸进样。只要将吸附管置于热解吸装置中，就可快速分析大气中的污染物。图 3-19 就是这样一个应用实例，是测定某化工厂空气中氰化物的色谱图，其取样方法为：

取 150mm×3mm 的 U 形不锈钢管，分别用10%的氢氧化钠和盐酸（1:1）溶液处理，用蒸馏水冲洗至中性，再用甲醇冲洗 5 次，用氮气吹干。用丙酮将 Chromosorb 102 浸泡半小时，过滤后用丙酮冲洗 3 次，待丙酮挥发干后，装入上述不锈钢管，两端用玻璃毛塞好。这就是用于取样的捕集管。

将捕集管在 240℃下通氮气（30mL/min）活化10h，然后接在经流量校正的真空泵上取样。待设定体积的空气通过捕集管后，取下捕集管，密封冷藏，并迅速送到实验室，置于与 GC 连接的热解吸装置中，于 240℃热解吸进样。

色谱条件：10% 2,2′-氧二丙腈/Chromosorb W AW（80～100 目），3m×2mm 不锈钢填充柱，柱温 60℃；FID 检测，120℃；进样口温度 120℃；载气为氮气，25mL/min。从图 3-19 可见，在上述条件下几种氰化物均得到了很好的分离。经用标样测定，四种氰化物的回收率均大于 97%。

3.2 裂解气相色谱技术及其操作[8]

3.2.1 概述

3.2.1.1 应用裂解和分析裂解

裂解指的是只通过热能将一种物质变为另外一种或几种物质的化学过程。裂解的结果往往是分子量的降低，但也可能通过各种分子间的二次反应使分子量增加（如某些交联反应）。裂解也有人称之为热裂解或热解。

裂解作为一种分析技术是非常古老的，人类很早就知道烤过的食物比未烤的好吃，这是因为食物在烧烤过程中发生裂解而生成了具有芳香气味的挥发性小分子化合物。现在通常将裂解技术分为应用裂解和分析裂解，前者指以获得裂解产物为目的的大规模生产过程，如石化生产中重油组分的裂解。后者则是指小规模的分析方法，即对微量（微克至毫克级）样品进行裂解，通过对其裂解产物进行各种分离分析来表征原样品。应用裂解和分析裂解是密切相关的两个方面，后者常常是研究前者的有用方法。不过，二者在规模和加热方式上有显著的不同，尽管从理论上讲二者的化学反应过程是很相近的，但并不总是能找到严格的对应关系。

分析裂解方法有多种，可分为化学方法和仪器方法，前者是用经典的化学方法来分析裂解产物，现在应用很少；后者是用现代仪器方法对裂解产物进行定性定量分析，主要有裂解气相色谱（Py-GC）和裂解质谱（Py-MS）。此外，裂解红外光谱（Py-FTIR）、裂解液相色谱（Py-HPLC）、裂解荧光光谱（Py-FL）和热失重-红外光谱联用（TG-FTIR）也是有效的分析裂解方法。

3.2.1.2 裂解气相色谱的发展

历史上出现的第一种采用仪器分析的分析裂解方法是20世纪50年代报道的Py-MS，但是，由于裂解产物一般为复杂的混合物，未经任何分离直接用MS分析时谱图往往很复杂，给准确的定性定量分析造成了困难。1952年GC的出现为分析裂解带来了有效的分离方法，很快就有人将GC用于裂解产物的分离分析，但这时只是所谓"脱机"分析。裂解与气相色谱的联机分析（即Py-GC）是1959年报道的，此后Py-GC获得了迅速的发展。除最初使用的管式炉裂解器外，又相继出现了热丝裂解器、居里点裂解器、激光裂解器和微型炉裂解器。色谱柱也由填充柱发展到分离能力更高的毛细管柱。在应用方面，Py-GC最早主要是用于聚合物的分析，后来其应用越来越广，从地球化学到微生物学、从法庭科学到环境保护、从医药分析到考古学，Py-GC都有成功的应用。多功能裂解器、自动进样裂解器、多维色谱、浓缩技术等应用于Py-GC，特别是计算机技术的发展，大大提高了分析的自动化程度和数据处理的效率。Py-GC-MS、Py-GC-FTIR、Py-GC-MS/MS等新技术以及数据库的建立也取得了很大的进展，Py-GC正在科学研究和工农业生产的各个方面发挥着重要的作用。

3.2.1.3 裂解气相色谱的特点

Py-GC是裂解和GC技术的有机结合，故具有二者的优点：

① 分析灵敏度高，样品用量少　采用 GC 的检测器可获得很高的检测灵敏度，样品用量可达微克至毫克量级，若用液体样品，进样量可达 $0.1\sim1\mu L$。这对样品量很少的分析（如司法检验）是极为有利的。

② 分离效率高，定量精度高　因为采用了 GC 分离，特别是用毛细管柱后，大量的裂解产物可以得到较好的分离，所以分析精度也相应地得到了提高。这样就可准确分析微量的裂解产物，使谱图的解析和研究结果更为可靠。

③ 分析速度快，信息量大　Py-GC 的典型分析周期为半小时，裂解产物很复杂时，一小时也够了。这远比化学分析方法快得多。根据实验结果，不仅能够对裂解产物进行定性定量分析，而且能研究样品的结构、裂解机理、热稳定性及反应动力学。

④ 适用于各种样品，预处理简单　无论是黏稠液体、粉末、薄膜、纤维及弹性体，还是固化的树脂、涂料及硫化橡胶，均可直接进样分析，一般不需要复杂的预处理。样品中的无机填料和少量有机添加剂也不会干扰实验结果。

⑤ 设备简单，投资少　将适当的裂解器连接到 GC 仪器上就可进行 Py-GC 分析，而一台普通裂解器的成本仅为 GC 仪器的 15% 左右。裂解器的操作和维护也相对简单，因此，常规 GC 实验室很容易开展 Py-GC 的应用。

当然，Py-GC 也有其局限性，这主要有：第一，由于受 GC 分离特点的限制，从色谱柱流出的只能是热稳定的、分子量有限的化合物，故不易检测到不稳定的中间体和难挥发的裂解产物。这对研究裂解机理是有影响的。Py-MS 可在一定程度上弥补 Py-GC 这一不足，也可用 Py-HPLC 以检测分子量大的裂解产物。第二，裂解产物的定性鉴定比较费时。虽然各种联用仪器分析如 Py-GC-MS 和 Py-GC-FTIR 在这方面有很好的作用，但往往还需要其他辅助定性方法才能得到可靠的鉴定结果。第三，裂解是一个复杂的化学过程，很多因素会影响实验结果，这样，要获得良好的重复性就需要严格控制实验条件，就目前的情况而言，重复性尚能令人满意，但实验室间的重现性仍然存在一些问题。

3.2.2　裂解气相色谱原理

3.2.2.1　Py-GC 分析流程

在特定的环境气氛、温度和压力条件下，高分子以及各种有机物的裂解过程都按照一定的规律进行。也就是说，特定的样品有其特定的裂解行为，如裂解产物及其分布。这就是 Py-GC 的基础。其分析流程是：将待测样品置于裂解装置内，在严格控制的条件下加热使之迅速裂解成可挥发的小分子产物，然后将裂解产物有效地转移到色谱柱直接进行分离分析。通过产物的定性定量分析，及其与裂解温度、裂解时间等操作条件的关系，可以研究裂解产物与原样品的组成、结构和物化性质的关系，以及裂解机理和反应动力学。由此可见，Py-GC 是一种破坏性分析方法。从这个意义上讲，Py-GC 与热分析方法有相似之处。

图 3-20 是 Py-GC 的分析流程示意图。Py-GC 分析系统主要由三部分组成，一是裂解装置，二是色谱仪，三是控

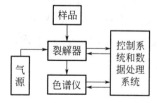

图 3-20　Py-GC 分析流程示意图

制和数据处理系统。前面章节已对 GC 仪器作了详细讨论，3.2.5 节和 3.2.6 节将介绍裂解装置和有关实验技术。

3.2.2.2 聚合物的裂解机理简介

高分子的链结构，包括不同的键接方式、几何异构、立体规整性、支化结构和共聚物的序列分布等，均与其裂解反应产物及其分布有密切的关系。虽然高分子的结构千差万别，但在一定的条件下裂解时，都遵循某些反应规律。这就是用 Py-GC 研究高分子结构的依据。因此，了解高分子的裂解或热降解规律，从而预测研究对象发生的裂解反应和裂解产物，对于设计实验、选择实验条件和解析结果都是必不可少的。

① 无规主链断裂　简称无规断裂。裂解时主链无规则地断裂，产生各种不同分子量的碎片。这类降解的特点是从反应开始分子量就迅速下降，但只有在裂解反应持续一定时间后，才出现挥发性小分子。在这种反应中，单体产率往往很低。聚乙烯的裂解就是按照无规断裂机理进行的，杂链高分子在高温下大都发生此类反应。

② 解聚断裂　形象地称为拉链断裂。链引发之后，从高分子末端开始经过 β-断裂，依次迅速生成单体，就像拉开拉链一样。此类反应是聚合反应的逆过程，其特点是裂解产物大部分为单体，理想情况下单体是唯一的产物。分子链叔碳原子上无氢原子键接时，大都发生这种降解反应。如聚甲基丙烯酸甲酯（PMMA）、聚四氟乙烯（PTFE）、聚 α-甲基苯乙烯的裂解就是典型的解聚反应。聚苯乙烯（PS）、聚丁二烯（PBD）、聚异戊二烯（PI）也有此类反应发生。在 Py-GC 应用中，常根据解聚断裂产生的单体来鉴定不同的聚合物。

③ 侧基断裂　也称非链断裂。当大分子链上有侧基存在时，侧基往往首先断裂，发生消除反应而生成小分子化合物，主链则形成多烯结构。这类反应几乎没有单体生成。如聚氯乙烯（PVC）裂解时，首先消除 HCl，主链变成共轭双烯链，再经环化反应断裂生成苯等化合物，并且常常伴随有交联反应。反式聚甲基丙烯酸丁酯裂解时则是首先消除异丁烯，主链变成聚丙烯酸。聚乙酸乙烯酯裂解时也是首先发生侧基断裂反应。

④ 碳化反应　这类反应很难有一个明确的定义，但却是常常发生的。它可能包括交联、消除侧基后形成多烯、环化、脱氢芳构化等反应。通常形成乙酸、甲酸、丙酮、甲醇、甲烷、乙烯、水和二氧化碳。关于这些反应的机理目前尚不清楚，反应中间体往往难以鉴定。不过，一般碳化反应会伴随某些无规断裂发生。

在高分子降解理论方面目前应用较多的是自由基链反应理论，该理论可很好地解释无规断裂和解聚断裂，以及二者同时发生的裂解过程。限于篇幅我们不在此详细讨论，有兴趣的读者可参看有关专著。表 3-10 给出了常见聚合物的裂解机理。

表 3-10　常见聚合物的裂解机理

聚合物	主要裂解机理
烃类高分子	
聚乙烯(PE)	无规断裂
聚丙烯(PP)	解聚断裂、无规断裂
聚丁二烯(PBD)	解聚断裂、无规断裂
聚苯乙烯(PS)	解聚断裂、无规断裂
聚氯乙烯(PVC)	侧基断裂
聚乙酸乙烯酯(PVAc)	侧基断裂

聚合物	主要裂解机理
聚四氟乙烯(PTFE)	解聚断裂
聚甲基丙烯酸甲酯(PMMA)	解聚断裂
聚 α-甲基苯乙烯	解聚断裂
聚异戊二烯(PI)	解聚断裂
聚乙烯醇(PVA)	解聚断裂、无规断裂、侧基断裂
杂链高分子	
聚酰胺(PA)	无规断裂、解聚断裂
聚酯	无规断裂、解聚断裂
聚苯醚(PPO)	无规断裂、解聚断裂
聚砜	无规断裂、解聚断裂
尼龙	解聚断裂、无规断裂
共聚物	
乙烯-丙烯共聚物	无规断裂
甲基丙烯酸甲酯-α-甲基苯乙烯共聚物	解聚断裂
四氟乙烯-六氟丙烯共聚物	解聚断裂

3.2.3　裂解条件及其优化

如前所述，裂解反应是一个十分复杂的过程，实验条件的控制直接影响到 Py-GC 的重现性，特别是实验室间的重现性，故要很好地优化。

3.2.3.1　样品的处理

（1）样品的代表性

保证样品的代表性和均一性是获得可靠结果所必需的，除非在研究样品的非均一性时，有意识地从不同部位取样。若样品由天然或合成高分子组成，不同部位的化学组成可能很不一致。要想获得可靠而重现的实验结果，就要保证裂解的样品能代表所分析的样品。对于可溶性样品，可选择适当的溶剂以形成均相溶液，然后取部分溶液裂解（可在裂解前除去溶剂），代表性的问题就解决了；如果样品没有合适的溶剂，就要对样品进行研磨、粉碎、混合，以制得具有代表性的裂解样品。需要指出，在样品制备过程中要防止杂质污染样品，还要避免样品降解。

（2）样品的形态

裂解时样品内部的热传导与样品的几何形态直接相关，薄膜或粉末样品容易与加热元件形成良好接触，故有较好的传热效果。对于能溶解于常见溶剂如丙酮、氯仿的样品，可通过制备已知浓度的样品溶液来沉积成薄膜。也可将一定量的样品溶液直接转移到裂解器的加热元件上，待溶剂挥发后，形成均匀的样品薄膜。

然而，常有不能溶解的裂解样品，或者是组成太复杂而不能完全溶解的样品。在此情况下，必须采取其他措施，以保证样品形态不影响实验的重现性。如果样品是纯的聚合物，或者是有明确熔点的物质，可将一定量的样品置于裂解器的加热元件上，经预热使其熔化而形成薄膜。此时的预热一定要小心，避免造成样品的降解。

对于不能通过溶解或熔化形成薄膜的样品，或者所用裂解器不能沉积样品（如微型炉裂解器，见下文），或者在石英管（或样品不与加热元件直接接触的其他样品池）内进行裂解，样品的形态就更为重要。因此，一定要保证每次裂解的样品在形状和大小上严格一致，方可获得重现的分析结果。

（3）样品的洁净

在实验结果不能重现时，最常见的原因可能是样品被污染。因为裂解用样品量很小，故轻微的污染就可影响裂解结果。色谱图上污染物的峰在多次进样中可能变化较大，会使人误认为样品的裂解是无规律的。所以，用来处理样品的工具要保证干净，还要避免用手接触样品和仪器有关部件，以防止污染样品。

（4）样品用量

要获得重现的实验结果，样品应当在尽可能短的时间内裂解，以尽量避免二次反应的发生。由于样品裂解的速度取决于通过样品的热传导，故样品量越小，样品与裂解器加热元件的接触越好，样品内的温度梯度就越小，越有利于获得重现的结果。对于大部分商品裂解器，$5\sim50\mu g$ 的样品量较为合适。样品量越大，越容易发生二次反应。同时还要注意样品的厚度要小于 0.1mm。研究反应动力学时，样品量和厚度应更小一些（样品量小于 $10\mu g$，厚度小于 $1\mu m$）；对于药物、微生物和生物大分子的裂解，样品量可稍大一些（1mg 左右）。

3.2.3.2 裂解条件

（1）裂解器

裂解器是完成裂解反应的装置，它可控制样品裂解的温度和时间，因此，裂解器的性能对结果的影响是不言而喻的。我们将在稍后介绍裂解器的性能指标，这里仅就裂解器的选择作简单讨论。

目前商品化的四类裂解器为热丝（带）裂解器、居里点裂解器、管式炉（包括微型炉）裂解器和激光裂解器。这些裂解器各有其优缺点（见下文），选择裂解器首先要根据研究的目的和样品的性质，其次是实验室现有条件。当涉及样品的降解机理时，必须考虑加热元件对样品的催化作用。热丝（带）裂解器和微型炉裂解器的样品负载元件多由铂制成，居里点裂解器则由铁、镍、钴的合金材料制成。裂解室（裂解时样品负载元件置于其中）多由内衬玻璃或石英的不锈钢制成。样品在这些加热的金属表面可能受到催化作用，或发生二次反应，从而造成分析结果的误差。尤其当研究生物大分子的裂解，或者是其他能产生强极性、热不稳定裂解产物的样品时，更应考虑这一点。这时就应选择那些有玻璃和石英内衬的裂解器，或者用石英样品管将样品与金属隔开。

（2）裂解温度

裂解温度一般是指裂解器的设定温度，而裂解时样品实际达到的温度常被称为平衡温度，后者低于或等于前者。合适的裂解温度应当使样品的裂解过程以初级反应为主。温度过高，样品裂解的初级反应加剧，二次反应大为增加。温度过低，样品裂解不完全。对于大多数样品，合适的裂解温度在 $400\sim800℃$ 之间。如合成高分子样品多采用 $600℃$ 左右的裂解温度，微生物和生物大分子样品多采用 $500\sim1000℃$，而药物分析的裂解温度则为 $350\sim600℃$。当然，实际选择时还应考虑具体的样品性质、形态、样品量以及裂解时间、升温速率等因素。

（3）裂解时间和升温速率

裂解时间是指样品开始升温到裂解完成所用时间。原则上讲，裂解时间越短，二次反

143

应越少，对分析越有利。但必须保证在此时间内样品达到设定裂解温度且裂解基本完全。对于升温速率可调的裂解器，升温速率慢时，裂解时间应相应长一些。一般情况下，采用最高升温速率（如20℃/ms），裂解时间为10s左右。对于采用程序升温裂解的研究则另当别论。有些裂解器，如管式炉裂解器，其升温速率是不可调的，这时可依据裂解器的TRT（从加热开始到设定温度所需时间）来设定裂解时间。原则是裂解时间要大于TRT，最终裂解条件的确定要通过实验来优化。

（4）裂解室温度（即样品的初始温度）

对于管式炉裂解器（连续式裂解器）这一温度常常等于室温，而对于热丝（带）和居里点裂解器（脉冲式裂解器），该温度是可以控制的。图3-21所示为上述两类裂解器的温度-时间曲线，可见二者是很不同的。图3-21(a)设定裂解室温度为250℃，裂解温度600℃。样品进入裂解室（时间为0）后，其温度先由室温升至250℃，裂解时快速升温至600℃，裂解结束后降温至250℃。图3-21(b)中裂解温度同样为600℃，但裂解开始前样品处于室温，裂解时样品才进入裂解室，快速升温至600℃，此后，直到将样品取出裂解室，样品温度一直维持在600℃。

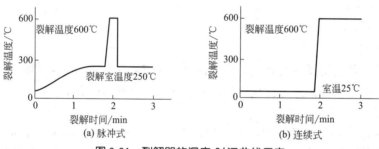

图 3-21　裂解器的温度-时间曲线示意

裂解室温度太低，会使裂解产生的高沸点产物冷凝在内壁而失去有用的信息。反之，裂解室温度太高，可能使样品在裂解前就发生挥发或部分裂解，还可能使高沸点产物进入色谱柱后冷凝（如果色谱柱温度不是很高）。使用连续式裂解器就不存在这个问题。另外，如果样品在裂解前必须除去挥发性成分，如溶剂，那么，使用脉冲式裂解器是有利的，而且很容易实现多阶裂解，即同一个样品可在不同的温度下裂解，以研究每次裂解后残留的样品情况。

（5）裂解器的清洗

前面我们已提到样品负载元件的材料性质可能对裂解有催化作用。同样品的污染一样，负载元件的污染也是影响实验重现性的重要因素。任何类型的裂解器，在每次裂解之后，样品负载元件的表面状态都会有所改变。这是因为碳化物、氮化物或/和金属氧化物残渣会在上述表面形成，而这些活性残留物常常会对其后的裂解起催化作用。所以，为了获得重现的裂解结果，样品负载元件表面应尽可能保持干净，至少应当除去前次裂解的残留物。

清洗样品负载元件的方法主要有三种：一是用溶剂清洗，例如用丙酮、乙醇，甚至某些酸浸泡、清洗，然后烘干。二是用工具清洗，如用小刀刮去表面残留物。三是高温灼烧，例如在裂解器的最高温度下灼烧，或者将样品负载元件置于酒精灯或酒精喷灯上灼烧，以除去污染物。以上三种方法可以视具体情况而结合使用。此外，裂解室内壁也应注意清除污染物。

3.2.3.3 色谱条件

（1）裂解产物的转移

样品裂解后，其产物必须由载气迅速带入色谱柱进行分离。能否将所有裂解产物都转移到色谱柱将影响 Py-GC 结果的可靠性。无论裂解器是直接装在色谱仪进样口还是通过一段管路相连接，在裂解器和色谱仪之间都可能有一个低温区，由于其温度低于裂解室，高沸点裂解产物有可能在此部分或全部冷凝，导致信息的丢失。解决这一问题的办法是在连接管外面包一层绝热材料，最好是增加一套加热装置，专门控制连接管的温度。另外，还要注意连接管路漏气影响裂解产物的转移，在实验中要经常检查管路的密封状态，定期更换密封垫，以防操作过程不小心或密封垫多次加热而老化造成的漏气。

（2）载气

Py-GC 对载气的要求：一是化学惰性，不能与裂解产物发生化学反应（氢化裂解除外）；二是热导率大，传热快。在 Py-GC 实验中，载气要将裂解产物从高温区（裂解室）带往低温区（色谱柱）。在此过程中，大量的热能要通过载气快速传导，故载气的热导率对实验结果有很大的影响。如普通 GC 那样，氮气和氦气是 Py-GC 常用的载气，但二者的热导率差别较大。如 100℃ 时，氮气的热导率为 30.56W/(m·K)[7.3×10^{-2}cal/(cm·s·℃)]，氦气为 170.82W/(m·K)[40.8×10^{-2}cal/(cm·s·℃)]，因而对实验结果的影响也是不同的。表 3-11 列出了分别用氮气和氦气作载气（其他实验条件相同）时聚苯乙烯主要裂解产物的重复性数据。由此可见，用氦气作载气要比氮气作载气的重复性好。所以，Py-GC 多用氦气作载气。

表 3-11 不同载气对聚苯乙烯裂解产物产率重复性的影响[9]

载气	苯乙烯		二聚体		三聚体	
	y/%	RSD/%	y/%	RSD/%	y/%	RSD/%
氮气	83.6	1.2	6.6	5.4	9.8	6.5
氦气	85.1	0.38	5.3	2.3	9.6	2.9

（3）色谱柱

由于很多物质的裂解产物是复杂的、沸点范围较宽的混合物，只有用高效的色谱柱才有可能实现完全分离，故毛细管色谱柱应为首选。同时，要求色谱柱的使用温度范围要宽，以适应程序升温操作。就固定液而言，多用 OV-1、SE-54 等非极性或弱极性固定液，对于特殊的样品也可用 PEG-20M 和 OV-17。具体采用何种固定液，要看裂解产物的性质而定，这与本书前面章节所述一致，故不赘述。

Py-GC 所用色谱柱必须有良好的惰性。这有两个含义，一是色谱柱本身材料的惰性好，二是色谱柱不能被污染。

就色谱柱材料而言，弹性石英毛细管柱的惰性一般能满足要求。色谱柱的污染则是一个必须认真考虑的问题。复杂的裂解产物中常含有难挥发的焦油状组分，清除这些组分的办法是定期在高温下重新老化色谱柱，或者用溶剂清洗（只用于交联柱）。即使这样，仍然有一些污染物难以除去，因此有人提出采用保护预柱的办法。具体方法是在毛细管之前

接一段短的填充柱，其所用固定液与分析用毛细管柱相同，这样一些污染物就会被截留在预柱内，只要经常更换预柱填料，就可有效地保护分析用毛细管柱不被污染，同时还能提高整个色谱系统的分离能力。

（4）检测器

Py-GC 实验中裂解产物的产率相差较大，有些重要裂解产物的峰面积可能相差几个数量级，故要求检测器的动态范围宽。FID 能够较好地满足这一要求。事实上 FID 是 Py-GC 中使用最多的检测器，因为它不仅灵敏度高，而且线性范围宽、耐用性好。但 FID 对很多无机气体无响应，如 CO、CO_2、H_2O、氮氧化物等，要检测这些物质就需要 TCD。MSD 和 IRD 也许是最好的 Py-GC 检测器，尤其 MSD 在裂解产物的定性鉴定方面发挥着很重要的作用。

3.2.4 谱图解析与数据处理

对于 Py-GC 来说，谱图解析的任务就是通过对裂解谱图的定性定量分析，以获得尽可能多的信息，并用这些信息对样品进行表征。如根据裂解产物色谱峰的归属确定特征峰以鉴定样品，或者研究样品的裂解行为；根据图上色谱峰的峰高或峰面积来计算裂解产物的分布，从而研究样品的组成、结构及其与性能的关系，或者研究裂解机理和反应动力学。由此可见，裂解产物的定性定量分析是谱图解析的基础，所以，我们下面首先讨论 Py-GC 的定性鉴定和定量分析方法，以及基本的数据处理和谱图解析方法。至于对特定样品进行特定目的的谱图解析，将在以后的应用部分中具体介绍。

3.2.4.1 裂解产物的鉴定

裂解产物的鉴定其实与常规 GC 的定性分析是相同的，只不过在 Py-GC 中，当裂解产物很复杂时，采用标准样品对照或保留值对照定性不太现实，因为这样做既费时，分析成本又高。对合成高分子（特别是均聚物）裂解产物的鉴定可以用常规色谱方法。在 Py-GC 的实际应用中，经常使用的定性方法是仪器联用技术，下面简述之。

① Py-GC 和 MS 联用（Py-GC-MS）我们已经知道，GC-MS 是一种强有力的定性分析工具，但当 Py-GC 采用填充柱时，相对大的载气流量与 MS 的高真空要求有矛盾，所以，色谱柱流出物在进入 MS 之前必须除去大部分载气，而且要保持裂解产物的量不能损失太多。为此目的，在 GC 与 MS 的接口处要用一个分离器。一般分离器对扩散系数大的气体更为有效，故 Py-GC-MS 常用氦气作载气。鉴定裂解产物时，往往采用电子轰击（EI）和化学电离（CI）源，有时也采用场解吸等方法。

根据数据处理方式的不同，Py-GC-MS 得到的可能是总离子流色谱图（TIC）或重建离子流色谱图（RIC）。对于前者，应考虑本底问题。如果本底离子流太大，有可能会掩盖某些含量小的裂解产物峰，因此必须扣除本底，以得到更加可靠的谱图解析结果。如果是后者，则基本不存在这一问题。还需要指出，同一化合物在 MS 上的响应值可能与 GC 检测器如 FID 的响应值不同，故不能简单地按照峰的相对大小来推断 FID 色谱图上峰的归属。

近年来，串联 MS 也已用于 Py-GC 分析，形成了强有力的 Py-GC-MS/MS 系统。当裂解产物十分复杂时，即使用高效毛细管柱也不能实现完全分离，这时仅用 Py-GC-MS 很难确证每一种裂解产物的结构。例如人的头发的分析在司法检验和临床诊断上有重要意义，有人先用 Py-GC-MS 分析人发的裂解产物，但有些产物无法确证。后来采用 Py-GC-MS/MS 技术，获得了较好的结果。

② Py-GC 与傅里叶红外光谱（FTIR）联用（Py-GC-FTIR） FTIR 在有机化合物的结构鉴定方面有极为重要的作用。Py-GC-FTIR 虽然不像 Py-GC-MS 那样使用普遍，但由于 FTIR 可提供分子结构信息，特别是近年来 FTIR 技术的发展，灵敏度大为提高，Py-GC-FTIR 已越来越多地用于分析裂解。尽管这一技术的检测灵敏度和定量精度还不及 Py-GC-MS，但可作为 Py-GC-MS 的有效补充。

GC-FTIR 已有商品化仪器，在 GC 和 FTIR 之间用一个未涂固定液的空石英管作为接口，置于一个加热保温套中。根据样品裂解产物情况控制接口的温度，以防止高沸点裂解产物的冷凝。通常接口的温度应高于或等于色谱柱最高操作温度，而低于 FTIR 的光管温度，这样可保证光管不被污染。由于目前光管的使用温度一般不超过 300℃，因此限制了它在高沸点裂解产物鉴定上的应用。

③ 其他仪器方法 除了上述联用方法外，还可将裂解产物收集起来，然后用紫外光谱（UV）和核磁共振（NMR）技术鉴定。也可用化学方法鉴定，当然，操作要复杂一些。

综上所述，裂解产物的鉴定有多种方法，实际应用中往往是用两种或多种方法互相配合才能确认色谱峰的归属。这与普通 GC 的定性道理是一样的。

3.2.4.2 裂解产物的定量分析

在 Py-GC 发展早期，由于使用各种各样实验室自制的裂解器，所以同一样品在不同实验室的分析数据常常有很大的偏差。这使得很多人认为 Py-GC 的定量分析是不可靠的。经过几十年的发展，现在 Py-GC 的分析重现性已得到很大的改善，定量分析的重现性（相对标准偏差，RSD）可以达到小于 3%。

裂解产物的定量分析是 Py-GC 研究的基本要求，也是解析谱图的原始数据。具体的定量方法与常规 GC 是相同的，即基于峰高或峰面积的归一化法、内标法和外标法。但这些方法用于 Py-GC 时应注意如下几个问题：

① 裂解产物的良好分离是准确定量的前提。这意味着要尽可能好地分离裂解产物，而且色谱峰形要对称。故在裂解产物的定量测定之前必须更仔细地优化色谱分离条件。

② 在定量分析时还必须对实验重复性进行评价。如果误差太大，说明仪器系统的条件未能严格重复。若色谱峰分离良好，那么造成重复性差的原因可能有：a. 样品量太大；b. 样品在裂解器中的位置不重复；c. 裂解器加热特性变化；d. 仪器系统被污染；e. 残留溶剂的影响。这时应逐项检查，找到问题加以解决，直到获得满意的重复性，方可进行可靠的定量分析。

③ 当通过裂解谱图上某一碎片峰的定量来估算样品中某一组分的含量时（如测定共聚物的组成）。所选的特征碎片峰应该是完全分离的和峰形对称的，而且这一碎片还应是通过单分子反应得到的初级反应产物，这样才能保证所测的峰高或峰面积与样品的组成呈线性关系。在这种情况下，更要严格控制裂解条件，抑制二次反应的发生。减少样品量有利于防止二次反应。

④ 正如在常规 GC 中那样，内标法定量的精度是最高的。在裂解样品中定量加入另一种物质，只要其裂解产物不干扰样品的裂解和色谱分离，就可用该裂解产物作为内标

物，从而大大提高定量结果的可靠性。

3.2.4.3　数据处理基本方法

数据处理是 Py-GC 分析的最后一步，也是分析成功的关键性一步。比如做样品鉴定时，在裂解产物较少的情况下，谱图比较简单，仅凭直观就能判断两张谱图是否相同，但在大多数情况下，裂解谱图相当复杂，色谱峰多达几十甚至上百，这时仅靠直观不能解决问题，必须用定量的方法来描述两张谱图的相似程度。一般的数据处理方法与常规 GC 相同。但 Py-GC 还需要一些特殊的数据处理方法，特别是化学计量学的应用，如模式识别、因子分析、多元曲线和相似指数等方法，可以揭示谱图间的微小差异。这些方法往往要借助计算机来实现，限于篇幅，这里仅就最基本的 Py-GC 数据处理方法作一介绍。

（1）保留时间标准化

在 Py-GC 中，由于色谱柱效和操作参数会逐渐有所变化，故同一裂解产物的保留时间不可能在每次分析中都严格重复。因此在计算机进行谱图自动比较时，为保证准确识别相应的色谱峰，就必须设定一个保留时间范围而不是一个特定值。解决这一问题的方法就是保留时间标准化。

所谓保留时间标准化就是选择一些参照色谱峰对裂解产物的保留时间进行校正，这与

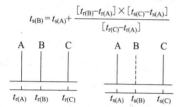

图 3-22　保留时间标准化方法

GC 中的保留指数有相似之处。所不同的是保留指数采用正构烷烃作参照峰，而 Py-GC 的保留值标准化则是选择谱图上的色谱峰作参照。具体方法如图 3-22 所示。其中裂解产物 A 和 C 是选定的参照峰，t_r 和 t_s 分别为组分的原始保留时间和标准化保留时间。

在理想情况下，所选择的参照峰应存在于所有被比较的谱图上，且是完全分离的、峰高值较大的、容易识别的。此外，在所比较的谱图上这些参照峰的相对大小还应大致相同。如果这些条件不能满足，还可以在裂解样品中加入内标物如脂肪酸甲酯或烃类化合物。就参照峰的个数而言，最少需要两个。但对于分析时间长的裂解谱图来说，所选择的参照峰应分布在整个谱图上，文献报道曾有人采用了 7 个参照峰。

（2）响应值归一化

样品量的不同会引起裂解产物色谱峰响应值的明显变化，因此，每一张裂解色谱图都应作归一化处理，以消除样品量的影响。归一化方法一般有两种，一是将谱图上每个峰的峰高或峰面积（用 I_i 表示）表示为总峰高或总峰面积（$\sum I_i$）的分数，即为该色谱峰的归一化值（I_i^n）：

$$I_i^n = I_i \Big/ \sum_{i=1}^{n} I_i$$

二是将每个峰的峰高或峰面积（用 I_i 表示）表示为谱图上最高或峰面积最大的峰（I_B）百分数：

$$I_i'^n = \frac{100 I_i}{I_B} \times 100\%$$

两种归一化值的关系为：

$$I_i^n = I'^n_i I_B \Big/ \sum_{i=1}^{n} I_i$$

对于谱图比较来说，第一种方法给出的结果更为可靠，因为前者可以消除峰高或峰面积波动的影响，而后者仅是相对于一个瞬时测定值的归一化。对于非常相似的样品，有人还提出一种更适合的归一化方法，即假定标准谱图上 7 个指定参照峰的总峰面积（$\sum I_s$）与未知样品相应的色谱峰总峰面积（$\sum I_i^u$）是相当的，故可用下式计算未知样品的色谱峰响应值（峰高或峰面积）的归一化值：

$$I_i^n = I_i \sum_{i=1}^{7} I_{si} \Big/ \sum_{i=1}^{7} I_i^u$$

（3）特征峰的选择

经过归一化的裂解谱图通常包括一组选定的色谱峰，即所谓特征峰。谱图的比较就是比较特征峰，而不是比较所有的峰。在 Py-GC 中，特征峰是指那些同样品的化学组成和结构有着确定对应关系的碎片峰。在进行谱图比较时，应选择那些响应值大的、完全分离的且能重现的色谱峰。对于共聚物的鉴定，只比较三个特征峰就可以了，而在鉴定微生物时则要比较多达 13 个峰。

经过上述数据处理后，便可对裂解谱图进行比较。比较的方法有多种，从简单的峰计数到复杂的模式识别技术，其目的就是描述谱图间的相似程度，从而对未知样品进行分类鉴定。常用的参数有相似系数、相似值、匹配因子、t 检验、多变量预测等。限于篇幅，不再详述。有兴趣的读者可参阅相关文献。

3.2.5 裂解装置和裂解色谱的有关技术

3.2.5.1 裂解器简介

（1）裂解器的特点与分类

裂解器是实现 Py-GC 的必要条件，它一般包括进样系统、裂解室、加热系统、载气气路和控制部分。我们可以将裂解器看作是 GC 的一种特定进样系统，Py-GC 之所以能成为一种应用广泛的技术，裂解器的发展是主要原因之一。

① 裂解反应的控制。当一个样品进行裂解时，首先是从某个或某些化学键的断裂开始，然后根据不同的温度发生不同的化学反应，这样导致了最终裂解产物强烈地依赖于裂解温度。因此。要得到重复的分析结果，必须对裂解反应进行严格的控制，这就是裂解器要完成的主要任务。

裂解反应的控制首先是温度的控制，这包括样品的实际裂解温度以及达到此温度所需的时间。一个理想的裂解器应该在尽可能短的时间内使样品达到设定的裂解温度，并能严格重复这些条件。当然，影响裂解反应的因素是多种多样的，除裂解器的设计外，还有样品的理化性能、进样量、裂解器与色谱仪的连接等。其次，要控制 Py-GC 分析结果的重复性，裂解器还必须保证将裂解产物有效而不失真地转移到色谱柱。下面就具体讨论裂解器的技术指标和分类。

② 裂解器的技术指标。Py-GC 对裂解器的要求一般有下面几项。

a. 能精确控制和测定平衡温度（T_{eq}），且有较宽的调节范围。T_{eq} 直接影响裂解产

物的分布，如聚甲基丙烯酸甲酯（PMMA）的裂解，在较低温度时甲醇是主要产物之一，而在较高温度时，几乎没有甲醇产生。故要求裂解器的温度重复性要好，否则，实验重复性无从谈起。一般来说，随着 T_{eq} 的增加裂解产物中分子量较小且缺乏特征性的组分含量将增加。最常用的 T_{eq} 范围为 300～800℃，裂解器的 T_{eq} 应在室温到 1000℃ 甚至 1500℃ 之间可调，这样就可满足绝大多数 Py-GC 应用的要求。

b. 温升时间（TRT，即从开始升温到达到平衡温度所需的时间）尽可能短，又能严格控制温度-时间曲线的重复性。因为裂解过程中发生的化学反应是非常快的，所以，每次裂解必须能重复样品的加热过程，以保证每次分析样品都在相同的温度范围内裂解。图 3-23 为两种裂解器的温度-时间曲线，其中一种是较为理想的情况，另一种是较差的情况。可见理想的裂解器应当在接通电源的瞬间就能升温至 T_{eq}，这就要求 TRT 尽可能地短，以获得与样品裂解速度可比的升温速率。

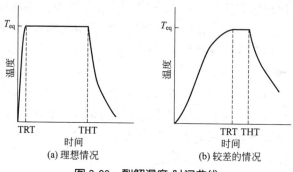

图 3-23　裂解温度-时间曲线

从图 3-23 还可看出，理想的裂解器还应在完成裂解之后能够快速冷却。这一点对于保证实验重复性、减少二次反应也是很重要的。冷却缓慢，或者冷却速率不重复，就会导致样品残留物不同程度的挥发，进而影响实验重复性。解决此问题的一个简单的办法是在裂解器中设计一个载气旁路，在设定裂解时间之后，让载气经过旁路进入色谱仪，从而避免将冷却过程中样品残留物的挥发成分带入色谱柱。

裂解器和色谱仪连接的接口体积应尽量小，以利于减小 Py-GC 系统的死体积、抑制二次反应、提高分离效率。裂解器和进样装置对样品的裂解反应应无催化作用。样品适应性要强，既能适应于各种物理形态的样品，又易于与色谱仪连接。此外，裂解器应操作方便，易于维护。

c. 裂解器的分类。裂解器的分类有两种方法，一是按照加热方式分为电阻加热型〔如热丝（带）裂解器和管式炉裂解器〕、感应加热型（如居里点裂解器）和辐射加热型（如激光裂解器）；二是按照加热机制分为连续式和间歇式裂解器。两种分类方法的关系如下所示：

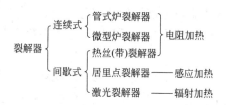

　　表 3-12 归纳了两类裂解器的特点。最常用的连续式裂解器是管式炉裂解器，但由于经典的管式炉裂解器二次反应较为严重，现在已较为少用，取而代之的是微炉裂解器。热丝（带）裂解器则是常用的间歇式裂解器。下文将简要介绍几种最常用的裂解器。

表 3-12　连续式裂解器和间歇式裂解器的比较

技术指标	连续式	间歇式
温升时间 TRT	一般不可调	短且可调
裂解温度	低于炉温	接近平衡温度
恒温降解	难以达到	可实现
热量传递	慢，且样品内部有温度梯度	快
对载气流速的依赖性	高	低
裂解产物转移	慢速且至高温区	快速且至冷区
二次反应概率	高	低
对检测器灵敏度的要求	低	高
进样技术要求	低	高
样品用量	毫克量级	微克量级
重复性	较低	较高

　　（2）热丝（带）裂解器

　　热丝（带）裂解器的原理是电流通过负载样品的电阻丝或带，从而加热样品使之裂解。图 3-24 是典型的 CDS 公司裂解器结构示意图，图 3-25 则是其电原理简图。在此种裂解器中，铂丝（或带）既是加热元件，又是温度传感器。在电路中它是惠斯通电桥的一臂（R_1），室温下其电阻为 0.25Ω，$500℃$ 时为 0.7Ω。R_1 与 R_3 的室温电阻成比例，R_4 为温度系数很低的 0.2Ω 电阻，R_2 控制最终裂解温度，R_3 用来校正 R_2。A_1、A_3 为运算放大器，A_2 为功率放大器，Q_1 和 Q_2 为三极管，A_1 和 A_2 为 Q_1 提供基流，从而控制整个电桥电路的电流。R_6 产生反馈信号，以实现线性控制。定时器可切断 Q_1 的基流以控制裂解时间。Q_2、A_3、D_1、C_1、R_7、$R_9 \sim R_{12}$ 共同组成升温速率控制电流。

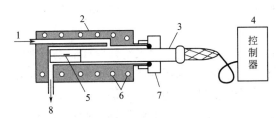

图 3-24　热丝裂解器结构示意图

1—载气入口；2—接口（Interface）；3—裂解探头（Probe）；4—控制器；5—铂带或铂丝线圈＋样品；
6—接口加热丝；7—密封螺母；8—接色谱柱

　　当 $R_1/(R_2+R_3)=R_4/R_5$ 成立时，电桥平衡，电压 $V_1-V_2=0$。操作时调节 R_2（实际上是一个经过校正的温度数字盘）设定平衡温度 T_{eq}。当按下裂解开关时，定时器计时，同时通过 A_1 和 A_2 使 Q_1 导通，于是一个大的电流脉冲（约 24A）通过 R_1 使之迅速加热至 T_{eq}。随着温度升高，R_1 阻值增加，从而导致电桥电压很快降低。反过来这又降低了 A_1 的偏压和 Q_1 的基流。所以，达到 T_{eq} 后，只有小电流通过 R_1，从而使温度保

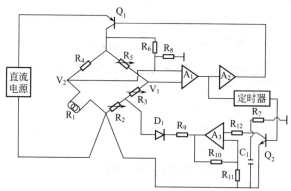

图 3-25   CDS 热丝（带）裂解器的电原理图

持在 T_{eq}，直到定时器在设定裂解时间结束时切断 Q_1 的基流，裂解过程结束。由于 R_1 的热容很小，故可迅速冷却。A_1 上加有一个小的永久偏压，以使其能自行启动。由于采用反馈信号实现线性控制，故裂解时样品的吸热过程并不改变热丝（带）的平衡温度。

基于上述原理，热丝（带）裂解器具有如下优点：TRT 短，带式裂解探头为 10ms（至 600℃），丝式裂解探头为 100～200ms（至 500～800℃）；T_{eq} 的范围宽，一般为室温至 1400℃，而且可连续调节；裂解参数控制精度高，裂解重复性较好；适应性好，可选择丝式或带式探头，以适应不同的样品或研究目的；二次反应少；功能多，除了有瞬时裂解功能外，还有所谓"闪蒸"功能，即先在较低温度（如 270℃）下驱除样品中的溶剂或小分子可挥发物，然后再在高温下对样品进行裂解。此外，还有"清洗"功能，即将裂解探头加热至 1000℃，以除去残留的样品。

热丝（带）裂解器的缺点是：铂丝或铂带可能对某些样品的降解有催化作用；由于使用过程中铂丝或铂带上会逐渐形成碳沉积层，从而影响 T_{eq} 的准确度，故需定期校正；铂丝（带）表面的温度难以精确测定。

使用热丝（带）裂解器时，首先要注意功能的选择。一般用瞬时（pulse）裂解功能，如果样品中有残留溶剂，或者想对样品中的低分子可挥发性成分进行研究，则先用闪蒸（flash）功能。还可采用多阶（multistep）裂解方法，即对同一个样品，先在相对低的温度下进行一次裂解分析，然后再用更高的温度对残留样品进行裂解，这样可获得更多的信息。进行裂解机理和动力学研究时，采用程序裂解更为合适。此外，裂解前后需用清洗功能除去探头上的残留物，以避免对后续实验的干扰。

其次要注意探头的选择。热丝（带）裂解器通常配有两个裂解探头，一是带式探头，适用于可溶性样品，其升温速率快，TRT 短，二次反应少。使用时将样品溶于挥发性溶剂，取适量滴于铂带上，在较低温度（如 200℃）下驱除溶剂后，样品便附着在铂带上，然后进样裂解。有些可熔性样品也可用带式探头，方法是取一定量（微克量级）的样品置于铂带上，在接近样品熔点的温度下加热（注意不能使样品分解），样品便可附着在带上。丝式探头由一个铂丝线圈和一个石英玻璃管组成。进样时将样品置于石英管内，并用石英玻璃毛塞住两端，以固定样品的位置。然后将石英管置于线圈中，便可进样裂解。由于采用石英玻璃管，样品不与铂丝接触，故其 TRT 比带式探头长一些，样品内部有可能形成温度梯度，从而增加了二次反应的概率。因此，应尽可能采用带式探头。当必须用丝式探头时，可以通过减少样品量来抑制二次反应。必要时还可将样品直接置于铂丝上，但这样会造成铂丝的污染，影响实验重复性。

接口温度的控制也是一个应注意的问题。一般来讲，接口（见图 3-24）温度应与 GC 进样口温度一致，二者均应足够高，以保证高沸点裂解产物产生后不会在此冷凝。同时，接口温度较高时，要避免样品一进入接口就裂解。常用的接口温度为 200～250℃。

最后介绍一下裂解温度的校正问题。热丝（带）裂解器在使用过程中，由于探头上碳的沉积以及重复使用，难免会使铂丝或带发生几何变形，这势必会导致平衡温度的变化。因此，为保证实验重复性，必须对探头的平衡温度进行校正。一个简单实用的校正方法是采用一系列已知熔点的标准材料进行实验校正，更简单的方法是用特定的聚合物校正。比如用聚苯乙烯校正带式和丝式探头，在一定的温度范围内，单体苯乙烯的产率与平衡温度成正比。更精确的校正方法是采用所谓"分子温度计"标准方法。该法采用异戊二烯-苯乙烯 ABA 型嵌段共聚物作为模型聚合物，其裂解产物中异戊二烯和二聚戊二烯的峰面积之比 R 与裂解温度呈线性关系。只要将此共聚物在一定温度下裂解就可在校正曲线上读出实际裂解温度（称为等效温度）。

（3）管式炉裂解器

这种裂解器属于连续加热式，样品被置于一个小的铂勺内，裂解室为一长约 10cm、直径约 8mm 的石英玻璃管，由其外围的电炉加热到设定的平衡温度。然后借助推杆将铂勺推到石英管中的固定热区使样品裂解。在此过程中载气不断流，裂解产物随载气进入色谱柱分离。管式炉裂解器的优点是平衡温度连续可调，且易于控制和测定，适合于各种类型的样品，还可采用较大的样品量。缺点是 TRT 较长，升温速率不可调，死体积大，二次反应突出。尤其是做静态裂解时，样品内部温度梯度明显，裂解产物处于热区，二次反应更为严重。因此，传统的管式炉裂解器现在已较少使用。

目前使用较多的是竖式微型炉裂解器，图 3-26 是其结构示意图。它与传统管式炉裂解器的明显不同在于：第一，将卧式改为立式，这样置于铂勺内的样品可借助重力的作用迅速降落至热区，实验重复性大为提高；第二，裂解室改为锥形石英管，大大减小了死体积，增加了载气线流速，从而抑制了二次反应。就原理而言，微型炉裂解器与传统的管式炉裂解器是相同的，当电炉温度达到设定的平衡温度时，按下裂解按钮 A，样品勺夹 B 松开，于是放置样品的铂勺 D 迅速降落至热区。样品裂解后，产物随载气到达石英管 G 的底部，并被快速扫入色谱柱。用 50μg 样品升温至 600℃ 时，其 TRT 约为 0.25s。实验证明，微型炉裂解器的实验重复性比传统的管式炉裂解器提高了四倍。在高分辨 Py-GC 中，微型炉裂解器已成为一种应用广泛的高性能装置。

（4）居里点裂解器

居里点裂解器是利用电磁感应加热的，其原理是当铁磁材料置于高频电源产生的电磁场中时，这些铁磁材料会吸收射频能量而迅速升温，达到居里点时，铁磁质便转变成了顺磁质。此时能量不再被吸收，温度随即稳定在该点上。切断电源后，

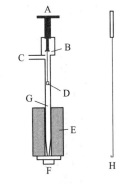

图 3-26　竖式微型炉
裂解器结构示意图

A—裂解按钮；B—样品勺夹；
C—载气入口；D—样品勺；
E—加热块；F—GC 进样口；
G—石英管；H—样品勺勾
（用于从裂解器内取出样品铂勺）

温度下降，铁磁性又恢复。据此，将铁磁材料作为加热元件，负载样品后置于一个严格控制的高频磁场中，便可使样品在居里点下裂解。不同的铁磁质，其居里点不同。居里点裂解器就是通过组成不同的铁磁质合金来调节裂解的。表 3-13 列出了一些铁磁性材料的组成和居里点。

表 3-13　铁磁合金的组成和居里点

组成/%			居里点
Fe	Ni	Co	/℃
0	100	0	360
48	51	1	420
55	45	0	440
52	48	0	480
49	51	0	510
40	60	0	590
30	70	0	610
0	67	33	660
33.3	33.3	33.3	700
100	0	0	770
0	40	60	900
0	60	40	980
0	0	100	1130

在居里点裂解器中，加热元件（即样品载体）的几何形状和高频振荡器的功率直接影响居里点的精度和重复性。一般高频振荡器的频率为 400～600kHz，输出功率为 1.0～1.5kW。TRT 为 10～100ms。需要指出，由于在居里点裂解时铁磁材料不再吸收能量，确切地说是只吸收很少能量，故实际样品的裂解温度要低于平衡温度。此外，铁磁材料在高频线圈中的位置对 TRT 也有影响，而且具有相同居里点但组成不同的铁磁材料，其 TRT 也是不同的。

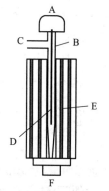

图 3-27　居里点裂解器示意图

A—固定螺母；B—石英玻璃管；
C—载气入口；D—铁磁丝
（或管）+样品；E—高
频线圈；F—GC进样口

目前市售居里点裂解器有手动和自动两种类型，根据铁磁材料的形状可将居里点裂解器分为丝式、管式和片式三种。图 3-27 为前两种的结构示意图（图中未画出控制装置），其中样品涂在铁磁丝上或置于铁磁管中，然后将铁磁材料置于石英玻璃管中，在外加电源产生的高频磁场中迅速加热裂解。平衡温度取决于铁磁丝或管的直径、高频振荡器频率和磁场强度。直径越小，样品裂解温度越接近于居里点，TRT 越短；振荡器功率越高，TRT 也越短。使用丝式居里点裂解器的一个缺点是样品适应性较差，一些不溶或不熔性样品，很难附着在铁磁丝上。使用管式居里点裂解器就能适应各种形态的样品，但由于铁磁管的热容比铁磁丝大，裂解后冷却较慢。所以管式居里点裂解器不及丝式或片式使用广泛。

片式居里点裂解器是把铁磁材料做成很薄的箔片（约 0.05mm 厚，9mm 宽），使用时剪成约 8mm 长的小片，将样品包于其中，然后置于石英玻璃管中裂解。这种裂解器适用于各种形态的样品，同时箔片的热容又小于铁磁管，裂解后冷却较快。但箔片的热容还是大于铁磁丝，故为实现较短的 TRT，必须相应增加高频电场的功率。采用这种裂解器时要控制好样品的厚度，如果包在箔片中的样品太厚，可能在样品内部形成温度梯度，导致二次反应概率增加。

综上所述，居里点裂解器有如下优点：平衡温度精度高，可达±0.1℃，重复性好；TRT 较短，典型的为 30～100ms；铁磁材料的居里点由其组成决定，故在使用过程中无需对平衡温度进行定期校正；进样快速，实验周期短，分析开始前可先在多个样品载体（丝、片或管）上涂或包好样品，然后逐一进行裂解分析；死体积小，二次反应少。

当然，居里点裂解器也有缺点。首先，平衡温度受铁磁材料种类的限制，不能像热丝（带）裂解器那样连续调节，一般只有 15 档不同温度的铁磁材料；其次，居里点裂解器不能像热丝（带）裂解器那样进行多阶裂解，因为改变裂解温度必须更换铁磁材料；最后，由铁、镍和钴组成的铁磁材料没有铂的惰性好，故可能对样品裂解反应有催化作用。如果在铁磁材料表面涂一层金，只要涂层足够薄，就可在不影响居里点的前提下消除催化作用，但却会增加分析成本。此外，每次进样需要更换载体，故铁磁材料组成的微小差异及进样情况的不完全重复都可能引起实验误差。由此可见，使用居里点裂解器时应注意进样的重复性，包括样品的形状和样品量。当用片式居里点裂解器时，每次包样品所用的箔片要大小一致。每次进样之前，最好更换裂解器中的石英管。用过的石英管要仔细清洗，以防石英管中可能积存的样品残渣或冷凝的某些裂解产物对实验重复性产生影响。

（5）激光裂解器

激光裂解器属于电磁辐射加热型，示意图见图 3-28。其原理是来自激光器的激光束经透镜聚焦后，穿过窗片辐照到样品上，样品吸收光能后迅速升温裂解。切断光源后，裂解室很快降至室温，裂解产物则被载气扫入色谱柱进行分离。

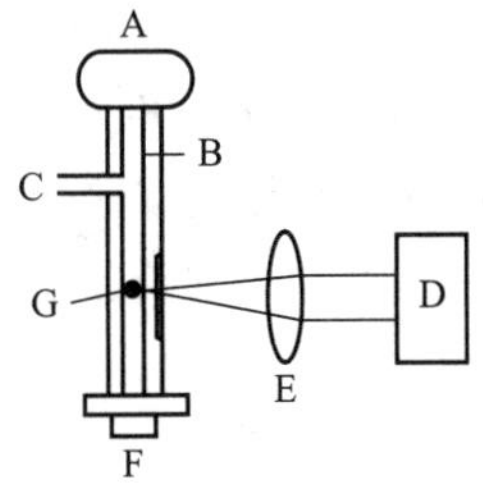

激光裂解器是一种特殊的裂解器，与其他裂解器相比，它有如下优点：样品处理简单，不必将样品研成细粉末，从而避免了样品处理过程中的结构或形态变化；相干光束可以对很小体积的样品进行裂解，故可对样品的某一部位进行研究；采用高能脉冲激光束，TRT 很短，1ms 可以升温至3200℃；样品裂解后，冷却极快；样品的降解反应可以只限于表面，因而裂解产物不必从样品内部向外转移。由于这些特点，激光裂解器在 20 世纪 70 年代早期引起了人们的极大兴趣。但是，它的一些缺点又限制了其应用。首先，采用红宝石或铷固体激光器时，透明或半透明样品不能有效地吸收辐射能。克服这一缺点的办法是在样品中加入石墨或某些金属如镍，还可将样品薄膜附在铷玻璃棒上。显然，这样做是不方便的，而且会导致裂解谱图的复杂化。其次，即使是不透明的样品，也会因颜色不同，吸收辐射能的效率不同而导致裂解反应的差异。再次，因为 TRT 很短，故样品的实际裂解

图 3-28　激光裂解器示意图
A—固定螺母；B—石英管；
C—载气入口；D—激光器；
E—透镜；F—GC 进
样口；G—样品

温度或平衡温度很难精确测定和控制。最后，尽管裂解反应可限于样品表面，但样品内部还是可能形成温度梯度。正因为这样，激光裂解器的发展不及前面所述裂解器的发展快。此外，仪器结构较复杂，成本高也是影响其发展的因素。现在，固体激光裂解器一般应用在有机地球化学中。

为了克服固体激光裂解器的一些缺点，近年来多采用 CO_2 气体激光裂解器。其激光波长为 $9.1\sim11.9nm$，处于近红外范围，因此，半透明或透明的样品也有吸收。但仍存在裂解平衡温度难以测定和控制的问题。

除了上述裂解器以外，历史上还出现过其他一些专门用于气体或可挥发性样品的裂解器。因为其应用很有限，故不再讨论。

3.2.5.2 裂解器的选用和安装

（1）几种主要裂解器的比较

前面我们讨论了四种主要裂解器的原理、结构和优缺点，表 3-14 对此作了总结，可以作为选择裂解器的参考。

有人通过比较不同裂解器的性能发现，对于特定的样品，居里点裂解器可以给出特征性谱图，但这种裂解器容易被污染，且样品附着在铁磁载体上比较困难。若使用传统的管式炉裂解器，则难以获得重复性的结果。实验过程中污染不断增加，从而导致裂解谱图的逐渐变化。对于挥发性有机物来说，气相裂解器可以给出与理论预测一致的裂解产物分布，而热丝（带）裂解器和居里点裂解器则给出不同的结果。在研究聚合物结构表征时，居里点裂解器比管式炉裂解器更为有效，用热丝（带）裂解器也可获得与居里点裂解器相同的结果，但所用裂解温度应低于后者。作为一个典型的例子，表 3-15 列出了聚苯乙烯（PS）在不同裂解器上得到的产物分布。显然，不同的裂解器所得的结果是不同的。虽然不同的样品会有不同的裂解产物分布，但研究证明，样品的性质如分子量对裂解产物分布的影响是很小的。因此，引起产物分布差异的主要原因是裂解器和裂解方法的不同。

表 3-14　四种主要裂解器的比较

裂解器	热丝(带)	居里点	管式炉(微型炉)	激光
样品量/μg	0.1～500	0.1～500	50～5000	约 500
最高温度/℃	1400	1100	1500	10^9
温度调节	不连续	不连续	连续	难控制
TRT	10ms	70ms～2s	0.2s～1min	$10\mu s$
对样品的催化作用	小	大	小	极小
设备成本	中	中	低	高
死体积	小	小	中	中
操作方便程度	高	高	高	低
重复性	好	较好	一般	一般
二次反应	少	少	多	较少
多阶裂解	可以	不能	可以	不能
温度梯度	小	小	大	中

表 3-15 不同裂解器上聚苯乙烯（PS）裂解产物的分布[10] 单位:%

裂解产物	热丝(带)裂解器	居里点裂解器	管式炉裂解器	激光裂解器
乙炔				16.7
1-丁炔				0.4
乙烯基丁炔				0.5
1,3-丁二炔				10.6
1,4-戊二炔				0.3
苯		21		17.0
1,2-二乙炔基乙烯				1.1
甲苯	0.9	13	1.6	2.5
乙苯		2		1.0
苯乙烯	99.0	14	81.7	48.0
α-甲基苯乙烯		24	1.6	
1-苯基-2-甲基-乙烯			0.6	
苄基乙烯		6		
3-苯基-3-甲基-丙烯				0.3
苄基乙炔				1.4
1-苯基-2-苄基-乙烯			0.4	
1,3-二苯基-1-甲基-丙烯			9.4	
1,4-二苯基-1,3-丁二烯			1.0	

（2）裂解器的选择和安装

由上可知，不同的裂解器有不同的特点，所以在选择裂解器时要考虑具体情况，如样品的来源和性质、研究目的、现有仪器装置等等。如果只是在实验室内部研究聚合物的裂解谱图，而不做实验室之间的比较，那么，原则上各种裂解器均可使用，每种裂解器都能为这种实验室内部的比较研究提供有用的信息。如果改变裂解器的类型，以前装置上所得数据就可能失去意义，这是因为同一样品在不同类型的裂解器上往往难以得到完全重现的结果。对于复杂的生物样品来说，裂解谱图的区别往往在于某些裂解碎片产率的不同，因此必须严格控制裂解条件。在 Py-GC 研究中，只有对样品量、样品在裂解器中的负载情况和裂解器的加热特性进行严格控制，方可获得长期的和实验室之间的重现性。当对裂解产物进行定量分析、研究反应机理和反应动力学时，应最大限度地减少二次反应，同时严格控制裂解条件。鉴于此所述，我们推荐首先选择热丝裂解器和大功率居里点裂解器。

管式炉裂解器由于二次反应严重而较少用于聚合物和生物样品的 Py-GC 研究。当然，微型炉裂解器的性能要好得多，在聚合物的表征应用方面获得了很好的结果。尽管如此，热丝（带）裂解器和居里点裂解器的应用还是更为广泛一些，其中热丝（带）裂解器的实用性更强。居里点裂解器由于受铁磁材料种类的限制，裂解温度不能连续调节。在研究裂解机理和动力学以及优化裂解条件时，这一点是很重要的。此外，在分析复杂的混合物时，或者分析无机物基体中的有机成分时，用热丝（带）裂解器还可进行多阶裂解，即对同一样品进行不同温度（由低到高）下的裂解研究。

至于激光裂解器，虽然也可用于聚合物的裂解分析，但由于其裂解温度不易精确控制，故使用较少。它的应用主要在有机地球化学领域。如岩矿中有机物的 Py-GC

分析，采用一般的裂解器所获挥发性产物的产率较低，激光裂解器则可获得较为理想的结果。

在研究挥发性样品的裂解时，多用管式炉裂解器。此外，静态裂解是管式炉裂解器的长处。例如用静态裂解法分析石油馏分就比用热丝（带）裂解器的动态法更为有效。总之，裂解器的选择要根据具体情况，综合考虑。必要时还可改装仪器，以适应特定的目的。

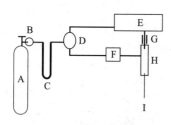

图 3-29　裂解器和色谱仪连接的典型载气气路图

A—载气源；B—减压阀；C—载气净化器；
D—三通阀；E—裂解器；F—GC 载气控制
系统；G—连接管控温装置；
H—GC 进样口；I—接色谱柱

裂解器选定之后，就可将其安装在色谱仪上。现在的商品化裂解器一般都适用于各种 GC 仪器，大都采用一根细不锈钢管通过硅橡胶密封垫或 O 形圈及锁紧螺母将裂解器直接装在色谱仪进样口上。在裂解器和色谱柱之间死体积应尽可能小，否则会降低分离效率。同时要注意裂解器和色谱仪之间连接管的保温问题，以防裂解产物在此处冷凝。图 3-29 所示为裂解器和色谱仪连接的典型载气气路。仪器之前气路上的三通主要是用于保护色谱柱，其中一路载气的流速可用色谱仪固有的气路系统控制。当打开裂解器进样时，通过裂解器的载气被放空，此时，直接进入色谱柱的载气仍能保持一定的流速，不至于因空气扩散进入色谱柱而造成固定液的氧化降解。而当老化色谱柱或者维修裂解器时，也可让载气直接进入色谱柱，而不通过裂解器。

需要强调指出，色谱仪汽化室是构成 Py-GC 系统死体积的一个重要因素，因此必须予以考虑。比较理想的方法是在其中的衬管中装填一些涂有固定液的填料（与填充柱的填料相同，且要注意所用固定液与色谱柱固定液相同，用石英玻璃毛堵塞衬管两端以防止填料被吹入色谱柱）。这样，既大大减少了死体积，又能防止高沸点裂解产物对色谱柱的污染。它还相当于预柱，能起到预分离的作用，而此预柱的温度可以方便地用原仪器的汽化室控制系统控制。

仪器安装好后应检漏，以确保气路系统的密闭性。在进样前，还应对裂解器进行空载加热，以消除本底的影响。然后，就可以用待测样品来选择和优化裂解条件了。下面介绍几种 Py-GC 常用实验技术。

3.2.6　裂解气相色谱的有关技术

Py-GC 以及 Py-MS、Py-FTIR 等分析裂解技术是研究样品的微观结构和热降解机理的有效手段，但对很多复杂样品，如含有增塑剂、抗氧化剂、稳定剂、阻燃剂以及残留溶剂的高分子材料，仅用简单的分析裂解技术往往难以获得理想的结果。这是因为这些样品直接裂解所得产物很复杂，不但增大分离的压力，而且使得谱图解析很困难。因此，常常要在裂解前对样品进行一些物理和化学的预处理，包括溶解、萃取、沉淀和制备色谱分离，以尽量减少杂质的干扰，降低裂解谱图的复杂性。

即使经过预处理的样品，为了获得更多更细致的裂解信息，也还需要有一些有效的 Py-GC 实验技术。接下来我们就介绍几种常用的裂解技术。

3.2.6.1 浓缩技术

Py-GC 常用的样品量为微克量级，如司法检验中碰到的痕量样品，采用分流进样的毛细管 Py-GC 往往难以满足检测灵敏度的要求，尤其是裂解产物中的微量成分。解决这一问题的方法有：采用高灵敏度检测器、加大样品量等。另一种常用方法就是浓缩技术，即先用浓缩装置捕集裂解产物，再将浓缩的产物转移至色谱柱进行分离。可以采用毛细管不分流进样，以提高检测灵敏度。

最简单的浓缩方法是在室温或低于室温的条件下，用 GC 进样口或色谱柱头来捕集样品裂解产生的气体产物。经过一定时间后再升温使产物解吸附，而后进行分离。这样就可以减小色谱柱的初始谱带宽度，一般可以提高检测灵敏度一至两个数量级。专用浓缩器常用固体吸附剂，比如活性炭或分子筛等，来捕集裂解产物。然后用热解吸方法将裂解产物转移到色谱柱，这与前面介绍的热解吸进样以及吹扫-捕集进样在原理上是一样的。另一种浓缩方法是采用冷冻聚焦技术，这与冷柱上进样用的冷冻聚集技术完全一致，故不再赘述。

3.2.6.2 闪蒸技术

所谓"闪蒸"是指样品在裂解前先用较低温度（低于样品的分解温度）对样品快速加热，将样品中的挥发性成分蒸发出来，得到闪蒸色谱图。然后再升高温度对样品进行裂解，以得到 Py-GC 结果。这一技术可获得样品中挥发性成分的重要信息，在定性分析中非常有用，常用于聚合物材料中残留溶剂和单体的分析，以及中草药中挥发性成分的鉴定。

把闪蒸技术和浓缩技术结合起来就是所谓顶空裂解方法，也可分为动态顶空裂解和静态顶空裂解。顶空分析的概念与前两节相同，只是在 Py-GC 中闪蒸温度往往较高，目的是将固体样品中的可挥发成分尽可能解吸出来。静态顶空 Py-GC 常用毫克级样品，在一定温度下加热一段时间使样品达到气固平衡，然后通过进样阀将一定体积的气体引入色谱仪进行分离。动态顶空 Py-GC 则常用微克级样品，在设定温度下加热。与此同时，载气以一定流速通过样品将闪蒸出来的挥发性成分带入一个捕集装置进行浓缩。经过一段时间后再用热解吸的方法把浓缩装置捕集的挥发性成分转移到色谱柱。可见，动态顶空 Py-GC 还可以作为样品预处理方法使用。相比之下，动态顶空 Py-GC 的分析灵敏度比静态顶空 Py-GC 高，样品用量也少，故实际应用更为广泛。

3.2.6.3 程序升温裂解和多阶裂解技术

程序升温裂解是指裂解温度和时间随分析时间变化的程序控制下，对样品进行裂解。分析普通 Py-GC 为了避免二次反应的发生，一般需要快速升温，实现瞬间裂解。但有时我们需要研究样品在缓慢升温条件下的裂解行为，这就需要程序升温裂解技术。由于这项技术可以获得裂解产物的种类和含量随时间和温度变化的曲线，故又称为时间分辨 Py-GC 和温度分辨 Py-GC。

目前市售程序裂解器的升温速率可在 $1\sim20000℃/s$ 之间调节，最高温度可达 1000℃ 或更高，可模拟热重分析进行裂解动力学研究。此时与 GC 的连接需要用气体进样阀，以便每隔一定时间将样品的裂解产物转移至色谱柱，分离检测后得到时间/温度分辨 Py-GC 图。还可采用浓缩技术提高分析灵敏度。

如果裂解器没有程序裂解功能，我们可以采用多阶裂解技术进行裂解行为的研究。即对同一个样品，依次在不同的温度（由低到高）和时间条件下进行 Py-GC 实验，得到前一个温度裂解后样品残留物的裂解行为数据。这需要用热丝（带）裂解器，因为管式炉裂解器在样品第一次裂解后，对残留物欲在另一个温度下再裂解，需要停止实验，取出样品后再升高温度，这使实验过程变得复杂。而居里点裂解器若用另一个温度对样品残留物进行裂解，就需要更换包裹或容纳样品的铁磁材料，而且温度设置还受到铁磁材料种类的限制，实验重现性也相对降低。另外，多阶裂解技术也可结合浓缩技术实现较低裂解温度下裂解产物的有效检测。

分析裂解技术的一个典型应用是石油勘探中对油页岩和油母岩的成油潜力分析。一般的分析步骤是：岩石样品先在 275℃ 进行闪蒸分析，得到可挥发物的色谱图；然后以 60℃/min 的速率升温至 1000℃ 进行裂解分析。这也称为多步裂解方法，为有机地球化学家提供了重要的信息。

3.2.6.4 反应裂解技术

普通 GC 分析中常用衍生化技术，Py-GC 亦然。为了扩大应用范围，或为了检测裂解产物的强极性成分，或为了简化谱图以实现更方便的定性和定量分析，各种反应技术的应用也是 Py-GC 的一个重要实验方法。按反应和裂解进行的顺序可以分为裂解前反应、裂解时反应和裂解后反应，按反应的场所还有在线反应和离线反应之分。前者多指将样品和反应试剂一起引入裂解器，裂解时产物与试剂在高温下发生化学反应。后者多是样品裂解前加入试剂发生反应，使不易裂解的样品转化成易裂解的样品，或者是样品中某些成分发生转化，这实际上是衍生化 GC 中的样品预处理方法。

裂解前反应的一个例子是聚丙烯酸的鉴定。在分析前先用甲基化试剂对聚丙烯酸进行酯化，然后再进行 Py-GC 分析。通过鉴定裂解产物中醇和酯的结构来确定聚丙烯酸的黏合剂类型。裂解时反应的主要目的是改变裂解产物的结构，以利于 GC 分离。比如，芳香聚酯类样品在 600℃ 裂解时，一般只能检测到少量苯酚和联苯酚。当裂解时把样品研成粉末，再与一定量的四甲基氢氧化铵的甲醇溶液混合，待甲醇挥发后于 400℃ 裂解，就可检测到更多裂解产物，且足以鉴定芳香聚酯类样品。这是因为四甲基氢氧化铵是烷基化试剂，可与很多极性不饱和裂解产物反应，使其挥发性降低，从而可以流出色谱柱。另外，四甲基氢氧化铵还可以催化裂解反应。

裂解后反应是在裂解器和色谱柱之间安装一个反应器，使裂解产物在一定条件下发生某种化学反应，从而可以简化裂解谱图的处理。比如在色谱柱前接一预柱，其中装上涂覆有铂的填料。当以氢气为载气时，预柱就是一个催化加氢反应器。这样就可以将裂解产物中的不饱和烃转化为饱和烃，从而使谱图变得简单。研究证明，用普通 Py-GC 可以区分线型聚乙烯和带有支化结构的聚乙烯，但不能区别线型的高密度聚乙烯和低密度聚乙烯。采用上述裂解后加氢反应，可以发现低密度聚乙烯的裂解产物中 C_{14} 和 C_{18} 成分含量最高，而高密度聚乙烯则是 C_{15} 和 $C_{20} \sim C_{22}$ 成分含量最高。所以，在研究裂解产物中有不饱和烃类成分的样品时，这种裂解氢化色谱是很有效的方法。

3.2.7 裂解色谱的典型应用

3.2.7.1 聚合物的分析

聚合物包括天然大分子和合成高分子，在现代社会发展中起着很重要的作用。而聚合物的分析就是 Py-GC 及 Py-GC-MS 最早的应用领域之一，从定性鉴定到结构分析，都有分析裂解的成功应用。本节介绍一些合成聚合物 Py-GC 分析的典型应用，更详尽的应用可参看相关专著。

（1）聚合物定性鉴定

根据裂解色谱图进行未知物的鉴定，主要是指纹图谱法。即在标准条件下得到样品的 Py-GC 图，然后在标准谱库中检索，就可得到初步的鉴定结果。再用标准聚合物在相同条件下分析，基本就可确认鉴定结果。有些聚合物结构类似，如不同嵌段比的共聚物，不同支化结构的聚合物，这就需要对谱图进行更细致的处理。比如鉴定一些特征裂解产物的结构（常用 Py-GC-MS），或作谱图归一化处理，也可相对于内部标准物（如聚苯乙烯）作特征峰的相对保留时间比较等。表 3-16 列出了 Py-GC 鉴定聚合物建议的分析条件及一些聚合物的特征裂解产物。总之，Py-GC 是鉴定聚合物的一种常用方法，如果与红外光谱、质谱、热分析等技术配合，可得到更为可靠的结果。此外，聚合物添加剂也可以直接用 Py-GC 进行鉴定，无需复杂的样品处理步骤。

表 3-16　典型聚合物的特征裂解产物及建议的 Py-GC 条件

聚合物	特征裂解产物	建议分析条件
聚苯乙烯	苯乙烯及二聚体、三聚体	裂解温度:770℃
聚甲基丙烯酸甲酯	甲基丙烯酸甲酯	裂解时间:10s
丙烯酸橡胶	丙烯酸甲酯、丙烯酸乙酯、丙烯酸丙酯	色谱柱长度:50～100m
丁基橡胶	异丁烯	色谱柱内径:0.25～0.5mm
丁苯橡胶	丁二烯、乙烯基环己烯、苯乙烯	固定液可选:OV-1,OV-101,SE-30,
丁腈橡胶	丁二烯、乙烯基环己烯、丙烯腈	SE-54,OV-17
聚丁二烯	丁二烯、乙烯基环己烯	载气:氮气,1～4mL/min
聚氯丁二烯	氯丁二烯	
聚异丁烯	2-甲基-1-丁烯、2-甲基-1,3-丁二烯	柱温:40℃ 恒温 5min,以 2～5℃/
聚异戊烯	异戊烯、戊烯二聚体	min 的速率升温至 240℃,最后恒
聚碳酸酯	苯酚、取代苯酚	温 30min
聚乙烯	各种碳数的烯烃和烷烃	

（2）聚合物组成分析

聚合物组成分析是对共聚物或共混物中某种或某几种组分含量的测定，或者对某些材料中聚合物添加剂含量进行测定。在高分子材料和复合材料的质量检验以及共聚物合成研究中，这种分析是必须的。常用的方法有化学法、光谱法、衍射法、质谱法、凝胶色谱法等，而 Py-GC 用于组成分析具有样品处理简便、分析快速的优点，因此，应用较为广泛。

最常用的定量方法是工作曲线法，即在设定温度下先对已知组成的聚合物标样进行裂解，根据特征产物（如单体）的峰高或峰面积比值对组成作图，便可得到工作曲线或回归方程。然后由未知样品在相同条件下测得的比值就可求出组成的定量结果。例如，丙烯腈-苯乙烯共聚物，裂解产物中苯乙烯和丙烯腈的峰面积比与共聚物中苯乙烯的含量呈线性关系。测定丁苯橡胶的组成可用丁二烯和苯乙烯的峰高比值，丁腈橡胶则用丁二烯和丙烯腈的峰高比值，对于甲基丙烯酸甲酯-丙烯酸丁酯共聚物，则可用甲基丙烯酸甲酯和丙烯酸丁酯的峰面积比值。还有一种基于有效碳数计算组成的方法，限于篇幅，不再介绍。

（3）聚合物结构表征

聚合物的结构表征主要是链结构，包括单元化学结构、键接结构、几何结构、立体规整性、支化结构、共聚结构和序列分布、交联结构、分子量及其分布、端基结构等。Py-GC 可以通过研究裂解产物与结构之间的关系来表征聚合物的结构。下面简单介绍几例具体应用。

① 聚乙烯类聚合物的支化结构。高分子主链上的支化结构与其理化性能直接有关，乙烯类聚合物存在支链时容易引起 α 和 β 键的断裂，反映在 Py-GC 中就是不同的支化结构导致不同的裂解产物。如将一定比例组成的乙烯-丙烯共聚物（相当于含甲基支链的聚乙烯）、乙烯-正丁烯共聚物（相当于含乙基支链）、乙烯-正己烯共聚物（相当于含丁基支链）等，与线型聚乙烯以及高密度和低密度聚乙烯在相同的条件下进行 Py-GC 分析，可发现裂解产物中甲烷和乙烯等简单产物的含量与上述聚合物的支化结构密切相关。此外，通过裂解后加氢反应，许多异构烷烃也与支链结构有对应关系。

② 聚丙烯的立体规整性。有些聚合物链上含有不对称碳原子，因而其高分子链的立体规整性会随不对称中心的链接方式而变化，分别称为全同、间同和无规聚合物。聚丙烯就是一个典型的具有不同立体规整性的高分子，其裂解产物的分布与立体规整性密切相关。其中四聚体 C13 的非对映异构体是最特征的，因为其两端都是异丙基。自由旋转受到限制。同理，五聚体中 C16 非对映异构体也是最能反映聚丙烯立体规整性的特征峰。需要说明，测定聚丙烯的立体规整性需要经过严格表征的标准样品，比如用 ^{13}C-NMR 精确测定，还要用裂解后加氢的方法。在确定的裂解条件下，非对映异构体的热异构化程度是恒定的，特征峰相对峰面积测定的 RSD 可控制在 2% 之内。

③ 聚苯乙烯的键接结构。聚苯乙烯的头-头和头-尾结构也可用 Py-GC 来表征。头-头结构聚苯乙烯的裂解谱图远比头-尾结构聚苯乙烯复杂，最明显的是头-头结构聚苯乙烯的单体产率（即裂解谱图上苯乙烯峰的峰面积百分数）为 20% 左右，而头-尾结构聚苯乙烯则是 80% 左右。据此可以表征聚苯乙烯的键接结构。

④ 分子量和端基。聚苯乙烯裂解时的无规断裂会产生大量的单体，单体的产率不仅可以表征聚苯乙烯的键接结构，而且与分子量有关。一般认为，裂解产物的组成不仅与裂解条件有关，而且还是分子量的函数。用 Py-GC 找到这个函数关系，就可以估算聚苯乙烯的分子量。

对于聚碳酸酯而言，如果是溶剂（叔丁基酚）聚合，就具有端基：

$$\text{（见图）}$$

而熔融聚合得到聚合物链就具有端基：

$$\text{（见图）}$$

裂解时前者产生特征产物对叔丁基苯酚，后者则产生苯酚和双酚 A 特征峰。因为端基数与聚碳酸酯的分子量成反比，故特征峰的产率应与分子量成反比。据此通过标准样品得到工作曲线，就可以用 Py-GC 测定聚碳酸酯的分子量。需要指出，用此法测定溶剂聚合的聚碳酸酯分子量比较准确，而对熔融聚合的聚碳酸酯的测定误差较大。

⑤ 双烯聚合物的结构。双烯聚合物如聚丁二烯根据其双键的位置有 1,4 和 1,2 结构之分，前者有顺反异构，后者有不同的立体异构。所以，测定高分子链上不同异构体的含量是表征双烯类聚合物结构的重要内容，而 Py-GC 在这方面也有成功的应用。比如，1,4-聚丁二烯的主要裂解产物是通过分子内链转移而产生的 4-乙烯基环己烯和丁二烯，两者的相对产率与聚丁二烯中 1,4 结构的含量有很好的线性关系。此外，顺式 1,4-聚丁二烯裂解产生 1,8-二甲基菲特征峰，而反式 1,4-聚丁二烯则无此裂解产物。

通过氯化聚丁二烯的裂解可以研究聚丁二烯的顺反几何异构。由于顺式和反式链发生氯化的位置不同，前者裂解时脱去 HCl 主要生成间二氯苯和少量对二氯苯；后者则主要产生邻二氯苯，其次是间二氯苯。因此，根据二氯苯位置异构体的相对产率可以测定 1,4-聚丁二烯中顺式和反式结构的相对含量。

⑥ 交联结构。苯乙烯-二乙烯基苯共聚物的分子呈网状结构，一般是不溶、不熔的，故用传统的方法研究其结构较为困难。Py-GC 则不受不溶、不熔样品的限制，可以从交联网络断裂产生的碎片获得其结构信息。对于交联度在 $2\% \sim 20\%$ 之内的苯乙烯-二乙烯基苯共聚物，裂解产物中苯乙烯的峰面积百分数与共聚物中二乙烯基苯的含量有很好的线性关系。据此就可测定交联度，不需要对样品进行预处理，方法简单，RSD 可控制在 2% 之内。

⑦ 共聚物的结构。Py-GC 可用来区别共聚物和共混物。因为共聚物是通过化学键连接的，而共混物则是物理混合的，故可通过二者的裂解产物及其分布来区分。比如苯乙烯-丙烯腈共聚物的裂解谱图上就出现多个杂二聚体峰，苯乙烯-丙烯酸甲酯共聚物也有类似情况。而它们的共混物就检测不到这些杂二聚体。当不能用特征峰区别共聚物和共混物时，还可用裂解产物的分布来鉴别。此外，Py-GC 还用于分析共聚物的链段序列分布以及嵌段共聚物的结构表征。

（4）聚合物的热降解机理研究

聚合物的降解有热降解、光降解、机械降解、生物降解和辐射降解等，Py-GC 可直接研究的主要是热降解或裂解，利用不同的光源还可研究光降解。通过 Py-GC，不仅能获得样品热稳定性的信息，而且可根据裂解产物的种类及其分布来推断聚合物的降解机理，还可测定降解反应动力学常数。

Py-GC 研究裂解机理的第一步是确定合适的样品量，以保证在所用样品量范围内，裂解机理与样品量无关，没有明显的二次反应。第二步绘制适当的对数曲线，该曲线应反映裂解反应是一级的，至少在裂解的初始阶段是一级的。通过这一曲线的斜率可以得到表现一级反应的速率常数，根据速率常数与样品初始分子量的关系可获得解聚反应的初始机理和链终止机理。例如，聚甲基丙烯酸甲酯是典型的拉链解聚，300℃ 以下时，高分子两端引发，链终止遵循一级反应机理。300℃ 以上时断裂引发变得更为重要。而当温度超过 420℃ 时，断裂在引发机理中占据了主导地位。第三步是分离和鉴定裂解产物，以确定样品的裂解机理。如果挥发性裂解产物中只有单体，那么裂解机理就是拉链断裂；如果产物中有低聚体存在，说明在裂解过程中发生了分子内链转移反应；如果产物中主要的挥发性成分不是单体，而是与高分子主链的消除反应有关的产物（如聚氯乙烯裂解时产生 HCl），说明发生了脱去反应，高分子链转变成其他结构（如聚氯乙烯脱去 HCl 后形成了聚乙

块）。下面举例说明 Py-GC 在聚合物降解研究中的应用。

① 顺式 1,4-聚丁二烯的裂解反应动力学　取适量样品（不大于 $10\mu g$），用热丝裂解器在设定的裂解温度和时间下进行实验，重复三次左右，记录每次裂解的谱图。这样就可根据主要裂解产物丁二烯和乙烯基环己烯的产率计算出该裂解温度下的速率常数。再据此由阿伦尼乌斯方程计算得到裂解反应活化能和指前因子。研究证明，顺式 1,4-聚丁二烯的裂解符合一级反应动力学，在 450～530℃范围内，阿伦尼乌斯方程是有效的。表 3-17 给出了反应动力学数据。

表 3-17　顺式 1,4-聚丁二烯的裂解反应动力学数据

项目	数值						
裂解温度/℃	450	470	490	510	532	552	575
速率常数/s^{-1}	0.73	1.26	3.01	4.26	10.36	23.11	46.21
最短裂解时间/s	7.60	4.40	1.84	120	0.54	0.24	0.12
活化能 $E=157kJ\cdot mol^{-1}$				指前因子 $A=1.26\times10^{11}s^{-1}$			

② 聚氨酯的裂解机理　聚氨酯是由异氰酸酯和羟基化合物通过逐步聚合反应生成的一类聚合物。Py-GC 的研究结果表明，聚醚型聚氨酯的初始裂解机理主要是：（a）解聚或断裂反应，生成聚合物的原料异氰酸酯和聚醚，然后进一步断裂生成芳香烃、苯、甲苯和小分子醛、酮和醚等；（b）重排或协同反应，通过大分子链上的 γ-H 的重排，伴随着主链的断裂，然后进一步生成醛、酮和醚等化合物；（c）自由基反应。

③ 聚二甲基硅氧烷的降解机理　聚二甲基硅氧烷的热裂解产物主要是一系列环状低聚物，Py-GC 可检测到四十八甲基环二十四硅氧烷。据此，并结合其他的一些研究成果，可以得出聚二甲基硅氧烷的裂解机理如下：（a）硅氧烷本征裂解机理，又称无规链断裂引发机理。产物是一系列环状低聚物，其中以六甲基环三硅氧烷为最多。这也是硅氧烷类聚合物的主要裂解方式，不受端基和分子量的影响。（b）"回咬"机理，又称催化裂解机理。有端羟基或金属离子存在时就会发生此反应，产物主要是六甲基环三硅氧烷。（c）缩合反应机理。有端羟基时在较低温度下发生此反应，结果是分子量增加。（d）产生甲烷的机理。聚二甲基硅氧烷在碱性条件下裂解，温度较低时可产生甲烷。

聚甲基苯基硅氧烷比聚二甲基硅氧烷的热稳定性高，主要是由于苯基的位阻效应使本征裂解比聚二甲基硅氧烷难以进行。对聚硅氧烷类高分子的热稳定性研究有助于开发色谱高温固定液，下一章我们将讨论到这个问题。通过热降解机理的研究，还可为开发性能优越的高分子阻燃材料提供实验依据。另外，高分子的热加工过程也可以通过 Py-GC 加以研究，以优化工艺条件，提高产品的热稳定性。

3.2.7.2　能源和环境分析

（1）能源分析

在能源和地球化学研究中，Py-GC 等分析裂解技术可用于表征沥青质和油页岩中的有机物，包括生物标志物，评价油气田的成熟度，以提供指导石油、天然气和煤等能源勘探的有用信息，也可以研究燃料的燃烧性能。

用 Py-GC 可对毫克级的原岩样品进行综合的燃料定量分析，同时对控制热蒸馏的产物进行高效分离，以评价燃料的质量。Py-GC 分析由以下几步组成：第一步，将样品在

氦气中从环境温度加热到 300℃进行闪蒸，测定挥发性成分。这些产物的色谱峰称为 P1 峰，它们与碳氢化合物的迁移趋势和海洋中是否有石油污染有关。第二步，将样品以 60℃/min 的速率加热到 600℃，油页岩进一步裂解，所产生的挥发性产物的色谱峰被称为 P2 峰，它们与原岩的壮年期以及温度/压力的变化有关。第三步将样品释放出的无机气体如 CO、CO_2、H_2S 和 H_2O 用同一个吸附器捕集后，再热解吸 GC 分离得到 P3 峰，这与原岩中含氧化合物有关。

Py-GC 用于有机地球化学研究主要与鉴定沥青质和油页岩中的裂解产物有关。如分析鉴定富含硫原岩的有机硫化合物，以探讨硫在油气形成过程中的作用。从石灰石油分离出来的沥青裂解后产生的苯并噻吩和二苯并噻吩比噻吩多；而从页岩油分离出来的沥青的裂解产物却是噻吩浓度高于苯并噻吩和二苯并噻吩。油页岩则主要产生噻吩以及较少量的苯并噻吩和二苯并噻吩。这些信息不仅可以揭示油气的早期形成过程，而且对石油的加工提炼有很大的参考价值。因为石油中的硫化物可能会使催化剂中毒，而且会在燃烧过程中生成环境污染物。

Py-GC 在煤炭研究中的应用也很多，例如模拟煤的燃烧过程。在不同气氛中对煤进行程序升温裂解，通过燃烧产物的分析，得到烟尘和毒性参数的相关性数据，以指导燃料的最优化配方设计，尽量减少有害的燃烧产物。此外，裂解产物中单环芳烃上氧的官能度是煤炭等级的特征参数。Py-GC 图上一系列长链正构烷烃是热塑煤的特征峰，无烟煤则很少产生长链正构烷烃。

生物质燃料油（生物柴油）是能源研究中的一个热点，Py-GC 在这一领域有很重要的应用。生物质（多是木质纤维素）经快速裂解制备燃料油是一个重要的工艺，而 Py-GC 可以在分析规模上模拟这一工艺过程，以优化工艺条件。比如，不同催化剂对生物质快速裂解行为的影响，可以将生物质和催化剂同时置于裂解器中，在一定的裂解温度下进行 Py-GC 实验。有人研究了单金属催化剂（Fe-Al_2O_3-SiO_2 和 Mo-Al_2O_3-SiO_2）及双金属催化剂（Fe-Mo-Al_2O_3-SiO_2）对木质素快速裂解的影响。首先在裂解温度 300～700℃，裂解时间 0.1min、0.2min 和 0.5min 的条件下获得 Py-GC-MS 数据，然后结合主成分分析方法，证明双金属催化剂有明显的协同作用，而单金属催化剂对木质素裂解产物的分布几乎没有影响。当温度较低（300～400℃）时，双金属催化剂比单金属催化剂有更强的催化活性，使木质素发生更多热分解反应，生成更多的 2,3-二氢苯并呋喃、2-甲氧基苯酚和 2,6-二甲氧基苯酚。这可为工艺条件的优化提供直接的依据。至于生物柴油的组成分析，就要用到普通 GC，甚至 GC×GC 方法。

（2）环境分析

上文提到 Py-GC 研究煤的燃烧有助于减少有害污染物的产生，这就涉及环境保护问题了。而对于大气浮尘中聚合物颗粒的分析，更涉及人类的健康。大气中可吸入颗粒物除了沙尘外，也包含相当量的聚合物颗粒，特别是在交通繁忙的都市或高速路两旁，这是由于汽车在道路上行驶导致橡胶轮胎的磨损而生成。有人做过研究，测得一辆汽车行驶百公里磨损的轮胎橡胶为 9g 左右，其中 5％为 10μm 以下的微粒，悬浮在大气中就成为可吸入颗粒物。这相当于一辆汽车行驶百公里燃烧汽油所产生烟尘的 20％。如果用大气采样管，内装涤纶纤维网（直径 80mm，厚度 0.075mm），在道路上采样 10 天，收集网上粉尘后除湿称重。再采用苯/乙醇（4：1，体积比）混合液在超声作用下洗涤 30s，除去沥青等

可溶性物质，干燥后的样品用 Py-GC 或 Py-GC-MS 分析。取 0.7mg 左右的样品，740℃ 温度下裂解 5s，所得 Py-GC 结果如图 3-30 所示。

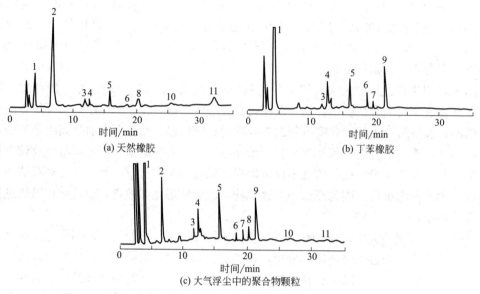

(a) 天然橡胶

(b) 丁苯橡胶

(c) 大气浮尘中的聚合物颗粒

图 3-30　高速公路旁大气中收集的聚合物颗粒和标准橡胶的 Py-GC 图

色谱峰：1—丁二烯；2—异戊二烯；3—己烯；4—苯；5—甲苯；6—乙烯基环己烯；7—乙苯；
8—二甲苯；9—苯乙烯；10—$C_{10}H_{16}$；11—二戊烯

裂解条件：740℃，5s；色谱柱：阿皮松 L，6m×0.3mm，55～160℃

由图 3-30 可见，大气浮尘中聚合物颗粒物的裂解产物中有天然橡胶的成分，丁苯橡胶的单体和二聚体，以及苯、甲苯、乙苯和二甲苯等特征成分，说明这些颗粒物来自汽车轮胎的磨损。对中等汽车流量的高速公路进行监测的结果表明，其大气中橡胶颗粒物含量达 $2.2\mu g/m^3$，占总可吸入颗粒物的 1.4%。对隧道内外监测的结果说明，隧道内的聚合物浮尘颗粒物浓度更高，这是因为隧道内车辆制动多，空气流通性差。

土壤分析既与农业生产密切相关，也是一个环境分析问题，Py-GC 主要用于土壤中腐殖酸的分析。土壤中的腐殖酸关乎土壤的肥力，而水体底泥中的腐殖酸还关乎水质，与水产养殖业密切相关。如果用焦磷酸钠和氢氧化钠水溶液萃取土壤样品，再用盐酸沉淀除去酸可溶物，然后用 Py-GC-MS 分析，就可从样品中鉴定出 100 多种成分。这些腐殖酸的裂解产物有酚类、烷基苯、萘、萘酚、四氢萘、茚类、丁香醇类、甾族化合物、烷烃、烯烃和脂肪酸等十一类化合物，根据它们的组成可以鉴别不同的土壤。

土壤中有机物与全球碳循环有关，其含碳量是大气和陆地植物含碳量的三倍多。因此，研究土壤有机物的化学组成可以为气候变化和人类活动等生态系统的分析提供科学数据。比如，泥炭地是全球碳沉降的一种形式，用 Py-GC 和 Py-GC-MS 对泥炭地进行分子水平上的表征，可以找到一些反映气候变化以及生态系统迁移的生物标志物，这些标志物主要来源于植物和微生物。

闪蒸 Py-GC 还可以分析污染水体底泥中的挥发性污染物，方法是将底泥样品冷冻干燥，研磨过筛，然后取一定量的样品置于裂解器中，在 300℃ 左右闪蒸，挥发性污染物直接经色谱分离。可以用于焦化厂污水排放口底泥中的多环芳烃分析，以及制药厂和农药厂污水排放口底泥中的药物污染物监测。这种方法免除了样品处理（如萃取）的复杂过程，但污染物浓度要相对高一些，而且只能作为筛查方法，定量精度不太高。

Py-GC 在环境分析中的应用除了表征有机物、腐殖质和监测污染物外，近年来环境微塑料的分析成为一个重要而又热门的领域。这实际上和聚合物分析类似，但环境微塑料及其样品基质要复杂得多，因而分析更为困难。目前的研究主要是表征微塑料的来源和评估环境风险，而且要结合多种分析技术。

（3）聚合物废弃物的燃烧和回收

Py-GC 在能源和环境领域的另一个应用是固体废弃物的回收利用，比如废旧轮胎和废塑料的裂解回收，然后作为油料和塑料/橡胶制品的原材料。这一应用分三步：一是废弃物的预处理，以除去不能利用的杂质和污染物；二是废塑料和废橡胶的裂解，以生成可利用的化工原料；三是裂解产物的处理，以得到最终产品。Py-GC 主要在第二步发挥作用，即研究裂解条件的优化，为大规模生产提供技术支持。比如，聚乙烯、聚丙烯、聚氯乙烯等废旧塑料可以在一定条件下裂解生成单体，用于再生产。废旧橡胶轮胎裂解后生成橡胶单体。现在对难以回收的塑料废弃物，如聚氨酯和聚对苯二甲酸乙二醇酯的 Py-GC 研究也取得了很大进展。此类研究对于固体废弃物的循环利用、实现碳中和有重要意义。

3.2.7.3 生命科学与食品分析

（1）生物大分子分析

生物大分子包括蛋白质、多肽和糖类化合物等。Py-GC 用于蛋白质的分析尚不成熟，有些处于实验阶段的工作，这主要包括三个方面：一是鉴别不同的蛋白质，如蛋白质在 900℃ 裂解时，可根据 PEG-20M 色谱柱上的裂解谱图来区别不同的血红蛋白。二是分析蛋白质中氨基酸的含量，或者检测是否存在某种氨基酸残基。如在 850℃ 裂解酶，可根据裂解产物 3-甲基吲哚的产率来估算乳酸脱氢酶中的色氨酸残基数。三是定性鉴定可疑基体中蛋白质的存在。例如，对蘑菇的乙醇提取物在 500℃ 裂解，根据谱图的特征可以区别 16 种毒蘑菇。蛋白质的 Py-GC 分析中严格重复的裂解条件控制至关重要，应该仔细选择。

多糖或碳水化合物的裂解产物比较复杂，一般需要选择较长的毛细管柱来分离。裂解产物的水分对色谱柱的寿命有很大影响，故要选择不受水影响的色谱柱。Py-GC 可以用于鉴别不同的糖类，如果糖、葡萄糖、木糖和鼠李糖的裂解产物各不相同，木糖产生大量的糠醛，鼠李糖则产生大量的 5-甲基糠醛，而葡萄糖和果糖的 Py-GC 图则无明显区别。

（2）氨基酸分析

Py-GC 能够根据不同氨基酸的热裂解产物（氨基酸指纹图）来鉴定氨基酸，表 3-18 给出了几种氨基酸的特征裂解产物。不同的裂解条件以及裂解室的内表面材料，对氨基酸的裂解产物分布有很大的影响。苯丙氨酸分别在 400℃ 和 600℃ 裂解时，苯基乙基胺的相对产率为 49％ 和 64％。当裂解室内表面为石英时，苯丙氨酸裂解产物中苯基乙基胺和甲苯的含量分别为 10％ 和 28％；而当内表面为不锈钢时，上述产率分别为 26％ 和 74％，原因是不锈钢对氨基酸的热降解有更强的催化作用。

表 3-18　几种氨基酸的特征裂解产物

氨基酸	特征产物	氨基酸	特征裂解产物
丙氨酸	乙醛	异亮氨酸	3-甲基丁醛
β-丙氨酸	乙酸	缬氨酸	3-甲基丙醛
苯丙氨酸	甲苯、苯基乙基胺	异缬氨酸	N-丁醛
胱氨酸	甲基噻吩	丝氨酸	吡嗪
甘氨酸	丙酮	苏氨酸	2-乙基乙烯亚胺
脯氨酸	吡咯、吡咯烷	酪氨酸	甲苯、对甲基苯酚
羟基脯氨酸	N-甲基吡咯、吡咯	色氨酸	氨、苯并吡咯、吲哚
亮氨酸	3-甲基丁醛	牛磺酸	噻吩

从表 3-18 可见，脂肪族氨基酸的特征裂解产物是比氨基酸少一个碳原子的醛，以及 N-烷基醛亚胺。醛可以由氨基酸分子内反应生成 α-内酯，接着脱羧基形成，或者先脱羧基再脱氢形成亚胺，最后水解生成醛。

芳香族氨基酸的 Py-GC 图上有强的胺类峰，这是脱羧基作用的产物，而蛋白质和肽因为含有缔合的氨基酸残基，故检测不到胺峰。另外一些特征芳香产物则为氨基的 α 和 β 位上 C-C 键断裂形成，在蛋白质和多肽的谱图上也可看到这些峰。

（3）微生物分析

微生物鉴定也是 Py-GC 的一个应用领域。不同的微生物或细菌均有其特征的裂解谱图，故可作为指纹图来进行微生物的分类鉴别。这一方法较形态学、生化指标和动物实验的方法要快速简便一些，且重现性良好。比如用 Py-GC 鉴别炭疽杆菌、肠道杆菌、绿脓杆菌、金黄色葡萄球菌、沙门菌和酵母菌等都是有效的。但由于微生物的裂解谱图比合成聚合物复杂得多，裂解机理尚需更深入的研究，目前只是在定性分类层面上应用。

有人用 Py-GC（裂解时甲基化）研究了人结核杆菌的 25 种分枝杆菌的识别，结果是有效的，且可提供一些有用的结构信息。对于常规生物学方法无法区分的三种厌氧菌可以用 Py-GC 实现正确快速的鉴定，因为新分离的芽孢菌与参照单氏菌和奈瑟菌的特征峰有明显的区别，而且单氏和奈瑟菌的特征峰相对强度也不同。

（4）食品分析

Py-GC 在食品分析中也有很多应用，比如表征塑料包装材料的性能，模拟烹饪过程中食品组分的变化，研究食品热加工过程中形成丙烯酰胺的化学机理，鉴别食品的掺假等。有人用热脱附-Py-GC 技术研究了普洱茶的裂解指纹图谱，证明可以区别不同类别的茶叶。还有人用 Py-GC 快速测定了烟草中尼古丁的含量。烟草研究中用的吸烟机就是特殊的裂解器，与 GC-MS 结合可以分析烟气的组成，判断烟草的质量。下面举两个食品分析的例子。

一个是焦糖着色剂的分析。烹饪食品需要着色时常会加入少量蔗糖，高温下变成焦糖，从而使食品呈棕红色。蔗糖变成焦糖实际上是一个氧化裂解过程，用 Py-GC 可以分析这一过程焦糖的挥发性组成。结果显示，这些挥发性成分有糠醛、5-甲基糠醛、羟甲基糠醛、吡嗪、甲基吡嗪、乙烯基吡嗪和甲基乙烯基吡嗪等，还有少量吡啶和苯腈等。一般人认为蔗糖是无毒的天然甜味剂，但变成焦糖后会生成少量有毒有害的挥发物，这或许应该引起人们的注意。

另一个是植物油的陈化。食用植物油储存时间久了，或经日晒后会自然陈化，影响其质量和口感。因此，研究其陈化的化学机理对于食用油的质量检测，甚至对人类健康都是有意义的。将大豆油置于玻璃瓶中，于室内窗前受日光照射1～3个月，然后用Py-GC结合裂解后甲基化进行分析，并与未经日照的原始油样品进行对照。实验用甲基化试剂为三甲基氢氧化三羟基硫，这时裂解谱图上可检测到5种脂肪酸甲酯，包括饱和的棕榈酸和硬脂酸，不饱和的油酸、亚麻酸和亚油酸。通过比较发现，随着日照时间延长，有多不饱和结构的亚麻酸会明显减少直至消失，含两个双键的亚油酸也有减少的趋势。这是因为不饱和脂肪酸有更高的反应活性，随着日照时间增长它就转变成了油酸和硬脂酸。所以，储存食用油时应避免光照，以保证其质量。

3.2.7.4 法庭科学和药物分析

（1）一般物证的检验

法庭科学是Py-GC应用的一个重要领域，也有人称为刑侦科学。实际上不仅刑事侦查，法院在民事审判中也需要物证检验。在化学意义上，司法证据鉴定的对象很广，包括交通事故现场的油漆、轮胎磨损残留物，伤害案件现场的纤维、药物、爆炸物残留、人体血液、尿液、精液（斑）、组织、毛发，等等。物证样品往往量少，基质又复杂，故需要有快速、简便、灵敏、准确、样品用量少的鉴定方法。实际应用中有一些这样的方法，比如基因测序、电镜和光谱，各种色谱和质谱，以及联用技术，都是强有力的法庭物证鉴定方法。就Py-GC而言，它能较好地满足法庭科学要求，因而在物证鉴定方面发挥了重要的作用。比如交通事故中的物证鉴定就有我国的公安标准 GA/T 1516—2018《法庭科学 轮胎橡胶检验 裂解-气相色谱-质谱法》规定了轮胎橡胶的鉴定方法为 Py-GC-MS。

交通事故现场的车漆和轮胎磨损残留物是确定事故原因的重要证据，盗窃案现场可能留有罪犯的毛发、衣服的纤维，所用工具可能在撬门窗时沾有涂料，如果能证明现场物证与嫌犯本人一致，将对破案很有帮助。比如涂料，Py-GC实验证明，不同品牌，甚至不同厂家的同一品牌涂料都有不同的裂解谱图。将案发现场收集的油漆或橡胶残留物用KBr压片进行红外光谱分析，然后对此压片再做裂解分析，就可以根据光谱和裂解色谱（还可与质谱联用）信息对涂料或橡胶做出鉴定。此法样品用量很少，一般为5～10mg，所以是一种灵敏实用的物证鉴定方法。同理，纤维和毛发等物证亦可用此法鉴定。有的实验室为此建立了各种样品的Py-GC谱图库以及Py-IR数据库，在司法检验工作中发挥了积极的作用。

毛发是司法鉴定的重要物证，也是Py-GC在法庭科学最早的应用之一。取5cm长的毛发，在600℃裂解5s，便可得到与图3-31类似的Py-GC图，鉴定出的裂解产物主要有苯、甲苯、苯乙烯、丙腈和丁腈。如果以苯、甲苯和苯乙烯三种产物的相对产率统计，就可看出个体样品间的差异。由于不同人的毛发中氨基酸的组成各不相同，故Py-GC图有类似指纹图的功能。

此外，用闪蒸Py-GC直接分析爆炸案现场收集的土壤等样品，有可能检测到炸药残留，结合其他技术，能够确证炸药成分，这对破案是至关重要的。

（2）体内药物分析

在涉毒案件中体内药物分析结果是重要的证据，一般通过色谱-质谱联用分析来完成鉴定，但样品处理过程较为复杂。Py-GC可以简化样品处理步骤，加快分析速度。从人

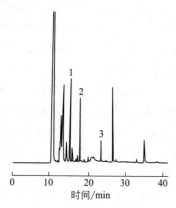

图3-31　人类毛发的裂解色谱图
色谱峰：1—苯；2—甲苯；3—苯乙烯

的体液中检测麻醉剂、镇静剂或毒物，还要求方法的灵敏度高，不受体液中其他组分的干扰。有人用 $2\mu L$ 血液样品进行 Py-GC 分析，无需预处理就能准确鉴定七氟醚、异氟醚、安氟醚和氟烷等四种麻醉剂。用 Py-GC-MS 还可以测定血液中的盐酸普鲁卡因、可卡因、可待因、双氢可待因、吗啉和盐酸吗啉等麻醉剂。在金属或无机盐存在时，这些麻醉剂的高温裂解会产生大量特征产物，有较高的灵敏度。在 $670℃$ 用 Fe/Na_2CO_3 催化裂解盐酸吗啉时，特征产物为 3,4-二苯基-1,2-二羟基苯，检测灵敏度达微克级，且可准确定量。实际工作中可直接用尿液或血液进样分析，也可用盐酸/甲醇处理后，或用苯、氯仿萃取液进行分析，样品若含有食盐、葡萄糖、乳糖和蛋白质，不影响测定结果。

此外，有些化工厂工人长期接触挥发性有毒溶剂可能导致慢性和急性中毒，利用 Py-GC 可以测定中毒人员体液中的有毒溶剂。比如，有人分析了稀料（稀释涂料的芳香性溶剂混合物）生产人员的血液、脑液和胃液，发现其中均有甲苯、乙苯和二甲苯，其裂解谱图与稀料罐中残留物的裂解谱图完全一致。经标准物校正后，可准确测定体液中这些有毒溶剂的含量。此方法仅需 $2\mu L$ 体液样品，便可在 $5\sim10\mu g/mL$ 的范围内实现准确测定。目前，该法还用于体液中微量甲醇、乙醇、丙醇、甲醛、乙醛、丙醛、甲苯、石油烃、氯仿和三氯乙烷等有机溶剂的测定。

（3）脂肪组织鉴定

法医学区别人体组织和动物组织往往用免疫血清学方法，但如果组织样品受热发生蛋白质变性，就很难鉴定了。此时，Py-GC 不失为一种有效的补充方法。有人将猪、牛、鸡的组织与人体组织做了 Py-GC 实验。先将 0.1g 样品用丙酮萃取，分离为可溶的单酯和不溶的复酯，然后采用裂解时甲基化的方法，对裂解产物中 $C_{14}\sim C_{18}$ 组分进行了定量比较。结果显示，人体组织中单酯的 C_{18} 酸的含量明显低于各种家畜。用这种方法可以区分人体与动物组织，但是否可以区分人与人的脂肪组织尚无定论。

（4）药物分析

中草药的组成很复杂，植物化学常用色谱-质谱联用来分析其组成成分。Py-GC 由于样品处理简单、分析快速，在中草药分析中也有一些应用，比如道地药材的鉴定等。现在 Py-GC 可以成功鉴定甘草、茴香、黄连、姜黄、丹皮、川芎、人参、白术等几十种草药，包括区分不同科属鉴定、真伪鉴别和产地鉴别，还可以对有效成分进行鉴定，为中草药分析提供了新的分析方法。

厚朴是一种应用广泛的中药，但市场上多有鱼目混珠的现象，因为除正品外，还有野厚朴、紫朴、姜朴和土厚朴等三十多种相似植物，其中有的可替代厚朴入药，但药效可能不同，有的则无药效。采用 Py-GC-MS 技术，可以检测到厚朴的特征成分有 α-松烯油、β-桉油醇和厚朴酚。替代品中也有这些成分，但厚朴酚的含量较低，而伪品中则没有检出厚朴酚等特征产物。此外，人们还尝试了用 Py-GC 鉴别真假冬虫夏草，识别不同来源的蛇毒等，都取得了较好的效果。

Py-GC 在合成药物分析中的应用不多，一个例子是鉴定药品中的微量杂质。合成药物的纯化过程要用到分离介质，比如多孔树脂，而这种聚合物材料中会有残留溶剂、单体、交联剂和添加剂，如不注意，有可能进入药物，造成污染。用 Py-GC 可以测定混入药品的此类杂质，比如，用苯乙烯-二乙烯基苯共聚物交联树脂纯化过的药品，可以检出其中含量在 0.1% 左右的二乙烯基苯，显然是树脂中残留的交联剂。这提醒人们在做药物纯化时一定要先保证所用分离介质的质量。

3.2.7.5 考古与文物鉴定

（1）艺术品的鉴定

Py-GC 的一个有趣而有价值的应用是艺术品和文物的鉴定，这有时也涉及倒卖文物和文物造假等犯罪活动。有文献[11]综述了分析裂解技术在文化遗产研究中的应用。

古代艺术品中有机物的分析传统上是用 GC 和 HPLC 分析的，但由于文物上的有机颜料有的是天然大分子，或者经过老化或者发生了聚合，用 GC 和 HPLC 分析时样品处理比较困难。现在用 Py-GC 技术可以直接进行分析，既可以研究古代艺术，又能鉴定文物的真伪。比如古代绘画或织物染色用的颜料中茜草红、靛蓝和胭脂红是天然产物，分别来源于植物和昆虫的提取液。将其与天然黏合剂如阿拉伯胶混合，就可作为器物表面的彩色涂层，而现代用的颜料大多是合成化合物。用 Py-GC 对二者进行分析，可发现明显的区别。这种方法可以用于鉴别文物真伪。若要从考古的意义上研究古代绘画颜料，可按照历史记载，从植物或昆虫中得到提取液，然后进行裂解分析，并与文物上的涂层颜料相对比，再结合长久风化演变分析，就可以揭示古代彩色绘画所用的颜料是什么。对艺术品用的画布亦可用此法鉴定。

需要强调的是，珍贵文物不可能采取大量样品进行分析，而 Py-GC 和 Py-GC-MS 的特点就是样品用量少。从文物边角处刮取微克级的样品，就可以完成鉴定。因此分析裂解是考古学的有力工具，也是艺术品市场上鉴别真伪的有效方法。

（2）古建筑涂料分析

西安有个建于明代的钟楼，已有 600 多年的历史，但中间进行过修缮，分析木建筑表面的彩绘涂料组成就可证明这一点。取木材表面绿色彩绘涂料约 1mg，加入 5μL 浓度 5% 的四甲基氢氧化铵水溶液，然后用 Py-GC 进行分析，于 700℃ 裂解 10s。从裂解谱图上鉴定出壬二酸二甲酯、软脂酸二甲酯和硬脂酸二甲酯三个特征峰，与经过三年固化的桐油完全符合。由此可证明，彩绘涂料的黏合剂是以桐油为原料的。彩绘涂料的裂解谱图上还有一个弱的峰鉴定为三硫化二砷，显然与绿色颜料有关。用其他技术（X 射线衍射和能谱）也证实有硫和砷元素，由此可判断存在砷酸铜复合物，是一种天然绿色矿物颜料。将重绘部分的颜料用同样的方法分析，裂解产物的特征峰是邻苯二甲酸二甲酯和苯甲酸甲酯，表面重绘使用的涂料为合成醇酸树脂，与明代所用桐油涂料有显著区别。

有文献[12]详细介绍了分析裂解技术在亚洲油漆的鉴定和表征方面的应用。亚洲油漆有几千年的历史，主要由烷基苯二酚组成，常常与其他有机和无机材料混合使用，如矿物油、植物胶、矿物色素和有机添加剂。天然物质的特性在过去限制了人们对其的研究，而分析裂解技术突破了这种限制。现在用 Py-GC 技术可以区别不同的油漆，而用 Py-GC-MS 则可鉴定大部分油漆中的其他成分，成为了研究古老的亚洲油漆的有效手段。

3.2.7.6 总结与展望

Py-GC 经过半个多世纪的发展，在高分子材料鉴定、天然和合成聚合物的热稳定性或降解机理研究，以及地质勘探和环境保护等方面的应用已经较为成熟，但在其他方面的应用还不是很普遍，主要原因是裂解反应受很多因素影响，如裂解温度、裂解时间、升温速率、样品状态和量、反应气氛、裂解器结构等。如何精确控制实验条件，获得满意的实验重复性，有待进一步完善。可以相信，Py-GC 作为重要的分析裂解技术在环境科学（固体废弃物处理和化学原料回收、微塑料污染治理等）、能源开发（生物质燃油和油气勘探）以及材料科学和食品分析中将发挥更大的作用；而要使 Py-GC 成为可靠的常规分析技术，解决仪器和方法的标准化问题是值得关注和期待的。

进一步阅读建议

1. Kolb B，Ettre L S. Static Headspace-Gas Chromatography：Theory and Practice [M]. New York：Wiley-VCH，1997. （王颖，等译. 静态顶空-气相色谱理论与实践 [M]. 北京：化学工业出版社，2020.）

2. 金熹高，等. 裂解气相色谱方法及应用 [M]. 北京：化学工业出版社，2009.

3. Kumagai S，et al. Latest trends in pyrolysis gas chromatography for analytical and applied pyrolysis of plastics [J]. Anal Sci，2021，37（1）：145-157.

习题和思考题

1. 顶空气相色谱的原理是什么？有什么特点？
2. 静态顶空和动态顶空有什么区别？
3. 简述静态顶空和动态顶空色谱主要的实验控制参数。
4. 简述静态顶空和动态顶空色谱的主要用途。
5. 热解吸进样技术有什么优点？
6. 裂解气相色谱的原理是什么？有什么特点？
7. 简述裂解器的类型及其特点。
8. 裂解温度和裂解时间对实验结果有什么影响？
9. 裂解气相色谱的主要用途有哪些？
10. 你认为裂解气相色谱的发展前景如何？

4

气相色谱新技术及其应用

4.1 快速气相色谱

从填充柱到毛细管柱，GC 的发展经历了一次变革，分离效率大为提高，分析速度相应加快。但是，科学的追求是无止境的，生产的发展不断推动了技术的进步，新技术的出现又促进了社会经济的发展。从 20 世纪 80 年代起，国外学者开始研究快速GC（High-speed GC 或 Fast GC），且取得了很大的进展。不少新的仪器已具备了快速GC 的功能。国内研究快速 GC 的人尚不多，但可以预期，快速 GC 的应用将越来越多，因为它确实有其优越的地方，如降低分析成本、提高实验室效率，从而提高企业的效益。

4.1.1 快速气相色谱的定义

简言之，快速 GC 就是分析速度快的 GC。但快与慢是相对的，采用普通毛细管柱分析一种五组分的混合物（如化学试剂甲苯），可能用 2min 就解决问题，但要分析更复杂的样品（如汽油）也许要几个小时。就是说，分析速度与样品有关。所以不能简单说分析时间 3min 是快速 GC，5min 就不是快速 GC。有人从不同的角度（如柱尺寸、载气压力等）定义快速 GC，但并未被普遍采用。后来有学者从峰宽的角度定义了快速 GC，这是比较合理的。这一定义排除了样品的影响，认为分析速度等于单位时间内流出色谱峰的个数，即分析速度反比于峰宽。峰宽越小，单位时间内可容纳的峰就越多，分析时间就越短。这一定义将快速 GC 分为三类：①快速 GC，半峰宽<1s；②极快速 GC，半峰宽<0.1s；③超高速 GC，半峰宽<0.01s。

在实际分析中，快速 GC 分析一个样品可能用几秒钟，也可能用几个小时。色谱图上可能有几个峰，也可能有几百个峰。关键是所有峰的半峰宽要满足快速 GC 的要求。

4.1.2 实现快速气相色谱的途径

如果单纯地追求分析速度快，可以采用多种措施来实现快速 GC，如表 4-1 所示。但每种参数的改变都有其有利和不利的一面，而我们追求的快速 GC 是在分离度不变，甚至提高的条件下来加快分析速度。在 GC 分析中，色谱柱是分离的关键，因此人们都将注意力集中到与改变色谱柱特性有关的问题上。

表 4-1 提高 GC 分析速度可能采取的措施

改变参数	优点	缺点
加快进样速度	进样重现性更好	增加购置高档自动进样器的费用
增加载气流速	无需购置新设备和附件	降低分离度,还可能影响检测器性能
改变载气种类	使用氢气可获得更快的分析速度	只能有限地提高分析速度,且有安全问题
缩短柱长	无需购置新设备和附件	降低分离度
减小柱内径	柱效提高,可用短柱分析	降低柱容量,须提高柱前压和分流比
恒温分析	无需冷却时间,缩短了分析周期	难以分析复杂混合物,不能作柱上进样
加快升温速率	缩短分析时间	降低分离度,且大的升温速率受仪器限制,还有可能改变出峰顺序

有人从理论和实践两方面证明,Golay 方程只在低压(柱入口压力与出口压力之差小于柱出口压力)条件下才是有效的。而在高压条件下,最佳载气流速与柱长有直接关系,即柱越短,最佳载气流速越大,实用最佳载气流速范围越宽。此时的速率方程应该为:

$$H = B/u^2 + C_m u + C_s u$$

这证明了使用小内径毛细管柱的可行性。小内径柱(微径柱)的柱效可能达到常规内径柱的两倍。比如,0.1mm 内径柱具有每米 8600 的理论塔板数,而 0.25mm 内径柱的理论塔板数一般为 3500/m。这样就可能采用较短的色谱柱而保持分离度不变。另外,微径柱要求高的柱前压来维持一定的载气流速,而在高压下载气的最佳流速更大,这正符合快速分析的要求。于是仪器制造厂商对仪器做了改进,提高了柱前压的上限,增大了可控制的分流比,提高了柱箱程序升温速率,并推出了小至 $50\mu m$ 内径的毛细管柱,从而把快速 GC 从实验室研究推广到常规分析中。

快速 GC 中采用的开管柱多为 0.1mm 内径柱,长度 10m 左右,而 0.05mm 内径柱使用较少,原因主要是柱容量小,影响了方法灵敏度。为配合快速 GC 分析,固定液膜一般较薄,不超过 $0.5\mu m$。这样可获得更高的柱效。就仪器来讲,柱前压要达到 $100 \sim 150$psi,分流比要达到 $(500 \sim 10000):1$,柱箱升温速率可高达 120℃/min。检测器的死体积要求更小,灵敏度要更高。采用快速 GC 可比常规毛细管柱的分析速度提高 $3 \sim 10$ 倍。

4.1.3 快速气相色谱应用举例

4.1.3.1 石油的快速模拟蒸馏

石油的模拟蒸馏在炼油工业中非常重要。过去多用填充柱进行,分析时间较长。现在逐渐用毛细管柱取代了填充柱,如美国 ASTM D2887 方法就推荐使用大口径柱。图 4-1 是用 5m×0.53mm 毛细管柱得到的沸程为 110～500℃($C_5 \sim C_{44}$)的石油样品模拟蒸馏结果,分析时间需 20min。如果采用 1m×0.1mm 柱时,分析时间缩短到 7min(如图 4-2 所示)。尽管快速 GC 采用了分流进样(分流比 175:1),但通过用死体积更小的衬管,并在其中填充适量的石英玻璃毛,使分流歧视大为减少,各正构烷烃($C_7 \sim C_{44}$)的相对响应因子(相对于 C_{10})接近于 1(0.96～1.03)。快速 GC 测得的沸点数据与常规 ASTM D2887 方法所得结果的误差仅为 $1 \sim 2$℃,而快速 GC 的重复性可达到 RSD<0.2%($n=7$)。这完全满足石化分析的要求。

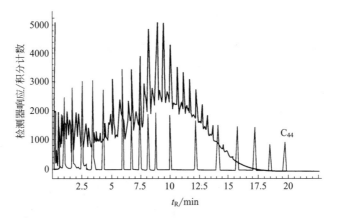

图 4-1 正构烷烃校正标样和参比油样的常规模拟蒸馏（方法 ASTM D2887）分析结果

色谱条件：色谱柱为 OV-1 大口径毛细管柱（5m×0.53mm×2.6μm）；柱温从 35℃
开始，以 15℃/min 升至 325℃；载气（He）流速 17mL/min；检测器
（FID）温度 325℃；柱上进样 0.1μL，室温

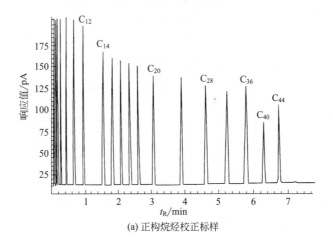

(a) 正构烷烃校正标样

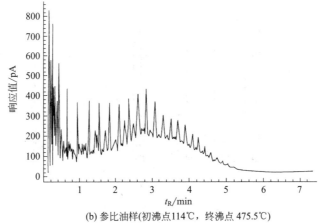

(b) 参比油样(初沸点114℃，终沸点 475.5℃)

图 4-2 快速 GC 的模拟蒸馏结果

色谱条件：OV-1 毛细管柱（1m×0.10mm×0.4μm）；程序升温，35℃开始，以 40℃/min 升至 310℃；载气
（He）流速 1mL/min，0.1min 后以 90mL/min 的速率程序升压至 3.5mL/min；分流进样，进样
温度 315℃，分流比 175：1；检测器（FID）温度 325℃；进样量 0.5μL

4.1.3.2 有机氯农药的快速 GC 分析

图 4-3 是 11 种有机氯农药的快速 GC 分析结果。如果采用常规毛细管柱，分析时间约为 20min，快速 GC 将分析速度提高了 5 倍。注意，这一分析采用了微型 ECD，它具有更快的数据采集速率和更高的检测灵敏度。

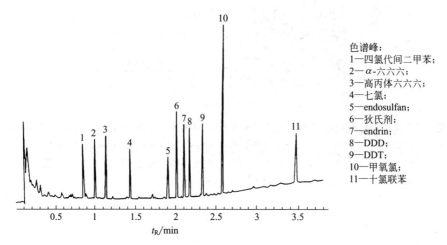

色谱峰：
1—四氯代间二甲苯；
2—α-六六六；
3—高丙体六六六；
4—七氯；
5—endosulfan；
6—狄氏剂；
7—endrin；
8—DDD；
9—DDT；
10—甲氧氯；
11—十氯联苯

图 4-3　几种有机氯农药的快速 GC 分析

色谱条件：SE-54 毛细管柱（5m×0.10mm×0.17μm）；程序升温，150℃ 开始，保持 0.015min，以 45℃/min 温至 275℃；载气（He）流速 0.6mL/min；分流进样，进样温度 300℃，分流比 10∶1；检测器（μECD）温度 300℃；进样量 0.5μL。样品：有机氯农药的异辛烷溶液，含每种农药 5nL/L

4.1.3.3 化工过程中间体的快速 GC 分析

图 4-4 是一个化工过程实际样品的分析结果。采用常规的 60m 柱时，分析时间为 35min，当用 10m 的微径柱时，4.5min 即可完成分析，且分离度未见下降。采用这一方

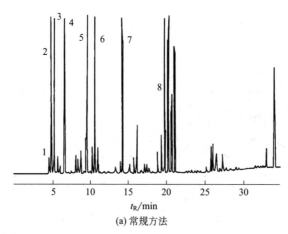

(a) 常规方法

色谱条件：OV-1 毛细管柱（60m×0.32mm×1.0μm）；程序升温，100℃ 开始，保持 1min，以 45℃/min 升至 275℃，保持 5min；载气（He）柱前压 15.7psi；分流进样，进样温度 300℃，分流比 200∶1，进样量 0.5μL；检测器 FID

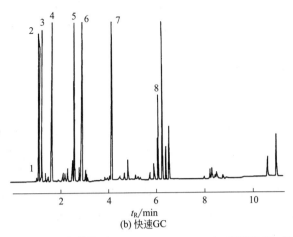

(b) 快速GC

色谱条件：OV-1 毛细管柱（20m×0.1mm×0.4μm）；程序升温，100℃开
始，保持 0.03min，以 17.4℃/min 升至 275℃，保持 3min；载
气（He）柱前压 74.2psi；分流进样，进样温度 300℃，分流比
900：1，进样量 0.1μL；检测器 FID

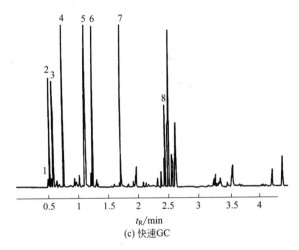

(c) 快速GC

色谱条件：OV-1 毛细管柱（10m×0.1mm×0.4μm）；程序升温，100℃ 开始，以
49.1℃/min 升至 275℃，保持 2min；载气（He）柱前压 49.1psi；分流进
样，进样温度 300℃，分流比 700：1，进样量 0.1μL；检测器 FID

图 4-4 化工过程中间体的 GC 分析结果比较

法可以加快化工过程的质量检验速度，更有效地提高产品质量。

4.1.4 快速气相色谱的操作注意事项

（1）快速 GC 方法的开发较之用常规毛细管柱复杂一些，这主要是由于快速 GC 采用
微径柱，进样速度、分流比、载气柱前压、进样口衬管都对分离有明显的影响，因此需
要优化更多的参数。如果已经有了常规毛细管 GC 方法，将其转换为快速 GC 方法要相对
容易一些。有的仪器厂商为此专门设计了方法转换软件，读者需要时可以咨询。

使用这样的软件，只要在相应的视窗中选定或输入原来方法的参数，包括色谱柱规

格（柱长、内径、固定相膜厚、相比）、载气条件（种类、柱前压、流速、柱出口压力）和柱箱温度程序，然后输入快速 GC 要用的柱规格和载气种类，软件即可算出快速 GC 应采用的优化条件。在此条件下分析，就可得到理想的结果，且出峰顺序不会变化。

需要注意的是，微径柱与常规柱所用固定液应该相同。如果是极性柱（如 PEG-20M），最好采用同一厂家的产品，因为不同厂家对极性固定液的改性方法不尽相同。

（2）快速 GC 只能缩短色谱分析的时间，不一定能缩短总的分析周期。因为后者包括样品制备、GC 分析周期和数据处理等过程。对于生产线上的分析来说，还要看工艺过程本身的时间。如果色谱分析时间比其他步骤的时间都短，那么采用快速 GC 并不会提高整个生产效率。只有当 GC 分析时间在总的分析周期中起决定性作用时，快速 GC 才能发挥重要作用。因此，在实际工作中，快速 GC 并不是绝对有利的，需要根据实际情况来决定是否采用快速 GC。因为快速 GC 对操作人员的要求要高一些，如果要购置新仪器才能实现 GC 分析，还有一个投资的问题。

（3）快速 GC 的明显缺点是柱容量小，影响方法的检测灵敏度。事实上几乎任何一种新技术都会以失去某些性能为代价。GC 分析总是在分析速度、分离度和灵敏度三者之间找折中点，不可能三者同时达到最佳。目前 0.1mm 内径柱的容量为 5～10ng（据固定液膜厚不同而变），所以浓度低或杂质含量低的样品，都应经过浓缩或相应处理后方可用快速 GC 分析。此外，小尺寸的色谱柱对污染的敏感度更高，要求维护更加仔细。有人提出采用并联多根微径柱的方法来提高快速 GC 的柱容量，但尚未见实用性报道。

（4）快速 GC 需要高的柱前压，更容易出现载气泄漏问题，故应更经常地检漏，更频繁地更换进样口隔垫。一般来说，载气压力在 1h 内的变化不应超过 2kPa，否则，快速 GC 的重现性会受影响。具体检漏方法请参看第 2 章有关内容。

（5）载气源的输出压力要足够高，才能维持快速 GC 的高柱前压。如果柱前压要达到 150psi，要调节钢瓶减压阀的输出压力达到 0.6MPa（常规毛细管 GC 需要 0.4MPa 即可）。

（6）注意调节隔垫吹扫流量，使之控制在 3mL/min 左右。因为柱前压升高后，如果隔垫吹扫阀仍在常规毛细管 GC 分析的位置上，隔垫吹扫气流就会太大，轻则浪费气体，重则造成样品丢失，影响检测灵敏度。

（7）推荐使用氢气作快速 GC 的载气（要注意安全问题）。因为样品在氢气中的分子扩散系数比在氮气或氦气中都大，故在一定压力下，氢气的流速可以更快一些。比如，$10m \times 0.1mm$ 的微径柱，在 35℃时，若柱前压为 416kPa，柱内氢气流速为 124cm/s（2.0mL/min），而氦气在相同温度和压力下只有 56cm/s（0.9mL/min）的流速，氮气就更低了。

（8）快速 GC 分析最好采用自动进样器，以保证足够快的进样速度和好的进样重现性，且进样速度越快越好。若用手动进样，保留时间重复性会差一些，峰形也会比采用自动进样器宽一些。

（9）进样口衬管也是一个必须注意的问题。常规毛细管柱所用进样口衬管如果用在快速 GC 上，峰形会差一些。故推荐用内径更细的衬管。

（10）最后，检测器的响应速度要快，数据采集速率要快，才能保证快速 GC 的有效性。对于半峰宽为 1s 的色谱峰来说，数据采集速率应在 20Hz 以上。现在有的 FID 和 NPD 具备 200Hz 的采集速率，ECD 的采集速率也可大于 50Hz，满足快速 GC 的要求。另外，为适应快速 GC 柱容量小的情况，应采用灵敏度尽可能高的检测器。比如，用 FID 时应采用适合于微径柱的喷嘴，而用 ECD 时，则要用灵敏度更高的微型 ECD（即 μECD）。

4.2　保留时间锁定

GC 分析中保留时间是指认色谱峰最基本的参数，但遗憾的是，长期以来保留时间的重现性一直是一个问题，这在很大程度上使 GC 在定性鉴定方面处于劣势。应该说，正常情况下同一台仪器使用同一根色谱柱时，保留时间是完全可以重复的。但若换一根标称规格完全相同的色谱柱时，或者因重新安装而截短了 2cm 的同一色谱柱，保留时间则很可能不重现了。至于不同仪器、不同实验室之间要获得重现的保留时间就更不容易了。这就使得色谱工作者不得不采用别的参数，如保留指数、相对保留时间来校正保留时间，以达到定性应用的目的。而这样做又必须用一系列标准样品，工作效率受到影响。即使是重现性较好的保留指数，不同实验室之间的重现性也不是没有问题。有人甚至耗费数年时间来研究保留指数如何重现，结果也没有完全解决问题。这使得文献中大量的保留数据未能充分发挥作用。在 GC-MS 定性时，因为总离子流色谱图与常规检测器如 FID 所得色谱图的保留时间不能很好重现，正确指认色谱峰的位置也存在一些问题。化合物在常规检测器和 MS 上的响应因子不同，依据峰的相对大小来确定峰的位置常常是不可靠的。

现在，随着仪器制造水平和色谱柱制造工艺的进步、仪器自动化程度的提高，各种操作参数的控制更为严密，同一台仪器的保留时间重复性可达到 $RSD < 1\%$。但不同仪器、不同色谱柱之间的重现性仍不能令人满意。为此，有公司推出保留时间锁定（RTL）技术，给这一问题的解决提供了较为理想的途径。

4.2.1　保留时间锁定的原理

所谓保留时间锁定，就是使特定化合物的保留时间在不同仪器、不同色谱柱（但标称固定相和相比相同）之间保持不变。为了讨论这一技术的基本原理，我们先来分析影响保留时间重现性的因素。

决定保留时间的因素主要是化合物的性质、固定液的性质和操作条件。如果前两个因素不变（对于特定的化合物和 GC 仪器系统，这是成立的），那就只有操作条件了，即载气流速、柱温、毛细管柱规格和检测器类型。

① 载气控制。对于同种载气来说，压力和流速是影响保留时间的参数。不同厂家的压力表和流量计的制造精度有所不同，故当不同仪器的压力和流量显示完全一致时，柱内流量也不尽相同。现在有了 EPC，这一问题基本得到了解决。虽然同一厂家制造的 EPC 不可能每个都严格一致，但差异是微小的，通过压力的自动调节完全可以校正这一差异。

② 温度控制。保留时间对温度是极为敏感的，过去采用水银温度计测量柱温时，重

现性显然有问题。现在都用热敏元件和电子线路来控制温度，精度大为提高。不同仪器间的温度重现性是令人满意的。即使有0.5℃的差异，仍能通过调节柱前压的方法来使保留时间达到重现。

③ 色谱柱规格。一是不同厂商的色谱柱，尽管标称规格一致，但难免有内径的不均匀、固定液膜厚的变化以及柱长的不精确，这些都会造成保留时间的波动。二是同一根色谱柱在使用过程中会发生变化，比如，重新安装或因柱污染而截去1～2cm后，尽管其他操作条件不变，但保留时间也不能重现。现在同一厂商的色谱柱制造重现性已相当高，而不同厂家的色谱柱尚不能完全重现，尤其是极性柱。但采用同一厂家的色谱柱，可基本解决这一问题。至于色谱柱长度的变化，可以通过调节柱前压来补偿。

④ 检测器类型。这里主要指工作压力，即色谱柱出口压力。常规检测器都在常压下工作，而MS要在高真空下工作，AED则在高于大气压（如1.5psi）下工作。这样，当比较常规检测器和MS或AED所得结果时，即使柱前压严格一致，柱压降也不同，保留时间就不能重现。采用EPC时，就很容易通过调节压力使柱压降保持相同。

通过上述分析可以得出结论，只要仪器的载气和温度控制精度足够高，只要色谱柱标称规格一致，就可以通过调节柱前压的方法来补偿操作参数的微小变化，从而实现保留时间的重现，这就是RTL的基础。

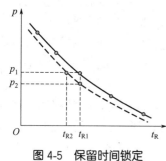

图4-5　保留时间锁定
（RTL）原理图

图4-5为RTL原理图，当用一根特定色谱柱开发一个分析方法时，其中某个目标化合物的保留时间为t_{R1}，柱前压为p_1。这时可分别在5个不同的压力（p_1、$1.1p_1$、$1.2p_1$、$0.9p_1$、$0.8p_1$）条件下重复实验，得到5组压力和保留时间数据。以此作图可得到图示的p-t_R关系曲线。在±20％的压力范围内，可将此曲线当作直线处理。这就是RTL的第一步，称作锁定。只要锁定色谱图上一个峰的保留时间即可，该目标化合物峰应与其他组分完全分离，且峰形对称、大小适中。

将此方法用到另一台仪器上时，首先按原方法的条件设置（柱前压p_1）进行一次预分析。这时上述目标化合物的保留时间可能是t_{R2}（如果色谱柱比原来的短，则往往是$t_{R2} < t_{R1}$，反之，$t_{R2} > t_{R1}$）。由p_1和t_{R2}确定了一个新的点。该点很可能不在原来的p-t_R曲线上。这说明要获得t_{R1}的保留时间，柱前压应当降低。降低多少合适呢？我们可以通过点（p_1，t_{R2}）作一条与原来p-t_R曲线（图中实线）平行的新曲线（图中虚线）。在这条新曲线上，与t_{R1}相对应的压力是p_2，也就是说，将压力调节到p_2，该目标化合物的保留时间就应该是t_{R1}。于是将柱前压调节到p_2，再分析样品，就能得出与原来方法相同的保留时间。如果重现性尚不能令人满意，还可按上述方法进一步微调压力。一般再做一次微调之后，就能获得重现的保留时间。这是RTL的第二步，称作重新锁定。

按照重新锁定的方法进行分析，在第二台仪器上的保留时间与原来方法的保留时间之差可控制在0.02min之内。这样就很容易比较不同仪器的色谱图，也很容易确定色谱峰的位置。由此我们能获得的好处是：

① 减少方法开发所用时间。别人已建立的方法，我们可以拿来使用，而所得色谱峰

保留时间可以与文献值完全相同。特别是数据处理中的积分参数以及时间程序事件均可照搬，省去了不少时间。

② 分析结果更可靠。因为所得色谱图与标准方法是一致的，故不必怀疑分析结果的可靠性。在做定性分析时，鉴定结果也更加可靠。不同实验室之间的分析结果很容易比较。在生产过程分析中，可以根据分析结果快速采取措施，保证产品质量。

③ 有利于建立数据库。由于保留时间重现了，可以对要分析的样品建立保留时间数据库，该数据库可用于不同的实验室进行检索。当然，保留时间不像 MS 图那样具有特征性，但就某一类化合物而言（如农药，见下文），建立一个保留时间数据库用于未知样品的定性是完全可行的。

④ 降低了分析成本。因为可用更多的时间分析样品，而不必再在方法开发上花费更多的时间，故提高了工作效率。

最后需要指出，柱前压与保留时间的关系不是严格的直线关系。上面所讲的方法只是做近似处理（压力范围窄时是合理的），如果用二次曲线来拟合，或者采用多个目标化合物进行锁定，效果会更好。但这需要做复杂的计算，下面将要介绍的软件可以满足这一需要。

4.2.2　保留时间锁定软件

现在市场上可以买到现成的 RTL 软件，它就是根据上述原理设计和工作的。当一个分析方法确定以后，首先进行一次锁定。用户只要将 5 个压力下目标化合物的保留时间数据输入计算机，软件就会自动给出 p-t_R 曲线，并同方法一起储存起来。当在另一台仪器上重复该方法时，只要将原方法拷贝到新仪器上，就可以进行重新锁定。计算机可依据试运行的结果自动计算并调节柱前压，从而使新仪器上的保留时间与方法开发时的保留时间很好地吻合。虽然目前这种软件还只能在特定厂商的工作站上运行，但估计很快会有较为通用的 RTL 软件出现。事实上，每个实验室也可根据自己所用的分析方法来编写 RTL 软件。

4.2.3　保留时间锁定的应用

4.2.3.1　苯乙烯单体的杂质分析

苯乙烯是聚苯乙烯及许多塑料产品的原料，美国材料与试验协会（ASTM）有专门方法分析苯乙烯中的杂质（D5135 方法）。图 4-6(a) 就是按 ASTM D5135 方法分析的结果，色谱峰鉴定结果见表 4-2。但在两台不同的仪器上以同样的条件分析时，保留时间的重现性往往不是很好［如图 4-6(b) 所示］。以 α-甲基苯乙烯为例，保留时间可能会相差 1～2min。采用 RTL 技术（以 α-甲基苯乙烯为目标化合物）之后，两台仪器上保留时间的误差可控制在 0.002min 之内［如图 4-6(c)］。RTL 同样可以使不同检测器之间的保留时间重现性大为提高。图 4-6(d) 和表 4-3 给出了 FID 和 MSD 之间的重现性结果。虽然 FID 在常压下工作，MSD 为高真空，但通过 RTL，可获得完全重现的保留时间。这对于峰鉴定是极有好处的。只要用 MSD 鉴定一次之后，就可在任何一台仪器上进行样品分析，根据保留时间就能进行定性鉴定，这无疑将节省分析成本、提高工作效率。

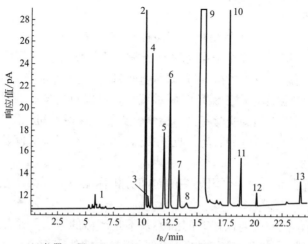

(a) 仪器1，用ASTM D 5135方法，初始柱前压18.2 psi，恒流模式

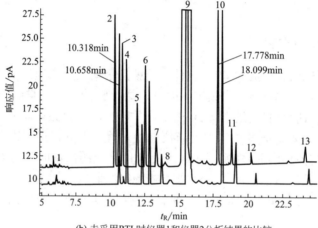

(b) 未采用RTL时仪器1和仪器2分析结果的比较

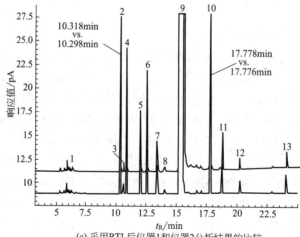

(c) 采用RTL后仪器1和仪器2分析结果的比较

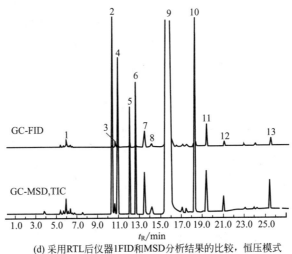

(d) 采用RTL后仪器1FID和MSD分析结果的比较，恒压模式

图 4-6 苯乙烯单体的 GC 分析（峰归属见表 4-2）

表 4-2 苯乙烯杂质的定性鉴定结果（峰编号同图 4-6）

峰编号	化合物名称	峰编号	化合物名称	峰编号	化合物名称
1	非芳烃	6	邻二甲苯	11	苯基乙炔
2	乙苯	7	正丙苯	12	β-甲基苯乙烯
3	对二甲苯	8	对/间乙基甲苯	13	苯甲醛
4	间二甲苯	9	苯乙烯		
5	异丙苯	10	α-甲基苯乙烯		

表 4-3 采用 RTL 后 GC-FID 和 GC-MSD 的保留时间比较（恒压模式） 单位：min

化合物名称	GC-FID(柱前压 18.2psi)	GC-MSD(柱前压 7.9psi)	保留时间差
乙苯	10.315	10.338	0.023
对二甲苯	10.620	10.642	0.022
间二甲苯	10.869	10.890	0.021
异丙苯	12.038	12.053	0.015
邻二甲苯	12.613	12.630	0.017
正丙苯	13.492	13.508	0.016
α-甲基苯乙烯[①]	18.276	18.267	0.009
苯基乙炔	19.406	19.389	0.017
β-甲基苯乙烯	21.008	20.987	0.011
苯甲醛	25.475	25.415	0.060
平均			**0.021**

① 锁定目标化合物。

注：1psi=6894.76kPa。

4.2.3.2 采用 RTL 可提高保留指数的重现性

大家知道，保留指数是 GC 定性的重要数据，但其重现性，尤其是在极性色谱柱上的

重现性尚不能令人满意，致使大量文献数据未能很好地利用。采用 RTL 技术之后，标准化合物和未知化合物的保留时间均可得到重现，在此基础上计算的保留指数的重现性就会大为提高。这在香料工业上很有应用价值。表4-4 是用三台仪器分析一种香料的结果（化合物名称略）。未使用 RTL 时，三台仪器间保留时间的平均波动范围为 0.8min，保留指数的平均波动范围为 1.44 保留指数单位。使用 RTL 后，保留指数的平均波动范围可控制在 0.6 保留指数单位。这意味着采用 RTL 后保留指数数据库将变得更为有用。

表 4-4 采用 RTL 提高了保留指数的重现性

未采用 RTL 时的保留指数					
化合物编号	仪器1	仪器2	仪器3	标准偏差	相对标准偏差/%	波动范围
1	674.13	674.35	674.30	0.12	0.02	0.22
2	750.65	750.98	750.98	0.019	0.03	0.33
3	845.18	845.68	845.85	0.35	0.04	0.67
4	934.27	934.93	935.14	0.45	0.05	0.87
5	1089.96	1090.89	1091.10	0.61	0.06	1.14
6	1141.60	1142.61	1142.99	0.72	0.06	0.39
7	1228.51	1230.63	1231.45	1.52	0.12	2.94
8	1235.42	1236.79	1237.00	0.86	0.07	0.58
9	1241.72	1243.19	1243.34	0.90	0.07	1.62
10	1366.74	1368.74	1369.45	1.41	0.10	2.71
11	1443.93	1445.58	1446.53	1.24	0.09	2.42
平均				**0.76**	**0.06**	**1.44**

采用 RTL 后的保留指数					
化合物编号	仪器1	仪器2	仪器3	标准偏差	相对标准偏差/%	波动范围
1	674.29	674.93	674.32	0.36	0.05	0.64
2	751.01	751.63	750.99	0.36	0.05	0.64
3	845.64	846.36	845.84	0.37	0.04	0.72
4	935.01	935.65	935.12	0.34	0.04	0.64
5	1090.71	1091.14	1091.03	0.22	0.02	0.43
6	1142.56	1143.00	1142.92	0.23	0.02	0.44
7	1230.94	1231.26	1231.39	0.23	0.02	0.45
8	1236.49	1237.17	1236.88	0.34	0.03	0.68
9	1242.96	1243.55	1243.32	0.30	0.02	0.59
10	1368.85	1369.38	1369.38	0.31	0.02	0.53
11	1445.68	1446.00	1446.29	0.31	0.02	0.61
平均				**0.31**	**0.03**	**0.58**

4.2.3.3 农药分析数据库

如前所述，基于 RTL 技术，人们可以直接利用保留时间进行定性分析。据此有人开发了一种农药筛选方法，并建立了一个包括 567 种农药和可疑内分泌破坏物的保留时间数据库。只要用 RTL 技术使您色谱仪上农药的保留时间与数据库的值一致，就可通过计算机检索数据库，找到几种（一般不超过三种）可能的鉴定结果。再通过确认，即可完成鉴定。此方法已用于环境分析中。图 4-7 是该筛选方法的框图。

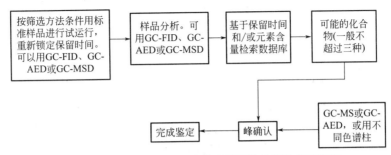

图 4-7　567 种农药和可疑内分泌破坏物的筛选方法框图

该数据库还包括各种农药的元素组成数据（用于 AED），以及用户定义的项目。如果结合方法转换软件，还可使用快速 GC 方法。用户可按分析速度的变化来修正数据库中的保留时间，而后进行检索。

4.3　微型气相色谱及其应用

4.3.1　微型气相色谱的特点

在现代高科技的发展和国家需要的推动下，各种仪器的小型化和微型化一直是一个重要的发展趋势，很典型的例子是各种化学传感器和生物传感器的开发。现已有多种传感器可用于矿井中易燃易爆和有毒有害气体的监测、战场化学武器的监测等。传感器有很高的灵敏度和专属性，但对复杂混合物的分析，如工业气体原料的质量控制、油气田勘探中的气体组成分析、空间实验室航天员舱中的气体监测等，单靠传感器显然是不够的。这就需要用小型、轻便、快速的 GC 进行分析。

事实上，GC 的微型化一直是人们追求的目标，已经历了几十年的发展。总的来看，开发微型 GC 有两种思路。一是将常规仪器按比例小型化，可称为便携式 GC，其大小相当于一个旅行箱。二是用高科技制造技术实现元件的微型化。国内大连化物所的关亚凤教授也成功地研制出了微型 GC，并用于我国的神舟航天器。市售仪器有微型 GC 和便携式 GC 之分，本书统称为微型 GC。这些仪器的共同特点是：

① 体积小，重量轻，便于携带。可安装在航天器及各种宇宙探测器上，也可由工作人员随身携带进行野外考察分析。

② 分析速度快，保留时间以秒计，很适合于有毒有害气体的监测和化工过程的质量控制。

③ 灵敏度较高，对许多化合物的最低检测限为 10^{-6} 级。

④ 可靠性高，适合于不同的环境，可连续进行 250 万次分析。

⑤ 功耗低，省能源，一般采用 12V 直流电，功耗不超过 100W。

⑥ 自动化程度高，可用笔记本电脑控制整个分析过程和数据处理，也可遥控分析。

⑦ 样品适用范围有限。任何仪器的微型化都是以牺牲某些性能为代价的。目前市场上的微型 GC 基本都是采用 TCD 检测，进样口温度不超过 150℃，故主要用于常规气体

分析，如大气、天然气、炼厂气、氟利昂、工业废气以及液体和固体样品的顶空分析，而不适于分析高沸点样品。因此，所用色谱柱多为 $0.2\sim0.5$mm 内径的 PLOT 柱，柱长为 10m 左右。有些厂商的微型 GC 配有扩展功能附件，可以扩大其应用范围，如用于环境中苯系物的分析等。

4.3.2 微型气相色谱仪器

与常规 GC 类似，微型 GC 也主要由进样口、色谱柱和检测器组成，所不同的是微型 GC 的部件体积小，有的采用微加工技术，检测器和进样口可微刻在硅片上。色谱柱可固定在一个加热块上。表 4-5 列出了一些市售微型 GC 产品。

微型 GC 的另外两个问题是电源和气源。在实验室使用时，可用外接电源和气源。如果在野外使用，则可用内置蓄电池（也可接在汽车的蓄电池上）和内置小钢瓶，这时一般可支持仪器连续工作 40h。

表 4-5　市售微型 GC 举例

仪器型号	特点
Agilent990 微型 GC 系统，包括微型 GC 天然气分析仪、微型 GC 炼厂气分析仪、微型 GC 沼气分析仪	系统集高性能与快速分析于一体，可用于实验室、在线或现场分析。即使频繁更换测量位置也能保证结果的准确度。可使用专用样品处理箱，以确保液化石油气或液化天然气、炼厂气成分分析的样品完整性 有各种配置选项，操作简单；可提供最多四个分离和检测通道。与传统 GC 相比，大大降低了能耗和载气的消耗量
美国 DPS-500DPS 便携式 GC	用于空气、水和土壤有机成分现场分析。同机搭载吹扫捕集水样浓缩进样，液态及固态样品顶空进样，空气样品浓缩进样和微萃取浓缩进样装置。可从 7 种检测器中任意选择搭载两个检测器
德国希戈纳便携式 GC	基于 GC-FID 技术，将便携式标气、便携式电脑工作站、在线 VOC 分析仪集成于一体，实现了用户可随机携带并且可在现场对环境空气或固定污染源气体进行快速分析的目的
德国舒赐 PGC 便携式 GC，乙烷辨识仪	可在最短的时间内区分地下沼气和管道天然气及其他管道燃气。便于携带，适合于现场和野外的现场分析
德国 DGA ECH MobilGC 便携式 GC	适合于现场检测，在线过程控制及实验室检测。其独具特色的内部供气系统保证了该仪器用于现场检测的高适用性
谱育科技 EXPEC 3050 手持式挥发性有机气体分析仪	又称手持 FID，是基于 FID 原理的一款手持 VOCs 分析仪，仪器还可以拓展为 FID+PID 的版本，可单手操作。仪器符合 GB 37822—2019、HJ 733—2014、HJ 1019—2019 等标准
上海荆和 GC-7860 Micro-S,JHGC-3000N 便携式 GC	由两个通道组成，适用于天然气及类似的气态混合物的分析，如 H_2、CO_2、CO、N_2、O_2、$C_1\sim C_5$ 烷烃类。可用于现场分析
上海仪盟 A80 便携式 GC	有 4 个单独电加热柱箱，可配置 5 种检测器。多路样品流路自动选择模块。用于挥发性有机物的分析
山东鲁南瑞虹化工仪器有限公司 SP-7801T 便携式 GC	既可作为实验室精密分析仪器，又可便携到现场检测或在线检测。很适合多维色谱分析

4.3.3 微型气相色谱的应用

下面简要介绍几个微型 GC 应用的典型实例。

4.3.3.1 炼厂气分析

炼厂气分析是用于表征原油精炼过程中产生的气体，包括烟囱排放物、火焰和重整气流。尽管气体组成不尽相同，但通常都含有 $C_1 \sim C_5$ 烷烃、C_{6+} 烷烃、$C_2 \sim C_5$ 烯烃以及非冷凝气体。采用微型 GC 能够实现炼厂气的快速分析，相比常规实验室 GC 仪器，可大大缩短分析时间。分析实例见图 4-8。

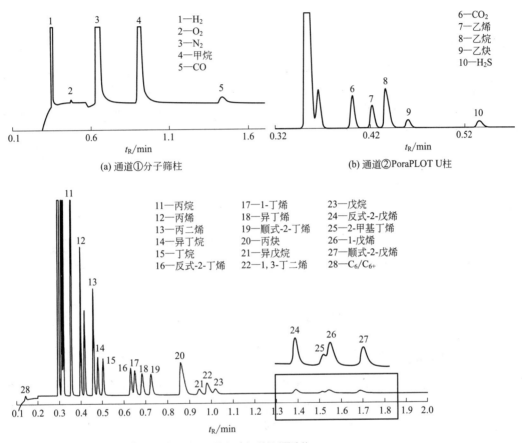

图 4-8 三通道微型 GC 分析炼厂气的典型色谱图（色谱条件见表 4-6）

表 4-6 三通道微型 GC 分析炼厂气的色谱条件

条件	10m CP-Molesieve 5Å 反吹通道(RTS)①	10m CP-PoraPLOT U 反吹通道②	10m CP-Al₂O₃/KCl 反吹至检测器通道③
载气	氩气	氦气	氦气
进样器温度/℃	110	110	110
进样时间/ms	40	40	40
柱头压/kPa	200	150	300
柱温/℃	80	100	100
反吹时间/s	7	7.5	4.5
信号反转	不适用	不适用	从 5 到 12s

炼厂气分析可以采用四通道配置：①分子筛柱通道，分析除 CO_2 以外的永久性气体；②PoraPLOT U 柱通道，分析 C_2 烷烃/烯烃、二氧化碳（CO_2）和硫化氢（H_2S）；③氧化铝柱通道，分析 $C_3 \sim C_5$ 的烷烃/烯烃；④CP-Sil 5CB 柱通道，分析 C_{6+} 烷烃。也可以采用三通道配置，其中通道①和②与四通道配置相同，通道③为氧化铝柱，带有反吹至检测器选件，可分离 $C_3 \sim C_5$ 的烷烃/烯烃，并将 C_6/C_{6+} 烷烃作为组合峰反吹至检测器，从而对 C_6/C_{6+} 进行整体测量。三通道配置中通道③的色谱图如图 4-4 所示，可见 2min 就可完成分析。

4.3.3.2　BTEX 快速分析

BTEX 是一组苯系物的缩写，包括苯、甲苯、乙苯和二甲苯，通常作为环境污染的标记化合物。微型 GC 可快速分析含有 BTEX 的气体样品。采用 10m 长的 PEG-20M 柱，进样器温度 110℃，柱压 220kPa，柱温 50℃，载气为氢气，进样时间 80ms，二甲苯的三种异构体也实现了完全分离，分析时间仅为 140s，如图 4-9 所示。

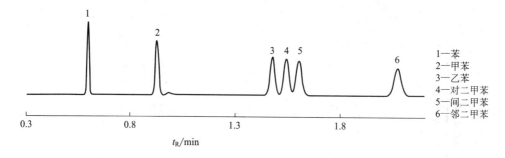

图 4-9　微型 GC 分析 BTEX 的色谱图

4.3.3.3　氟利昂分析

氟利昂一般定义为饱和烃（主要指甲烷、乙烷和丙烷）的卤代物，可分为氟氯烃、氢氟氯烃、氢氟烃及混合制冷剂等 4 类。氟利昂在常温下都是无色气体或易挥发液体，化学性质稳定。但二氯二氟甲烷（CCl2F2，即 R12）等氟氯烃类制冷剂破坏大气臭氧层，也是造成温室效应的原因之一，所以被限制使用。分析大气中氟利昂的种类和含量对于环境科学研究很有意义。图 4-10 是用微型 GC 分析含氟利昂的样品的结果。

4.3.3.4　常见溶剂分析

常见有机溶剂挥发进入工作场所或大气环境中造成大气污染，特别是有毒有害的有机溶剂，对人类健康造成危害。因此，分析这些溶剂在工作场所大气中的浓度是劳动保护的重要内容。图 4-11 是用微型 GC 分析含有机溶剂的气体样品的结果。

4.3.3.5　变压器油分析

变压器油的分析对于保障电力供应和诊断变压器故障非常重要。一般用 GC 来分析变压器油中的气体可以预测和判断变压器的故障，具体方法有特征气体组分法、成分超标分析法和比值判断法等。图 4-12 所示为微型 GC 分析变压器油中气体组成的结果。

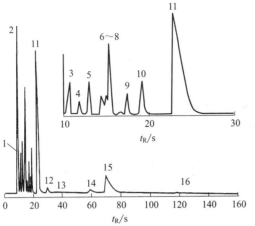

色谱峰：
1—N$_2$；   2—R14+CH$_4$；
3—R23；   4—乙烷；
5—R125；   6—R134a；
7—R152a；   8—R22；
9—丙烷；   10—R12；
11—R124；   12—异丁烷；
13—丁烷；   14—R11；
15—R123；   16—R113
色谱条件：色谱柱4m×0.32mm×10μm
PoraPLOT-Q；柱温 120℃；载气为氦气，
柱前压19.5psi；检测器TCD；进样时间5s

图 4-10 微型 GC 分析氟利昂的典型色谱图

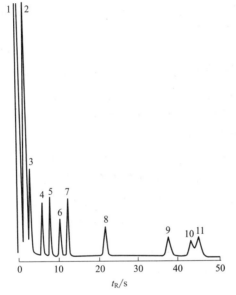

色谱峰：
1—空气；   7—二氯甲烷；
2—水；   8—甲基乙基酮；
3—甲烷；   9—氯仿；
4—乙醇；   10—四氯化碳；
5—丙酮；   11—苯
6—戊烷；

色谱条件：色谱柱 4m×0.15mm×1.2μm
OV-1，柱温39℃；载气为氦气，柱前压
19.8psi；检测器TCD，中档灵敏度；进
样时间15s；运行时间75s

图 4-11 微型 GC 分析常用溶剂的典型色谱图

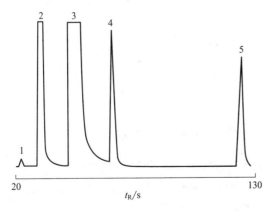

色谱峰：
1—氢气   0.79%；
2—氧气   3.38%；
3—氮气   87.62%；
4—甲烷   1.78%；
5——氧化碳 1.00%
色谱条件：色谱柱4m×0.32mm 5A
分子筛PLOT，柱温 45℃；载气为氦
气，柱前压30psi；检测器 TCD，高
灵敏度；进样时间 15s；运行时间60s

图 4-12 微型 GC 分析变压器油的典型色谱图

4.4 高温气相色谱及其应用

4.4.1 高温气相色谱固定液

能用 GC 直接分析的样品通常是挥发性的和热稳定的，但随着技术的发展，GC 的应用范围越来越宽。比如采用冷柱上进样口可以对许多热不稳定的化合物进行分析，对难挥发的化合物则可采用高温 GC 来部分解决。比如，石油行业需要分析高沸点的脂肪烃（>C_{100}）。若用 HPLC 分析，检测灵敏度和分析成本均是要考虑的问题，所以人们希望用GC 来分析。这就推动了高温 GC 的发展。

所谓高温 GC 常指色谱柱温度超过 300℃ 的分析。从仪器本身讲，一般 GC 仪器的柱箱操作温度均可超过 400℃，关键的问题是色谱柱。常规熔融石英毛细管柱的外面涂有聚酰亚胺保护层，其耐高温性能通常不超过 360℃，程序升温可达到 380℃。温度再高就会造成聚酰亚胺的老化降解，使柱子失去弹性，极易断裂。另一方面，常用固定液（聚硅氧烷类）在交联之后，最高使用温度也只能达到 350℃，恒温使用往往在 330℃ 以下。因此，实现高温 GC 的关键问题是固定液和柱材料。

高温固定液的开发工作一直是色谱学者所关心的课题，曾经研发过各种各样的高温固定液，但真正适用的并不多。因为高温固定液不仅要耐高温，而且必须具备普通固定液所具有的一些性能，如在毛细管内表面的涂渍性能、分离性能等。经过多年研究，人们把研究重点放在开发基于聚硅氧烷的高温固定液上。

在常规 GC 中，聚二甲基硅氧烷是一种热稳定性最好的固定液，且可通过取代基的改性获得不同极性的固定液。热降解研究证明，聚二甲基硅氧烷在高温下主要是通过本征裂解（无规断裂）和所谓"反咬"机理而降解的，产物主要是一系列环状低聚物，其中以六甲基环三硅氧烷的产率最高。图 4-13 为聚二甲基硅氧烷的降解机理示意图。

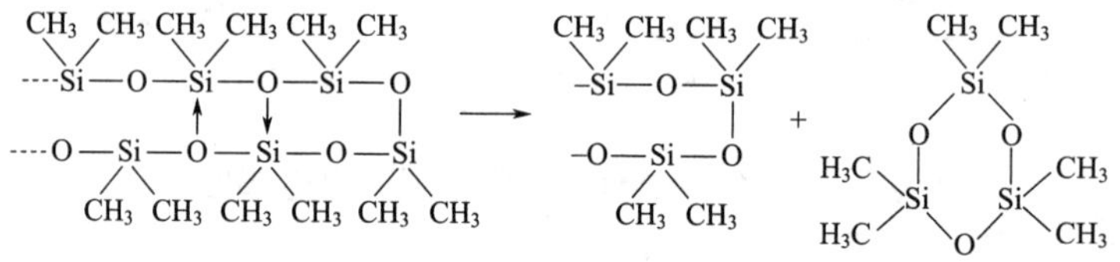

(a) 无规断裂

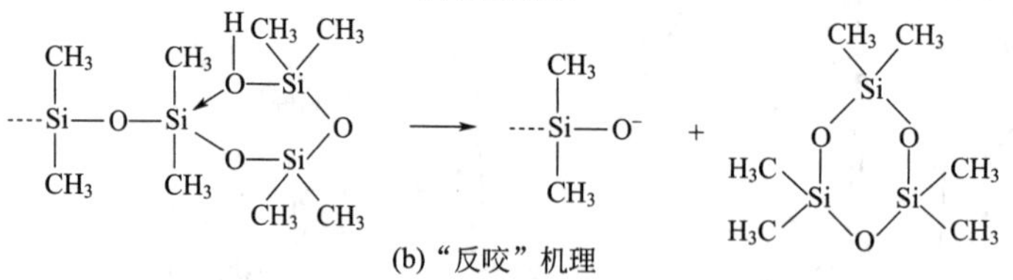

(b) "反咬"机理

图 4-13 聚二甲基硅氧烷降解机理示意图

由此可以推断，若能阻止上述降解反应的发生，就可提高其热稳定性。鉴于此，有人在聚硅氧烷主链上引入苯基以增加高分子链的刚性，使固定液的最高使用温度可高达380℃。也有人用体积较大的侧基取代甲基以阻止高分子链的"反咬"。表 4-7 列出了几种商品化的聚硅氧烷类高温 GC 固定液。

表 4-7　几种商品化的聚硅氧烷类高温 GC 固定液

序号	固定液	使用温度范围
1	聚甲基硅氧烷	−20～350℃
2	端羟基聚甲基硅氧烷	0～430℃
3	50%苯基、端羟基聚甲基硅氧烷	0～370℃
4	5%苯基、端羟基聚甲基硅氧烷	0～430℃
5	聚硼碳烷甲基硅氧烷	50～450℃
6	硅氧烷-碳硼烷共聚物	10～480℃

4.4.2　高温气相色谱柱材料

高温柱材料的开发首先是从改善熔融石英管外涂层开始的。熔融石英是一种很好的柱材料，其耐高温性能完全能满足 GC 要求，但现在普遍采用的聚酰亚胺涂层的最高使用温度为 360℃左右。如果没有保护涂层，石英材料就很容易在外力作用下碎裂。改进的方法是用镀铝层取代聚酰亚胺涂层，且已实现了商品化。有人用镀铝石英柱在 420℃柱温时成功分离了含 100 个碳原子的烃类化合物。然而，这类柱的寿命不是很好，原因是金属铝和石英的热膨胀系数相差较大，几次程序升温循环后，镀铝层与石英之间就有可能形成空隙，甚至使镀铝层剥落。空气及样品气体就会扩散进入此空隙，从而使石英层易于断裂。因此，镀铝石英柱尚不是一种理想的高温色谱柱材料。

另一种高温组合材料自然是不锈钢。事实上，毛细管柱早期就用过不锈钢材料，问题是内表面活性大，固定液在其上的涂渍性能不好。于是人们开始着手研究不锈钢内表面的改性问题。成功的应用是日本的 Frontier Lab 公司的所谓"超合金"高温柱。这种柱材料采用不锈钢管内衬石英管，在二者之间有一个过渡层。该过渡层的热膨胀系数正好从不锈钢过渡到石英，因而较好地解决了相容问题，既发挥了不锈钢的耐高温性能，又利用了石英材料的涂渍性能。这是目前应用较多的高温色谱柱，与高温固定液相结合，其操作温度可高达 450℃或更高。

4.4.3　高温气相色谱的应用

高温 GC 的应用领域主要集中在石油化工行业，如原油中含 100 个碳原子以上的脂肪烃、七个环以上的多环芳烃等。原油中高级多环芳烃含量高时，油的黏度很高，有可能造成输油管的堵塞，还会降低炼油工艺中蒸馏塔或裂化炉的工作效率。所以，分析原油中高级多环芳烃的含量对于输油和炼油都有重要意义。高温 GC 可以分析高达 140 个碳原子的脂肪烃和七到十个环的多环芳烃，在原油模拟蒸馏、高蜡原油分析以及精炼蜡和合成蜡的产品表征方面发挥着重要作用。我国现行标准中已有三项高温 GC 的分析方法，分别为国家标准 GB/T 30518—2014《液化石油气中可溶性残留物的测定　高温气相色谱法》、行业标准 NB/SH/T 0879—2014《含残渣油样沸程分布的测定　高温气相色谱法》和 SN/T 4439—2016《原油沸点分布的测定方法　高温气相色谱法》。

测定合成蜡的碳数分布可以评价费-托合成催化剂的性能。合成蜡分子的最多含碳原子数在 100 以上，因此，需要用高温 GC 来分析。图 4-14(a) 是一个通过费-托反应的合成蜡的分离结果，可见，在程序升温达到 400℃的条件下，可以分离含有 101 个碳的石蜡烃，据此计算的碳数分布如图 4-14（b）所示。

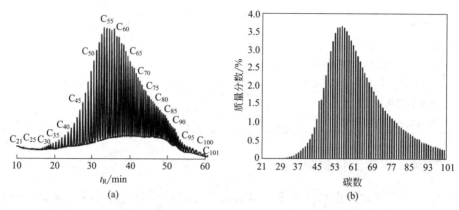

图 4-14　费-托合成蜡的色谱图（a）和费-托合成蜡的碳数分布测定结果（b）[13]

色谱条件：DB-HT-Simdis 色谱柱（5m×0.53mm×0.15μm）；氢气为载气，流速 9.0mL/min（恒流模式）；程序升温，初始柱温为 60℃，保持 1min，以 10℃/min 的速率升至 240℃，保持 1min，再以 5℃/min 的速率升至终温 400℃，保持 10min；进样口温度随柱温度变化，比柱温高 3℃；FID 检测器，温度为 400℃，氢气流速为 40mL/min，空气流速为 400mL/min；尾吹气为氮气，流速为 30mL/min；样品为蜡质量分数 0.5%的热正庚烷蜡溶液；进样量为 0.5μL

4.5　多维气相色谱及其应用

4.5.1　多维色谱概述

4.5.1.1　多维色谱的概念

虽然现代色谱是一种高效分离技术，但对于非常复杂的混合物，如石油、生物燃料油、卷烟烟气、生物体液等样品，仅用一根色谱柱往往达不到完全分离的目的，需要用多根色谱柱的组合来实现完全分离。第二根色谱柱与第一根具有不同的固定相或选择性。这样，混合物在第一根色谱柱上预分离后，将需进一步分离的组分转移到第二根色谱柱上进行更为有效的分离，这就是多维色谱的基本思想。

多维色谱技术经历了几十年的发展，特别是 1984 年以来，这方面的研究更为活跃。不仅有 GC-GC，还有 HPLC-GC、LC-LC 联用，显示了多维色谱出色的分离能力，可实现含上千个组分的混合物的分离。事实上 GC-MS 也是一种多维分离技术，即第一维为 GC 的保留时间，第二维为 MS 的质荷比，保留时间坐标轴与质荷比坐标轴是相互垂直的。与此类似，多维色谱的二维均以保留时间为坐标轴，二者也是相互垂直的。理论上多维分离技术可以从二维到六维，但目前实际研究和应用的多为二维分离技术。下面的讨论也只限于二维 GC 技术。

4.5.1.2　实现多维 GC 的方法

首先要明确，只有当第二根色谱柱能提供比第一根色谱柱更为有效的分离，获得更多的定性定量信息时，GC-GC 才被称为二维技术。实现此目的的途径有两种，第一种是采用不同的色谱柱，包括：①柱尺寸不同，如第一维的 GC 用填充柱进行预分离，第二维

GC 用毛细管柱实现相对完全分离；②固定相不同，如第一维 GC 采用非极性固定相将混合物按沸点分为几组，第二维 GC 采用相对极性的固定相或特殊选择性固定相实现每组的进一步分离；③柱容量或相比不同，如第一维 GC 柱容量大，对大量的样品进行预分离，第二维 GC 则采用柱容量相对小但柱效更高的色谱柱进行更详细的分离。实现二维 GC 的第二种途径是采用不同的操作条件，如不同的柱温程序和不同的载气流速。这往往需要较为复杂的仪器设备，比如两个柱箱及相互独立的控制系统。

两根 GC 柱有多种组合方式。如图 4-15 所示，其中 A 是一维单通道 GC 系统，可叫作一维 GC；B 为双通道并联柱系统，一次进样两根柱同时分析，可以提高工作效率；C 为一维双通道检测系统，可进行选择性检测；D 为一维串联柱系统，最大的总分离能力为两柱之和，但两根柱的固定相若不同，第一柱分离开的组分也可能在第二柱上共流出。E 则为二维 GC 系统，这里来自第一维 GC 的组分可被捕集管 T 收集，然后送入第二维 GC 作进一步分离。两根柱的固定相不同，尺寸也可以不同，温度和载气流速等操作条件均可独立控制。

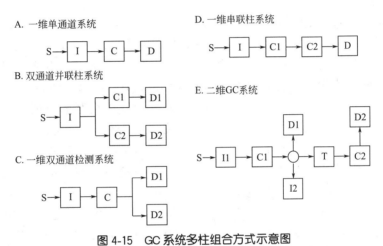

图 4-15　GC 系统多柱组合方式示意图
S—样品；I—进样口；C—色谱柱；D—检测器；T—捕集器

4.5.1.3　多维 GC 的目的

无论采用何种方式实现 GC-GC 分离，其目的不外乎下面所列四种：

① 提高峰容量。采用两根色谱柱，如果其固定相不同，则总的峰容量将远大于两柱单独使用时的峰容量之和，最大峰容量可以是两柱单独使用时峰容量之乘积。故 GC-GC 可以分离非常复杂的混合物。

② 提高选择性。如果混合物中只有几种目标化合物，就采用对这几种目标化合物有特殊选择性的第二维 GC，而第一维 GC 只是作为预分离方法将目标化合物与其他组分分离。比如异构体，特别是旋光异构体的分离，第一维 GC 采用普通柱进行粗分，然后将相关组分送入第二维 GC（如手性柱）进行选择性分离。

③ 高工作效率。在很多情况下，待测目标化合物仅是混合物中少数几种组分，因此，只要这些组分从第一维 GC 柱流出而进入第二维 GC 后，第一维 GC 中的其他组分就可以用反吹或快速升温吹扫等技术放空。与此同时，第二维 GC 进行目标化合物的分离。这样

就大大缩短了分析时间。在制备色谱中，这样做是很有效的。

④ 定量精度。分离效率提高，定量精度也就提高了。特别是痕量分析中，当痕量组分的峰紧挨着溶剂或主成分出峰时，就可以将只含痕量组分的第一维 GC 流出物送入第二维 GC 进行分离。这样，溶剂或主成分的大峰就不会影响痕量组分的定量。

4.5.1.4　多维 GC 的模式

目前，多维 GC 的模式大体上分为两类，即部分多维分离和全多维分离。前者指第一维 GC 图上只有部分组分进入第二维 GC 进行二次分离，即所谓"中心切割（Heart-cutting）"技术。后者则是将第一维 GC 分离后的所有组分都送入第二维 GC 进行二次分离，即所谓"全（comprehensive）二维"技术（用 GC×GC 表示）。这两种模式对仪器的要求有很大的不同，下面讨论其仪器构造。

4.5.2　二维气相色谱的仪器

4.5.2.1　中心切割技术

目前已有几种商品化的带有中心切割的多维 GC 仪器，在结构上大同小异。一般都采用两个柱温箱。关键的技术有两部分：一是如何将第一维 GC 流出的组分准确地切割到第二维 GC；二是如何减小进入第二维 GC 时的样品谱带宽度。前者最早是用阀切换实现，但阀体的死体积、内表面的惰性以及阀体的温度都对要切换的组分有影响，后来采用气压控制的所谓"活"柱切换系统，大大改善了性能；后者则是采用冷冻聚焦装置予以解决。图 4-16 就是具有中心切割功能的所谓"活"柱切换系统原理示意图。采用一个柱温箱，两个检测器。一维和二维色谱柱用一个中心切割部件（Deans Switch）连接，第一维分离的第二个峰含有多个组分，需要切割到第二维进一步分离。当此峰流出第一维色谱柱时，通过 Deans Switch 就可将其转移到第二维色谱柱，以实现完全分离。

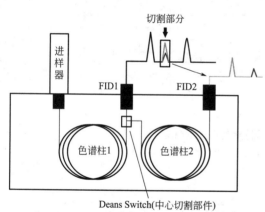

图 4-16　采用中心切割（Deans Switch）的二维 GC 示意图

上述二维 GC 系统也可以采用两个独立柱温箱，以便方便地控制两根色谱柱的温度，以实现最佳分离。如果用微板流路控制技术优化 Deans Switch 的热性能和分析性能，还可以实现更多功能，包括中心切割转移、放空、反吹。

4.5.2.2　全二维（GC×GC）技术

全二维（GC×GC）要将第一维 GC 流出的组分全部转移到第二维 GC 进行分离，故要求第二维 GC 要有足够快的分析速度，通常采用内径较小且长度较短的毛细管柱。两柱分别安装在两个柱温箱，温度分别控制。两柱之间的接口十分重要，虽然中心切割技术所用装置也可用于 GC×GC，但其操作速度（从第一维 GC 到第二维 GC 的转移速度）难以满足复杂混合物多维分析的要求。在 GC×GC 中，接口必须具有三个功能：第一，它必须在第一维 GC 分离进行的同时，将前一个流出的组分捕集浓缩一定的时间；第二，接口应是第二维 GC 的进样装置，必须保证将样品以很窄的谱带转移到第二维 GC 的柱头；第三，接口的聚焦和重新进样必须能严格重现，且对不同组分没有"歧视"效应。为满足这些要求，有人设计了一种冷冻捕集调制器接口（图 4-17）。该调制器采用一段外表面涂导电涂料的石英毛细管，通过电流来控制其温度。由于毛细管的热容很小，导电涂料又能与柱外表面很好接触，故可快速改变温度。当捕集来自第一维 GC 的组分时，接口处于低温或室温，捕集时间可按气体情况设置为 2～60s。然后在适当的时刻通电加热，将捕集的组分快速导入第二维 GC。为使两根色

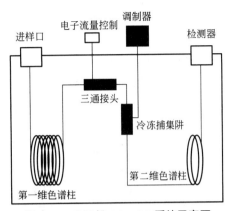

图 4-17 全二维 GC×GC 系统示意图

谱柱的分析时间相匹配，第一维要采用比较长的色谱柱，第二维则用较短的色谱柱。图 4-17 为这种全 GC-GC 系统的简单示意图，整个操作过程，包括数据采集和处理均由专门设计的计算机软件控制。

二维 GC 所用检测器与常规 GC 相同，但由于所分析的样品组成复杂，定性鉴定工作量大，故越来越多地使用质谱。特别是用 GC×GC 分析燃料油、多氯联苯、卷烟烟气等样品时，多与响应速度快的四极杆飞行时间（QTOF）质谱联用。下面就讨论具体的应用实例。

4.5.3 二维气相色谱的应用举例

二维 GC 已成功地应用于复杂混合物的分离，如手性药物、石油产品、香精香料、多氯联苯、卷烟烟气等。下面举几个例子进一步说明多维 GC 的应用。

4.5.3.1 乙烯原料中的痕量氧化物和烃类杂质的同时分析

乙烯中存在的痕量烃类物质会严重影响过程催化剂和最终聚合物产品质量，ASTM D6159 的分析方法就用于检测这些原料的质量。ASTM D6159 方法使用与氧化铝 PLOT 柱串联的聚二甲基硅氧烷色谱柱来分离乙烯中的轻烃，但这一色谱柱系统不能分析极性氧化物，因为甲基硅氧烷的选择性不够，而氧化铝柱会吸附氧化物，损坏色谱柱。所以，乙烯中其他重要污染物如氧化物的分析需要在另一台仪器上运行 GC 方法。这对于过程分析实验室来说，既费时，成本又高。使用二维 GC，聚乙二醇类固定液如 PEG-20M 很容易分离极性化合物和轻烃。在氧化铝柱之前连接一根 PEG-20M 柱将保留极性化合物，而轻烃则会在接近死体积的时间流出。采用 Deans Switch 就可通过中心切割将轻烃切换到氧化铝柱，而氧化物则留在聚乙二醇柱上。如采用微板流路控制技术，就可获得更高的保留时间精度和更窄的色谱峰形（见图 4-18）。

4.5.3.2 汽油成分的二维 GC 分离

图 4-19 所示为从煤炭提取的汽油馏分用多维 GC 中心切割技术分离的结果。因这种

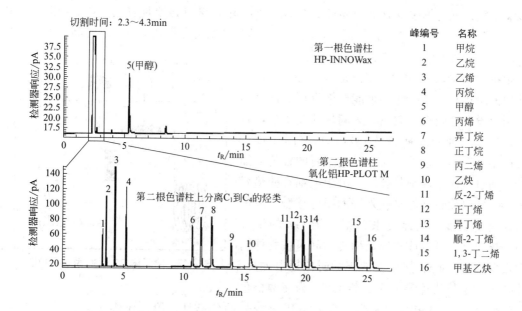

峰编号	名称
1	甲烷
2	乙烷
3	乙烯
4	丙烷
5	甲醇
6	丙烯
7	异丁烷
8	正丁烷
9	丙二烯
10	乙炔
11	反-2-丁烯
12	正丁烯
13	异丁烯
14	顺-2-丁烯
15	1,3-丁二烯
16	甲基乙炔

图4-18　中心切割二维GC用于乙烯中痕量氧化物和烃类杂质的同时分析

色谱条件：第一维色谱柱为 HP-INNOWax，$30m\times0.32mm$ id$\times0.5\mu m$，载气为氢气，流速 2.5mL/min；第二维色谱柱为氧化铝 HP-PLOT M，$30m\times0.53mm$ id$\times15\mu m$，载气为氢气，流速 6mL/min；程序升温，40℃恒温 6min，以 4℃/min 升温至 125℃；挥发性物质分析接口温度150℃，5：1分流；样品定量管 250μL，65℃；检测器为 FID，温度250℃；微板流路控制技术（Deans Switch）切割时间为 2.3~4.5min

汽油样品既含有极性组分如酮、醇、腈类化合物，又含有非极性的、异构化的脂肪烃和芳烃，如采用一维 GC 很难完全分离所有组分，故采用极性柱与非极性柱相结合的二维GC。这样，极性组分可在第一维 GC（极性柱）获得良好分离（图 4-19A），而非极性组分则"切割"到第二维 GC 实现了很好的分离（图 4-19B）。图 B 的横坐标轴应垂直于图A 的横坐标。为了便于观察，绘制成了平面图。

分析条件如下：

第一维 GC：121m 长的 PEG-400 毛细管柱；程序升温，50℃恒温 12.6min，然后以3℃/min 的速率程序升温至 80℃；载气为氢气，柱前压 0.13MPa。

第二维 GC：64m 长 OV-1 厚液膜毛细管柱；程序升温，-30℃恒温 17.4min，然后以 20℃/min 的速率程序升温至 50℃，再以 3℃/min 的速率升温至 150℃；载气为氢气，柱前压 0.07MPa。

进样量：0.2μL；中心切割时间：12.6~17.4min；总分析时间50min。

4.5.3.3　GC×GC 表征石油中的含硫化合物

GC×GC 作为一种新技术为复杂样品的表征提供了新方法，特别是燃料油的分析。这一技术可实现从汽油、重质油到重整油等各种油品的更详细更准确的表征。比如油品中的含硫化合物的性质及其在各种催化过程中的转化问题，就是用 GC×GC 做了深入的研究。图 4-20 为采用硫化学发光检测器（SCD）得到的 GC×GC 谱图，这是用计算机软

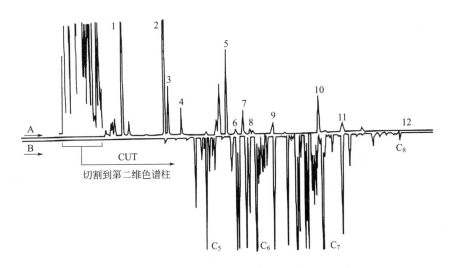

图 4-19 从煤炭提取的汽油馏分的多维 GC 分析结果[14]

A—第一维 GC 分离结果；B—第二维 GC 分离结果

色谱峰：1—丙酮；2—2-丁酮；3—苯；4—异丙基-甲基酮；5—异丙醇；6—乙醇；7—甲苯；

8—丙腈；9—乙腈；10—异丁醇；11—正丙醇；12—正丁醇；C_5、C_6、C_7 为不同碳

数的烃类异构体

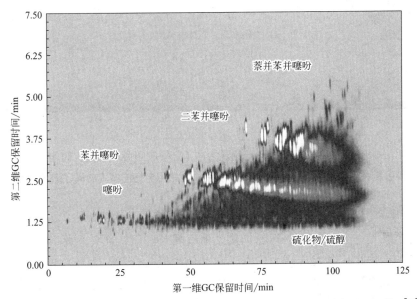

图 4-20 轻催化裂化循环油-重质油混合物的 GC×GC-硫化学发光检测器色谱图[16]

件处理数据，将三维谱图投影到二维坐标上的结果，色度代表色谱峰的强度，颜色越深，组分含量越高。可见轻催化裂化循环油-重质油混合物中含有各种硫化物，尤其是噻吩类化合物。如果采用 TOF-MS 检测，就可以鉴定这些硫化物的结构。具体的实验条件及更多相关研究请读者阅读文献 [15]。

197

4.5.3.4 环境中卤代石蜡 GC×GC 分析

卤代石蜡，特别是氯代石蜡（CPs）是一大类很复杂的新型环境污染物，包含数千种异构体。用一维 GC 对环境基质中存在的 CPs 进行分析是很难达到完全分离的，GC×GC 可以较好地解决这个问题。采用完全正交的二维分离，第一维色谱柱用 DB-5ms（30m× 0.25mm×0.25μm），第二维用 BPX-50（1m×0.1mm×0.1μm），检测采用高分辨 TOF-MS。图 4-21 是卤代石蜡混合物（含有 27 种氯代石蜡、39 种多溴联苯醚、72 种多氯联苯，以及多种八氯茨烯）的全扫描模式总离子流色谱图，可见，80min 内实现了 48 种短链和中长链 CPs 的分离，还分离了多种多氯联苯和多溴联苯醚。用此法分析沉积物和鱼类样品，可实现这些氯化石蜡的准确定量。此外，还可以发现新的化合物，对环境科学研究很有意义。详细信息可阅读文献 [17]。

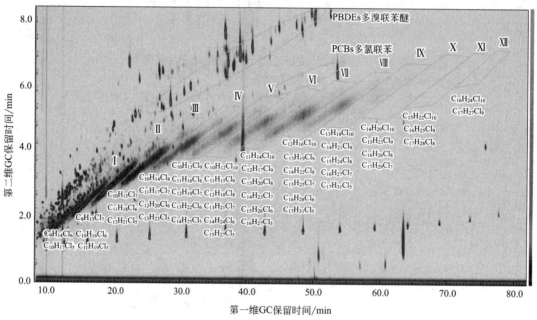

图 4-21 GC×GC TOF-MS 分析卤代石蜡混合物（含有 27 种氯代石蜡、39 种多溴联苯醚、72 种多氯联苯以及多种八氯茨烯）的结果，MS 采用全扫描模式总离子流色谱图[18]

4.5.3.5 卷烟烟气的 GC×GC 分析

烟草分析既是一个环境科学问题，又关乎吸烟与健康，而卷烟烟气的化学成分是人们普遍关注的。现在社会大众认为尼古丁和其他含氮化合物是烟气中的有害成分，故搞清楚烟气中究竟有哪些含氮化合物，对于研究吸烟与健康很有意义。过去用一维 GC 分析，效果不尽如人意，即使采用分离性能高的毛细管色谱柱 DB-Petro（50m×0.2mm× 0.5μm），也不能完全分离，如图 4-22(a) 所示。

现在采用 GC×GC 可获得较好的分离。第一维色谱柱为 DB-Petro（50m×0.2mm× 0.5μm），第二维是 DB-17ht（2.5m×0.1mm×0.1μm），安装在一个柱温箱中。柱温从 50℃ 程序升温至 220℃，升温速率 2℃/min。氦气为载气，柱前压 600kPa，进样量检测器用 TOF-MS，所得烟气卷烟凝结物的总离子流色谱图如图 4-22(b) 所示。通过计算机数

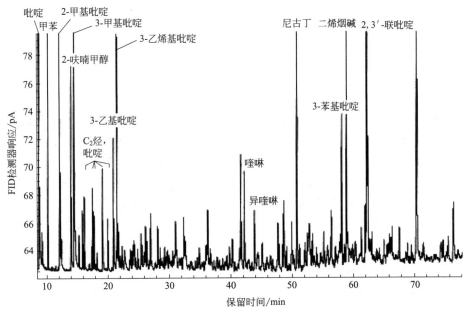

(a) 弗吉尼亚烟草卷烟烟气凝结物主要馏分的一维GC-FID分析结果

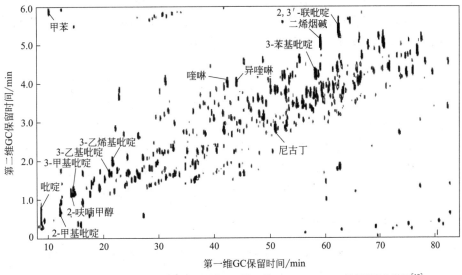

(b) 弗吉尼亚烟草卷烟烟气凝结物主要馏分的GC×GC-TOF-MS总离子流色谱图[19]

图 4-22　卷烟烟气多维色谱分析

据处理，初步可鉴定 377 种含氮化合物，包括 155 个吡啶类、104 个喹啉类和 56 个吡嗪类化合物。再依据 MS 精确质量数，通过手工解析 MS 图，根据在色谱图上的位置和化合物保留规律就可以确证化合物结构。

以上有限的应用举例说明，二维 GC 是分析复杂样品的一种强有力的分析技术，能够解决一些一维 GC 难以解决的分离难题，尤其是在石油、生物燃料和环境分析领域，越来越多地采用 GC×GC 技术，再配以高分辨 TOF-MS 快速检测，可以使鉴定结果更可靠，分析灵敏度更高。此外，二维 GC 在药物分析和食品分析等领域也有很好的应用。

4.6 超临界流体色谱简介

4.6.1 超临界流体色谱的原理

超临界流体色谱（SFC）出现很多年了，20 世纪 90 年代就有商品化仪器。SFC 的流动相主要是超临界 CO_2，第 5 章介绍样品制备方法时会在超临界流体萃取（SFE）一节讨论物质的超临界状态。简单地说，超临界状态下的 CO_2 既具有液体的流体性和近似密度，因而有较好的溶解能力；又具有气体的分子扩散系数，故可实现快速高效的分离。

近年来出现了合相色谱（Convergence Chromatography，CC）新概念，其本质与 SFC 相同。亦即使用 CO_2 为流动相，再加入各种有机溶剂改性，采用超高效液相色谱（UHPLC）的正相或反相固定相，在接近或达到 CO_2 的超临界压力下，既能实现 UHPLC 的分离模式，又能实现 SFC 的分离模式，当然也可以用亚临界状态的 CO_2，因此称为 CC。下文中我们把 SFC 和 CC 作为同一种分离技术来讨论。由于 SFC 能分析 GC 不适用分析的高沸点、难挥发、热不稳定的样品，所以做一简单介绍。

从原理上讲，SFC 结合了 GC 和 LC 的优点，发挥二者的优势，为实验室提供解决分析难题的一个选项。这是 SFC 的最大特点，但目前从应用看还不能取代 GC，也不能完全取代 HPLC。SFC 可以提高分析速度，降低分析成本，解决 GC 和 HPLC 难以解决的分离问题。再一个就是 CO_2 的成本较低。从应用的角度看，它是传统 HP LC 和 GC 的互补技术。

在实际应用中限制 SFC 发展的因素主要是流动相的极性小，虽然超临界 CO_2 的溶解能力远远大于常温下的 CO_2，但分离强极性化合物时需要在流动相中加入有机改性剂（也称夹带剂），如甲醇、丙酮和氨水等。事实上，选择合适的夹带剂并不容易，主要是有机溶剂的超临界压力和超临界温度相对高一些，这就导致了仪器成本的上升。SFC 也可以在超临界压力以下与极性有机溶剂相混合，这是 SFC（或 CC）明显优于正相 HPLC 的地方。因此，SFC 的应用目前大多集中于原来正相 HPLC 的领域。

4.6.2 超临界流体色谱的仪器

SFC 的仪器结构如图 4-23 所示，分析流程也与 UHPLC 相同。气体 CO_2 和改性剂分别用不同的泵（压缩机）输送，压力可达到 CO_2 的临界压力（7.38MPa），然后混合。CO_2 泵附加一个热交换器，以控制 CO_2 的温度在其临界温度（31.1℃）左右。温度太高有可能导致热不稳定化合物的分解。通过进样阀（样品在此注入）后，携带样品进入色谱柱。分离后的样品在紫外检测器检测，然后在反压调节器的控制下逐渐降低压力至常压，最后 CO_2 变为气体被放空或回收。改性剂和样品组分则进入废液瓶。若与 MS 联用，则需要在紫外检测器之后接一个三通分流器，使携带分离后样品组分的流动相在较低压力下进入 MS 的离子源（处于真空状态）。辅助泵则用于必要时为 MS 加入离子化改性剂，以提高 MS 的检测灵敏度。

SFC 的仪器成本和 UHPLC 相近，比普通 HPLC 仪器的耐压性能更好。第一个生产 CC 仪器的厂商是美国的沃特世公司，现在几家大的仪器厂商都有类似仪器出售。当然，

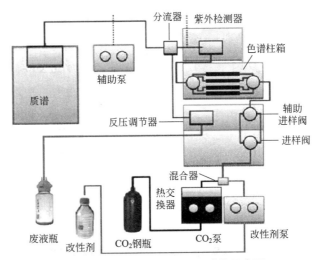

图 4-23　合相色谱-质谱仪器结构示意图

仪器名称有所不同，有的公司就叫 SFC。

4.6.3　超临界流体色谱的应用

4.6.3.1　手性分离

SFC 可使用传统正相和反相 HPLC 柱，为开发分离方法提供了更多选择项。对于传统的正相 HPLC，色谱柱选择受限于流动相极性范围。而对于 SFC，流动相的极性范围更宽，因此适用于多种固定相，有效扩展了分析的选择性范围。比如 Acquity Trefoil 是改性多聚糖固定相手性柱，可用于正相 HPLC 手性分离，用于 SFC 时其选择范围更宽。

克伦特罗是一种能够抑制动物脂肪生成的 β-受体激动剂（也称 β-兴奋剂）药物，临床上主要作为支气管解痉药物，对支气管哮喘和伴有可逆性气道阻塞的慢性支气管炎均有良好效果，但有人把它加入猪等家畜的饲料中，就成了"瘦肉精"。健康人食用含瘦肉精的动物源性食品后可出现肌肉震颤、心慌、战栗、头疼、恶心、呕吐等症状，尤其对高血压、心脏病、青光眼、糖尿病、甲状腺功能亢进和前列腺肥大等疾病患者危害更大，严重的可导致死亡。克伦特罗外消旋体中不同对映体之间的生物活性差异较大，其中（－）-克伦特罗在临床上有疗效，而（＋）-克伦特罗则无疗效，故无论从食品安全角度，还是药物质量控制角度，对克伦特罗的手性分离都有重要意义。过去用 HPLC 和毛细管电泳能够分离克伦特罗的一对手性异构体，但分析成本和分离时间都有改进的空间。图 4-24 为 SFC 分离克伦特罗对映异构体的色谱图，可见，以醋酸铵的甲醇溶液作改性剂，进行梯度洗脱，可以在更短的时间内实现克伦特罗对映异构体的快速分离。

4.6.3.2　短链脂肪酸的分析

短链脂肪酸（SCFA）又称挥发性脂肪酸，一般是指 $C_1 \sim C_6$ 的有机脂肪酸。SCFA 主要由未消化的糖类经结肠腔内厌氧菌酵解产生。短链脂肪酸具有维持肠道内电解质

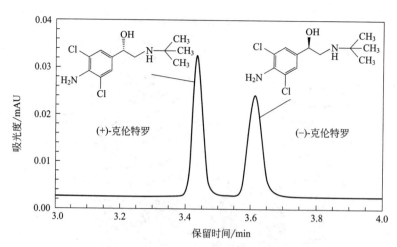

图 4-24 合相色谱分离克伦特罗的对映异构体的结果[20]

色谱条件：色谱柱 Acquity Trefoil AMY1（150mm×3.0mm×2.5μm）；流动相 A 为 CO_2，B 为含 0.5%
（体积分数）10mol/L 醋酸铵的甲醇溶液；梯度洗脱（0~2.0min，7% B；2.0~2.1min，7%
B~18% B；2.1~4.5min，18% B；4.25~4.3min，18%B~7%B；4.3~6.3min，7% B）；
系统反压 13.8MPa；流速 2.0mL/min；进样量 10μL；柱温 40℃；紫外检测，波长 241nm

平衡，诱导癌细胞分化和凋亡、调控基因表达等作用。乙酸、丙酸和丁酸是肠道中主
要的短链脂肪酸，在调控肠道营养物质吸收、激素产生及能量代谢过程中发挥着重要
作用。有人用 CC 测定了麻黄多糖干预肺损伤小鼠粪便中的 SCFA，得到了较好的结果，
图 4-25 为分离结果。8 种 SCFA 的定量分析结果显示，此方法具有较好的重现性和较
快的分析速度。对于 $PM_{2.5}$ 致急性肺损伤的小鼠，给药麻黄多糖后，分析小鼠粪便中
的 SCFA，可以研究麻黄多糖对急性肺损伤的治疗效果，为研究动物体内 SCFA 的代谢
提供参考。

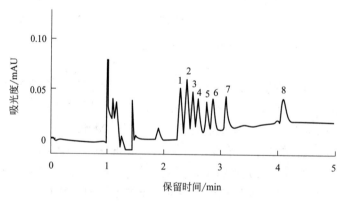

图 4-25 CC 分离 SCFA 的色谱图[21]

色谱峰：1—异己酸；2—2-甲基丁酸；3—异丁酸；4—异戊酸；5—戊酸；6—丁酸；7—丙酸；8—乙酸

色谱条件：Acquity UPC² Torus™ DEA（3.0mm×150mm×1.7μm）；柱温 50℃；流动相 A 为 CO_2，B 为
含 5%水的甲醇；流速 0.7mL/min；梯度洗脱（0~2min，10%B~18%B；2~5min，18%B~
20%B）；下次进样前重新平衡时间为 5min；进样量 5μL

关于 SFC 就简单介绍这些，有兴趣的读者可以参阅有关文献。目前看 SFC 技术更适合于分析传统 HPLC 难以处理的结构类似物和同分异构体，已有报道的还有三唑类农药、酚酸类化合物、色素、酚类精油等化合物的分离和测定。在分析热不稳定的化合物方面，SFC 比 GC 有优势。随着技术的发展，SFC 的应用也会越来越多。

进一步阅读建议

1. 齐美玲 . 气相色谱分析及应用［M］. 北京：科学出版社，2018.

2. 武惠玲，等 . 色谱分析技术［M］. 北京：化学工业出版社，2010.

3. 徐明全，等 . 气相色谱实战宝典［M］. 北京：化学工业出版社，2021.

4. 王汇彤，等 . 全二维气相色谱及其石油地质应用［M］. 北京：中国石油大学出版社，2017.

习题和思考题

1. 什么是快速 GC？如何实现快速 GC？

2. 快速 GC 的局限性有哪些？

3. 简述保留时间锁定的原理。

4. 为什么保留时间锁定能提高实验重现性？

5. 微型 GC 都有哪些仪器？

6. 微型 GC 的局限性是什么？

7. 高温 GC 需要解决的关键问题是什么？

8. 简述高温 GC 主要的应用领域。

9. 中心切割与全二维 GC 有什么区别？

10. 如果第一维色谱的峰容量是 m，第二维是 n，那么组成二维色谱后峰容量是多少？

11. 简述全二维 GC 的仪器组成，所用两根色谱柱有什么异同？

12. 全二位 GC 分析的关键操作参数有哪些？

13. SFC/CC 色谱有什么特点？请谈谈你对 SFC 发展前景的看法。

5

气相色谱分析方法开发与验证

5.1 降低气相色谱分析检测限的途径

降低检测限几乎是分析化学的一个永恒话题。就 GC 分析来说，仪器制造者和分析工作者总是设法制造高灵敏度的仪器和开发低检测限的方法。尤其在环境分析、药物分析和食品分析方面，有关法规方法对检测限有很高的要求。正是这种要求促进了仪器的发展，而仪器的发展又使法规制定者提出更低的检测限要求，这种互动是循环往复的。那么在 GC 分析中，有哪些降低检测限的方法呢？

5.1.1 样品浓缩

样品浓度低于仪器检测限时，采用浓缩方法往往是降低检测限的有效途径。比如分析水和食品中的残留农药时，其浓度常常是 ppb（$10^{-12}\,g/mL$）到 ppt（$10^{-12}\,g/mL$）级，即使采用不分流进样注射 $5\mu L$ 样品，单一组分的绝对进样量也难达到 $10^{-12}\,g$。一般 GC 检测器是达不到这一灵敏度的。所以必须对样品进行浓缩。常用的方法有：第一，液-液萃取之后挥发溶剂，然后再定容；第二，用固相萃取（SPE）进行浓缩（见后面关于样品处理的讨论）。这两种方法均可使样品浓缩几个数量级，因而广泛应用于实际工作中。但这种浓缩方法的明显缺点是费时、费溶剂、有可能损失样品以及污染环境。

近几年超临界流体萃取（SFE）和固相微萃取（SPME）技术越来越多地应用于色谱分析中。尤其后者被认为是无溶剂萃取方法，它可与 GC 直接联用，实现自动分析。采用聚硅氧烷涂渍的萃取探头，用 GC-MS 分析，可检测到水中 $1\sim20pg$（$10^{-12}\,g$）的多环芳烃。这是一种很有用的样品制备方法，目前已有几种极性和非极性探头涂层。

5.1.2 使用选择性高灵敏度检测器

这也是色谱工作者提高分析灵敏度的常用方法。如分析含卤素化合物时采用电子捕获检测器（ECD），分析含氮和含磷化合物时采用氮磷检测器（NPD），分析含硫和含磷化合物时用火焰光度检测器（FPD）等。分析金属有机化合物还可用原子发射光谱检测器（AED）、质谱检测器（MSD）等较高灵敏度的通用型检测器。

5.1.3 降低仪器系统噪声

仪器系统噪声通常来自两个方面，一是仪器本身，如检测器噪声、电路噪声、色谱柱固定相流失等；二是样品基质，如食品萃取物中含有很多共萃物。前者可以通过采用选择性检测器和低流失色谱柱来实现抑制，后者则需要对样品净化，如采用 SPE 技术，这同样有费时和样品损失的问题。

5.1.4　改变进样方式

采用不分流进样、冷柱上进样和程序升温进样技术，都可在一定程度上降低分析方法的检测限，同时简化样品处理步骤。大体积进样（LVI）技术更是一种有效降低检测限的方法。采用比常规 GC 大几十到几百倍的进样量（$5\sim500\mu L$）可降低检测限一到两个数量级。目前，有些商品仪器可提供这种功能。另外，还可以采用顶空进样来消除样品基质的干扰，但这些方法只能有限降低检测限。

5.2　气相色谱分析样品制备

5.2.1　引言

样品制备是色谱分析成败的关键步骤，甚至有人说色谱分析功在色谱之外，即成功的色谱分析往往不在于你对色谱技术本身的熟练程度，而在于样品的制备，以及数据的分析与处理，特别是复杂样品的分析，比如废水中污染物的分析、生物体液中药物和疾病标志物的检测，等等。从色谱分析的误差来源看，约 35% 是来自样品处理。可见样品制备对于色谱分析的重要性。

GC 分析的样品一般是气体和均相溶液，很少是固体（裂解色谱和顶空色谱可以直接分析固体样品）。样品制备的过程就是把具有代表性的原始样品经过处理，尽可能减少样品基质和其他干扰物的影响，保证被测目标化合物在可测定的范围，达到可供 GC 仪器直接分析的目的。气体样品常常可以直接进样分析，但要分析气体样品中的有机物，比如大气中多环芳烃，就需要进行样品富集或预分离。大气污染物中挥发性物质约占 90%，其余为颗粒状污染物。用 SPE 可以采集挥发性和半挥发性物质，也可用溶液吸收或低温冷凝富集采样。比如在常温或低温下使空气通过 SPE 小柱，待测有机化合物保留在柱上，而空气中的永久气体组分如 N_2、O_2、CO_2 等则不保留而流出。然后用溶剂将有机污染物洗脱下来，或者直接用热解脱附进样，就可进行分离和定量分析。使用 SPE 可以对大气污染物实现采样、分离、富集一体化，具有快捷、高效的特点。对于大气中的固体颗粒物，如 $PM_{2.5}$，则可采用大气采样装置，将颗粒状污染物用滤膜捕集，然后采用固体样品的处理策略即可。

液体样品也常常因为被分析物浓度低或者溶剂不合适而需要处理，固体样品就更需要处理了。GC 分析一般需要控制样品中各组分的浓度在 $0.001\sim1.0mg/mL$ 之间，浓度太低可能达不到检测限的要求，或低于方法定量限，影响定量准确度；浓度太高可能超出检测器的线性响应范围。最终供 GC 进样分析的样品应该是溶解在有机溶剂（如甲醇、乙腈、丙酮等）中的均相溶液。图 5-1 列出了 GC 分析样品制备的简要指南，供参考。这里重点介绍几种现在先进的样品制备技术。传统的方法如柱色谱法、蒸馏、液-液萃取和索氏萃取等就不做介绍了，读者可以参阅有关书籍（见本章后面的进一步阅读建议）。

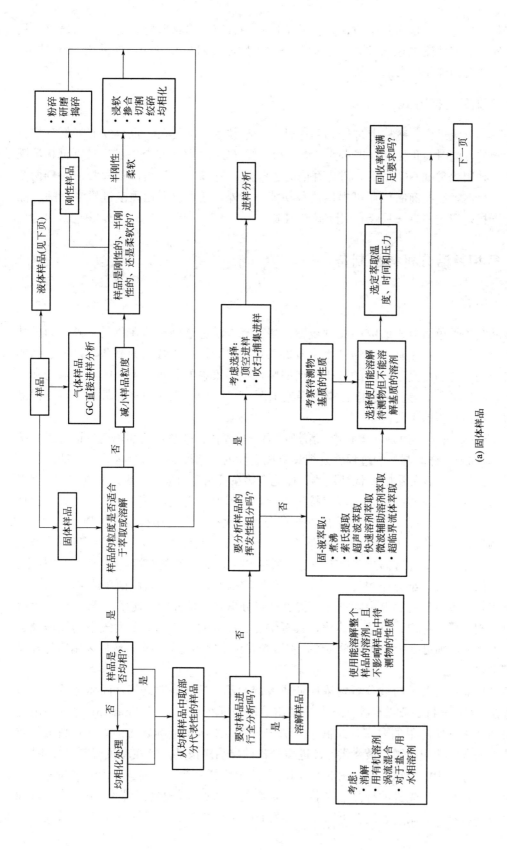

(a) 固体样品

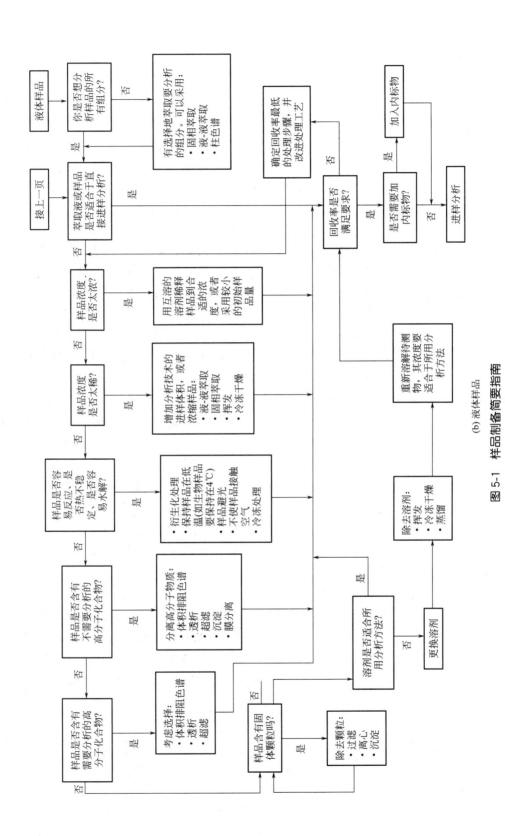

(b) 液体样品

图 5-1 样品制备简要指南

5.2.2　固相萃取

5.2.2.1　固相萃取（SPE）的原理

SPE 技术是一种基于选择性吸附、选择性洗脱，同时实现样品分离、富集和纯化的样品处理方法，其理论与 LC 分离理论完全一致。SPE 主要分离模式也与 LC 相同，可分为正相 SPE、反相 SPE、体积排阻及离子交换 SPE。SPE 所用的吸附剂也与 LC 常用的固定相相同，只是在粒度上有所区别。SPE 不需要用大量溶剂，处理过程中不会产生乳化现象。与传统的液-液萃取相比，SPE 具有用时少、回收率高、不易乳化、有机溶剂用量少及易于实现自动化等优点，被广泛地应用在环境分析、制药工业、食品分析等领域。

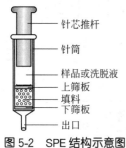

图 5-2　SPE 结构示意图

图 5-2 是 SPE 结构示意图，类似于注射器，人们一般称之为 SPE 小柱。柱管材料可以是医用级聚丙烯、玻璃或纯聚四氟乙烯，其中后两种材料惰性好，有利于提高回收率。SPE 柱的容积常为 1～6mL，填料质量常为 0.1～3g。萃取介质（填料）上下均用筛板（如聚乙烯多孔膜），以防止填料流失。加入样品后针芯推杆施加压力，使样品溶液快速通过填料，目标化合物被吸附在填料上。然后加入洗脱剂，再用针芯推杆加压使其通过填料。洗脱剂可以采用不同溶剂，先用于洗去杂质，再用于洗脱目标化合物，最后用于填料再生。这是应用最多的 SPE 结构，此外，也有萃取介质为薄膜的 SPE 装置。

SPE 最重要的部分是填料。正相 SPE 所用的吸附剂都是极性的，如硅胶，用于萃取极性物质。目标化合物在吸附剂上的保留取决于目标物的极性官能团与吸附剂表面的极性基团之间的相互作用，其中包括了氢键、π-π 键相互作用、偶极-偶极相互作用、偶极-诱导偶极相互作用以及其他极性-极性作用。反相 SPE 所用填料的极性小于洗脱液的极性，用于萃取中等极性到非极性化合物，目标物与吸附剂间的作用是疏水性相互作用，主要是非极性-非极性色散力。离子交换 SPE 用的吸附剂是离子交换树脂，主要用于萃取带有电荷的化合物，目标物与吸附剂之间的相互作用是静电吸引力。总之，极性相似相溶是选择 SPE 填料的原则。

可应用于 SPE 的填料种类繁多，较常用的有吸附型填料、化学键合型填料和离子交换树脂类等。吸附型填料有活性炭、硅藻土、硅酸镁、氧化铝等；化学键合型填料有氨基、二醇基等正相填料，C_2、C_6、C_8、C_{18}、环己基、苯基等反相填料；离子交换型填料有季氨基、氨基、二氨基、苯磺酸基、羧基等。表 5-1 为常见填料列表。被分析物的极性与填料极性越相近，保留越好，因此要尽可能选择与目标分析物极性相似的填料。

表 5-1　常用 SPE 填料

填料类型	萃取机理	主要的分子相互作用类型
十八烷基键合硅胶(C_{18})	疏水相互作用	非极性
辛烷基键合硅胶(C_8)	疏水相互作用	非极性
苯基键合硅胶(Ph)	疏水相互作用,色散力	非极性
氰基键合硅胶(CN)	色散力,疏水相互作用	极性,非极性
氨基键合硅胶(NH_2)	氢键	极性,阴离子交换

填料类型	萃取机理	主要的分子相互作用类型
二醇基键合硅胶(2OH)	氢键	极性,非极性
硅胶	氢键	极性
中性氧化铝	氢键	极性
弗罗里硅土	氢键	极性
苯磺酰丙基树脂(SCX)	阳离子交换	非极性,离子交换
羧甲基树脂(CBA)	阳离子交换	离子交换
三甲胺丙基树脂(SAX)	阴离子交换	离子交换
二乙胺丙基树脂(DEAP)	阴离子交换	极性,离子交换

5.2.2.2 SPE 的操作

SPE 操作步骤可分为预处理、上样、洗涤、洗脱、萃取柱再生五个步骤,每个步骤操作合理与否都会对实验的回收率产生影响。如果操作不当,会导致溶质过早穿透、干扰物不完全洗涤、目标物流失、洗脱不完全等。接下来分别讨论之。

(1) 预处理

预处理又称为活化,即适宜的溶剂通过新的或再生后使用的 SPE 小柱,再用水或缓冲液冲洗,替代滞留在柱中的溶剂,活化过程中应使填料始终浸于溶液中。活化的目的在于去除填料中可能存在的杂质,并使填料溶剂化,以提高萃取的重现性。若未充分活化,可能导致溶质过早穿透而影响回收率。硅胶基填料常用的活化溶剂是甲醇、丙酮和乙腈。

(2) 上样

预处理过后,即可添加试样通过固相萃取柱。可以通过抽真空、加压或离心的方法使样品进入吸附剂。在此过程中,目标分析物被吸附在固定相中。目标化合物是否被充分吸附是决定回收率的关键。为防止分析物流失,样品溶液的溶剂强度不可太大,一般是样品溶剂的强度相对该吸附剂应该较弱。同时可采取以下措施尽量减少分析物的流失:(a) 用洗脱强度较弱(相对于填料或固定相)的溶剂稀释溶液;(b) 减少加样体积;(c) 增大填料的量;(d) 选择最合适的填料。

上样体积主要取决于固相萃取柱填料的特征和用量、样品中各组分的极性和浓度等因素,可通过实验测定穿透体积来确定。所谓穿透体积就是在固相萃取中随样品溶液的加入而不被自行洗脱下来的最大样品体积。上样体积超过穿透体积时,就会造成柱洗涤过程中目标化合物的流失,从而降低萃取回收率。

(3) 洗涤

洗涤就是在上样后采用强度适宜的溶剂将干扰物洗涤下来,而目标化合物则保留在填料上。此时洗掉的干扰物是与填料相互作用较弱(与目标化合物相比)的组分。通过不断调整洗涤剂的种类、组成和体积,可获得最佳洗涤溶剂配比,以最大程度地去除干扰物。

(4) 洗脱

洗脱就是用适当的溶剂将目标化合物从填料上洗下来并收集起来。通常是采用与目标化合物具有很好亲和力的溶剂,同时将与填料作用力更强(与目标化合物相比)的干

扰物保留在柱上，以达到净化样品的目的。当然，在处理复杂样品时，为了保证回收率的最大化，与目标化合物保留作用力相当和更强的杂质也可能会被洗脱下来，造成干扰。实际操作时应在保证回收率的前提下，洗脱剂的用量应尽可能小，从而实现最大限度的样品浓缩。比如，测定水样中的有机污染物，用 10mL 的水样通过 SPE，可用 1mL 的有机溶剂洗脱，样品体积减小了，有机物的浓度就浓缩了 10 倍。

当使用强度较弱的溶剂时，为了保证回收率，所用的溶剂量较大，收集到的洗脱液中目标化合物的浓度较低，此时需要用氮气吹掉部分溶剂，以进行浓缩。有时洗脱溶剂不适合 GC，则需要用氮气吹干溶剂，再用适合的溶剂定容，然后用 GC 分析。

比如，水中残留农药一般是先将农药保留在 SPE 小柱上，再用溶剂洗脱；而食品和动植物样品中残留农药一般是让杂质保留在柱子上而让农药先流出。对含水量高的果蔬样品，通常用与水混合的溶剂提取后，将提取液通过反相 SPE 小柱，这样可把油脂、蜡质等非极性杂质留在柱上而达到去除的目的。

上面的讨论均未涉及流速，其实上样、洗涤和洗脱时流速的控制对 SPE 效果有重要影响。流速过大将引起萃取柱的穿透（即不能有效保留目标化合物），流速太小则处理速度太慢。活化过程流速可适当快一些（如对于 300mg 规格的 SPE 柱流速可达 2mL/min），保证溶液充分润湿吸附剂即可。上样和洗脱过程则要求流速尽量慢些（如对于 300mg 规格的 SPE 柱流速可控制在 0.5~1mL/min），以使目标物尽量保留在柱内或达到完全洗脱，否则会导致回收率下降。尤其当采用离子交换树脂作填料进行萃取时，应采用较低的流速。

（5）萃取柱再生

SPE 柱使用一般都是一次性的，但有时处理的样品比较干净，为了降低分析成本可以多次使用。这时就需要对用过的 SPE 柱进行再生处理。对于硅胶基填料的 SPE 柱，再生就是用强洗脱溶剂冲洗多次，将柱内仍然保留的样品组分洗脱下来，然后就可以再次用于样品处理。

SPE 柱一般可再生重复使用 3~5 次，当然是在样品比较简单、干净的情况下。具体应用中能否再生使用、使用几次，都需要通过实验确定。一般是用模拟样品验证再生使用的 SPE 柱是否可满足回收率的要求，而且重复使用时回收率不降低。若不能满足回收率要求，则不能重复使用。当然还要考虑其他因素，如再生溶剂的成本、产生的废液对环境的影响等。随着 SPE 柱的价格越来越低，人们倾向于一次性使用。

5.2.2.3　SPE 的应用

SPE 的应用非常广泛，从环境分析到药物分析，从食品安全分析到司法刑侦分析，都有实际应用。近年来，固相萃取技术在国内环境分析中的应用也日益增多，在水、大气、土壤、沉积物等环境样品的分析中均有涉及。目前，已有很多国家建立了 SPE 用于样品处理的标准方法。

现在标准方法中涉及 SPE 的大多是水质分析，有少数是环境和食品分析的标准方法。比如，我国黄河、长江、松花江、黄浦江、太湖和滇池等的水质监测中已广泛采用了 SPE 技术（测定卤代烃、含氯农药、氯苯、氯酚、苯胺、硝基物、多氯联苯、多环芳烃和邻苯二甲酸酯等）。SPE 小柱要从水样中提取出痕量有机污染物，就要使水的洗脱能力最弱，因此，对环境水样的处理一般采用反相萃取柱（C_{18}、C_8 等）。有人用 C_{18} 小柱萃取水中 36 种半挥发性有机物（SVOCs），包括硝基苯类、氯苯类、有机氯农药类、有机磷农药类、多环芳烃类等五类有机化合物，用 GC-MS 分析。结果显示，平均回收率为 51%～118%，相对标准偏差（RSD）为 1.90%～9.79%，方法检出限为 $0.02～0.32\mu g/L$。还有人用反相 SPE 处理样品，用 GC 对水中 84 种多氯联苯进行分析，平均回收率为 95.3%，RSD 为 8.0%。

　　SPE 技术用于固体样品分析主要是起到净化和富集的作用。通常将固态样品先粉碎、溶解和液-液萃取，萃取液再通过 SPE 净化，以进一步去除干扰物，富集目标化合物。有人采用 SPE 结合离子色谱法同时检测土壤中 7 种阴离子的含量，方法检出限可达到 $0.20～1.60\mu g/g$，回收率为 90.0%～106.0%，RSD（$n=7$）为 1.3%～4.3%。还有人先用加压溶剂萃取（见下文介绍）处理土壤样品，再用 SPE 净化富集，最后用 GC 测定土壤中的多环芳烃和有机氯化合物。结果表明：缩短了整个分析时间，提高了净化效率，提高了准确度，降低了检测限。此法简便、快速，适用于批量土壤样品的分析。

　　近年来自动化技术和人工智能的快速发展，为 SPE 提供了更好的技术，以至于全自动化的 SPE 装置已经出现。从活化、上样，到洗涤和洗脱，以及样品转移，都由机器人（机械手）完成，一次可以平行处理上百个样品，大大减轻了实验人员的劳动强度，提高了实验室的工作效率。

5.2.3　固相微萃取

5.2.3.1　固相微萃取（SPME）的原理与设备

　　SPME 是 20 世纪末出现的样品处理与富集技术，早期主要用于环境分析（水、土壤、大气等）。随着技术的发展，现在已广泛用于食品、天然产物、医药卫生、临床化学、生物化学、毒理学和法医学等诸多领域。SPME 与 SPE 不同，其原理是基于目标待测物在萃取探头表面涂层中的浓度与在样品本体溶液中的浓度之间的分配平衡关系。采用涂有萃取介质（固定相）的熔融石英纤维来吸附、富集样品中的待测物质。

　　图 5-2 是 SPME 装置图，其结构类似于一支 GC 的微量进样器，用一根涂有萃取介质涂层的石英纤维作为萃取探头，置于不锈钢管外套内，以保护石英纤维不被折断，同时又可像注射器那样穿刺进入 GC 进样口。通过推杆使萃取探头在钢管内伸缩。萃取时将纤维头浸入样品溶液或顶空气体中（顶空 SPME），在一定温度下平衡一段时间（常用磁力搅拌加速平衡），溶液中的待测物质会吸附在涂层中。然后将纤维头缩回不锈钢管内，取出，再插入 GC 进样口，推出纤维头。在进样温度的作用下，萃取探头涂层中吸附的物质热解吸，继而进行 GC 的分离分析。如果用 LC 分析，则可用溶剂将待测物洗脱下来，也可用管内 SPME 实现在线联用分析。

5.2.3.2　SPME 的特点与模式

　　SPME 集取样、萃取、浓缩和进样于一体，操作方便，测定快速。其最大的优点是无需任何有机溶剂，即为无溶剂萃取，避免了对环境的二次污染。此外，样品用量少、仪器简单，适用于现场分析。SPME 适于挥发性及非挥发性物质，重现性好，可用于气态、

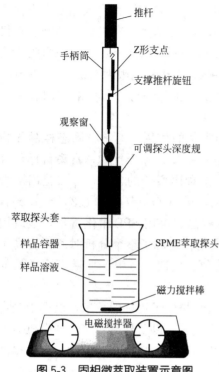

推杆

Z形支点

手柄筒

支撑推杆旋钮

观察窗

可调探头深度规

萃取探头套

样品容器

SPME萃取探头

样品溶液

磁力搅拌棒

电磁搅拌器

图 5-3　固相微萃取装置示意图

液态、固态样品中的痕量挥发性、半挥发性有机物的分析，如水中的污染物（农药残留、酚类、多氯联苯、多环芳烃、醛类等）进行监测，检测限可达 ng/mL 级。当然，要进行准确的定量分析，必须用标准样品进行校正。SPME 的局限性主要是萃取探头涂层种类有限。应用最多的是非极性或弱极性涂层，即 GC 的固定液聚二甲基硅氧烷类。此类涂层对于极性化合物的分析回收率较低，而极性涂层如聚乙二醇和聚丙烯酰胺类的稳定性还有待提高。

现在用的 SPME 有三种主要的模式，即直接萃取、顶空萃取和管内萃取。直接萃取是采用最多的模式（如图 5-3 所示），上文已经讨论过。实际应用中为了保护萃取涂层，还可用特殊材料制成的保护膜覆盖在探头上，以避免萃取涂层受到损伤，但不影响萃取性能，也有人将其称为膜保护 SPME。有的保护膜还可能提供一定的待测组分选择性。

顶空模式是首先在一定温度下使处于密闭容器中的样品溶液达到气液平衡，然后将萃取探头伸入样品容器中溶液的上方（顶空部分）进行气相萃取。其原理是依据物理化学溶液理论中的拉乌尔定律和亨利定律（参见第 4 章顶空气相色谱的内容），用 GC 测得物质在气相中的浓度，就可根据平衡关系算出其在液相中的浓度。这种模式可避免复杂样品基质（如污水、土壤、食品、生物体液等）中高分子和难挥发性物质对分析的干扰，以及对萃取探头涂层的污染。当然，相较于直接模式，顶空 SPME 的分析检测限是较高的。

管内萃取模式是将萃取介质涂覆在石英毛细管内表面（与 GC 开管柱相同），管的外壁涂以聚酰亚胺保护层。通过压力（如蠕动泵）驱使一定体积的液体样品通过毛细管，样品中的待测组分被吸附/保留在涂层中。萃取过程完成后，改变溶剂就将这些被吸附的组分洗脱下来，送入色谱系统进行进一步分析。这种模式特别适合于在线联用分析，即把萃取毛细管作为六通阀的定量环，通过阀进样方式实现自动化联用。SPME 与 LC 在线联用多采用管内 SPME 模式。

5.2.3.3　SPME 的操作

SPME 操作参数主要是萃取涂层的种类和厚度、萃取温度和时间、溶液盐效应和酸度等。下面简要讨论这些参数对萃取效率的影响。

① 萃取涂层的种类和厚度。目前市售的 SPME 萃取探头有键合型、非键合型、部分交联型和高度交联型四种涂层形式，高度交联型在有机溶剂中的稳定性最好，非键合型最差。涂层本身的极性决定了对目标化合物的萃取选择性，根据"相似相溶"原理，非极性或弱极性涂层对非极性或弱极性的化合物有较好的萃取性能，而极性涂层更适合于极性化合物的萃取。前者有聚二甲基硅氧烷及其改性的聚合物（即 GC 固定液），交联键

合以后有很好的疏水性及溶剂耐受性，是 SPME 使用最多的涂层，也最适合于萃取水中有机物。然而，对于强极性化合物的萃取而言，萃取效率就低一些。后者有聚乙二醇和聚丙烯酰胺等，同样交联键合后，疏水性及溶剂耐受性不及前者。尽管可以较好地萃取水中极性污染物，但涂层稳定性或使用寿命不及前者。当然，从有机溶剂中萃取极性化合物还是有很好的效果。

涂层的厚度主要影响吸附容量，厚度越大，吸附容量越大，反之亦然。其次影响平衡时间，厚度越小，达到吸附平衡的时间越短。因此，萃取分子量小的化合物时，可以选择厚一些的涂层。因为小分子的分子扩散系数大，易于达到吸附平衡，可减少对平衡时间的影响，而且有利于扩大分析方法的线性范围和降低检测限。薄涂层探头在萃取大分子或半挥发性化合物时更具优势，达到平衡的时间不长。市售 SPME 的萃取涂层厚度一般在 $10\sim100\mu m$ 之间，萃取探头的长度为 $1\sim2cm$。

② 萃取温度和时间。萃取温度对 SPME 的影响分两个方面：一方面，温度增高，目标化合物的分子扩散系数增大，有利于快速达到平衡；对于顶空 SPME 来说，增加了目标化合物在气相中的分配，有利于萃取。另一方面，温度的增高，又减少了涂层对目标化合物的吸附量，相应降低了方法的检测灵敏度（提高了检测限）。萃取时间根据萃取涂层的种类和膜厚、吸附能力、目标化合物性质以及样品基质来确定。一般来说，目标化合物在涂层中的分配系数大，需要的萃取时间就短。对于不同性质的目标化合物，为了提高实验的重复性，一般选择长一点的萃取时间较为有利，比如 $10\sim30min$。在实际操作中，往往是通过优化实验，选择最佳的萃取温度和时间。

③ 溶液盐效应和酸度。对于离子型或在溶液中可解离的化合物而言，样品溶液中盐的浓度和 pH 对萃取的影响很大。盐效应分为"增溶"和"盐析"两种。增溶是由于离子强度的增加，增大了目标化合物在溶液中的溶解度，不利于萃取；"盐析"是由于离子强度的增加减少了目标化合物在溶液中的溶解度，从而有利于提高萃取效率。增加盐浓度就是增大离子强度，离子型或在溶液中可解离的化合物一般表现出盐析效应。pH 的高低将影响弱酸和弱碱性化合物的解离程度，本质上也表现为盐效应。pH 升高导致弱酸的解离增多，溶液的离子强度增大；相反，pH 升高则弱碱的解离度减小，溶液的离子强度降低。具体操作中要根据目标化合物的性质（解离常数）来调节溶液的酸度和盐浓度。

④ 搅拌速率。对样品溶液搅拌可以加速目标化合物的吸附平衡，从而缩短萃取时间，特别是对于分子量大的组分。所以，SPME 常用磁力搅拌来提高工作效率。也有人将样品溶液置于超声波处理器中，有同样的效果，但要注意超声时间过长有可能提高溶液的温度，影响萃取效率。

⑤ 解吸附温度和解吸附时间。解吸附温度实际上就是 GC 的进样口温度。温度越高解吸附速率越快，越有利于 GC 的分析。当然，温度太高会引起萃取涂层的老化降解，缩短萃取探头的使用寿命。至于解吸附时间则要依据 GC 采用的载气速率和进样口温度来确定。原则上，时间越长，解吸附越完全，所得萃取效率也越高，但是，解吸附时间过长会造成进入色谱柱的初始谱带变宽，不利于 GC 分离。在实际操作中，还应依据目标化合物的分离情况来选择进样口温度、载气流速和解吸附时间。

5.2.3.4　SPME 的应用

SPME 最早用于环境样品的处理，固态（如沉积物、土壤等）、液态（饮用水和废水等）及气态（空气、香料和废气等）的样品处理均有报道。比如底泥中丁基锡化合物的检测、土壤和沉积物中的农药残留及硝基化合物的检测、污泥等沉积物中洗涤剂组分等污染物的检测，等等。顶空 SPME 可用于海洋沉积物中苯系物的测定以及醋酸纤维滤棒中三乙酸甘油酯含量的测定。纺织品中有机磷农药残留量的测定和火灾现场易燃液体残留物的提取都有了 SPME 的标准方法，如 GB/T 24572.4—2009《火灾现场易燃液体残留物实验室提取方法　第 4 部分：固相微萃取法》和 DB44/T 754—2010《纺织品中有机磷农药残留量的测定　固相微萃取法》。

水质分析中还有挥发性有机物的测定、苯系物和多环芳烃的分析、农药残留的测定，含锡、砷、铅等的有机金属化合物的检测也可用 SPME 处理样品。在气态样品分析中的应用有气体中胺类物质、挥发性有机物的检测以及石油烃类化合物的检测。

SPME 可用于食品中微量成分的提取分析，如食品风味的分析，食用醋中有机挥发物、白酒中苯酰类化合物、假酒中敌敌畏、水果中挥发性芳香族化合物、马铃薯中挥发性有机酸、熏火腿中的硝基苯胺等芳香族化合物的测定等。在烟草分析中有卷烟中香精香料的分析、卷烟烟丝中的香气成分和烟叶中有机酸含量的分析等。

SPME 在药物及临床分析中的应用是一个快速发展的领域，有望成为生理、病理、药理和毒理学研究中样品处理的一种常规方法。已经报道的应用有体液中抗组胺类化合物的分析、血液和尿液中杜冷丁含量的检测、尿液中生物碱和二氯苯异构体的检测，以及血液中氰化物、血清中甾类、酚嗪类和苯酚类化合物的检测、体液中有机磷农药以及苯系物的检测，唾液中大麻酚的检测，等等。

总之，SPME 是一种无溶剂萃取技术，应用很广泛。今后的发展将会有更多的新型萃取涂层，以适合于不同化合物的萃取，在生物医学检测中发挥更大的作用。此外，将搅拌棒涂以萃取介质的搅拌棒萃取技术、用磁性纳米材料萃取的磁珠 SPME 等新技术的出现将进一步拓展 SPME 的应用范围。

5.2.4　微波辅助萃取

5.2.4.1　微波辅助萃取（MAE）的原理与设备

MAE 是利用电磁辐射的能量加速萃取的一种样品处理技术。MAE 的原理同家用微波炉相同，即微波能量转移到固体或液体样品上产生了加热效应，因而加速了被萃取组分的分子的运动。对于固体样品，将其与萃取介质（溶剂）一起置于微波炉中，微波辐射就可加速被萃取组分分子由固体内部向固液界面的扩散。在控制功率和波长的情况下，就可以在适当的温度下，加快萃取过程。对于生物样品，微波辐射过程是高频电磁波穿透萃取介质到达样品内部的微管束和腺细胞系统的过程。由于吸收了微波能，细胞内部的温度会迅速上升，从而使细胞内部膨胀，当压力超过细胞壁的承受力时，细胞发生破裂，其内部的成分就会流出，并在较低的温度下溶解于萃取介质中。通过进一步的处理（过滤、浓缩等）即得 GC 和 LC 可直接分析的样品。原子光谱分析中用微波消解处理样品也是这个道理，不同点主要在于仪器的功率。在色谱分析的样品处理中，MAE 主要用于天然产物、矿物或动物组织中各种组分的提取。

　　常见的 MAE 设备一般是密闭系统，由一个磁控管、一个炉腔以及压力和温度控制装置组成。炉腔中有一个旋转盘，其上可以放置多达 12 个密闭的聚四氟乙烯萃取罐，即可以同时处理 12 个样品。这种设备可实现温度和压力的自动控制，待测目标化合物的损失相对较低。图 5-4 是 21 世纪初出现的一种开罐式聚焦微波萃取系统。它是通过波导管将微波聚焦到萃取体系，萃取罐上接一回流管。萃取在常压下进行，温度可控。实际上是将微波与索氏提取结合起来，既利用微波加热的优点，又有索氏提取的长处。其缺点是一次处理样品数不多。除了上述设备以外，还有一些市售 MAE 仪器，如用于在线分析的萃取仪，以及用于化工生产的连续 MAE 仪器。其原理都相同，但仪器结构设计有所不同，这里不再详细讨论。

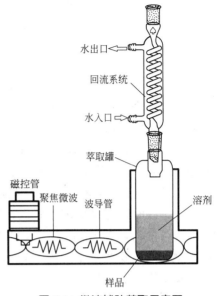

图 5-4　微波辅助萃取示意图

5.2.4.2　MAE 的特点

　　MAE 不同于传统的热萃取，它可以在常温下实现快速萃取。微波加热是一种独特的物料受热方式，可使整个样品被加热，无温度梯度，具有加热均匀的优点。由于消除了物料内的热梯度，很少损失或破坏被萃取化合物，如食品、药品以及天然产物的有效成分，从而使提取质量大大提高。由于大多数生物体含有极性水分子，所以在微波辐射的作用下引起强烈的极性振荡，容易使细胞分子间氢键断裂，细胞膜结构被电击穿、破裂，进而促进基体的渗透和待提取成分的溶剂化。此外，微波萃取还可实现时间、温度、压力控制，保证在萃取过程中有机物不发生分解。因此，利用微波辅助提取从生物基体萃取待萃取的成分时，在热与非热效应的协同作用下，更能提高萃取效率。萃取液比较干净，所含干扰物少。萃取速度快，一般 10min 左右即可完成萃取。此外，溶剂消耗量少，设备简单。安全节能，环境友好。

　　由于不同化合物具有不同的介电常数，所以微波萃取具有选择性加热的特点。溶质和溶剂的极性越大，对微波能的吸收越大，升温越快，萃取速度越快；而对于非极性溶剂，微波几乎不起加热作用。所以，在选择萃取剂时一定要考虑溶剂的极性，以达到最佳效果。对于热不稳定的目标化合物，采用 MAE 时要注意很好地控制温度，避免因热分解而损失。

5.2.4.3　MAE 的操作

　　在 MAE 的具体操作中，首先要注意样品的破碎程度。与其他萃取方法一样，被处理的样品经过适当破碎后可以增大比表面积，有利于与萃取溶剂的接触。但通常情况下传统萃取不把物料破碎得太小，否则会增加杂质的溶出，给后续过滤带来困难。比如对食品萃取时，在 100℃左右会使样品中的淀粉糊化，提取液变得黏稠，增加了后续分离的难度。在 MAE 中，一般根据样品的特性将其粉碎为 2～10mm 的颗粒即可。

其次要考虑萃取溶剂的选择问题。溶剂必须对微波透明或半透明,且要具有一定的极性,以增加萃取溶剂体系的介电常数;溶剂对目标化合物要有较强的溶解能力,还要考虑适合于后续 GC 分析;溶剂的沸点应相对高一些。一般常用的萃取溶剂有正己烷、二氯甲烷、甲醇、乙醇、丙酮和水等。也可以选择二元溶剂体系或多元体系。实际操作中,要根据样品的性质、萃取目标物的性质和实验结果来选择溶剂。至于溶剂的用量,主要取决于目标化合物的浓度。在满足分析方法检测限要求的前提下,溶剂用量(液固比)大一些有利于提高萃取率。

再次要考虑微波辐射功率和时间。微波辐射条件包括辐射频率、功率和辐射时间. 它们对萃取都有一定的影响。简单 MAE 仪器的辐射频率和功率可调范围不大,可根据不同的萃取目的来选择。容易萃取的样品可选择小一些的辐射频率和功率,难萃取的样品则可采用大一些的辐射频率和功率。至于辐射时间,与被萃取样品量、溶剂体积和加热功率有关。与传统萃取方法相比,MAE 的时间较短,一般情况下 10~15min 即可。比如从食品中萃取氨基酸组分时,萃取率并未随萃取时间的延长而提高,较长的辐照时间也不会破坏氨基酸的结构。

最后要考虑萃取样品中水分或湿度的影响。因为水分能有效吸收微波能而产生温度差,所以待处理样品中含水量的高低对萃取率的影响很大。对于不含水的样品,可适当增湿,使其含有一定的水分,以提高萃取效率。影响 MAE 的其他因素包括溶剂的 pH、温度和搅拌,它们与 SPME 中的作用是一致的,此处不再赘述。值得强调的是,MAE 所用萃取罐不能是金属材质的,因为微波辐射遇到金属会反射,使萃取无法进行。

5.2.4.4 MAE 的应用

在 GC 分析中,MAE 的应用较为广泛,但在有关 GC 的标准方法中还涉及不多。文献报道的有土壤中有机污染物的萃取、中草药和茶叶中有效成分的萃取,以及食品和生物组织等样品的处理。一般的流程为先对原料样品进行粉碎,必要时过筛,然后与溶剂混合,萃取,冷却,最后过滤,得到均相萃取液。如果萃取液不能满足 GC 分析的要求,就要进行进一步处理。比如采用 SPE 浓缩净化样品,同时置换溶剂。

举例说明 MAE 的应用。要提取茶叶中的茶多酚、氨基酸和咖啡碱等有效成分,可将粉碎后按固液比 1:20 加入水,混合后置于 MAE 萃取罐中,萃取 3min 即可。将两次萃取的萃取液合并后,便可用 LC 进行测定。再比如土壤中有机氯农药的萃取,取研磨粉碎后的土壤样品 5g,加 30mL 正己烷和丙酮(1:1,体积比)的混合溶剂。混合后置于萃取罐中进行萃取,仪器设置 5min 内萃取温度达到 110℃,萃取时间 10min。然后冷却、过滤,即可用 GC 测定。若目标化合物浓度太低,还需要进行样品浓缩。就萃取本身而言,MAE 用时 15min,比传统的索氏萃取大为缩短,而且 WAE 的溶剂消耗量大为减少。

5.2.5 超临界流体萃取

5.2.5.1 超临界流体萃取(SFE)的原理与设备

SFE 是一种新型萃取技术。它利用超临界流体,即处于温度高于临界温度、压力高于临界压力的流体作为萃取剂,处理液体或固体样品,以达到分离特定组分的目的。我们知道色谱家族中有一种超临界流体色谱（SFC），它是用超临界流体作为流动相的分离技术。二者的分离原理是一样的，不同的是 SFC 要用色谱柱实现高效分离，而 SFE 是一种样品处理技术。

物质有气液固三种常见状态，随着温度和压力的变化，三种状态之间可以互相转化。对于某一特定的物质都存在一个临界温度（T_c）

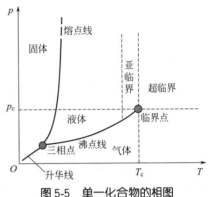

图 5-5 单一化合物的相图

和临界压力（p_c），当压力和温度超过 T_c 和 p_c 时，也就是超过临界点后，物质就称为超临界流体，这是物质的第四种状态。如图 5-5 所示，此时既不是气体，也不是液体，更不是固体。超临界流体具有类似气体的分子扩散系数和黏度，所以，物质在其中具有较高的传质速率，易于达到分配平衡；同时又具有液体的密度，因此溶解能力较强。故超临界流体可以作为一种良好的萃取介质，从液体或固体中萃取出特定成分。

最常用的超临界流体是 CO_2，它的 T_c 为 31.06℃，p_c 为 7.38MPa，可在较低温度下进行萃取，特别适合于天然产物的分离。超临界流体的密度对温度和压力的变化非常敏感，同时它的溶解能力在一定压力范围内与其密度成比例，特别是在临界点附近，温度和压力的微小变化可导致溶质溶解度发生几个数量级的突变。故可通过控制温度和压力来改变物质在超临界流体中的溶解度，从而达到更好的萃取效果。其他一些可能作为 SFE 萃取介质的物质如表 5-2 所列。除 CO_2 外，其他溶剂要么 T_c 偏高，不利于热不稳定化合物的萃取，要么有毒有害，对环境不友好。

表 5-2　几种溶剂的 T_c 和 p_c

溶剂	T_c/℃	p_c/MPa
CO_2	31.1	7.38
甲烷	83.0	4.60
丙烷	97.0	4.26
甲醇	240.5	7.99
乙醚	193.6	3.68
氨	132.4	11.30
水	374.4	22.2

由图 5-5 可见，在临界点附近有一个区域是亚临界状态，利用此状态下的溶剂进行萃取称作亚临界萃取。这种情况下，温度低于 T_c，显然有利于热不稳定化合物的萃取，但溶剂的溶解能力却明显下降，尤其对极性化合物的萃取效率不及 SFE。

图 5-6 给出了 SFE 设备的结构示意图。气体 CO_2 经压缩机加压至 p_c 以上，经预热管加热后进入萃取罐中与样品混合，把目标组分萃取至超临界 CO_2 流体后，流出萃取罐，再经减压和过滤，进入盛有溶剂的收集瓶（特定情况下也可不盛溶剂）。由于 CO_2 减压为普通气体，其溶解能力大为下降，目标组分便从 CO_2 中析出，溶解到收集瓶的溶剂中，

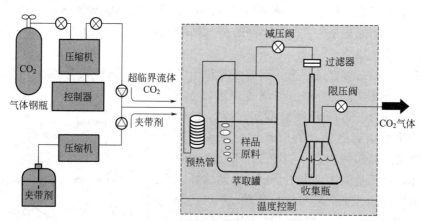

图 5-6   超临界流体萃取设备示意图

常压的 CO_2 便逸出 SFE 装置。这就完成了萃取过程。需要说明，第一，萃取极性大的组分时，需要加入一定的夹带剂（如甲醇或氨气），以增加 CO_2 超临界流体的极性，从而达到更好的萃取效果。第二，SFE 可以间歇性操作，也可以连续萃取。前者多用于实验室样品处理，后者则多用于生产过程，比如制药厂从中药材中提取有效成分或者从海鱼中提取鱼油。连续萃取时有多个萃取罐，可以用多个接收瓶，分别在不同压力下接收不同的组分，实现一定程度的分离。第三，CO_2 可以回收利用，尤其是使用夹带剂的情况下，以降低萃取成本，也有利于环境保护。

5.2.5.2 SFE 的特点

① SFE 在接近室温（34～39℃）的条件下操作，而且是在惰性的 CO_2 气氛中，可有效防止热敏性物质的氧化和降解。对于活性成分能完整地保留生物活性，而且可把高沸点、易热解的组分在远低于其沸点的温度下萃取出来。

② SFE 是绿色提取方法，几乎不用有机溶剂，且 CO_2 属于不燃性气体，无味、无毒，从而防止了萃取过程中有毒有害有机溶剂对人体的伤害和对环境的污染。

③ 压力和温度都是控制萃取过程的参数，改变压力或温度即可达到萃取介质与目标化合物的分离，工艺简单，萃取速度快。

④ 萃取效率高、成本低，超临界 CO_2 还具有抗氧化、灭菌作用，在生产上有利于保证产品的质量。

⑤ 超临界 CO_2 萃取技术也不是万能的，它也有其适用范围和局限性。除仪器成本较高以外，对强极性物质（如醇类和羧酸类）的萃取是比较困难的。虽然在加入夹带剂的情况下，可以有效提取一些极性化合物，如苯二酚和羟基苯甲酸。但更强极性物质，如糖类，即使在 40MPa 压力下也很难被萃取。另外，化合物的分子量越大，越难被萃取。

5.2.5.3 SFE 的操作

① 萃取压力和温度。萃取压力是 SFE 最重要的控制参数之一，萃取温度一定时，压力增大，流体密度增大，溶剂的溶解能力增强。亲脂性、低沸点成分可在 10MPa 以下萃取，如天然产物和食品中的气味成分。还可以通过调节压力来分步萃取极性相差较大的

不同物质。在 CO_2 超临界萃取时，被萃取的物质可通过降低压力析出。

温度对超临界流体溶解能力的影响是两方面的：在一定压力下，升高温度被萃取物挥发性增加，即增加了被萃取物在超临界流体中的浓度，从而使萃取量增大；另一方面，温度升高使超临界流体的密度降低，从而降低了目标组分的溶解度，导致萃取率降低。因此，要综合考虑两方面的因素来选择萃取温度。

② 样品的颗粒度和 CO_2 的流量。与其他萃取技术相同，样品粒度大小可影响萃取率。减小样品粒度，可增加固体与溶剂的接触面积，从而使萃取速度提高。不过，粒度如过小又可能堵塞萃取罐出口的滤网。

CO_2 的流量对 SFE 有两个方面的影响。CO_2 的流量太大，会造成萃取罐内 CO_2 的停留时间缩短，减少与被萃取物的接触时间，不利于萃取。但 CO_2 的流量增加可增大萃取过程的传质推动力，使传质速率加快，有利于萃取。因此，在实际操作中，要根据实验结果优化 CO_2 的流量。

③ 夹带剂的使用。由于 CO_2 是非极性物质，单一 CO_2 超临界流体只能萃取非极性和弱极性的物质，如烃类醇类、醚类、醛类及内酯类化合物。对于强极性的化合物或亲水性分子、金属离子及分子量较大的物质，其萃取效果不够理想。后来有人发现，萃取时在 CO_2 中加入一定量的乙醇、甲醇、丙酮等极性溶剂，可提高难挥发性和极性化合物的溶解度，改善萃取效率。这些极性溶剂就叫夹带剂。

夹带剂的作用是改善目标化合物在 CO_2 超临界流体中的溶解度。夹带剂的用量一般在 5% 左右，对 CO_2 的密度影响不大。影响溶解度的主要原因是夹带剂与目标化合物分子间的相互作用，如氢键及范德华力，静电作用力等。例如，用 SFE 难以直接萃取重金属离子，一般要选择负电性夹带剂，即金属离子配体。由于配位效应，形成的配合物极性大为降低，再结合另一种极性夹带剂，以增强配合物在萃取介质中的溶解度，即可得到满意的萃取效果。

在超临界 CO_2 微乳液萃取技术中夹带剂也发挥着重要作用。超临界 CO_2 微乳液是由表面活性剂溶解于超临界 CO_2 中形成的，由于大多数表面活性剂在超临界 CO_2 中的溶解度很有限，故不易形成微乳液。加入夹带剂（比如低级醇）可增加表面活性剂在超临界 CO_2 中的溶解度，有利于超临界 CO_2 微乳液的形成。这一技术在生物活性物质和金属离子萃取方面有广泛的应用。

夹带剂的选择要考虑目标萃取物的性质和夹带剂的性质，然后再通过实验来验证。比如对酸、醇、酚、酯等萃取目标物，可以选用含羟基或羧基的夹带剂，对极性较大的目标萃取物，可选用极性较大的夹带剂。同时还要考虑夹带剂在改善溶解性的同时，也会导致共萃物的增加，可能会干扰后续的分析测定，所以夹带剂的用量要小，一般不要超过 5%。总之，夹带剂的使用是一个复杂的问题，虽然有一些经验性的规律可供借鉴，但在很大程度上还是一个试错的过程。

5.2.5.4　SFE 的应用

SFE 的应用范围很广。就 GC 分析的样品制备而言，从制药工业到食品分析，从化学工业到环境分析，都有 SFE 成功应用的报道。下面做一简要介绍。

① 中药制备方面。SFE 主要用于从药用植物中提取药效成分。比如中药材中的小分子萜类、部分生物碱的提取，还可通过添加夹带剂如甲醇、丙酮等实现对生物碱类、黄

酮类、皂苷类、芳香性及油性组分等有效成分的高效提取。SFE 对于中药的提取分离乃至中药现代化，都将发挥重要的作用。

② 医药和保健品生产方面。鱼油和 ω-3 脂肪酸是有益于健康的，这些脂类物质可以从浮游植物中获得。SFE 提取的脂类物质不含胆固醇，而且叶绿素不会被 SFE 萃出，因而省去了传统溶剂萃取的漂白过程。另外，从银杏叶中提取的银杏黄酮、从鱼的内脏和骨头中提取的多烯不饱和脂肪酸（二十碳五烯酸 EPA 和二十二碳六烯酸 DHA）、从沙棘籽提取的沙棘油、从蛋黄中提取的卵磷脂等，对心脑血管疾病都具有辅助疗效。

③ 食品工业方面。采用 SFE 提取豆油可使产品质量大幅度提高，且无污染问题。从葵花籽、红花籽、花生、小麦胚芽、棕榈、可可豆中可高效提取油脂，且提取出的油脂中含中性脂质，磷含量低，着色度低，无臭味。SFE 用于咖啡中咖啡因的提取，可以大大降低咖啡因的含量，而且 CO_2 良好的选择性可以保留咖啡中的芳香物质。

④ 化工方面。用 SFE 萃取香料不仅有效，而且可提高产品纯度，保持其天然香味。如从桂花、茉莉花、菊花、梅花、米兰花、玫瑰花中提取香精，从胡椒、肉桂、薄荷中提取香辛料，从芹菜籽、生姜、芫荽籽、茴香、砂仁、八角、孜然等原料中提取精油。SFE 还可用于天然色素的提取，这在食品加工、医药和化妆品行业中很有意义。其他萃取方法生产的色素纯度差、有异味和溶剂残留。SFE 可以克服上述缺点，比如辣椒红色素的提取。

⑤ 农药残留分析方面。传统的农药残留分析中，样品制备大多用有机溶剂提取，其缺点是溶剂耗量大，造成环境污染；操作费时，净化过程繁琐。SFE 对于食品和土壤中农药残留的提取很有优势。对于高含水量样品，要在样品制备前加入适量干燥剂混匀。对于强极性农药残留，则需加入一定量的夹带剂，以提高萃取率。有人将 SFE 和 GC-MS 联用，分析了动物组织中的有机磷农药、氨基甲酸酯类农药，效果令人满意。

5.2.6 加压流体萃取

5.2.6.1 加压流体萃取（PFE）的原理与设备

PFE 又称加压液体萃取（PLE），也称快速溶剂萃取（ASE），后者被一家仪器公司注册为商标，所以学者一般用 PFE 或 PLE。美国环保署（EPA）使用的术语是 PFE，我国这一术语尚未统一，甚至在国家标准和地方或行业标准中使用的术语都有不同。本书中我们使用 PFE。这一技术是指在提高温度（50～200℃）和压力（1000～3000psi）的条件下，用有机溶剂萃取固体或半固体中某些组分的样品制备方法。

温度提高能显著减弱样品基质与被萃取组分之间的范德华力、氢键、偶极吸引等的相互作用力，降低溶剂的黏度，加速被萃取组分分子迁移，使其更容易从样品基质扩散进入溶剂中。另外，液体的沸点一般随压力的升高而提高。因此要在提高的温度下仍保持溶剂为液态，则需增加压力。而压力的增大又使液体的溶解能力增加，有利于提高萃取率，降低溶剂的消耗量。这便是 PFE 的原理。

当然，PFE 在较高温度下进行，样品组分的热降解是一个要考虑的问题。PFE 在高压下加热时间一般少于 10min，因此，热降解不甚明显。有人在 150℃ 下萃取滴滴涕（DDT），然后用 GC 分析，DDT 的平均回收率为 103%，RSD 为 3.9%。在 60℃、16.5MPa 的条件下，用二氯甲烷作溶剂萃取极易挥发的 BTEX（苯、甲苯、乙苯、二甲苯）。结果表明，平均回收率在 99.5%～100% 之间，RSD 为 1.2%～3.7%。可见，PFE 可用于样品中易挥发组分的萃取。适当控制萃取条件完全可以避免样品组分的热降解。

如图 5-7 所示，PFE 仪器一般由溶剂瓶、泵、气瓶、连接管路、加温炉、萃取罐和收集瓶等组成。其工作流程是：将样品装入不锈钢萃取罐，放到转盘式传送装置上。转盘传送装置将萃取罐送入加热炉腔并与相应的收集瓶连接。泵将溶剂输送到萃取罐（用时 20～60s），萃取罐被加热和用氮气加压（5～8min），在设定的温度和压力下静态萃取（5～10min）。然后分步向萃取罐加入清洗溶剂（20～60s），萃取液自动经过滤膜进入收集瓶。用氮气吹洗萃取罐和管道（60～100s），使萃取液全部进入收集瓶。至此，萃取全过程完成，通常用时 10～20min。除装样是手动完成外，其余各步均由仪器自

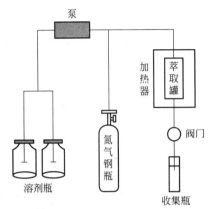

图 5-7　加压流体萃取示意图

动完成。溶剂瓶可用 2～4 个，每个可装入不同的溶剂供选用。可用不同溶剂和溶剂组合先后萃取相同的样品，也可用同一溶剂萃取不同的样品。现在市售 PFE 仪器可同时放置 24～38 个萃取罐和同样数目的收集瓶。萃取罐也有大小不同的规格，供用户选择。比如，有的仪器可选用 33mL、66mL 和 100mL 的萃取罐。

5.2.6.2 PFE 的特点

PFE 的优点是有机溶剂用量少，10g 样品一般仅需 15mL 溶剂；萃取速度快，完成一次萃取全过程的时间一般仅需 15min；基质效应小，可对不同基质样品采用相同的萃取条件；回收率高，重现性好。此外，仪器的自动化程度高，装好样品后再把萃取程序（计算机控制）设置好，即可进行无人值守操作。由于操作方便、重现性好，故易于实现标准化，现在已有多项美国 EPA 标准和中国各种标准方法采用 PFE 进行分析样品萃取。

5.2.6.3 PFE 的操作与应用

PFE 的控制参数包括样品粉碎、颗粒度控制、用样量、萃取溶剂种类和用量、温度和压力，这些参数在原理上与前面几种技术的讨论一致，在操作上与前面的讨论也类似，因此这里从略。

尽管 PFE 的发展历史不长，但因其突出的优点，已广泛应用于环境、药物、食品和聚合物工业等领域。食品分析中，蔬菜和水果等样品中农药残留的萃取，环境分析中土壤、污泥、沉积物、大气颗粒物、粉尘中的多氯联苯、多环芳烃、有机磷（或氯）、苯氧基除草剂、三嗪除草剂、柴油、总石油烃、二噁英、呋喃、炸药等的萃取都有 PFE 的成功应用。很多国际和国内的标准分析方法都采用 PFE 作为样品处理方法。

美国 EPA 方法 3545A 是针对 PFE 的标准，其中主要将 PFE 应用于半挥发有机化合物、有机磷农药、含氯除草剂、多氯联苯、多氯代二苯并二噁英（PCDDs）/多氯二苯并呋喃（PCDFs）和柴油类有机物（DRO）的分析中。提取的这些化合物后主要用色谱-质谱联用方法进行分析。标准中详细规定了应用方法，方法要点，适用仪器，分析条件以及方法性能。PFE 所得结果与索式萃取的结果是一致的。

我国大部分标准中 PFE 是作为与索式萃取并行的方法使用的，其中的基准标准是 HJ 782—2016《固体废物　有机物的提取　加压流体萃取法》和 HJ 783—2016《土壤和沉积物　有机物的提取　加压流体萃取法》。国标 GB/T 28643—2012 采纳了国际标准的方法，规定了用同位素稀释-高分辨气相色谱/高分辨质谱法测定饲料中 17 种 2,3,7,8-氯取代的 PCDDs 和 PCDFs，以及 12 种二噁英类多氯联苯的方法。其中，PFE 作为取代索式萃取的方法使用。国标 GB/T 22996—2008 则规定使用甲醇作为溶剂，用 PFE 萃取人参中六种人参皂苷，然后用 LC-UV 进行测定，检出限达到 25～50mg/kg。此外，PFE 在茶叶以及粮食中农药残留的萃取方面也有应用。与传统的超声、振荡等方法相比，PFE 具有萃取效率高、速度快、自动化程度高、实验重现性好等优点。

5.2.7　衍生化技术

上面我们讨论了几种比较先进的样品制备方法，包括 SPE、SPME、MAE、SFE 和 PFE。顶空取样也是一种先进的样品制备技术，已在第 3 章做了介绍。实际工作中传统的溶剂萃取（液-液、液-固、液-气）、索氏萃取、蒸馏、膜分离、吸附、沉淀、K-D 浓缩法、氮吹法、柱色谱法等仍然还有应用。需要指出，这些技术各有其独到之处，也各有其适用范围。总的发展趋势是用先进、环保、高效、节能和自动化的新方法取代旧的方法。近年来磁珠 SPE 发展很快，有望得到广泛应用。实际工作中，色谱技术人员还要注意多种技术的联合使用。比如，分析沉积物中的有机污染物，可先用 PFE 萃取，再用旋转蒸发浓缩，然后用柱色谱法分离净化，最后得到可用 GC 或/和 LC 进行测定的样品。

就 GC 而言，难挥发化合物的分析是一个问题。解决的办法是采用其他方法如 LC 进行分析，但有时因条件限制，难以找到合适的仪器，这时可以考虑通过衍生化技术来改变被分析物的挥发性，从而达到可用 GC 分析的目的。实际上，衍生化一直是分析领域的常用技术，其目的除了提高挥发性以适应分析方法之外，还可改善萃取效果、去除共萃物、消除干扰物以及降低色谱分析检测限等。色谱分析中有柱前衍生化和柱后衍生化之分，但在 GC 中绝大部分衍生化是柱前完成的。下面简单介绍几种常用的衍生化技术。

5.2.7.1　酯化

有机酸通过酯化可以有效地降低沸点，是 GC 分析羧酸的有效方法。简单的方法是有机酸与甲醇或乙醇在催化剂（如 BF₃）作用下加热，生成有机酸甲酯或有机酸乙酯。通常将 BF₃ 溶在甲醇或乙醇中配制成酯化剂溶液，但要注意该溶解过程是放热的，有一定的危险性。用 BF₃ 的丙醇、丁醇或戊醇溶液与有机酸反应也可以制得相应的丙酯、丁酯或戊酯。

另一种常见方法是重氮甲烷法，即重氮甲烷与有机酸反应生成有机酸甲酯，同时放出氮气。此法简便有效，反应速度快、转化率高、副反应少、不引入杂质，但是反应要在非水介质中进行。虽然反应条件温和，但是重氮甲烷不稳定，有爆炸性、有毒，制备与使用时要特别小心。注意，酚羟基在常温下可与重氮甲烷反应，但在 0℃下可避免酚羟基的甲酯化反应。

有时为了提高分析方法的选择性和灵敏度（降低检测限），需要制备甲酯和乙酯之外的酯，方法与上面类似。可用重氮乙烷、重氮丙烷、重氮甲苯代替重氮甲烷，以制得相应的酯，且这些试剂的稳定性好、不易爆炸。

三氟乙酸酐法也是一种酯化反应。三氟乙酸酐可以与羧酸反应生成相应的混酸酐（即活化酯），比较适合空间位阻较大的有机酸和醇或酚的酯化。

5.2.7.2 酰化

酰化是针对羟基、氨基、巯基化合物的衍生化方法，能有效降低这些化合物的极性，使其更适合于 GC 分析，还可以增加某些易氧化化合物的稳定性。当酰化时引入含有卤素的酰基时，还可提高 ECD 检测器的灵敏度。常用的反应是乙酰化法和多氟酰化法，常用的酰化试剂有酰卤、酸酐和反应活性大的酰化物。

标准乙酰化法是将样品溶于氯仿中，与乙酸酐和乙酸在 50℃反应 2~6h，抽真空除去剩余试剂。也可用乙酸钠为碱性催化剂，用乙酸酐为乙酰化试剂进行乙酰化反应，这多用于糖类分析。吡啶、三甲胺、甲基咪唑也可作为碱性催化剂。乙酰化反应通常在非水介质中进行，但是胺类和酚类化合物的乙酰化可在水溶液中进行。

常用的多氟酰化试剂是三氟乙酰、五氟丙酰和七氟丁酰，它们的反应活性依次减弱。前两者的衍生物挥发性较强，而后者的衍生物 ECD 灵敏度较高。多氟酰化的反应速度取决于多氟酰化试剂和目标化合物的反应活性。

5.2.7.3 硅烷化

在 GC 和 GC-MS 分析中，硅烷化可对质子型化合物（如醇、酚、酸、胺、硫醇等）的羟基、氨基、羧基等官能团进行衍生化，形成挥发性的硅烷化衍生物，从而提高样品的热稳定性，如氨基酸经硅烷化可以用 GC 分析。硅烷化还可以改善样品的分子质量，以利于样品与基质的分离。硅烷化还有助于手性化合物的分离。

硅烷化是 GC 分析样品处理中的常用衍生化方法，能进行硅烷化的化合物反应活性一般为：醇>酚>羧酸>胺>酰胺，反应活性还受空间位阻的影响。其醇的反应活性为伯醇>仲醇>叔醇，胺的反应活性为：伯胺>仲胺。常用的硅烷化试剂有 N,O-双（三甲基硅基）三氟乙酰胺（BSTFA）和 N,O-双（三甲基硅基）乙酰胺（BSA），用于衍生化氨基和羟基，常用于体内药物及其代谢物的检测。还有 N-甲基叔丁基二甲基硅基三氟乙酰胺（MTBSTFA），用于药物、类固醇的检测。由于叔丁基二甲基硅基有较大的空间效应，有些氨基较难衍生化。此外，N-甲基三甲基硅基三氟乙酰胺（MSTFA）也是最常用的硅烷化试剂之一，其衍生化也是引入三甲基硅基。

5.2.7.4 烷基化

烷基化是向有机物分子中的碳、氮、氧等原子上引入烷基的反应。常用的烷基化剂有烯烃、卤代烷烃、硫酸烷酯和醇等。酯化反应可以看作烷基化的一个特例，其他烷基化反应在 GC 分析中应用不多。

还有一些衍生化反应，如硼烷化和环化等，因较少用于色谱分析样品处理，本节不作介绍。虽然色谱分析中有许多衍生化方法，能够解决一些难挥发性化合物的 GC 分析问题，但一定要注意，任何衍生化技术都必须保证反应的定量进行，要有很好的选择性，而且反应后要除去过量的衍生化试剂，否则，会影响定量分析的准确度。未反应的衍生化试剂，以及复杂的样品基质残留，都可能带来 GC 分离的困难，还容易造成进样器或/和色谱柱的污染。

5.3 气相色谱分析方法开发

5.3.1 方法开发的一般步骤

对于刚从事 GC 工作的技术人员来说，他们能很快掌握必要的 GC 基础知识，甚至能很快操作仪器。但当接到一个分析任务时，面对样品却不知从何做起。也有一些人认为 GC 分析很简单，不就是打一针就可得到结果吗。其实不然！就如医院的护士打针，若不了解病人情况，不知道用药的剂量，随便给病人打一针就能治病吗？这就涉及方法开发问题。简单地说，方法开发就是针对一个或一批样品建立一套完整的分析方法。就 GC 而言，就是首先确定样品制备方法，然后优化分离条件，直至达到满意的分离结果。最后确定数据处理方法，包括定性鉴定和定量计算。当然，这一方法要真正成为实用方法，还必须进行验证。下面讨论方法开发的一般步骤。

5.3.1.1 样品来源及其预处理方法

GC 能直接分析的样品必须是气体或液体，固体样品在分析前应溶解在适当的溶剂中，而且还要保证样品中不含 GC 不能分析的组分（如无机盐）或可能会损坏色谱柱的组分。因此，在接到一个未知样品时，就必须了解它的来源，从而估计样品可能含有的组分，以及样品的沸点范围。如能确认样品可直接分析，问题就简单了，只需找一种合适的溶剂，如丙酮、己烷、氯仿、苯等都是 GC 常用的溶剂。一般讲，溶剂应具有较低的沸点，从而使其容易与样品分离。尽可能避免用水、二氯甲烷和甲醇作溶剂，因为它们对延长色谱柱的使用寿命不利。另外，如果用毛细管柱分析，应注意样品的浓度不要太高，以免造成柱超载，通常样品的浓度为 mg/mL 级或更低。

如果样品中有不能用 GC 直接分析的组分，或者样品浓度太低，或者样品中有不溶的固体，就必须进行必要的预处理，包括采用一些预分离手段，如各种萃取技术、浓缩方法、提纯方法、过滤等。见上一节的内容以及本章后面的进一步阅读建议。

需要强调，无论是样品处理方法，还是下文要讨论的 GC 分析条件确定，文献调研都是很重要的方法开发步骤。所以，开始实验前，应当查阅文献。若文献中已有相同样品的分析方法，那将加快方法开发的进程。只要在此基础上做一些必要的优化即可。即使能找到类似样品的分析方法，也可以作为重要的参考，从而避免走一些不必要的弯路。

5.3.1.2 确定仪器配置

所谓仪器配置就是用于分析样品的方法采用什么进样装置、什么载气、什么色谱柱以及什么检测器。比如，要用 GC 分析啤酒的挥发性成分，就需要一个顶空进样器；要测定水中痕量含氯农药的残留，就要用电子俘获检测器。就色谱柱而言，常用的固定相有非极性的 OV-1（SE-30）、弱极性的 SE-54、极性的 OV-17 和 PEG-20M 等。可根据极性相似相容原理来选用，即分析一般脂肪烃类（如柴油或汽油）时多用 OV-1（SE-30），分析醇类和酯类（如含酒精饮料）多用 PEG-20M，分析农药残留则多用 OV-17 或 OV-1701。而要分析特殊的样品，如手性异构体，就需要特殊的手性色谱柱。对于很复杂的混合物，SE-54 往往是首选的固定液。具体的仪器配置选择，请参看第 2 章。

5.3.1.3　确定初始操作条件

当样品准备好，且仪器配置确定之后，就可开始进行尝试性分离。这时要确定初始操作条件，主要包括进样量、进样口温度、检测器温度、色谱柱温度和载气流速。

进样量要根据样品浓度、色谱柱容量和检测器灵敏度来确定。样品浓度不超过mg/mL时填充柱的进样量通常为 $1\sim5\mu L$，而对于毛细管柱，若分流比为 50：1 时，进样量一般不超过 $2\mu L$。如果这样的进样量不能满足检测限的要求，可考虑加大进样量，但以不超载为限。必要时先对样品进行预浓缩，还可考虑采用专门的进样技术，如大体积进样，还可采用灵敏度更高的检测器。

进样口温度主要由样品的沸点范围决定，还要考虑色谱柱的使用温度。即首先要保证待测样品全部汽化，其次要保证汽化的样品组分能够全部流出色谱柱，而不会在柱中冷凝。原则上讲，进样口温度高一些有利，一般要接近样品中沸点最高组分的沸点，但要低于易分解组分的分解温度，常用的条件是 $250\sim350℃$。大多数先进 GC 仪器的进样口温度均可达到 $450℃$。这时，沸点为 $500℃$ 左右的组分均可汽化（因为在溶液状态下，组分的沸点会降低一些）。实际操作中，进样口温度可在一定范围内设定，只要保证样品完全汽化即可，而不必进行很精确的优化。注意，当样品中某些组分会在高温下分解时，要适当降低气化温度，必要时采用冷柱上进样或程序升温汽化（PTV）进样技术。

色谱柱温度的确定主要由样品的复杂程度和汽化温度决定。原则是既要保证待测物的完全分离，又要保证所有组分能流出色谱柱，且分析时间越短越好。组成简单的样品最好用恒温分析，这样分析周期会短一些。特别是用填充柱时，恒温分析时色谱图的基线要比程序升温时稳定得多。对于组成复杂的样品，常需要用程序升温分离，因为在恒温条件下，如果柱温较低，则低沸点组分分离得好，而高沸点组分的流出时间会太长，造成峰展宽，甚至滞留在色谱柱中造成柱污染；反之，当柱温太高时，低沸点组分又难以分离。图 5-8 给出一个示意图，

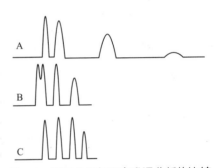

图 5-8　恒温分析与程序升温分析的比较
A—柱温低；B—柱温高；C—程序升温

说明程序升温的必要性。实际上，毛细管柱的一个最大优点就是可在较宽的温度范围内操作，这样就能保证在尽可能短的分析时间内实现待测组分的良好分离。

一般来讲，色谱柱的初始温度应接近样品中最轻组分的沸点，而最终温度则取决于最重组分的沸点。升温速率则要依样品的复杂程度而定。在没有资料可供参考的情况下，建议毛细管柱的初始温度条件设置为：

OV-1（SE-30）或 SE-54 柱：从 $50℃$ 到 $280℃$，升温速率 $10℃/min$。

OV-17（OV-1701）柱：从 $60℃$ 到 $260℃$，升温速率 $8℃/min$。

PEG-20M 柱：从 $60℃$ 到 $200℃$，升温速率 $8℃/min$。

注意，这只是方法开发时的初始参考条件，具体工作中一定要根据样品的实际分离情况来优化设定。

检测器温度是指检测器加热块温度，而不是实际检测点的温度，如 FID 火焰的温度。检测器温度的设置原则是保证流出色谱柱的组分不会冷凝，同时满足检测器灵敏度的要

求。大部分检测器的灵敏度受温度影响不大，故检测器温度可参照色谱柱的最高温度设定，而不必精确优化。比如在使用 OV-101 或 OV-1 毛细管色谱柱时，FID 的温度可设定为 300～350℃。

载气流速的确定相对容易一些，开始可按照比最佳操作流速（氮气约为 20cm/s，氦气约为 25cm/s，氢气约为 30cm/s）高 10％来设定。然后再据分离情况进行调节。原则是既要保证待测物的完全分离，又要保证尽可能短的分析时间。用 3mm 内径的填充柱时，载气流速一般设为 30mL/min（这是一个流量数据，实际色谱分析中一般不区别流量和流速），而用 0.53mm 内径的大口径柱时，载气流速可设置为 10mL/min，对于 0.25mm 内径的毛细管柱，一般选择 1.0mL/min 左右的流速。

需要指出，当仪器未配置电子气路控制（EPC）时，必须通过皂膜流量计或测定死时间的方法来测算载气流速，通过调节柱前压的方式来改变载气流速。色谱柱越长，内径越小，柱温越高，需要的柱前压越高。表 5-3 给出了毛细管柱常用的柱前压参考数值范围。初始条件一般设置为表中给定范围的上限，然后根据实际分离情况再进行优化。

表 5-3　毛细管 GC 常用的柱前压参考值

柱内径	0.2mm			0.32mm			0.53mm	
柱长度/m	12	25	50	12	25	50	12	30
柱前压(氮气)/kPa	120～180	200～280	300～400	50～100	120～180	180～220	18～60	50～80
柱前压(氦气)/kPa	85～140	145～235	235～360	29～53	55～95	95～160	8.5～16	24～44
柱前压(氢气)/kPa	48～84	87～145	145～230	17～32	33～60	60～105	5.0～9.7	14～27

此外，当所用检测器需要燃烧气和/或辅助气时，还要设定这些气体的流量。检测器说明书通常会列出适合的气体流量值，可供参考。比如，用毛细管柱和 FID 时，检测器气体流量可设定为：空气，300～400mL/min；氢气，30～40mL/min；氮气（尾吹气），30～40mL/min。必要时可依据分析结果作进一步的优化。关于尾吹气的讨论，见 2.5.9 节。

上述初始条件设定后，便可进行样品的尝试性分析。一般先分离标准样品，然后分析实际样品。在此过程中，还要根据分离情况不断进行条件优化。

5.3.1.4　分离条件优化

分离条件优化是一个很大的题目，有专门的优化理论来研究，市场上还有计算机软件可用于优化。本书不准备就此展开详细讨论，在 1.3.3 节从实用的角度简单介绍了优化方法，在这里只强调操作条件柱温和载气流速的优化。

事实上，当样品和仪器配置确定之后，色谱技术人员最经常的优化工作除了更换色谱柱外，就是改变色谱柱温和载气流速，以期达到最优化的分离。随着柱温和载气流速的升高，分析时间会缩短，而分离度会降低。柱温对分离结果的影响要比载气流速的影响大。

简单地说，分离条件的优化目的就是要在最短的分析时间内达到符合要求的分离结果。所以，当在初始条件下样品中难分离物质对的分离度 R 大于 1.5 时，可采用增大载气流速、提高柱温或升温速率的方法来缩短分析时间，反之亦然。比较难的问题是确定色谱图上的峰是否是单一组分的峰。这可用标准样品对照，也可用 GC-MS 测定峰纯度。如果某一感兴趣的峰是两个以上组分的共流出峰，优化分离的任务就比较艰巨了。在改变柱温和载气流速也达不到基线分离的目的时，就应更换更长的色谱柱，甚至更换不同固定相的色谱柱，因为在 GC 中，色谱柱是分离成败的关键。请参阅 1.3.3 节。

5.3.1.5 定性鉴定

所谓定性鉴定就是确定色谱峰的归属。对于简单的样品，可通过标准物质对照来定性。就是在相同的色谱条件下，分别注射标准样品和实际样品，根据保留值即可确定色谱图上哪个峰是要分析的组分。定性时必须注意，在同一色谱柱上，不同化合物可能有相同的保留值，所以，对未知样品的定性仅仅用一个保留数据是不够的。双柱或多柱保留指数定性是 GC 中较为可靠的方法，因为不同的化合物在不同色谱柱上具有相同保留值的概率要小得多。对于复杂的样品，则要通过保留指数和/或 GC-MS 来定性。事实上，GC-MS 是当今 GC 定性的首选方法，它可以给出相应色谱峰的分子结构信息，同时还能做定量分析。不过，我们应当了解，GC-MS 并不总是可靠的，尤其是一些同分异构体，它们的质谱图往往非常相似，故计算机检索结果有时是不正确的。只有当 GC 保留指数和 MS 图的鉴定结果相吻合时，定性的可靠性才是有保障的。

5.3.1.6 定量分析

这一步骤是要确定用什么定量方法来测定待测组分的含量。常用的色谱定量方法不外乎峰面积（峰高）百分比法、归一化法、内标法、外标法和标准加入法（又称叠加法）。表 5-4 列出了这些方法的原理和特点。

表 5-4   色谱定量方法比较

定量方法	计算公式[①]	特点
面积百分比法	$x_i = \dfrac{A_i}{\sum A_i} \times 100\%$	简单,定量准确度低,要求样品中所有组分均出峰
归一化法	$x_i = \dfrac{f_i A_i}{\sum f_i A_i} \times 100\%$	定量准确度高,但复杂,要求所有样品组分均出峰,且有所有组分的标准品
外标法	$x_i = \dfrac{A_i}{A_E} \times E_i$	简单,定量准确度较低,只要样品待测组分出峰且完全分离即可
内标法	$x_i = \dfrac{m_s A_i f_{s,i}}{m A_s} \times 100\%$	定量准确度高,只要样品待测组分出峰且完全分离即可,但样品制备过程稍复杂,需选择合适的内标物
标准加入法（叠加法）	$x_i = \dfrac{m_i A_i A'_j}{m(A'_i A_j - A_i A'_j)} \times 100\%$	定量精度介于内标法和外标法之间

①计算公式中的符号含义：x_i—待测样品中组分 i 的含量（浓度）；A_i—组分 i 的峰面积；f_i—组分 i 的校正因子，用标准样品测定 $f_i = E_i/A_i$；E_i—标准样品中组分 i 的含量（浓度）；A_E—标准样品中组分 i 的峰面积；m—样品的质量；m_s—待测样品中加入内标物的量；A_s—待测样品中内标物的峰面积；$f_{s,i}$—组分 i 与内标物的校正因子之比，称为相对校正因子；A'_i—待测物中加入 m_i 的组分 i 后组分 i 的峰面积；A_j—待测物中与组分 i 相邻的组分 j 的峰面积；A'_j—待测物中加入 m_i 的组分 i 后相邻组分 j 的峰面积；m_i—待测物中加入组分 i 的量。

峰面积（峰高）百分比法最简单，但不准确，常作为半定量方法使用。只有样品由同系物组成或者只是为了粗略定量时，才选择该法。当然，在有机合成过程中监测反应原料和/或产物的变化时，也可用此法做相对定量。

因为不同的化合物在同一条件下、同一检测器上的响应因子（单位峰面积代表的样品量）往往不同，故须用标准样品测定响应因子进行校正后，方可得到准确的定量结果。其他几种定量方法均需要校正。相比起来，归一化法较为复杂，它要求样品中所有组分均出峰，且要求有所有组分的标准品才能准确定量，故很少采用。外标法是采用最多的方法，只要用一系列浓度的标准样品作出工作曲线（样品量或浓度对峰面积或峰高作图），就可在完全一致的条件下对未知样品进行定量分析。只要待测组分出峰且分离完全即可，而不考虑其他组分是否出峰和是否分离完全。需要强调，外标法定量时，分析条件必须严格重现，特别是进样量。如果测定未知物和测定工作曲线时的条件有所不同，就会导致较大的定量误差。还应注意，外标工作曲线最好与未知样品同时测定，或者定期重新测定工作曲线，以保证定量准确度。实际工作中，常常用质控样品来保证定量的准确度。在测定未知样品时，每隔一定的进样次数进一次质控样品，及时修正工作曲线。这也能消除仪器因素造成的定量误差。

相比而言，内标法的定量精度最高，因为它是用相对于标准物（也称内标物）的响应值来定量的，而内标物要分别加到标准样品和未知样品中。这样就可抵消由于操作条件（包括进样量）的波动带来的误差。与外标法类似，内标法只要求待测组分与内标物出峰且分离完全即可，其余组分则可通过快速升高柱温使其流出或用反吹法将其放空，这样即可达到缩短分析时间的目的。尽管如此，要找一个合适的内标物并不总是一件容易的事情，因为理想内标物的保留时间和响应因子应该与待测物尽可能接近，且要完全分离。此外，用内标法定量时，样品制备过程要多一个定量加入内标物的步骤，标准样品和未知样品均要加入一定的内标物。

至于标准加入法，是在未知样品中定量加入待测物的标准品，然后根据峰面积（或峰高）的增加量来进行定量计算。其样品制备过程与内标法类似，但计算原理则完全来自外标法。标准加入法的定量精度介于内标法和外标法之间。

上述各种定量方法中，峰面积均可用峰高代替。理论上讲，浓度型检测器（如TCD）用峰高定量较准确，而质量型检测器（如FID）用峰面积定量更准确。但在实际操作中，影响峰高和峰面积的因素有多种，不仅载气流速和柱温，而且检测器的结构设计等均有影响。综合考虑各种因素，峰面积定量一般比峰高定量更准确。选择多用计算机采集和处理数据，操作人员可以很方便地选择峰高或峰面积，必要时将二者作一比较，就能判断孰优孰劣。当色谱峰未完全分离时，面积积分准确度会下降，此时用峰高定量不失为一种合理的选择。

到此为止，我们基本上完成了一个GC方法的开发。这个方法是否合理、可靠？是否能为同行所采用？还有待于对其进行验证。图5-9总结了GC方法开发的一般步骤。

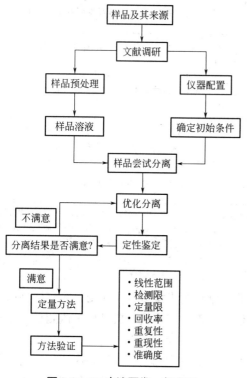

图 5-9　GC方法开发一般步骤

5.3.2 方法的验证

所谓方法验证（Method Verification）就是要证明所开发方法的可行性（实用性）和可靠性，以证明其符合方法测定的目的，满足测定的要求。可行性一般指所用仪器配置是否全部可作为商品购得（实验室自己制造的仪器部件就欠实用），样品处理方法是否简单易操作，分析时间是否合理，分析成本是否可被同行接受等。可靠性则包括方法的科学性和准确性，包括定量的线性范围、检测限、定量限、回收率、重复性、重现性和准确度等。

不同行业对分析方法的验证可能会有一些不同要求，但基本内容是相同的。实验研究的方法学验证相对简单一些，而实际生产所用方法的验证就要复杂一些。比如，要保证产品的质量，就要进行严格的品控方法验证。在生产工艺变更、产品配方改变或修订方法时，分析方法都需要做重新验证。这里我们只就普遍意义的 GC 分析方法验证要求进行讨论。关于分析化学数据处理的基本理论及测定结果的不确定评定等问题，本系列教材已有专门的书籍讨论（见本章后面的进一步阅读建议 2），本书不再作系统介绍，只介绍涉及 GC 的有关概念。至于"方法认证（Method Validation）"，则涉及更多的要求，比如国际标准化组织 ISO 的认证等。这些已超出本书的讨论范围，故不作介绍。说明一点，学术界对于方法验证和方法认证常常不做严格区分，比如在文献中我们能看到实验数据是做方法验证，但作者用词却是 Method Validation。

5.3.2.1 专属性

专属性（Specificity）又称选择性（Selectivity），一般指产品质量分析方法能否将产品和杂质完全分离。对于药物的质量控制，就要根据生产工艺推测产品中可能的杂质和副产物，通过实验证明所有成分均可分离（$R \geqslant 1.5$）。对于产品纯度检测，可在标准样品中加入已知杂质，通过实验考察产品的色谱峰值是否受到杂质的干扰。有的方法要求产品和杂质之间要满足 $R \geqslant 2$ 的要求。若能满足要求，就说明方法的专属性或选择性好。

5.3.2.2 线性范围

线性范围（Linear Range）是指检测器响应值与样品量（浓度）成正比的线性范围，它主要由检测器的特性和样品基质效应所决定。原则上，这一线性范围应覆盖样品组分浓度整个变化范围。线性范围的测定通常是采用一系列（5 个以上）不同浓度的样品，从低到高依次进行分析。以峰面积（或峰高）对浓度进行线性回归。当线性相关系数（R^2）大于 0.99 时，可认为是线性的，小于 0.99 时，则超出了线性范围。一个可靠的 GC 定量方法，其线性范围（以 FID 为例）可达 10^7，$R^2 \geqslant 0.99$。对于产品纯度检测方法，为保证定量准确，要求线性范围达到产品平均纯度的 80%～120%。

5.3.2.3 检测限

检测限（Limit of Detection 或 Detection Limit，LOD 或 DL）又称检出限，是指方法可检测到的最小样品量（浓度或质量）。检测限越低，方法的灵敏度越高。方法检测限不同于检测器本身的检测限，应该在要验证的方法条件下测定。一般的原则是按照 3 倍信噪比计算，即当样品组分的响应值等于基线噪声的 3 倍时，该样品的浓度就是方法检测限，与此对应的该组分的进样量就叫作最小检测量（Minimum Detection Amount）有时也叫

作检测限。还可以在线性范围内由直线的截距/效率之比的 3 倍计算得到检测限。注意，有些法规的检测定义为 2 倍信噪比，所以，做具体方法验证时，还要看方法的适用领域及其相应法规的具体要求。

检测限的测定可用一个接近检测限浓度的样品进行分析，据所得色谱峰的峰高来计算。设此时浓度为 c、相应的峰高为 h（信号强度单位）、基线噪声为 N（与 h 的单位相同），则检测限可按下面公式计算：

$$c/h = LOD/3N \quad 即 LOD = 3Nc/h$$

噪声的大小与仪器的性能，特别是检测器及其电子电路的稳定性直接相关，也与载气的纯度、色谱柱的性能及操作条件有关。噪声的测定是在正常操作条件下，将基线信号放大（降低衰减或放大纵坐标）来测量，一般是测定样品出峰前后 1min 的基线噪声。

5.3.2.4 定量限

定量限（Limit of Quantitation 或 Quantitation Limit，LOQ 或 QL）是指样品中的目标化合物能被准确定量检测的最低浓度或最小质量，体现了分析方法定量测定的灵敏度。一般将检测器的响应为 10 倍信噪比时所对应的样品浓度叫作定量限。当用于法规分析时，定量限应等于或低于法规所要求的实际样品中待测组分的最低允许浓度。比如，药典对手性药物的纯度要求是杂质异构体的含量不超过 0.1%，方法的定量限不能高于此值。国家标准对食品中的农药残留都有最低限量规定，作为食品中农残分析的方法的定量限必须满足这一要求。

5.3.2.5 准确度

准确度（Accuracy）是指测定的结果与真值之间的误差，可用已知纯度或含量的标准样品进行比对测定，必要时还可以和另一个已确认了准确度的方法比较结果。如果没有标准样品可用，一般的做法是将多次测定的平均值作为真值，计算每次测定的误差来表示准确度。

5.3.2.6 精密度

精密度（Precision）也称精确度，是指在方法规定条件下，同一样品经多次重复分析所得结果之间的接近程度，一般用相对标准偏差（RSD）表示，要求分析次数 $n \geqslant 4$，有的法规要求 $n \geqslant 6$，还有的要求 $n \geqslant 9$。有的法规要求用高、中、低三个浓度的样品进行测定。根据统计的数据不同，精密度可以分为重复性、中间精密度和重现性。

重复性（Repeatability）是在方法设定的操作条件下，在同一实验室同一台仪器上，由同一人做多次测定所得结果的精密度。就 GC 方法而言，通常要求保留时间的 RSD 不大于 1%，峰面积的 RSD 不大于 5%。

中间精密度：同一实验室，不同日期，由不同人员测定结果的精密度。有的法规将重复性称为日内精密度，将中间精密度称为日间精密度。

重现性（Reproducibility）指不同实验室之间，不同分析人员在不同仪器上用同一方法测定结果的精密度。

5.3.2.7 回收率

回收率（Recovery）即方法测得的样品组分浓度与原来样品中实际浓度的比率。如果样品未经任何预处理，则回收率一般可不考虑。只有当某些样品组分被仪器系统不可逆吸附时，回收率才是需要考虑的问题。如果样品经过了预处理，如萃取工艺，则必须考虑整个方法的回收率。一般要求回收率大于 60%，越接近 100% 越好。

回收率可用下述简单方法测定：配制一定浓度的标准样品，将其两等分，其中一份按方法步骤进行预处理，然后用 GC 分析。另一份则不经预处理而直接用 GC 分析。两份样品所得待测组分峰面积的比率即是该组分的回收率。有时实际样品很复杂，特别是样品基质对预处理的回收率影响较大时，必须用空白样品基质（确保不含待测物）制备标准样品，比如测定废水中有机农药残留量时，就要采用不含农药的水作空白基质，在其中加入已知量的农药标准品，然后进行处理和分析。处理后测得的组分含量与处理前加入量的比率即为回收率。

很显然，回收率太低时会影响方法的检测限。当样品处理过程较复杂时，应分步测定回收率，最后针对回收率最低的步骤进行方法改进，以提高整个方法的回收率。

5.3.2.8 耐用性

耐用性（Robustness）是指测定条件发生小的变动时，分析方法测定结果的可靠程度。耐用性主要表明方法的抗干扰能力，这些变动包括不同的仪器、色谱柱规格、柱温波动、载气种类（比如氮气变为氦气）等；有时还要包括大气压力、室温、湿度的波动等。如果这些条件的波动不影响测定结果的可靠性和稳定性，说明该方法有良好的耐用性。

当上述各项方法学指标都能通过验证，则该方法可推广使用，或申报标准方法。至于仪器适用性（Suitability）的认证则属于实验室资格认证范围，比如计量认证，有专门的检定规程，不属于本书讨论的内容。

5.4 色谱分析结果的不确定度评定与质量保证

5.4.1 不确定度的定义

为了提高色谱分析结果的可靠性，在出具实验报告时应该评定测试结果的不确定度。不确定度的评定是认证实验室的要求，同时也是检测实验室对质量控制的需要。对实验室的检测结果来说，没有不确定度范围的数据是不完整的。不确定度评定对实验室认可及开发新的检测方法都具有重要意义。所谓不确定度是指检测实验室对检测结果有效性的怀疑程度，它表征对实验室检测结果准确性认知的不足，是衡量检测过程是否持续受控、结果是否能保持稳定及能力是否符合要求的参数。按照国际纯粹与应用化学联合会（IUPAC）的定义，不确定度（Uncertainty）是表征合理地赋予被测量之值的分散性，是与测量结果相关联的参数。不确定度的含义是指由于测量误差的存在而对测量值的不能肯定程度，亦即测量值的可信赖程度。实际上实验室的测量值以一定的概率分布在某个区域内，这种概率分布具有分散性。不确定度越大，测试结果的使用价值越小。所以，不确定度是定量表征测量结果的一个参数。

不确定度和误差是不同的，误差是测量结果和真值之间的差异，但真值通常是未知的，只能假定以某种具有分散性的概率分布存在于特定的区域内，所以误差一般是估计值，测量误差只能说明短期的数据质量，还会造成不同实验室检测结果缺乏可比性。不确

定度和误差又是有联系的，误差分析是不确定度评估的理论基础，不确定度是误差分析的应用和拓展。国际计量局 1993 年制定了《测量不确定度表示指南》，说明了如何将不确定度概念应用到分析化学中。我国于 1999 年颁布了《测量不确定度评定与表示计量技术规范》，后来又制定了测量不确定度的多项标准方法。

不确定度包括两方面的内容：一是区间的宽度，如 $\pm U$；二是该区间对应的置信概率。这两方面是相互关联、不可分割的。不确定度常用一组测量值的标准偏差表示，若测量值是 x，不确定度的 U，则真值落在 $x-U$ 和 $x+U$ 之间的可能性是 68.3%，落在 $x-2U$ 和 $x+2U$ 之间的可能性约为 95%。只有明确了不确定度范围的测量结果才能用于限量标准的符合性判定。那么，不确定度的来源是什么呢？

就色谱分析而言，实际工作中不确定度的来源主要有：

① 实验室技术人员的能力、水平、工作态度及身体素质；

② 对样品的定义不完整；

③ 分析用方法不理想；

④ 取样的代表性不够；

⑤ 对分析过程的环境影响控制不完善；

⑥ 仪器的读数存在误差；

⑦ 分析仪器的计量性能（灵敏度、分离度、稳定性等）局限性；

⑧ 标准物质的标准值不准确；

⑨ 分析方法本身和分析程序有关的系统误差；

⑩ 其他偶然误差导致的不确定度，如计算中引入的参数和数据的不确定度，分析时重复观察值的变化。

5.4.2　不确定度的评定

5.4.2.1　标准不确定度 $u(x_i)$

标准不确定度 u 是以标准偏差表示测量结果 x_i 的不确定度。采用 u 报告测定结果时不使用 $\pm$ 符号，因为该符号通常与高置信水平的区间有关。应将该结果与 u 以分开的形式写：

结果为：x（单位）；

标准不确定度为：u（单位），可用标准偏差表示。

u 的评定通常有两种情况，即 A 类和 B 类标准不确定度的评定。A 类评定指的是用统计方法评定 u，它建立在观察数据概率分布的基础上，常用标准偏差法或极差法。在重复性或重现性的条件下对被测量 x 进行 n 次测量，测得 n 个结果 $x_i(i=1,2,3,\cdots,n)$。被测量 x 真值的最佳估算值是 n 次独立测量值的算术平均值：

$$\overline{x}=\frac{1}{n}\sum_{i=1}^{n}x_i$$

由于测量误差的存在，每个独立测量值 x_i 不尽相同，它与平均值之间有残差：

$$v(i)=x_i-\overline{x}$$

表征测量值分散性的量是实验标准偏差：

$$s(x_i) = \sqrt{\frac{\sum\limits_{i=1}^{n}(x_i - \overline{x})^2}{n-1}}$$

标准偏差的上述计算与 x_i 的分布无关，所得到的 $s(x_i)$ 是指这个条件下测量列中任一次结果的标准偏差，可以理解为这个测量列中的测量结果虽各不相同，但其标准偏差相等。

算术平均值 $\overline{x}$ 的实验标准偏差：

$$s(\overline{x}) = \frac{s(x_i)}{\sqrt{n}} = \sqrt{\frac{\sum\limits_{i=1}^{n}(x_i - \overline{x})^2}{n(n-1)}}$$

就是测量结果 $\overline{x}$ 的 A 类标准不确定度 $u(\overline{x})$，即 $u(\overline{x}) = s(\overline{x})$。

B 类评定指的是用非统计方法评定 u。如果测量不是在统计控制的状态下所进行的重复观察，就得不到实验室的标准偏差，因此就只能根据非统计方法所得到的信息来估计出"近似标准偏差"或"等价标准偏差"。这些非统计方法得到的信息包括：以前的观察数据、对有关技术资料及仪器特性的了解和经验、提供样品的部门所给的技术文件、检定证书等信息、准确度的级别、技术手册或仪器资料给出的参考数据及其不确定度等。

B 类不确定度估算方法是：已知信息表明被测量值 x_i 分散区间的半宽为 a，且 x_i 落在 $x_i - a$ 至 $x_i + a$ 区间的概率为 100%，或者在较高置信水平，通过对其分布的估计可以得出 $u(x_i)$：

$$u(x_i) = \frac{n}{k_i}$$

式中，k_i 是包含因子，其大小取决于测量值的分布规律。常用分布与 k_i、u 的关系列于表 5-5。

表 5-5　常用分布与 k_i、u 的关系

分布类型	$P/\%$	k	$u(x_i)$
矩形分布	100	$\sqrt{3}$	$a/\sqrt{3}$
正态分布	99.73	3	$a/3$
三角形分布	100	$\sqrt{6}$	$a/\sqrt{6}$
梯形分布($\beta=0.71$)	100	2	$a/2$

如果有关资料明确给出了不确定度 $U(x_i)$ 和 k_i 时，标准不确定度为：

$$u(x_i) = \frac{U(x_i)}{k_i}$$

在缺乏任何信息的情况下，一般估计为矩形（均匀）分布，则标准不确定度为：

$$u(x_i) = \frac{\Delta x_i}{\sqrt{3}}$$

式中，Δx_i 是仪器的误差限。

如果给出了置信区间，但没有提供置信百分数，则可根据数据的概率分布类型，选择适当的分布，如正态分布、三角形分布、矩形分布、两点分布、梯形分布和反正弦分布等

进行计算。表5-6列出了这种情况下标准不确定度的计算方式。

表5-6　B类标准不确定度评定中符合正态分布概率类型的计算[①]

分布图	适用情形	不确定度计算
	估计值来源于对随机变化过程的重复测定	$u(x)=s$
	分布类型未明确,且不确定度以比标准偏差 S、相对标准偏差 $s/\overline{x}$ 或变异系数 CV 表示,	$u(x)=x(s/\overline{x})$　或 $u(x)=x\mathrm{CV}$
	分布类型未明确,且不确定度以 95%(或其他值)置信区间 $x\pm c$ 表示	$u(x)=c/2$(95.0%置信区间) $u(x)=c/3$(99.7%置信区间)

[①] 其他分布类型的计算请查阅本章后面的进一步阅读建议。

5.4.2.2　组合标准不确定度 $u_c(y)$

组合标准不确定度是当测量结果 y 是由若干个其他量的值求得时,按其他各个量的方差或协方差合成算得的不确定度之和(也称合成标准不确定度)。在评估了单个或成组的不确定度分量并将其表示为标准不确定度之后,要计算组合标准不确定度。数值 y 的组合不确定度 $u_c(y)$ 和其他所依赖的独立参数的不确定度有关。

组合标准不确定度须按照误差传递规律进行计算,如:$y=p+q+r+\cdots$

则:$u_c(y)=[u_c(p)^2+u_c(q)^2+u_c(r)^2+\cdots]^{1/2}$

5.4.2.3　扩展不确定度

扩展不确定度 (U) 是测量结果区间的量。将组合不确定度 u_c 和所选的包含因子 k 相乘得到扩展不确定度:

$$U=ku_c$$

U 需要给出一个期望的区间,合理地赋予被测量的数值分布的大部分会落在此区间内。在选择包含因子 k 的数值时,应考虑所需的置信水平、基本分布以及评估随机影响所用的数值数量。大多数情况下推荐 k 值为 2,即 $U=2u_c$。组合不确定度若是基于较小的自由度(约小于6)的统计观察值,则推荐将 k 设为与该分量自由度数值以及置信水平(一般为95%)相当的 t 分布的双边数值。

例如,称量操作的组合标准不确定度是由其标准不确定度值 $u_{cal}=0.01\mathrm{mg}$(天平因素)、5 次重复实验的标准偏差 $S_{obs}=0.08\mathrm{mg}$ 组合而成。组合标准不确定度:

$$u_c=(0.01^2+0.08^2)^{1/2}=0.081(\mathrm{mg})$$

5 次重复实验的自由度为 $5-1=4$,从 t 分布表(表5-7)可查到对应此自由度、置信水平为 95% 的双边数值 t 为 2.8,故可得到扩展不确定度

$$U=2.6\times0.081=0.23(\mathrm{mg})$$

表5-7　置信水平 95%(双边)的 t 分布

自由度	t	自由度	t
1	12.7	4	2.8
2	4.3	5	2.6
3	3.2	6	2.5

报告结果时必须同时报告测定结果 x 和扩展不确定度 U，以及包含因子 k，即：

$$测定结果=x\pm U(单位),(k)$$

5.4.2.4 完善色谱实验室不确定度的评定与报告

准确表达不确定度还必须对相关数据进行修约，修约即根据保留有效数字的要求，对多余位数的数字按一定规则进行取舍。这在分析化学的基础知识中都学过。最后的检测结果包含最佳估计值和不确定度。报告检测结果的不确定度时，需要对其不确定度进行必要的说明。检测结果的不确定度一般用合成不确定度和扩展不确定度来表示。基础计量学研究、复现国际单位制单位的国际对比、基本物理常量测量等情况通常用合成不确定度；常规检测报告结果时基本都用扩展不确定度，特别是工业、商业及涉及健康和安全的测量时。

上面主要讨论了有关不确定度及其评定的一般原则。事实上，评定检测实验室不确定度的方法还有蒙特卡洛法（MCM）和基于协同试验或者检测方法精密度规定评定不确定度的 top-down 法等。在日常评定中，可以同时采用多种方法评定并比较评定结果。若结果一致，说明不确定度评定方法适用该情形及类似情形，否则考虑用 MCM 法、top-down 法或其他方法。

MCM 法是用概率分布传播来评定实验结果的不确定度，具体做法是对输入量的概率密度函数离散抽样，经过计算获得输出量的概率分布离散值，并通过输出量的离散分布数值得到输出量的最佳估计值、标准不确定度以及包含区间，评定结果的可信度随着对概率密度函数的抽样数增加而提高。MCM 法主要在以下几种情形下使用：输入量的概率分布呈现对称 t 分布、输出量的概率分布近似正态分布或 t 分布、测量模型可用线性模型近似表示等。MCM 法除了适用以上条件，特别适用测量模型明显呈现非线性、输入量概率分布明显非对称、输出量概率分布较大程度上偏离正态分布或 t 分布等情况。

Top-down 法是 GB/Z 22553—2010《利用重复性、再现性和正确度的估计值评估测量不确定度的指南》中描述的方法，具体做法是根据所用标准方法的内容获取方法重复性、再现性和正确度的估计值，通过估计值确认实验室测量的偏倚是否处于预期范围内，以及当下测量的精密度是否处于预期范围内，并识别方法协同试验中未涵盖的所有测量影响，并对这些效应引起的方差予以量化，考虑每个影响的灵敏系数和不确定度。如果偏倚和精密度处于控制范围，则将再现性估计值与正确度的不确定度以及其他的影响效应进行合成，得到合成不确定度。Top-down 法提供了一种简洁的不确定度及其评定的一般原则、又兼顾了协同试验的方法性能数据。假定再现性条件下，协同试验所有显著影响量呈随机分布，则测量不确定度的评估值 $[u(y)]$ 正是方法再现性标准差（σ_R）。

有兴趣了解 MCM 和 top-down 法详细情况的读者可以查阅本章后面的进一步阅读建议。读者可能在不同的行业工作，具体分析对象及分析方法也不同。在评定不确定度的时候，须参照标准方法和相关行业的规范要求来进行。这里不再详述。

总之，检测实验室的不确定度为评定检测结果的可信度、质量和水平提供了有效手段。有关分析检测实验室应开展不确定度评定的应用研究，提高检测质量。比如，可以在数据分布模式不明确的条件下研究基于非统计方法如灰色、模糊等方法在评定标准不确定度中的应用。随着不确定度研究的逐步深入，分析检测实验室不确定度的评定将在检测领

域发挥更大的作用。

5.4.3 不确定度评定举例

下面以 GC 测定食品中农药残留为例来说明不确定度评定的应用[22]，本书对原文献中的个别印刷错误做个修订，并对文字进行了编辑。

5.4.3.1 测定方法

为系统科学地评价检测数据的不确定度，该例依据中国国家标准 GB 23200.8—2016《水果和蔬菜中 500 种农药及相关化学品残留量的测定　气相色谱-质谱法》和实验室详细操作步骤，对 GC-MS 结合内标法定量测定草莓中丙溴磷、亚胺硫磷、五氯硝基苯和氯氟氰菊酯 4 种农药残留量进行不确定度评定，以期为有关检测实验室评定不确定度提供参考范例。

草莓中农药残留量（mg/kg）计算公式如下：

$$x = C_s \times \frac{A}{A_s} \times \frac{C_i}{C_{si}} \times \frac{A_{si}}{A_i} \times \frac{V}{m}$$

式中，x 为样品中被测物残留量，mg/kg；C_s 为基质标准工作溶液中被测物的质量浓度，mg/L；A 为样品溶液中被测物的色谱峰面积；A_s 为基质标准工作溶液中被测物的色谱峰面积；C_i 和 C_{si} 分别代表样品和标准溶液中内标物的质量浓度，mg/L；A_{si} 和 A_i 分别代表基质标准工作溶液和样品溶液中内标物的色谱峰面积；V 为样品溶液最终定容体积，mL；m 为样品溶液中样品的质量，g。

样品制备：供试草莓采自基地大棚的空白样品，去花萼和果柄后匀浆。准确称取 20g（精确至 0.01g）草莓匀浆样品于 150mL 匀浆杯中，加入乙腈 40mL，匀浆 2min。过滤后收集滤液于装有 7g 氯化钠的 100mL 具塞量筒中，剧烈振荡 1min，静置 30min。吸取 10mL 上清液于 250mL 平底烧瓶中，在 40℃ 水浴中减压浓缩至近干。然后用 SPE 净化，即用 5mL 的乙腈和甲苯（3∶1，体积比）的混合溶液预处理 PestiCarb/NH2 柱后，上样；用 2mL 上述混合溶液分 3 次洗涤烧瓶，将洗涤液转入柱中；再用 25mL 的上述混合溶液分 5 次洗脱后，收集所有洗脱液，旋转浓缩至近干，再用氮气吹干；加入 1mL 0.15mg/L 的环氧七氯内标溶液（溶剂为正己烷），封口后混匀，超声 1min 使样品充分溶解。备测。

仪器检测条件：GC-MS 仪器，电子轰击源。VF-17MS 色谱柱（30m×0.25mm，0.25μm）；程序升温，初温 50℃，以 30℃/min 升温至 140℃，再以 10℃/min 升温至 300℃，保持 5min；进样口温度为 230℃；不分流进样，进样体积 1μL。其余分析条件参见国家标准 GB 23200.8—2016。

5.4.3.2 确定评定方法

根据实验过程的 4 个主要步骤：标准溶液配制、称样、前处理和样品分析，可将引起不确定度的来源进一步细化为标准品纯度、标准溶液配制、称样、样品前处理、仪器稳定性和回收率，详见图 5-10。

目标物残留量的测量不确定度主要来源于：基质标准工作溶液中被测物的质量浓度（C_s），样品溶液中被测物和基质标准工作溶液的色谱峰面积比值（A/A_i），样品和标准

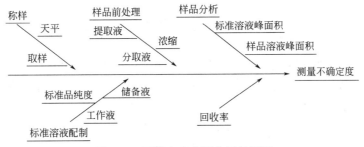

图 5-10 不确定度来源分析鱼骨图

溶液中内标物的质量浓度比值（C_i/C_{si}），基质标准工作溶液和样品溶液中内标物的色谱峰面积比值（A_s/A_{si}），样品溶液最终定容体积（V），样品溶液所代表样品的质量（m）和回收率（f_{rec}）。其中样品和标准溶液中内标物的质量浓度均为 0.15mg/L，且内标物均取自同一瓶环氧七氯溶液，故由内标物浓度带来的不确定度（C_i 和 C_{si}）可忽略不计。实际检测工作中，需要考虑方法回收率（f_{rec}）对测定结果系统性的影响，可根据下面公式得出合成不确定度 $[u_c(x)]$。

$$\left[\frac{u(x)}{x}\right]^2 = \left[\frac{u(C_s)}{C_s}\right]^2 + \left[\frac{u(A/A_i)}{A/A_i}\right]^2 + \left[\frac{u(A_s/A_{si})}{A_s/A_{si}}\right]^2 + \left[\frac{u(V)}{V}\right]^2 + \left[\frac{u(m)}{m}\right]^2 + \left[\frac{u(f_{rec})}{f_{rec}}\right]^2$$

即：$u_{rel}(x) = [u_{rel}(C_s)^2 + u_{rel}(A/A_i)^2 + u_{rel}(A_s/A_{si})^2 + u_{rel}(V)^2 + u_{rel}(m)^2 + u_{rel}(f_{rec})^2]^{1/2}$

5.4.3.3 不确定度 B 类评定参数

（1）标准溶液纯度引入的不确定度

该例中丙溴磷、亚胺硫磷、五氯硝基苯和氯氟氰菊酯标准品的质量浓度均为 1000mg/L，其扩展不确定度 $[u_{95}(C_{s-1})]$ 为 7mg/L，包含因子（k）为 2，则由标准品纯度引入的相对不确定为 $u_{rel}(C_{s-1})$

$$u_{rel}(C_{s-1}) = \frac{u_{95}(C_{s-1})}{1000 \times k} = \frac{7}{1000 \times 2} = 0.35\%$$

（2）标准储备液配制引入的不确定度

实验室储备液的配制包括单一标准储备液和混合标准储备液 2 种，实际农残检测时用的是混合标准储备液。量取混合标准储备液时，用 1mL 的 A 级吸量管移取 0.5mL 1000mg/L 的标准溶液于 25mL 容量瓶中，用丙酮定容并配成 20mg/L 的储备液。该过程涉及温度变化对试剂膨胀的影响以及由吸量管和容量瓶引入的不确定度。实验室温度通常为（20±5）℃，丙酮的膨胀系数为 0.00143℃$^{-1}$，由温度效应产生的丙酮体积变化为：

$$u(V_{ace}) = \pm(0.00143 \times 5 \times V) = \pm(0.00143 \times 5 \times 0.5) = \pm 0.003575(mL)$$

因服从矩形分布，故温度对丙酮体积变化的不确定度 $[u_{rel}(V_{ace})]$ 为：

$$u_{rel}(V_{ace}) = \frac{u(V_{ace})}{\sqrt{3} \times V} = \frac{0.00143 \times 5 \times V}{\sqrt{3} \times V} = 0.41\%$$

A 级 1mL 吸量管精度较高，人为因素影响小且操作谨慎，故分散性引入的不确定度可忽略不计。A 级 1mL 吸量管允许误差为 ±0.008mL，由于在吸量管生产过程中标定值比极限值发生概率更高，故取三角形分布，则由吸量管量取 0.5mL 溶液引入的不确定度

$[u_{\mathrm{rel}}(V_1)]$为：

$$u_{\mathrm{rel}}(V_1) = \frac{0.008}{\sqrt{6} \times V} = \frac{0.008}{\sqrt{6} \times 0.5} = 0.65\%$$

A级25mL容量瓶的容量允许误差为±0.03mL，读数重复性偏差为±0.01mL，均为三角形分布，故由25mL容量瓶允许误差带来的不确定度$[u_{\mathrm{rel}}(V_2)]$和读数误差带来的不确定度$[u_{\mathrm{rel}}(V_3)]$分别为：

$$u_{\mathrm{rel}}(V_2) = \frac{0.03}{\sqrt{6} \times V} = \frac{0.03}{\sqrt{6} \times 25} = 0.049\%$$

$$u_{\mathrm{rel}}(V_3) = \frac{0.01}{\sqrt{6} \times V} = \frac{0.01}{\sqrt{6} \times 25} = 0.016\%$$

标准储备液引入的不确定度$[u_{\mathrm{rel}}(C_{s-2})]$为：

$$u_{\mathrm{rel}}(C_{s-2}) = [u_{\mathrm{rel}}(V_{\mathrm{ace}})^2 + u_{\mathrm{rel}}(V_1)^2 + u_{\mathrm{rel}}(V_2)^2 + u_{\mathrm{rel}}(V_3)^2]^{\frac{1}{2}}$$

$$= [0.41\%^2 + 0.65\%^2 + 0.049\%^2 + 0.016\%^2]^{\frac{1}{2}} = 0.77\%$$

（3）标准工作溶液配制引入的不确定度

用A级1mL吸量管移取1mL 20mg/L的标准储备液于50mL容量瓶中，用丙酮定容并配成0.4mg/L的标准工作溶液。实验室温度通常为（20±5）℃，丙酮的膨胀系数为0.00143℃$^{-1}$，由温度效应引起的丙酮体积变化为±（0.00143×5×V）mL＝±（0.00143×5×1）mL＝0.00715mL。因呈矩形分布，则温度变化对丙酮体积影响的不确定度$[u_{\mathrm{rel}}(V_t)]$为：

$$u_{\mathrm{rel}}(V_t) = \frac{0.00143 \times 5 \times V}{\sqrt{3} \times V} = \frac{0.00143 \times 5 \times 1}{\sqrt{3} \times 1} = 0.41\%$$

A级1mL吸量管精度较高，人为因素影响小且操作谨慎，故分散性引入的不确定度可忽略不计。A级1mL吸量管允许误差为±0.008mL，取三角形分布，则由吸量管量取1mL引入的不确定度$[u_{\mathrm{rel}}(V_4)]$为：

$$u_{\mathrm{rel}}(V_1) = \frac{0.008}{\sqrt{6} \times V} = \frac{0.008}{\sqrt{6} \times 1} = 0.33\%$$

A级50mL容量瓶的容量允许误差为±0.05mL，读数重复性偏差为±0.01mL。则由50mL容量瓶允许误差带来的不确定度$[u_{\mathrm{rel}}(V_5)]$和读数误差不确定度$[u_{\mathrm{rel}}(V_6)]$分别为：

$$u_{\mathrm{rel}}(V_5) = \frac{0.05}{\sqrt{6} \times V} = \frac{0.05}{\sqrt{6} \times 50} = 0.041\%$$

$$u_{\mathrm{rel}}(V_6) = \frac{0.01}{\sqrt{6} \times V} = \frac{0.01}{\sqrt{6} \times 50} = 0.008\%$$

标准工作溶液配置引入的不确定度$[u_{\mathrm{rel}}(C_{s-3})]$为：

$$u_{\mathrm{rel}}(C_{s-3}) = [u_{\mathrm{rel}}(V_t)^2 + u_{\mathrm{rel}}(V_4)^2 + u_{\mathrm{rel}}(V_5)^2 + u_{\mathrm{rel}}(V_6)^2]^{\frac{1}{2}}$$

$$= [0.41\%^2 + 0.33\%^2 + 0.041\%^2 + 0.008\%^2]^{\frac{1}{2}} = 0.53\%$$

5.4.3.4 样品称量引入的不确定度

由于样品制备过程严格按照标准操作规程，且样品经高速匀浆，故样品均匀性引入的不确定度可忽略。样品准确称量 20g，天平数字显示非常稳定，故称量重复性引入的不确定度也可忽略。天平精度为 0.01g，考虑到操作人员称量效率及对误差的把握，称量偏差以 ±0.05g 计。因服从矩形分布，故由称量引入的不确定度[$u_{rel}(m)$]为：

$$u_{rel}(m) = \frac{u(m)}{\sqrt{3} \times m} = \frac{0.05}{\sqrt{3} \times 20} = 0.14\%$$

5.4.3.5 样品前处理引入的不确定度

提取液量取步骤为用 50mL 量筒量取 40mL 乙腈试剂。乙腈在（20±5）℃条件下的体积膨胀系数为 0.00137℃$^{-1}$，由温度变化引起试剂膨胀带来的不确定度服从矩形分布，故其相对不确定度为 0.395%。50mL 量筒满刻度最大误差为 ±0.50mL，读数重复性偏差为 ±0.10mL，量器量取偏差服从三角形分布，故量筒刻度误差和读数重复性引起的相对不确定度分别为 0.51% 和 0.102%。提取液量取引起的合成不确定度为 0.654%。结果列于表 5-8。

表 5-8 样品前处理步骤引起的相对不确定度

不确定度来源	体积膨胀（矩形分布）/%	最大误差		合成相对不确定度 u_{rel}/%
		量器(三角形分布)/%	读数(三角形分布)/%	
提取液量取(乙腈)	$\dfrac{0.00137 \times 50}{\sqrt{3}} = 0.395$	$\dfrac{0.5}{\sqrt{6} \times 40} = 0.102$	$\dfrac{0.10}{\sqrt{6} \times 40} = 0.102$	0.654
提取液分取(乙腈)	$\dfrac{0.00137 \times 10}{\sqrt{3}} = 0.079$	$\dfrac{0.05}{\sqrt{6} \times 10} = 0.204$	$\dfrac{0.01}{\sqrt{6} \times 10} = 0.041$	0.447
浓缩定容(正己烷)	$\dfrac{0.00136 \times 50}{\sqrt{3}} = 0.393$	$\dfrac{0.005}{\sqrt{6} \times 1} = 0.204$	$\dfrac{0.001}{\sqrt{6} \times 1.0} = 0.041$	0.444

提取液分取步骤为用 10mL 吸量管分取 10mL 乙腈提取液。乙腈试剂膨胀引起的相对不确定度为 0.079%，A 级 10mL 吸量管最大误差为 ±0.05mL，其相对不确定度为 0.204%，读数重复性偏差为 ±0.01mL，其相对不确定度为 0.041%。吸量管分取步骤引起的合成相对不确定度为 0.447%。

浓缩定容步骤为将分取液浓缩近干，然后用氮气吹干，再用 1.0mL 吸量管移取 1.0mL 正己烷复溶浓缩液。正己烷在（20±5）℃条件下的体积膨胀系数为 0.00136℃$^{-1}$，由温度变化引起试剂膨胀带来的不确定度服从矩形分布，故其相对不确定度为 0.393%。1.0mL 吸量管最大误差为 ±0.005mL，读数重复性偏差为 ±0.001mL，量器量取偏差服从三角形分布，故吸量管刻度误差和读数重复性引起的相对不确定度分别为 0.204% 和 0.041%。浓缩定容步骤引起的合成相对不确定度为 0.444%。

综上，由提取液量取、提取液分取和浓缩定容 3 个步骤引起的合成相对不确定度[$u_{rel}(V)$]为：

$$u_{rel}(V) = [u_{rel}(V_{提取})^2 + u_{rel}(V_{分取})^2 + u_{rel}(V_{定容})^2]^{\frac{1}{2}}$$
$$= [0.654\%^2 + 0.447\%^2 + 0.444\%^2]^{\frac{1}{2}} = 0.91\%$$

5.4.3.6 不确定度 A 类评定参数

如前所述，A 类不确定度评定是指采用统计方法计算的分量，是对具体测量结果的统计评定。

（1）GC-MS测定峰面积引入的不确定度

由于 GC-MS 仪器灵敏度高，不考虑仪器进样量及仪器示值误差，所以仪器稳定性即测定值分散性是构成峰面积测量不确定度的主要来源。在重复性条件下，对标准溶液和一份草莓添加回收样品（添加水平为 0.08mg/kg）中的农药含量分别进行了连续 10 次进样测试，平均值、标准偏差、标准不确定度和相对标准不确定度的计算结果见表 5-9 和表 5-10。丙溴磷、亚胺硫磷、五氯硝基苯和氯氟氰菊酯的标准品峰面积引起的不确定度分别为 0.59%、1.32%、0.98% 和 0.33%，由样品峰面积引起的不确定度分别为 2.51%、1.42%、0.84% 和 1.56%。

表 5-9　农药标准溶液峰面积与内标物峰面积之比的测定结果和不确定度（$n=10$）

农药	丙溴磷	亚胺硫磷	五氯硝基苯	氯氟氰菊酯
峰面积比平均值±标准偏差	1.330 ± 0.025	21.390 ± 0.895	1.107 ± 0.034	4.426 ± 0.375
标准不确定度,$u(A_s/A_{si})$	0.008	0.283	0.011	0.119
相对标准不确定度,$u_{rel}(A_s/A_{si})$	0.59%	1.32%	0.98%	0.33%

表 5-10　草莓样品测定结果（农药标准溶液峰面积与内标物峰面积之比）和不确定度（$n=10$）

农药	丙溴磷	亚胺硫磷	五氯硝基苯	氯氟氰菊酯
峰面积比平均值±标准偏差	1.301 ± 0.103	19.789 ± 0.887	1.068 ± 0.028	4.444 ± 0.219
标准不确定度,$u(A_s/A_{si})$	0.033	0.281	0.009	0.069
相对标准不确定度,$u_{rel}(A_s/A_{si})$	2.51%	1.42%	0.84%	1.56%

（2）添加回收率引入的不确定度

由添加回收率引入的不确定度为 A 类评定，在 0.08mg/kg 添加水平下，每个水平重复 10 次，计算回收率，结果见表 5-11。从中可知：由丙溴磷、亚胺硫磷、五氯硝基苯和氯氟氰菊酯添加回收率引起的相对标准不确定度分别为 1.89%、2.05%、0.90% 和 2.91%。

表 5-11　草莓中农药添加回收率和不确定度（$n=10$）

农药	丙溴磷	亚胺硫磷	五氯硝基苯	氯氟氰菊酯
回收率平均值±标准偏差	105.98%±6.33%	104.89%±6.80%	98.82%±2.8%	102.70%±9.45%
标准不确定度,$u(f_{rec})$	2.00%	2.15%	0.89%	2.99%
相对标准不确定度,$u_{rel}(f_{rec})$	1.89%	2.05%	0.90%	2.91%

5.4.3.7　相对标准不确定度组合

总结以上各项不确定度分量列于表 5-12。按照组合标准不确定度的定义，将各分量相对不确定度进行组合，即得测定农药的组合相对标准不确定度 $u_{rel}(x)$。可见，B 类评定时不确定度分量对所评估农药均一致，而 A 类评定时每种农药的不确定度分量存在差异。虽然 4 种农药的组合相对标准不确定度整体均较低，从高到低依次为氯氟氰菊酯＞丙溴磷＞亚胺硫磷＞五氯硝基苯，但 8 种不确定度分量对组合不确定度的贡献存在很大差异：对丙溴磷影响最大的分量是样品溶液峰面积（52.2%）和添加回收率（29.2%），对亚胺硫磷影响最大的分量是添加回收率（42.9%）、样品溶液峰面积（20.6%）、标准溶液峰面积（17.8%）和储备液配制（6.0%）；对五氯硝基苯影响最大的分量为储备液配制（13.7%）、标准溶液峰面积（22.2%）、样品前处理（19.2%）、添加回收率（18.7%）和样品溶液峰面积（16.3%）；对氯氟氰菊酯影响最大的分量为添加回收率（65.9%）和样品溶液峰面积（18.9%）。

表 5-12　相对标准不确定度的组成

不确定度来源	符号	评定类别	不确定度/%			
			丙溴磷	亚胺硫磷	五氯硝基苯	氯氟氰菊酯
标准品纯度	$u_{rel}(C_{s-1})$	B	0.35	0.35	0.35	0.35
储备液配制	$u_{rel}(C_{s-2})$	B	0.77	0.77	0.77	0.77
工作溶液配制	$u_{rel}(C_{s-3})$	B	0.53	0.53	0.53	0.53
称样量	$u_{rel}(m)$	B	0.14	0.14	0.14	0.14
前处理过程	$u_{rel}(V)$	B	0.91	0.91	0.91	0.91
标准溶液峰面积	$u_{rel}(A_s/A_{si})$	A	0.59	1.32	0.98	0.33
样品溶液峰面积	$u_{rel}(A/A_i)$	A	2.51	1.42	0.84	1.56
添加回收率	$u_{rel}(f_{rec})$	A	1.89	2.05	0.90	2.91
组合相对标准不确定度	$u_{rel}(x)$		3.55	3.22	2.20	3.66

从不确定度计算过程看，因实验室温度变化引起试剂膨胀导致对取样的影响，涉及标准储备液和工作溶液配制，以及提取液提取、分取和浓缩定容等多个步骤，其累加后对检测结果不确定度的影响不可忽视。农药残留检测值即使不折算回收率，其对检测结果的准确度也有影响，原因是回收率折算的是平均残留值，但其对检测结果的偏差无法被忽略。从贡献度来看，各分量对组合不确定度贡献最大的是样品溶液峰面积和添加回收率，五氯硝基苯和亚胺硫磷的标准溶液峰面积，五氯硝基苯的前处理过程和储备液配制过程贡献也较大。当测量不确定度极小时，标准品配制等步骤对组合不确定度贡献很大。结果显示，样品溶液峰面积和添加回收率对不确定度影响最大，样品溶液峰面积的不确定度体现的是分析仪器的稳定性，根据计量检定规程 JJG 700—2016，GC 仪器的定量重复性低于 3% 就可满足检定要求。仪器的稳定性包括标准溶液和样品溶液，因而对不确定度的贡献较大，符合实际情况。添加回收率是指方法测量值与真实值的百分比值，其不确定度主要来源于检测方法对目标物的萃取效率和净化后农药回收效率，因而计算不确定度必须考虑回收率。综上，对 4 种杀虫剂的残留检测不确定度的关键影响因素为仪器的稳定性，包括标准品峰面积、样品峰面积以及添加回收率的影响。

5.4.3.8　检测结果扩展不确定度的表示

根据测量不确定度评定指南对一般实验室的要求，在 95% 置信区间，取测量结果的扩展不确定度包含因子 k 为 2，在 0.08mg/kg 添加水平下，每个水平重复测定 10 次，当回收率满足方法要求时，4 种杀虫剂在草莓样品中的扩展不确定度见表 5-13。

则草莓中 4 种农药残留的检测结果可表示为：丙溴磷 0.085 ± 0.006mg/kg，$k=2$；亚胺硫磷 0.084 ± 0.005mg/kg，$k=2$；五氯硝基苯 0.079 ± 0.003mg/kg，$k=2$；氯氟氰菊酯 0.082 ± 0.006mg/kg，$k=2$。

表 5-13　农药残留检测的扩展不确定度

农药	回收率/%	残留平均值/(mg/kg)	组合相对标准不确定度/%	相对扩展不确定度 $u_{95\,rel}$/%	扩展不确定度 u_{95}/(mg/kg)
丙溴磷	105.98	0.085	3.47	6.95	0.006
亚胺硫磷	104.89	0.084	3.13	6.26	0.005
五氯硝基苯	98.82	0.079	2.08	4.16	0.003
氯氟氰菊酯	102.7	0.082	3.59	7.17	0.006

5.4.3.9　小结

农药残留结果包含不确定度描述后，将极大地减少在最大允许残留量值附近残留水平是否符合规定的争议。本例通过计算草莓中 4 种杀虫剂类农药残留的重复性测试结果的标准差，同时对测试过程系统效应产生的不确定度分量进行评估，计算相对合成不确定度，最后得到草莓中 4 种杀虫剂类农药残留的扩展不确定度。因此，实验室检测中可利用标准物质或其他性质较稳定的样品，在重复性条件下至少重复测试 10 次，计算试验标准差，即可按上述程序评定被测物含量的不确定度。该评定模式也适用于 GC-MS 测定其他种类农残时的不确定度评价。

5.4.4　色谱实验室质量控制与管理

5.4.4.1　实验室质量控制

从事分析检测的实验室，包括色谱实验室，工作的最终成果是检测报告。为了确保检测数据的准确可靠，保证检测报告的质量，就必须有一个质量控制过程，必须明确质量控制各阶段可能影响检测报告的各项因素，从而对这些因素采取相应的措施加以管理和控制，以使整个检测过程处于受控状态。检测结果的准确度，包括给出正确结果的能力（正确度）与重复同样结果的能力（精密度）。实验室质量控制就是采用有效的措施，消除或减少检测误差，确保实验室分析结果在可接受的误差范围内，是实验室质量管理的重要环节。

实验室质量控制包括实验室内质量控制和实验室间质量控制。实验室内质量控制主要指检测过程的质量，除了选择适当的检测方法（可以是国内外颁布的各种标准方法、国内外公认的权威机构推荐的方法、委托单位认可的方法或自行研制并经充分验证获得批准的方法），仪器的计量参数和检测范围要符合所选择方法的要求，除严格按照检测方法进行分析外，还应考虑以下几点：

① 空白样品质量控制　空白样品主要包括容器空白样品、现场空白样品、仪器空白样品、方法空白样品等，通过测定空白样品以判断实验用水的质量、试剂纯度、器皿洁净度、仪器性能及环境条件等是否符合要求或是否受控。除分析方法有特殊规定外，检测样品每批在 10 个以下时，应制备至少一个方法空白样品或仪器空白样品；每批样品大于 10 个时，每 10～20 个样品制备一个方法空白样品或仪器空白样品。

空白样品的检测结果应低于方法的检测限或方法规定值，空白平行测定的相对标准偏差应不大于 50%。有实验室质量控制图的情况下，应将所测定结果输入图中进行控制。若空白样品测定结果不在规定范围内，应查明原因，采取消除措施之后，重新分析，直到符合要求后，才能做样品测定。

② 平行样品质量控制　平行样品质量控制主要包括现场平行样品和实验室平行样品等，通过平行样品测定可以判断检测精密度是否受控。如平行样品测定的精密度不符合要求，应查明原因，采取消除措施之后，重新分析。

③ 加标回收率质量控制　加标回收率测试主要包括空白加标、基质加标、实际样品加标等加标回收试验，通过加标回收率试验判断检测正确度是否受控。

④ 质控样品质量控制。质控样品质量控制是指使用具有参考值的样品和实际样品同步检测，将二者的检测结果相比较，必要时利用参考值进行修正的过程。质控样品可以采用标准物质/标准样品或其他具有参考值的均匀性、稳定性符合要求的样品，用于评价检测结果正确度，检查实验室内（仪器或检测人员）是否存在系统误差。实验室应定期采用质控样品质量控制方法对实验室系统误差进行检查，并不定期对检测人员或新上岗人员进行考核。检测人员应定期采用质控样品对检测仪器和标准溶液进行核查，根据实验室检测任务和分析方法变化的实际情况，通过质控样品检查控制实验室内系统误差，以保证检测数据的正确性。检测结果正确度的评价通常参考 GB/T 6379.6—2009《测量方法与结果的准确度（正确度与精密度）第 6 部分：准确度值的实际应用》中 4.2 的内容，当实验室对质控样品重复测量两次（$n=2$）取平均时，平均值（$\bar{y}$）与参考值（μ）之间的绝对差在 95% 的概率水平下应符合临界差的要求，公式如下：

$$|\bar{y}-\mu|\leqslant\frac{1}{\sqrt{2}}\sqrt{R^2-\frac{r^2}{2}} \quad (n=2)$$

式中，r 和 R 分别是检测方法中规定的重复性限和再现性限。

⑤ 精密度偏性分析质量控制　在管理良好的实验室中，分析数据的质量取决于分析方法及操作者对分析方法的正确运用。好的分析方法应具有较小的随机误差和系统误差，并满足检测限的要求。因此，一个方法能否用于分析，一个经过改进的方法能否被接受，操作者对分析方法运用得如何等，都需要做出全面评价，然后才可以正式用于分析测试。这种全面评价的试验方法叫作精密度偏性分析质量控制试验。通过对影响检测结果的各种因素进行全面分析，才能确保实验室检测结果的精密度。

⑥ 检测过程中，空白样品、标准系列、待测样品和质控样品要同时或穿插进行测定，以最大程度地减少系统误差。如果实验室积累了长期质量控制数据，可以借助一种内部质量控制主要工具——控制图来判断过程和结果是否处于控制状态。GB/T 32464《化学分析实验室内部质量控制　利用控制图核查分析系统》中提供了多种控制图的建立及运用的原则和示例，其中平均值控制图（X 控制图）和极差控制图（R 控制图）都属于常规控制图，较为常用。应当注意的是，除了某次的特定检测结果可能超出控制限体现出失控，连续多点落在中心线的同一侧，或者连续多点递增或递减时，即使每一个数据都没有超出控制限也属于失控状态，需要查明原因并采取措施。有关控制图的更详细内容可参考 GB/T 17989.1 至 GB/T 17989.9 系列标准。

至于实验室间质量控制，主要是通过参加实验室间比对或能力验证计划，对分析检测人员、检测方法、仪器进行比对，分析实验室间检测结果的相关性，判断实验室可能存在的系统误差，确证检测结果的正确度。实验室间质量控制也可以参考 GB/T 28043—2019

《利用实验室间比对进行能力验证的统计方法》中10.8的内容，通过绘制质控图对多次实验室间比对结果进行分析，识别实验室检测结果是否存在异常趋势，这个趋势可能在单次实验室间比对中被掩盖。

5.4.4.2　实验室质量管理

① 要完善检测实验室管理的策划工作　制定和完善检测实验室的质量管理目标，明确质量目标的分解、考核、分析与评价机制，完善样品采集、制备、分析、样品标识和传递、样品管理等环节的制度和工作规范。完善实验室内部员工的组织架构，保证内外部沟通的顺畅。

② 加强检测实验室人员的培训　制订知识管理方案和计划，加强统计、分析与检测等知识学习。可采取线上、线下多种方式进行员工培训，创造更多知识分享机会。同时要有相应的激励机制。

③ 做好分析检测的日常运行及督察工作　要求技术人员应养成一丝不苟、认真负责的工作作风，踏踏实实按照相关要求做好每个样品的分析检测及不确定度评定，相关负责人按照岗位职责和权限做好相关的监督检查及审核工作。严格按照既定计划开展仪器设备的计量校准工作。同时按计划开展内审及管理评审工作，对于发现不符合的情况要及时纠正。

④ 在实验室硬件和软件都处于可控状态时，还要注意做好实验室标准物质以及试剂的管理。

标准物质有参考物质、标准溶液、对照品等，对检测质量有重要的影响。对标准物质严格进行选择、采购、验收、标识、保存、使用和校准。采购标准物质必须确保选购有充分质量保证的供应商。标准物质需要在特殊条件下存储，存放条件应符合规定，并对标准物质存放场所做出明显标志。标准物质使用应按登记表做好使用、消耗记录，并按说明书规定的条件使用。标准物质只准取出不准倒回。

标准溶液的配制和管理应执行 GB/T 601 至 GB/T 603 或相关分析标准，新配制标准溶液应进行溯源或比对后方可使用，标准溶液应在规定的存放时间内使用，实验用水执行 GB/T 6682 的要求。实验用试剂的管理要做到新购试剂要验收，试剂要分类存放。

⑤ 对实验室仪器和电脑的网络安全、实验数据的储存和复制、测试报告的编制、修改、签发进行严格控制，保证实验室所提供的都是准确的检验报告。

上面简单讨论了色谱实验室质量控制与管理，这些原则性的内容也适合于其他检测实验室。此外，政府职能部门对计量校准市场和检测实验室的监管也很重要。更详细的内容可以参阅计量认证和实验室认可委员会有关仪器的检定规程，以及国家标准及相关行业标准。

5.5　气相色谱实验室的良好习惯

到此为止，我们讨论了 GC 的基本原理和仪器以及方法开发和验证，后面一章将举例说明 GC 的典型应用。作为前一部分的结束语，在这里再强调几点，也就是色谱技术人员在工作中应注意养成的几个良好习惯。

（1）按仪器说明书的规程操作

验收仪器时，不仅要清点所有零部件是否齐全，还要检查仪器说明书是否齐备，并妥善保存这些资料。在独立操作仪器之前，一定要认真阅读有关说明书，并严格按规程操作。这是做好仪器分析的前提，而且一旦仪器出了问题，也好与厂商交涉。即使是在保修期内，如果因为自己操作不当而导致故障或仪器损坏时，厂商往往是不会为你免费修理的。

（2）准备一份色谱柱测试标样

色谱柱性能是保证分析结果的关键。新买的色谱柱，首先要用测试样品评价其性能。如果用色谱柱厂商提供的测试条件测试而结果不合格时，可要求退货或换货。更重要的是，此后使用过程中色谱柱性能会变化。当分析结果有问题时，可以用测试标样测试色谱柱，并将结果与前一次测试结果相比较，这有助于确定问题是否出在色谱柱，以便于采取相应的措施排除故障。每次测试结果都应保存作为色谱柱寿命的记录。另外，用一段时间后，应对色谱柱进行一次高温老化，以除去柱内可能有的污染物，然后用测试标样评价色谱柱。

（3）及时更换毛细管柱密封垫

石墨密封垫漏气是 GC 最常见的故障之一。一定不要在不同的柱上重复使用同一密封垫，即使同一根柱卸下重新安装时，最好也要换新密封垫，这样能保证更高的工作效率。如果装上色谱柱后发现漏气而再更换密封垫，就要花费更多的时间。即使旧垫仍能使用，也要比原来多拧紧一些，拧紧时避免拧断色谱柱。

（4）使用纯度合乎要求的气体

载气一定要用高纯级的，以避免干扰分析和污染色谱柱或检测器。一根色谱柱的价格是一瓶高纯氮气或氢气价格的 20 倍以上。如果因为要省钱而用普通气体作载气，可能是丢了西瓜拣芝麻。检测器用辅助气体最好也用高纯级的。虽然在检测限要求不太低时，可使用普通气体，但其代价可能是检测器被污染。

（5）定期更换气体净化器填料

变色硅胶可据颜色变化来判断其性能，但分子筛等吸附有机物的净化器就不好用肉眼判断了。所以须定期更换，最好三个月更换一次。如果硅胶与分子筛装在一起，则更换硅胶时也要更换分子筛。

（6）使用性能可靠的压力调节阀

仪器上安装什么阀也许我们不能控制，但装在钢瓶上的减压阀一定要保证质量。有时会遇到新阀就漏气的情况。所以，经常检漏，随时发现问题是一个好的习惯。如果不注意这个问题，轻则造成气体浪费，重则出现安全问题，到时就悔之晚矣。

（7）定期更换进样口隔垫

进样口隔垫漏气是另一个 GC 常见故障。仪器若有自动检漏功能当然好一些，但也不能保证发现微小的漏气，更别说无自动检漏功能的仪器了。如果多次进样使得隔垫漏气，一瓶氦气一昼夜就能用光。如果是 GC-MS 仪器漏气，MS 图上就会出现一些含硅的离子峰。隔垫使用太久，中间会出现一个透光孔。另外，隔垫的老化降解也会给分析带来干扰。比如其碎屑掉进汽化室内就可能导致鬼峰。

市售隔垫一般有三种类型，普通型（可耐温 200℃）、优质型（可耐温 300℃）和高温

型（可耐温 400℃）。耐高温或抗老化性能越好、寿命越长，价格就越高。操作人员可根据实际分析条件选择使用，常规分析实验室（汽化温度不超过 300℃）可选择优质型隔垫，做高温 GC 分析时最好用高温型隔垫。至于多长时间换一次隔垫，则要看所分析的样品性质和分析条件而定。常规实验室一般每天更换一个进样隔垫。无论如何，一个隔垫的连续使用时间不要超过一周。

（8）及时清洗注射器

干净的注射器能避免样品记忆效应的干扰。更换样品时要清洗注射器，用同一样品多次进样时也要用样品本身清洗注射器。一支注射器暂时不用时（比如下班），要彻底清洗，否则残留在其中的样品可能将针芯粘牢，造成注射器报废。使用自动进样器的用户也应注意此问题，最好是经常清洗注射器。

（9）定期检查并清洗进样口衬管

仪器长期使用后，会发现衬管内积有焦油状物质，这是样品中的不挥发成分造成的。此外还会有颗粒状物质积存（隔垫碎屑、样品中的不溶性固体物质），这些都会干扰分析的正常进行。因此要定期检查，及时清洗。注意，在衬管中填充一些经硅烷化处理的石英玻璃毛，既可提高样品的汽化效率，又能防止隔垫碎屑进入色谱柱造成堵塞。

（10）保留完整的仪器使用记录

仪器使用记录是仪器的履历，应逐日记录，包括操作者、分析样品及条件、仪器工作状态等。一旦仪器出现问题，这是查找原因的重要资料。工厂企业往往有严格的操作程序，这方面要做得好一些。有一些科研院所实验室，尤其是多人共用一台仪器时会忽略这个问题，实在不是一个好的习惯。

（11）更换零部件要逐一进行

修理仪器时，不要一次更换多个部件，那样会造成故障原因的判断失误。应该一次更换一件，经测试后再更换另一件。这样可能更准确地判断故障原因，同时避免不必要的开支。

进一步阅读建议

1. 汪正范. 色谱定性与定量 [M]. 2 版. 北京：化学工业出版社，2022.
2. 藏慕文，等. 成分分析中数据统计及不确定度评定概要 [M]. 北京：中国质检出版社，2012.
3. 于世林. 高效液相色谱方法及应用 [M]. 3 版. 北京：化学工业出版社，2019.
4. 李攻科，等. 色谱分析样品制备 [M]. 3 版. 北京：化学工业出版社，2022.
5. 陈小华，等. 固相萃取技术与应用 [M]. 2 版. 北京：科学出版社，2010.

习题和思考题

1. 降低 GC 方法检测限的手段有哪些？
2. 简述样品制备的常用方法。
3. SPE、SPME、SFE 和 PFE 各有什么优缺点？

4. 简述 GC 方法开发主要步骤。

5. 为什么要进行方法验证?

6. 方法验证主要考察哪些技术指标?

7. 什么是不确定度? 有什么作用?

8. 如何评定不确定度?

9. 简述实验室质量控制的方法。

10. 如何做好实验室的质量管理?

6

Six

气相色谱的应用

6.1　概述

　　GC 的应用非常广泛，从石油化工、环境保护，到食品分析、医药卫生，GC 都是一种很重要的分析方法。因为已有很多书籍讨论这一问题，所以本章不打算面面俱到地介绍 GC 的每一项应用。在第 3 章和第 4 章已经就顶空 GC 和 Py-GC 的应用以及几种新技术的应用做了介绍，本章将就 GC 在各个领域的典型应用进行总结，并举一些实例加以说明。

　　各种标准方法的建立是技术成熟度的标志之一。截至 2023 年底，在全国标准信息服务平台（http://std.samr.gov.cn/）和食品伙伴网（http://www.foodmate.net/）查询到 1400 多项涉及 GC 的国家现行标准，包括国家标准 355 项，地方标准 187 项，行业标准 885 项，计量技术规范 4 项，团体标准 9 项（见附录Ⅰ）。还有 48 项正在起草、征求意见、审查批准的标准是 GC 有关的方法。可以看到，GC 作为标准方法最多的是行业标准，比如石油化工（SH 和 SY）、生态环境（HJ）、海关与进出口检验检疫（HS 和 SN），还有公共安全（GA）和烟草（YC）等。实际上还有不少涉密标准未在全国标准信息服务平台公开。

6.2　石油化工与能源分析

　　在石油化工与能源分析中，GC 占有非常重要的地位。主要涉及油气田勘探中的地球化学分析、原油分析、模拟蒸馏、炼厂气分析、油品分析、单质烃分析，以及含硫/含氮/含氧化合物分析、汽油添加剂分析、脂肪烃分析、芳烃分析，等等。既有用于天然气组分分析的多柱多检测器方法，又有用于汽油中烃族组成测定的多维 GC 方法，还有用于原油沸点分布测定和液化石油气中可溶性残留物测定的高温 GC 方法，我国现行标准中共有 90 多项涉及原油、石油化工或天然气的分析（见附录）。

6.2.1　天然气成分分析

（1）国标方法

组成天然气的组分有 30 多种，目前主要是用多维 GC 系统，可以测定 29 种。天然气

248

组分分析是一个很典型的 GC 应用，掌握了这一应用就较好地理解了 GC。所以，国际上一直有学者在研究如何开发更好的 GC 仪器和方法来分析天然气。国家标准 GB/T 13610—2020 规定了测定天然气 18 种组成成分（将庚烷及更重的组分作为一个组分）的填充柱 GC 方法。该标准采用吸附色谱（如 3m 长的 13X 分子筛柱）分离氧气、氮气、甲烷和一氧化碳，采用分配色谱（如 7m 长的 25%BMEE/Chromosorb P）分离 $C_1 \sim C_{7+}$ 烃类 8 种组分，或者用三支色谱柱（两支气固色谱柱和一支气液色谱柱）通过阀切换一次进样分离 11 种天然气组分。GB/T 27894.1—2020、GB/T 27894.2—2020 及 GB/T 27894.3—2023 和 GB/T 27894.4—2012 至 GB/T 27894.6—2012 共 6 项国标则规定了在一定不确定度下测定天然气组分（见表 6-1）的 GC 方法。其中第 6 部分是用三支并联和串联的毛细管柱：①PLOT 熔融氧化硅毛细管预柱（安装在仪器Ⅰ），用于分离空气、CO_2、乙炔、乙烯、乙烷和丙烷；②分子筛 PLOT 熔融氧化硅毛细管柱（安装在仪器Ⅰ），用于分离 He、H_2、O_2、N_2、CH_4 和 CO；③非极性 WCOT 熔融氧化硅毛细管柱（安装在仪器Ⅱ），用于分离 $C_3 \sim C_{6+}$ 的烃类。两个检测器：TCD 检测 He、H_2、O_2、N_2 和 CH_4，FID 检测 $C_1 \sim C_8$ 的烃类及苯和二甲苯。两个进样阀和两个切换阀（如果样品中不含有或不测定 CO，则不需要甲烷转化炉，用一个切换阀即可）。典型的分离结果如图 6-1 所示。

表 6-1　国标 GB/T 27894.6—2012 测定天然气组成的适用范围

序号	组分	分子式	摩尔分数/%	序号	组分	分子式	摩尔分数/%
1	氦气	He	0.002~0.5	16	异戊烷	C_5H_{12}	0.0001~0.5
2	氢气	H_2	0.002~0.5	17	正戊烷	C_5H_{12}	0.0001~0.5
3	氧气	O_2	0.007~5	18	环戊烷	C_5H_{10}	0.0001~0.5
4	氮气	N_2	0.007~40	19	2,2-甲基丁烷	C_6H_{14}	0.0001~0.5
5	甲烷	CH_4	40~100	20	2,3-甲基丁烷	C_6H_{14}	0.0001~0.5
6	一氧化碳①	CO	0.001~1	21	2-甲基戊烷	C_6H_{14}	0.0001~0.5
7	二氧化碳	CO_2	0.001~10	22	3-甲基戊烷	C_6H_{14}	0.0001~0.5
8	乙炔①	C_2H_2	0.001~0.5	23	正己烷	C_6H_{14}	0.0001~0.5
9	乙烯①	C_2H_4	0.001~0.5	24	苯	C_6H_6	0.0001~0.5
10	乙烷	C_2H_6	0.002~15	25	环己烷	C_6H_{12}	0.0001~0.5
11	丙烯①②	C_3H_6	0.001~0.5	26	庚烷③	C_7H_{16}	0.0001~0.5
12	丙烷①	C_3H_8	0.001~5	27	甲基环己烷	C_7H_{14}	0.0001~0.5
13	异丁烷	C_4H_{10}	0.0001~1	28	甲苯	C_7H_8	0.0001~0.5
14	正丁烷	C_4H_{10}	0.0001~1	29	辛烷④	C_8H_{18}	0.0001~0.5
15	新戊烷	C_5H_{12}	0.0001~0.5	30	二甲苯⑤	C_8H_{10}	0.0001~0.5

　① 这些组分通常不存在于天然气中，而存在于代用天然气中。

　② 丙烷和丙烯的分离很关键。本分离系统中使用的色谱柱可能无法获得分离效果。

　③ 组分包括：正庚烷、2-甲基己烷、3-甲基己烷、3-乙基戊烷、2,2-二甲基戊烷、2,3-二甲基戊烷、2,4-二甲基戊烷、3,3-二甲基戊烷、2,2,3-三甲基丁烷。不是所有的同分异构体都能相互分离。

　④ 组分包括：正辛烷、2-甲基庚烷、3-甲基庚烷、4-甲基庚烷、二甲基环己烷、2,2-二甲基己烷、2,3-二甲基己烷、2,4-二甲基己烷、2,5-二甲基己烷、3,3-二甲基己烷、3,4-二甲基己烷、2,2,3-三甲基戊烷、2,2,4-三甲基戊烷、2,3,3-三甲基戊烷、2,3,4-三甲基戊烷、2,2,3,3-四甲基丁烷。不是所有的同分异构体都能相互分离。

　⑤ 组分包括：对二甲苯、间二甲苯、邻二甲苯。此系统不能分离间二甲苯和邻二甲苯。

　注：在特定条件下（如样品体积较大），如果摩尔分数大于 10^{-6}，那么，这个分析可以延伸至比 C_8 更重的烃类。

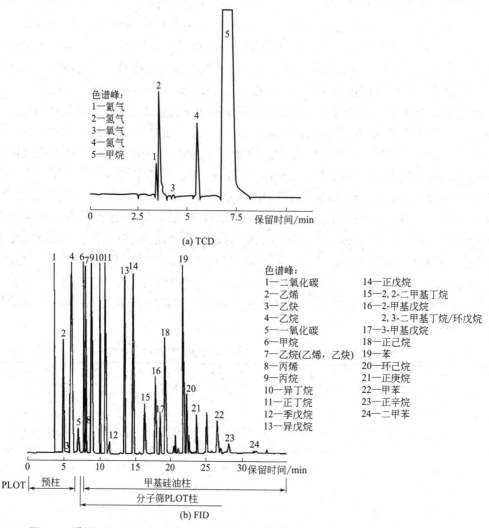

图 6-1 采用 ISO 6974.6—2002 的国标 GB/T 27894.6—2012 分离天然气组分的结果

需要说明：①当分析代用天然气时，FID 也用于检测从 PLOT 预柱中流出的 CO_2 和 CO（在甲烷转化炉中均被还原为 CH_4 后）、乙炔和乙烯。②TCD 测定 H_2 时要用氩气作载气，由于 TCD 对 CO 响应值小，建议在 CO 的摩尔分数小于 0.2％时用 FID 检测。为达此目的，CO 直接通过切换阀进入甲烷转化炉和 FID。读者可以查阅相关标准了解详细情况，这里不做深入讨论。下面介绍一种非国标但也很有用的天然气分析方法。

（2）五阀七柱三检测器系统

2012 年有人报道采用配有五阀（2 个十通阀和 3 个六通阀）、七柱（2 根毛细管柱和 5 根填充柱）和三检测器（1 个 FID、2 个 TCD）的 GC 系统测定了天然气的组分。借助计算机工作站控制的阀切换和分析程序，一次进样便可实现天然气常规组分的自动化分析。系统的构成如图 6-2 所示，分离结果见图 6-3。

色谱条件：柱 1（填充柱）为 Haysep Q（0.5m×0.32cm）；柱 2（填充柱）为 Haysep Q（2m×0.32cm）；柱 3（填充柱）为 13X 分子筛（2m×0.32cm）；柱 4（填充柱）

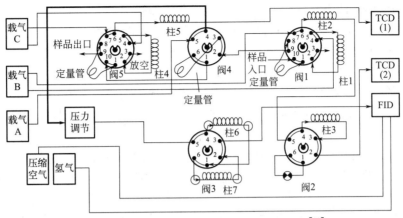

图 6-2　五阀七柱天然气分析 GC 系统示意图[23]

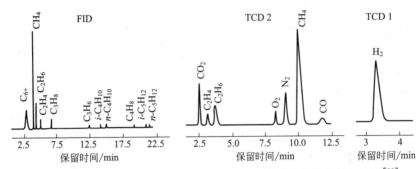

图 6-3　用五阀七柱三检测器天然气分析 GC 系统分离标准气体的结果[23]

为 Haysep Q（1m×0.32cm）；柱 5（填充柱）为 13X 分子筛（2.5m×0.32cm）；柱 6（毛细管柱）为 HP-1（2m×0.32mm，5μm）；柱 7（PLOT 柱）为 HP-Al$_2$O$_3$/Na$_2$SO$_4$（25m×0.32mm，8μm）。

程序升温，初始温度 50℃，保留 2.5min，再以 10℃/min 速率升至 105℃，然后以 15℃/min 速率升至 130℃，保留 20min；进样口温度 120℃；检测器温度 180℃；分流比 60:1；采用压力控制模式，烃类气体和永久气体通道载气都为氦气，柱前压 85.5kPa；氢气通道载气为氮气，柱前压 100kPa；燃气为氢气，流量 30mL/min；阀驱动气为压缩空气，流量 300mL/min。

定量管：1mL（永久气体）、500μL（氢气）、40μL（烃类气体）。

各阀的切换时间为：0.1min，阀 1、阀 4 和阀 5 "ON"；0.9min，阀 4 "OFF"；1.0min，阀 3 "ON"；1.6min，阀 5 "OFF"；2.0min，阀 2 "ON"；2.8min，阀 1 "OFF"；4.2min，阀 2 "OFF"；8.0min 时，阀 3 "OFF"。

分析流程如下：进样时用样品气充分吹扫定量管，以消除管内原来残留气体的干扰，且每次进样都使 3 个定量管充满，然后根据优化的阀切换时间，样品气分别进入 3 种不同的通道，各通道的色谱流程图见图 6-3。

烃类气体通道（FID 检测）：空气驱动阀 4 切换，使样品气从阀 4 的定量管进入柱 6。待轻质组分 C$_1$～C$_5$ 进入柱 7 后，重组分 C$_{6+}$ 仍在柱 6，此时阀 3 切换，将 C$_{6+}$ 组分反吹至 FID 进行检测。待 C$_{6+}$ 检测完毕后，阀 3 复位切换将柱 7 分离后的 C$_1$～C$_5$ 载入 FID 检

测。色谱图上的出峰顺序为 C_{6+}、$C_1\sim C_5$ 烷烃和烯烃等。

永久气体通道（TCD2）：空气驱动阀 1 切换，样品轻质组分经过柱 1 进入柱 2；待 CO_2 和 H_2S 进入柱 2 后，阀 1 复位切换，此时仍停留在柱 1 的重组分 C_{3+} 被放空；待 O_2 进入柱 3 后，阀 2 切换，将 CO_2 和 H_2S 反吹至 TCD2 进行检测；O_2、N_2 和 CO 被保留在柱 3 中；完成 CO_2 和 H_2S 的检测后，阀 2 复位切换将保留在柱 3 中的 O_2、N_2、CO 载入 TCD2 检测。气体出峰顺序为 CO_2、H_2S、O_2、N_2、CO 等，如果样品气中含有 C_1 或 C_2 的组分（甲烷、乙烷及乙烯等），也会在此通道出峰。

氢气通道（TCD1）：空气驱动阀 5 切换，样品气从阀 5 的定量管进入柱 4。待轻质组分 H_2 进入柱 5 后，阀 5 复位切换，这时除氢气以外的组分全部被放空。故该通道只检测氢气。

用这一系统对标准气体和实际样品进行测定，结果的准确度和重现性均满足国家标准方法规定的要求。该方法虽然复杂，但能满足天然气的组成分析要求，且全过程是自动化的。这一系统也适用于炼厂气、液化气及烟气等样品的分析。当然，实际分析中还要看样品的特性，有些样品也许不需要这么复杂的系统，而有的样品中含有更复杂的组分，则需要优化分离条件。如安捷伦的扩展天然气分析仪就可以测定天然气或液化石油气中的苯系物以及 C_{8+} 到 C_{18+} 的组分。

（3）三阀四柱两检测器系统

举上面的例子主要是为了更好地理解多柱色谱系统，此类多维 GC 也广泛用于环境气体的分析。更为实用的天然气组成分析方法是 2018 年报道的三阀四柱两检测器系统，如图 6-4 和 6-5 所示。请读者试着分析其流程。

色谱柱配置：Echrom A90 型天然气组分分析专用 GC 系统配置了 4 支色谱柱——Porapak Q 柱（固定相为乙基苯乙烯-二乙烯基苯共聚物小球）、5A 分子筛柱、SE-30 填充柱和 DB-1 毛细管柱（固定液为聚二甲基硅氧烷），这 4 支色谱柱对天然气中的不同组分表现出很好的分离效果。Porapak Q 柱用以分离 CO_2、C_2、C_3；5A 分子筛柱用以分离 H_2、CH_4、O_2、N_2；SE-30 柱用以预分离 C_3 以下组分，测定 20 种成分摩尔分数；DB-1 毛细管柱用以分离 C_3 以上组分。

图 6-4（a）为初始状态，3 个阀均是"OFF"状态，色谱柱中只有载气流过。进样时样品经过阀 1 的 9-8 通道、1-10 通道以及阀 2 的 5-4 通道、1-6 通道，分别进入定量环 1（sample loop 1）和定量环 2（sample loop 2），完成进样。然后阀 1 和阀 3 分别从状态"OFF"切换到"ON"，如图 6-4（b）所示。载气 3（Carrier in $3^{\#}$）将定量环 2 中样品带入 DB-1 毛细管柱中，C_3 以上的组分得到分离，然后由 FID 检测器检测。与此同时，载气 1（Carrier in $1^{\#}$）将定量环 1 中样品带入预分离柱 SE-30 中，在 H_2、CO_2、CH_4、O_2、N_2、C_2、C_3 等组分同时流出进入 PQ 填充柱后，阀 1 从状态"ON"切换到"OFF"，如图 6-4（c）所示，此时载气 2（Carrier in $2^{\#}$）将留在 SE-30 色谱柱中的 C_3 以上的组分反吹放空。而流过 PQ 填充柱的组分分离为两组：CO_2、C_2、C_3 组分为一组；H_2、CH_4、O_2、N_2、C_2 等组分为另一组。当 H_2、CH_4、O_2、N_2 等组分先进入 5A 分子筛色谱柱后，阀 2 从"OFF"切换到"ON"，如图 6-4（d）所示，CO_2、C_2 和 C_3 组分经 PQ 填充柱分离后进 TCD 检测。随后，阀 2 从"ON"切换到"OFF"，H_2、CH_4、O_2、N_2 等组分在 5A 分子筛柱分离后进入 TCD 检测。自此整个分析过程结束。

分析过程中首先是进样，因此在仪器准备就绪后（0min）要立即将阀1和阀3置于"ON"。由于阀1只负责进样，在进样持续2min后（保证进样充分），就将阀1切换至"OFF"，在此时间段内，SE-30柱的预分离组分C_3以上组分也被反吹出来；3.6min左右出现一个色谱峰，为CO_2，说明此时CO_2、C_2、C_3组分和H_2、CH_4、O_2、N_2等组分已经在PQ柱中分离；由于阀切换时会在基线上产生一个小的尖峰，为避免干扰，选择在3.05min切换阀2为"ON"。当C_2组分完全出峰（7.6min）后，于8.05min切换2至"OFF"，此后H_2、CH_4、O_2、N_2等组分在5A分子筛柱上分离；12min时最后一个组分（CH_4）完全流出，在14min将阀2置于"ON"，C_3组分继续在PQ柱中先后流出（图6-5）。

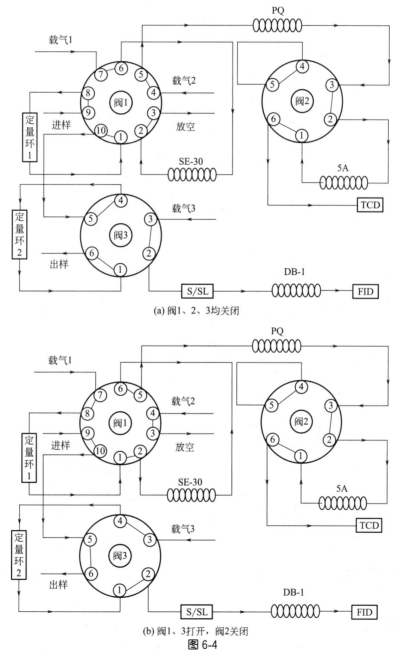

(a) 阀1、2、3均关闭

(b) 阀1、3打开，阀2关闭

图6-4

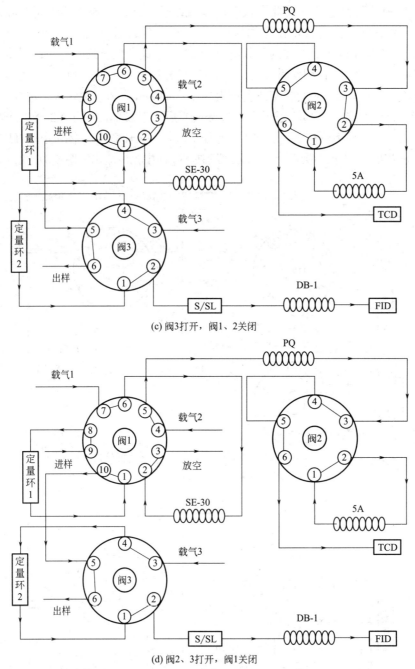

(c) 阀3打开，阀1、2关闭

(d) 阀2、3打开，阀1关闭

图 6-4　Echrom A90 型三阀四柱两检测器天然气分析 GC 系统分析流程示意图[24]

根据分离结果可按照国家标准 GB/T 11062—2020 计算天然气高位发热量等参数。

6.2.2　炼厂气分析

（1）概述

石油炼制过程中会产生大量气体，其主要成分包括 H_2、O_2、N_2、$C_1 \sim C_4$ 烷烃、$C_2 \sim C_4$ 烯烃以及少量 C_{6+} 组分。此外还有少量的 CO_2、CO 和 H_2S，在一些特殊加工过

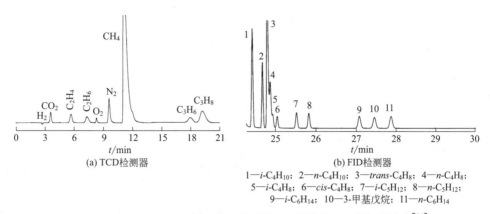

(a) TCD检测器   (b) FID检测器

1—*i*-C$_4$H$_{10}$；2—*n*-C$_4$H$_{10}$；3—*trans*-C$_4$H$_8$；4—*n*-C$_4$H$_8$；
5—*i*-C$_4$H$_8$；6—*cis*-C$_4$H$_8$；7—*i*-C$_5$H$_{12}$；8—*n*-C$_5$H$_{12}$；
9—*i*-C$_6$H$_{14}$；10—3-甲基戊烷；11—*n*-C$_6$H$_{14}$

图 6-5　Echrom A90 型三阀四柱两检测器 GC 系统分析天然气的结果[24]

程中还会产生少量二烯烃和炔烃，这些都统称为炼厂气。炼厂气实际是石油加工过程中产生的副产物，主要来源于原油常减压蒸馏、催化裂化、延迟焦化、加氢裂化、加氢精制、催化重整等过程，不同来源的炼厂气有不同的组成。炼厂气含有很多可利用的烃类，可作为各种化工产品的原材料。而炼厂气的组成对于石油炼制过程尤为重要，对装置调整有着决定性影响。另外关于尾气燃烧、大气排放、装置炉子点火等，都需要对炼厂气进行定性定量分析，而 GC 在气体分析方面又具有独特的优势。

　　从分析的角度看，炼厂气的分析在 20 世纪 60 年代就已经成熟，但由于当时仪器和色谱柱性能比较落后，炼厂气的分析采用多台色谱组合分析，再将结果关联归一化处理，效率低，成本高，结果误差较大。到 20 世纪 80 年代，有了专用的炼厂气分析 GC 仪器，将原来由不同 GC 完成的分析过程整合到了一台色谱仪上，利用阀切换技术实现了分离和检测，大大减少了分析误差和分析成本。但由于采用 TCD 和填充柱，对复杂烃类组分的检测存在一些问题。后来出现了毛细管柱和 PLOT 柱，随即有了毛细管柱和填充柱组成的多维 GC，分离性能大为提高，FID 对烃类物质的检测灵敏度很高。这是目前普遍使用的基于多柱多阀组合技术的多维 GC 分析方法。另一个发展是基于毛细管柱和微板流控技术的多通道并行快速分析系统，即便携式炼厂气分析仪。根据炼厂气的来源和分析目的不同，可以采用四阀五柱（或七柱）系统、两阀三柱系统、四阀三柱系统和五阀七柱系统。

　　（2）四阀五柱（或七柱）两检测器系统[25]

　　这一方法采用两个六通阀、一个八通阀和一个十通阀，7 支填充柱，两个 TCD，一次定量进样可实现炼厂气的组成分析。如同天然气分析方法一样，进样后通过不同时段阀的切换，使样品中不同组分在不同的色谱柱上实现分离。分析过程是自动化的，分析时间约为 35min。但由于采用柱上反吹技术，使得戊烯以上的组分只能给出近似的含量，且无法进行单个组分的定量。当这部分混合组分含量高时，结果误差较大。再则此法采用 TCD 检测，线性范围有限，故要在保证准确定量低浓度组分的前提下，防止高浓度组分超出线性范围。此外，该系统结构较为复杂，优化分离条件较繁琐。总之，此法相当成熟，适合于实验室炼厂气的常量组分分析，比如催化裂化气、液化气、烟道气以及天然气的组成分析。检测范围为 0.01%～100%（体积分数）。

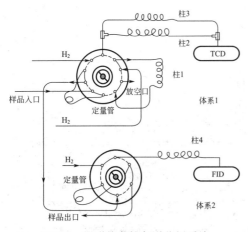

图6-6　改进的多维色谱分析系统

（3）两阀三柱两检测器系统

该炼厂气分析系统是一项专利技术（杨海鹰等，中国专利，申请号00246161.7），采用一个六通阀和一个十通阀，三支色谱柱（两支填充柱和一支毛细管柱），另加一个控制气体压力的阻尼柱，一个 TCD 和一个 FID，构成两个独立的分析通道（图 6-6），可以分析催化裂化气、液化气、烟道气等炼厂气中的主要成分。分离结果如图 6-7 所示。色谱峰 4 和 6 均为甲烷，是因为阀切换时甲烷峰没有切换完全。烃类组分的定量计算公式如下：

$$V_i = \frac{(A_i F_i)_{\mathrm{FID}}}{T} \times 100\%$$

$$T = \Sigma \frac{(A_i F_i)_{\mathrm{TCD}} (A_{c_1^0} F_{c_1^0})_{\mathrm{FID}}}{(A_{c_1^0} F_{c_1^0})_{\mathrm{TCD}}} + \Sigma (A_i F_i)_{\mathrm{FID}}$$

式中　$\dfrac{(A_{c_1^0} F_{c_1^0})_{\mathrm{FID}}}{(A_{c_1^0} F_{c_1^0})_{\mathrm{TCD}}}$——用甲烷关联的 FID 与 TCD 两通道间的响应比；

$(A_i F_i)_{\mathrm{TCD}}$——组分 i 在 TCD 上的校正因子与峰面积之积。

$(A_i F_i)_{\mathrm{FID}}$——组分 i 在 FID 上的校正因子与峰面积之积。

此法特点是仪器结构简单、成本低；系统灵活性好，可扩展应用范围；由于采用了一支毛细管柱分离，C_5 以上组分也可准确定量；采用氢气作为载气，分析速度快，完成一次进样分析约为 20min；系统稳定性好，分析结果可靠。但要测定氢气，必须更换载气或用另外的方法测。

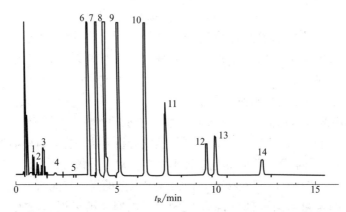

图6-7　改进的多维色谱系统分析催化裂化气的色谱图

色谱峰：1—CO_2；2—O_2；3—N_2；4—CH_4；5—CO；6—CH_4；7—乙烷；8—乙烯；9—丙烷；10—丙烯；11—异丁烷；12—正丁烯；13—异丁烯；14—1,3-丁二烯

（4）四阀三柱一检测器系统[26]

该分析方法是基于商品化仪器（Agilent 3000）开发的，采用细内径毛细管柱以及微板流控技术发展的多通道并行分析系统，是一个采用化学工作站控制的炼厂气分析专用便携式 GC 系统。该系统由四个独立的分析通道组成，用一个微型 TCD。3min 之内就可以根据四组不同的分析条件得到 4 张色谱图，然后采用专用的分析软件，对结果进行归一化处理，得出各组分的含量。

该方法具有高效快速的特点，炼厂气全程分析仅需 3min。通道配置灵活，四个通道可以独立也可同时使用，应用范围广。微型 TCD 检测的线性范围宽，整个系统结构紧凑，能耗低，适用于催化裂化气、液化石油气、烟道气等各种炼厂气和天然气的分析。既可用于实验室分析，也适用于现场连续监测和野外操作。

（5）五阀七柱和四阀七柱两检测器系统[27]

该系统也是基于商品化仪器（Agilent 3000），结构原理与天然气分析系统相同，只是针对炼厂气分析做了一些组合优化及条件优化。该系最大的优点是可以一机多用，可扩展性好，给用户提供了更多选择的可能。局限性是只配置微型 TCD，对烃类组分的检测灵敏度有限。如果需要检测气体中的痕量杂质，就需要配置 FID。

综上所述，基于阀柱切换的多维 GC 方法已成为炼厂气、油田气、天然气以及其他工业气体的主流分析方法，针对样品组成和分析目的可用不同的配置系统。无论是哪种配置都是对氢气、烃类和永久气体这三类组分的分析，阀柱的配置可以归纳为：对于氢气分析，一般采用十通进样反吹阀，一路载气进样，另一路反吹将重组分放空；对于烃类气体，一个六通进样阀连接至分流进样口，使用 Al$_2$O$_3$ PLOT 柱即可完成分析，若要快速分析，则需要加一个六通阀和两根色谱柱，将重组分反吹即可；对于永久气体的分析，一般使用一个十通进样反吹阀和一个六通隔离阀，十通阀起到进样和将重组分反吹的作用，六通隔离阀可屏蔽永久气体。这样一来，根据样品的特点掌握炼厂气分析的规律，就可以轻松地完成阀柱的配置和分析工作。

6.2.3 模拟蒸馏

（1）模拟蒸馏的原理

模拟蒸馏是用 GC 技术模拟实沸点蒸馏方法来测定各种石油馏分的馏程，已广泛用于石油加工过程控制、原油调配方案制定、常压减压蒸馏过程拔出率评价，也用作石油馏分的技术检测指标。我国现行标准中有三项行业标准规定了用 GC 方法测定石油馏分沸程分布，即：SH/T 0558—1993、SH/T 0558—2016 和 NB/SH/T 0829—2010。美国材料与测试协会（ASTM）也有多项相关标准方法。在第 4 章我们介绍了快速 GC 在模拟蒸馏中的应用，这里先简单讨论模拟蒸馏的原理。

模拟蒸馏的基本原理是用非极性色谱柱，在线性程序升温条件下测定已知正构烷烃混合物各组分的保留时间，然后在相同条件下将石油样品按沸点依次分离，对色谱图进行积分后，获得对应的累加积分和保留时间。再经过温度-时间的内插校正，得到百分收率的温度，即馏程。色谱图积分有两种方式，一是针对组分的色谱峰进行峰面积积分，记录每个色谱峰的峰高、半峰宽和峰面积，常用于测定正构烷烃的混合标样；二是对整个色谱图进行切片积分，按设定的时间段将色谱图积分，记录切片号、切片时间、切片宽度和切片

面积，模拟蒸馏进行样品测定时使用此种方式。

（2）模拟蒸馏的应用

对于不同样品，模拟蒸馏可分为：①馏分油模拟蒸馏，适用于 55～550℃沸点范围的石油产品或馏分的馏程分布测定；②汽油馏分样品快速蒸馏，适用于初沸点约 260℃（C_3～C_{15}）石油馏分的沸程分布测定；③柴油馏分样品快速模拟蒸馏，适用于 50～400℃（C_6～C_{26}）石油馏分的沸程分布测定；④原油的模拟蒸馏，适用于初沸点约 538℃馏程范围的馏程测定；⑤重质渣油的模拟蒸馏，适用于 230～650℃沸程的重质油的馏程测定；⑥初沸点约 700℃全馏分油的模拟蒸馏；⑦初沸点约 523℃馏分油的碳硫元素模拟蒸馏；⑧发动机油挥发度测定，等等。各种模拟蒸馏方法遵循同样的原理，只是样品的沸程范围不同，色谱条件（色谱柱和升温条件）有所不同；分析目的不同，所用检测器不同，如碳硫元素模拟蒸馏就用原子发射光谱检测器。详细的仪器配置和分析条件请查阅有关标准和规程，这里仅举一例加以说明。

图 6-8 是初沸点约 700℃全馏分油的模拟蒸馏色谱图，色谱峰从 C_5 到 C_{100}。表 6-2 为校正报告。据此就可以计算石油样品在不同沸程的质量分数，以指导炼油工艺条件的确定。

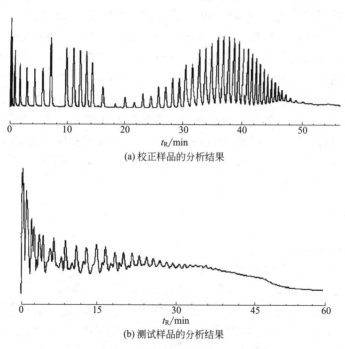

(a) 校正样品的分析结果

(b) 测试样品的分析结果

图 6-8　初沸点～700℃全馏分油的模拟蒸馏色谱图[28]

色谱条件：非极性不锈钢毛细管柱（5m×0.53mm，最高使用温度 450℃）；程序升温，从 35℃线性升温至 430℃，升温速率 8℃/min，然后恒温 20.5min；载气（N_2）流速 3～10mL/min；汽化温度采用炉温追踪模式；检测器为 FID，H_2 流速 25～30mL/min，空气流速 360mL/min，尾吹气（N_2）流速 20～25mL/min；进样量 0.5μL；校正样品用二硫化碳稀释全 0.5%（质量分数），测试样品用二硫化碳稀释至 1%（质量分数）

需要强调，模拟蒸馏分析方法对保留时间重复性的要求很高，所以用于模拟蒸馏的

GC 仪器要有很好的柱箱内温度均匀性和很高的程序升温重复性。仪器的自动化程度要高，应配置自动进样器，有时还要用柱上进样方式。最后，要配置专用色谱工作站软件。

表 6-2 模拟蒸馏校正报告示例[28]

序号	保留时间/min	沸点/℃	正构烷烃碳数	序号	保留时间/min	沸点/℃	正构烷烃碳数
1	0.68	36	5	28	34.09	566	48
2	0.92	69	6	29	34.95	575	50
3	1.06	98	7	30	35.78	584	52
4	1.51	126	8	31	36.59	592	24
5	2.48	151	9	32	37.36	600	56
6	3.89	174	10	33	38.10	608	58
7	5.42	196	11	34	38.82	615	60
8	7.05	216	12	35	39.51	622	62
9	9.88	253	14	36	40.17	629	64
10	11.18	271	15	37	40.85	635	66
11	12.40	287	16	38	41.65	641	68
12	13.53	302	17	39	42.66	647	70
13	14.54	317	18	40	43.92	652	72
14	16.32	344	20	41	45.55	657	74
15	17.88	368	22	42	47.64	662	76
16	19.82	391	24	43	50.20	667	78
17	21.27	412	26	44	53.65	672	80
18	22.92	431	28	45	56.98	676	82
19	24.17	449	30	46	60.11	680	84
20	25.69	466	32	47	63.56	684	86
21	26.81	481	34	48	66.99	688	88
22	28.15	496	36	49	70.32	692	90
23	29.15	509	38	50	74.15	695	92
24	30.39	522	40	51	78.89	699	94
25	31.28	534	42	52	83.23	702	96
26	32.40	545	44	53	87.41	705	98
27	33.20	556	46	54	91.63	708	100

6.2.4 汽油基本组成分析

汽油馏分是石油产品的一种，它是组成极其复杂的天然混合物。据理论推测，汽油中的烃类异构体多达数千种，主要的烃类组分就有数百种。另外，汽油馏分的烃类组成是汽油产品的重要质量指标，也与环境污染密切相关。随着炼油技术的发展，环保要求越来越高，汽油的质量标准也不断提高。因此，汽油馏分的分析非常重要，也是分析化学所面临的挑战之一。

汽油成分的详细分析是从 20 世纪 50 年代 GC 出现以后开始的，最早是用填充柱对汽油馏分进行简单分析，后来出现了 PLOT 柱，就有了汽油碳数族组成分析。到 80 年代弹性石英毛细管的出现，为汽油馏分的高效分离提供了条件。以此为基础，国际上逐步发展

了一套汽油单体烃组成分析方法。再后来计算机技术的发展为色谱分析提供了自动化控制和高效数据处理手段，使得基于单体烃分析结果的二次信息提取成为可能。现在二维 GC 已经用于汽油分析，而且不仅能分析烃类组成，还能测定汽油中的其他成分，如添加剂、苯系物、含氧化合物、含氮化合物、多环芳烃等。我国有关汽油的现行标准就有近 30 项是涉及 GC 的。标准方法有的是采用国际标准化组织（ISO）的方法，有的是采用美国材料与试验协会（ASTM）的方法，有的是参照国际标准方法建立的。

　　用于汽油分析的色谱方法有一维和二维方法，所用检测器有 FID，傅里叶变换红外光谱、化学发光检测器和质谱等。图 6-9 是参照标准 SH/T 0714—2002 的方法测定汽油单体烃的色谱图。

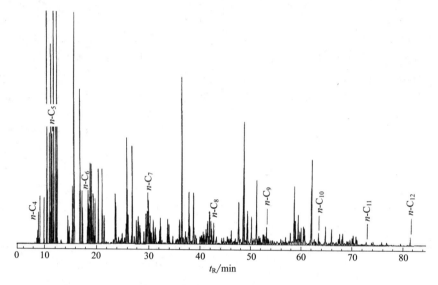

图 6-9　催化汽油的典型色谱图

色谱条件：毛细管色谱柱 OV-1（50m×0.2mm×0.5μm）；程序升温，35℃起始，平衡 5min，进样后恒温 15min，然后以 2℃/min 的速率升温至 200℃，保持 10min；载气 N_2，流速 12cm/s（35℃）；检测器 FID，250℃；H_2 流速 30mL/min，空气流速 350mL/min，尾吹气 N_2 流速 30mL/min；分流进样，200∶1，230℃，进样量 0.2～1.0μL

　　通过这样的分析，就可获得烃类组分的定量结果。除催化汽油外，直馏汽油、重整汽油、裂化汽油、烷基化汽油和焦化汽油均可这样分析，而且不同的汽油由不同的烃类组成。采用这种方法分析可以一次进样分离出至少 275 个峰，但有些异构体不能完全分离。若要完全分离所有组分，则需要多维色谱方法，比如 ASTM D6293—98 和国标方法 GB/T 28768—2012。

　　基于单体烃分析结果就可以计算得到汽油碳数族组成（PONA）和辛烷值以及汽油的其他物性参数。关于汽油馏分的组成分析还有多维 GC 分析汽油馏分的组成，溴加成衍生化后用 GC-AED 分析含烯汽油的单体烃，采用 13X 分子筛 PLOT 柱测定汽油的碳数族组成，以及无铅汽油的分析、汽油组分单体芳烃的测定、汽油中苯系物的测定、汽油中硫化物的测定等。需要的读者可查阅相关标准方法以及本章后面的阅读建议。

6.2.5 柴油组成的分析

在讨论模拟蒸馏时我们提及柴油馏分的模拟蒸馏方法，除此以外，GC 还用于柴油组成的分析。比如用 GC-AED 测定催化裂化柴油中的硫化物，采用非极性毛细管色谱柱（同图 6-9），利用 AED 对硫元素的选择性响应，一次进样能够检测到 130 多种硫化物。现在有大量的煤基柴油和生物柴油，我国也制定了相应的地方标准和行业标准（参见附录Ⅰ）。

生物柴油已成为一种优质的石油柴油替代品，它是由动植物油与过量甲醇在催化剂（酸或碱）存在下发生酯交换反应制得的。如果酯交换反应不完全，就会导致生物柴油中有很少量残余甘油一酯、甘油二酯、甘油三酯。残余的甘油酯过高会沉积在发动机阀门、活塞等部位，影响发动机的性能。因此，残余甘油酯的定量分析方法对控制生物柴油的品质非常重要。虽然 LC（采用蒸发光散射检测器）能够进行这一分析，但灵敏度较低，线性范围不宽。GC 是分析生物柴油中甘油酯类成分的常用方法，但甘油酯的挥发性较差，一般需要对样品进行衍生化后再进行 GC 分析。下面举例说明热辅助水解甲基化-GC 分析方法。

此方法的第一步是样品处理。取生物柴油样品 200μL，乙酸乙酯作溶剂定容至 1mL，即为分析用的稀释 5 倍的溶液。4℃ 以下保存备用。同时用硬脂酸（C18：0）、油酸（C18：1）、亚油酸（C18：2）、亚麻酸（C18：3）、甘油二酯配制二酯标准溶液，以及硬脂酸（C18：0）甘油一酯和硬脂酸甘油三酯的标准溶液。

第二步是预分离。取 100μL 上述标准溶液及样品在长为 10cm 的 TLC 硅胶板上点样，以甲苯-丙酮（92：8，体积比）为展开剂展开，使用碘蒸气显色。待各斑点褪色后，刮入试管中并加入乙酸乙酯 2~4mL（甘油一酯与甘油三酯组分加 2mL，甘油二酯组分因斑点面积较大，硅胶较多，加 4mL），超声萃取 45min，以 3000r/min 离心 10min。取 1~2mL 上层清液（甘油一酯与甘油三酯取 1mL，甘油二酯取 2mL），于通风橱中加热至 110℃ 蒸干，然后加入 50μL 乙酸乙酯，超声辅助溶解。

第三步是衍生化 GC 分析。取上述样品 3μL 置于裂解器的样品杯中，5min 后溶剂挥干，加入 0.1mol/L 的三甲基氢氧化硫（TMSH）3μL，然后将样品杯置于进样杆上，送入微型炉裂解器。按下进样杆使样品杯落到预先设定为 350℃ 的炉心，样品受热瞬间发生水解甲基化反应，生成的产物立即由载气带入 GC 进行测定。采用外标法进行定量。

图 6-10 是菜籽油为原料的生物柴油样品经 TLC 分离后的热辅助水解甲基化-GC 图。热辅助水解甲基化-GC 已被应用于脂肪酸甘油酯的分析，但由于生物柴油本身含有大量脂肪酸甲酯，故无法分析生物柴油中残余的甘油酯。该方法将 TLC 与热辅助水解甲基化-GC 方法结合，生物柴油经 TLC 分离，溶剂提取薄板上的甘油酯，在裂解器内水解衍生为相应的脂肪酸甲酯。GC 测定所产生的脂肪酸甲酯，进而确定甘油酯的含量。故可以测定生物柴油中残余甘油酯的含量，同时可有效分析甘油酯中脂肪酸的组成。

尽管此方法不一定是分析生物柴油中甘油酯的最佳方法（使用 LC-MS 可能更简单），但此例能提供一种解决问题的思路。读者可以举一反三，应用于实际工作。总之，GC 在石油化工领域的应用非常广泛，在此不可能面面俱到，需要的读者可阅读相关标准方法和本章后面的阅读建议所列专著。

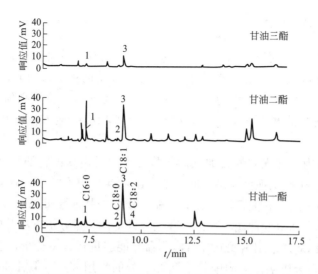

图 6-10　菜籽油为原料的生物柴油样品经 TLC 分离后的热辅助水解甲基化-GC 图[29]

色谱峰：1—棕榈酸甲酯；2—硬脂酸甲酯；3—油酸甲酯；4—亚油酸甲酯

分析条件：色谱柱用 DB-23 毛细管柱（30m×0.25mm×0.25μm）；程序升温，80℃开始以 20℃/min 速率升至 180℃，再以 5℃/min 的速率升至 230℃，保持 3min；进样口和检测器温度均为250℃，分流进样（30∶1）；载气 N_2，柱流量 1mL/min。色谱峰鉴定用 GC-MS，MS 采用EI 离子源，70eV；扫描范围 40～500amu；配备 Nist 02 谱库

6.3　农药残留分析

6.3.1　概述

农药残留分析涉及环境、食品、法庭及药物分析多个领域，因此我们单独用一节来专门讨论之。农药包括杀虫剂和除草剂等，它们的使用对于防治农作物病虫害、提高粮食产量起着非常重要的作用。然而，农药长期使用后会在土壤、环境水体、各种作物中残留形成污染，甚至不时引起食品安全事故。这不仅伤害人体的健康和环境的安全，还会影响国际贸易。因此，如何准确有效地检测各种基质中的农药残留就是一个必须解决的问题。随着各种检测技术的发展，世界各国政府和市场监管部门对各种基质中农药残留的限量制定了很严格的要求。这就要求检测方法的灵敏度和分析效率越来越高，以达到保证人民健康、提高环境质量、促进经济发展的目的。

农药按主用途不同，分杀虫剂、杀螨剂、杀鼠剂、杀软体动物剂、杀菌剂、杀线虫剂、除草剂、植物生长调节剂等。按来源不同，分为矿物源农药（无机化合物）、生物源农药（天然有机物、抗生素、微生物）及化学合成农药三大类。其中化学合成农药是人工合成的一类农药，其品种繁多，应用范围广，药效高，是当今市场上农药的主体，也是农药残留分析的主要目标物。按化学结构可以将合成农药分为有机磷类、有机氯类、拟除虫菊酯类、氨基甲酸酯类、有机氮类、有机氟类、有机砷类、有机锡类、杂环类、咪唑啉酮类、苯类、磺酰脲类、脲类、酰胺类，等等。可用 GC 分析的主要是前面 4 类。

迄今为止，国际上使用过的农药多达 700 余种，而我国已登记的农药有效成分超过

600 种。有些农药已经禁止使用多年，但在土壤中仍有残留，如六六六等。农药的种类繁多，性质不同；存在残留的基质又很复杂，有水体、土壤、食品或动物组织；限量标准各异，从 ppm（mg/kg）级到 ppt（μg/kg）级，甚至更低。比如日本对农产品和食品制定的"肯定列表制度"，规定了农产品和食品中农业化学品（农药、兽药和饲料添加剂）的含量不得超过最大残留限量标准，未制定最大残留限量标准的农业化学品一律不得超过 0.01mg/kg。欧盟也采用这一标准，美国是根据实际情况在 0.01~0.1mg/kg 之间，加拿大和新西兰则采用 0.1mg/kg。我国制定了食品中农药最大残留限量国家标准：GB 2763—2021。

以上特点决定了农残分析是一个非常复杂的问题，从样品制备，到仪器分析，再到数据处理，都要进行充分的研究和方法验证。农残分析方法既要有好的选择性，如有机氯和有机磷农药的检测方法，又要有广的适用性，如多残留检测方法；不仅要检测农药本身，还有可能检测毒性代谢产物、降解产物以及杂质。中国的国家标准中有关农残分析的现行标准方法就有 40 余项，主要是色谱以及色谱-质谱联用方法，随着新型农药的挥发性越来越低，LC 和 LC-MS 技术用得越来越多。除此之外，还有农残检测的行业标准，如出入境检验检疫、环境保护、烟草、农业和公共安全等行业的 30 余项以及地方标准 10 多项使用 GC 和 GC-MS 的方法（见附录Ⅰ）。

过去农残分析标准方法中采用填充柱较多，但近年来修订的标准更多的是用 GC-MS，因此毛细管柱占绝对优势。10~50m 长、0.05~1μm 液膜厚度的 WCOT 弹性石英毛细管柱是最常用的。与填充柱相比，毛细管柱虽然有分离度高、灵敏度高和分析时间短的优点，但柱容量低却是其缺点。农残样品中不挥发性共萃取物进入毛细管柱会造成比填充柱更严重的问题，如峰拖尾和定量误差增大。大口径柱在这方面有一定的优势，其应用也在逐步增多。各种进样方式，如分流、不分流、冷柱上进样和程序升温汽化进样技术都可用于农残分析。就固定液而言，OV-17 和 OV-1701 适合于有机氯农药和多氯联苯分析，SE-54 适合于氨基甲酸甲酯杀虫剂，PEG-20M 适合于三嗪除草剂和乙烯硫脲，SE-52 适合于三嗪除草剂、苯基脲除草剂和氨基甲酸甲酯杀虫剂，OV-1 和 SE-30 适合于杀菌剂和苯氧基除草剂，OV-101 则适合于有机磷农药分析。对于复杂的多组分有机氯和有机磷农药混合物的分析可使用多维色谱技术。

在检测器方面，ECD、NPD 和 FPD 是最常用的农残分析 GC 检测器，MSD（即 MS）则是最通用和灵敏的检测器。ECD 对含卤代农药的检测灵敏度高，但需要对样品进行很好的净化。NPD 则适合于检测含氮和含磷农药，FPD 多用于含硫和含磷有机农药的检测。当然，MS 是更受欢迎的检测器。

6.3.2 QuEChERS 农药多残留分析方法

农残检测包括样品处理、仪器分析和数据处理步骤，而传统农残分析的样品处理方法复杂、耗时、溶剂用量大、成本高，且易造成环境污染。2003 年美国科学家提出了蔬菜中农残分析的 QuEChERS 方法（Qu＝Quick、E＝Easy、Ch＝Cheap、E＝Effective、R＝Rugged、S＝Safe），在样品处理方面具有快速、简便、低成本、有效、耐用和安全的特点，而且能用于碱性、中性和酸性农药残留的萃取。后来发展成各种样品基质的处理技术，不仅用于 GC-MS，也用于 LC-MS 的样品处理，而且扩展到兽药和抗生素的分析中。

QuEChERS方法简化了样品处理步骤，减少了溶剂的消耗，因此得到了广泛的应用。

QuEChERS方法的步骤可以概括为：①样品粉碎；②单一溶剂乙腈提取；③加入硫酸镁等盐类除水；④利用基质分散萃取机理，加入乙二胺-*N*-丙基硅烷（PSA）等吸附剂以除去杂质；⑤取上清液进行 GC-MS 或 LC-MS 检测。

QuEChERS方法经过多家实验室认证，选择生菜和橘子作为样品，用 229 种农药添加（每种添加 3 个浓度水平）测定回收率，用 GC-MS 和 LC-MS 进行检测。具体方法如下：

（1）提取和净化

（a）称取 15.00g±0.05g 经粉碎的样品至 50mL 的聚四氟乙烯具塞离心管；

（b）每份样品中分别添加农药标液 0.3mL，使得样品中农药的添加浓度为 10ng/g 或 25ng/g、50ng/g 和 100ng/g；

（c）每份样品中加入 15mL 乙腈和 0.3mL 灭线磷的乙腈溶液（5mg/L，作为内标），空白样品不加；

（d）拧紧旋塞，用力摇荡离心管约 1min；

（e）拧开旋塞，加入 6g 硫酸镁和 1.5g 氯化钠；

（f）重复（d），确保溶剂与样品充分作用，直到凝聚物完全消失；

（g）3000r/min 的条件离心 1min；

（h）取 5mL 上清液加到盛有 0.3g PSA 和 1.8g 无水硫酸镁的聚四氟乙烯具塞离心管中，进行分散固相萃取；

（i）拧紧旋塞，用力摇荡离心管 20s；

（j）重复（g）；

（k）取 1mL 上清液于自动进样器样品瓶中，再加入 0.05mL 2mg/L 的三苯基磷酸酯（溶剂为含 2%醋酸的乙腈），以备进样分析。

（2）仪器和条件

（a）GC-MS 色谱柱为 CP-Sil8-ms 毛细管柱（30m×0.25mm×0.25μm）；程序升温，75℃开始，保持 3min，然后以 25℃/min 的速率升至 180℃，再以 5℃/min 的速率升至 300℃，保持 3min（运行时间 34.2min）；载气 He，流速 1.3mL/min；分流进样（30∶1），温度从 80℃开始，30s 后以 200℃/min 的速率线性升温至 280℃；进样体积 50μL（大体积进样）；GC-MS 接口温度 240℃。MS 检测：离子阱温度 230℃；离子化方式为电子轰击（EI）；全扫描模式（SCAN），范围 *m/z* 60～550。

（b）LC-MS 色谱柱为 C18（15cm×3mm×5μm）；流动相 A 为水，B 为含 5mmol/L 甲酸的甲醇；梯度洗脱，0min，25%B，25min 内变为 95%B，保持 15min（运行时间 30min）；流速 0.3mL/min；离子化方式为电喷雾（ESI），正离子模式；温度 100℃；雾化气流速 100L/min；毛细管电压 2.0kV；锥孔电压 35V；干燥气为 N_2，温度 350℃，流速 500L/min；进样量 5μL。

（3）分析结果

有关实验室用上述条件，分别用 GC-MS 和 LC-MS 测定了 148 和 146 种农药的保留时间和质谱定性离子。三个水平的浓度添加样品测定回收率，大多在 70%～120%之间，符合测定要求。在 10ng/g 的添加水平，只有很少一部分农药不符合要求。大多数农药的测定重复性 RSD（$n=6$）小于 10%，$RSD>15\%$ 的农药是在 $10ng/g$ 浓度水平。

有关研究人员分析了上述实验中 12 种农药回收率低的问题，比如几种拟除虫菊酯（溴氰菊酯和氯菊酯）的检测灵敏度低，主要原因是在 GC 进样口发生了不可逆吸附；还有的含卤素甲基硫类杀菌剂在 GC 条件下容易发生降解，可通过测定其降解产物邻苯二甲酰亚胺和四氢邻苯二甲酰亚胺来测定；还有些强极性农药在样品处理过程中已被吸附（如丁酰肼），或者在酸性条件下不稳定（如哒草特和福美双）。针对这些情况提出了改进措施，解决了大部分问题。

后来有很多人针对不同的农药和不同的样品基质，对 QuEChERS 方法进行了优化和拓展，使之不仅适合于分析更多样品基质中的农药残留，还可进行兽药和抗生素的检测。比如我国的行业标准 SN/T 4138—2015 就制定了出口水果和蔬菜中敌敌畏、四氯硝基苯、丙线磷等 88 种农药残留的筛选方法（QuEChERS-GC-MS）。再比如我国庞国芳院士团队经过多年研究，能将 1000 多种农药和兽药残留从 60 余种农产品中提取出来，发展了色谱-质谱按时段分组检测新技术，实现了 500 种农药残留的同时检测，并有三种方法被国际公职分析化学家协会（AOAC）接受为国际标准方法。有关内容将在食品分析部分介绍。

总之，QuEChERS 方法主要用于农残分析的样品处理，其优点有：适用范围广，可分析各种样品基质中农药的残留，以及兽药和抗生素；回收率高，对大多数非极性和极性农药的回收率大于 80%；采用内标法定量，精确度和准确度高；分析速度快，从样品处理到仪器检测的整个分析周期一般不超过 $60min$；溶剂使用量少，污染小，成本低；操作简便，易学易用。

6.3.3 有机磷农药残留的检测

有机磷农药是含磷元素的农药。主要用于防治植物病虫害且有除草作用，在农业生产中广泛使用。有机磷农药对人体的危害以急性毒性为主，多发生于大剂量或反复接触之后，会出现一系列神经中毒症状，如出汗、震颤、精神错乱、语言失常，严重者会出现呼吸麻痹，甚至死亡。有机磷农药可经消化道、呼吸道及完整的皮肤和黏膜进入人体。职业性农药中毒主要由皮肤污染引起。人体吸收的有机磷农药在体内分布于各器官，其中以肝脏含量最大。

国家标准 GB/T 14553—2003 规定了用 GC 测定粮食、水果和蔬菜中的 10 种有机磷农药：速灭磷、甲拌磷、二嗪磷、异稻瘟净、甲基对硫磷、杀螟硫磷、溴硫磷、水胺硫磷、稻丰散和杀扑磷。方法是粉碎样品后，加水后用丙酮萃取，过滤除去固体残渣。再用二氯甲烷萃取，过滤除去杂质。挥干后用丙酮定容，最后用 GC 分析。分别采用两种填充柱（OV-17 和 OV-101 固定液）和一种毛细管柱（SE-54 固定液），填充柱需要 $75min$，毛细管柱只需要 $12.5min$，得到了 10 种有机磷农药的良好分离。分别用 NPD 和 FPD 检测，前者对含磷化合物有高的检测灵敏度，后者对含硫化合物有高的检测灵敏度。读者可查阅标准了解这方法的详细内容，下面再举一个采用基质固相分散萃取处理样品，GC-MS 检测牛奶中有机磷农药残留的例子。

样品处理方法：准确称取 3.0g 牛奶于 100mL 锥形瓶中，加入 3.0g 中性氧化铝及适量无水 Na_2SO_4，充分搅匀，至半湿状态。加入 15.0mL 乙腈，超声提取 15min。提取液经快速定量滤纸过滤；残渣再用 10.0mL 乙腈超声提取 10min，过滤后合并 2 次滤液，置

于 50℃恒温水浴中用氮气吹干，再用丙酮将其溶解和转移至样品瓶中，加入 0.20mL 0.5mg/kg 的灭线磷作为内标物（IS），定容至 1.00mL。待测。

GC 分析条件：HP-5 MS 毛细管柱（30m×0.25mm×0.25μm）；载气为 He，流速 1.0mL/min；自动进样器不分流进样，进样量 1.00μL；进样口温度 260℃。色谱柱升温程序：75℃（保持 3.0min），以 20℃/min 升至 155℃，以 5℃/min 升至 170℃，以 15℃/min 升至 185℃（保持 2.0min），以 1℃/min 升至 192℃，以 30℃/min 升至 260℃（保持 10min）。

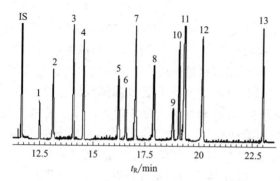

图 6-11　牛奶基质中添加 13 种有机磷农药混合标品和内标物（IS）的 GC-MS/MS 谱图[30]

所有组分的浓度均为 100μg/kg；色谱峰编号同表 6-3

检测条件：采用离子阱质谱，可以作多级质谱，配备电子轰击源（EI）和化学电离源（CI）。阱温 200℃；阱外套 40℃；传输管 280℃；电离能量 70eV；CI 用甲醇作反应气；所有化合物均采用共振激活裂解方式；各个化合物具体的 MS/MS 多离子检测条件见表 6-3。其中甲拌磷、皮蝇磷和溴硫磷使用 EI 源，其余农药用 CI 源检测。

图 6-11 为牛奶基质中添加 13 种有机磷农药混合标品和内标物（IS）（浓度均为 100μg/kg）的 GC-MS/MS 总离子流色谱图。可见，内标物灭线磷和 13 种有机磷农药都得到了基线分离。

分析结果显示，乙腈作为提取剂时，无脂肪洗出。用 15mL、10mL 乙腈对样品进行萃取 2 次即可，13 种农药的回收率在 70%～110% 之间。13 种的定量工作曲线有良好的线性关系，相关系数大于 0.995。检测限在 0.37～9.35μg/kg 之间，重复性 RSD 小于 10%。

表 6-3　13 种有机磷农药和内标物的 MS/MS 多离子检测条件[30]

编号	农药	保留时间 t_R/min	母离子（m/z）	定性离子（m/z）	定量离子（m/z）	碰撞能量 E/V
IS	灭线磷	11.593	243	215、201	215	0.33
1	甲拌磷	12.414	231	175、203、157	175	0.85
2	乐果	12.991	230	199、198、171	199	0.36
3	二嗪磷	13.967	305	249、277、169、153	249	0.78
4	乙拌磷	14.433	89	61、55	61	0.32
5	甲基毒死蜱	16.029	322	290	290	0.59
6	甲基对硫磷	16.363	264	157、138、232、139	157、232	0.58
7	皮蝇磷	16.873	285	270、272	270	0.65
8	杀螟硫磷	17.683	278	232、153、152、247	232	0.38
9	毒死蜱	18.547	350	294、322、198	294	0.85
10	倍硫磷	18.857	279	247、169	247	0.40
11	对硫磷	19.069	292	236、264、156	236	0.84
12	溴硫磷	19.923	331	316、329、318	316	0.85
13	乙硫磷	22.961	199	171、143、157	171	0.34

6.3.4　有机氯和拟除虫菊酯类农药残留的检测

有机氯农药是指含氯元素（含其他卤素的也属于有机氯类）、用于防治植物病虫害的有机化合物。在农药生产、运输、贮存和使用过程中若人员误服（或自杀）或污染了内衣和皮肤就会导致中毒。有机氯农药对人体的毒性，主要表现在侵犯神经和实质性器官。中毒者有强烈的刺激症状，主要表现为头痛、头晕、咳嗽、咽痛、乏力、出汗、恶心、食欲不振、失眠以及头面部感觉异常等，中度中毒者除有以上症状外，还有呕吐、腹痛、四肢酸痛、抽搐、呼吸困难、心动过速等；重度中毒者除上述症状明显加重外，尚有高热、多汗、肌肉收缩、癫痫样发作、昏迷，甚至死亡。

国标 GB/T 2795—2008 规定了用 GC-MS 测定冻兔肉中的 41 种有机氯和拟除虫菊酯类农药的残留。之所以常常把有机氯农药和拟除虫菊酯类农药放在一起检测，是因为这两类物质都含有卤素，用 ECD 可以同时检测。此国标方法是将样品粉碎后用 1∶1 的乙酸乙酯-环己烷混合溶剂提取，离心并过滤除水，然后经过凝胶渗透色谱和 SPE 两步净化，最后用丙酮定容，GC-MS 分析。而国标 GB/T 19372—2003 则是规定了用 GC 配备 ECD 来检测饲料中 8 种（拟）除虫菊酯类农药残留量，样品处理与国标 GB/T 2795—2008 方法基本相同，只是少了 SPE 净化步骤。下面是在国标 GB/T 2795—2008 的基础上改进的处理样品方法，并用 GC-MS 测定丽江玛咖中 41 种有机氯和菊酯类农药残留的实例。

（1）样品处理

取粉碎后的玛咖干果 5g，加入 20mL 去离子水，振荡混匀；加入 25mL 乙腈超声提取 30min，过滤；滤液收集于预先放入 8g NaCl 的 50mL 塑料离心管中，超声 20min，使 NaCl 溶解于水层并分层，静置约 10min 使之彻底分层，取上层（乙腈层）10mL，旋蒸至近干；用 2mL 乙腈-甲苯（3∶1，体积比）溶解，采用石墨化炭黑/氨基复合型小柱净化，用 6mL 乙腈-甲苯（3∶1，体积比）转出样液，再用 6mL 乙腈-甲苯（3∶1，体积比）分 2 次洗脱；经净化后收集的液体约 20mL，浓缩至近干，用 2mL 正己烷溶解，再经 0.45μm 有机滤膜过滤后用 GC-MS 分析。

（2）标准溶液配制及工作曲线制作

分别移取 0.20mL 百菌清（101.4μg/mL）、0.20mL 联苯菊酯（99.0μg/mL）、0.20mL 25 种有机氯农药混合溶液（100μg/mL）、0.20mL 23 种农药混合溶液（100μg/mL）于同一个 2mL 容量瓶中，用丙酮定容至刻度，得到农药质量浓度 10μg/mL 的混合标准溶液（α-六六六、五氯硝基苯、β-六六六、γ-六六六、δ-六六六的质量浓度均为 20μg/mL）；再采用逐级稀释法配制得到农药质量浓度分别为 4μg/mL、2μg/mL、0.5μg/mL、0.1μg/mL、0.05μg/mL、0.02μg/mL 的标准工作溶液（α-六六六、五氯硝基苯、β-六六六、γ-六六六、δ-六六六的质量浓度为其他农药质量浓度的 2 倍），上机分析制作外标定量工作曲线。

（3）GC-MS 条件

GC 条件：色谱柱用 Agilent J&W DB-17 MS 毛细管柱（30m×0.25mm×0.25μm）；载气 He，流速 1.2mL/min；进样口温度 290℃；不分流进样；程序升温，初温 60℃，保

持 1min，以 30℃/min 升温至 130℃，保持 1min，然后以 5℃/min 升温至 250℃，保持 1min，再以 8℃/min 升温至 280℃，保持 2min，最后以 20℃/min 升温至 300℃，保持 7min；进样量 1μL。

MS 条件：电子轰击电离源；电离电压 70eV；灯丝电流 80μA；碰撞气（Ar）压力 0.27Pa；离子源温度 230℃；传输管温度 280℃；溶剂延迟时间 15min；采用全扫描方式定性，质量范围 35～550u；采用多反应监测（MRM）的数据定量。

（4）分析结果

图 6-12 是 41 种农药的选择离子监测（SIM）总离子流图和 MRM 色谱图，表 6-4 是 GC-MS 在 MRM 模式检测 41 种农药的保留时间及定性定量离子数据。结果显示，41 种有机氯和菊酯类农药在 0.02～10μg/mL 或 0.04～20μg/mL 范围内定量线性关系良好，相关系数（R^2）均大于 0.99，检出限为 0.01～2.38μg/kg。与采用 ECD 的 GC 法相比，GC-MS 的灵敏度高 1～3 个数量级。41 种农药的平均加标回收率为 90.2%～108.8%，RSD（$n=6$）为 2.1%～10.9%。对云南产的 10 种玛咖的分析结果表明，5 种样品未检出农药残留，另外 5 个样品中检出了少量腐霉利、多效唑、氯菊酯和醚菊酯，但都低于 GB 2763—2021 对根茎类和薯芋类蔬菜的最大残留限量。

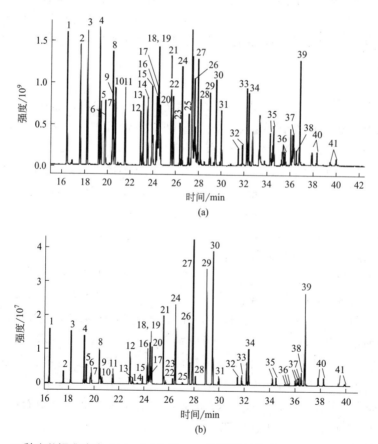

图 6-12　41 种农药标准溶液（10μg/mL）的 SIM 总离子流图（a）和 MRM 色谱图（b）[31]

（色谱峰编号同表 6-4）

表 6-4　41 种农药在 MRM 模式下检测参数[31]

序号	农药名称	保留时间/min	定量离子		定性离子	
			离子对 m/z	碰撞能量/eV	离子对 m/z	碰撞能量/eV
1	α-六六六	16.49	216.9>181	5	218.9>183	5
2	五氯硝基苯	17.63	295>237	18	237>143	30
3	β-六六六	18.24	181>145	15	216.9>181	5
4	γ-六六六	19.27	181>145	15	216.9>181	5
5	七氯	19.43	271.7>236.9	15	273.7>238.9	15
6	八氯二丙醚	19.78	129.9>94.9	20	108.9>83	10
7	乙烯菌核利	19.83	197.9>145	15	187>124	20
8	δ-六六六	20.48	217>181.1	5	181.1>145.1	15
9	百菌清	20.56	263.8>168	25	263.8>229	20
10	艾氏剂	20.70	254.9>220	20	262.9>192.9	35
11	甲霜灵	21.58	206>206	5	206>132	20
12	三氯杀螨醇	22.94	139>111	15	250.9>138.9	15
13	外环氧七氯	23.15	352.8>262.9	15	354.8>264.9	15
14	内环氧七氯	23.54	353>353	5	353>217	20
15	反式氯丹	23.94	372.8>265.8	15	271.7>236.9	15
16	腐霉利	24.33	96>67.1	10	96>53.1	15
17	顺式氯丹	24.45	372.9>265.9	20	271.9>236.9	15
18	2,4'-滴滴伊	24.54	248>176.2	30	246>176.2	30
19	α-硫丹	24.59	194.9>159	5	194.9>125	20
20	多效唑	24.68	236>125.1	10	236>167	10
21	4,4'-滴滴伊	25.63	318>318	5	246>176	25
22	狄氏剂	25.81	277>241	5	262.9>193	35
23	虫螨腈	26.38	247>247	5	247>227	15
24	2,4'-滴滴滴	26.57	235>165.2	20	237>165.2	20
25	异狄氏剂	27.15	262.8>193	35	224.8>173	30
26	4,4'-滴滴滴	27.63	234.9>165.1	20	236.9>165.2	20
27	2,4'-滴滴涕	27.94	235>235	5	235>165	20
28	β-硫丹	28.18	195>159	10	241>206	15
29	4,4'-滴滴涕	29.01	235>235	5	235>165	20
30	联苯菊酯	29.54	181.2>166.2	10	181.2>165.2	25
31	硫丹硫酸盐	30.04	271.9>237	15	387>289	4
32	氯氟氰菊酯	31.55、31.90	208>181	5	197>141	10
33	甲氧滴滴涕	32.25	227>169	20	227>184	20
34	灭蚁灵	32.41	271.8>236.8	15	273.8>238.8	15
35	氯菊酯	34.31、34.60	183.1>168.1	10	183.1>153	15
36	氟氯氰菊酯	35.31、35.48、35.62	226>206	15	198.9>170.1	25
37	氯氰菊酯	36.09、36.24、36.36	163>127	5	163>91	10
38	氟氰戊菊酯	36.54	156.9>107.1	15	198.9>157	10
39	醚菊酯	36.82	163>107	20	163>135	20
40	氰戊菊酯	37.91、38.34	167>125.1	5	224.9>119	15
41	溴氰菊酯	39.49、40.01	252.9>93	15	250.7>172	5

6.3.5　氨基甲酸酯类农药残留的检测

氨基甲酸酯类农药是人们针对有机氯和有机磷农药的缺点而开发出的一种新型广谱杀虫、杀螨、除草剂，具有高效、残留期短的优点。水溶性较好，一般无特殊气味，在酸性环境下稳定，遇碱性环境分解。暴露在空气和阳光下易分解，在土壤中的半衰期为数天至数周。氨基甲酸酯类农药并不是剧毒化合物，但具有致癌性。因此，国际癌症研究机构在2007年把氨基甲酸酯类列为2A类致癌物。目前，氨基甲酸酯类农药的使用量已超过有机磷农药。氨基甲酸酯类农药使用量较大的有速灭威、西维因、涕灭威、克百威、叶蝉散和抗蚜威等。国标 GB/T 19373—2003 规定了饲料中7种氨基甲酸酯类农药（速灭威、叶蝉散、仲丁威、噁虫威、呋喃丹、抗蚜威和西维因）残留量测定的 GC 方法，以丙酮提取配合饲料或浓缩饲料中氨基甲酸酯类农药，加硫酸钠水溶液，用石油醚提取，经弗罗里硅土柱净化，然后用毛细管柱 GC 分离，NPD 检测。当农药残留量超过 0.2mg/kg 时，测定结果的 RSD 小于 10%，农药残留量低于 0.2mg/kg 时，结果的 RSD 应小于 20%。下面介绍测定血液中8种氨基甲酸酯类农药的 GC 方法。

① 样品处理　取 1mL 血样加入一定浓度的8种氨基甲酸酯后加水至 10mL，以 5～8mL/min 的速率使样品通过预先活化处理过的 C_{18} SPE 小柱，用水洗除去杂质，用 1mL 乙酸乙酯洗脱，氮气吹干，加 0.05mL 乙酸乙酯溶解，在涡旋混合器上充分溶解，备测。

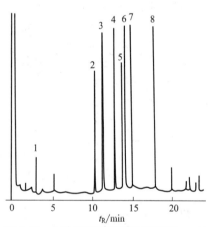

图 6-13　8 种氨基甲酸酯类农药在 BP-10
毛细管柱上的分离结果[32]

色谱峰：1—灭多虫；2—敌草隆；3—速灭威；
4—叶蝉散；5—仲丁威；6—残杀威；
7—呋喃丹；8—西维因

② 色谱条件　色谱柱为 BP-10 毛细管柱（25m×0.32mm）；程序升温，120℃ 开始，保持 2min，以 5℃/min 的速率升温至 240℃，保持 2min；进样口温度 250℃；检测器 NPD，300℃。

③ 分析结果　图 6-13 是8种氨基甲酸酯的色谱图，峰归属经过 GC-MS 确认。峰面积与含量之间线性关系良好，回收率为 60%～110%。

关于氨基甲酸酯类农药残留的检测还有行业标准 YC/T 405.4—2021《烟草及烟草制品 多种农药残留量的测定　第4部分：二硫代氨基甲酸酯农药残留量的测定　气相色谱-质谱联用法》，这里不再详述。上面讨论的都是农药多残留检测方法，以此为基础，也可以检测特定农药残留。需要说明，GC 和 GC-MS 在农残分析领域是很有效的方法，但不是唯一的方法。LC 和 LC-MS 方法也是非常重要的，且越来越多地用于农残分析。我国已经有多项 LC 和 LC-MS 测定农药残留的标准方法。此外还有各种光谱分析方法、免疫分析方法以及采用纳米传感技术的快检方法。下面将讨论 GC 在其他方面的应用，在食品分析和公共安全应用中还会介绍特定农药残留的检测问题。

6.4 环境分析

6.4.1 概述

随着社会经济和科学技术的发展，人们越来越关注生态环境的安全和生活环境的清洁。尤其是经济大发展的初期，人们对环境保护的认识不足，造成了生态环境的严重污染与破坏，这已成为当今人类面临的严峻挑战。同时，经济的发展改善了生活环境，人们转而更关心生活环境的质量，如居住空间的整洁与安全。这也促进了环境分析化学的快速发展，而GC无疑是环境分析的重要手段。无论是大气污染分析、居住环境监测，还是饮用水分析、污水处理；无论是土壤分析、固体废弃物分析，还是突发环境灾难、深空深海的分析，都离不开色谱技术。可以说，包括色谱在内的环境分析技术能为环保决策部门提供科学依据，也能为环保执法提供科学的证据。

世界各国都在努力控制和治理各种环境污染，比如美国环保署（EPA）和我国环保部门已经颁布了大量的标准分析方法。这些标准方法涉及居住区大气质量分析、工作场所空气监测、饮用水水质分析、水源和海水质量分析、污水监测、土壤和固体废弃物分析，等等。此外，还有50多项地方标准和70多项行业标准，请参看附录。下面将按照被分析物的结构和性质来说明GC在环境分析中的应用。有关农药残留的分析前文已述，这里不再讨论。

6.4.2 多环芳烃的分析

6.4.2.1 引言

多环芳烃（PAHs）是指含两个或两个以上苯环的芳烃，主要有两种组合方式，一种是非稠环型，其中包括联苯及联多苯和多苯代脂肪烃。比如多苯代脂肪烃是由若干个苯环取代脂肪烃中的氢原子而形成的化合物。此类化合物以苯基作为取代基，脂肪烃为母体来命名，结构和性质与单环芳烃相似。另一种是稠环型，即两个或两个以上的苯环共用两个相邻碳原子稠合而成。多环芳烃的来源分为自然源和人为源。自然源主要来自陆地、水生植物和微生物的生物合成过程。另外，森林、草原的天然火灾及火山的喷发物和化石燃料、木质素和底泥中也存在多环芳烃。人为源主要是由各种矿物燃料（如煤、石油和天然气等）、木材、纸以及其他含碳氢化合物的不完全燃烧或在还原条件下热解形成的。PAHs由于具有毒性、突变性和致癌性，如蒽和菲及其衍生物便具有显著致癌作用。PAHs对人体可造成多种危害，如对呼吸系统、循环系统、神经系统造成损伤，对肝脏、肾脏造成损害。多环芳烃在自然界许多生物链中都存在生物积累效应，其在自然界中的含量相当惊人，被认定为影响人类健康的主要有机污染物。美国环保局（EPA）确定了16种PAHs（萘、苊烯、苊、芴、菲、蒽、荧蒽、芘、苯并[a]蒽、䓛、苯并[b]荧蒽、苯并[k]荧蒽、苯并[a]芘、二苯并[a,h]蒽、苯并[g,h,i]芘、茚并[1,2,3-cd]芘）作为环境监测的优先污染物，其中包括从两个环的萘到六个环的苯并[g,h,i]芘。它们在结构和性质方面具有一定的代表性，在环境中存在比较广泛，危害也比较严重。中国发布的第一批68种优先控制污染物中就有7种PAHs。

用于分析 PAHs 的方法主要是 GC 和 GC-MS 联用技术，比如国标 GB/T 26411—2010 规定了用 GC-MS 测定海水中 16 种 PAHs，环保行业标准 HJ 646—2013、HJ 805—2016 和 HJ 950—2018 规定的测定环境空气和废气以及大气颗粒物、土壤和沉积物、固体废物中 PAHs 的方法也是 GC-MS。这些标准同时制定了样品的制备方法。事实上，液-液萃取、SPE、SPME、浊点萃取均可用于水中 PAHs 的萃取，而索氏萃取、MAE、SFE、超声萃取、PFE 和亚临界水萃取则多用于固体样品中 PAHs 的萃取。下面举两个 GC-MS 测定环境中 PAHs 的实例。

6.4.2.2　饮用水中 18 种 PAHs 的测定[33]

（1）样品制备

取水样 500mL，加入 10mL 甲醇，以及 0.1μg/mL 的内标溶液 50μL，经自动 SPE（HLB 小柱）浓缩净化。自动 SPE 条件：分别用 5mL 二氯甲烷、5mL 甲醇、5mL 水以 2mL/min 的流速活化 HLB 小柱，并以 8mL/min 的流速使 500mL 水样流过柱子。然后用氮气通过小柱干燥 30min，并用 12mL 二氯甲烷以 2mL/min 的流速洗脱并收集。洗脱液经氮吹浓缩至 1.0mL。备测。

（2）仪器和条件

GC-MS/MS（三重四极杆质谱），带 MMI 多模式进样口；DB-EUPAH 色谱柱（20m×0.18mm×0.14μm）；程序升温，30℃（0.73min），以 100℃/min 的速率升至 80℃（9min），再以 19℃/min 升至 150℃（0min），最后以 10℃/min 升至 300℃（10min）；采用程序升温进样口，进样速率 14μL/min，33℃保持 0.73min（溶剂放空），然后以 720℃/min 升至 325℃，放空流量 100mL/min；载气为氦气，1.0mL/min，恒流模式；大体积进样 10μL。质谱条件：离子源为 EI 源；离子源温度 230℃；传输管温度 280℃；四级杆温度 150℃；采用 dMRM 模式，参数见表 6-5。

18 种 PAHs 混合标准溶液（1.0mg/mL，二氯甲烷溶剂）。5 种氘代 PAHs（萘-D_8、苊-D_{10}、菲-D_{10}、䓛-D_{12}、苝-D_{12}）混合内标溶液（2.0mg/mL，二氯甲烷溶剂）。使用时再稀释。

表 6-5　18 种多环芳烃的 MRM 条件[33]

编号	化合物（缩写）	保留时间/min	定量离子对 m/z（碰撞能量/eV）	定性离子对 m/z（碰撞能量/eV）
1	萘（NAP）	12.56	128>102(20)	128>78(15)
2	苊烯（ACP）	16.22	152>126(20)	152>102(25)
3	苊（ACY）	16.49	154>127(20)	103>127(25)
4	芴（FLR）	17.53	166>165(20)	165>164(25)
5	菲（PHE）	19.94	178>152(20)	179>153(25)
6	蒽（ANT）	20.01	178>152(20)	176>150(25)
7	荧蒽（FLT）	22.84	202>152(30)	202>176(25)
8	芘（PYR）	23.53	201>200(30)	202>151(25)
9	苯并[a]蒽（BaA）	26.46	228>226(30)	229>227(25)
10	䓛（CHR）	26.66	226>224(30)	113>112(25)
11	苯并[b]荧蒽（BbF）	29.03	250>248(30)	126>113(25)
12	苯并[k]荧蒽（BkF）	29.09	250>248(30)	126>113(25)

续表

编号	化合物(缩写)	保留时间/min	定量离子对 m/z（碰撞能量/eV）	定性离子对 m/z（碰撞能量/eV）
13	苯并[j]荧蒽(BjF)	29.16	250＞248(30)	252＞226(25)
14	苯并[e]芘(BeP)	29.93	250＞248(30)	252＞250(30)
15	苯并[a]芘(BaP)	30.06	250＞248(30)	252＞250(25)
16	茚并[1,2,3-cd]芘(IcP)	33.76	276＞274(30)	138＞137(30)
17	二苯并[a,h]蒽(DhA)	33.78	278＞276(30)	276＞274(25)
18	苯并[g,h,i]苝(BgP)	35.24	276＞274(30)	138＞137(30)

标准曲线绘制：分别取 18 种 PAHs 混合标准溶液及 5 种内标溶液适量，用二氯甲烷稀释至浓度为 0.10μg/L、0.50μg/L、5.00μg/L、10.0μg/L、25.0μg/L（其中内标浓度为 10μg/L），进样 10μL，绘制标准曲线。

(3) 结果与讨论。采用 10μL 大体积进样，浓度为 10μg/L 的混合标准溶液色谱图（见图 6-14）可以看出，所有化合物均得到较好的分离。虽然总离子流色谱图上有的峰并未基线分离，但选择离子色谱图完全可以分离开，且有强的响应。在 0.10～25.0μg/L 浓度范围内定量线性关系良好（$r^2＞0.998$）。对同一标准溶液（10μg/L）连续进样 6 次，RSD 在 3.88%～4.56% 之间。以 3 倍信噪比计算该方法检出限（MDL），各组分检出限为 0.010～0.072ng/L。低（5ng/L）、中（25ng/L）、高（50ng/L）的回收率分别为 64.8%～113.1%、83.2%～114.2% 和 89.2%～117.3%。

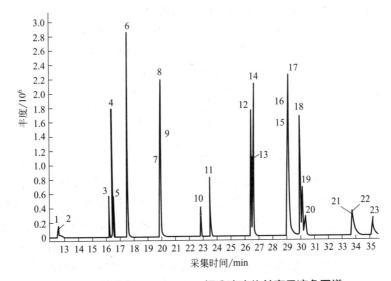

图 6-14 浓度为 10μg/L PAHs 标准溶液的总离子流色图谱

色谱峰：1—萘-D_8；2—萘；3—苊烯；4—苊-D_{10}；5—苊；6—芴；7—菲-D_{10}；8—菲；9—蒽；10—荧蒽；11—芘；12—苯并[a]蒽；13—䓛-D_{12}；14—䓛；15—苯并[b]荧蒽；16—苯并[k]荧蒽；17—苯并[j]荧蒽；18—苯并[e]芘；19—苯并[a]芘；20—苝-D_{12}；21—茚并[1,2,3-cd]芘；22—二苯并[a,h]蒽；23—苯并[g,h,i]苝。其中茚并[1,2,3-cd]芘与二苯并[a,h]蒽在质量色谱图中就可以分开

对自来水和水源水实际样品的分析结果显示，在自来水中未检出，水源水中部分有检出，其中检出萘 17.2ng/L，苊烯 3.12ng/L，芘 17.1ng/L。

本应用实例采用大体积进样技术，通过提高样品的进样量，采用溶剂放空程序升温进样技术提高了 PAHs 的检测灵敏度。结合自动 SPE 技术，节省了分析时间，提高了工作效率。采用氘代 PAHs 内标提高了定量准确度。

6.4.2.3 大气颗粒物中 24 种 PAHs 的分析[34]

大气颗粒物可以携带重金属、酸性氧化物和 PAHs 等有毒有害污染物，是影响人体健康、大气能见度和地球辐射平衡的重要污染物，同时也是大气化学反应的良好载体，因此，人们越来越关注大气颗粒物，尤其是 $PM_{2.5}$ 的研究。已有很多分析 $PM_{2.5}$ 中的 PAHs 的报道，下面举一例说明。

（1）材料和试剂

石英纤维滤膜，农残级二氯甲烷、正己烷、甲醇。内标物：菲-D_{10}（PHE-D_{10}，2000μg/mL），三联苯-D_{14}（PTP-D_{14}，1000μg/mL）、2-氟联苯（2-FBP，1000μg/mL），分别取 3 种内标物质，用甲醇稀释成 10.0μg/mL 内标混合物溶液，于 4℃下保存备用。

替代物用作回收率校正，包括：萘-D_8（NAP-D_8，1000μg/mL）、苊烯-D_{10}（ACP-D_{10}，4000μg/mL）、蒽-D_{10}（ANT-D_{10}，4000μg/mL）、荧蒽-D_{10}（FLT-D_{10}，200μg/mL）、苯并[a]芘-D_{12}（BaP-D_{12}，100μg/mL）、苯并[a]蒽-D_{12}（BaA-D_{12}，2000μg/mL）。分别取 6 种替代物标准物质，用正己烷逐级稀释，配成替代物标准系列，于 4℃下保存备用。

24 种 PAHs 标准样品：惹烯（RET）、萘（NAP）、苊烯（ACP）、苊（ACY）、芴（FLR）、菲（PHE）、蒽（ANT）、荧蒽（FLT）、芘（PYR）、苯并[a]蒽（BaA）、䓛（CHR）、苯并[b]荧蒽（BbF）、苯并[k]荧蒽（BkF）、苯并[j]荧蒽（BjF）、苯并[e]芘（BeP）、苯并[a]芘（BaP）、茚并[1,2,3-cd]芘（IcP）、二苯并[a,h]蒽（DhA）、苯并[g,h,i]芘（BgP）、苯并[g,h,i]荧蒽（BgF）、环戊烯[c,d]芘（CcP）、苯并[e]芘（BeP）、苝（PER）、苉（PIC）、晕苯（Cor）、二苯并[a,e]芘（DaeP）。

16 种 PAHs 混标（2000μg/mL），包括 NAP、二氢苊（ACY）、ACP、FLR、PHE、ANT、FLT、PYR、CHR、BaA、BbF、BkF、BaP、IcP、DhA、BgP。

（2）样品制备

采集到 $PM_{2.5}$ 颗粒物的石英滤膜放入 PFE 萃取罐中，加入适量的 1.0mg/L 的替代物混合标准样品，待稍微自然晾干后旋紧萃取罐的盖子，用 PFE 提取样品中的 PAHs，条件为：二氯甲烷：正己烷＝2：1，萃取温度 120℃，萃取压力 10.25MPa，收集到的萃取液在全自动浓缩仪上浓缩至 1mL 以下，用正己烷定容到 1mL，转移到色谱进样小瓶中，用样品制备平台自动加入 10.0μL 内标物混合溶液（10.0μg/mL），用 GC-MS/MS 测定。采用内标法定量，替代物回收率校正的方法计算目标化合物的最终浓度。

（3）GC-MS/MS 条件

色谱柱为 DB-5MS（30m×250μm×0.25μm）；程序升温，50℃（保持 1min）开始，以 20℃/min 升至 130℃（保持 1min），再以 4℃/min 升至 300℃（保持 15min）；分流进样，分流比 5：1；载气为氦气，流速 0.8mL/min；MS 采用 MRM 扫描方式；离子源温度 300℃，碰撞能量 70eV，溶剂延迟时间 4.5min，传输管线温度 300℃；进样量 2.0μL。

（4）方法验证

首先，做空白试验。取处理过的同批号空白石英滤膜，按上述样品制备步骤操作，制备空白试样，同批号滤膜至少做 2 个空白样品，每批次样品测定一次空白滤膜，以检验实验室本底，测定结果见表 6-6。可见 24 种 PAHs 在空白样品中均有检出，在后续的测试过程中，发现每个批号的空白膜检测出的化合物的种类和浓度均不相同，所以在测定每一批样品的同时，都要测定同批号的空白膜样品 2 次，然后求平均值。

其次，制作工作曲线，计算检出限。针对 24 种 PAHs 标准样品绘制了 3 个标准系列的标准曲线，以 3 倍信噪比求各化合物的最低检出限；6 种替代物绘制了一个标准系列的标准曲线，其相关系数均大于 0.998。

再次，考察回收率、精密度和准确度。取处理过的同批号空白石英滤膜，移取 1mL 24 种 PAHs 标准样品溶液（100ng/mL）和 $100\mu L$ 6 种替代物标准溶液（$1\mu g/mL$），得到浓度为 100ng/mL 的 PM_{10} 样品膜。按照样品制备步骤平行准备 6 个样品，实验测得 6 种替代物的回收率在 58.7%～108.2% 之间，24 种 PAHs 的平均回收率在 88.3%～104.0% 之间，RSD 均低于 9.0%，实际样品加标中 6 种替代物的加标回收率在 60.0%～106.5% 之间，24 种 PAHs 的回收率在 78.0%～95.0% 之间，相对标准偏差均低于 6.0%。结果列于表 6-6。为了验证本方法的可行性，选取 2014 年 4 月份的 $PM_{2.5}$ 滤膜样品，并在同一张滤膜上裁取相同大小的滤膜 6 张，分别加入 50ng/mL 的标准样品，平行制备 6 个加标样品，剩余部分作为实际样品。按照上述处理方法对样品进行处理，测得实际样品中 24 种 PAHs 的含量均低于 10ng/mL，6 种替代物的回收率在 60.0%～106.5% 之间，24 种 PAHs 的加标回收率在 78.0%～95.0% 之间，比空白加标的回收率低一些，说明实际样品的基体干扰比较严重，6 次测定的相对标准偏差均低于 6.0%。24 种 PAHs 标准样品色谱图，替代物色谱图和实际样品色谱图见图 6-15，目标化合物、替代物和内标所使用的母离子和子离子见表 6-6。

表 6-6　实验结果与方法学数据

序号	化合物	母离子	子离子	检出限/(ng/mL)	空白样品含量/(ng/mL)	空白样品加标平均回收率/%	空白样品RSD/%	实际样品含量/(ng/mL)	实际样品加标平均回收率/%	空白样品RSD/%
1	NAP	128	102.78	0.051	6.2	100.6	4.6	3.510	91.1	3.4
2	2-FBP	172	171.151	（内标）						
3	ACY	152	126.76	0.032	0.64	96.8	4.9	0.577	89.1	3.6
4	ACP	153	126.77	0.031	1.6	103.0	8.4	0.800	93.2	2.9
5	FLR	166	139.115	0.026	7.6	104.0	2.7	1.46	93.1	2.3
6	PHE-D$_{10}$	188	184.160	（内标）						
7	PHE	178	152.128	0.064	0.38	101.5	0.4	8.53	95.0	3.1
8	ANT	178	152.128	0.062	2.5	100.0	2.4	9.57	90.7	5.5
9	FLT	202	200.176	0.028	5.4	98.4	2.9	1.50	93.9	2.5
10	PYR	202	200.151	0.012	3.0	95.7	3.0	8.63	90.1	4.6
11	RET	219	204.189	0.11	0.99	92.3	5.6	0.84	89.8	2.4
12	PTP-D$_{14}$	244	240.160	（内标）						
13	BgP	226	224.200	0.022	0.88	94.3	6.5	4.06	88.0	5.4

续表

序号	化合物	母离子	子离子	检出限/(ng/mL)	空白样品含量/(ng/mL)	空白样品加标平均回收率/%	空白样品RSD/%	实际样品含量/(ng/mL)	实际样品加标平均回收率/%	空白样品RSD/%
14	CcP	226	224.200	0.022	1.4	92.5	3.8	3.97	85.4	5.4
15	CHR	228	226.202	0.013	2.6	97.5	2.0	8.10	83.2	4.2
16	BaP	228	226.202	0.12	1.9	97.7	3.4	1.42	92.5	3.1
17	BbF	252	250.226	0.061	1.8	88.3	4.3	8.76	88.8	2.3
18	BkF	252	250.226	0.035	1.4	88.3	4.4	6.02	86.6	3.4
19	BaP	252	250.226	0.035	0.98	86.4	4.9	7.16	83.0	1.2
20	BeP	252	250.226	0.040	1.1	89.6	5.6	8.08	932	4.0
21	PER	252	250.226	0.098	1.1	92.4	6.4	2.15	84.1	5.6
22	IcP	276	274.249	0.031	1.1	88.3	5.5	8.56	83.1	3.3
23	PIC	278	276.252	0.022	0.94	88.9	5.1	2.19	91.4	4.8
24	DhA	278	276.252	0.097	1.0	94.6	4.5	1.76	81.9	1.6
25	BgP	276	274.249	0.026	1.1	89.2	4.3	6.98	82.9	4.3
26	DaP	302	300.276	0.068	1.2	95.6	4.5	1.40	78.0	4.2
27	Cor	300	299.298	0.089	1.3	95.4	6.4	1.58	84.8	2.8
	NAP-D$_8$	136	134.108							
	ACE-D$_{10}$	164	162.160							
	ANT-D$_{10}$	188	184.160							
	FLA-D$_{10}$	212	208.160							
	BaA-D$_{12}$	240	238.236							
	BaP-D$_{12}$	264	260.236							

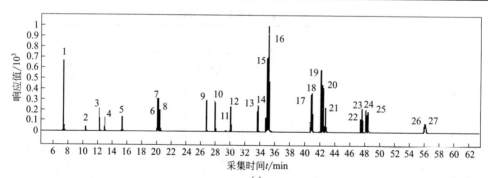

(a)

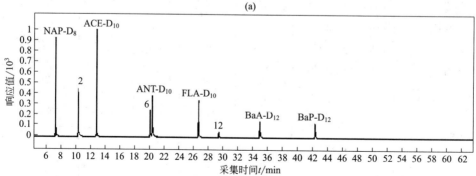

(b)

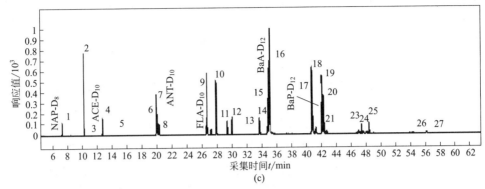

图 6-15　24 种 PAHs（a）、6 种替代物（b）和实际样品（c）的总离子流色谱图
（色谱峰编号对应表 6-10 的序号）

（5）小结

本例应用比较了不同前处理方法对 24 种 PAHs 的提取效率，最终选择快速溶剂萃取作为 PM$_{2.5}$ 中 PAHs 的前处理方法，并对快速溶剂萃取的提取条件进行了优化。用替代物标准对方法进行校正，并用内标法定量，有利于提高方法的准确度。用串级 MS 可以提高峰鉴定的可靠性，且二级 MS 图可以抑制背景信号，提高检测灵敏度。

这部分内容没有讨论标准方法，读者可以自行查阅。应该指出，在各种 PAHs 分析中，GC-MS 成为了常规方法，甚至 GC-MS/MS 也很常见。另外，由于分子量大于晕苯的 PAHs 挥发性很低，尤其人们越来越多地关注硝基 PAHs 等取代 PAHs，因此 HPLC、LC-MS 和 LC-MS/MS 的应用越来越多，这是一个明显的发展趋势。

6.4.3　二噁英和多氯联苯的分析

6.4.3.1　引言

（1）二噁英简介

二噁英是指具有相似结构和性质的两类氯代含氧三环芳烃类化合物，一类是多氯代二苯并对二噁英（PCDDs），另一类是多氯代二苯并呋喃（PCDF$_S$），分子结构见图 6-16。

由于氯原子的数目和取代位置不同，两类化合物分别包含 75 种和 135 种同系物和异构体。二噁英在常态下无色无味，基本不溶于水，但溶于多数有机溶剂。二噁英是一类剧毒物质，其毒性相当于人们熟知的剧毒物质氰化物的 130 倍、砒霜的 900 倍。二噁英化学稳定性好，在环境中很难降解，还可以通过食物链被生物高度富集，是一类典型的持久性有机污染物。二噁英又是内分泌干扰物，还有极强的致癌性。二噁英的毒性因氯原子的取代数量和取代位置不同而有差异，其中 2,3,7,8-TCDD 是人类已知的毒性最强的污染物，国际癌症研究中心已将其列为人类一级致癌物。

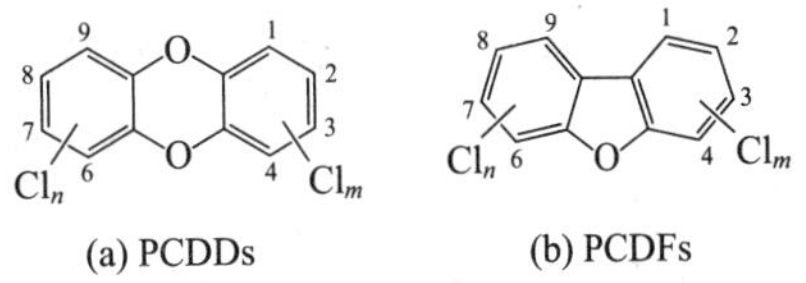

它的来源主要是人类生产活动和近代大工业生产，比如垃圾焚烧和金属冶炼等。木材防腐和防止血吸虫使用的氯酚类药剂的挥发、焚烧工业的排放、落叶剂和杀虫剂的制备、

图 6-16　二噁英的分子结构

（a）PCDDs　　（b）PCDFs

纸张的漂白和汽车尾气的排放等都是环境中二噁英的主要来源。迄今为止，除了研究和检测的需要，二噁英还没有任何商业用途。但是，它对环境的污染和对人类健康的危害得到了极大的关注。由于环境中二噁英类一般都以混合物的形式存在，国际上科学家们在对二噁英类的毒性进行评价时，常把各同类物折算成相当于 2,3,7,8-TCDD 的量来表示，称为毒性当量（TEQ），常用"TEQ/Nm^3"表示，意为每标准立方米的毒性当量值。为此引入毒性当量因子（TEF）的概念，即将某 PCDDs 或 PCDFs 的毒性与 2,3,7,8-TCDD 的毒性相比得到的系数。样品中某 PCDDs 或 PCDFs 的质量浓度或质量分数与其毒性当量因子 TEF 的乘积，即为其（TEQ）质量浓度或质量分数。而样品的毒性大小就等于样品中各同类物 TEQ 的总和。国家标准 GB 18484—2020《危险废物焚烧污染控制标准》规定二噁英排放标准是 0.5ng TEQ/Nm^3，而 GB 18485—2014《生活垃圾焚烧污染控制标准》制定的二噁英排放标准是 0.1ng TEQ/Nm^3。因此，环境中二噁英的测定成为了环境分析的重要任务，美国标准 EPA1613B 就制定了用同位素稀释高分辨气相色谱-高分辨质谱（HRGC-HRMS）检测定二噁英的方法。我国也制定了有关标准，如国标 GB/T 28643—2012 规定了用 HRGC-HRMS 测定饲料中二噁英及二噁英类多氯联苯。

（2）多氯联苯简介

多氯联苯（PCBs）是另一类持久性有机污染物，它是联苯苯环上的氢原子被氯原子取代的产物。按照取代的氯原子数目和位置不同，PCBs 可分为 10 组，共有 209 种异构体。我国习惯上按联苯上被氯取代的个数（不论其取代位置）将 PCB 分为三氯联苯（PCB3）、四氯联苯（PCB4）、五氯联苯（PCB5）、六氯联苯（PCB6）、七氯联苯（PCB7）、八氯联苯（PCB8）、九氯联苯（PCB9）、十氯联苯（PCB10）。PCBs 属于致癌物质，容易累积在脂肪组织，造成脑部、皮肤及内脏的疾病，并影响神经、生殖及免疫系统。国际癌症研究机构公布的致癌物清单把 PCBs 也列为一类致癌物。

PCBs 是人工合成化合物，物理化学性质极为稳定，高度耐酸碱和抗氧化，对金属无腐蚀性，具有良好的电绝缘性和很好的耐热性（完全分解需 1000~1400℃），除一氯化物和二氯化物外均为不燃物质。PCBs 用途很广，可作绝缘油、热载体和润滑油等，还可作为许多工业产品（如各种树脂、橡胶、结合剂、涂料、复写纸、陶釉、防火剂、农药延效剂、染料分散剂等）的添加剂。由于 PCBs 极难溶于水，而易溶于脂肪和有机溶剂，且极难分解，故能在生物体脂肪中富集。虽然现在国际上基本停止了 PCBs 的生产，但环境中仍然存在有一定量的 PCBs，对人类健康造成了威胁。PCBs 对皮肤、牙齿、神经行为、免疫功能、肝脏有影响，且具有生殖毒性和致畸性、致癌性。因此，环境分析人员要监测大气、水、土壤和废弃物中的 PCBs。

二噁英和 PCBs 的分析基本都用 GC 方法，配以各种检测器，如 ECD、FID、AED 和 MS。目前国际上通行的二噁英分析方法基本都是 GC-MS，特别是 HRGC-HRMS 联用方法。要对复杂基质中的 pg/g 量级的二噁英和 PCBs 进行检测，不仅需要分离效率高的 GC，更需要定性定量能力强的 MS，还需要高效的样品处理技术。下面举几个分析实例，说明 GC 在二噁英和 PCBs 测定中的应用。

6.4.3.2　二噁英的分析

二噁英的常规分析应严格按照有关法规进行，做此分析的实验室还必须通过资质认证。美国 EPA 方法 1613 B 制定了用同位素稀释 HRGC-HRMS 检测定水、土壤、沉积物、底泥、组织和其他样品基质中的二噁英的方法，EPA方法8280则是用HRGC-LRMS（低分辨质谱）做同样的测定。后者仪器成本较低，操作简单，适合于检测污染严重地区的二噁英；前者仪器成本高，分析灵敏度高，定性准确性高，适合于低浓度二噁英的测定。我国的行业标准HJ 650—2013类似于EPA方法8280，HJ/T 77—2001类似于EPA方法1613 B。HJ 77.1—2008至HJ 77.4—2008则是针对不同的样品基质制定的标准方法。图6-17是HJ 77.1—2008中用的分析流程，是针对环境空气和废气样品而设计的。对于固体废物、土壤和沉积物等基质也用类似的样品制备方法和HRGC-HRMS方法。读者可查阅有关标准了解详细内容。图6-18是用HRGC-LRMS分析垃圾焚烧烟道气样品的质量色谱图。下面举一个应用实例。

【举例】3个城市生活垃圾焚烧炉飞灰中二噁英类分析[37]。

（1）样品采集和制备

飞灰样品取自华北、华东、华南地区3城市生活垃圾焚烧炉（分别简称焚烧炉A、焚烧炉B、和焚烧炉C）。它们都属于机械炉排焚烧炉，但采用了不同形式的炉排结构，尾气处理部分也存在差异。焚烧炉A直接注射活性炭到布袋除尘器中，焚烧炉B是在布袋除尘器前的烟道气中加入生石灰和活性炭，而焚烧炉C只有电除尘器，没有使用任何添加剂。它们都没有采用烟气快速冷却技术。

3个飞灰样品（简称飞灰A、飞灰B和飞灰C）的收集点分别在布袋除尘器的集尘斗和电除尘器的漏斗处。对焚烧炉A同时采集了在布袋除尘器中不添加活性炭时的飞灰（飞灰A′）和烟气样品（烟气A′）。

称取一定量（5.45～16.71g）的飞灰样品，用2mol/L的盐酸处理4h。另取样分析样品含水率表，结果为1.8%～11.7%。过滤盐酸处理液，用正己烷洗净，水冲洗至中性。用甲醇冲去水分。然后在干燥器中风干或在冷冻干燥机中彻底干燥。干燥后的飞灰用甲苯索氏提取19h，滤液用二氯甲烷萃取3次，萃取液和索氏提取液浓缩后合并，转换溶剂并定容，从中取10%～50%进行净化处理。其余为保存液。

在分取的溶液中添加13C标记的17种净化内标，转移至分液漏斗。用20mL浓硫酸处理2次，水洗至中性。溶液经无水硫酸钠过滤后浓缩，浓缩液再经多层硅胶柱净化和活性炭硅胶柱净化。净化后样品溶液含有二噁英类物质，浓缩后用高纯氮气吹扫，溶剂转换为癸烷。加入进样内标，定容至50μL，用于仪器分析。

（2）分析条件

采用HRGC-HRMS仪器分析，色谱柱为60m的SP-2311和30m的DB-17，分别用于分析T_4CDD/Fs～T_6CDD/Fs和T_7CDD/Fs～T_8CDD/Fs；不分流进样，1μL。质谱分辨率10000～12000，SIM模式（锁定质量方式）。其他条件参照EPA方法1613B设定。

（3）结果与讨论

3个飞灰样品中的2,3,7,8-位有氯取代的二噁英类具有明显相似的形态分布特征。国外报道城市生活垃圾焚烧飞灰中二噁英类异构体浓度的特征分布受焚烧炉设计工艺、运行状态、垃圾组成等多种因素的影响，分布比较复杂。这说明本研究中，影响二噁英类形成的一些主要因素具有相似性，3台焚烧炉缺乏烟气快速冷却技术，飞灰样品中的二噁英类可能主要是烟气降温过程中发生再合成的结果，而与焚烧炉的运行工况、除尘设备等没有体现出相关性。

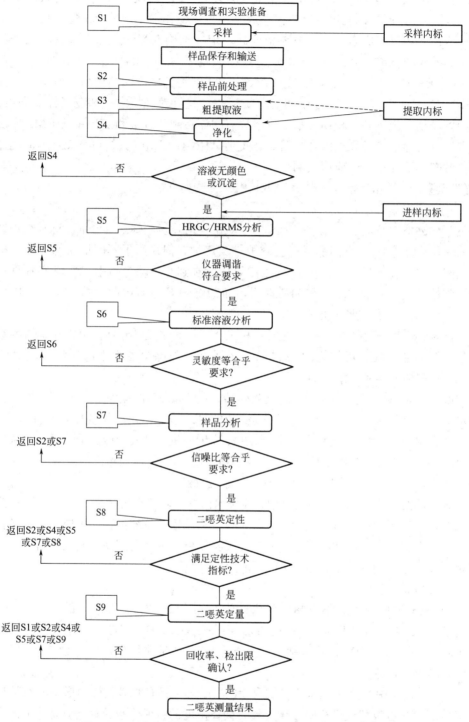

图 6-17　测定环境空气和废气样品中二噁英的分析流程[35]

飞灰样品中二噁英类高氯代化合物（$T_7CDD/Fs \sim T_8CDD/Fs$）的含量明显高于低氯代化合物（$T_4CDD/Fs \sim T_5CDD/Fs + T_6CDD/Fs$），说明 3 台焚烧炉烟气降温过程的二噁英类再合成区域更有利于高氯代化合物的形成，同时，相对于低氯代化合物，高氯代二噁

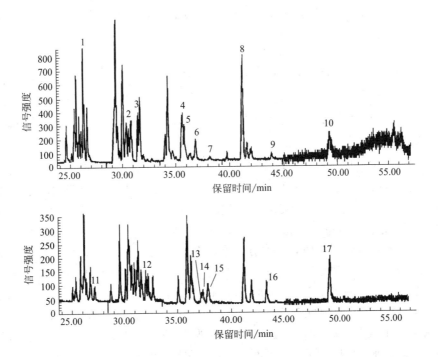

图 6-18 HRGC-LRMS 分析垃圾焚烧烟道气样品中二噁英的质量色谱图[36]

（为显示方便，各采集窗口中峰的强度以最大峰为准进行了标准化处理）

分析条件：色谱柱为 DB-5 MS（30m×0.25mm×0.25μm）；程序升温，80℃，以 10℃/min 的速率升至 220℃，保持 2min，再以 2℃/min 升至 270℃，保持 5min；载气为氮气，1.0mL/min（恒流模式），不分流进样，280℃；检测器为 LRMS，EI 源；数据采集溶剂延迟时间 1.5min

色谱峰：1—2,3,7,8-TCDF；2—1,2,3,7,8-PeCDF；3—2,3,4,7,8-PeCDF；4—1,2,3,4,7,8-HxCDF；5—1,2,3,6,7,8-HxCDF；6—2,3,4,6,7,8-HxCDF；7—1,2,3,7,8,9-HxCDF；8—1,2,3,4,6,7,8-HpCDF；9—1,2,3,4,7,8,9-HpCDF；10—OCDF；11—2,3,7,8-TCDD；12—1,2,3,7,8-PeCDD；13—1,2,3,4,7,8-HxCDD；14—1,2,3,6,7,8-HxCDD；15—1,2,3,7,8,9-HxCDD；16—1,2,3,4,6,7,8-HpCDD；17—OCDD

英类挥发性低，更容易凝结在飞灰中。

关于飞灰中二噁英类的毒性，3 个焚烧炉飞灰样品中二噁英类毒性当量浓度分别是 7.53ng/g、1.52ng/g 和 0.44ng/g，与日本垃圾焚烧飞灰中二噁英类浓度在 1～50ng/g 之间相比，属于偏低水平。实验比较了 3 个飞灰样品中 17 种二噁英类异构体的毒性当量，结果发现，飞灰样品的二噁英类毒性贡献主要来自 PCDFs，其中 P_5CDF 的毒性当量浓度最大，其原因尚不清楚，可能与二噁英类的形成条件有关。

另外，添加活性炭对飞灰中二噁英类浓度有影响。在布袋除尘器内添加活性炭后，焚烧飞灰中二噁英类的总浓度从未加活性炭时的 245ng/g 上升到 460ng/g。这是由于活性炭粉末被布袋除尘器收集进入飞灰，导致焚烧飞灰中二噁英类含量增加，也说明活性炭粉末不仅吸附了大量气态二噁英类物质，而且打破了飞灰的吸附平衡，发生了飞灰至活性炭的二噁英类转移。

从焚烧飞灰和尾气中二噁英类异构体的含量分布分析，在使用活性炭粉末时飞灰中二噁英类的特征分布与尾气有着明显的区别，而在不添加活性炭时，飞灰和尾气中的二英类

特征分布却非常相似。这可能是由于活性炭粉末吸附了烟气中大量的气相二噁英类，改变了排放尾气中二噁英类的组成。

（4）小结

3个飞灰样品中的二噁英异构体浓度具有相类似的特征分布，二噁英类的毒性贡献主要是 PCDFs。在布袋除尘器添加活性炭粉末能够有效降低尾气中排放的二噁英类浓度，但是使飞灰中二噁英浓度增加，所以需要重视焚烧飞灰的处理处置和安全管理工作。

6.4.3.3　PCBs 的分析

PCBs 和二噁英一样，也是有很强毒性和致癌性的持久性有机污染物，所以，必须采用经严格认证的测定方法。下面以环保标准 HJ 922—2017 为例，说明测定土壤或沉积物中 PCBs 含量的方法，包括样品提取、净化、浓缩、定容，然后用 GC 配以 ECD 检测，根据保留时间定性，用外标法定量。

PCBs 一共有 209 种异构体，一次分析难以全部分离和测定，事实上常见环境样品中也不可能 209 种异构体都能检出。所以，通常测定时要明确指示性 PCBs，即作为 PCBs 污染状况进行替代监测的 PCBs，包括 2,4,4'-三氯联苯（PCB28）、2,2',5,5'-四氯联苯（PCB52）、2,2',4,5,5'-五氯联苯（PCB101）、2,3',4,4',5-五氯联苯（PCB118）、2,2',3,4,4',5'-六氯联苯（PCB138）、2,2',4,4',5,5'-六氯联苯（PCB153）、2,2',3,4,4',5,5'-七氯联苯（PCB180）等 7 种化合物。还有共平面 PCBs，是指非邻位或单邻位取代的多氯联苯，其毒性与二噁英类似，包括 3,3',4,4'-四氯联苯（PCB77）、3,4,4',5-四氯联苯（PCB81）、2,3,3',4,4'-五氯联苯（PCB105）、2,3,4,4',5-五氯联苯（PCB114）、2,3',4,4',5-五氯联苯（PCB118）、2',3,4,4',5-五氯联苯（PCB123）、3,3',4,4',5-五氯联苯（PCB126）、2,3,3',4,4',5-六氯联苯（PCB156）、2,3,3',4,4',5'-六氯联苯（PCB157）、2,3',4,4',5,5'-六氯联苯（PCB167）、3,3',4,4',5,5'-六氯联苯（PCB169）、2,3,3',4,4',5,5'-七氯联苯（PCB189）等 12 种化合物。其中 PCB118 也是指示性 PCBs。这些毒性强的 PCBs 一定要监测。

（1）样品的采集和制备

土壤样品按照 HJ/T 166 的相关要求采集和保存，海洋沉积物样品按照 GB 17378.3 的相关要求采集和保存，地表水沉积样品按照 HJ/T 91 和 HJ 494 的相关要求采集。样品保存在预先清洗洁净的采样瓶中，尽快运回实验室分析，运输过程中应密封避光。如暂不能分析，应在 4℃以下冷藏保存，保存时间为 14 天。样品提取液 4℃以下避光冷藏保存，保存时间为 40 天。

除去样品中的异物（石子、叶片等），称取两份约 10g（精确到 0.01g）的样品。土壤样品一份用于测定干物质含量；另一份加入适量无水硫酸钠，研磨均化成流沙状脱水；如果使用加压流体萃取法提取，则用硅藻土脱水。沉积物样品一份用于测定含水率，另一份参照土壤样品脱水。土壤样品干物质含量的测定按照 HJ 613 执行，沉积物样品含水率的测定按照 GB 17378.5 执行。

① 微波萃取。将样品全部转移至萃取罐中，加入 30mL 丙酮-正己烷混合溶剂（1：1，体积比）。设置萃取温度为 110℃，微波萃取 10min。离心或过滤后收集提取液。

② 索氏提取。将样品全部转移至索氏提取器纸质套筒中，加入 100mL 丙酮-正己烷混合溶剂（1：1，体积比）。提取 16～18h，回流速度约 3～4 次/h。离心或过滤后收集提取液。

③ 加压流体萃取。按照 HJ 783 的要求进行萃取。

④ 脱水。在玻璃漏斗上垫一层玻璃棉或玻璃纤维滤膜，铺加约 5g 无水硫酸钠，然后将提取液经漏斗直接过滤到浓缩装置中，再用 5~10mL 丙酮-正己烷混合溶剂（1∶1，体积比），充分洗涤盛装提取液的容器，经漏斗过滤到上述浓缩装置中。

⑤ 浓缩。在 45℃ 以下将脱水后的提取液浓缩到 1mL，待净化。如需更换溶剂体系，则将提取液浓缩至 1.5~2.0mL 后，用 5~10mL 正己烷置换，再将提取液浓缩到 1mL，待净化。

⑥ 净化。硫酸净化：如提取液颜色较深，可首先采用硫酸净化，去除大部分含氧有机化合物和部分有机氯农药。将置换溶剂为正己烷的提取液转移至 150mL 分液漏斗中，缓慢加入 5~10mL 的硫酸，轻轻混匀，振摇 1min。静置分层，弃去硫酸层。按上述步骤重复数次，至硫酸层无色。在上述正己烷提取液中加入适量体积的碳酸钾溶液，振摇后，静置分层，弃去水相。重复该步骤直至水相中性，再按脱水步骤对正己烷提取液进行脱水。（注：在硫酸净化过程中，须防止发热爆炸，加硫酸后先轻轻混匀，不断放气，再稍剧烈振摇）。

硅酸镁固相萃取柱净化：用约 8mL 正己烷洗涤硅酸镁固相萃取柱，保持硅酸镁固相萃取柱内吸附剂表面浸润。用吸管将浓缩后的提取液转移到硅酸镁固相萃取柱上停留 1min 后，弃去流出液。加入 2mL 丙酮-正己烷混合溶剂（1∶9，体积比）并停留 1min，用 10mL 小型浓缩管接收洗脱液，继续用丙酮-正己烷混合溶剂（1∶9，体积比）洗涤小柱，至接收的洗脱液体积到 10mL 为止。

⑦ 浓缩定容。将净化后的洗脱液按照上述浓缩步骤浓缩并定容至 1.0mL，再转移至 2mL 样品瓶中，待分析。

⑧ 空白试样制备。用石英砂代替实际样品，按照上述样品制备的步骤制备空白试样。

（2）分析仪器与条件

GC 配以 ECD，具分流/不分流进样口，可程序升温。载气（N_2）流量 2.0mL/min（恒流）；色谱柱 1（30m×0.32mm×0.25μm），固定液为 SE-54，色谱柱 2（30m×0.32mm×0.25μm，固定液为 OV-1701，或其他等效的色谱柱；程序升温，100℃ 以15℃/min 的速率升至 220℃，保持 5min，再以 15℃/min 升至 260℃，保持 20min；检测采用 ECD，温度 280℃，尾吹气（N_2）20mL/min；进样口温度 250℃；进样方式为不分流进样至 0.75min 后打开分流，分流出口流量为 60mL/min；进样体积 1.0μL。

（3）定性定量分析

工作曲线的建立。分别量取适量的 PCBs 标准使用液（1.0mg/L），用正己烷稀释，配制标准系列，PCBs 的质量浓度分别为 5.0μg/L、10.0μg/L、20.0μg/L、50.0μg/L、100μg/L、200μg/L 和 500μg/L（此为参考浓度）。按上述仪器条件由低浓度到高浓度依次对标准系列溶液进行进样、检测。以标准系列溶液中的浓度为横坐标，以对应的峰高或峰面积为纵坐标，建立标准工作曲线。

按照上述仪器分析条件进行试样和空白样品的测定。根据目标物的保留时间定性。当某一色谱柱上有目标物检出时，须用另一根极性不同的色谱柱辅助定性。目标物在双柱上均检出时，视为检出，否则视为未检出。

采用外标法定量。土壤样品中 PCBs 的含量按照下面的公式计算：

$$C_i = \frac{c_i V}{m w_{\text{dm}}}$$

式中，C_i 为样品中的某种 PCB 的含量，μg/kg；c_i 为由标准曲线计算所得试样中此种 PCB 质量浓度，μg/L；V 为试样的定容体积，mL；m 为称取样品的质量，g；w_{dm} 为样品的干物质含量，%。

对于沉积物样品，计算结果时应扣除含水量，即上式中：

$$w_{\text{dm}} = 1 - w_{\text{H}_2\text{O}}$$

式中，$w_{\text{H}_2\text{O}}$ 为含水率。

（4）结果与讨论

图 6-19 是两根毛细管柱上的分离结果。为了实验室质量保证和质量控制，每 20 个样品或每批次（少于 20 个样品/批）至少分析一个实验室空白样品，其目标物的测定值应低于方法的检出限。每 20 个样品或每批次（少于 20 个样品/批）至少分析一个空白加标样品。定量标准曲线的相关系数大于 0.995，回收率为 65%～120%，土壤、沉积物加标样品的回收率为 60%～120%。

据此就可测定 PCBs 的含量，测定结果小于 1.00μg/kg 时，结果保留小数点后两位；测定结果大于等于 1.00μg/kg 时，结果保留三位有效数字。

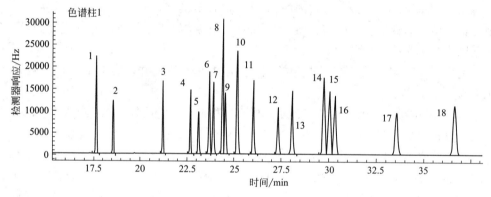

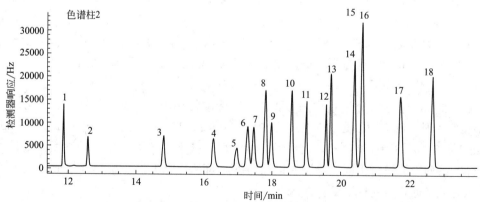

图 6-19　两根毛细管柱上 PCBs（100μg/L）的分离结果

色谱峰：1—PCB28；2—PCB52；3—PCB101；4—PCB81；5—PCB77；6—PCB123；7—PCB118；8—PCB114；9—PCB153；10—PCB105；11—PCB138；12—PCB126；13—PCB167；14—PCB156；15—PCB157；16—PCB180；17—PCB169；18—PCB189

这一方法经过六家实验室的验证，分别对加标石英砂样品进行了 6 次重复测定，实验室内 RSD 为 1.5%～11%；实验室间 RSD 为 1.3%～14%。加标回收率分别为 73.6%～115%；加标砂质土壤、太湖沉积物样品及加标的土壤回收率为 59.7%～124%。

（5）关于样品净化的几点说明

① 脱硫净化。沉积物样品含有大量单质硫时，可采用铜粉去除。将脱水后的样品提取液体积浓缩至 10～50mL。若浓缩时产生硫结晶，可以采用离心使晶体沉降在浓缩器皿底部，再用吸管小心转移出全部溶液。在上述浓缩后的提取液中加入约 2g 铜粉，振荡混合 1～2min，将溶液吸出使其与铜粉分离，转移至干净的玻璃容器内，待进一步净化或浓缩定容。

② 硅胶柱净化。样品提取液中存在杀虫剂及多氯碳氢化合物时，可采用硅胶柱净化。用约 10mL 正己烷洗涤硅胶柱，保持硅胶柱内吸附剂表面浸润。利用浓缩装置将脱水后的样品提取液浓缩至 1.5～2mL，溶剂置换为正己烷。用吸管将上述浓缩液转移到硅胶柱上，停留 1min 后，让溶液流出小柱。加入约 2mL 丙酮-正己烷混合溶剂（1∶9，体积比）并停留 1min，用 10mL 小型浓缩管接收洗脱液，继续用上述丙酮-正己烷混合溶剂洗涤小柱，至接收的洗脱液体积到 10mL 为止，待浓缩定容。

③ 石墨碳柱净化。样品提取液颜色较深时，可用石墨碳柱净化。用约 10mL 正己烷洗涤石墨碳柱，保持柱内吸附剂表面浸润。利用浓缩装置将脱水后的样品提取液浓缩至 1.5～2mL，溶剂置换为正己烷。用吸管将上述浓缩液转移到石墨碳柱上，停留 1min 后，让溶液流出小柱并弃去。采用甲苯为洗脱溶剂，加入约 2mL 甲苯并停留 1min 用小型浓缩管接收洗脱液，继续用甲苯洗涤小柱，至接收的洗脱液体积到 12mL 为止，待浓缩定容。

注：除 PCB81、PCB77、PCB126 和 PCB169 等 4 种 PCBs 外，其余也可采用丙酮-正己烷混合溶剂（1∶9，体积比）作为洗脱溶剂。

6.4.3.4　有机氯农药和 PCBs 的同时测定

前文讨论过农药残留的检测。这里简单介绍一个同时测定自来水、饮用水和地表水中有机氯农药和 PCBs 的方法。分析流程与前面的方法相似，只是水样品处理简单一些。详细分析步骤请参看标准 SL 497—2010《气相色谱法测定水中有机氯农药和多氯联苯类化合物》。

（1）样品采集和制备

采集水样时，采样器与水接触部分必须是惰性材料，如不锈钢或聚四氟乙烯材料等，不能有塑料管、橡胶垫片等。采样器及样品瓶应在使用前清洗干净备用，采样时不应用水样淋洗样品瓶。如果水样中含余氯等氧化性物质，应先往每升水样中加 50mg 硫代硫酸钠，待完全溶解后，向水样中加入数滴 6mol/L 盐酸，使水样的 pH<2，防止某些待测组分降解。采样量可根据待测目标物的大致浓度来估算。采集的样品在富集之前应保持样品瓶密封，并在 4℃以下避光冷藏保存。所有样品必须在采集后 7 天内完成富集萃取，并在 30 天内完成最终的分析。还要采集一定量的现场空白样品和现场平行样品，并采用与测试样品相同的方法进行处理。

样品制备前平衡至室温，并用氢氧化钠溶液调节水样 pH 至 5～7。根据需要，可采用液-液萃取或 SPE 进行前处理。液液萃取用二氯甲烷作为有机相，准确量取 200mL 水

样转至分液漏斗中，加入 4μL 回收率指示物标准溶液［即 2,4,5,6-四氯间二甲苯（TCMX）和十氯联苯（PCB209）的异辛烷溶液，浓度 500mg/L］，再加入 5g 氯化钠后振摇使其完全溶解。向装有水样的分液漏斗中加入 10mL 二氯甲烷，振摇分液漏斗 2mim，振摇过程中注意放气。静置 10～30min 分层，然后将二氯甲烷有机层转移至玻璃试管中。重复上述萃取一次，合并萃取液。若出现乳化现象，可用搅拌、过滤、离心或其他物理方法破乳。

在浓缩前要除去萃取液中的少量水分，方法是在色谱柱底部放置少许玻璃棉，然后填入 8～12cm 高的无水硫酸钠，先用二氯甲烷预淋洗，并弃去这部分淋洗液。在干燥柱下方放置 K-D 浓缩瓶，将萃取液加入色谱柱中，用 5～10mL 二氯甲烷分两次淋洗玻璃试管和干燥柱，收集这部分洗脱液。当样品存在较多干扰分析的杂质时，就要进行净化处理。净化方法按照 SL 391 的规定执行。

将盛有洗脱液的 K-D 浓缩瓶或经净化处理以后的样品溶液放在 40℃的水浴锅中，用氮气缓慢吹脱浓缩至 0.5mL 以下，加入 5mL 异辛烷，混匀后继续用氮气吹脱，最后用异辛烷定容至 1.0mL，立即将其转移至 2mL 样品瓶中密封，置于 4℃冰箱，待测。

用 SPE 处理样品时，若水样中的悬浮物较多，应先用微孔滤膜过滤，再用约 10mL 甲醇清洗样品瓶内壁和滤膜，并将清洗液合并到过滤后的水样中。重新转移至样品瓶中，加入 4μL 回收率指示物标准溶液（同上），用铝箔纸密封。

将 5mL 二氯甲烷清洗 SPE 小柱两次，再用 5mL 丙酮清洗一次。然后用 5mL 甲醇活化 SPE 小柱，让甲醇在小柱中滞留 30s。如此重复活化 3 次，再用高纯水重复上述活化步骤两次。活化结束后，加入 3/4 柱体积的高纯水，关闭出口阀，准备上样富集。从萃取柱的活化开始直到样品萃取结束，萃取小柱要始终充满溶液。

以约 10mL/min 的速度让水样通过 SPE 小柱（通过控制出口的真空度来控制流速），用 10mL 高纯水洗涤样品瓶内壁，并通过 SPE 小柱。然后将收集用的试管或收集瓶放在萃取缸中。用 5mL 丙酮清洗样品瓶并过柱（流速缓慢，控制丙酮在 SPE 小柱中滞留 2min）。接着再用 5mL 二氯甲烷清洗样品瓶并过柱，最后再用 5mL 二氯甲烷洗脱萃取柱，收集洗脱液。

接下来进行萃取液脱水和样品浓缩，方法与液液萃取的脱水和浓缩相同，不再详述。

（2）仪器和分析条件

GC 配以 ECD，色谱柱同 6.4.3.1 节，柱 1 作为首选的分析柱，柱 2 作为辅助定性柱。程序升温，150℃保持 2.5min，然后以 5℃/min 的速率升至 300℃，保持 4min。载气（N_2）流速 1.0mL/min；检测温度 300℃；尾吹气（N_2）流速 60mL/min；不分流进样，温度 280℃；进样量 1.0μL。

（3）结果与讨论

目标物 PCBs 和有机氯农药标准溶液的分离结果如图 6-20 所示。使用柱 1 分析时，α-六六六与二氯联苯不能有效分离，对这两个化合物的鉴定选用柱 2。有条件的情况下最好用 GC-MS 作定性确认。异狄氏剂醛与硫丹硫酸盐分离不完全，应使用峰高进行定量分析。

定量分析采用外标法，计算方法略。本方法仅选用了部分 PCBs 进行方法验证，并不代表监测水体中 PCBs 总量时仅需涵盖这 6 个化合物。水溶液中痕量的有机氯农药和

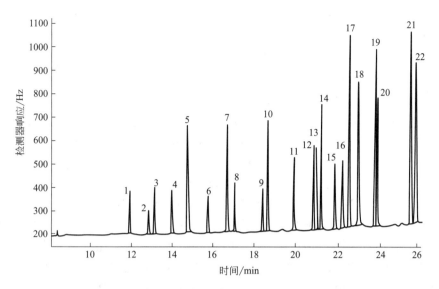

图 6-20 目标化合物标准溶液在色谱柱 1 上的色谱图

色谱峰：1—α-六六六；2—γ-六六六；3—β-六六六；4—七氯；5—三氯联苯；6—δ-六六六；7—四氯联苯；8—艾氏剂；9—环氧七氯；10—五氯联苯；11—硫丹Ⅰ；12—4,4-滴滴伊；13—狄氏剂Ⅰ；14—六氯联苯；15—异狄氏剂；16—碱丹Ⅱ；17—4,4'-滴滴滴；18—4,4'-滴滴涕；19—异狄氏剂醛；20—硫丹硫酸盐；21—七氯联苯；22—八氯联苯

PCBs 可吸附于玻璃表面，应尽量减少样品的转移，并且要对玻璃表面进行充分的冲洗。由于有机氯农药和 PCBs 的疏水性，易吸附到水样的悬浮颗粒物中，故水样过滤时应使用甲醇溶剂清洗滤膜，并将清洗液合并到过滤后的水样中。艾氏剂等化合物很快会被氯氧化，因此，水样采集时应用硫代硫酸钠或抗坏血酸除去余氯。进样系统和色谱柱的某些活性位点可能会引起 DDT 和异狄氏剂的降解，应定期进行检查和维护。有机氯农药和 PCBs 及实验中所用的各种有机溶剂均具有毒性或潜在致癌性，分析人员必须尽可能减少对这些化合物的暴露，使用适当的防护设备（如通风橱、防护服、抗溶剂手套等），以确保人身安全。实验室日常防护应符合标准 SL/Z 390 的规定。

6.4.3.5 水产养殖底泥中 10 种羟基 PCBs 的测定

（1）引言

羟基多氯联苯（OH-PCBs）是 PCBs 在生物体内经过细胞色素 P450 酶系统调节生物转化形成的主要代谢产物。多氯联苯进入生物体后，经羟基化代谢后极性增强，代谢产物易被排出体外，但仍有部分在体内蓄积。研究证明，OH-PCBs 代谢物能抑制线粒体氧化磷酸化，并可能扰乱体内甲状腺激素水平，也能与生物体内雌激素受体结合而具有类雌激素和抗雌激素活性。OH-PCBs 也是一类影响水生脊椎动物、野生动物和人类健康的重要环境污染物。PCBs 具有较强的亲脂性，在水体环境很容易进入底泥蓄积。底泥是水生生物暴露 PCBs 的一个重要途径，鱼体内的 PCBs 浓度与水体底泥的 PCBs 浓度具有显著的相关性。PCBs 被水生生物代谢转化后生成 OH-PCBs 通过排泄、微生物降解以及非生物转化等途径再沉积到水产养殖底泥中而产生持久的二次污染。因此，水产养殖底泥可以吸附养殖环境中的 PCBs 和 OH-PCBs，能确切地反映水体底部 PCBs 积累转化过程而成为非

常重要的研究对象。分析底泥中的 PCBs 和 OH-PCBs，有助于掌控其在水产品养殖底泥中的分布和产生污染的环境行为，对水产品质量与安全的监测具有重要意义。下面举例说明 GC 分析水产养殖底泥中 10 种 OH-PCBs 的方法，特别是样品处理方法[39]。

（2）样品的采集和制备

水产养殖底泥样品按照 GB 17378.3—2007 和 HJ/T 166—2004 相关要求采集、制备和保存。将底泥置阴凉处自然风干后去除石块和树枝等杂质，压碎混匀，并用四分法取样，过 20 目（孔径 0.25mm）尼龙筛后再混匀，再用四分法取样，研磨至全部过 100 目（孔径 0.15mm）筛。置于干燥器中室温保存，备用。

称取 0.50g 底泥样品于 50mL 具塞塑料离心管中，加入 6mol/L 的 HCl 并调 pH 至 3.0，加入 10mL 正己烷，振摇 30s，超声 10min，离心 10min（10000r/min），将上层有机相转移至另一个具塞塑料离心管中，重复操作 1 次，合并有机相，再用 SPE 处理。

SPE 采用硅胶柱（500mg/6mL），用 10mL 正己烷活化后，将上述提取液转移至硅胶柱上，用 3mL 正己烷洗涤离心管，一并上柱。用 5mL 正己烷/乙酸乙酯（98：2，体积比）洗涤硅胶柱，染红用 7.5mL 正己烷/乙酸乙酯（1：1，体积比）洗脱，收集洗脱液于 10mL 具塞玻璃离心管中，在微细氮气流下吹干。

由于 OH-PCBs 极性强，难挥发，不宜用 GC 直接分析，故要对其进行衍生化。方法是向吹干的 10mL 具塞玻璃离心管中加入 100μL 硅烷化试剂双（三甲基硅烷基）三氟乙酰胺-三甲基氯硅烷（BSTFA-TMCS，体积比 99：1），60℃下反应 40min。硅烷化后的样品在微细氮气流下吹干，用 1mL 正己烷溶解定容，待分析。

（3）仪器和分析条件。GC 配 ECD，色谱柱为 DB-17MS 毛细管柱（30m×0.25mm×0.25μm）；程序升温，150℃保持 1min，以 10℃/min 升至 240℃，再以 5℃/min 升至 290℃，保持 5min，总运行时间 25min；载气流速 1.4mL/min；不分流进样，温度 280℃；进样体积 1μL；检测器温度 300℃。

（4）结果与讨论

使用 BSTFA-TMCS 衍生试剂对 OH-PCBs 进行硅烷化衍生，使得色谱峰形和分离度都有一定的改善，有助于更加精确地定性和定量。硅烷化衍生反应如图 6-21 所示。10 种 OH-PCBs 硅烷化衍生物标准加入样品和空白样品的色谱图见图 6-22，可见 10 种衍生目标物得到了完全分离，峰形良好。

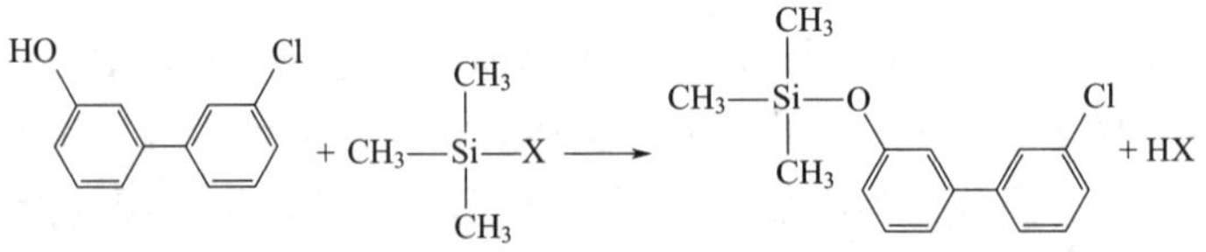

图 6-21　OH-PCBs 的硅烷化衍生反应

实验证明，10 种 OH-PCBs 衍生物的定量工作曲线线性相关系数大于 0.997，以 3 倍信噪比计算，在回收率为 70%～100%范围内，检出限为 4.00μg/kg；以 10 倍信噪比计算，定量限 8.00μg/kg。加标 4.00μg/kg、8.00μg/kg 和 20.0μg/kg 的样品测定结果显示，RSD 小于 10%（$n=3$）。

采用本方法对苏州市吴江区横扇镇太湖水域（1 号样品）和浙江省湖州市吴兴区太湖

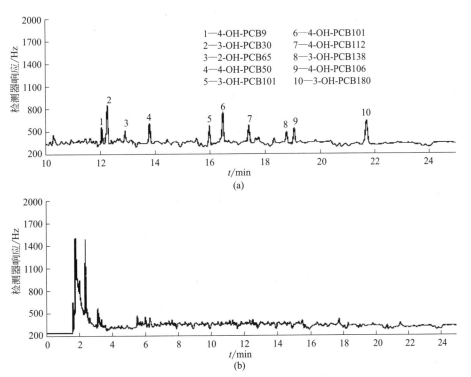

图 6-22 添加水平 8.00μg/kg 的底泥样品（a）和空白样品（b）中 10 种 OH-PCBs 衍生物的色谱图[38]

水域（2 号样品）的实际水产养殖底泥中 10 种 OH-PCBs 进行检测，结果为 1 号样品中 2-OH-PCB65 的含量为 $2.10 \sim 3.26\mu g/kg$，3-OH-PCB101 的含量为 $1.60 \sim 1.74\mu g/kg$；2 号样品中 2-OH-PCB65 含量为 $4.30 \sim 12.2\mu g/kg$，4-OH-PCB50 的含量为 $0.46 \sim 0.66\mu g/kg$。样品中未检出其他种类的 OH-PCBs。

以上介绍了不同样品基质（底泥、沉积物、土壤和水体）中 PCBs 及其代谢产物 OH-PCBs 的 GC 分析方法。需要强调，第一，样品处理很重要。从样品采集、保存到萃取、净化和浓缩，我们比较详细地讨论了不同样品的处理步骤，以期读者对复杂样品分析有全面的了解。第二，对持久性污染物的检测需要准确的定性鉴定方法，尤其在法规分析领域。上面几例都是采用选择性检测器 ECD，更好的峰归属确认方法是 GC-MS。第三，对于有机氯污染物（包括二噁英、有机氯农药和 PCBs 及其代谢产物）的分析，色谱条件有很多相似之处。因此，人们希望有同时检测这三类污染物的方法。上面介绍了 GC 同时测定有机氯农药和 PCBs 的方法，也有人在研究用 HRGC-HRMS 方法同时测定二噁英、PCBs 和多溴联苯醚，比如广东产品质量监督检验研究院已经就食品中这些污染物的检测做了一些工作，我们将在食品分析部分介绍之。

6.4.4 多溴联苯醚的分析

6.4.4.1 引言

多溴联苯醚（PBDEs）作为溴化阻燃剂被广泛用于各类产品中。20 世纪 80 年代以来，环境中 PBDEs 的含量逐年升高，尤其在一些电子垃圾拆解集散地的环境中 PBDEs 的

污染尤为显著，在大气、土壤、底泥、动植物及人体血液和母乳中都检出了 PBDEs，使之成为人们关注的另一类持久性有机污染物。

PBDEs 依据苯环上溴原子取代数目和位置的不同，共有 209 种同系物。PBDEs 难溶于水，易溶于有机溶剂，在环境中非常稳定，在水中的含量低，易于在沉积物中累积，有生物累积性并沿着食物链富集，而且在大气中可以长途迁移。商业用 PBDEs 是同系物混合物，主要含有五溴联苯醚、八溴联苯醚和十溴联苯醚等。PBDEs 是优良的阻燃剂，常被添加在聚氨酯泡沫中，用于制造家具、地毯和汽车座椅等，还用于纺织品和塑料中，如各种电器产品的机架等。在阻燃剂及有关产品的生产和使用过程中，PBDEs 可通过蒸发和渗漏等进入环境，焚烧含有 PBDEs 的废弃物也是造成环境污染的主要途径。除此之外，生产厂也直接排放一些 PBDEs。低溴代联苯醚比高溴代同系物更容易被生物体吸收和富集，而高溴代联苯醚在阳光下可降解为低溴代联苯醚。通过食物链进入人体后，会对人类健康造成危害。PBDEs 已被证明可以与芳香烃受体结合，有类似于二噁英的致癌毒性，因此，在环境分析中备受关注。

各种含 PBDEs 的环境和生物样品经过一定处理后，可用 GC 和 GC-MS 测定含量。美国 EPA 方法 1614 制定了测定底泥和沉积物中 PBDEs 的标准，我国也制定了相应的行业标准和地方标准（见附录）。通常测定 PBDEs 时，样品采集和处理的思路类似于 PCBs，索氏萃取、液液萃取、PFE、MAE 和 SPE 均有应用，都需要经过萃取、净化、富集等步骤，而且可以与多溴联苯（PBBs）、PCBs 和二噁英同时检测。

GC 分离一般用 SE-54 作固定液的毛细管柱，20～60m 长度，0.20～0.25mm 内径，液膜厚度 0.33μm 左右。柱越长、内径越小、液膜越薄，分离效果越好。但小内径薄液膜色谱柱的柱容量会减小，影响检测灵敏度。要特别注意 BDE-209 的热稳定性较低，在高温下易分解，所以测定误差较大。现在大多数实验室采用较短的色谱柱（10～15m）单独分析 BDE-209，使其在较短的时间内出峰，以减少分解。

检测器可以用 ECD 或微型 ECD，如标准方法 SN/T 4555.2—2016。这种对含卤素化合物有特殊选择性的检测器对 PBDEs 有很高的灵敏度，但定性鉴定能力较弱。因此，现在更多的是用 GC-MS 和 GC-MS/MS，包括各种标准方法。有条件的情况下，用 HRMS 和 MS/MS 更好。如同 PCBs 的分析一样，HRMS 可以提供更可靠的定性结果，而串级 MS 则提供更高的检测灵敏度。下面举例说明 GC-MS/MS 分析 PBDEs 的方法。

6.4.4.2　举例：GC-MS/MS 测定 PBBs 和 PBDEs

（1）引言

传统的 GC-MS 方法所用的 MS 离子化技术多为电子轰击源（EI），这里我们举一个用大气压气相色谱质谱电离源（APGC）分析 PBBs 和 PBDEs 的应用实例。APGC 是一种软电离技术，可以得到高丰度的分子离子峰和特征性谱图，可显著提高 PBBs 和 PBDEs 的检测灵敏度。相比于 EI 电离技术，APGC 能够改善 GC-MS 对 PBBs 和 PBDEs 的分析能力。使用四极杆飞行时间（QTof）MS 既能采用二级 MS 来定量，消除基体噪声干扰，又能快速得到较高分辨率的质谱图。

（2）仪器和分析条件

GC 条件：7890 A GC；色谱柱为 DB5-MS（20m×0.25mm×0.10μm）；程序升温，初始 100℃，保持 0.5min，以 30℃/min 的速率升至 325℃，保持 5min；运行时间 13min；

载气为氮气，4.0mL/min；进样口温度300℃，不分流进样，进样量1μL。

MS条件：Xevo G2-XS QTof；离子化模式为APGC正离子模式；放电针电流5μA；离子源温度150℃；锥孔电压20V；扫描范围50~1050m/z；扫描速度0.25s。

（3）结果与讨论

采用GC-APGC/Xevo G2-XS QTof MS系统对10种PBBs和28种PBDEs进行了快速全扫描分析，结果见图6-23。

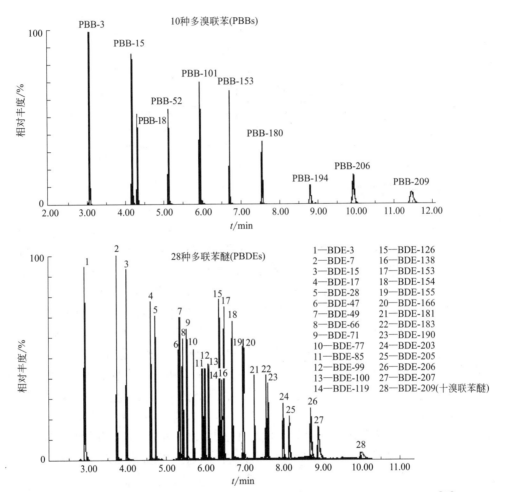

图6-23　10 PBBs（5~50μg/L）和28种PBDEs（5~50μg/L）全扫描色谱图[39]

PBDEs因分子量大、难挥发、沸点高、易分解，尤其是高溴代PBDEs如十溴联苯醚（BDE-209），一直是GC/MS分析中的一个难点。APGC大气压软电离源可以形成分子离子基峰，减少碎片峰的形成，所以高溴代PBDEs（如BDE-209）灵敏度有显著提高。由于MS离子源在大气压下工作，可以通过GC电子流量控制EPC采用色谱柱高载气流速。传统的GC-MS一般用1.0mL/min，而本例中采用4.0mL/min，使得色谱峰变窄，提高了BDE-209等高溴代PBDEs的检测灵敏度，使用APGC电离源分析PBBs和PBDEs，还可以得到这类化合物的特征同位素谱图，为未知物的定性提供有力证据。图6-24所示为BDE-209的质谱图。

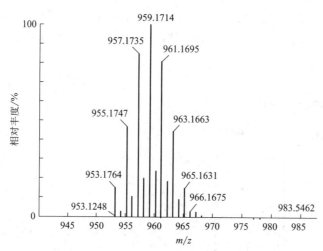

图6-24 十溴联苯醚（BDE-209）的同位素MS图[39]

6.4.5 挥发性有机物的分析

6.4.5.1 概述

环境分析所谓的挥发性有机物（VOCs）主要指大气、工作场所空气、水、土壤、沉积物、废弃物等环境中有毒有害的小分子有机化合物。目前国际上还没有统一的VOCs定义。世界卫生组织（WHO）对VOCs的定义为熔点低于室温而沸点在50～260℃之间的挥发性有机化合物的总称；美国ASTM D3960-98标准将VOCs定义为任何能参与大气光化学反应的有机化合物，美国EPA的定义为除CO、CO_2、H_2CO_3、金属碳化物、金属碳酸盐和碳酸铵以外，任何参加大气光化学反应的碳化物；欧盟2002/231/CE指令定义为在常温常压下，具有高蒸气压和易挥发的有机化学物质；欧盟2004/42/CE指令定义在101.3kPa标准压力下，任何初沸点低于或等于250℃的有机化合物。国际标准ISO 4618/1-1998和德国标准DIN 55649-2000的定义是：原则上，在常温常压下，任何能自发挥发的有机液体和/或固体。同时，德国标准DIN 55649-2000在测定VOCs含量时，又做了一个限定，即在通常压力条件下，沸点或初馏点低于或等于250℃的任何有机化合物。

总之，根据化合物的沸点，可将VOCs分为3类：易挥发性、挥发性和半挥发性有机物。根据化合物的性质又可分为醇、醛、芳香烃、氟氯烃、酯、氯代烃、醚、氟硅烷、链烃、酮、有机胺、有机硅、硫化物等13类。按照VOCs对人体的毒性又可分为窒息性毒剂、中枢神经系统抑制剂、刺激剂和全身毒剂4类。VOCs主要用于溶剂、清洁剂、燃料和工商业用的化学试剂等。VOCs的来源可分为两大类，即人为源和天然源。在室外，主要来自燃料燃烧和交通运输产生的工业废气、汽车尾气、光化学污染等；而在室内则主要来自燃煤和天然气等燃烧产物，吸烟、采暖和烹饪等的烟雾，建筑和装饰材料，家具，家用电器，汽车内饰件生产，清洁剂和人体本身的排放等。

研究证明，VOCs会对生态环境系统造成严重影响。比如会使对流层臭氧浓度增高，在平流层上层破坏臭氧，形成臭氧空洞。环境中VOCs虽然浓度不高，但大多数有毒性和致癌作用。VOCs 可通过呼吸道进入人体，对人类健康造成危害。因此，VOCs 在国际上引起了很大重视，特别是室内环境中，世界各国都对 VOCs 含量作了限制，并制定了相应的测试方法。比如，我国《民用建筑室内环境污染控制规范》规定Ⅰ类民用建筑工程的总 VOCs 含量为 0.5mg/m³、Ⅱ类民用建筑工程为 0.6mg/m³。国家强制标准 GB 18582—2020《建筑用墙面涂料中有害物质限量》规定：墙面漆中的 VOCs 含量须≤200g/L；环境标志认证标准也要求墙面漆除水后的 VOCs 含量要≤80g/L。发达国家的标准则更严苛，如欧盟标准中墙面漆的 VOCs 含量须≤75g/L。为此，世界各国还制定了测定 VOCs 的标准方法。附录所列标准中就有不少地方标准和行业标准是用 GC 和 GC-MS 测定环境中 VOCs 的。

6.4.5.2　分析 VOCs 的 GC 方法

（1）样品处理

VOCs 在大气、水和底泥等样品中的浓度很低，一般在 ng/L 到 μg/L 量级，因此，必须经过样品的处理（萃取和浓缩等），才能用 GC 等仪器分析方法测定。常见的样品处理技术有液液萃取、SPE、SPME、MAE、SFE、索氏萃取、膜萃取以及凝胶色谱和顶空色谱等。由于 VOCs 的挥发性强，在样品处理过程中如何避免目标物的损失，是一个必须关注的问题。比如液液萃取处理水样简单易行，但若用正己烷萃取苯系物，在浓缩样品过程中就会损失 40% 以上的二甲苯。相比之下，SPME 是一种处理 VOCs 样品很有吸引力的技术。它不仅装置简单，易于实现自动化，而且是无溶剂萃取，环境友好。SPME 可以同时实现样品的采集和富集，与 GC 直接联用，利用 GC 进样口进行热解吸。所以，很适合环境中 VOCs 的分析，需要注意的问题是选择对 VOCs 吸附能力强的吸附剂（萃取探头）。在标准方法中，已经有多项方法采用了 SPME 技术来处理样品，特别是顶空 SPME 处理大气和水样。此外，热解吸进样和顶空进样 GC 也有较多的应用，如果静态顶空 GC 的检测灵敏度不够，动态顶空（吹扫、捕集）GC 就是很好的选择。

（2）分析检测

分析 VOCs 的技术有多种，各有优缺点。比如红外光谱法和荧光光度法，分析过程简单，速度快，但缺乏有效的分离能力，且灵敏度有限。近年来荧光传感技术发展很快，但很难同时测定几种甚至几十种化合物。相比之下，GC 最适合于 VOCs 的分析。它不仅一次进样就可实现分离和分析，而且可以分离同分异构体，包括旋光异构体。美国 EPA 测定 VOCs 的标准方法均采用 GC，我国基本也是如此。

分离 VOCs 多采用非极性和中等极性固定液的色谱柱，如 OV-1、SE-54 和 FFAP 等。图 6-25 为 FFAP 毛细管柱上 12 种工作场所 VOCs 的色谱图，采用了程序升温和程序升流（也可程序升压）技术，分离效果很好。注意，图中没有间二甲苯的峰，可能由于其与邻二甲苯难以分离。

常用的检测器有 FID（适合于测定烃类）、ECD（适合于测定卤代烃）、FFD（适合于测定含硫和含磷化合物）、PID（适合于测定多环芳烃类）等。GC-MS 现已成为实验室常规技术，适合于各种 VOCs 的测定，不仅能给出可靠的峰鉴定结果，而且抗干扰能力强。尤其是 GC-MS/MS，可有效消除背景信号的干扰，提高检测灵敏度。当然，仪器成本高对于基层的环境监测实验室可能是一个问题。现场监测或野外分析一般用便携式或微型

GC，参见第 4 章的介绍。

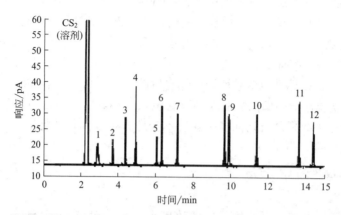

图 6-25 采用程序升温、程序升流双程序分析工作场所 12 种 VOCs 的色谱图[40]

色谱峰：1—甲基环己烷；2—乙酸乙酯；3—丁酮；4—苯；5—丙烯酸乙酯；6—甲基异丁酮；7—甲苯；8—乙苯；9—对二甲苯；10—邻二甲苯；11—苯乙烯；12—环己酮

分析条件：GC-FID，FFAP（30m×250μm×0.25μm）；程序升温，初温 35℃，保持 6.0min，以 5℃/min 的速率升温至 81℃；载气（氮气）初始流速 8.0mL/min，保持 1.7min，以 100mL/min² 的速率降至 0.5mL/min，保持 1.2min，再以 100mL/min 的速率升至 10.0mL/min；分流进样，240℃；FID 检测器，温度 300℃

样品制备：用大气采样器，GH-1 型活性炭管，以 200mL/min 的流量采集空气样品 15min。采样完成后，立即封闭活性炭两端，置清洁容器内运输和保存，样品置 4℃冰箱内保存。将采过样的固体吸附剂倒入溶剂解吸瓶中，各加入 1.0mL CS₂，旋紧瓶盖，振摇 1min，解吸 30min，得待分析样品

（3）应用举例

室内空气微环境污染越来越为人们所关注，其中室内 VOCs 成分复杂、浓度很低，且大多对人体有毒有害，对其进行可靠的分析检测就成为环境分析面临的挑战之一。一般情况下，室内 VOCs 的来源不仅受室外空气污染的影响，还与复杂的室内装修材料和室内污染源排放密切相关。美国 EPA 在 1990 年《清洁空气法》中颁布的 189 种优先控制的有毒空气污染物中有 166 种有机物，其中挥发性有毒有机物有 97 种之多。事实上，目前室内空气中已经检测出有机化合物超过 1000 种。下面的应用实例定性和定量测定了广州 8 种室内环境共 62 种 VOCs，初步探讨了其成分特征和来源[41]。

① 样品采集与制备。采样方法将清洗干净并抽成真空的采样罐放置在室内地板上平稳的地方，拧开采样进口螺母，连接限流阀、不锈钢过滤头和采样管，在指定采样时间打开采样罐阀门开始采样，采样流量为 30mL/min，采样时间为 30min。停止采样后卸下采样管、过滤头和限流阀，拧上螺母，贴上标签，送回实验室分析。

将采样罐连接预处理浓缩仪进样通道，内标罐（浓度为 100μg/m³）连接内标进样通道，开始进行固体吸附浓缩-Tenax 管吸附-小容积吸附玻璃管聚焦共 3 级单元的处理，脱水和除 CS₂。

第 1 级：加热浓缩单元至 180℃，通入氮气吹扫干净；在浓缩室外侧采用液氮降温至 −180℃；无油单级泵将采样罐中 500mL 样品抽入浓缩室，再从内标罐抽入 100mL 内标，部分水蒸气在进入浓缩室过程中被固体吸附剂吸附，少量水、CO₂、VOCs 和内标呈固体

状态富集在浓缩室中。

第2级：液氮冷冻吸附管至−20℃，加热第1级至20℃，同时以小流量载气将第1级中的CO_2、VOCs和内标向第2级转移，水分则继续留在第1级。CO_2很快通过吸附管，VOCs和内标则被吸附在吸附管内。

第3级：液氮降温至−180℃；加热第2级至180℃，以小流量载气将第2级转移到第3级进行聚焦，GC-MS准备进样分析。同时，加热第1级至180℃，打开吹扫清洗阀，通入氮气清除第1级中的残留水分。

② GC-MS分析条件。毛细管色谱柱：SE-54（60m×0.32mm×1.0μm）；程序升温，−55℃保持5min，以45℃/min升至35℃，再以8℃/min升至155℃，最后以9℃/min升至200℃，保持5min，全过程运行时间为32min；载气为氦气，流速0.85mL/min（流量）。MS采用EI源，70eV，扫描范围为35～200u；传输管温度为280℃。利用NIST质谱数据库和混合气体标准化合物进行定性分析，采用内标法定量。

③ 结果与讨论。表6-7列出了62种VOCs的分离结果和定量方法学数据（色谱图略）。可见RSD小于30%，在1～1000μg/m³的浓度范围内所有化合物的工作曲线都过原点。为保证工作曲线定量的有效性，在每批样品分析前先对工作曲线中间浓度水平的混合标准样品进行测试，定量结果与配气理论浓度值偏差小于30%。为确保定量准确性，进行了空白（包括仪器空白、采样罐空白和空气空白）、平行样、重复样和质量控制样品（计算审计精度）实验。空白分析要求不含目标化合物，或目标化合物浓度小于3倍LOD，重复样要求每个目标化合物两次定量差值与两次定量均值的比值小于25%，即回收率在75%～125%之间。在每批样品分析前，对浓度为25μg/m³的混合标准气体进行测定，定量结果与理论值的差值除以理论值即为审计精度，每次审计精度均小于30%。

表6-7 工作曲线中各化合物的保留时间和定量方法学考察数据[41]

序号	化合物	保留时间/min	RSD[①]/%	LOD/(μg/m³)	运行空白	回收率/%	审计精度/%
1	丙烯	5.58	19.3	0.44	ND[②]	89.8	10.2
2	氟利昂-12	6.34	16.1	0.17	ND	95.9	0.92
3	氯甲烷	8.18	20.0	0.41	ND	90.1	3.23
4	氟利昂-114	8.84	19.2	0.16	ND	109.3	0.52
5	氯乙烯	9.05	22.4	0.41	ND	100.6	6.57
6	1,3-丁二烯	9.96	18.1	0.28	ND	113.5	24.0
7	溴甲烷	10.81	18.8	0.20	ND	100.2	3.12
8	氯乙烷	11.19	17.8	0.35	ND	98.4	0.70
9	乙醇	11.60	18.1	0.17	ND	79.5	15.3
10	氟利昂-11	12.00	17.6	0.14	ND	110.0	10.2
11	丙酮	12.19	22.1	0.10	ND	121.6	25.8
12	异丙基醇	12.40	18.6	0.51	ND	107.4	1.51
13	1,1-二氯乙烯	12.52	16.1	0.19	ND	92.5	6.90
14	氟利昂-113	12.77	16.4	0.15	ND	106.3	2.00
15	二氯甲烷	12.89	13.9	0.16	0.24	99.8	0.89
16	二硫化碳	12.99	14.9	0.63	ND	81.9	12.8

续表

序号	化合物	保留时间/min	RSD[①]/%	LOD/(μg/m³)	运行空白	回收率/%	审计精度/%
17	反-1,2-二氯乙烯	13.39	15.7	0.38	ND	93.9	9.80
18	甲基叔丁基醚	13.50	15.4	0.17	ND	97.0	5.79
19	1,1-二氯乙烷	13.66	14.1	0.16	ND	99.8	0.21
20	乙酸乙烯酯	14.01	18.7	0.22	0.25	86.5	10.0
21	丁酮	14.11	18.7	0.22	0.32	93.1	5.74
22	己烷	14.21	15.1	0.22	ND	99.3	0.11
23	顺-1,2-二氯乙烯	14.32	16.2	0.16	ND	92.0	11.7
24	乙酸乙酯	14.33	23.1	0.24	0.29	105.4	0.54
25	氯仿	14.46	16.2	0.25	ND	97.2	6.88
26	呋喃	14.69	21.5	0.35	ND	118.0	14.2
27	1,1,1-三氯乙烷	15.08	21.8	0.22	ND	95.6	0.55
28	1,2-二氯乙烷	15.14	23.9	0.17	ND	99.0	0.32
29	苯	15.43	19.4	0.19	ND	121.0	15.1
30	环己烷	15.46	22.5	0.20	0.20	99.4	1.89
31	四氯化碳	15.45	30.0	0.17	ND	82.6	3.50
32	庚烷	16.00	16.6	0.19	0.21	99.0	1.11
33	1,2-二氯丙烷	16.09	16.4	0.18	ND	101.9	2.66
34	三氯乙烯	16.22	21.4	0.18	0.30	89.1	9.01
35	1,4-二氧杂环乙烷	16.52	30.0	0.25	ND	77.3	20.7
36	一溴二氯甲烷	16.82	27.2	0.17	ND	97.9	8.97
37	甲基-异丁基酮	17.09	25.3	0.10	0.15	90.4	8.80
38	反-1,2-二氯丙烯	17.21	27.2	0.18	ND	91.0	3.54
39	顺-1,2-二氯丙烯	17.91	21.0	0.18	ND	98.6	0.56
40	甲苯	17.92	17.5	0.17	0.21	105.3	3.22
41	1,1,2-三氯乙烷	18.20	17.3	0.17	ND	102.0	3.03
42	甲基-丁基酮	18.48	21.6	0.26	0.28	94.1	9.90
43	二溴一氯甲烷	19.06	26.3	0.17	ND	99.7	1.02
44	1,2-二溴乙烷	19.10	16.4	0.15	ND	99.0	0.31
45	四氯乙烯	19.66	16.2	0.17	ND	91.7	4.67
46	邻/对二甲苯[③]	20.04	20.5	0.11	0.17	110.0	11.8
47	氯苯	20.09	21.3	0.17	0.20	103.7	8.75
48	乙苯	20.32	21.0	0.18	0.27	102.1	0.95
49	苯乙烯	20.90	21.4	0.16	0.26	112.0	9.79
50	溴仿	21.12	22.3	0.18	ND	99.2	0.59
51	间二甲苯	21.54	20.5	0.11	0.17	100.3	3.11
52	1,1,2,2-四氯乙烷	22.00	21.4	0.18	0.22	100.8	1.09
53	对乙基甲苯	22.71	19.9	0.16	0.18	110.5	9.39
54	1,3,5-三甲基苯	22.91	19.9	0.16	0.20	109.9	6.31
55	1,2,4-三甲基苯	23.49	19.4	0.14	0.20	107.0	5.23
56	1,3-二氯苯	23.90	20.3	0.19	0.20	94.7	8.55
57	苄基氯	24.13	20.1	0.30	ND	81.9	14.3
58	1,4-二氯苯	24.21	20.3	0.23	0.25	90.1	9.90

续表

序号	化合物	保留时间/min	RSD[①]/%	LOD/(μg/m³)	运行空白	回收率/%	审计精度/%
59	1,2-二氯苯	24.31	19.1	0.25	ND	90.8	11.5
60	1,2,4-三氯苯	27.60	19.9	0.20	ND	87.2	23.7
61	六氯-1,3-丁二烯	28.28	19.5	0.30	ND	99.4	0.88

① $n=4$。

② ND 表示未检测到。

③ 邻/对二甲苯没有分开。

采取上述方法对广州市 4 种主要室内环境（家庭、办公室、餐厅、宾馆、歌舞厅、图书馆、大型商业城和停车库等）以及室外环境对照点白云山，在夏季进行了采样和监测。每种室内环境选取 3～5 个不同的采样点进行采样，每个采样点采样 2～3 次，共采集 95 个有效样品，其中空白和平行样为 16 个。62 种有毒 VOCs 在样品中均有检出。表 6-8 列出了所有样品的平均浓度和浓度范围统计结果。

表 6-8　广州市 8 大类典型室内环境、室外环境背景和空白样品分析检测的统计结果[41]

单位：μg/m³

室内环境		烷烃类+卤代烷烃	烯烃类+卤代烯烃	苯系物	含氧化合物			总平均浓度值
					醇、醚类	醛、酮类(不含甲醛)	其他(呋喃、酯类)	
宾馆	范围	17.94～448.88	6.22～40.78	90.02～176.90	4.03～572.75	13.05～84.96	4.06～20.94	470.47
	平均值	48.57	25.25	116.59	122.77	42.13	10.91	
家庭	范围	8.16～48.01	4.58～33.24	18.78～154.09	6.31～165.08	11.14～26.04	2.64～13.86	240.61
	平均值	41.57	20.47	93.87	48.27	17.70	6.39	
餐厅	范围	4.59～86.74	2.06～36.24	32.52～1079.28	4.46～52.11	11.02～49.99	2.26～10.89	475.50
	平均值	42.64	22.48	342.67	32.02	26.66	5.48	
歌舞厅	范围	6.77～39.51	2.45～18.23	27.78～185.97	35.54～99.34	7.93～62.08	2.26～14.38	270.59
	平均值	36.25	15.02	105.81	61.08	27.42	6.88	
停车库	范围	39.91～600.9	40.8～121.9	47.10～783.02	22.36～217.80	31.70～991.77	18.40～1027.0	2190.44
	平均值	126.80	110.85	383.85	183.61	409.99	584.27	
图书馆	范围	8.12～331.77	1.05～31.50	25.30～207.93	27.10～283.50	10.17～42.50	5.02～301.70	555.99
	平均值	112.03	14.14	103.52	181.93	24.74	116.59	
办公室	范围	7.15～75.41	5.01～142.90	15.83～212.50	39.10～817.13	15.70～77.10	4.01～337.50	909.98
	平均值	31.02	74.95	131.07	499.61	48.66	122.24	

续表

室内环境		烷烃类＋卤代烷烃	烯烃类＋卤代烯烃	苯系物	含氧化合物			总平均浓度值
					醇、醚类	醛、酮类（不含甲醛）	其他（呋喃、酯类）	
大型商业城	范围	12.08～101.90	31.75～337.00	135.07～500.9	37.50～180.57	57.00～409.20	11.70～517.20	1177.13
	平均值	58.94	181.54	327.90	99.19	230.85	278.71	
白云山	范围	17.10～30.67	5.63～11.62	58.18～204.47	2.44～9.63	16.13～41.39	4.50～12.96	213.41
	平均值	24.83	9.91	130.31	6.68	29.71	8.35	
空白样品	范围	0.30～1.80	0.41～0.99	0.52～1.12	ND	0.10～0.50	0.32～1.31	1.09
	平均值	0.92	0.50	0.93	ND	0.31	0.78	

表6-8反映出室内空气中总有毒VOCs的平均浓度从低至高为：白云山<家庭<歌舞厅<宾馆<餐厅<图书馆<办公室<大型商业城<停车库。所有室内均高于室外环境背景对照点白云山的平均浓度，而样品空白低于3倍检出限。由此可见：第一，分析方法可靠，数据有效；第二，广州市室外环境空气中的VOCs浓度水平较高，尽管其平均值与家庭和歌舞厅接近，但是它们的组成特征不同；第三，大型商业城、办公室和图书馆等高浓度VOCs的检出表明，人们长期生活和暴露的室内环境已经成为影响身体健康的主要因素，应该引起重视；第四，停车库与其他室内环境不同，VOCs平均浓度高出环境背景10倍多，各类化合物浓度都很高，特别是烷烃类、卤代烷烃、烯烃类、卤代烯烃和含氧化合物均处于最高浓度水平，表明它是室内污染物主要排放源。

参考一些室内污染源调查和国内外文献，本例探讨了室内VOCs特征分布。第一，卤代烷烃主要来源于黏合剂、自来水（三卤烷烃）、油漆涂料和日用品（二氯甲烷）等。家庭、歌舞厅、大型商业城和餐厅样品中卤代烷烃/烷烃比值较高，分别为83%、70%、68%和55%，反映了卤代烷烃的使用率高；而图书馆、办公室、停车库等样品中则较低，说明它们受该类污染源排放影响小。第二，卤代烯烃主要来源于建筑材料和装饰材料（氯乙烯）、油漆涂料（二氯丙烯）等，家庭、餐厅和宾馆样品中卤代烯烃/烯烃浓度比值较高，说明它们主要受这些污染源的影响。白云山这个比值也高，可能与植物排放或大气环境污染有关。停车库该比值仅为3%，反映出卤代烯烃不是机动车排放源特征化合物。第三，卤代苯系物主要来源于装饰材料（溴代芳烃）等。由卤代苯/总苯系物比值分析可知，餐厅、办公室、大型商业城比较多采用这些装饰材料，而停车库和白云山样品中所占比例极少。第四，苯系物来源广泛，燃油燃烧（机动车等）、建筑材料（苯、苯乙烯、乙苯等）、装饰材料（苯乙烯等）、油漆涂料和日用品等都会含有大量的苯系物，因此，室内和室外环境样品中很容易检测出较高浓度的苯系物。但是，因为燃油燃烧时更多的烷基苯被氧化生成其他化合物，而苯的影响相对较小，所以燃油燃烧和溶剂蒸发排放出来的苯、甲苯和苯系物具有不同的混合比例。苯/苯系物（α_1）和苯/甲苯（α_2）比值越高，表明受机动车排气污染的程度越严重。白云山距离交通干线较远，这两个比值较低（分别为11%

和 17%）。停车库受汽车尾气排放直接的影响，具最高比值（α_1 和 α_2 分别为 41% 和 115%）。办公室和歌舞厅一般距交通排放源较近，因此也具有较高的比值。其他室内样品主要与室内装饰、建筑材料、油漆涂料和日用品等使用有关。第五，含氧有机物来源比较复杂，建筑装饰材料、黏合剂、油漆涂料、有机燃料燃烧和日用品和其他商品等人为源、植物天然源排放和大气化学反应均可以产生含氧有机物，各种类型室内环境具有不同的醇醚类/含氧有机物（α_3）、醛酮类/含氧有机物（α_4）和酯类/含氧有机物（α_5）比值，表明它们不同的来源特征。白云山具有较高的 α_4（66%），办公室和图书馆具有较高的 α_3（分别为 75%、18% 和 56%、36%）；停车库和大型商业城具有高的 α_4 和 α_5，但彼此有差别。宾馆、家庭、歌舞厅属于相似的一类，具有高 α_3（64%～70%）。餐厅同时具有高 α_3 和高 α_4。这些分布特征与具体污染物来源之间的关系值得进一步研究。

6.4.6 其他重要污染物的分析

6.4.6.1 饮用水中十种硝基苯类污染物的分析

苯酚类、氯代苯类和硝基苯类化合物是我国环境保护中优先控制的高毒污染物，特别是硝基苯类物质，它是染料合成、油漆涂料、塑料、炸药、医药及农药制造等领域的重要中间体，具有明显的致突、致畸和致癌性。这些有毒污染物在工业生产过程中可能随废物排放到环境中，还有可能在发生生产事故时泄漏出来，从而造成对地表水、土壤和地下水的污染。因此我国标准 GB 3838—2002《地表水环境质量标准》中对这几类化合物有标准限值规定，比如，硝基苯 0.017mg/L、二硝基苯 0.5mg/L、2,4-二硝基甲苯 0.0003mg/L、2,4,6-三硝基甲苯 0.5mg/L，并制定了这些污染物相应的检测标准方法。下面举例说明饮用水中硝基苯化合物的测定方法[42]。

（1）样品制备

饮用水样经全自动 SPE 仪处理。依次用 5mL 二氯甲烷、5mL 甲醇和 10mL 水活化 C_{18} 萃取小柱，流速为 5mL/min。准确量取 1000mL 水样，向每份水样中加入 5mL 甲醇，混匀。使水样以 8mL/min 的流速上样，用 10mL 水冲洗样品瓶内壁，再用 10mL 纯水淋洗 SPE 小柱，除去杂质。然后用氮气吹扫小柱 10min。最后用 15mL 二氯甲烷分两次（5mL＋10mL）以 2mL/min 的速度洗脱样品，洗脱液经无水硫酸钠脱水后，浓缩至 0.5mL 左右，加入 20μL 内标液（1-溴-2-硝基苯的丙酮溶液），定容至 1mL，待测。

（2）仪器分析条件

GC 采用 Rtx-5 MS（30m×0.25mm×0.25μm）毛细管柱；程序升温，60℃开始，以 10℃/min 的速率升至 200℃，再以 15℃/min 升至 250℃；载气（He）流速 1.0mL/min；不分流进样，温度 250℃；进样量 1μL。

MS 为 EI 源，温度 200℃，电离能量 70eV，碰撞气为 Ar；溶剂延迟时间 5min，传输管温度 280℃；扫描范围 40～500amu，扫描时间 300ms。

分析时先确定前体离子，再确定产物离子和优化碰撞电压，从而建立 MRM 方法。用二级 MS 定性和定量。有关 MS 参数及方法学数据见表 6-9，图 6-26 是总离子流色谱图。

（3）结果与讨论

表 6-9 中的数据说明。在相同的 GC 条件和 MS 离子源电压条件下，分别用 MRM 方法与单选择离子方法对实际地表水样品进行加标（0.020μg/L）分析，MRM 方法与单级

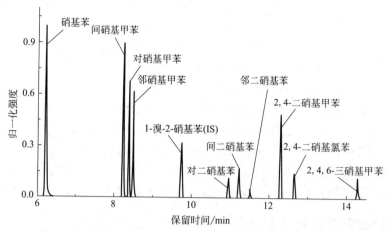

图 6-26　十种硝基苯类化合物在 MRM 条件下的总离子流色谱图

MS 选择离子方法的信噪比大幅提高了 22～1330 倍，MRM 方法中经碰撞池和第三级四极杆筛选后大大降低了背景噪声，灵敏度也随之增高，假阳性物质干扰少。

依据标准 HJ 168—2020《环境监测　分析方法标准制修订技术导则》附录 A 计算方法检出限，如表 6-9 所示。在相同取样体积的情况下，采用多级 MS 的检出限较单级 MS 方法（HJ 716—2014）有很大的提升。三次测定的 RSD 小于 13.4%。

表 6-9　十种硝基苯类化合物的检测方法参数[42]

化合物	定性离子/(m/z)	碰撞电压1/V	定量离子/(m/z)	碰撞电压2/V	线性相关系数①	回收率②/%	检出限/(μg/L)
硝基苯	123.00＞77.10	15	77.00＞51.10	18	0.9980	70.9	0.0025
间硝基氯苯	157.00＞111.00	15	111.00＞75.00	15	0.9999	88.0	1.0010
对硝基氯苯	127.00＞99.10	15	111.00＞75.00	12	0.9999	88.4	0.0011
邻硝基氯苯	157.00＞99.10	15	111.00＞75.00	18	0.9998	89.9	0.0010
1-溴-2-硝基苯	201.00＞143.00	21	155.00＞76.10	18			（内标）
对二硝基苯	122.00＞75.00	27	168.00＞75.1	15	0.9996	107	0.0008
间二硝基苯	92.00＞63.10	24	168.00＞75.1	15	0.9992	118	0.0012
邻二硝基苯	168.00＞7500	18	90.00＞64.00	24	0.9999	108	0.0028
2,4-二硝基甲苯	165.00＞63.10	9	90.00＞64.00	27	0.9994	122	0.0008
2,4-二硝基氯苯	202.00＞63.00	12	110.00＞75.10	20	0.9992	88.1	0.0012
2,4,6-三硝基甲苯	89.00＞63.10	6	210.00＞164.10	18	0.9994	121	0.0010

① 浓度范围 0.010～0.200μg/L。

② 回收率用加标（20μg/L）样品测定。

6.4.6.2　环境中臭味物质分析

人们的生活环境有时会碰到异味或臭味，地表水和地下水甚至饮用水也会有异味。形成异味的常见原因是一些有毒有害的有机物气体，比如硫化氢、吡啶、土臭素、2-甲基异莰醇、硫醇类、硫醚类、丙烯酸酯类，等等。恶臭气味的来源多是动植物分解腐败、屠宰场、畜禽养殖、食品加工、塑料厂、造纸厂、涂料厂、垃圾焚烧厂、垃圾填埋场、污水处理厂等，也有的来自有关化工厂的泄漏。恶臭污染物不仅给人们造成不良的心理影响，对人体的呼吸系统、消化系统、心脑血管系统、内分泌系统以及神经系统都会造成不同程度的损害，有些恶臭物质还有致癌作用。有的恶臭污染物质还可在对流层大气中发生氧化反应和光化学反应，造成酸雨和光化学烟雾污染的发生。因此，我国制定了特定场所恶臭气味物质的限量标准和检测方法，比如检测大气中硫化氢的光谱方法（GB/T 11060.3—2018）、检测水中土臭素和2-甲基异莰醇的GC-MS方法（DB37/T 4162—2020）、测定水中吡啶的顶空GC方法（HJ 1072—2019）等。下面举几个GC和GC-MS测定异味物质的实例。

（1）4种丙烯酸酯的GC分析

丙烯酸甲酯、甲基丙烯酸甲酯、丙烯酸乙酯、丙烯酸丁酯的主要用途是作有机中间体及合成高分子如有机玻璃的单体。均为无色透明液体，微溶于水，易溶于乙醇、乙醚等有机溶剂。这4种物质都具有易挥发性，浓度很低时即产生令人恶心的臭味，且有致癌作用；在生产过程中常同时使用，极易造成对环境的污染。采用GC可以同时快速测定空气、废气中这4种丙烯酸酯的含量。

样品采集和制备：用活性炭采样管进行现场采样，采样速度为0.5L/min，采样时间为120min。采样后将活性炭采样管密封送至实验室，将活性炭采样管中的活性炭倒入5mL浓缩管中，加入1mL二硫化碳并解吸40min，其间振摇数次。待测。

仪器分析条件：色谱柱为HP-INN0WAX毛细管柱（30m×0.32mm×0.5μm），柱温75℃；载气为N_2；柱前压55kPa；检测器（FID）温度250℃；空气流速450mL/min，氢气流速45mL/min，尾吹气（N_2）流速45mL/min；分流进样，温度200℃，分流比1：1，进样量1μL。外标法定量。

分析结果：图6-27为4种丙烯酸酯的色谱图，可见，4个峰均基线分离，样品中加入乙酸乙酯可作为质量控制物质或内标物。定量工作曲线线性关系良好，相关系数大于0.999。采用体积为60L时，检测限为0.005mg/m³。方法回收率为87.6%～101%，RSD（$n=6$）小于6.9%。该法可以准确测定空气和废气中4种丙烯酸酯的含量。

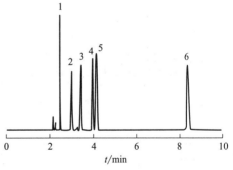

图6-27 丙烯酸酯混合标准溶液的色谱图[43]
色谱峰：1—CS_2（溶剂）；2—乙酸乙酯；
3—丙烯酸甲酯；4—丙烯酸乙酯；
5—甲基丙烯酸甲酯；6—丙烯酸丁酯

（2）GC-MS测定水中典型臭味物质

饮用水中的臭味物质是一个值得关注的环境热点。常见的臭味物质是土臭素（二甲基萘烷醇，GSM）和2-甲基异莰醇（MIB），其嗅阈值分别仅为5～10ng/L和1～10ng/L。我国标准GB 5749—2022《生活饮用水卫生标准》对GSM和MIB的限值均为10ng/L。

对臭味物质的测定首先要进行水样处理，如闭环捕集、液液萃取、吹扫捕集、液相微萃取、搅拌棒吸附萃取、SPE和SPME均有成功的应用。然后采用GC或GC-MS进行分离测定。地方标准DB37/T 4162—2020《水质 嗅味物质的测定 固相萃取-气相色谱-质谱法》规定了用SPE处理样品，GC-MS方法测定生活饮用水及其水源水中2-异丙基-3-甲

氧基吡嗪、2-异丁基-3-甲氧基吡嗪、MIB、2,4,6-三氯苯甲醚、GSM 的方法。这里再举一个采用吹扫-捕集处理样品，同位素稀释法-GC-MS 测定水中典型臭味物质 MIB 和 GSM 的例子，该法有效消除了样品处理过程中物质的损失和测定过程的基体效应等因素对分析准确度的影响，并用于不同实际水样中臭味物质的测定。

样品处理：取 25mL 水样，加入稳定同位素内标：氘代 2-甲基异莰醇（d_3-MIB）和氘土臭素（d_5-GSM），再加入 5g NaCl。然后用吹扫-捕集处理，于 60℃下氮气吹扫 13min，200℃脱附 0.5min，240℃烘焙 10min。吹扫流量为 40mL/min。

GC-MS 条件：DB-5 MS 毛细管柱（30m×0.25mm×0.25μm）；柱温程序，50℃保持 2min，以 5℃/min 的速率升至 160℃，再以 20℃/min 升至 280℃，保持 8min；载气（He）流速 1.0mL/min；分流进样，温度 280℃，分流比 20∶1；传输管温度 300℃。MS 离子源温度 230℃，四极杆温度 150℃，电子能量 70eV；以保留时间和质谱全扫描方式进行定性分析，扫描范围 m/z 45～200；以 SIM 方式进行定量分析。

图 6-28 为 MIB、d_3-MIB、GSM 和 d_5-GSM 的质谱图，四种化合物的定量离子分别为 m/z 107、138、112 和 114；其对应的监测离子分别是 m/z 135/150、110/153、125 和 128。结果表明，定量线性关系良好，相关系数大于 0.9997。MIB 和 GSM 的检测限分别为 4.12ng/L 和 3.60ng/L，加标（20ng/L）回收率分别为 81%～104% 和 89%～111%，RSD（$n=6$）分别为 8.86% 和 11.10%。用此法测定了福州市 4 处水体的 MIB 和 GSM，其中 MIB 未检出，GSM 含量则从水库水源的 7.37ng/L 到污水池塘的 418.6ng/L。

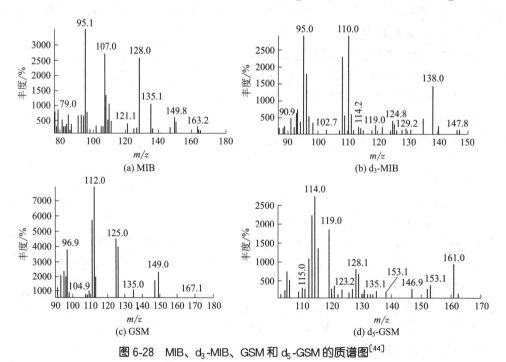

图 6-28　MIB、d_3-MIB、GSM 和 d_5-GSM 的质谱图[44]

（3）硫醇和硫醚类恶臭物质的分析

采用毛细管 GC 可以很好地分离硫醇类和硫醚类恶臭气体，比如用 GC-FPD 系统检测环境中的含硫恶臭气体甲硫醇、甲硫醚、乙硫醇、二硫化碳和二甲基二硫醚的混合气体[45]，用顶空 SPME-GC-FPD 测定废水中乙硫醇、2-甲基-2-丙硫醇、1-丙硫醇、2-丙硫醇、1-丁硫醇等烷基硫醇化合物[46]，用顶空 SPME-GC-MS 测定饮用水中 16 种硫醚[47]。图 6-29 是用 GC-MS 测定环境空气中恶臭类硫化物的总离子流色谱图。

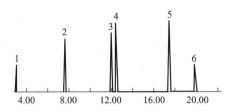

图 6-29 标准溶液的总离子流色谱图[47]

色谱峰：1—硫化氢；2—甲硫醇；3—甲硫醚；4—CS₂；5—噻吩；6—二甲基二硫醚

分析条件：GC-MS，DB-1 毛细管柱（60m×0.32mm×1.0μm）；程序升温，−45℃开始，保持 3min，以 7.5℃/min 的速升至 180℃，保持 3min；载气（He），流速 1.0mL/min；分流进样，温度 100℃，分流比 20∶1；传输管温度 250℃；MS 配 EI 离子源，离子源温度 230℃；扫描范围（m/z）30～300；四级杆温度 150℃

6.4.6.3 金属有机化合物的形态分析

（1）引言

金属有机化合物是金属和一个或多个碳原子直接键合的一类化合物，包括烷基和芳香基等与金属原子结合形成的化合物。这些化合物大多为人工合成，但铅、汞、镉、锡等在自然界会发生烷基化。一般金属有机化合物有脂溶性，比无机金属更容易通过生物膜，经肠壁吸收，进入脑血管、胎盘的量也较多，因此有更强的生物毒性，比如烷基金属化合物容易引起中枢神经障碍。甲基汞、四乙基铅、三丁基锡等金属有机化合物对环境和人体都是有害的。有机汞的毒性远大于无机汞，而有机砷的毒性则小于无机砷。为评价这些金属元素对环境和人体的危害，只测定其总量是远远不够的，还必须分析金属的存在状态，在环境分析领域叫作形态分析。

色谱技术是形态分析的主要手段，包括 GC、LC 和 CE。挥发性金属有机化合物如有机汞、有机铅和有机锡均可用 GC 来分离，检测则多用元素检测器，如原子发射光谱检测器（AED）和原子荧光检测器（AFD）。GC-AED 联用技术已广泛用于金属有机化合物形态分析，一般流程是样品的采集和处理、金属有机化合物的分离和检测、数据处理。整个分析方法是否可靠，在很大程度上取决于样品处理步骤的有效性。因此，样品处理也是形态分析的主要研究内容。我国制定了有机锡、有机汞和有机铅的 GC 标准方法，比如国标 GB/T 43571—2023《玩具材料中有机锡的测定 气相色谱-串联质谱法》。本节主要讨论 GC 分析金属有机化合物时的样品处理方法，然后举两个非标方法的应用实例，以开阔思路，促进分析方法的发展。

（2）样品的采集和制备

在元素化学形态分析中，不仅要求采集的样品具有代表性，而且在样品采集、贮存、处理过程中需要保持化学形态的完整性。样品贮存容器必须慎重选择，以避免容器壁对分析样品的吸附或容器对样品的污染。在贮存过程中，样品受贮样容器的材料、微生物、光、温度等的影响，不同形态之间的相对比例会发生显著变化。比如三丁基锡可以在聚四

303

氟乙烯容器壁上被吸附，导致被分析物的损失。在采水样时加入氯化钠可减少容器壁对甲基锡的吸附，或者酸化水样至 pH 1 也可减少容器壁对丁基锡的吸附。在分析有机锡时应避免使用聚氯乙烯容器，原因是有机锡化合物的主要用途之一就是用作聚氯乙烯的稳定剂。

微生物或酶既能引起生物甲基化，如汞的甲基化，又可引起生物降解作用，如三丁基锡被降解为一丁基锡。采样之后应立即将样品贮存于冷藏箱中，以消除任何细菌和酶的降解，并减少挥发损失和样品的污染。对含丁基锡化合物的海水样品，在−20℃下贮存于聚碳酸酯瓶中，可保存 2～3 个月。另外，金属-碳键一般较弱，受光易降解，因此，含金属有机化合物的溶液必须盛于不透光的容器中并避光保存。

在形态分析中，被分析物浓度低（沉积物中约 0.1μg/g，水中约 0.1μg/L），制备样品时既要保持分析形态不被破坏，又要消除基质的干扰，还必须满足分析系统的要求，这就使样品制备步骤成为元素化学形态分析的难点和关键。

若样品易溶于水或本来就是水溶液，则无需太多的处理。但要从沉积物和生物组织等复杂基质中同时提取某一元素的多种金属有机形态，就需要较为复杂的处理，因为金属有机化合物常常吸附于沉积物的表面，甚至与存在于沉积物中的有机配体有较强的相互作用。为保证样品制备过程中元素的化学形态不受到破坏，用于沉积物和生物样品中元素化学形态分析的提取技术分为四种基本类型：（a）稀酸（HCl，HNO₃）消化-溶剂萃取法；（b）碱抽提法，在氢氧化四甲铵中消化后，可用溶剂萃取生物样品中的烷基铅；（c）催化水解法，从生物样品中提取烷基铅形态；（d）采用有机溶剂或配位剂-有机溶剂萃取沉积物中的丁基锡形态。溶剂萃取的缺点之一是高纯溶剂消耗量大、存在乳化问题。SPE、SPME 和 SFE 均可较好地避免传统溶剂萃取的缺点。SPE 和 SPME 主要用于环境水样的处理，SFE 主要用于处理固体样品，可从沉积物或生物样品中提取和富集有机锡、甲基汞等。另外，超声波振荡也用于同时提取沉积物、软体动物组织中丁基锡，低功率聚焦微波溶出技术也可用来提取固体样品中的金属有机化合物。

大多数金属有机化合物以离子的形式存在，不易挥发，热稳定性差，需要将其衍生为非极性、易挥发、热稳定的形态，才能用于 GC 分析。在衍生反应中要保证金属-碳键不能断裂，以保证化学形态的完整性。常用的衍生化方法有氢化发生、格氏试剂衍生、四乙基硼钠衍生等。砷和铅等的金属有机离子型化合物可与硼氢化钠形成共价型氢化物，此氢化物除可用溶剂萃取外，还可用吹扫-捕集的方法分离富集，然后热解析 GC 分析。氢化发生可用于离子型烷基锡的形态分析，也可用于甲基汞的分析，而某些三烷基铅能形成稳定的氢化物，二烷基铅与硼氢化钠却不发生反应。

格氏试剂衍生是用格氏试剂向离子型金属有机化合物引入烷基，生成有一定挥发性的电中性烷基取代金属有机化合物。此类反应自发、定量地进行，只改变分析形态的挥发性，而不会导致金属-碳键断裂，已用于铅、锡的形态分析。衍生化试剂有甲基（或乙基、丙基、丁基、戊基、己基、苯基）氯化镁或溴化镁。烷基基团的大小决定衍生产物的挥发性，可据此选用格氏试剂。注意，格氏试剂衍生反应只能在完全干燥的介质中进行，通常是在用无水 Na₂SO₄ 干燥后的萃取液中进行衍生化反应。

四乙基硼钠衍生可以使三甲基铅和二甲基铅乙基化，其主要优点是衍生反应可在水相中发生，从而缩短了分析时间。与格氏试剂衍生化法相比，有机溶剂用量较少；与氢化发生法相比，乙基化产物比相应氢化产物的热稳定性好。缺点是在乙基形态之间以及乙基形态和无机金属离子之间不能区分。例如：乙基铅和 Pb^{2+} 衍生后得到相同产物四乙基铅。除了上述三种衍生化法之外，还有卤化法，即在酸性条件下使待分析形态转化为相应的卤化物。采用重氮甲烷作衍生化试剂，可以测定血液中的甲基汞。

为了提高分析灵敏度，消除干扰物，还需要对样品进行浓缩和净化。浓缩样品时要避免待测物的挥发损失和样品的沾污，常用的方法有室温下旋转蒸发浓缩、室温下减压蒸馏浓缩、室温下吹 N_2 或干净的空气浓缩、K-D 浓缩等。富含有机质的样品萃取液中含有一些共萃物，如类脂物、蜡质和色素等。这些共萃取物可能影响色谱柱的分离性能，或增大检测器的背景信号，降低检出限。这时主要的净化方法是基于柱色谱分离，也可通过反萃取，使有机基体与待测物分离。有关金属有机化合物的样品处理可参阅文献：胡广林等，气相色谱-原子光谱测定痕量金属有机化合物形态的样品前处理，分析科学学报，1998，14（2）：170-175.

（3）分离和检测

填充柱和毛细管柱均可用于金属有机化合物的 GC 分离，常用弱极性到极性固定液的毛细管柱，如 SE-54 和 OV-701。检测器则多用原子光谱检测器，如 AED，检测限在 pg 量级。原子吸收光谱法（AAS）是痕量元素化学形态分析通用的检测器，石英炉或石墨炉电热 AAS 是金属有机化合物形态测定中使用最广泛的检测技术，但其主要缺点是灵敏度随着待测形态挥发性降低而降低。冷蒸气 AAS 也可用于各种有机汞的 GC 测定。原子荧光光谱（AFS）具有很高的灵敏度，也已用在 LC 分析金属有机化合物上，可实现多元素同时检测能力。另一种检测技术电感耦合等离子体质谱（ICP-MS）越来越多地用于形态分析。GC-ICP-MS 是强有力的联用技术，定性更可靠，定量更准确，灵敏度更高。主要局限性是仪器成本高，但相信未来一定会得到更多应用。

（4）应用举例

① GC-FPD 和 GC-MS 测定塑料制品中 10 种有机锡。将不同材质塑料样品用四氢呋喃溶解，再用甲醇沉淀杂质大分子后高速离心过滤，各有机锡在乙酸-乙酸钠缓冲溶液中与四乙基硼酸钠反应生成有机锡的乙基化衍生物，经正己烷萃取后进行 GC 分析。用 GC-FPD 和 GC-MS 测定了 5 种不同塑料样品中的二甲基锡、三甲基锡、二乙基锡、一丁基锡、二丁基锡、四丁基锡、二辛基锡、三环己基锡、二苯基锡和三苯基锡共 10 种有机锡化合物。图 6-30 所示为分离结果。采用外标法定量，在 0.01～10mg/L 浓度范围内，定量线性相关系数（r）均大于 0.999。测得 PVC，PS，ABS 不同塑料样品中 10 种有机锡的回收率为 75.1%～110.1%，RSD（$n=6$）小于 10%，检出限为 0.005～0.037mg/kg。该方法可广泛用于各种塑料制品中多种有机锡的检测。

② GC-MS 分析海水中甲基汞、乙基汞和三丁基锡。海水样品用乙酸调 pH 至弱酸性，用四苯基硼酸钠进行衍生化，经正己烷提取后采用 GC-MS 进行分析。图 6-31 是分离色谱图和三种衍生物的 MS 图。甲基汞、乙基汞和三丁基锡的方法检出限分别为 0.015mg/L、0.015mg/L、0.010mg/L，测定结果的相对标准偏差均不大于 4.5%，实际样品中待测物的质量浓度均小于检出限。该方法操作简便，定性定量准确，分析成本低，可用于同时测定海水中的多种金属有机化合物。

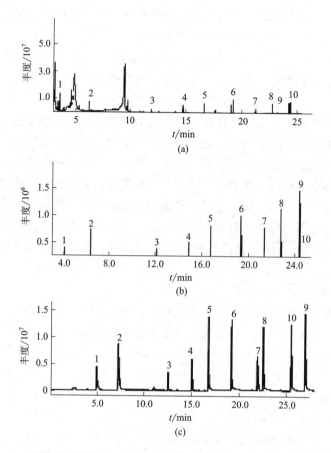

图 6-30　10 种有机锡标准物质（10mg/L）的 GC-MS（a）TIC、（b）SIM 图和
（c）GC-FPD 检测色谱图[48]

色谱峰：1—三甲基氯化锡（TMT）；2—二甲基氯化锡（DMT）；3—二乙基氯化锡（DET）；4—
一丁基氯化锡（MBT）；5—二丁基氯化锡（DBT）；6—四丁基氯化锡（TeBT）；7—二
苯基氯化锡（DPhT）；8—二辛基氯化锡（DOT）；9—三苯基氯化锡（TPhT）；10—三
环己基氯化锡（TCyT）

分析条件：GC-MS 采用 DB-5 MS 毛细管柱（30m×0.25mm×0.25μm），GC-FPD 采用 DB-1701
毛细管柱（30m×0.32mm×0.25μm）；程序升温，40℃开始，保持 2min，以 5℃/min
升至 80℃，再以 15℃/min 升至 250℃，保持 10min，最后以 20℃/min 升至 280℃；载
气（He）流速 1mL/min（恒流）；进样口温度 280℃；不分流样 2.0μL。MS 配 EI 源；
检测器电压 1.05kV；离子源温度 200℃；传输管温度 280℃；溶剂延迟 2.5min；扫描
范围 50～400amu；根据有机锡化合物各自的保留时间及特征离子峰进行定性分析，
采用分段选择离子检测方式（SIM）进行定量分析。FPD 条件：温度 280℃；氢气流
速 80mL/min；空气流速 70mL/min

　　上面讨论了 GC 在环境中特殊污染物分析中的应用实例，其实还有很多，限于篇幅不
再一一讨论。至此，我们介绍了 GC 最重要的应用——石化、农残和环境分析，尤其是复
杂基质的样品处理和制备，这对后面的应用都是有用的。接下来我们讨论其他应用时就不
再细述样品处理问题，而把重点放在色谱分离上。

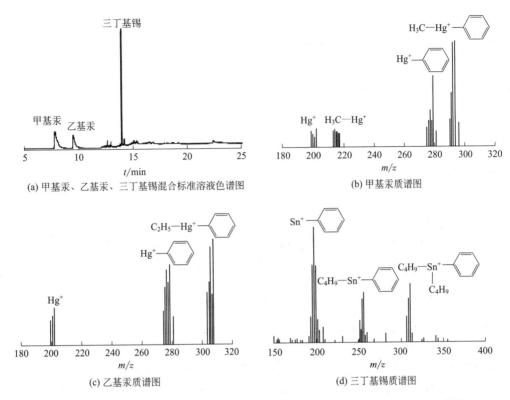

图6-31 甲基汞、乙基汞和三丁基锡混合物的色谱图和三种衍生物的质谱图[49]

分析条件：色谱柱为 HP-5 MS 毛细管柱（30m×0.25mm×0.25μm）；程序升温，60℃开始，保持1min，以15℃/min 升至150℃，保持3min，再以25℃/min升至250℃，保持15min；载气（He）流量1mL/min；进样口温度 250℃，不分流进样，进样量1μL。MS配EI源，电离能量70eV；离子源温度230℃；传输管温度280℃； 溶剂延迟3.75min；离子检测方式为SIM；甲基汞、乙基汞、三丁基锡的定性离子分别是 m/z 292.279、 306.279、255.311，定量离子分别是 m/z 294、308、197

6.5 药物分析

6.5.1 引言

　　药物分析贯穿药物研发到临床使用的全过程，从药物先导化合物的筛选到药代动力学 研究；从原材料的质量控制到生产工艺的监控；从临床试验到上市后的质量检验。既有药 效成分的分析，又有杂质含量的测定，还有有毒有害成分的监测。药物分析的具体方法既 有化学的，也有物理的，还有生物的。随着制药工业的发展，特别是生物制药技术的进 步，各种色谱及色谱-质谱联用方法都广泛应用于药物分析。

　　《中华人民共和国药典》简称中国药典，2020年版分为四部：一部收载药材和饮片、 植物油脂和提取物、成方制剂和单味制剂等；二部收载化学药品、抗生素、生化药品以及 放射性药品等；三部收载生物制品；四部收载通则，包括：制剂通则、检验方法、指导原 则、标准物质和试液试药相关通则、药用辅料等。中国药典（2020年版）新增品种319 种，修订3177种，不再收载10种，品种调整合并4种，共收载品种5911种。四部收载

通用技术要求 361 个，其中制剂通则 38 个（修订 35 个）、检测方法及其他通则 281 个（新增 35 个、修订 51 个）、指导原则 42 个（新增 12 个、修订 12 个）；药用辅料收载 335 种，其中新增 65 种、修订 212 种。在所有检测方法中色谱及色谱-质谱联用方法占了不小的比例，尤其是 TLC 和 HPLC 及 LC-MS。GC 所占比例不大，下面以中国药典所载分析方法为基础，主要讨论 GC 在药物分析中的应用。

6.5.2 农药及溶剂残留分析

6.5.2.1 农药残留测定

（1）简述

在 6.3 节专门讨论过各种农残的 GC 检测，基本原则和方法都适用于药品中农残的检测。药物分析中涉及农残的主要是中药材，其要求普遍比环境分析中严格一些。目前，国内外对于中药材农药残留限量的标准主要以药典为准，《欧洲药典》（EP8.0）、《美国药典》（USP38）和《英国药典》（BP2015）均制定了 70 项涉及有机氯、有机磷和拟除虫菊酯类等共计 105 种农药的最大残留限量；《日本药局方》（JP16）仅规定六六六和滴滴涕的总量限量，均为 0.2mg/kg；韩国食品医药品安全厅于 2007 年公布了"中药材中重金属和农药残留限量标准及检测方法"共制定了 42 项涉及 48 种农药的最大残留限量标准。此外，日本于 2006 年开始实施的所谓"肯定列表制度"，其中涉及的农业化学品以农药为主，仅"暂定限量标准"规定的农药就有 734 种。中国药典（2000 年版）首次规定了 9 种有机氯农药残留的检测方法，药材中只对甘草、黄芪提出限量规定，其余药材均未提出限量要求。中国药典（2010 年版）提出 9 种有机氯农药残留、12 种有机磷农药残留和 3 种拟除虫菊酯农药残留的检测方法，而且规定了甘草和黄芪两种药物的六六六、滴滴涕、五氯硝基苯的限量标准。中国药典（2015 年版）在中药材品种中增加人参、西洋参、甘草、黄芪、人参茎叶总皂苷、人参总皂苷 5 个品种农药残留限量标准，同时通则中增加农残检测方法（如 22 种有机氯农药的 GC 方法，74 种不同种类农药的 GC-MS 方法，以及 153 种农药的 LC-MS 方法）。中国药典（2020 年版）一部在红参中增加了非禁用农药的限量标准，同时规定 33 种禁用农药 55 个化学单体不得检出（不得超过定量限），并写入"0212 药材和饮片检定通则"。新增的"2341 农药残留量测定法第五法"中给出多种禁用农药的具体测定方法。第五法中禁用农药多残留测定法，要求以三种前处理方法和 LC-MS/MS 和 GC-MS/MS 为检测手段，检测的禁用农药有 33 种，共计 55 个化合物，并规定所有禁用农药都不得检出（测定含量低于定量限要求 0.01～0.1mg/kg），其中，涉及 LC-MS/MS 方法检测的化合物有 31 种，GC-MS/MS 方法检测的化合物有 35 种，有 11 种化合物可以用两种方法同时进行检测，其中规定的 33 种 55 个残留农药测定须使用两种仪器才能完成。图 6-10 列出了这些标准的规定。

表 6-10 中国药典（2020 年版）收载的农药残留标准

非禁用农药的限量标准	
品种名称	限量标准
黄芪、甘草	五氯硝基苯不得过 0.1mg/kg
人参、西洋参、红参	五氯硝基苯不得过 0.1mg/kg；六氯苯不得过 0.1mg/kg；七氯（七氯、环氧七氯之和）不得过 0.05mg/kg；氯丹（顺式氯丹、反式氯丹、氧化氯丹之和）不得过 0.1mg/kg

非禁用农药的限量标准	
品种名称	限量标准
人参总皂苷、人参茎叶总皂苷	六六六（总 BHC）不得过 0.1mg/kg；滴滴涕（总 DDT）不得过 1mg/kg；五氯硝基苯（PCNB）不得过 0.1mg/kg

<table>
<thead>
<tr><th colspan="4">33 种禁用农药</th></tr>
<tr><th>序号</th><th>农药名称</th><th>残留物</th><th>定量限（mg/kg）</th></tr>
</thead>
<tbody>
<tr><td>1</td><td>甲胺磷</td><td>甲胺磷</td><td>0.05</td></tr>
<tr><td>2</td><td>甲基对硫磷</td><td>甲基对硫磷</td><td>0.02</td></tr>
<tr><td>3</td><td>对硫磷</td><td>对硫磷</td><td>0.02</td></tr>
<tr><td>4</td><td>久效磷</td><td>久效磷</td><td>0.03</td></tr>
<tr><td>5</td><td>磷胺</td><td>磷胺</td><td>0.05</td></tr>
<tr><td>6</td><td>六六六</td><td>α-六六六、β-六六六、γ-六六六和 δ-六六六之和，以六六六表示</td><td>0.1</td></tr>
<tr><td>7</td><td>滴滴涕</td><td>4,4'-滴滴涕、2,4'-滴滴涕、4,4'-滴滴伊、4,4'-滴滴滴之和，以滴滴涕表示</td><td>0.1</td></tr>
<tr><td>8</td><td>杀虫脒</td><td>杀虫脒</td><td>0.02</td></tr>
<tr><td>9</td><td>除草醚</td><td>除草醚</td><td>0.05</td></tr>
<tr><td>10</td><td>艾氏剂</td><td>艾氏剂</td><td>0.05</td></tr>
<tr><td>11</td><td>狄氏剂</td><td>狄氏剂</td><td>0.05</td></tr>
<tr><td>12</td><td>苯线磷</td><td>苯线磷及其氧类似物（砜、亚砜）之和，以苯线磷表示</td><td>0.02</td></tr>
<tr><td>13</td><td>地虫硫磷</td><td>地虫硫磷</td><td>0.02</td></tr>
<tr><td>14</td><td>硫线磷</td><td>硫线磷</td><td>0.02</td></tr>
<tr><td>15</td><td>蝇毒磷</td><td>蝇毒磷</td><td>0.05</td></tr>
<tr><td>16</td><td>治螟磷</td><td>治螟磷</td><td>0.02</td></tr>
<tr><td>17</td><td>特丁硫磷</td><td>特丁硫磷及其氧类似物（砜、亚砜）之和，以特丁硫磷表示</td><td>0.02</td></tr>
<tr><td>18</td><td>氯磺隆</td><td>氯磺隆</td><td>0.05</td></tr>
<tr><td>19</td><td>胺苯磺隆</td><td>胺苯磺隆</td><td>0.05</td></tr>
<tr><td>20</td><td>甲磺隆</td><td>甲磺隆</td><td>0.05</td></tr>
<tr><td>21</td><td>甲拌磷</td><td>甲拌磷及其氧类似物（砜、亚砜）之和，以甲拌磷表示</td><td>0.02</td></tr>
<tr><td>22</td><td>甲基异柳磷</td><td>甲基异柳磷</td><td>0.02</td></tr>
<tr><td>23</td><td>内吸磷</td><td>O-异构体与 S-异构体之和，以内吸磷表示</td><td>0.02</td></tr>
<tr><td>24</td><td>克百威</td><td>克百威与 3-羟基克百威之和，以克百威表示</td><td>0.05</td></tr>
<tr><td>25</td><td>涕灭威</td><td>涕灭威及其氧类似物（砜、亚砜）之和，以涕灭威表示</td><td>0.1</td></tr>
<tr><td>26</td><td>灭线磷</td><td>灭线磷</td><td>0.02</td></tr>
<tr><td>27</td><td>氯唑磷</td><td>氯唑磷</td><td>0.01</td></tr>
<tr><td>28</td><td>水胺硫磷</td><td>水胺硫磷</td><td>0.05</td></tr>
<tr><td>29</td><td>硫丹</td><td>α-硫丹和 β-硫丹与硫丹硫酸酯之和，以硫丹表示</td><td>0.05</td></tr>
<tr><td>30</td><td>氟虫腈</td><td>氟虫腈、氟甲腈、氟虫腈砜与氟虫腈亚砜之和，以氟虫腈表示</td><td>0.02</td></tr>
<tr><td>31</td><td>三氯杀螨醇</td><td>O,P'-异构体与 P,P'-异构体之和，以三氯杀螨醇表示</td><td>0.2</td></tr>
<tr><td>32</td><td>硫环磷</td><td>硫环磷</td><td>0.03</td></tr>
</tbody>
</table>

续表

序号	农药名称	残留物	定量限(mg/kg)
33	甲基硫环磷	甲基硫环磷	0.03

二氧化硫残留量标准

品种名称	限量标准	备注
山药(麸炒山药)	毛山药和光山药不得过 400mg/kg； 山药片不得过 10mg/kg	
天冬、天花粉、天麻、牛膝、白及、白术、 白芍(炒白芍、酒白芍)、党参(米炒党参)、粉葛	不得过 400mg/kg	
通则"0212 药材和饮片检定通则"	药材及饮片(矿物类除外)的 二氧化硫残留不得过 150mg/kg	除另有规定外

（2）样品处理

中药材基质复杂，提取液中有各种共萃物，如油脂、色素、糖分、蛋白质、有机酸等。这些共萃物会严重干扰检测结果，甚至污染色谱系统。主要原因是，第一，中药资源广泛，种类繁多，大部分样品还需经过复杂的炮制过程，给农药残留测定带来更多的不确定因素；第二，中药材与天然药物含有各种次生代谢产物，有的次生代谢物的含量还会高于农药残留，这为农残检测带来一些困难；第三，中药材的生产现在缺乏统一科学的植物保护指导，造成施用农药的种类比较复杂。所以，样品处理非常重要，一般都要经过萃取、净化和浓缩。药典中对于药材中农药残留的分析，规定了三种样品处理方法，即直接提取法、QuEChERS法和固相萃取法，下面简单讨论之。

① 直接提取法。采用乙腈作为溶剂对中药材粉末进行匀浆提取。该方法步骤简单，样品损失较少。但是共萃物也较多，对分析可能造成干扰。适合干净的根、埋藏茎类（如人参、山药）等药用部位的处理。需要注意：第一，根据样品主成分性质决定是否加氯化钠，脂肪类成分含量不高时则无需加氯化钠；第二，旋蒸时速度温度低一些更好，以保证目标物的回收率。不宜过快，通常控制在 30r/min 左右；第三，要兼顾 GC-MS 和 LC-MS 分析，样品溶剂是乙腈时最好进行溶剂置换，否则会缩短 GC 柱的使用寿命；第四，使用了酸性乙腈提取，部分农药对酸敏感，pH 5 的条件下，几天内会发生分解，故处理好的样品要及时分析。

② QuEChERS 法。药典中 QuEChERS 方法与 6.3 节所述基本一致，但比直接提取法复杂一些。采用水和乙腈来进行涡旋振荡提取，并将水除去。然后通过 SPE 小柱进行净化管，以除去少量的干扰组分（少量色素、脂肪、大部分糖类）。此法适合含淀粉、糖类较多的种子（薏苡仁、枸杞）以及含有少量脂肪或挥发油的茎及根皮类（泽泻、远志）等药用部位的中药材。当然也要注意：第一，加入 QuEChERS 盐包时，会放出大量的热，要注意全程冰浴，另外盐包加入后要立即摇散，尽量借助垂直振荡器，否则，盐包将无法摇散，会影响到除水的效率，从而影响到回收率；第二，用氮吹时注意氮吹的速度，不能引起液面飞溅，温度最好在 20℃ 以下；第三，使用了 C_{18} 和硅胶填料的净化柱，对样品中脂肪和糖类有较好去除效果。

③ SPE 法。该方法建立在直接提取的基础上，对直接提取法获得的提取溶液过 SPE

小柱管净化，可以用 C_{18} 小柱或石墨化炭黑氨基复合小柱作为净化柱。该方法处理效果基本上和 QuEChERS 法相同，适合的中药品种也类似。但需要注意净化管对胺苯磺隆类有吸附，需在直接提取液中加入 $200\mu L$ 乙酸以提高磺隆类、内吸磷等的回收率。

(3) 中药材中农残检测举例

行业标准 SN/T 1957—2007《进出口中药材及其制品中五氯硝基苯残留量检测方法 气相色谱-质谱法》规定进出口中药材及其制品中五氯硝基苯残留量的检测方法。先处理样品：取人参样品 5g（精确至 0.01g），试样于 100mL 离心管中，加入 50mL 丙酮∶正己烷（2∶8，体积比）混合溶液。于高速均质器 14000r/min 均质 5min，3000r/min 离心 3min，过滤至 150mL 浓缩瓶中。重复上述操作一次，合并提取液，于 50℃ 水浴旋转蒸发至约 50mL，转移至 150mL 分液漏斗中。如果是人参口服液样品，称取 5g（精确至 0.01g）试样于 100mL 离心管中，加入 50mL 丙酮∶正己烷（2∶8，体积比）混合提取液，涡旋混合 5min，转移至 500mL 分液漏斗中，加入 300mL 水，振摇，静置分层，弃去水相。再加入 300mL 水，重复上述操作一次。

然后净化：在上述分液漏斗中加入 10mL 浓硫酸，轻轻振摇 0.5min 后，静置分层。弃去下层酸液。再重复净化 3～4 次（净化至下层酸液呈无色）。再用 $2\times100mL$ 硫酸钠溶液洗涤两次，静置分层后，弃去水相。将净化液通过无水硫酸钠柱，用 10mL 正己烷洗涤无水硫酸钠柱，收集正己烷溶液至浓缩瓶中，于 50℃ 水浴旋转蒸发至干，用 1.0mL 正己烷溶解残渣，备测。

测定用 GC-MS，色谱柱：DB-35MS 毛细管柱（25m×0.25mm×0.25μm）或相当者。柱温程序：100℃ 开始，以 25℃/min 升至 175℃，保持 3min，再以 10℃/min 升至 210℃，保持 3min。载气 He，流速 1.0mL/mg，不分流进样，1.0min 后开启分流阀。进样口温度 280℃，传输管温度 250℃，离子源温度 200℃。MS 采集数据溶剂延迟 2.8min；电子轰击源 EI 能量 70eV；SIM 模式，定量离子 m/z 295，定性离子 m/z 142、214、237、297。分析结果见图 6-32，定量用外标法。

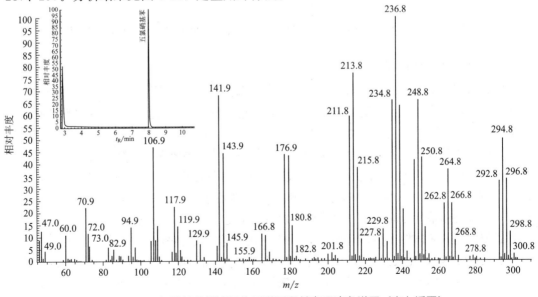

图 6-32　五氯硝基苯标准品的质谱图和总离子流色谱图（左上插图）

下面再举一个测定黄芪中五氯硝基苯残留量的简单 GC-ECD 方法。

样品制备：取黄芪样品适量于 60℃ 干燥 4h，粉碎过 40 目筛，称取 1.00g 置于研钵中，加入适量去离子水，3.00g 弗罗里硅土，研磨混匀。在色谱柱下端放入一块脱脂棉，然后加入 3.0g 无水硫酸钠、混合样品，再加 2.0g 无水硫酸钠，整理敲实。先用丙酮：正己烷（5∶95）的混合液 1.0mL 浸润 10min。再用上述混合液 22mL 洗脱，收集洗出液，浓缩至 1.0mL。待测。

色谱条件：DB-1701 毛细管色谱柱（30m×0.32mm×1.0mm）；程序升温，150℃ 开始，以 25℃/min 升至 230℃，保持 1.0min，再以 15℃/min 升至 250℃，保持 1.0min；分流进样，进样口温度 230℃，分流比 15∶1；检测器：ECD，温度 280℃；载气（N_2）总流量 29.5mL/min，尾吹气（N_2）流量 60mL/min；进样量 1.0μL。

图 6-33 所示为加标样品的分离结果，可见 6min 就实现了五氯硝基苯的分离。在 5～100ng/mL 的浓度范围内定量线性关系良好，$r^2 = 0.9991$。检出限为 0.5μg/kg，可以满足药典的要求。

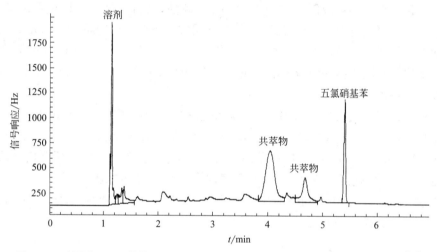

图 6-33　所示为 1.0g 黄芪样品添加 5ng 五氯硝基苯标准品经提取后的色谱图[50]

6.5.2.2　溶剂残留的测定

在原料药或辅料以及成品药的生产过程中，选择适当的有机溶剂可提高产率或改善药物的性质，如晶型、纯度、溶解速率等，但在工艺过程中难以完全去除。这些残留在成品药中的溶剂常常影响药物的质量，甚至有毒副作用，因此，必须对药物中的溶剂残留进行控制，以符合制剂质量标准、生产质量管理规范或其他质量要求。国际人用药品注册技术协调会（ICH）于 1994 年着手编撰关于残留溶剂的指导原则。1997 年的 ICH 指导委员会建议 ICH 的三方监管机构采纳该指导原则。根据残留溶剂对人体健康的潜在危害，在残留溶剂的分类和限度方面做了 8 次修订，现行版本是 2021 年 4 月颁布的 ICH Q3C（R8）。根据残留溶剂对人体健康的潜在危害，分为三类：第一类溶剂 5 种，第二类溶剂 31 种，第三类溶剂 27 种，并根据溶剂分类给出每种溶剂的暴露限度。第一类溶剂是应避免的溶剂，为已知的人体致癌物、强疑似人体致癌物以及环境危害物；第二类溶剂是应限制的溶剂，为非遗传毒性动物致癌物质或可能导致其他不可逆毒性如神经毒性或致畸性的溶剂；

第三类溶剂是低潜在毒性的溶剂。中国药典（2020 年版）基本采用 ICH 的指导原则，并规定了各种溶剂的允许限量（即限度）。表 6-11 列出了这些溶剂及其限度，表中所列其他溶剂尚无足够的毒理学数据，故未定限度，但也应该尽量减小在药物中的残留量。

表 6-11　ICH 指导原则规定的有机溶剂种类及限度

序号	溶剂	限度/%	序号	溶剂	限度/%
	第一类溶剂		36	二甲苯	0.217
1	苯	0.0002		第三类溶剂	
2	四氯化碳	0.0004	37	乙酸	0.5
3	1,2-二氯乙烷	0.0005	38	丙酮	0.5
4	1,1-二氯乙烷	0.0008	39	甲氧基苯	0.5
5	1,1,1-三氯乙烷	0.150	40	正丁醇	0.5
	第二类溶剂		41	仲丁醇	0.5
6	乙腈	0.041	42	乙酸丁酯	0.5
7	氯苯	0.036	43	叔丁基甲基醚	0.5
8	氯仿	0.006	44	二甲亚砜	0.5
9	异丙基苯	0.007	45	乙醇	0.5
10	环己烷	0.388	46	乙酸乙酯	0.5
11	环戊基甲醚	0.150	47	乙醚	0.5
12	1,2-二氯乙烯	0.187	48	甲酸甲酯	0.5
13	二氯甲烷	0.060	49	甲酸	0.5
14	1,2-二甲氧基乙烷	0.010	50	正庚烷	0.5
15	N,N-二甲基乙酰胺	0.109	51	乙酸异丁酯	0.5
16	N,N-二甲基甲酰胺	0.088	52	乙酸异丙酯	0.5
17	二氧六环	0.038	53	乙酸甲酯	0.5
18	2-乙氧基乙醇	0.016	54	3-甲基-1-丁醇	0.5
19	乙二醇	0.062	55	甲基乙基酮	0.5
20	甲酰胺	0.022	56	2-甲基-1-丙醇	0.5
21	正己烷	0.029	57	二甲基四氢呋喃	0.5
22	甲醇	0.300	58	正戊烷	0.5
23	2-甲氧基乙醇	0.005	59	正戊醇	0.5
24	甲基丁基酮	0.005	60	正丙醇	0.5
25	甲基环己烷	0.118	61	异丙醇	0.5
26	甲基异丁基酮	0.450	62	乙酸丙酯	0.5
27	N-甲基吡咯烷酮	0.053	63	三乙胺	0.5
28	硝基甲烷	0.005		其他溶剂	
29	吡啶	0.020			
30	环丁砜	0.016	64	1,1-二乙氧基丙烷	—
31	叔丁醇	0.350			
32	四氢呋喃	0.072	65	1,1-二甲氧基甲烷	—
33	四氢化萘	0.010			
34	甲苯	0.089	66	2,2-二甲氧基丙烷	—
35	1,1,2-三氯乙烯	0.008			

续表

序号	溶剂	限度/%	序号	溶剂	限度/%
67	异辛烷	—	71	甲基异丙基酮	—
68	三氯乙酸	—	72	甲基四氢呋喃	
69	三氟乙酸	—	73	石油醚	
70	异丙醚	—			

中国药典（2020年版）二部化药共有249个品种标准在"检查"部分收载"残留溶剂"项目，其中234个品种标准"残留溶剂"项目说明了具体的检测方法（需要检测溶剂种类、对照品、供试品溶液制备、色谱条件、系统适用性要求），"二甲磺酸阿米三嗪"、"乌苯美司"、"双环醇"等15个品种标准"残留溶剂"项目并没有说明具体检测方法，仅提到引用0861通则。方法分为3种，第一种为毛细管柱顶空进样等温法，第二种为毛细管柱顶空进样系统程序升温法，第三种为溶液直接进样法。药典附录中的检测方法推荐采用顶空毛细管GC法。方法的基本思路是采用第一类、第二类残留溶剂中适合顶空分析的对照品在中等极性色谱柱进行全面的筛查检测，采用中等极性色谱柱和极性色谱柱相互验证，以排除共出峰的干扰。对于第三类残留溶剂，推荐采用干燥失重来控制，对"个论"中没有干燥失重检查项或者溶剂的限度大于0.5％的品种则需要通过GC进行定性和定量分析。

残留溶剂分析一般用弱极性色谱柱，也可用极性色谱柱，有时用非极性柱。选择的依据是"极性相似相溶"原理，即测定的溶剂是极性的（如醇类和脂类），就用极性的PEG-20M柱或OV-1701柱；测定的溶剂是非极性的（如烷烃类），就可以用OV-1柱或SE-54柱。如果是非极性和极性溶剂的混合物，最好用SE-54柱。检测器则多用FID和MSD。

第3章我们讨论了顶空进样分析，其中涉及到挥发性有机溶剂的分析，本章6.4.5节又介绍了环境中有机溶剂的测定。药物中溶剂残留的检测原理与前面所述相同，在此举两个例子说明药物中溶剂残留的测定方法。

（1）铁皮石斛浸膏中有机溶剂残留的测定[51]

样品制备参照GB/T 24396—2009《食品工业用吸附树脂产品测定方法》，取试样10mL置于离心管中，在2000r/min下离心5min。取上层已除去表面游离水的溶液2g（精确到0.0001g），置于50mL棕色容量瓶中，加入10mL无水乙醇，盖上塞子并用封口膜密封，然后超声振荡20min，静置10min，取上清液过滤后待分析。

顶空GC条件：顶空炉温80℃，定量环温度90℃，传输管线温度220℃，顶空平衡时间45min，定量管填充时间0.3min；PEG-20M色谱柱（30m×320μm×0.5μm）；程序升温，40℃开始，保持6min，以10℃/min升至150℃，再以25℃/min升至220℃，保持2min；载气（N_2）流速1.0mL/min（恒流）；分流进样（分流比6∶1），进样量1μL；检测器FID，温度250℃。

分析结果（色谱图略）显示，20min内实现了苯、丙烯腈、甲基丙烯酸甲酯、甲苯、二氯乙烷、对二甲苯、间二甲苯、邻二甲苯、氯苯和苯乙烯等十种溶剂的完全分离。在180～1200ng/mL的浓度区间内有良好的定量线性关系，且准确度、重复性、耐用性、检测限、定量限均能满足铁皮石斛浸膏的质控需求，而且符合中国药典（2020年版）中方法学验证的要求。

（2）注射用头孢尼西钠中残留溶剂的测定

样品制备：称取供试品约 0.3g，置离心管中，加 33% 盐酸溶液 4.0mL 溶解，加入内标溶液（3-环己基丙酸的环己烷溶液，1.0mg/mL），剧烈振摇 1min，离心，取上层清液。

顶空 GC 条件：按照中国药典（2020 年版）二部"头孢尼西钠残留溶剂检测方法"对样品进行检测。顶空平衡温度 90℃，平衡时间 20min。OV-1 色谱柱（30m×0.53mm×1.0μm）；程序升温，45℃ 开始，保持 5min，以 10℃/min 升至 180℃；载气（N₂）流速 3.0mL/min；检测器 FID，温度为 200℃；进样口温度为 150℃。

按上述色谱条件对 26 批制剂以及企业提供的 6 批原料进行检测，检出第二类溶剂甲醇和四氢呋喃，第三类溶剂乙醇和丙酮，未检出第一类溶剂乙腈和二氯甲烷。通过对不同制剂及原料残留溶剂的检测，发现制剂残留溶剂的种类和量主要受原料影响。

本次检测除药典规定的残留溶剂种类外，还发现 3 个溶剂峰。通过采用对照品定位、GC-MS 等方法对溶剂进行定性，确认是异丙醇、异亚丙基丙酮和 2-乙基己酸。2-乙基己酸是一种有害物质，对皮肤、黏膜有刺激作用，因此需要对该溶剂的残留进行控制。在此基础上，建立了 2-乙基己酸的检测方法，结果见图 6-34。研究表明，注射用头孢尼西钠中残留溶剂种类和量的差异反映了该产品存在不同的原料合成工艺，而部分工艺中使用了毒性有机溶剂，提示生产企业需关注合成中溶剂的选择，并加强对残留溶剂的控制，以保证药品的安全和质量。

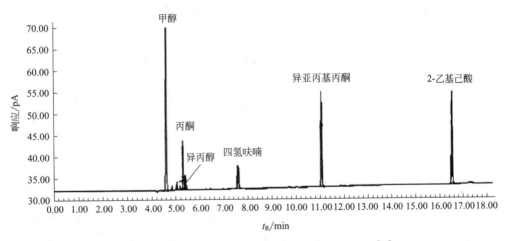

图 6-34　注射用头孢尼西钠中残留溶剂典型色谱图[52]

色谱条件：PEG-20M 大口径毛细管柱（30m×0.53mm×1.0μm）；载气（N₂）流速 7.0mL/min；柱温 150℃；进样口温度为 200℃；检测器 FID，温度 300℃；进样体积 1.0μL

6.5.3　中药成分分析

大部分中药有效成分是非挥发性的，故中药质量分析中 HPLC 的应用比 GC 更多。尽管如此，GC 仍然发挥着重要作用。GC 用于中药分析除了前述农药残留和溶剂残留以外，还用于其他挥发性成分分析，包括气味分析和挥发油分析。通过挥发性成分的分析可以鉴别中药材道地与否，对挥发油成分的定性定量分析，可以用指纹图谱的方法评价中药

的质量。当然，裂解色谱也可以用于中草药的鉴定，在第3章已经讨论论过。这里我们介绍GC在中药气味分析和挥发油分析中的应用。

6.5.3.1 中药气味的化学成分分析

气味是中药的重要感官指标，与中药质量直接相关。一些中药具有特殊的气味，也是用于鉴别和品质评价的重要指标。中药气味的化学物质基础是挥发性化学成分的种类和含量差异，所以研究这些化学物质的组成和含量对中药的综合质量控制、临床应用都有重要意义。而目前有关中药气味的研究主要集中在挥发油的成分、制剂工艺和药理作用方面，而对中药气味的分类和化学物质基础尚无较为系统的研究。

中药的气味物质都具有较好的挥发性，故GC是首选的分离检测技术。但为了更全面地揭示气味物质的种类和含量，常用GC-MS及GC×GC技术。比如采用GC-MS/MS，可以检测到冬虫夏草中13类81种挥发性成分[53]，表明冬虫夏草的"腥气"可能是由多种挥发性成分贡献出来的复合气味，进一步对冬虫夏草中挥发性成分的气味强度进行分析，发现丙位辛内酯、癸醛、正己酸等成分可能是冬虫夏草散发"腥气"气味的化学物质基础。

分析中药气味成分常用顶空进样器、SPME采样技术等。针对太子参药材在贮藏过程中散发出类似"六六六"样特异气味，用顶空GC-MS分析其挥发性成分，通过色谱峰分区解析，初步判断太子参特异气味主要来源于挥发性成分中低沸程或中沸程成分（如甲硫醇、二甲基硫、小分子呋喃类、糠醛等）。这些化合物容易散发到空气中，即混合而产生太子参的特异气味[54]。采用顶空SPME-GC-MS技术对美洲大蠊生品、酒炙品、醋炙品、麸炒品中腥臭味成分进行分析，分别鉴定出41、32、40、47种化合物，四者含共有成分13种，表明美洲大蠊生品中腥臭成分主要来源于醛类、醇类、胺类及烃类等挥发性物质；醋炙、酒炙、麸炒后可有效减少腥臭成分及其含量[55]。

用GC还可以监测生产过程中中药气味的变化。近年来电子鼻技术发展很快，GC-MS结合电子鼻能够更好地对中药气味成分进行鉴别。另外，GC-FTIR技术也用于中药气味的化学成分分析。

6.5.3.2 中药挥发油的指纹图谱分析

（1）中药指纹图谱简介

中药指纹图谱是指某些中药材或中药制剂经过适当处理后，采用特定的分析手段，得到的能够展示其化学特征的色谱图或光谱图。中药指纹图谱是建立在中药化学成分系统研究的基础上，评价中药真实性、有效性和安全性的可行方式，具有整体性、模糊性和特征性等特点。利用指纹图谱进行质量控制使得中药（材）的质量分析手段由针对一个或者少数几个活性成分（指标成分）的分析，发展为对整味中药化学指纹图谱的综合分析。中药指纹图谱技术已得到国际上的认可，WHO、美国FDA、德国、印度和日本等均采用指纹图谱技术作为植物药的质量控制手段，要求制剂生产商提供半成品的指纹图谱以保证其品种的真实性及产品的指纹图谱以证明其批次间产品质量的一致性和稳定性。中药指纹图谱的核心是依托中药指纹信息学技术获得关于中药的全面物质信息。因此，客观、全面地挖掘中药指纹图谱潜在的有效信息和实施整体定量技术便成为中药指纹图谱评价核心和关键性技术。目前用于指纹图谱分析的手段主要是各种色谱以及FTIR等方法（图6-35），而色谱方法中尤以 HPLC 的应用最多。GC 主要用于中药中挥发油的分析，除了气味成分的鉴定外，就是分析挥发油的指纹图谱，以达到中药质量控制的目的。

目前关于中药指纹图谱的研究还不够充分，主要问题是中药成分极其复杂、药理不太明确，指纹图谱能够保证批次间的重现性，但指纹图谱和药效的关系尚待深入研究。因此，指纹图谱的研究不仅要注重各种技术的相互补充，以及数据分析方法（计算机软件）的合理应用，还要注意指纹图谱与药效间的关系。GC 指纹图谱仅能反映中药的挥发性成分，即挥发油的化学组成，难以反映所有药效成分。尽管如此，挥发油的 GC 指纹图谱在保证中药质量，尤其是某些挥发性物质为有效成分的中药质量方面，还是能够发挥重要的作用。

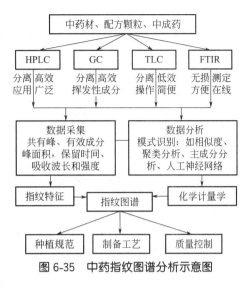

图 6-35　中药指纹图谱分析示意图

（2）举例：应用 SFE 和 GC-MS 建立中药温郁金的指纹图谱及其聚类分析

收集生长于浙江省瑞安市 8 个产地的温郁金样品 14 批次，分别进行清洗、冷冻干燥及碾磨粉碎，然后过 0.425mm 筛得到粉末状样品。称取此样品各 30g，进行 SFE。萃取温度 35℃，萃取压力 15MPa，萃取时间：静态 30min，动态 90min。所得萃取物收集于 5mL 甲醇中，进行 GC-MS 分析。

GC-MS 条件：SE-54 毛细管色谱柱（30m×0.25mm×0.25μm）；进样口温度 280℃，不分流进样；载气（He）流量 1.0mL/min；程序升温，50℃ 开始，以 15℃/min 升至 155℃，保持 1min，再以 2℃/min 升至 220℃，保持 5mim。MS 采用电子电离源（EI），电离能量 70eV，离子源温度 230℃；扫描范围 m/z 50～650；传输管温度 280℃。

按照上述方法对 14 批温郁金样品的 SFE 提取物进行 GC-MS 分析，所得总离子流色谱图如图 6-36 所示。GC-MS 分离得到 50 多个色谱峰，选择保留时间在 40min 内的共有峰 26 个作为考察对象，这 26 个共有峰的峰面积占总峰面积的 85% 左右。选择保留时间为 17.12min 的 16 号峰为参考峰，该峰为温郁金有效成分莪术二酮，峰强度最大且稳定。根据 14 批温郁金样品的色谱图计算 26 个共有峰的 α 值和峰面积百分比 S，以及各样品中 26 个组分的 S 值之间的最大差值（ΔS_{max}）（数据略）。结果显示，当 α 为 0.296～3.342 时，$S<10\%$，ΔS_{max} 为 0.17%～7.96%，表明 14 批温郁金样品的 GC-MS 的图谱具有较强的相似性，完全达到建立指纹图谱的技术要求。

采用 SPSS16.0 软件包中的系统聚类程序对 16（14 批样品及 2 个市售温郁金待测样品）×26 阶（26 个共有峰的相对峰面积）原始数据矩阵进行分析。方法上，数据进行标准化从 −1 到 1，采用平方欧氏距离作为间距测量变量，样本间以组间连接聚类法进行连接，输出系统聚类谱系图，如图 6-36 所示。系统聚类谱系图横坐标为临界值，即类间距离，纵坐标为样品来源地。临界值越小，表示色谱图相似度越高。

由图 6-37 可知，当临界值为 9～10 时，来源于瑞安市陶山、瑞安市马屿、瑞安市

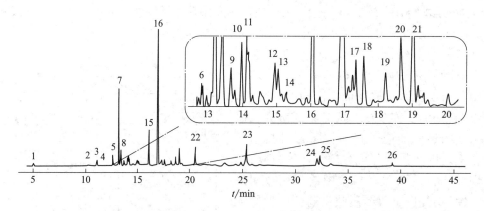

图 6-36   温郁金的 SFE 提取样品的典型总离子流色谱图[56]

色谱峰：1—α-水芹烯；2—α-蒎烯；3—β-蒎烯；4—α-石竹烯；5—β-榄香烯；6—α-石竹烯；7—莪术烯；8—罗汉柏烯；9—长叶烯；10—雪松烯；11—β-愈创木烯；12—α-金合欢烯；13—异莪术呋喃二烯；14—姜黄酮；15—吉马酮；16—莪术二酮；17—新莪术二酮；18—莪术醇；19—金合欢醇；20—红没药醇；21—桉叶醇；22—愈创醇；23—蓝桉醇；24—β-桉叶醇；25—棕榈酸；26—亚油酸

南滨分为 3 类，反映了这 3 类温郁金的不同产地，瑞安市陶山镇位于经度 120°39′、纬度 27°47′，瑞安市马屿经度 120°27′、纬度 27°47′，瑞安市南滨经度 120°39′、纬度 27°42′。产地的地理位置非常接近，因此当年这几个产地的天气条件很相近，主要是土壤条件和人工种植方式不同导致的区别；当临界值为 4～9 时，来源于瑞安市陶山镇沙一村（S1、S2）、二村（S3、S4）、三村（S5、S6）与瑞安市陶山镇岱下村（S9、S10）、瑞安市陶山镇楼渡（S14）分为 3 类，反映了瑞安市陶山镇温郁金与其他地方的差别；当临界值为 1～4 时，各个产地的温郁金均能得到清晰的区分。另外，2 个市售温郁金样品 U1 和 U2 经系统聚类分析，可判定为样品 U1 产地为瑞安市陶山镇沙二村，样品 U2 产地为瑞安市马屿青垟。这些结果表明，即使是地域非常接近，系统聚类分析法也能够区分不同产地的温郁金，因此，通过 SFE 提取物的 GC-MS 指纹图谱可以用于市售温郁金中药材的产地鉴别。

此例中采用的数据分析软件是商品软件，实际指纹图谱分析还用主成分分析和人工神经网络等化学计量学方法。以上指纹图谱分析方法的原理同样适用于 HPLC 和 TLC 等技术，也适用于更复杂的中药配方颗粒和中成药的指纹图谱分析。

6.5.4   化学药成分分析

中国药典（2020 年版）二部化学药收载 2712 种，四部收载通用技术要求 361 个，其中检测方法及其他通则 281 个，指导原则 42 个。总的来看，能用 GC 分析的化学药数量有限，而 HPLC 和 TLC 是化学药分析的主力军。下面介绍 GC 用于化学药鉴别、有关物质分析和含量测定等方面的应用。

6.5.4.1   化学药的鉴别

由于 GC 和 GC-MS 分析的目标化合物以挥发性物质为主，所以采用 GC 鉴别化学药的应用不多。比如，中国药典中复方地塞米松软膏采用 GC 对樟脑和薄荷脑进行鉴别。世

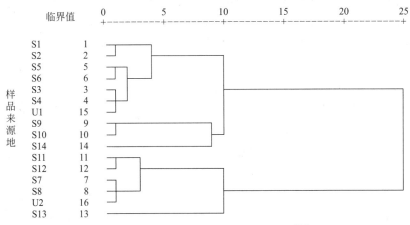

图 6-37 温郁金样品系统聚类谱系图[56]

界各国药典用 GC 鉴别的化学药的品种也有限,一般是脂肪酸及其酯、脂肪醇等。如英国药典(BP2004)中硬脂酸、辛酸、硬脂醇、三乙醇胺、角鲨烷、棕榈酸异丙醇酯、豆蔻酸异丙醇酯等。此外,月桂氮草酮、马来酸溴苯那敏、维生素 E 及其衍生物、壬苯醇醚及其制剂可以用 GC 进行鉴别,但也很少单独采用,常常需要结合 TLC 和 HPLC 等方法进行鉴别。挥发性药物如消旋薄荷脑、左旋薄荷脑药采用 GC 进行鉴别。表 6-12 列出了BP2004 和美国药典(USP28)中可用 GC 鉴别的药品。

表 6-12 英美药典中采用 GC 鉴别的化学药品

美国药典(USP28)			
阿米曲士	丙戊酸胶囊	豆蔻醇异丙酯	复方樟脑外用凝胶	复方愈创甘油醚糖浆
豆蔻醇	薄荷脑锭剂	复方丁卡因软膏	复方氯碘羟喹软膏	复方愈创甘油醚口服液
全氟溴烷	壬苯醇醚	马来酸溴碘那敏	枸橼酸三丁醇酯	十八烷基硫酸钠混合物
鲸蜡醇	托可索仑	枸橼酸三乙酯	乙酰三丁醇枸橼酸酯	乙基纤维素水溶液分散剂
氯碘羟喹	辛基月桂醇	山嵛酸甘油酯	复方苯左卡因气雾剂	硬脂醇鲸蜡醇混合物
木糖	乙氯维诺	盐酸金刚乙胺	二乙基乙二醇单乙醚	乙酰三乙醇枸橼酸酯
鱼肝油	棕榈酸异丙酯			

英国药典(BP2004)			
丙戊酸钠	地屈孕酮	结合雌激素	没食子酸辛酯	没食子酸月桂醇酯
三乙醇胺	米安色林片	没食子酸乙酯	后马托品滴眼液	扑米酮口服悬浮液
戊间甲酚	消旋薄荷脑	盐酸考来替泊	水杨酸甲酯软膏	水杨酸甲酯擦剂
辛酸	薄荷脑	左旋薄荷脑	十四烷基硫酸钠浓溶液	十四烷基硫酸钠注射液
辛酸钠				

【举例】用 GC 测定复方醋酸地塞米松软膏中的樟脑和薄荷脑

复方醋酸地塞米松乳膏的处方由醋酸地塞米松、樟脑、薄荷脑、尼泊金及适量基质组成。其中樟脑、薄荷脑具有清凉止痒、止痛、改善局部血液循环、促进肉芽新生的功效。为了实现醋酸地塞米松乳膏的质量控制,需要测定樟脑和薄荷脑的含量。

供试品:取复方醋酸地塞米松乳膏约 1.5g(精确到 0.0001g),置于 100mL 具塞

锥形瓶中，加入 10mL 内标溶液（水杨酸甲酯的无水乙醇溶液）。置 60℃ 水浴中加热振摇，使樟脑和薄荷脑溶解。取出放冷，再在冰浴中冷却 2h，取出后迅速滤过，取续滤液供测定。图 6-38 为测试色谱图，用内标法定量即可准确测定樟脑和薄荷脑的含量。

色谱条件及系统适应性：PEG-20M 色谱柱（30m×0.32mm×0.25μm）；载气（N₂）流速 1.5mL/min；柱温 145℃；分流进样，温度 200℃，分流比 25:1；检测器（FID）温度 250℃；氢气流速 30mL/min，空气流速 450mL/min，尾吹气流速 25mL/min；进样量 0.6μL。理论塔板数以樟脑峰计应不低于 10000；樟脑、薄荷脑、内标物和尼泊金峰的分离度应符合药典要求（大于 1.5）。

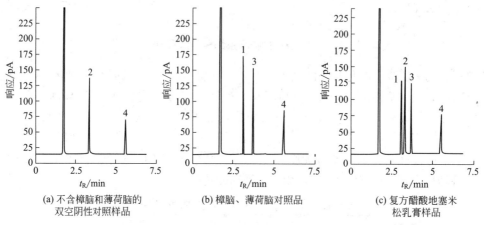

图 6-38　GC 测定复方醋酸地塞米松软膏中樟脑和薄荷脑的色谱图[57]

色谱峰：1—樟脑；2—尼泊金；3—薄荷脑；4—内标物（水杨酸甲酯）

6.5.4.2　化学药的有关物质分析

化学药的所谓有关物质一般是指杂质，但对杂质的定义和分类国际上尚不统一。ICH 的定义为：原料药或制剂中的有关物质可分为无机杂质、有机杂质和残留溶剂三类。美国药典（USP28）的定义为：异物或外来物质、残留溶剂、毒性杂质、伴随物、信号杂质、一般物质、有关物质及工艺过程中引入的污染物。中国药典一般将杂质分为有关物质和有机溶剂残留。无机杂质包括重金属或其他离子。原料药的生产和药剂制备、储藏和运输过程都有可能产生或带入有关物质，中国药典和国家药品标准中都有检查项下有关物质的测定。前文已讨论了溶剂残留的测定方法，这里介绍 GC 在测定药品中其他有关物质方面的应用。

表 6-13 列出了中美英药典中采用 GC 进行有关物质分析的化学药品，可见中国药典中包含林旦和盐酸多塞平等化学药。采用 GC 进行有关物质检查，多使用毛细管柱和 FID。药典对方法的系统适用性有严格要求，不同实验室对同一样品的分析结果应该一致，偏差一定要控制在允许范围内。因此，并发药物有关物质的 GC 方法时，除了考察检测限和定量限等方法学参数外，还要提供系统适用性试验的杂质对照样品和杂质混合样品，以便确认系统适用性的各项指标。药物分析人员只要保证系统适用性试验符合标准要求，就可避免对检测结果的争议。

表 6-13　中、美、英药典中采用 GC 进行有关物质分析的化学药品

药典	化学药品				
中国药典 （2020 年版）	氟烷	卡波姆	克罗米通	氯贝丁酯	三唑仑	盐酸多塞平
	林旦	硫糖铝	林旦乳膏	全氟溴烷		
美国药典 （USP28）	丙泊酚	丙戊酸	奥克立林	醋酸胍那苄	枸橼酸他莫昔芬	二乙基乙二醇单乙醚
	苯甲醇	地氟烷	苯氧乙醇	二氯二氟甲烷	酒石酸苯甲曲秦	碘依可酯眼用溶液
	苯乙醇	碘海醇	泊洛沙姆	聚环氧乙烷	酒石酸布托啡诺	聚乙二烯醇单甲醚
	甘油	硫糖铝	阿普唑仑	琥珀多西拉敏	马来酸氯苯那敏	邻苯二甲酸二丁酯
	六氯酚	氯二甲酚	聚乙二醇	全氟溴烷	盐酸哌替啶	马来酸右溴苯那敏
	尼古丁	美沙拉秦	氯贝丁酯	帕地马酯 O	十八烷基硫酸钠	马来酸右氯苯那敏
	三氯酸	三唑仑	叔戊醇	双水杨酯	水杨酸辛酯	亚硝酸异戊酯
	糖精	乙氯维诺	无水乳糖	盐酸丙环定	盐酸甲哌卡因	盐酸拉贝洛尔
	异氟烷	乙酸乙酯	硬脂酸镁	异环磷酰胺	盐酸异克舒令	盐酸特拉唑嗪
英国药典 （BP2004）	桉树脑	阿米曲士	氨基苯甲酸	琥珀多西拉敏	雌莫司汀磷酸钠	二乙基乙二醇单乙醚
	苯甲醇	二氯甲烷	丙戊酸钠片	金刚烷胺胶囊	丙戊酸钠口服液	复方利多卡因凝胶
	碘海醇	度硫平片	度硫平胶囊	考来替泊颗粒	金刚烷胺口服液	邻苯二甲酸二丁酯
	丙酮	吉非罗齐	多塞平胶囊	氯贝丁酯胶囊	拉贝洛尔注射液	邻苯二甲酸二甲酯
	氟烷	氯贝丁酯	扑米酮片	氯己定冲洗液	硫酸反苯环丙胺	硫酸反苯环丙胺片
	甘油	氯碘羟喹	肉桂酸乙酯	氯己定漱口液	萘磺酸右丙氧酚	马来酸二甲茚定
	氯仿	氯二甲酚	天然樟脑	盐酸丙环定	马来酸溴苯那敏	马来酸右氯苯那敏
	氯甲酚	去氧孕烯	黏酸异美汀	盐酸苯氟雷司	盐酸异克舒令	维生素 E 琥珀酸酯片
	乙醇胺	消旋樟脑	溴苯那敏片	盐酸比哌立登	盐酸戈那瑞林	盐酸拉贝洛尔
	异氟烷	盐酸金刚烷胺		盐酸二苯拉林	丙戊酸钠肠溶片	葡萄糖酸锑钠
		盐酸布比卡因		十四烷基硫酸钠浓溶液		

【举例】GC 测定苯氧乙醇中的有关物质

苯氧乙醇在常温下是油状液体，有抗菌功效，尤其对绿脓杆菌有较强的杀灭作用。其毒性较低，应用广泛，可作为化妆品和药品的抑菌剂、香水的固定剂、养殖业中的麻醉剂，亦可用于外科中皮肤表面感染的治疗。苯氧乙醇的合成方法有多种，国内多采用苯酚-环氧乙烷法，即以苯酚为原料，在反应釜中通入环氧乙烷气体，加热至一定温度进行反应，经精馏得到苯氧乙醇。该工艺会有苯酚残留，也可能引入其他杂质，因此，需要测定苯氧乙醇中的有关物质，以达到质量控制的目的。

首先制备各种样品溶液，包括供试品溶液、混合对照溶液，溶剂为无水乙醇。然后进行系统适用性实验。

色谱条件：PEG-20M 色谱柱（30m×0.25mm×0.25μm）；程序升温，起始柱温 90℃，以 10℃/min 升至 220℃，保持 10min；载气（N_2）流速 1.0mL/min；分流进样，温度 250℃，分流比 100∶1；检测器（FID）温度 270℃。分析结果见图 6-38。证明分离度、检测限、定量限、线性关系、精密度、准确度及回收率都符合标准要求。

从图 6-39 可见，除苯氧乙醇中的有关物质苯酚外，还检测到两个杂质。如果用

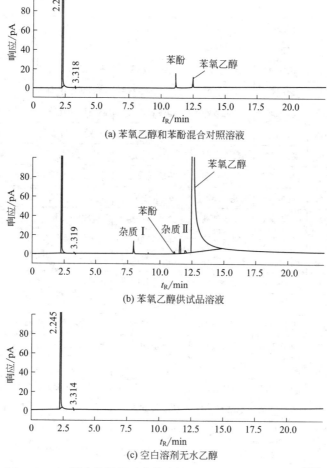

图 6-39　GC 测定苯氧乙醇中的有关物质的系统适用色谱图[58]

GC-MS 还可以进一步鉴定这两个杂质的结构，从而对药物的制备工艺提出改进措施。当然，此例中相关物质（苯酚和两个未知杂质）的含量均符合药典要求。进一步的讨论可以查阅文献。

6.5.4.3　化学药的含量测定

美英药典中有 100 多种采用 GC 测定化学药品含量的方法，见表 6-14。但中国药典中却很少，只有林旦乳膏和维生素 E 等少数品种。

表 6-14　美英药典中采用 GC 进行含量测定的化学药品

药典	化学药品				
美国药典 （USP28）	4-甲基苯亚甲基樟脑	豆蔻酸异丙酯	阿米曲士	奥西诺酯	丙戊酸
	二丁基癸二酸酯	二氯二氟甲烷	桉叶油醇	奥克立林	苯氧乙醇
	二乙基乙二醇单乙醚	复方苯佐卡因气雾剂	蓖麻油乳剂	丙泊酚	丙戊酸胶囊
	复方硫酸阿托品口服液	复方氯碘羟喹乳膏	薄荷脑锭剂	丁羟茴醚	豆蔻醇
	复方十一烯酸锌软膏	复方丁卡因软膏	恩氟烷	恩卡扎明	二氯甲烷

药典	化学药品				
美国药典 （USP28）	复方司可巴比妥钠软膏	复方萜品醇口服液	甘油	高良姜	枸橼酸三丁酯
	复方右丙氧酚胶囊	复方右丙氧酚片	胡莫柳酯	环戊丙酸睾酮	枸橼酸三丁酯
	复方愈创甘油醚口服液	复方愈创甘油醚糖浆	甲氧氟烷	结合雌激素	鲸蜡醇
	复方樟脑外用凝胶	硫酸阿托品滴眼液	莨菪碱片	林旦乳膏	氯碘羟喹
	硫酸莨菪碱口服液	硫酸莨菪碱注射液	异氟磷	氯二甲酚	美拉地酯
	扑米酮口服混悬液	硫酸莨菪碱酏剂	水杨酸辛酯	木糖	木糖醇
	氢溴酸东莨菪碱注射液	硫酸莨菪碱片	扑米酮片	全氟溴烷	壬苯醇醚
	十八烷基硫酸钠混合液	外用硝酸咪康唑	三氯生	双水杨酯	米勃酮口服液
	盐酸金刚烷胺胶囊	盐酸金刚乙胺	托可索仑	维生素 E	辛基月桂醇
	乙酰三丁醇枸橼酸酯	盐酸金刚烷胺	氧雄龙片	乙氯维诺	乙氯维诺胶囊
	乙酰三乙醇枸橼酸酯	注射用复方替来他明	异山梨醇	硬脂醇	硬脂酸
	硬脂醇鲸蜡醇混合物	注射用甲氧明	水合戊烯	右泛醇制剂	棕榈酸异丙酯
英国药典 （BP2004）	丁丙诺啡注射液	氯二甲酚溶液	白消安片	倍硫磷	苯妥英注射液
	复方地匹哌酮片	氯二甲酚口服液	复方吗啡酊	米安色林片	苄达明喷雾剂
	复方乙酰丙嗪注射液	后马托品滴眼液	阿米曲士	扑米酮片	苄达明漱口液
	复方左美丙嗪注射液	扑米酮口服悬浮液	胡椒基丁醚	芫荽油	敌匹硫磷
	水杨酸甲酯擦剂	水杨酸甲酯乳膏	乙琥胺	盐酸金刚烷胺口服液	

【举例】 GC-MS 测定药品中克霉唑的含量

克霉唑为咪唑类广谱抗真菌药，是治疗真菌感染疾病的合成抗菌药，对多种真菌尤其是白色念珠菌具有较好的抗菌作用。以往药品中克霉唑的测定主要采用 HPLC，且主要集中在环境和食品中的克霉唑残留检测。GC-MS 测定克霉唑报道较少，但对某些药品含量测定还是有分析速度快等优势的。本例用 GC-MS 测定药品中克霉唑的含量，同位素内标法定量，方法快速、简便、准确，可用于含克霉唑药品的质量控制。

样品制备：含有克霉唑的片剂、乳膏和凝胶样品的制备和提取。取一片含有克霉唑的片剂用水溶解并定容至 500mL；称取 1.0g 含有克霉唑的乳膏，取含有克霉唑的凝胶一支，分别用水溶解并定容至 30mL。各取 1mL 上述液体，加入 5mL 乙腈提取，再加入 1g NaCl 盐析，静置分层，移取乙腈层至 10mL 刻度离心管中，下层再加入 5mL 乙腈进行提取，合并提取层于 10mL 刻度离心管中并用乙腈定容至 10mL。取上述定容液 10μL 于 10mL 容量瓶中，加入 100μg/mL 克霉唑-d_5 标准储备溶液 20μL，用乙腈定容至 10mL，制得待测样品溶液。

含有克霉唑的栓剂样品的制备和提取。取含有克霉唑的栓剂一枚，用乙酸乙酯：环己烷（1：1，体积比）溶解并定容至 100mL。取 10μL 上述液体，置于 10mL 容量瓶中，加入 100μg/mL 克霉唑-d_5 标准储备溶液 20μL，用乙腈定容至 10mL，制得待测样品溶液。

含有克霉唑的溶液样品的制备和提取。取 1mL 含有克霉唑的溶液，加甲醇稀释并定容至 10mL。取 10μL 上述液体，置于 10mL 容量瓶中，加入 100μg/mL 克霉唑-d_5 标准储备溶液 20μL，用乙腈定容至 10mL，制得待测样品溶液。

GC-MS 条件：DB-35 MS 色谱柱（30m×0.25mm×0.25μm）；程序升温，初温 60℃，保持 1min，以 30℃/min 升至 200℃，再以 15℃/min 升至 300℃，保持 5min；载气（He）流速 1.0mL/min；进样口温度 260℃，不分流进样，进样量 1μL。MS 采用 EI 离子源，电离能 70eV，温度 300℃，传输管温度 310℃，四极杆温度 180℃，溶剂延迟 5min；全扫描（SCAN）和选择离子监测（SIM）模式同时进行，扫描范围 m/z 50～400，克霉唑的 SIM 监测离子 m/z 165、243、278，其中定量离子为 m/z 165，克霉唑-d$_5$ 监测离子 m/z 170、248、283，其中定量离子为 m/z 283。

测定结果：克霉唑和克霉唑-d$_5$ 的质量数相差 5，GC-MS 的选择离子检测（图 6-40）极易区分。经考察，定量线性关系、稳定性、精密度、重复性和回收率均符合药典的要求。图 6-41 是代表性样品里克霉唑的总离子流色谱图和质谱图，据此就可采用内标法对克霉唑的含量进行准确测定，以监控含克霉唑药品的质量。

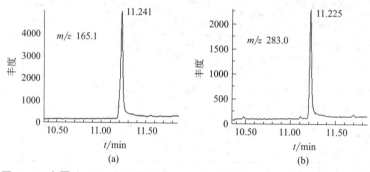

图 6-40　克霉唑（a）及克霉唑-d$_5$　（b）标准溶液的选择离子色谱图[59]

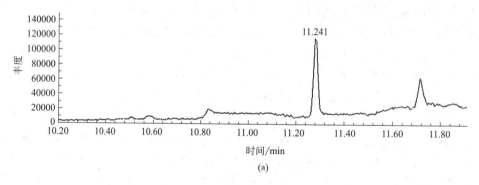

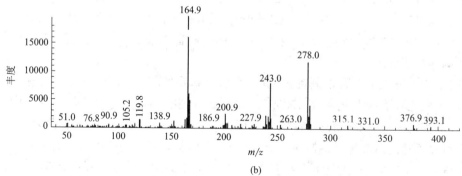

图 6-41　含克霉唑的代表性样品的总离子流色谱图（a）和克霉唑的质谱图（b）[59]

6.5.5　手性药物测定

化学药中有相当多的手性药物或消旋体，英美药典中有近 400 个手性药物，但大部分手性药物在药典或国家标准中并不采用色谱方法进行对映异构体检查，而是通过比旋光度进行测定。随着世界各国对药物安全性的要求越来越高，手性分离技术越来越成熟，手性药物中杂质异构体的检查已经成为行业标准。我国新药标准中几乎所有手性药物都要求用手性分离技术进行手性杂质检查，应用最多的是手性色谱技术，包括 HPLC、CE 和 GC。由于大多数手性药物是非挥发性的，所以 HPLC 和 CE 是手性药物分析的主流技术，GC 在手性药物分离中应用很少。这里以柱前手性衍生化-毛细管 GC 测定安非他明对映体为例予以说明。

安非他明（苯丙胺）是一种间接作用的拟交感神经胺，从苯乙胺衍生而来。安非他明分子中含有不对称碳原子，通常是以外消旋体形式存在。但安非他明的两个对映异构体有着不同的药效特性；其中 S-异构体对中枢神经系统的活性作用大约是 R-异构体的 3 倍，而对外周神经系统的作用比 R-异构体略小。安非他明对映异构体各自的药理作用、药物代谢均不相同。因此，有必要分别研究两个旋光异构体进行分离，以便研究其药理和毒理作用。

采用柱前手性衍生化方法，氯仿为提取溶剂，以 N-三氟乙酰基-脯氨酰氯为手性衍生化试剂，三乙胺为催化剂，将安非他明转变成相应的酰胺类非对映异构体对，用常规非手性毛细管柱 GC，程序升温法就可分离大鼠肝微粒体中 R-安非他明和 S-安非他明。在 5～250μg/mL 范围内线性良好，方法回收率在 73%～79% 之间。检测限为 12.5ng，定量限为 125ng（RSD<11%）。重现性和精密度均良好，RSD<4.8%。通过分析表明，安非他明在大鼠肝微粒体中经历了立体选择性代谢，左旋安非他明在大鼠肝微粒体中的代谢速率大于右旋安非他明。GC 分离结果见图 6-42。

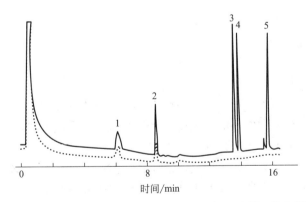

图 6-42　空白微粒体（虚线）和空白加标准样品（实线）的色谱图[60]

色谱峰：1,2—杂质；3—R-安非他明；4—S-安非他明；5—S-甲基安非他明（内标）

分离条件：OV-1 毛细管柱（12m×0.2mm×0.3μm）；程序升温，100℃保持 2min，然后以 10℃/min 升至 275℃，保持 2min；载气（N_2）流速 1.0mL/min，分流进样，温度 250℃，分流比 1：5；检测器（FID）温度 275℃；尾吹气流速 40mL/min。

6.6 食品分析

6.6.1 引言

  "民以食为天"这句老话颇有道理，但在今天似乎有其局限性。因为人们解决了"饿肚子"问题后，就要追求吃得科学，吃得安全，更要追求精神层面的文明。现代社会的食品就是要解决如何科学和安全地"吃"的问题，让人们从"吃"中获得物质文明和精神文明的享受。为此，我国于 2009 年 2 月立法通过《中华人民共和国食品安全法》，2015 年 10 月 1 日开始实行修改后的食品安全法。食品分析就是保证食品安全法贯彻落实的一个关键环节。

  食品分析包括营养成分分析、添加剂测定和有毒有害物质检测，以及食品包装材料分析及保健品分析。从分析对象看，食品分析可以分为无机分析和有机分析。前者多采用原子光谱或电感耦合等离子体 MS 技术测定金属元素的含量，后者则主要用色谱和 MS 技术进行分离分析。截至 2022 年底我国已发布食品安全国家标准近 1500 多项，包含 2 万余项指标，涵盖了从农田到餐桌全过程。2022 年 6 月 30 日开始实施的食品安全国家标准 GB 2762—2022《食品中污染物限量》规定了食品中铅、镉、汞、砷、锡、镍、铬、亚硝酸盐、硝酸盐、苯并[a]芘、N-二甲基亚硝胺、多氯联苯、3-氯-1,2-丙二醇的限量指标。GB 5009 系列标准规定这些污染物的测定方法。总之，GC 在食品分析中的应用主要包括：乳制品、蔬菜、水果及烟草中的农药残留检测，畜禽和水产品中兽药残留及瘦肉精、三甲胺含量的测定；饮用水中的农药残留及挥发性有机物污染分析；熏肉食品中的 PAHs 检测；食品添加剂以及非法添加有毒有害化学品等的分析，油炸食品中的丙烯酰胺检测；白酒中的甲醇和杂醇油含量分析，啤酒、葡萄酒和饮料的风味组分及质量控制分析；食品包装袋中有害物质及含量的检测分析，食用植物油中的脂肪酸组成分析等。下面就从五个方面来讨论 GC 在食品分析中的应用。

6.6.2 农药残留和 PAHs 检测

6.6.2.1 农药残留的检测

  在 6.3 节中详细介绍了农药残留的检测方法，这些方法都适用于食品中农残的检测。这里强调两点：一是食品中农残的检测要求更为严格，无论是方法检测限还是准确度、精密度都比环境监测的要求高。二是样品处理较为复杂，不同的食品基质需要不同的处理方法。比如，农残分析中样品制备多用 QuEChERS 方法，但蔬菜、水果和食用菌所用方法与谷物、油料和坚果所用方法，以及茶叶和香辛料所用方法有所不同，见表 6-15。

表 6-15　食品中农残检测的 QuEChERS 方法

食品类别	蔬菜、水果和食用菌	谷物、油料和坚果	茶叶和香辛料
样品	3g 样品＋10mL 乙腈	5g 样品＋10mL 水＋15mL 含 1%乙酸的乙腈	2g 样品＋10mL 水＋15mL 含 1%乙酸的乙腈
提取	4g MgSO₄＋1g NaCl＋1g 柠檬酸钠＋0.5g 柠檬酸二氢钠＋1 粒陶瓷均质子	6g MgSO₄＋1.5g 醋酸钠＋1 粒陶瓷均质子	6g MgSO₄＋1.5g 醋酸钠＋1 粒陶瓷均质子

续表

食品类别	蔬菜、水果和食用菌	谷物、油料和坚果	茶叶和香辛料
净化	1mL 提取液＋150mg MgSO₄＋25mg PSA①（含色素需另加 2.5mg GCB②）	1mL 提取液＋150mg MgSO₄＋50mg PSA＋50mg C₁₈③	1mL 提取液＋150mg MgSO₄＋50mg PSA＋50mg C₁₈＋25mg GCB
复溶	上清液经膜过滤，待测	上清液经膜过滤，待测	上清液经膜过滤，待测

① PSA：N-丙基乙二胺。
② GCB：石墨化炭黑。
③ C₁₈：十八烷基键合硅胶。

　　食品中农残检测样品处理常用的提取剂有丙酮、乙酸乙酯、乙腈等。QuEChERS 方法最初就是针对水果、蔬菜等含水量较高的农产品，丙酮虽能很好地提取残留农药，但是其水溶性强，很难与基质中的水分开。乙酸乙酯部分与水互溶，较易分离，但其对于强极性农药的萃取效率较低。乙腈对水果、蔬菜样品中的农药有更好的萃取效率，且共萃物较少，还可以通过盐析（加 NaCl）与基质中的水分离。所以 QuEChERS 方法最终选择乙腈作为提取剂。研究表明，对于非极性农药，乙腈与乙酸乙酯在回收率上没有明显的区别，但乙腈可以提供更稳定的结果，相对标准偏差（RSD）值更小。对于极性农药（拒嗪酮、甲胺磷、乙酰甲胺磷等），乙腈的提取效率要高很多。

　　QuEChERS 方法中净化步骤是 SPE，使用的填料通常包括 PSA（N-丙基乙二胺）、C_{18}、无水 MgSO₄ 和 GCB（石墨化炭黑）等（表 6-16），MgSO₄ 是含水分样品的除水剂，PSA 通过氨基的弱离子交换作用和极性基质成分形成氢键，从而吸附和消除样品基质中的糖类、色素以及脂肪酸。GCB 对杂质有强烈的吸附作用，但同时对非极性农药和具有平面结构的物质也有一定的吸附作用，二者结合能够对样品中不同类型的杂质起到好的吸附作用。C_{18} 是使用最多的一种吸附剂，对非极性化合物有较强吸附作用，用来去除极性溶液中的非极性化合物。弗罗里硅土主要成分是硅酸镁，属于极性吸附剂，适用于从非极性的溶液中萃取极性化合物（如胺类、羟基类及含杂原子或杂环的化合物），主要用于有机氯和拟除虫菊酯类农药测定的样品净化。硅胶为非键合的活性硅土，是最强的极性吸附剂，将目标化合物溶在非极性溶剂中。对于复杂样品，仅采用一种填料的 SPE 并不能达到理想净化效果，常需要不同的吸附剂进行组合净化。只要样品制备好，就可按照 6.3 节所述方法进行分离分析。

表 6-16　QuEChERS 方法常用 SPE 填料及其作用

填料	作用
无水硫酸镁（MgSO₄）	去除水分
N-丙基乙二胺（PSA）	去除极性干扰物，包括糖类、有机酸、花青素等
石墨化炭黑（GCB）	去除非极性干扰物和色素等
十八烷基键合硅胶（C₁₈）	去除非极性干扰物，如脂类、固醇、类胡萝卜素等
硅胶	去除极性较大的干扰物，如糖类等

6.6.2.2　PAHs 的检测

　　食品中 PAHs 的测定方法与 6.4.2 节所述方法基本相同。食品安全国家标准 GB 5009.265—2021《食品中多环芳烃的测定》规定第一法为 GC-MS 方法，第二法为 HPLC

方法。其他食品安全标准如 GB/T 24893—2010《动植物油脂　多环芳烃的测定》、GB/T 23213—2008《植物油中多环芳烃的测定　气相色谱-质谱法》、SC/T 3042—2008《水产品中 16 种多环芳烃的测定　气相色谱-质谱法》等也都把 GC 或者 GC-MS 作为第一法或唯一方法。重庆市认证认可协会制定了团体标准 T/CQCAA 0010—2022《烟熏及烧烤肉制品中 24 种多环芳烃的测定　气相色谱-质谱法》，下面举一个例子说明这种方法。

样品制备：按取样要求称取一定量的烟熏瘦腊肉，将其剁碎、混匀后称取 3.0g 于 50mL 具塞比色管中，加入正己烷-丙酮（1∶1，体积比）溶液 25mL，浸泡过夜后再分别超声提取两次，每次 20min。将有机相转入盛有 20mL 饱和硫酸钠溶液的分液漏斗中，用 10mL 正己烷分 3 次洗涤比色管并转移至同一分液漏斗内。振摇 1min，充分静置分层。将有机相通过氧化铝柱滤入蒸发皿，再用 20mL 正己烷-二氯甲烷（1∶1，体积比）溶液分两次淋洗氧化铝柱。自然挥干溶剂，将蒸发皿置于冰浴上，用 0.50mL 正己烷溶解残渣并转入 1mL 样品管中。待测。

分析条件：GC-MS，SE-54 毛细管柱（30m×250μm×0.25μm）；程序升温，80℃开始，保持 1min，以 5℃/min 升至 110℃，保持 1min，再以 10℃/min 升至 200℃，保持 5min，最后以 5℃/min 升至 280℃，保持 12min；载气（He）流速 2.5mL/min；不分流进样，温度 320℃，进样量 2μL；传输管温度 300℃；溶剂延迟时间 5min；离子源温度 230℃，四极杆温度 150℃，电子轰击能量 70eV；定量离子为每种 PAH 的分子离子。

图 6-43 为 PAHs 标准溶液和烟熏腊肉样品的 SIM 色谱图，可见 23 种 PAHs 得到了

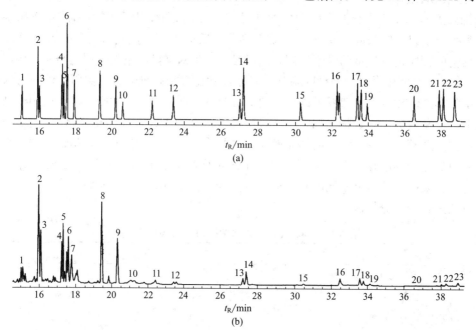

图 6-43　PAHs 标准溶液（a）和实际市售烟熏腊肉样品提取液（b）的 SIM 色谱图[61]

色谱峰：1—1-甲基芴；2—菲；3—蒽；4—2-甲基菲；5—2-甲基蒽；6—1-甲基菲；7—9-甲基蒽；8—荧蒽；9—苯并芘；10—9,10-二甲基蒽；11—苯并[a]芴；12—1-甲基芘；13—苯并[a]蒽；14—䓛；15—7-甲基苯并[a]蒽；16—苯并[b]荧蒽；17—苯并[e]芘；18—苯并[a]芘；19—苝；20—9,10-二苯基蒽；21—茚并[1,2,3-cd]芘；22—二苯并[a,h]蒽；23—苯并[g,h,i]苝

基线分离。所测 PAHs 的回收率为 48.5%～106.5%；日内（$n=7$）相对标准偏差为 3.75%～7.95%。方法灵敏度高、准确性好，适合于熏肉中 PAHs 的分析测定。

此外，原国家质检总局曾立项研究复杂食品基质中二噁英、多氯联苯、多溴联苯醚同时检测的方法——高分辨气相色谱-高分辨质谱联用法。该方法能同时对含 210 种二噁英（PCDD/Fs）、209 种多氯联苯（PCBs）以及 209 种多溴联苯醚（PBDEs）的样品进行处理，并达到较好的分离，且方法回收率和重复性等都能达到参考标准的要求。项目组主要研究了鲜肉、鸡蛋以及乳制品等样品中常见的 17 种 PCDD/Fs、12 种 PCBs 和 6 种 PBDEs 的同时测定。测定回收率能达到相关参考标准（如 EPA 1613、EPA1618 和 EPA1614 等）的要求，效果良好。

6.6.3　食品添加剂分析

食品添加剂是为改善食品品质和色、香、味以及为满足防腐和加工工艺要求而加入食品中的化学合成或天然物质。目前我国法规允许使用的食品添加剂有 22 个类别，2000 多个品种，包括酸度调节剂、抗结剂、消泡剂、抗氧化剂、漂白剂、膨松剂、胶基糖果中基础剂物质、着色剂、护色剂、乳化剂、酶制剂、增味剂、水分保持剂、防腐剂、甜味剂、增稠剂、食品用香料、食品工业用加工助剂及其他等。在食品的加工、包装、运输以及贮藏过程中，适当使用食品添加剂是有必要的，对人体健康也是无害的，但使用量必须控制在最低有效量的水平，否则会给食品带来毒性，影响食品的安全性，危害人体健康。因此，添加剂含量的测定就是食品的一项重要内容。

我国食品安全国家标准 GB 2760—2014《食品添加剂使用标准》中规定了各种着色剂、甜味剂、抗结剂、增稠剂、防腐剂、抗氧化剂等的使用方法和限量标准。食品添加剂的主流测定方法是色谱及其与 MS 的联用方法。HPLC 使用最多，GC 主要用于酸型和酯型添加剂的测定，比如糕点和果酱中的防腐剂和甜蜜素等，调味品中山梨酸、苯甲酸和脱氢乙酸等的测定。测定这些防腐剂时，首先要将待测食品用盐酸等试剂酸化，使添加剂由离子形式转变为有机分子，然后用极性低的溶剂如石油醚或乙醚萃取。

6.6.3.1　防腐剂的测定

国际上允许使用的食品防腐剂可分为 5 类，即：①苯甲酸及盐，常用于碳酸饮料、低盐酱菜、蜜饯、葡萄酒、果酒、软糖、酱油、食醋、果酱、果汁饮料、食品工业用桶装浓果蔬汁。②山梨酸钾：除同上外，还用于鱼、肉、蛋、禽类制品、果蔬保鲜、胶原蛋白肠衣、果冻、乳酸菌饮料、糕点、馅、面包、月饼等。③脱氢乙酸钠，常用于腐竹、酱菜、原汁橘浆。④对羟基苯甲酸酯类，常用于果蔬保鲜、果汁饮料、果酱、糕点馅、蛋黄馅、碳酸饮料、食醋、酱油。⑤丙酸钙：生湿面制品（切面、馄饨皮）、面包、食醋、酱油、糕点、豆制食品。GC 多用于测定苯甲酸、山梨酸钾、对羟基苯甲酸酯类和脱氢乙酸钠。比如，食品安全国家标准 GB 5009.28—2016《食品中苯甲酸、山梨酸和糖精钠的测定》规定用 HPLC 测定三种添加剂，而用 GC 只测定苯甲酸和山梨酸。食品安全国家标准 GB 5009.31—2016《食品中对羟基苯甲酸酯类的测定》则规定用 GC 测四种羟基苯甲酸酯类防腐剂。样品制备方法如下：

酱油、醋、饮料：一般液体试样摇匀后可直接取样。称取 5g（精确至 0.001g）试样于小烧杯中，并转移至 125mL 分液漏斗中，用 10mL 饱和氯化钠溶液分次洗涤小烧杯，

合并洗涤液于 125mL 分液漏斗，加入 1mL 1∶1 的盐酸酸化，摇匀，分别以 75mL、50mL、50mL 无水乙醚提取三次，每次 2min，放置片刻，弃去水层，合并乙醚层于 250mL 分液漏斗中，加入 10mL 饱和氯化钠溶液洗涤一次，再分别用 30mL 碳酸氢钠溶液洗涤三次，弃去水层。用滤纸吸去漏斗颈部水分，将有机层经过无水硫酸钠（约 20g）滤入浓缩瓶中，在旋转蒸发仪上浓缩近干，用氮气除去残留溶剂，用 2.0mL 无水乙醇溶解残留物，待测。

果酱：称取 5g（精确至 0.001g）事先均匀化的果酱试样于 100mL 具塞试管中，加入 1mL 1∶1 的盐酸酸化，加入 10mL 饱和氯化钠溶液，涡旋混匀 1～2min，使其为均匀溶液，再分别以 50mL、30mL、30mL 无水乙醚提取三次，每次 2min，用吸管转移至 250mL 分液漏斗中，加入 10mL 饱和氯化钠溶液洗涤一次，再分别用 30mL 碳酸氢钠溶液洗涤三次，弃去水层。用滤纸吸去漏斗颈部水分，将有机层经过无水硫酸钠（约 20g）滤入浓缩瓶中，在旋转蒸发仪上浓缩近干，用氮气除去残留溶剂，用 2.0mL 无水乙醇溶解残留物，待测。

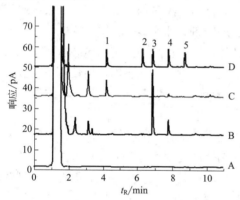

图 6-44　四种对羟基苯甲酸酯类和脱氢乙酸的色谱图[62]

A—空白样品；B—果汁阳性样品；

C—调味料阳性样品；D—标准物质图

色谱峰：1—脱氢乙酸；2—对羟基苯甲酸甲酯；

3—对羟基苯甲酸乙酯；4—对羟基苯甲酸丙酯；

5—对羟基苯甲酸丁酯

在此基础上，采用极性毛细管柱测定食品以及包装材料中的对羟基苯甲酸酯类防腐剂。如测定果蔬汁、调味料中的四种对羟基苯甲酸酯类及脱氢乙酸，采用色谱条件：OV-1701 毛细管色谱柱（30m×320mm×0.25μm）；程序升温，150℃ 开始，以 10℃/min 升至 240℃，保持 4min；载气（N₂）流量 2mL/min；不分流进样，温度 220℃，进样量 1μL；检测器（FID）温度 270℃。图 6-44 为分离结果。采用外标法定量，在 10～200μg/mL 浓度范围内线性关系良好，加标回收率为 91.2%～98.1%；检出限为 0.87～3.6mg/kg；RSD 为 0.61%～6.65%。该方法简便、准确、快速，可用于食品果蔬汁、调味料的常规分析和批量检测。

6.6.3.2　抗氧化剂的测定

抗氧化剂应用于食品始于 20 世纪 30 年代。目前约有 150 多种化合物可作为抗氧化剂，而世界各国常用的抗氧化剂总数约 30 种，按来源分为天然和化学合成抗氧化剂两类。食品工业中常用的化学合成抗氧化剂主要包括：用于食用油脂、干鱼制品的二丁基羟基甲苯（BHT）、用于食用油脂的丁基羟基茴香醚（BHA）、用于油炸食品及方便面和罐头的没食子酸丙酯（PG）、叔丁基对苯二酚（TBHQ）和用于婴儿食品、奶粉的维生素 E（生育酚，维生素 E）等。不同的物质其抗氧化性能不同，而实际应用时经常是两种或两种以上的抗氧化剂复配，以提高其抗氧化效果。但用量必须符合标准，过量使用就会对健康造成伤害。天然抗氧化剂相对比较安全，主要有茶多酚、天然维生素 E、迷迭香、甘草抗氧化物、竹叶抗氧化剂、植酸等。

我国食品安全国家标准 GB 2760—2014《食品添加剂使用标准》中的抗氧化剂共有 20 余种，其中可用 GC 测定的主要是 BHT，BHA，TBHQ 和 PG 等。食品安全国家标准 GB 5009.32—2016《食品中 9 种抗氧化剂的测定》规定了 5 种测定方法：HPLC、LC-MS、GC-MS、GC 和比色法，其中前两种方法可测定 9 种抗氧化剂，比色法只用于测定 PG，而 GC 和 GC-MS 方法能测定 BHT，BHA，TBHQ 和 2,6-二叔丁基-4-羟甲基苯酚（Ionox-100）等 4 种。其样品制备方法如下。

对于固体类样品：称取 1g（精确至 0.01g）试样于 50mL 离心管中，加入 5mL 乙腈饱和的正己烷溶液，涡旋 1min，充分混匀，浸泡 10min。加入 5mL 饱和氯化钠溶液，用 5mL 正己烷饱和的乙腈溶液涡旋 2min，3000r/min 离心 5min，收集乙腈层于试管中，再重复提取 2 次，合并 3 次提取液，加 0.1% 甲酸溶液调节 pH=4，待净化。同时做空白试验。

对于油类样品：称取 1g（精确至 0.01g）试样于 50mL 离心管中，加入 5mL 乙腈饱和的正己烷溶液溶解样品，涡旋 1min，静置 10min，用 5mL 正己烷饱和的乙腈溶液涡旋提取 2min，3000r/min，离心 5min，收集乙腈层于试管中，再重复提取 2 次，合并 3 次提取液，待净化。同时做空白试验。

净化：在 C_{18} SPE 小柱中装入约 2g 的无水硫酸钠，用 5mL 甲醇活化萃取柱，再以 5mL 乙腈平衡萃取柱，弃去流出液。将上述所有提取液倾入柱中，弃去流出液，再以 5mL 乙腈和甲醇的混合溶液洗脱，收集所有洗脱液于试管中，40℃下旋转蒸发至干，加 2mL 乙腈或正己烷定容，过 0.22μm 有机系滤膜，待测。

GC-MS 条件：SE-54 毛细管柱（30m×0.25mm×0.25μm）；程序升温，70℃ 开始，保持 1min，以 10℃/min 升至 200℃，保持 4min，再以 10℃/min 升至 280℃，保持 4min；载气（He）流速 1mL/min；不分流进样，温度 230℃，1min 后打开分流阀；进样量 1μL。MS 采用电子轰击源 70eV；离子源温度 230℃；接口温度 280℃；溶剂延迟 8min；检测方式为 SIM，每种抗氧化剂分别选择一个定量离子，2～3 个定性离子，如表 6-17 所列（分离结果略）。该方法的检出限为：TBHQ 0.5mg/kg，BHA 1mg/kg，Ionox-100 0.5mg/kg，BHT 0.5mg/kg；定量限均为 1mg/kg。如果用 FID 检测，检出限为：TBHQ 5mg/kg，BHA 2mg/kg，BHT 2mg/kg；定量限均为 5mg/kg。

表 6-17　GC-MS 测定食品中抗氧化剂的定量离子和定性离子及丰度比值

抗氧化剂	定量离子（丰度比）	定性离子 1（丰度比）	定性离子 2（丰度比）
BHA	165(100)	137(76)	180(50)
BHT	205(100)	145(13)	220(25)
TBHQ	151(100)	123(100)	166(47)
Ionox-100	221(100)	131(8)	236(23)

这里再举一个 GC 测定食品包装材料中抗氧化剂的例子。样品处理方法如下。

水基样品模拟物：将样品制成 10cm×10cm 袋子，注入 25mL 蒸馏水或 3% 乙酸水溶液或 10% 乙醇水溶液后用塑料封接机密封，于 60℃ 下浸泡 2h；移取全部浸泡液于分液漏斗中，用 10mL 乙酸乙酯萃取 3 次，收集上层萃取液；在 45℃ 用氮气吹扫收集的萃取液至液体体积小于 25mL，再用乙酸乙酯定容至 25mL；最后吸取所得溶液 1mL 过 0.45μm

微孔滤膜后进样。

油基样品模拟物：将样品制成 10cm×10cm 袋子，注入 25mL 异辛烷后用塑料封接机密封，于 20℃下浸泡 48h；吸取所得浸泡液 1mL 过 0.45μm 微孔滤膜后进样。图 6-45 为五种抗氧化剂的 FID 色谱图，其中 DLTP 和 DMTP 是两种辅助抗氧化剂。

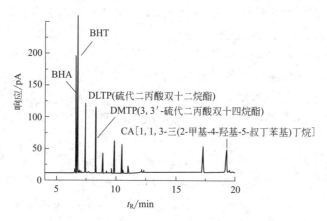

图 6-45　GC 测定 5 种抗氧化剂的 FID 色谱图[63]

色谱条件：SE-54 毛细管柱（30m×0.32mm×0.25μm）；载气（N_2）流量 1.0mL/min；程序升温，100℃开始，保持 2min，以 30℃/min 升至 220℃，再以 15℃/min 升至 282℃，最后以 30℃/min 升至 320℃，保持 15min；检测器（FID）温度 320℃；不分流进样，温度 320℃，进样量 1μL

6.6.3.3　食品香料的分析

食品香料是一类特殊的食品添加剂，能够用于调配食品香精，并使食品增香的物质。其品种多、用量小，大多存在于天然食品中。食品香料按其来源和制造方法不同，通常分为天然香料和人造香料两大类。天然香料是用纯粹物理方法从天然芳香植物或动物原料中分离得到的，通常认为其安全性高。天然香料还包括天然等同香料，是用合成方法得到或由天然芳香原料经化学过程分离得到的物质，这些物质与供人类消费的天然产品中存在的物质在化学上是相同的。这类香料品种很多，占食品香料的大多数，对调配食品香精十分重要。人造香料是在供人类消费的天然产品中尚未发现的香味物质。此类香料品种较少，它们均是化学合成的，且其化学结构迄今在自然界中尚未发现存在。所以，这类香料的安全性应给予关注。我国食品安全国家标准 GB 2760—2014《食品添加剂使用标准》中列出了 393 种允许使用的天然香料和 1477 种合成香料，天然香料大多是混合物，而合成香料基本都是单一化合物，且挥发性有机物居多。因此，GC 和 GC-MS 成为香料分析的主要技术。比如很多植物精油可作为食品香料，GB/T 11538—2006/ISO 7609：1985《精油—毛细管柱气相色谱分析—通用法》就规定了用极性和非极性毛细管柱对主要精油的香味成分进行分析，采用保留指数和 GC-MS 进行定性，内标法、标准加入法或面积归一化法定量，以表征精油。

用 GC（面积归一化法）测定特征组分的含量，就可以对八角茴香（精）油的质量进行分析评价。图 6-46 为八角茴香（精）油的典型色谱图。标准规定的质量标准为主要成分龙蒿脑和顺式大茴香脑的含量不大于 5.0%，大茴香醛含量不大于 0.5%，反式大茴香脑的含量不小于 87.0%。

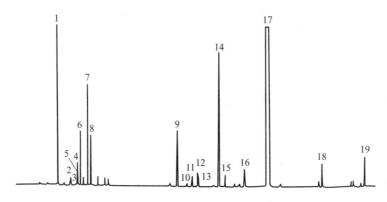

图 6-46　食品添加剂八角茴香（精）油的典型色谱图

色谱峰：1—α-蒎烯；2—β-蒎烯；3—桧烯；4—δ-3-蒈烯；5—月桂烯；6—α-水芹烯；7—苧烯；8—1,8-桉叶素；
9—芳樟醇；10—顺式 α-香柠檬烯；11—反式 α-香柠檬烯；12—4-松油醇；13—β-石竹烯；14—龙蒿脑；
15—α-松油醇；16—顺式大茴香脑；17—反式大茴香脑；18—大茴香醛；19—小茴香灵

色谱条件：PEG-20M 毛细管柱（50m×0.25mm×0.25μm）；程序升温，70℃开始，保持 1min，以 2℃/min 升至
220℃，保持 20min；载气（N$_2$）流速 1mL/min；分流进样，温度 250℃，分流比 100：1；检测器
（FID）温度 250℃；进样量 0.2μL

　　总之，食品用天然香料的分析以及食品风味的分析是 GC 的典型应用，针对不同的植物提取物需要开发不同的 GC 或 GC-MS 方法。至于合成香料的分析可以按照有关产品的标准方法进行，这里不再赘述。

6.6.4　非法添加和有毒有害化学品的测定

　　从 2009 年 6 月 1 日《食品安全法》实施以后，卫生部（卫健委）统一制定发布了一系列国家食品安全标准，包括上述添加剂标准。常用的添加剂 80％以上都已经有了产品标准。有关部门还公布了 151 种食品和饲料中的非法添加物名单，这些非法添加剂是不允许用于食品的。但有些不法商人为了攫取更大的利益，往往会铤而走险，置消费者的健康于不顾，在食品中加入非法的化学品。比如：在乳品中加入三聚氰胺，以提高蛋白含量的测定值（凯氏定氮法是测定氮含量，然后折算成蛋白质含量）；在辣椒油和鸡鸭饲料中加入苏丹红，以增加色泽；等等。我国出现过多起这样的食品安全事件，造成极其恶劣的影响和非常严重的后果。所以，必须加强食品安全立法，加强政府部门的监督，加强社会道德培养，严厉打击犯罪活动。政府部门的监督执法要有科学证据，这就是非法添加化学品的检测。当然，有些非法添加化学品也可能在食品加工过程中产生或带入，如三聚氰胺也存在于某些食品加工器具中，亚硝胺主要产生于食品的腌制过程中，因此有关标准规定了其在食品中的最低限量。我国在食品安全国家标准 GB 2762—2022《食品中污染物限量》中也对动物源性食品中 N-亚硝基二甲胺（NDMA）的限量做了要求，其中肉及肉制品（肉类罐头除外）的限量为 3μg/kg、水产动物及其制品（水产品罐头除外）的限量为 4μg/kg。

　　非法添加和有毒有害化学品的测定方法有光谱、色谱和 MS 等法，其中 HPLC 和

LC-MS 是用得最多的方法，GC 常用于挥发性化合物的测定，比如酒精饮料中甲醇的测定、糕点中富马酸二甲酯的测定、腌制食品中亚硝胺的测定等。下面举例说明。

6.6.4.1 亚硝胺的测定

亚硝胺主要存在于腌制和霉变的食物中，烟熏制品中也存在较多的亚硝胺。含有亚硝胺的常见食物包括腌菜、熏肉、腐乳以及罐装食物，如罐头、剁椒酱、辣酱等，霉变的食物如发霉的谷物、变质的牛奶、隔夜的青菜等，亚硝酸的含量较高。香烟以及酒精中，也含有一定量的亚硝胺。亚硝胺类化合物是致癌物，如人体存在大量的亚硝胺类物质，可诱发各种肿瘤，较为常见的是消化道肿瘤，如食管癌、胃癌等。在目前已知的三百多种亚硝胺类化合物中，80%以上都具有高毒性和强致癌性，但其毒性会随着烷基链的增长而逐渐降低。食品安全国家标准 GB 5009.26—2023《食品中 N-亚硝胺类化合物的测定》（2024 年 3 月 6 日实施）以及国标 GB/T 29669—2013《化妆品中 N-亚硝基二甲基胺等 10 种挥发性亚硝胺的测定　气相色谱-质谱/质谱法》、GB/T 39183—2020《消费品中亚硝胺迁移量的测定　气相色谱-串联质谱法》、行标和团体标准 T/SAWP 0001—2020《饮用水中 N-二甲基亚硝胺、二氯乙腈、二溴乙腈水质标准》都规定用 GC（热能分析仪检测）和/或 GC-MS 方法测定挥发性亚硝胺。

【举例】QuEChERS-同位素稀释-气相色谱-串联质谱法测定动物源性食品中 9 种 N-亚硝胺类化合物

样品制备：液态样品摇匀后提取；粉状样品直接提取；其他样品取可食部分组织捣碎。将制备好的试样置于 0～5℃冷藏保存，待提取。

提取：称取 10g（精确至 0.01g）试样，置于 50mL 离心管中，加 200μL 氘代内标物（N-亚硝基二甲胺-d_6 和 N-亚硝基二正丙胺-d_{14}）工作液和 10mL 乙腈，涡旋 1min 混匀，置于冰箱-20℃冷冻 30min，加入陶瓷均质子 2 粒、4g $MgSO_4$ 和 1g NaCl，涡旋 1min，于 0℃以 9000r/min 离心 5min，取上清液待净化。

净化：取 150mg PLS-A 粉末和 5mL 水，置于 15mL 离心管中，振荡后加入 5mL 上述上清液，并涡旋 1min，于 0℃以 9000r/min 离心 5min。

除水：将净化液转移至另一 15mL 离心管中，加入 1.6g $MgSO_4$ 和 0.4g NaCl，涡旋 30s，于 0℃以 9000r/min 离心 5min，取 1mL 上层有机相过 0.22μm 微孔滤膜，检测。

分析条件：PEG-20M 毛细管柱（30m×0.25mm×0.25μm）；程序升温，50℃开始，保持 0.16min，以 900℃/min 升至 220℃，保持 5min；进样口温度 220℃；载气（He）流速 60mL/min；溶剂放空模式；进样量 5μL。MS 为电子电离（EI）源，温度 250℃；传输管温度 250℃；溶剂延迟 6min；电子能量 70eV；采集模式 MRM。9 种 N-亚硝胺类化合物及内标的检测条件见表 6-18，图 6-47 是在此条件下的 GC-MS 分析结果。

表 6-18　9 种 N-亚硝胺类化合物及 2 种内标的质谱参数

化合物	前体离子(m/z)	子离子(m/z)	碰撞能/eV	内标
N-亚硝基二甲胺(NDMA)	74.0	42.1,44.0[①]	19.3	NDMA-d_6
N-亚硝基二甲胺-d_6(NDMA-d_6)	80.0	46.1,50.1[①]	22.5	—
N-亚硝基乙基甲基胺(NMEA)	88.0	42.0,71.0[①]	17.2	NDMA-d_6
N-二乙基亚硝胺(NDEA)	102.0	56.0,85.0[①]	15.2	NDMA-d_6

续表

化合物	前体离子(m/z)	子离子(m/z)	碰撞能/eV	内标
N-亚硝基二丙胺(NDPA)	130.2	43.0,113.1[①]	9.7	NDPA-d_{14}
N-亚硝基二正丙胺-d_{14}(NDPA-d_{14})	144.1	50.1,126.1[①]	11.1	—
N-亚硝基二丁胺(NDBA)	116.0	74.1,99.0[①]	8.2	NDPA-d_{14}
N-亚硝基哌啶(NPIP)	114.0	41.0,84.0[①]	13.5	NDPA-d_{14}
N-亚硝基吡咯烷(NPYR)	100.0	43.1,55.1[①]	9.5	NDPA-d_{14}
N-亚硝基吗啉(NMorPh)	116.2	56.0,86.1[①]	11.5	NDPA-d_{14}
N-亚硝基二苯胺(NDPhA)	169.0	167.1,168.1[①]	30.17	NDPA-d_{14}

① 定量离子。

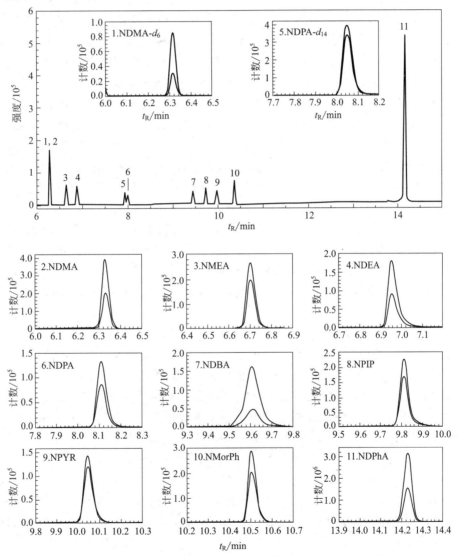

图 6-47　9 种 N-亚硝胺类化合物及其内标的 TIC 和 MRM 色谱图[64]

(TIC 中嵌入两个内标物的 MRM 图，每个 MRM 图中的编号对应于 TIC 中的峰编号，
缩写对应的化合物名称同表 6-18。每种化合物的浓度 10μg/L)

用同位素稀释法的定量线性关系数均不小于0.99，检测限为0.05～0.30μg/kg，定量限为0.15～1.00μg/kg。9种N-亚硝胺类化合物的回收率为80.4%～98.5%，RSD为2.41%～12.50%。按照该方法对采集的60批动物源性食品，包括肉糜、腌制肉制品、水产制品等样品进行分析，有18批样品中检出N-亚硝胺类化合物，其中NDMA、NDBA、NPIP、NPYR、NDPhA的检出率最高，且部分腌制水产品的NDMA含量高出我国食品安全国家标准GB 2762—2022《食品中污染物限量》中水产动物及其制品的限量值（NDMA≤3μg/kg），其中腌制鱿鱼丝样品中的NDMA含量甚至高于7.93μg/kg。

6.6.4.2　丙烯酰胺的测定

丙烯酰胺具有生殖发育毒性、致癌性和遗传毒性，以油炸薯类食品、咖啡食品和烘烤谷类食品中的丙烯酰胺含量较高。在一些油炸和烧烤的淀粉类食品，如炸薯条、炸土豆片等中可检出丙烯酰胺。丙烯酰胺主要在高碳水化合物、低蛋白质的植物性食物加热（120℃以上）烹调过程中形成。在食品加工前检测不到丙烯酰胺；在加工温度较低，如用水煮时，丙烯酰胺的含量相当低。水含量也是影响其形成的重要因素，特别是烘烤、油炸食品最后阶段水分减少、表面温度升高后，其丙烯酰胺形成量更高。

食品安全国家标准GB 5009.204—2014《食品中丙烯酰胺的测定》规定第一法为LC-MS法，第二法为稳定性同位素稀释的GC-MS法。用GC-MS法的还有地方标准DB45/T 1154—2015《食糖产品中丙烯酰胺残留量的测定　气相色谱-质谱法》。其他标准方法如食品安全国家标准GB 31604.18—2016《食品接触材料及制品　丙烯酰胺迁移量的测定》和地方标准DB21/T 3110—2019《水质丙烯酰胺的测定　高效液相色谱-质谱法》均采用LC-MS法。GC-MS和LC-MS方法相比，前者灵敏度高（一般GC-MS为5～10μg/kg，LC-MS/MS为20～50μg/kg），方法稳定，但需要柱前衍生化，步骤较为复杂。比如国标GB 5009.204—2014是以水为提取溶剂，提取液采用基质固相分散萃取净化、溴试剂衍生后，采用GC-MS/MS的MRM或SIM进行检测，内标法定量。

下面举一个改进样品处理步骤的柱前衍生化-GC-MS测定食品中丙烯酰胺的方法实例。

样品制备：准确称取1.50g研磨粉碎后的食品样品于50mL聚丙烯离心管中，加入15μL的内标$^{13}C_3$-丙烯酰胺工作液（120mg/L）及30mL超纯水，涡旋振荡2min充分混匀。以7000r/min速率冷冻离心10min。取20mL上清液，加入10mL正己烷进行脱脂，涡旋振荡2min，并重复上述脱脂过程1次。弃去正己烷层后的溶液进行衍生化。

衍生化：用5mol/L浓硫酸调节提取液的pH低于1。分别加入10g溴化钾和6mL 0.1mol/L的溴酸钾，于4℃下反应90min，然后加入1mol/L硫代硫酸钠终止衍生反应（至黄色褪去）。用10mL乙酸乙酯提取衍生后的丙烯酰胺两次，以使其充分转移至有机相。加入8g无水硫酸钠，涡旋振荡2min，离心（9000r/min，4℃）15min，将提取液转移至100mL浓缩瓶中，于40℃水浴中减压蒸馏浓缩至约1mL，再用氮气吹浓缩液至干，然后用1mL丙酮复溶。于该溶液中加入20μL三乙胺，涡旋振荡后过0.22μm有机膜，滤液供GC-MS测定。

GC-MS测定条件：SE-54毛细管柱（30m×0.25mm×0.25μm）；程序升温，50℃开始，以15℃/min升至240℃并保持11.3min；载气（He）流速1mL/min；传输管温度280℃；不分流进样，温度250℃，进样体积2μL。MS采用EI源，温度230℃，电离能量

70eV；四极杆温度 150℃；扫描方式 SIM，所选择的特征离子：2-溴丙烯酰胺为 m/z 149、151、108、106、70；$^{13}C_3$-2-溴丙烯酰胺为 m/z 152、154、110、108、73。分别选择 m/z 149 和 152 作为 2-溴丙烯酰胺和 $^{13}C_3$-2-溴丙烯酰胺的定量离子。图 6-48 为分析结果及丙烯酰胺标准溶液衍生后的 MS 图。

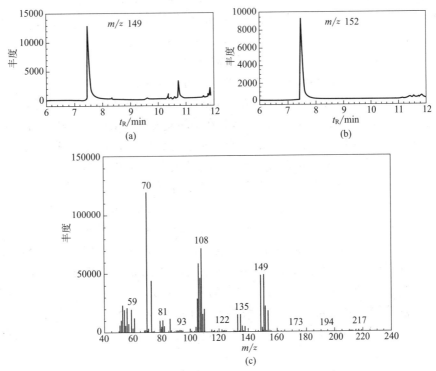

图 6-48　薯片样品经衍生后所得 2-溴丙烯酰胺（a）、$^{13}C_3$-2-溴丙烯酰胺（b）的 EIC 图和丙烯酰胺标准溶液衍生后的 MS 图（c）[65]

该方法用于炸薯片中丙烯酰胺的测定在 0.05～2.00mg/kg 浓度范围内定量线性关系良好（$r^2 = 0.9995$），检出限和定量限分别为 3μg/kg 和 7μg/kg，回收率为 62.7%～65.5%。对于同一批面包、薯片中丙烯酰胺含量的测定，GC-MS 的测定结果略高于 LC-MS/MS，二者所得数值基本一致。

6.6.4.3　富马酸二甲酯的测定

富马酸二甲酯（DMF）具有高效、广谱抗菌的特点，对霉菌有特殊的抑菌效果。并兼有杀虫活性，还具有触杀和熏蒸作用，曾广泛应用于食品、饮料、饲料、中药材、化妆品、鱼、肉、蔬菜、水果等防霉、防腐、防虫、保鲜。DMF 具有较好的抗真菌能力，对于饲料的防霉效果优于丙酸盐、山梨酸及苯甲酸等酸性防腐剂。但由于其对人体有腐蚀性和致过敏性，大量食用会引起咽痛、呕吐和腹痛等较为严重的后果，并对肝、肾有很大的毒副作用，尤其对儿童的生长发育会造成很大危害。现在已被归为非食用物质，不得在食品（包括面制品中）中使用。

我国的食品安全国家标准中尚无 DMF 的测定标准，但国标 GB/T 28486—2012《防霉剂中富马酸二甲酯含量的测定》规定用 GC 或 GC-MS 方法，行业标准 SN/T 3623—

2013《出口食品中富马酸二甲酯的测定方法》是用 GC-MS 方法。而行业标准 NY/T 1723—2009《食品中富马酸二甲酯的测定　高效液相色谱法》就规定用 HPLC 方法。其实 DMF 的分析并不复杂，关键是样品的处理。下面以 SN/T 3623—2013 为例来说明这一应用。

试样的制备与保存：对于午餐肉、月饼和葡萄等试样，取代表性样品 500g，将其切碎后，依次用捣碎机将样品混匀，分装入洁净的盛样袋内，密封，-18℃冰箱保存。对于奶粉、豆奶和调料粉等试样，取代表性样品 500g，混匀，装入洁净的容器内，密封，豆奶试样于 0~4℃保存；奶粉和调料粉等可常温下避光保存。

提取：称取 5g 试样（精确到 0.01g）置于 50mL 具塞离心管中，加入 15mL 乙酸乙酯，涡旋振荡 5min，以 8000r/min 离心 5min，将上清液转移至 150mL 梨形瓶；再用 15mL 乙酸乙酯重复上述提取，合并提取液。在旋转蒸发仪上浓缩至大约 2mL，待净化。

净化：按中性氧化铝小柱在下，活性炭小柱在上的顺序将二者串联，活性炭柱上加 1cm 高的无水硫酸钠，5mL 乙酸乙酯活化，上样并收集，再用 3mL 乙酸乙酯将梨形瓶清洗后上样洗脱并收集，合并收集液并定容到 5mL，待测。

GC-MS 条件：SE-54 毛细管柱（30m×0.25mm×0.25μm）；程序升温，50℃开始，保持 1min，以 8℃/min 升至 300℃，保持 5min；载气（He），流速 1.0mL/min；不分流进样，温度 250℃；0.75min 开启分流阀；进样量 1μL；传输管温度 280℃。MS 采用电子电离源，电子能量 70eV；离子源温度 230℃；溶剂延迟 4min；检测模式 SIM，DMF 的选择离子为 m/z 113、59、114、85，定量离子为 m/z 113。

此法的检测限为 0.05mg/kg（色谱图略）。如果用 GC 方法，FID 检测，其检测限为 0.15mg/kg。HPLC 方法的检出限为 0.05mg/kg。用 GC-MS/MS 测定食品中 DMF 的检出限为 0.015mg/L。

6.6.4.4　三聚氰胺的测定

三聚氰胺，又称蜜胺或 1,3,5-三嗪-2,4,6-三胺。它与甲醛缩合可制得三聚氰胺甲醛树脂。此外，三聚氰胺也用作合成药物的中间体。2008 年中国奶制品污染事件是中国的一起食品安全事故，起因是很多食用三鹿集团生产的奶粉的婴儿被发现患有肾结石，随后在其奶粉中被检出化工原料三聚氰胺。事件迅速恶化，在其他一些知名品牌，包括 22 个厂家 69 批次产品中都检出三聚氰胺。此后，我国迅速出台了一系列测定乳制品中三聚氰胺的标准方法（见附录Ⅰ）。后来又陆续建立了各种行业标准和地方标准，加上政府监管的强化，才使得国产乳品业逐渐复苏。

除了上述标准方法以外，还有一些地方标准和行业标准规定了测定动物源性食品、生鲜乳和各种食品包装材料中三聚氰胺的方法。总体来看，这些标准方法以 LC 和 LC-MS 为主，GC-MS 为辅，还有酶联免疫、胶体金免疫色谱、电化学和拉曼光谱等快速筛查方法。就方法的准确度和精密度来说，色谱方法是最稳定可靠的，尤其 LC-MS 和 GC-MS 等联用方法，定性准确性和方法灵敏度均有优势。地方标准 DB34/T 863—2008《生鲜牛奶中三聚氰胺的测定》中把 GC-MS 方法作为仲裁方法。下面举一个 GC-MS/MS 同时测定三聚氰胺及其类似物三聚氰酸、三聚氰酸一酰胺、三聚氰酸二酰胺的例子。

目前，三聚氰胺已严禁直接用于食品。国际食品法典委员会于 2020 年公布了食品中三聚氰胺的允许含量新标准，规定婴儿配方奶粉中三聚氰胺的限量值为 1mg/kg，每千克其他食品或动物饲料中的三聚氰胺限量值为 2.5mg/kg。中国的限量标准与此相同，高于上述限量的食品一律不得销售。三聚氰胺和三聚氰酸虽然只有低急性毒性，但有证据显示，在同时摄入三聚氰胺和三聚氰酸后会导致肾毒性。大鼠实验证明，单独摄入三聚氰胺或其类似物的 1 种、三聚氰胺和三聚氰酸的混合物，及 4 种化合物的混合物，发现单独摄入均未对肾产生任何副作用，但摄入混合物则产生明显的肾损伤。因此，在乳制品中同时检测三聚氰胺及其 3 种类似物非常重要。

样品制备：称取 0.5g（精确至 0.001g）试样于 50mL 具塞离心管中，加入 20mL 二乙胺∶水∶乙腈（1∶4∶5，体积比）混合提取溶剂，涡旋 1min，超声提取 30min，然后以 4000r/min 离心 5min，取 200μL 上层清液于 10mL 尖底具塞玻璃比色管中，70℃下用氮气吹干。再加入 300μL 吡啶和 200μL 硅烷化试剂（含有 1％三甲基-氯硅烷的 N,O-双三甲基硅基三氟乙酰胺），超声振荡 1min，涡旋 1min 后，于 70℃衍生反应 45min，衍生化的溶液进行 GC-MS/MS 分析。混合标准工作溶液按上述步骤同时进行衍生化处理。

GC-MS 条件：OV-1 毛细管柱（30m×0.25mm×0.25μm）；程序升温，70℃开始，保持 1min，以 10℃/min 升至 280℃，保持 8min；载气（He）流速 0.9mL/min，不分流进样，温度 280℃，进样量 1.0μL；传输管温度 280℃，碰撞气为 N_2。三重四极杆 MS 采用 EI 离子源，温度 230℃，四极杆温度 150℃，电子能量 70eV，电子倍增器电压 1.5kV，溶剂延迟时间 6min，检测模式 MRM。选择前体离子、子离子、碰撞能量列于表 6-19。

表 6-19　前体离子、子离子、碰撞能量及保留时间

组分名称	前体离子(m/z)	子离子(m/z)	碰撞能量/V
三聚氰胺	342[①] 327	327[①] 171	5 10
三聚氰酸	345[①] 330	147[①] 147	25 10
三聚氰酸一酰胺	344[①] 329	171[①] 171	25 40
三聚氰酸二酰胺	343[①] 328	328[①] 171	25 40

① 定量离子对。

在上述条件下得到 GC-MS/MS 的 MRM 图。以保留时间和二级 MS 特征碎片离子定性，用定量离子对的峰面积以外标法计算样品中三聚氰胺及 3 种类似物的含量。图 6-49 为三聚氰胺及其 3 种类似物的 MRM 色谱图。该法测定三聚氰胺及其 3 种类似物的检出限是 0.05mg/kg；定量限为 0.1mg/kg，能满足乳制品中三聚氰胺及其 3 种类似物的限量要求。2014 年研究人员采用该 GC-MS/MS 方法对购自超市的乳制品（奶粉、液态奶、酸牛奶、含乳饮料、奶茶、炼乳、奶酪）进行分析，结果

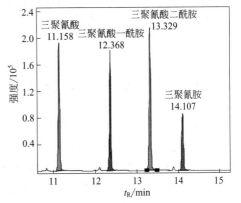

图 6-49　GC-MS/MS 测定三聚氰胺及其 3 种类似物的 MRM 色谱图[66]

在1种奶粉和1种液态奶中检出三聚氰胺，含量分别为0.89mg/kg和1.75mg/kg，未超过国家限量标准；在所有样品中均未检出3种类似物。

6.7 法庭分析

6.7.1 引言

法庭科学（Forensic Science）又称司法科学，是运用自然科学和社会科学的原理和方法，研究查明司法事件的法律性质、调查犯罪证据、证实犯罪及预防犯罪的一门综合性应用学科。广义的法庭科学是运用一切医学、自然科学的理论与技术，研究并解决刑事侦查、审判及民事纠纷中有关问题的一门科学，包括现场勘查、取证、各种痕迹物证检验、毒物和毒品检验、各种法医学检验鉴定（尸体、活体和物证）、精神病学鉴定以及现代发展起来的法庭昆虫学、法庭植物学、法庭孢粉学等。狭义的法庭科学是应用现代科学技术，发现和检验与犯罪有关的物证，为揭露和证实犯罪提供证据的科学，包括刑事照相技术、痕迹检验、现场勘查、刑事相貌学等。色谱技术在法庭科学中应用广泛，其中GC在农药中毒、凶杀、抢劫、盗窃、纵火、爆炸、交通肇事、贩毒、诈骗等案件中都能提供必要的法庭证据，已成为法庭科学领域常用的技术手段之一。

附录I中所列标准有30余项涉及GC在法庭科学中的应用，包括爆炸物、毒品、精神药物、农药残留、涂料、轮胎橡胶、墨水、等等证据的鉴定。在第3章我们介绍一些顶空GC（如血液中酒精浓度以及有毒溶剂的测定等）和Py-GC（如塑料、橡胶、涂料、纺织纤维、复印墨粉、木屑等的测定）在法庭科学中的应用实例，前文有关农药残留检测，以及环境分析、药物分析和食品分析方面的检测方法均可用于法庭科学中相应的证据鉴定。下面就从一般物证、毒品及致幻药品、爆炸残留物分析等方面来讨论GC在法庭科学中的应用。

6.7.2 一般物证鉴定

6.7.2.1 油墨和墨水的鉴定

在法制社会的司法鉴定实践中，常常需要鉴定书写文书的真假和书写时间，这一般要分析笔迹墨水或印章油墨的化学组成和书写时间的关系。对于防伪印泥，可用专门的方法如荧光光谱或质谱进行鉴定，但对于手写的文书，除了笔迹鉴定外，还需要开发新的鉴定技术。行业标准GA/T 1501—2018《法庭科学中圆珠笔字迹油墨的检验 气相色谱法》规定用GC分析油墨中的挥发性成分（如溶剂）随时间的变化来确定书写时间。早期的研究表明，GC所反映挥发性组分的变化与书写字迹时间的关系，在两个月的时间内是准确的，另外将不同组分色谱峰相对峰高的变化作为依据，还可消除样品用量的干扰。有人首先利用GC测定油墨挥发性成分的含量（M），再用分子光谱法测出油墨提取物（染料）的吸收光谱。最大吸收波长染料的吸光度（A）与M的比值就可表征油墨的老化程度。有研究表明，用圆珠笔油墨中的苯甲醇和邻苯二甲酸酐的比值随书写时间的改变来确定书写时间是可行的，据此可将圆珠笔油墨分为74种，在此基础上，以挥发性组分的峰面积（经过内标物的峰面积校正）与UV-Vis测得的染料吸光度值之比为纵坐标，以字迹形成时间为横坐标，就可建立油墨自然老化时间曲线。

以上方法需要从纸张上取一定量字迹笔画进行萃取后方可检测，且样品需要量大，这对于珍贵文书来说是不适合的。近来有人报道利用 SPME 技术从纸上萃取圆珠笔字迹中的苯氧基乙醇，通过 GC-MS 联用，测得了苯氧基乙醇在 2 年内的变化曲线。表明苯氧基乙醇在 3 个月内含量变化较大，之后趋于平稳。此法实现了用几乎无损的方法提取油墨字迹中的挥发性成分，样品需要量小，同一文件上的字迹笔画各点重复性好，但是受纸张类型的影响比较大。另外，书写文书的保存条件（如温度和湿度）对结果也有大的影响。因此，只用一种方法鉴别文书的书写时间是有局限性的。如果结合难发性成分的 Py-GC 或HPLC 分析，甚至纸质的表征，才可得到较为可靠的结果。

6.7.2.2 灾难中物证的鉴定

火灾原因分析是消防部门的重要业务，在纵火案现场往往残留有汽油、柴油或煤油等助燃剂。通过检测这些残留的助燃剂可为破案提供科学证据，为此，我国制定了 GA/T 1941—2021《法庭科学　重质矿物油检验　气相色谱-质谱法》、GA/T 1515—2018《法庭科学　汽油残留物提取检验　固相微萃取-气相色谱-质谱法》和 GA/T 1425—2017《法庭科学煤油、柴油检验　溶剂提取-气相色谱/质谱法》等行业标准。用有机溶剂从火灾现场残渣中提取脂溶性成分，通过 GC-MS 分离鉴定，就可确定助燃剂的种类。

用 GC 测定火灾和空难中人体组织和体液中的 CO，有助于查明事故原因。火灾发生时暴露和没有暴露在现场的尸体左右心室血样中一氧化碳血红蛋白比率不同，可用于判断死亡是在火灾前发生的还是在火灾后发生的。对于 GC 来说，血样是合适的检材，但有时无血样或血样不适于 GC 分析。有研究证明血和脾脏中 CO 的含量具有某种相关性，说明在一些情况下脾脏可代替血样成为检材。

顶空 GC 可用于非标准尸体（腐败尸体、福尔马林固定尸体、火烧后变干尸体等）中CO 和 HCN（氰化氢）的检测。将血样酸化，产生的 HCN 通入有氯胺-T 溶液的小瓶，生成 CNCl，然后分析顶空气体。也可将游离的 HCN 直接注入填充了氯胺-T 的反应柱，然后用顶空 GC（ECD）检测，HCN 的定量限为 $0.05\mu g/mL$。用此法测定火灾现场尸体血清中的 HCN，即可证明受害人是火灾致死的。这里要强调，第一，取血部位是重要的，左心室血中 HCN 的含量比右心室高得多；第二，在调查火灾死亡原因时，不仅要测定CO，也要测定 HCN。

对于低碳烃的测定，顶空 GC 是比较好的方法。比如，在非石油火灾死难者血液中，可检出苯、甲苯、乙苯、二甲苯以及苯乙烯。苯乙烯的检出可能是建筑材料和家具中的苯乙烯树脂燃烧产生的。而在汽油汽车尾气中毒者的血液中，可以检测出苯、甲苯、乙苯、二甲苯类和三甲苯类，未检出脂肪烃。Py-GC 也用于中毒遇害者死因的判断，比如，Py-GC 和顶空 GC 都可鉴定稀料，在死者的血液和脑组织中检测出甲苯、乙苯和二甲苯，判明死因为稀料中毒。再用 GC-MS 分析就可证实上述稀料成分。相比较而言，Py-GC 简单快速，但检测灵敏度不及顶空 GC。此外，GC×GC-MS 用于对柴油和汽油及其燃烧残留物进行检验和特征分析，可为火场中疑似易燃液体残留的比对鉴定提供科学依据[67,68]。

交通事故中责任方的确定有时也要检验物证，比如油漆涂料和轮胎橡胶的鉴定，行业标准 GA/T 1516—2018《法庭科学　轮胎橡胶检验　裂解-气相色谱-质谱法》就是针对此而制定的。读者可以参阅 3.2 节或者本章后的进一步阅读建议。此处不再讨论。

6.7.3　滥用药物分析

6.7.3.1　毒品分析

根据《中华人民共和国刑法》第357条规定，毒品是指鸦片、海洛因、甲基苯丙胺（冰毒）、吗啡、大麻、可卡因以及国家规定管制的其他能够使人形成瘾癖的麻醉药品和精神药品。麻醉药品及精神药品品种目录中列明了121种麻醉药品和130种精神药品。根据中国禁毒网发布，毒品分为传统毒品、合成毒品、新精神活性物质（新型毒品）。其中最常见的主要是麻醉药品类中的大麻类、鸦片类和可卡因类。锁定吸毒人员和法办贩毒人员必须有证据，因而检测体液中的毒品含量，鉴定疑似毒品的种类和纯度就是很重要的法庭科学内容。

吸食毒品不仅会对人体产生严重危害，也会对社会造成极其不良的影响，引发各种刑事案件。全球范围内每年都会有大量的中毒和贩毒案例报告。据我国药物管制部门报告，2020年我国出现了6万多起毒品案件，涉及约43万名吸毒人员，而且还不断有新型毒品出现。世界各国政府对毒品都进行严格管控，我国政府除了对传统毒品、合成毒品等进行管控外，还逐步加强了对新精神活性物质的管控。近年来制定了一系列标准，包括传统毒品和一些容易被滥用的药品的GC和GC-MS检验标准方法（见附录）。下面举几个毒品分析的例子。

（1）毛发中毒品的分析

毛发由毛球下部质细胞分化而来，其主要成分为角质蛋白。法庭科学领域检验长期滥用毒品者的检材一般为头发，若无法采用头发也可采用腋毛、阴毛、胡须等毛发。与血液、尿液等生物样本相比，毒品在毛发中的代谢较慢，可长期存在，而体液检测在吸毒者吸毒数日后，因毒品代谢以后就失去了意义。毛发作为法庭科学领域毒品检测的常规样本，具有采集方便、保存简单、可重复采样验证、消除样本污染、检出时限长等优势而被广泛运用。采用毛发作为检材可测定最常见毒品有甲基苯丙胺、氯胺酮、吗啡、3,4-亚甲双氧甲基苯丙胺（摇头丸）等。

【举例】毛发中的苯丙胺类毒品的GC-MS检测

头发样品用二氯甲烷超声洗涤2次，晾干后剪成长约1mm的碎段。称取20mg样品，加入4种苯丙胺毒品及浓度为2mg/L的2-甲基苯乙胺（内标）溶液10μL，加入1mol/L的NaOH溶液1mL，于75℃水浴中加热30min；然后加入少许KCl（必须使溶液达到过饱和），再加入氯仿溶液50μL，涡旋提取1min后，离心1min；吸取下层液20μL放入另一小瓶中，加入10μL的N-甲基-双（三氟乙酰胺）（MBTFA），封口后加热2min完成衍生化，直接进样分析。

表6-20列出了GC-MS检测所选择的定性和定量离子，图6-50为空白毛发添加苯丙胺类毒品衍生化后和吸毒者毛发样品的选择离子色谱图。可见，4种苯丙胺类毒品和内标物得到了良好的分离。在空白毛发中添加标准品即可做出4种毒品的定量工作曲线。衍生化后4种毒品在毛发中的检测限均为50pg/mg。4种苯丙胺类毒品在毛发中的添加浓度为5ng/mg时，5次测定的RSD分别为苯丙胺6.0%，甲基苯丙胺13.9%，3,4-亚甲二氧基苯丙胺10.2%，3,4-亚甲二氧基甲基苯丙胺9.2%。用该法对苯丙胺类毒品吸食者的毛发进行检测，检出了这4种毒品，毛发样品的最小用量为4.6mg（约20cm长）。

表 6-20　GC-MS 分析 4 种苯丙胺类毒品的 SIM 检测用定性和定量离子

化合物	衍生物的缩写	定性离子(m/z)	定量离子(m/z)
苯丙胺盐酸盐（AM）	AM-TFA	118 和 91	118
2-甲基苯乙胺（ME）（内标）	ME-TFA	118	118
甲基苯丙胺硫酸盐（MAM）	MAM-TFA	118 和 91	118
3,4-亚甲二氧基苯丙胺盐酸盐（MDA）	MDA-TFA	135 和 162	135
3,4-亚甲二氧基甲基苯丙胺盐酸盐（MDMA）	MDMA-TFA	135 和 162	162

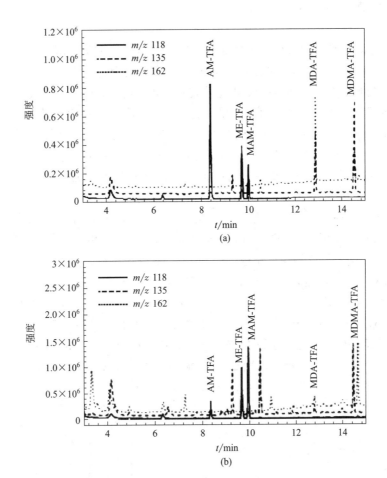

图 6-50　添加苯丙胺类毒品的毛发衍生化后（a）和吸毒者毛发（b）的 SIM 色谱图[69]

分析条件：OV-1 毛细管色谱柱（30m×0.32mm×1.0μm）；程序升温，从 100℃ 开始，保持 2min，然后以 10℃/min 升至 220℃，保持 2min；不分流进样，温度 250℃；载气（He）流速 2.0mL/min。MS 采用 EI 源；温度 280℃；电离能 70eV

　　用类似的方法还可以检测毛发中的海洛因、吗啡、可待因等毒品。比如采用甲醇超声提取后经 SPE 净化，再硅烷化处理，就可用 GC-MS 检测海洛因滥用者毛发中的海洛因及其代谢物吗啡、可待因和 6-单乙酰吗啡。详细测定方法请参阅公共安全标准 GA/T 1318—2016《法庭科学　吸毒人员尿液中吗啡和单乙酰吗啡　气相色谱和气相色谱-质谱检验方法》以及文献 [70]。

（2）血液中毒品的分析

血液中毒品及其代谢物的含量可直接反映吸毒者近期的吸毒情况，因而血液也是吸毒认定和确定是否吸毒导致死亡的重要检材。目前海洛因是引发吸毒死亡的主要毒品。海洛因在血液中快速代谢为6-单乙酰吗啡，进而代谢为吗啡。用于合成海洛因的原料如吗啡或鸦片中少量的可待因，在合成吗啡的过程中可转变为乙酰可待因。进入血液中又代谢回可待因，所以海洛因吸食者的血液中可能含有的成分有：6-单乙酰吗啡、吗啡、可待因等。

【举例】血液中吗啡类毒品的GC-MS检测

血液中的毒品及其代谢物的浓度一般很低，通常用LC-MS和GC-MS进行检测，若采用GC-MS方法，则必须进行衍生化处理。样品制备方法如下：吸取一定体积的血液至离心试管中，加入0.1mL内标物乙基吗啡（1μg/mL的甲醇溶液）和0.1mol/L pH 9的磷酸盐缓冲液（与测试血液相同体积），混合均匀；加入氯仿：异丙醇：正庚烷（50：17：33，体积比）混合溶剂（约为1mL血液：8mL混合溶剂）。混合后超声振荡提取10min。然后以40000r/min离心10min。将下层有机相转移至另一试管中，自然挥干。用100μL乙酸乙酯溶解残渣；将溶解液转移至200μL自动进样瓶的内插管中，加入20μL N-甲基-N-三甲基硅烷基三氟乙酰胺（MSTFA），混合后置于60℃烘箱中加热30min完成硅烷化。待测。

GC-MS条件：采用SE-54毛细管柱（30m×0.25mm×0.25μm）；程序升温，150℃开始，保持1min，然后以20℃/min升至250℃，保持2.5min，再以30℃/min升至280℃，保持3min；载气（He）流速3mL/min；不分流进样，进样量1μL。MS采用EI源，电压70eV；溶剂延迟时间3min；扫描范围45～550amu；检测模式用SIM（选择离子分别为：可待因-TMS m/z 371，乙基吗啡-TMS（内标）m/z 385、196，吗啡-2-TMS m/z 429、236，6-单乙酰吗啡-TMS m/z 399、340，3-单乙酰吗啡-TMS m/z 399、357，海洛因 m/z 327、268）；检测限为1～5ng/mL。检测结果如图6-51所示。用此法对一海洛因吸食致死者的血液进行检测，用0.1mL血液，不仅检出了常见的海洛因代谢物吗啡（2.3μg/mL）和6-单乙酰吗啡（1.4μg/mL），而且检出了少量可待因（0.3μg/mL）。

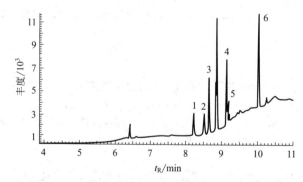

图6-51 MSTFA衍生化后吗啡类毒品的TIC[71]

色谱峰：1—可待因-TMS；2—乙基吗啡-TMS（内标）；3—吗啡-2-TMS；4—6-单乙酰吗啡-TMS；5—3-单乙酰吗啡-TMS；6—海洛因

（3）其他生物检材中毒品的分析

杜冷丁、美沙酮等属于合成鸦片类药物，临床上作为镇痛药和戒毒药使用。但由于它们具有依赖潜力，且与海洛因、吗啡等毒品具有交叉依赖性，常被作为它们的替代品滥用。因此，刑侦工作中经常遇到这些毒品的滥用认定问题。

【举例】生物检材中杜冷丁、美沙酮的萃取与检测

取生物检材 1mL（体液）或 1g（匀浆脏器），如做添加回收萃取实验，则按需要加入一定量的 100μg/mL 的 N,N-二甲基丙胺、杜冷丁、美沙酮，使其与检材充分结合。对尿液和血液检材，加 0.5mL 碳酸盐缓冲液（1mol/L，pH 8~9），加入 NaCl 使其饱和，以防止乳化。再加入 0.2mL 环己烷，涡旋 1min 后离心，取上清液进行 GC 分析。对匀浆脏器检材，加 3mL 6% 的高氯酸溶液，涡旋沉淀蛋白质、离心，取上清液至另一试管中，再加入 2mL 6% 的高氯酸溶液，涡旋离心后合并上清液。将上清液用饱和 NaOH 溶液调至 pH 11，再加入 1mL 1mol/L pH 11 的碳酸盐缓冲液，同上用环己烷提取、离心，取上清液进行 GC 分析。

GC 条件：GC 配以 NPD；SE-54 毛细管柱（30m×0.22mm×1.0μm）；载气（N_2）流速 2.0mL/min；进样口温度 290℃；程序升温，70℃ 开始，保持 1min，以 10℃/min 升至 140℃，再以 20℃/min 升至 280℃，保持 5min；进样量 1μL。

图 6-52 是血液样品的分析结果。研究证明，对生物检材中杜冷丁、美沙酮进行如上小体积液相萃取，在弱碱性条件（pH 8~9）下萃取效果最好。杜冷丁、美沙酮和 SKF-525 的测定均可选择利多卡因为内标物，检测限为 100ng。

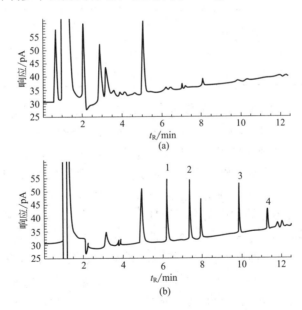

图 6-52 空白血样（A）和添加标准品后萃取物的色谱图[72]
色谱峰：1—杜冷丁；2—利多卡因；3—美沙酮；4—SKF525

（4）毒品来源分析

打击毒品犯罪中毒品来源推断技术受到了法庭科学领域的关注，正成为世界各地尖端

毒品分析实验室的重要工作内容。毒品来源推断技术主要是利用各种先进的分析技术对每份毒品进行全面的理化检验及组成分析，建立毒品的指纹图，并采用化学信息学处理数据。通过比较样品之间的相似程度来推测毒品可能的产地、相关加工工艺和运输过程等毒品来源信息。下面举一个简单的例子。

【举例】12 起案件的毒品来源推断

将送检的 12 个样品用甲醇溶解、振荡、离心后精确定容。采用 GC-PID 仪器和内标标准曲线法对毒品成分进行定量分析，并用 GC-MS 定性。分析结果列于表 6-21。

表 6-21 十二个毒品案件定性、定量分析结果比对[74]

送检	外观形态特征	毒品组分（含量）	添加剂、掺假剂组分（含量）
1	白色圆片剂，正反面均有图案	MDMA(60.21%)	咖啡因(5.20%)
6	浅绿色圆片剂，正反面均有图案	MDMA(61.47%)	咖啡因(6.87%)
7	白色圆片剂，正反面均有图案	MDMA(61.09%)	咖啡因(6.10%)
11	白色圆片剂，正反面均无标志	MDMA(62.00%)	咖啡因(6.73%)
2	装于铁盒中的白色晶体	甲基苯丙胺(77.75%)	
3	紫红色圆片剂，正反面均有图案	甲基苯丙胺(1.29%)、MDA(21.44%)、MDMA(22.39%)	
4	密封于银白色塑料小包的白色粉末	氯胺酮(41.95%)	苯甲吗啉
8	密封于银白色塑料小包的白色粉末	氯胺酮(49.65%)	苯甲吗啉
9	密封于银白色塑料小包的白色粉末，有图案	氯胺酮(56.57%)	甲基水杨酸、甲基麻黄素
5	粉红色圆片剂，正反面均有图案		布洛芬
10A	金黄色圆片剂，正面有图案、反面无	MDMA(46.08%)	
10B	米色圆片剂，正面有图案、反面无	MDMA(55.80%)	

从表 6-21 可见，1、6、7 和 11 号涉毒案件的样品虽然外观形态不尽相同，但都只含有 MDMA 毒品成分和添加剂咖啡因，且含量非常接近。说明这四个毒品可能来自同一个加工厂或相同的来源，外观完全相同的 1 号和 7 号毒品甚至有可能是同一厂家的同一批次产品。2 号样品是毒品甲基苯丙胺，其单一组分和 77.75% 的含量说明生产该毒品的加工厂具有很好的生产工艺和提纯技术。3 号样品含有甲基苯丙胺、MDA 和 MDMA 三种毒品成分，与其他样品都不相同，说明它可能具有特殊的来源。4、8 和 9 号样品虽然外观极其相似，但 9 号样品的氯胺酮含量和添加剂不同于 4 号和 8 号样品，而 4 号和 8 号样品联系很紧密。5 号样品是一种只含有常规药物布洛芬的假毒品。10A 和 10B 的样品虽然外观形态差别很大，但都只含有 MDMA 毒品成分，且含量相差不大（10% 以内）。这说明 10A 和 10B 的毒品可能来自同一个加工厂或相同的来源，但肯定不是同一批次的产品。总之，通过分析，获得毒品中主成分、痕量杂质、掺假剂和添加剂等的组成及含量等特征数据，可以将 12 个案件的毒品分成 7 组，并提示每个样品之间的区别和联系，给禁毒执法部门提供打击毒品犯罪的科学依据。

6.7.3.2 致幻剂的分析

致幻剂是指影响人的中枢神经系统，可引起感觉和情绪上的变化，对时间和空间产生错觉、幻觉，直至导致自我歪曲、妄想和思维分裂的天然或人工合成的一类精神药品。有的致幻剂在治疗抑郁症等精神疾病方面有一定的药效，但也有人追求刺激而吸食致幻剂，更有人用致幻剂实施犯罪。致幻剂包括麦角酰二乙胺、裸盖菇素、毒蕈碱、墨斯卡林、二甲氧基甲基苯丙胺、亚甲二氧基甲基苯丙胺（MDMA）以及其他苯丙胺代用品。致幻剂都属于国家管制药物，前文已经讨论了苯丙胺类毒品的 GC 或 GC-MS 分析，裸盖菇素和毒蕈碱大多用 LC 或 LC-MS 分析。下面介绍 GC-MS 分析麦角酰二乙胺（LSD）的应用。

麦角酰二乙胺也称为麦角酸二乙酰胺，俗称"邮票"。这是一种强烈的半人工致幻剂，一次典型剂量只有 $100\mu g$。LSD 在世界各国都普遍被认为是一种危害甚大的毒品，并加以严厉查禁。1971 年联合国禁毒署将其列入应受控制的麻醉药品及精神药品范围。采用 GC-MS 可以快速确证 LSD，为分析和鉴定该类毒品提供依据。

分析条件：SE-54 毛细管柱；程序升温，150℃ 开始，保持 2min，以 20℃/min 升至 300℃；载气（He）流速 1mL/min；分流进样，温度 280℃，分流比 10∶1。MS 采用 EI 源，温度 250℃，扫描范围 m/z 40～400。

取"邮票"片剂压碎成粉状，称取 0.5g 粉末于 10mL 的试管中，先加入的 0.1mL 的 NaOH 溶液，然后加入 6mL 的乙酸乙酯和氯仿的混合溶剂（2∶1，体积比），超声振荡 10min，高速离心后取出上层溶液；再用上述混合溶液提取一次，合并两次提取液，浓缩至 0.5mL，进行 GC-MS 分析。结果见图 6-53。如果有 LSD 的标准品，就可以进行定量分析。

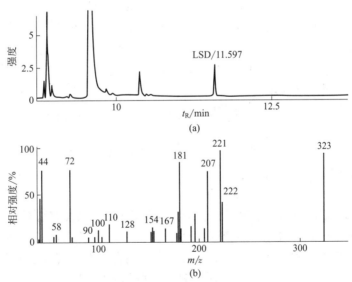

图 6-53 LSD 片剂的 TIC（A）和 MS 图（B）[74]

6.7.3.3 中毒物证鉴定

法庭科学常见的中毒事件有农药中毒和药物中毒。农药的分析有一系列公共安全标准，基本原理与本书 6.3 节所述相同，最大的不同点是对于生物检材的处理。法庭分析往往涉及体液、胃容物和组织等生物样品，这时的取样、除蛋白质、萃取和净化是关键步骤，分析时只要遵循标准方法中的步骤即可。药物中毒的分析原理同本书 6.5 节所述，如

GA/T 1620—2019《法庭科学　生物检材中扑尔敏检验　气相色谱和气相色谱-质谱法》与药典方法相近，只是样品制备略微复杂一些。下面举两个不常见的毒物分析实例，同时说明生物检材的一般处理方法。

（1）斑蝥素的分析

斑蝥素，中文别名是六氢-3a,7a-二甲基-4,7-环氧异苯并呋喃-1,3-二酮，化学式为 $C_{10}H_{12}O_4$。斑蝥素是昆虫纲动物大斑蝥的有效成分，是从芫菁科昆虫斑蝥中提取的一种单萜类抗肿瘤药。它通过抑制癌细胞蛋白质、RNA、DNA 的合成，从而抑制癌细胞生长，还能增强机体免疫力。主要用于肝癌、乳腺癌、肺癌、食管癌、结肠癌等的治疗。斑蝥素对皮肤有止痒、改善局部神经营养及刺激毛根和促进毛发生长的作用。但斑蝥素有很大的刺激性，吞服以后，它就取道膀胱并且随尿液排出，在此过程中，使膀胱和尿道产生一种热辣辣的感觉，由于反射作用就刺激了性器官。斑蝥素的毒性很大，微克量的斑蝥素就可使黏膜起水泡，服用过多会导致呕吐、腹泻等症状，严重者会出现心脏、肾衰竭现象。我国的《化妆品卫生规范》规定其为育发类化妆品限用物质。2017 年世界卫生组织国际癌症研究机构公布的致癌物清单中，斑蝥素列为 3 类致癌物。斑蝥素的治疗剂量和中毒剂量相差不大，用药稍有不慎即可引起中毒甚至死亡，故斑蝥中毒是法医实际工作中常见的案件。公安标准 GA/T 121—2019《法庭科学　生物检材中斑蝥素检验　气相色谱-质谱和液相色谱-质谱法》用 GC-MS 和 LC-MS 进行检测。下面介绍一个用 SPE 处理体液样品，然后用 GC 进行分析的例子。

样品制备：取 2mL 血液于 50mL 锥形瓶中，加 20mL HCl（0.1mol/L），定量加入内标十六烷。于沸水浴中加热 10min，放冷后过滤，滤液用 NaOH 溶液调节 pH 至 3（若检材为尿液，则取 20mL 尿液于烧杯中，滴加 HCl（0.1mol/L）调节 pH 至 3，定量加入内标十六烷，过滤）。然后用 SPE（HLB 小柱，6mL，150mg）处理滤液，上样流速为 1～2mL/min，再用 6mL 超纯水清洗小柱，真空抽干后用 5mL 甲醇洗脱。收集洗脱液，挥干溶剂，残渣用 0.1mL 丙酮定容，涡旋混匀 2min，以 10000r/min 离心 5min，取上清液进样分析。

色谱条件：SE-54 毛细管色谱柱（30m×0.32mm×0.25μm）；载气（N_2）流速 1.0mL/min，柱温 180℃；分流进样，温度 180℃，分流比 5∶1；检测器（FID）温度 200℃；进样量 1μL。

图 6-54 为 GC 空白血样、空白尿样和加标样品固相萃取后的色谱图，可见分离结果良好。斑蝥素系内酸酐结构，当溶液酸化后以斑蝥素分子形式存在，能够被 SPE 填料 HLB 上键合的非极性基团所富集，因此回收率高；而在碱性水溶液中斑蝥素水解生成斑蝥酸盐而溶解，因而萃取回收率较差。在 pH 3 萃取的回收率为 98%±3%。采用内标法（十六烷作内标）测定斑蝥素在血液和尿液中的线性范围为 0.1～200mg/L。全血样品的检出限为 0.05μg/mL、定量限为 0.15μg/mL；尿样的检出限为 0.005μg/mL、定量限为 0.015μg/mL。所建立的 SPE-GC 可用于检测全血样本、尿样中的斑蝥素，且具有样品处理提取物含杂质较少、回收率高、重现性好、灵敏、稳定等优点，适用于法医实际工作。

（2）有毒生物碱的分析

生物碱是广泛存在于植物中的一类含氮有机化合物，一些中草药的有效成分就是有毒生物碱，如马钱子中有士的宁和马钱子碱。在用药过程中，因误食或过量使用而引发生物

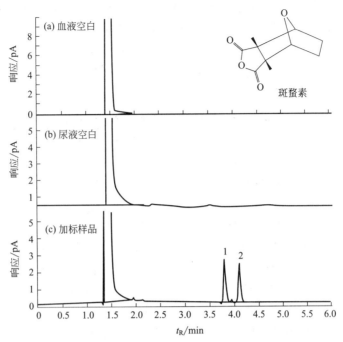

图 6-54　空白样品和加标样品固相萃取后的色谱图[73]

色谱峰：1—斑蝥素；2—正十六烷（内标）

碱中毒时有发生，也有把有毒生物碱或含有有毒生物碱的草药当作毒药用于自杀或谋杀而引起中毒或死亡事故。比如钩吻，又称野葛、秦钩吻、毒根、冶葛、胡蔓草、黄野葛、除辛、吻莽、断肠草、黄藤、烂肠草、朝阳草、大茶（柴）药、虎狼草、梭葛草、黄花苦晚藤、黄猛菜、大茶藤、大炮叶、苦晚公、荷班药、发冷藤、大茶叶、藤黄、大鸡苦蔓、羊带归、梭柙、狗角花、山砒霜、梭葛、大王茶等。茎呈圆柱形，直径 0.5～5cm，外皮灰黄色至黄褐色，具深纵沟及横裂隙。节稍膨大，可见叶柄痕。皮部黄棕色，木部淡黄色，具放射状纹理，密布细孔，髓部褐色或中空。气微，味微苦，有较大的毒性。钩吻的主要毒性成分为钩吻素子、钩吻素寅、钩吻素卯等。钩吻素中毒的主要症状为呼吸麻痹，轻者呼吸困难，重者死于呼吸停止。当疑似有毒生物碱中毒事故发生时，为了能在最快的时间鉴定出引起中毒的生物碱，从而为抢救中毒患者赢得时间，或为公安机关侦破案件提供证据，就要有能快速、准确测定有毒生物碱的方法。同时检测体液中多种有毒生物碱的方法有 HPLC、LC-MS、LC-MS/MS 和 GC-MS，其中 LC-MS/MS 较为常用。在生物检材的处理方面，主要有传统的液-液萃取和 SPE。液液萃取使用的有机溶剂较多，对环境污染较大，也耗时；SPE 可同时富集和净化样品，故被广泛使用。公共安全标准 GA/T 1912—2021《法庭科学　生物检材中钩吻素甲和钩吻素子检验　气相色谱-质谱法》规定了测定钩吻素甲和钩吻素子的 GC-MS 方法。下面举例说明采用简单的尿样处理后用 GC-MS 分离鉴定 15 种有毒生物碱的方法。

样品制备：取尿液 2mL 于 50mL 离心管中，准确加入 4mL 乙腈，涡旋混合 1min 后，向离心管中加入 1.5g 无水硫酸镁，迅速振摇 1min，离心 5min。取上清液 2mL 在 45℃水浴中氮吹浓缩至 1mL，过 0.45μm 滤膜，进样分析。

GC-MS 条件：SE-54 毛细管柱（30m×0.25mm×0.25μm）；程序升温，150℃开始，以 20℃/min 升至 290℃，保持 9min；载气（He）流速 1.0mL/min；分流进样，温度 270℃，分流比 5:1，进样体积 2μL。MS 为 EI 源，电子能量 60eV，四极杆温度为 150℃，离子源温度 230℃，传输管温度 280℃，碰撞气为 N_2，以 MRM 模式检测。各生物碱的监测离子对及碰撞能见表 6-22。

表 6-22   15 种有毒生物碱的 MRM 检测参数

峰编号	生物碱名称	定性离子(m/z)	碰撞能/eV
1	八角枫碱(Anabasine)	162/84[①],162/133	5,10
2	芦竹碱(Gramine)	130/77[①],174/130	25,15
3	毒扁豆碱(Eserine)	218/174[①],218/160	15,30
4	毛果芸香碱(Pilocarpine)	208/95[①],208/109	23,3
5	哈尔碱(Harmine)	212/169[①],212/197	30,10
6	氧化苦参碱(Oxymatrine)	248/205[①],247/150	12,15
7	黄华碱(Thermopsine)	244/98[①],244/229	15,13
8	钩吻素子(Koumine)	306/263[①],306/278	10,7
9	钩吻碱(Gelsemine)	108/93[①],322/279	15,7
10	延胡索乙素(Tetrahydropalmine)	355/165[①],355/190	20,20
11	吴茱萸碱(Evodiamine)	303/274[①],303/288	10,16
12	血根碱(Sanguinarine)	332/274[①],332/304	25,15
13	白屈菜红碱(Chelerythrine)	348/332[①],348/304	20,20
14	士的宁(Strychnine)	334/120[①],334/162	30,20
15	马钱子碱(Brucine)	394/379[①],394/120	18,33

① 定量离子。

在上述条件下，15 种有毒生物碱的标准溶液（100μg/L）和尿样加标（100μg/L）溶液的 MRM 检测结果如图 6-55 所示。可见有毒生物碱八角枫碱、芦竹碱、毒扁豆碱、毛果芸香碱、哈尔碱、氧化苦参碱、黄华碱、钩吻素子、钩吻碱、延胡索乙素、吴茱萸碱、血根碱、白屈菜红碱、士的宁和马钱子碱得到了很好的分离，除八角枫碱的平均回收率为 60.0%～68.3% 外，其余 14 种生物碱的平均回收率为 81.9%～114.4%。以外标法定量，15 种有毒生物碱的 LOD 为 4～20μg/L，LOQ 为 10～40μg/L。该方法操作简便、快捷、灵敏，适用于中毒患者尿液中有毒生物碱成分的检测。

6.7.4 爆炸残留物的分析

6.7.4.1 引言

爆炸案侦破的一个关键问题是要鉴定出爆炸所用炸药的种类，以提供调查的线索。但勘查爆炸现场要获得较多的物证是困难的，因为这些物证已被破坏，或散落四处，或已变形，难以辨认。而炸药残留物的量通常很小，并沾染在现场的木头、灰泥、金属等碎片上或尘土中。能否收集到爆炸残留物，取决于能否收集到含有较多爆炸残留物的土壤、纺织品、金属等碎片。一般是首先找到爆炸中心，因为土壤和其他碎片都是从爆炸中心抛出

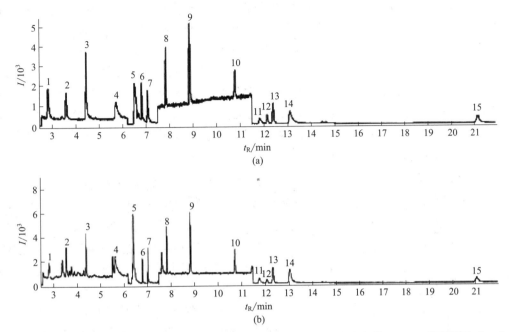

图 6-55　15 种有毒生物碱的标准溶液（a）和尿样加标（100μg/L）（b）的 GC-MS 分离结果（TIC）

（色谱峰编号同表 6-22）

的，飞扬的炸药微粒易黏附在木头、灰泥、橡胶和其他软材料等各种碎片上。在爆炸中心附近的金属物体上，也可发现爆炸残留物。爆炸装置的一部分是获得炸药残留物的好的来源，因此都应该收集。将收集的碎片包装并标记好，以便检验和分析。

爆炸残留物可先在现场做简单的检验，如用显微镜观察。再到实验室做直观检验或采用先进的技术设备进行分析，以得出可靠的鉴定结论。爆炸残留物的基本检验法一般分为两步。第一步是对爆炸碎屑进行提取，即用热丙酮和热水提取，蒸发溶剂，残渣待测。第二步是用化学方法和 TLC、GC、HPLC、FTIR、MS 等仪器方法进行分析。

炸药有两种分类方法，一种是按用途分类，可分为起爆药、猛炸药、火药（发射药）、烟火剂等四类；另一种是按照组成分类，可分为单质炸药和混合炸药。单质炸药主要为有机炸药，分子中大都含 C、H、O、N 等元素，如 2,4,6-三硝基甲苯（TNT）、1,3,5-三硝基-1,3,5-三氮杂环己烷（RDX，也称黑索金）、奥克托金（HMX）、季戊四醇四硝酸盐（PETN，也称太安）。混合炸药由两种或两种以上组分组成，如硝铵炸药、黑火药、烟火药等。爆炸残留物是指爆炸后留下的未爆的亚微观炸药颗粒，也包括原始爆炸物部分反应后的产物或分解产物。有机单质炸药爆炸威力大，爆炸反应相对完全，如 TNT 发生爆炸后生成 CO_2、H_2O 和 N_2，其爆炸残留物主要是未爆的少量炸药原体。混合炸药中的多个组分通常发生氧化还原反应，如配比为 15∶2∶3 的黑火药爆炸后生成 CO_2、N_2、CO、K_2SO_4、K_2CO_3 等，还有未爆的 S、KNO_3，均属于爆炸残留物。GC 可用于分析挥发性炸药，如二硝基甲苯（DNT）、PETN、TNT、RDX、乙二醇硝酸酯、乙二醇二硝酸酯和硝化甘油等，我国已经制定了公共安全标准 GA/T 1658—2019《法庭科学　三硝基甲苯（TNT）检验　气相色谱-质谱法》。也可用 GC-MS 对硝酸脲爆炸残留物中的主要特征组分（脲离子）进行检验，可实现此类炸药成分的定性分析。

GC（采用 FID 或 ECD）适用于 TNT 等硝基芳香炸药的检验，但对 PETN 和 HMX 等热不稳定和低挥发性有机炸药检验效果不够好。GC-MS 则可以通过 SIM 模式得到较高的灵敏度，采用 MS/MS 可进一步提高检测灵敏度。采用 CI 源的 GC-MS/MS 测定 2,4-DNT 和 RDX 等炸药，检出限最低可达 0.4pg。对于黑火药爆炸残留物的检验，可通过监测 m/z 239、181、161 等特征离子，实现了硫氰酸盐相关衍生物的鉴定。对于难挥发炸药样品，可通过衍生化的方式进行 GC-MS 检测。比如对硝化纤维素（NC）进行三甲基硅烷化处理后，就可用 GC-MS 检测到 NC 的衍生物。下面举两个 GC-MS 的应用实例。

6.7.4.2　有机炸药的 GC-MS 分析

6 种炸药样品为 DNT、TNT、PETN、RDX、3,4,5-三硝基甲苯（3,4,5-TNT）和 HMX，用丙酮配制成 1.0mg/mL 标准储备液。分析时按需稀释。

GC-MS 条件：SE-54 毛细管柱（8m×0.25mm×0.25μm）；程序升温，80℃ 开始，保持 1min，以 20℃/min 升至 220℃，保持 5min；载气（He）流速 0.8mL/min；进样口温度 180℃，进样量 1μL。MS 采用 EI 和 CI 源，离子源温度 180℃，传输管温度 220℃；CI 反应气为甲烷，碰撞气为 Ar。

图 6-56 为分析结果。由于 PETN 等炸药化学安定性很差，采用长色谱柱难以进行有效的检测，故采用 8m 的短柱进行分析。同分异构体 TNT 和 3,4,5-TNT 在短柱上也能获得良好分离。不同化合物因结构不同，灵敏度有很大差异，特别是 HMX 不仅响应很差，而且峰形也拖尾严重。因此，要高灵敏检测 HMX，需要用 HPLC 或 LC-MS。

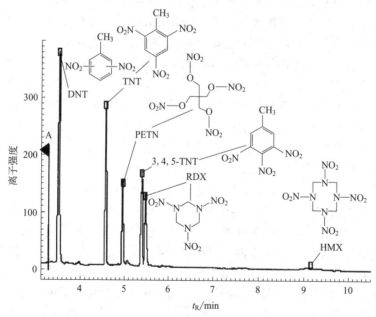

图 6-56　六种有机炸药的 TIC[75]

通过比较 6 种炸药的 CI、EI 源分析结果（表 6-23），可以发现 EI 源的碎片离子比较明显，而 CI 源（负离子检测，即 NCI）分子离子峰几乎均为基峰。NCI 的检测灵敏度要远高于正离子模式 CI（PCI）和 EI。比较 EI 和 NCI（负离子检测的 CI 源）的 MS/MS 检测，发现 TNT 可以找到合适的母离子 m/z 210、227 进行 MS/MS 分析，并得到合适的碎片离子。而 PETN 由于结构不稳定，EI 和 NCI 的 MS 图中均是强丰度的小分子碎片，大分子碎片的丰度都相当弱，这样就难以选择出既能反映化合物的结构信息又能提高检测灵敏度的母离子，不适合进行 MS/MS 分析，但是用 SIM 也可以提高检测灵敏度。其中 HMX 的 EI 谱图中难以找到合适的母离子，但是 NCI 谱图中却有中等丰度的 m/z 176。选择其作为母离子进行 MS/MS 分析后，发现不仅能提高 HMX 的信噪比，而且其峰形也有很大改进。

表 6-23　用 EI 和 NCI 源及其 MS/MS 检测限的比较[75]　　　单位：ng

离子源	DNT	TNT	PETN	RDX	3,4,5-TNT	HMX
EI	0.1	1.0	1.0	1.0	1.0	100.0
EI/MS/MS	0.001	0.0001	—	0.1	0.1	—
NCI	0.01	0.01	1.0	0.01	0.01	5.0
NCI/MS/MS	0.00001	0.00001	—	—	0.00001	0.1
NCI/SIM	—	—	0.1	0.0001	—	—

从表 6-23 的数据可以看出 NCI/MS/MS 检测灵敏度最高，最低检测限可达 10fg，这说明 NCI 技术在很大程度上提高了有机炸药的检测灵敏度，而 NCI/MS/MS 因改善了分析的特征性或选择性，降低了基质的干扰，可以把 CI 的检测灵敏度提高 1～3 个数量级。这一方法能够满足法庭科学中对有机炸药的鉴定要求。

6.7.4.3　乳化炸药及其爆炸残留物的分析

随着环保需要和炸药工业的发展，过去民爆行业常用的铵梯炸药按照国家规定已不允许生产、贮存和使用。取而代之的是一些不含 TNT 的硝铵炸药，其中乳化炸药是目前民爆行业中使用最广泛的一种硝铵炸药。近年来经常出现使用乳化炸药进行爆炸犯罪的案件。乳化炸药是一类用乳化技术制备的油包水乳胶型抗水工业炸药。其主要成分有 4 种：一是形成分散乳化相的无机氧化剂盐的水溶液组分，主要由硝酸铵加热溶解于水中形成；二是形成连续乳化相的碳质燃料组分，如柴油、重油、机油、白油、凡士林、复合蜡、石蜡等；三是形成分散乳化相的敏化气体组分，如亚硝酸钠，也可以添加封闭的夹带气体的固体微粒，如空心玻璃微珠、膨胀珍珠岩微粒、树脂空心微球等；四是油包水型乳化剂如 S-80、M-201 等。采用溶剂法提取乳化炸药及其爆炸残留物中的特征组分，通过 GC-MS 检验，可实现对乳化炸药及其爆炸残留物的准确鉴别，并揭示爆炸实验中残留物中微量特征组分的现场分布规律。

样品采集：在 300～10000g 范围内选择 17 种不同炸药量进行爆炸实验，并从炸点开始每隔 1m 将 $100\mu m \times 100cm^2$ 的马口铁板和 $80\mu m \times 110cm^2$ 的光面牛皮纸沿顺风方向平铺在地面上。爆炸后将马口铁板和牛皮纸上的爆炸尘土用毛刷刷到已编号的塑料袋内，同时将炸坑内压缩壁上的残留物用小铲刮取放于塑料袋中，供实验室残留物检验使用。

样品萃取：用正己烷-丙酮（1:1，体积比）混合溶剂提取乳化炸药和上述爆炸实验采集的样品，然后下面的分析条件对乳化炸药及其残留物进行检测，得出总离子流色谱图，再采用提取离子方法对炸药及残留物中的各种特征组分进行分析，选择离子 m/z 85 对其中的复合油组分和脂肪酸特征组分进行分析。

GC-MS 条件：SE-54 毛细管柱（30m×0.25mm×0.25μm）；程序升温，100℃ 开始，

以 10℃/min 升至 300℃，保持 15min；载气（He）流速 1.0mL/min；分流进样，温度 280℃，分流比 20:1；传输管温度 230℃。MS 采用 EI 源；扫描方式检测；质量范围 40～500u。

分析结果：乳化炸药及爆炸残留物的特征组分为 C_{19}～C_{35} 的正构烷烃（石蜡成分）和十四酸（$C_{14}H_{28}O_2$）、十六酸（$C_{16}H_{32}O_2$）、十八烯酸（$C_{18}H_{32}O_2$）（表面活性剂 S-80 的分解产物）。虽然残留物中的特征组分随着药量的增加而逐渐减少，但在药量达到 10000g 时，通过提取离子色谱图的方法仍可检测到这些特征组分残留物，并进行准确判别（见图 6-57）。

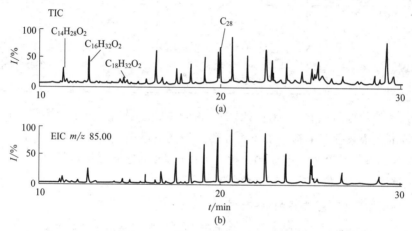

图 6-57　岩石乳化炸药爆炸后残留物的（A）TIC 和（B）EIC[76]

由于乳化炸药爆炸残留物中的特征组分为复合组分，故不能像单一组分那样计算单位面积上炸药残留物的量，应选择残留物中相对含量较高的单一组分的强度代表单位面积上炸药残留物的量，其中乳化炸药用 C_{28} 峰的强度代表单位面积上炸药残留物的量。根据爆炸残留物检验数据，以单位面积上所选特征组分的强度为纵坐标，以残留物样品距炸点的距离为横坐标，就可得到乳化炸药部分药量的爆炸残留物分布规律图。

虽然由于风向、炸点位置土质软硬的差别、距炸点较近距离的取样板被炸坏等诸多因素的影响，使部分数据产生偏差，但总体上乳化炸药特征组分的残留物分布规律与其他炸药相同。采用这一方法也可以研究铵油和膨化炸药等的残留物分布特征。

6.8　兴奋剂检测和保健品分析

6.8.1　运动兴奋剂检测

6.8.1.1　引言

兴奋剂的汉语本意是指对中枢神经有兴奋作用的一类药物，有时又叫作中枢神经刺激剂，例如麻黄素、苯丙胺等药物。英文 dope 也翻译为兴奋剂，其原意之一是麻醉药物制品，即中文的毒品；另一个释义是用于赛马的一种有短暂刺激作用的药物制品。可见 dope 一词原来是指对麻醉药品的吸食和作为商业活动的赛马，而后才进入竞技体育中。

　　20 世纪 80 年代以来，国际竞技体育中的药物滥用行为有加剧的趋势，国际奥委会为了奥林匹克运动的纯洁和公正，加强了兴奋剂检测工作，制定了《世界反兴奋剂条例》。这一条例经过三次修订，最新版本于 2021 年 1 月 1 日起正式生效。目前国际反兴奋剂机构（WADA）公布的禁用药物清单包括 200 余种药物和被禁止的相关欺诈行为，禁用药物包括刺激剂、麻醉镇痛剂、阻断剂、合成类固醇、β_2-受体激动剂、利尿剂以及肽类激素等。这些药物的作用有提高竞争愿望、减缓伤痛、促进人体蛋白质合成、稀释尿液中的药物浓度、快速降低体重、促进红细胞生成进而提升血液中的载氧量等。它们对运动员的训练和比赛成绩都有明确、有效的辅助作用。但这些药物的滥用一方面亵渎了奥林匹克精神，另一方面会给滥用药物的运动员造成长久的健康伤害。兴奋剂检测就是针对上述药物种类和药理在尿液和血液中检测这些药物是否存在，并以此判断个别运动员可能的药物滥用行为。体育运动中的兴奋剂检测常因检测结果呈阳性而诉诸法律，因此也可以归到法庭分析范围。但这是一个非常专业而且读者面较窄的领域，故放在这一节进行讨论。兴奋剂检测的具体要求（包括样品处理）要依据 WADA 的技术文件来确定[77]。

　　兴奋剂检测是在大量的常规体液样本中，在有限未知范围内筛查出含有某种禁用药物的可疑样品。因此其特点是样品量大、涉及药物或代谢物多，这与农药或兽药的多残留分析很相似，但采集样品有严格要求。在现场采集到运动员的同一份尿样要密封保存在两个样品瓶中，称之为 A 瓶和 B 瓶，实验室检测时仅开启 A 瓶使用。如果结果为阳性，运动员有权要求对 B 瓶进行复核检测。若 A 瓶和 B 瓶的检测结果一致，则该份尿样被最终判定为阳性。

　　兴奋剂检测的样品必须经过化学前处理，所用方法通常是液液萃取或 SPE，目的是提取并富集尿液中的药物成分，净化提取物，尽可能除去对检测有干扰的样品基质成分，如蛋白质等。在上述处理之后，如果采用 GC-MS 作为检测技术，则需要对诸如合成类固醇等高沸点药物进行衍生化处理。若采用 HPLC 或 LC-MS，样品经前处理后就可以进样分析。

　　兴奋剂检测对绝大多数禁用药物的规定是"不得检出"，即只要能确认尿液中存在某种外源性禁用药物，则无论其浓度高低，均可判定为阳性。又由于检测所用仪器（GC-MS 和 LC-MS）的绝对灵敏度对多数药物而言为 ng 级，因此兴奋剂检测实际上是一种 μg/L 水平上的定性分析工作。这就要求所用的仪器对数目众多、化学性质不同的药物都有一定的响应值和特征的信号表达。目前能够满足这一要求的仪器主要是 GC-MS 和 LC-MS。

　　兴奋剂检测的第一步是初筛分析，数据采集模式一般用 GC-MS 或 LC-MS 的 SIM 模式，或者是串级质谱中的 MRM 模式。对一个特定的药物或药物代谢物，首先经过先期试验确定它的几个质谱特征离子，观察离子之间丰度比的稳定程度，确定检测用的目标离子。之后以 t_R 为中心，设定这几个离子的采集时间窗口。一旦在此窗口中发现了这几个离子，且丰度比与标准化合物基本吻合，即可判定为可疑样品。这种采集模式首先要求 t_R 的重现性，因为 t_R 若出现较大的波动，则可能造成漏检。

　　初筛发现的可疑样品要进行第二步确证分析。确证分析的样品前处理方法要与初筛分析保持完全一致，但要另取一定体积的同一份尿样进行提取。确证分析要以全扫描模式采集数据，取样量可以稍大一些。检测要求是将被测定样品全 MS 图与标准化合物（标准

品）、阳性尿样（标准样品）的全 MS 图进行比对，确认构成全 MS 图的离子及其丰度比一致，而且标准物、阳性尿样和被确证样品中的同一药物或代谢物的相对 t_R 也要一致，方可最终认定为阳性。确证分析中还要求用试剂空白和空白尿样进行比对，以避免由于污染得出假阳性结论。

随着反兴奋剂技术的发展，滥用药物和滥用水平也在提升，兴奋剂检测技术也必须不断进步。某些药物用 GC-MS 原本就效果不好，而许多新增药物品种（如多肽类促红细胞生成素）又根本不适合以 GC-MS 来检测，此时可以优先考虑采用 LC-MS 或其他生物分析技术。需要指出，6.7.3 节讨论的滥用药物（毒品）多数也属于兴奋剂，其检测方法的思路同样适用于兴奋剂检测，这里不再详细讨论。下面仅举两例来说明 GC-MS 在体育兴奋剂检测方面的应用。

6.8.1.2 尿样中外源性睾酮及其代谢物的 GC-C-IRMS 检测[78]

睾酮是人体内主要的类固醇激素之一，可促进机体的合成代谢、增强肌肉力量，故被某些运动员作为兴奋剂使用。由于体内自身合成的睾酮和睾酮制剂中的睾酮分子结构完全一致，常规 MS 难以区分内源性睾酮和外源摄入的睾酮。又由于个体差异、不同的生理状况，尿样中的睾酮浓度变化范围较大，因此，尿样中外源性的睾酮确证一直是兴奋剂检测的重点和难点。按照 WADA 的规定，当体内睾酮、表睾酮及其代谢物的浓度或者比例发生异常变化时，如睾酮和表睾酮浓度比例大于 4，或者在男性尿样中睾酮含量大于 200ng/mL 时，需要对尿样中的睾酮及其主要代谢物进行气相色谱-燃烧-同位素比质谱（GC-C-IRMS）确证，以确认是否摄入外源性类固醇激素。通过对尿样中 $^{13}C/^{12}C$ 的同位素比与内源性激素参照物中 $^{13}C/^{12}C$ 比进行比较，就可以判断样品中睾酮是内源性还是外源摄入。

通常 $^{13}C/^{12}C$ 的比例表示为 $\delta^{13}C$ 值，当人体摄入外源性睾酮，其体内睾酮及其代谢物的 $\delta^{13}C$ 值将随之改变，而与睾酮代谢无关的其他类固醇激素则不受影响。在兴奋剂尿样检测中，常指定一种内源性类固醇激素（如孕烷二醇、11β-羟基-雄酮、5α-雄烷-16-烯-3β-醇等）为内源性参照化合物（ERC），将其 $\delta^{13}C$ 值与待测检测目标化合物（TC）的 $\delta^{13}C$ 值进行比较，可以判断 TC 是否与 ERC 一样为内源性产生。按 WADA 技术文件规定，当 ERC 和 TC 的 $\delta^{13}C$ 值之差（Δ_{ERC-TC}）大于 3‰或 4‰时（根据 TC 种类而定），则认为该 TC 来自外源性摄入。

实验原理：待测睾酮及其代谢产物在尿样中均以葡萄糖苷酸形式存在，这种结合形式由于沸点高而无法用 GC 分离。所以要使用 β-葡萄糖醛酸苷酶将尿样中的待测物质进行酶解，将其转化为游离态化合物后再进行 GC-C-IRMS 分析。

GC-C-IRMS 原理是待测物通过 GC 分离后，经燃烧管转化为 CO_2，通过 IRMS 检测结果即可计算得到 CO_2 中的 $\delta^{13}C$ 值。但当待测物中有干扰物时，会出现 GC 共流出峰，这样测定的 $\delta^{13}C$ 值为待测物和干扰物的混合值，不能用于结果判定。故在 GC-C-IRMS 检测前，样品的处理非常重要。在实际尿样检测中，通常使用 LC 将尿样中的待测物进行分离纯化，收集纯化后的组分再进行 GC-C-IRMS 检测。

目前国际通用的方法是两次 LC 纯化结合衍生化法。该法先将尿样进行酶解处理，然后是第一次 LC 分离。收集含有睾酮、5α-雄烷-3α,17β-二醇、5β-雄烷-3α,17β-二醇的组分进行乙酰化反应，再进行第二次 LC 分离。收集对应的组分进行 GC-C-IRMS 分析。该法的两次 LC 分离及衍生化反应耗时费力，给常规检测工作造成很大压力。

中国反兴奋剂中心的研究人员根据 WADA 的相关技术文件要求设计实验方案，建立了经一次 LC 分离后进行 GC-C-IRMS 检测的方法，用于尿样中睾酮及其代谢物来源的分析，并对该检测限、稳定性、重现性、线性、不确定度、人群值等进行了分析。结果证明，该法的检测线性范围为 10～13000ng/mL。用 15mL 尿样，对尿样中含量较低的睾酮、5α-雄烷-3α,17β-二醇、5β-雄烷-3α,17β-二醇、孕烷二醇的检测限为 10ng/mL，对尿样中浓度较高的雄酮、本胆烷醇酮等的检测限 100ng/mL。相比国际常用的二次 LC 与化学衍生化结合的检测方法，该法只需一次 LC 分离，无需衍生化，分析时间短，效率高，可用于兴奋剂常规检测及大型赛事检测。具体实验方法如下。

样品萃取：以待测物浓度 100ng/mL 的尿样为例。取 3mL 尿样 2 份，每份加入 1mL 磷酸缓冲液（pH 6.0～7.0），加入 100μL β-葡萄糖醛酸苷酶（5000u），在 55℃恒温水浴保温 180min 以上或过夜，取出样品冷却至室温，加入 4mL 叔丁基甲基醚，振荡萃取，离心后取上层有机相，75℃加热下氮气吹干，冷却至室温，加入 65μL 内标甲基睾酮的甲醇溶液（0.3mg/mL），振摇后转移至 LC 进样瓶中，封口。经离心后静置，待纯化。

LC 分离纯化：C_{18} 柱（4.6μm×250μm×5μm），流动相 A 为水，B 为乙腈。梯度如下：80：20（A：B），15min 内变为 50：50，保持 10min，经 8min 变为 10：90，再经 1min 变为 0：100，保持 5min，再经 4min 变为 80：20，平衡 6min。流速 1.0mL/min，柱温 35℃。通过 192nm 和 244nm 处紫外检测信号来确定每个组分的收集时间。LC 分离组分经过收集后在 75℃下氮吹挥发溶剂，待用。

GC-C-IRMS 分析：Trace1310 系列 GC 配置 Thermo Scientific MAT 253 同位素比 MS。用 20μL 上机溶剂溶解纯化后的样品，封口，进样 1～2.5μL 进行分析（注：原文未给出 GC 柱规格参数和 GC-C-IRMS 分析条件）。举这个应用实例的目的主要是说明兴奋剂检测中样品制备的复杂性，以及所用仪器的先进性。

6.8.1.3　尿液中 21 种兴奋剂的 GC-HRMS 检测[79]

高分辨质谱（HRMS）具有抗干扰能力强、鉴定结果准确、灵敏度高的优点，将其用于反兴奋剂检测，将提升检测工作的水平。中国反兴奋剂中心的研究人员以（WADA）对兴奋剂检测的技术标准为依据，建立了一套适合于常规检测、能同时筛查多种兴奋剂的检测方法。

样品制备：取尿样 2.0mL，加入磷酸缓冲液（pH 6.8）1.0mL，β-葡糖醛酸苷酶（2500 单位）100μL，于 50℃水浴加热 3h，加入缓冲液（$NaHCO_3$-Na_2CO_3，1：1，pH 8.9）0.5mL、叔丁基甲基醚 4mL，涡旋提取 3min，离心后转移出有机层，在 55℃用氮气吹干后，加入 N-甲基-N-三甲基硅基三氟乙酰胺（MSTFA）、碘化铵（NH_4I）及乙硫醇（EtSH）的混合衍生化试剂（MSTFA-NH_4I-EtSH，1000：3：2）50μL，70℃反应 30min 后，待测。

GC-HRMS 条件：Trace GC 2000 GC 与 Finnigan DFS 型高分辨 MS 联用；OV-1 色谱柱（17m×0.2mm×0.11μm）；程序升温，180℃开始，以 3.3℃/min 升至 231℃，再以 30℃/min 升至 310℃，保持 2min；载气（He）流速 1mL/min；分流进样，温度 260℃，分流比 10：1；进样量 1μL；传输管温度 300℃。MS 采用 EI 源，电子能量 70eV；

离子源温度230℃；采集模式 SIM；溶剂延迟时间 3min。上述条件下 21 种兴奋剂的 t_R 和选择离子见表 6-24。

表 6-24　GC-HRMS 检测 21 种兴奋剂的 t_R 和选择离子[79]

兴奋剂	化合物英文名称	缩写	t_R/min	目标离子(m/z)
克伦特罗 Clenbuterol	4-Amino-3,5-dichloro-α-{[(1,1-dimethylethyl) amino]-methyl}benzenemethanol	Clen	4.41	335.0690 337.0660 336.0582
诺龙代谢物 Nandrolone metabolite	19-Nor-Androsterone	19-NA	9.34	315.2139 405.2640 420.2874
	19-Nor-Etiochlanolone	19-NE	10.28	420.2874 405.2640 315.2139
去氢甲睾酮代谢物 Methandienone metabolite	17β-Methyl-5β-androst-1-ene-3α,17α-diol	Dan-met1	9.62	343.2452 358.2686 448.3187
	17,17-Dimethly-18-nor-5β-androsta- 1,13-dien-3α-ol	Dan-met2	6.20	268.2186 343.2452 358.2686
	17,17-Dimethly-18-norandrosta1, 4,13(14)-trien-3-one	Dan-met3	8.01	354.2373 339.2139 324.1904
甲基睾酮代谢物 Methyltestosterone metabolite	17α-Methyl-5α-androstane-3α,17β-diol	MT-met1	12.48	318.2373 345.2608 435.3109
	17α-Methyl-5β-androstane-3α,17β-diol	MT-met2	12.61	318.2373 345.2608 435.3109
司坦唑醇代谢物 Stanozolol metabolite	3'-Hydroxy-17β-hydroxy-17-methyl- 5α-androstano[3,2-c]-pyrazole	3'-OH-ST	18.27	520.3457 545.3409 560.3644
	4-Hydroxy-17β-hydroxy-17-methyl- 5α-androstano[3,2-c]-pyrazole	4-OH-ST	18.35	560.3644 545.3409 470.3143
甲氢睾酮代谢物 Drostanolone metabolite	2α-Methyl-5α-androstan-3α-ol-17-one	Dros	11.47	343.2452 433.2953 448.3187
美睾酮代谢物 Mesterolone metabolite	1α-Methyl-5α-androstan-3α-ol-17-one	Mest	12.41	343.2452 433.2953 448.3187
氯睾酮代谢物 Clostebol metabolite	4-Chloro-4-androsten-3α-ol-17-one	Clos	14.05	451.2250 466.2485 468.2455
勃拉睾酮代谢物 Bolasterone metabolite	7α,17α-Dimethyl-5β-androstane-3α,17β-diol	Bola	14.01	374.3000 449.3266 332.2530
美替诺龙代谢物 Methenolone metabolite	1-Methylene-5α-androstan-3α-ol-17-one	Mete	11.98	431.2796 446.3031 341.2295

续表

兴奋剂	化合物英文名称	缩写	t_R/min	目标离子(m/z)
勃地酮 Boldenone	17β-Droxyandrost-1,4-dien-3-one	Bold	13.16	430.2718 415.2483 325.1982
勃地酮代谢物 Boldenone metabolite	5β-Androst-1-en-3-one-17β-ol	Bold-met	9.60	432.2874 417.2640 342.2373
折仑诺 Zeranol	3,4,5,6,7,8,9,10,11,12-Decahydro-7,14,16-trihydroxy-3-methyl-1H-2-benzoxacyclo tetradecin-1-one	Zera	16.31	538.2961 523.2726 433.2224
诺勃酮代谢物 Norbolethone metabolite	17α-Ethyl-5-estrane-3α,17β-diol	Norb	15.74	435.3109 345.2608 374.3000
甲酰勃龙代谢物 Formebolone metabolite	2-Hydroxymethyl-17α-methylandrosta-1,4-diene-11α,17β-diol-3-one	Form	17.82	544.3219 529.2984 439.2483

实际样品中兴奋剂的浓度较低，且 WADA 技术文件中规定，当尿样中的禁用物质浓度低于 100ng/mL 时，需要采用 SIM 模式进行确证，而高于 100ng/mL 时则需要用 SCAN 模式进行确证。该法测定兴奋剂的回收率为 66%～103%；进样量为 1μL 时，检测限为 0.1～1.0ng/mL。对 9 份 WADA 实际测试尿样的分析证明，准确度良好。实验过程中内标（甲基睾酮）的回收率为 95.8%，能够适用于对运动员常规尿样中兴奋剂的筛查。

6.8.2 保健品分析

保健品是保健食品的通俗说法，是食品的一个种类，具有一般食品的共性，能调节人体的机能，适合特定人群食用，但不以治疗疾病为目的。保健品可分为四类产品：膳食补充剂、传统滋补类保健品、运动营养品、体重管理产品。我国目前已经批准了 4000 多种保健品，保健品市场规模 2000 亿元左右。但这个市场有些鱼龙混杂，良莠不齐。有以次充好，也有非法添加化学合成药物的问题。因此，加强保健品质量的监管和控制，应该是食品安全的重要内容。

保健品分析同食品和药物分析基本相同，包括农药残留和溶剂残留检测、营养和功效成分分析、添加剂（防腐剂和抗氧化剂等）分析和非法添加分析等。色谱技术是保健品分析的主流手段，比如，GC 可用于保健食品中的角鲨烯、α,γ-亚麻酸、维生素 E、银杏酸、柠檬烯和丁香酚等含量的测定，以及保健品中安眠镇静类药物的测定。下面举几个 GC 用于保健品分析的实例。

6.8.2.1 鱼油保健品中 EPA 和 DHA 含量的测定

二十二碳六烯酸（DHA）和二十碳五烯酸（EPA）是深海鱼油中的特征脂肪酸，属 Ω-3 多不饱和脂肪酸。科学研究发现，EPA 和 DHA 不仅具有抑制血小板凝聚、舒张血管、调节血脂、健脑明目、免疫调节、促进婴儿视网膜发育等功能，还可以防治心脑血管疾病、炎症、肾病等，因此，鱼油保健品受到消费者欢迎。但只有深海鱼油含较多的 EPA 和 DHA，普通鱼油类产品中 EPA 和 DHA 的含量远低于深海鱼油类产品。因此，测定鱼油保健品中 EPA 和 DHA 的含量对保证产品质量有重要意义。国家标准 GB/T

38095—2019《DHA、EPA 含量测定　气相色谱法》，以及行业标准 SN/T 2922—2022《出口保健食品中 EPA、DHA 和 AA 的测定　气相色谱法》规定了测定 EPA 和 DHA 的 GC 方法。下面举例说明。

样品制备：采用酯交换法。称取均匀试样 60.0mg 至具塞试管中，准确加入 2.0mL 质量浓度为 4.0284mg/mL 的十一烷酸甘油三酯内标溶液。加入 4mL 异辛烷，微热使试样溶解后加入 200μL 氢氧化钾甲醇溶液，盖上玻璃塞猛烈振摇 30s 后静置至澄清。加入 1g 硫酸氢钠，猛烈振摇，中和氢氧化钾。离心，取上清液移至样品瓶中，待测。

色谱条件：采用中等极性的毛细管柱（100m×0.25mm×0.2μm）；载气（N_2）流量 1mL/min；程序升温，100℃开始，保持 3min，以 10℃/min 的升至 200℃，保持 20min，再以 4℃/min 升至 240℃，保持 10.5min；分流进样口，温度270℃，分流比 20∶1，进样量 1.0μL；检测器（FID）温度280℃；要求满足理论塔板数（n）不低于 2000/m，分离度（R）不低于 1.25。以保留值定性，峰面积定量。图 6-58 为优化条件下的色谱图。

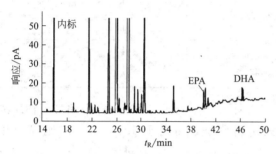

图 6-58　测定 EPA 和 DHA 的典型色谱图[80]

此方法的线性关系、精密度、重复性和稳定性、加标回收率等都能满足测定要求，通过对市售样品的分析，表明市场上鱼油保健品的质量参差不齐。此外，这一测定要注意鱼油保健品中 EPA 和 DHA 可能存在多种同分异构体，必须用极性的高效毛细管柱（如 OV-1701）才能完全分离，否则，就会有较大的测定误差。

6.8.2.2　大蒜精油保健品中活性有机硫化物的测定

大蒜精油软胶囊的主要成分是大蒜油、大豆油、明胶、甘油和水，主要的功能是健脾化湿、祛痰，适用于痰浊阻遏所致的高脂血症的辅助治疗。大蒜中起到活性作用的主要是大蒜辣素系列分解产物。在切开或碾碎后的大蒜中，含硫氨基酸和蒜酶发生催化裂解反应生成大蒜辣素，进一步分解生成较稳定的二烯丙基硫醚（DAS）、二烯丙基二硫醚（DADS）及二烯丙基三硫醚（DATS）等。这些分解生成的硫醚化合物及其他多种烯丙基和甲基组成的硫醚化合物，如烯丙基甲基硫醚（AMS）、烯丙基甲基二硫（AMDS）、二甲基三硫（DMTS）等共同组成具有挥发性的大蒜精油。因此，分析大蒜精油中活性硫化物的组成对大蒜精油保健品的质量控制有重要意义。农业标准 NY/T 1800—2009《大蒜及制品中大蒜素的测定　气相色谱法》规定了测定大蒜素的 GC 方法，下面举例说明 GC 测定大蒜精油保健品中活性有机硫化物的方法。

样品制备：破除市售大蒜精油胶囊保健品外壳，精密称取样品 150mg，分别置于 5mL 容量瓶中，精密加入内标储备液（浓度为 3.2mg/mL 的十七烷的正己烷溶液）500μL，用正己烷稀释并定容至刻度，配制成质量浓度为 30mg/mL 的样品溶液，4℃保存，备用。

图 6-59 是大蒜精油中 6 种有机硫化物的典型色谱图。利用此方法对 6 种市售大蒜精油胶囊保健品进行了测定，表明 DADS 和 DATS 为各产品的主要有效成分，也是大蒜精油保健品具有抗氧化、解毒等功效的主要物质基础。市售大蒜精油胶囊所含功效硫化物主

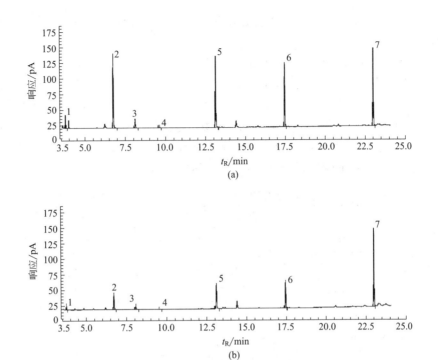

图 6-59 (a) 6 种有机硫化物对照品和 (b) 大蒜精油供试品的典型色谱图[81]

色谱峰：1—AMS；2—DAS；3—AMDS；4—DMTS；5—DADS；6—DATS；7—内标（$n\text{-}C_{17}$）

色谱条件：OV-1 毛细管柱（30m×0.25mm×0.25μm）；载气（N_2）流速 1mL/min；程序升温，50℃ 开始，保持 2min，以 5℃/min 升至 80℃，保持 2min，再以 10℃/min 升至 200℃，保持 2min；分流进样，温度 230℃，分流比 20∶1，进样量 1μL；检测器（FID）温度 250℃

要有天然提取和人工合成两类，有些产品可能以合成原料为主，各种硫化物的含量存在差异。如何保证此类产品的质量，需要引起有关部门的重视。

6.8.2.3 鹿茸保健品中性激素的测定

鹿茸又名斑龙角，是梅花鹿或马鹿的雄鹿未骨化而带茸毛的幼角，是名贵药材，性温而不燥，因含有磷脂、激素、脂肪酸、氨基酸、蛋白质及钙、磷、钠等成分而具有生精补髓、益血助阳、增强男女性功能、提高人体免疫力等功效。鹿茸保健品是以鹿茸为原料的一种营养品，因此其性激素的含量是产品质量非常重要的指标。由于性激素种类繁多，分子量大，主要的检测技术为 HPLC、LC-MS、GC 和 GC-MS。下面介绍一个 GC-MS/MS 同时测定鹿茸保健品中炔雌醇、雌二醇、诺龙、雌三醇、睾酮、雄酮、17β-雌二醇、雌酮、17α-羟基黄体酮、甲孕酮和孕酮等 11 种性激素的方法。

样品制备：准确称取 1.0g 混合均匀的保健品测试品于离心管中，加 10mL 甲醇，超声提取 20min。在 4000r/min 条件下离心 4min，取上清液，旋转蒸发至近干。加入 5mL 甲醇溶解后，加入 5mL 正己烷和 1mL 水，振荡分层后，离心 4min。弃去正己烷相，下层溶液旋转蒸发至近干，用 5mL 20%（体积分数）甲醇回溶。C_{18} SPE 小柱（3mL，500mg）依次用 10mL 甲醇、10mL 水和 10mL 20%（体积分数）甲醇活化。上样后，用 2mL 20%（体积分数）甲醇淋洗，5mL 100% 甲醇洗脱。收集洗脱液用氮气吹干，加入

300μL七氟丁酸酐-丙酮（1：4，体积比）溶液，65℃下衍生60min，冷却后吹干，用1mL丙酮定容，供测定。

GC-MS条件：SE-54毛细管柱（30m×0.25mm×0.25μm）；程序升温，100℃开始，保持1min，以30℃/min升至200℃，保持1min，再以15℃/min升至280℃，保持25min；载气（He）流速1.0mL/min；不分流进样，温度280℃，1.5min后开启分流阀，进样量1μL；传输管温度280℃。MS采用EI源，电离能量70eV；检测方式MRM；溶剂延迟6.8min；选择监测离子，每种性激素分别选择1个定量离子，2～3个定性离子。其他质谱参数及各目标物的保留时间见表6-25，SIM色谱图略。

表6-25　11种性激素的保留时间、前体离子、子离子和碰撞能量[82]

峰编号	化合物名称	t_R/min	前体离子(m/z)	子离子(m/z)	电离能/eV
1	炔雌醇 17α-ethinylestradiol	10.251	474	431 435①	12 11
2	雌二醇 17α-estradiol	10.325	664	237① 451	7 8
3	诺龙 19-nortestosterone	10.507	666.3	306 453①	12 11
4	雌三醇 estriol	10.571	876	235① 449	8 10
5	睾酮 testosterone	10.617	680	320 467①	10 8
6	雄酮 androsterone	10.681	486.1	213① 468	19 9
7	17β-雌二醇 17β-estradiol	10.685	664.2	237① 451	8 8
8	雌酮 estrone	11.177	466	422① 448	10 10
9	17α-羟基黄体酮 17α-hydroxyprogesterone	11.628	465	109① 147,369	7 11,15
10	甲孕酮 medroxyprogesterone	11.857	479	109① 383	25 15
11	孕酮 progesterone	12.275	520	263 425.2①	10 10

① 定量离子。

此法测定11种性激素的平均回收率为67.4%～99.1%，RSD为2.6%～13%，检测限0.3～2.0μg/L。通过对来自不同产地的鹿茸茶、鹿茸软胶囊、破壁灵芝孢子软胶囊、鹿茸口服液、鹿茸精华素、鹿茸丸、浓缩鹿茸血和鹿茸膏等8个鹿茸保健品进行了测定，发现鹿茸茶中含有5.6μg/kg的诺龙，鹿茸丸中含有13.5μg/kg的17α-羟基黄体酮，其余样品均不含有这11种性激素。

6.8.2.4　西洋参和三七保健品皂苷类成分的分析

西洋参和三七为五加科人参属，主要有效成分为皂苷类，具有耐缺氧、抗衰老和提高机体免疫力等作用。以西洋参和三七为主要原料的保健品在市场上有很多，给质量控制与检验提出了挑战。农业标准 NY/T 1842—2010《人参中皂苷的测定》规定用 HPLC 进行测定，地方标准 DBS22/ 024—2020《食品安全地方标准 食品原料用人参》规定用 TLC 鉴别人参，DB22/T 1668—2012《人参食品中人参总皂苷的测定 分光光度法》则是通过 560nm 处的吸光度，比色法测定人参总皂苷。团体标准 T/AGIA 006—2022《鲜西洋参中总皂苷含量测定》也是用分光光度法（544nm）测定。另一方面，三七中皂苷的测定尚无标准方法。这就需要开发西洋参和三七保健品的质量检验方法。

三七和西洋参中皂苷种类多，有研究用 LC-MS 和 LC-MS/MS 方法测定，而 GC-MS 方法鲜有报道。三七和西洋参主要成分的传统提取方法为浸取法或加热回流法，耗时长、提取效率低，且易导致活性物质分解。超声波提取能有效破碎细胞壁，可有效提高有效成分的提取效率。下面举例说明超声醇提法结合 GC-MS 法分析市售三七和西洋参保健品中人参二醇皂苷元的方法。

样品制备：取某品牌西洋参胶囊 0.5g，用 20mL70％乙醇超声提取 20min。样品溶液减压蒸馏后，加入 20mL 2mol/L 盐酸水解 1h，再进行减压蒸馏，加入 3mL 氯仿溶解，试样经 0.45μm 微孔膜过滤后，得到的原液稀释 5 倍后，取 1μL 进样。不同品牌的西洋参含片、三七胶囊以及三七粉均取 0.6g，并采用上述方法进行处理。

GC-MS 条件：SE-54 毛细管柱（30m×0.32mm×0.25μm）；程序升温，80℃ 开始，保持 3min，以 10℃/min 升至 260℃，保持 10min，再以 5℃/min 升至 290℃，保持 15min；载气（He）流速 1.5mL/min；分流进样，温度 260℃，分流比 40：1，进样量 1μL。MS 用 EI 离子源，电子能量 70eV，离子源温度 230℃；四极杆温度 150℃；质量扫描范围 50～500amu；溶剂延迟 3min；传输管温度 290℃。

图 6-60 是 4 种乙醇提取物的总离子流色谱图。结果证明，在相同的酸水解条件下，西洋参和三七保健品的醇提物均可生成 3 种特征的 20(S)-人参二醇皂苷元。比较不同的西洋参和三七保健品，发现西洋参保健品中 20(S)-人参二醇相对峰面积占总皂苷元峰面积的 84.0％以上，三七保健品中 3β-乙酰基-20(S)-人参二醇-12-酮相对峰面积占总皂苷元峰面积的 74.9％以上。这是由于西洋参中主要成分为人参皂苷，三七中不仅含有人参皂苷，而且含有三七皂苷。上述结果可初步表明西洋参和三七保健品含有相同的皂苷类成分，但是含量不同，推测其功效也存在相应的差异。此法简便快速、需要样品量少，适合于大量试样的分析，可用于市售三七和西洋参保健品的生产及质量监控。

6.8.2.5 保健品中违禁药物的检测

苯并二氮杂䓬类药物作为中枢神经抑制剂，是一种常用的安眠镇静药物，临床上用来治疗焦虑、失眠等病症，具有镇静、安眠和抗焦虑作用。但连续用药可产生头晕、嗜睡、乏力等反应。有些市售保健品宣称具有安神、补脑、促进睡眠的功效，满足了失眠患者的需求。但有些不法生产商为了达到更好的效果，就违法添加一些安眠镇静类药物，以攫取更多利润。因此，为规范保健品市场，打击非法添加，保护消费者利益，有必要建立一种快速、准确检测保健品中苯并二氮杂䓬类安眠镇静类药物的方法。

样品制备：取适量样品（液体 1mL，固体 0.2g），加入 50μL 甲基睾酮内标（50mg/L）甲醇溶液，2mL 磷酸缓冲液，0.5mL 碳酸盐缓冲液，4mL 甲基叔丁基醚，涡旋振荡萃取 1min，3000r/min 离心 3min，−30℃冷冻水相后转移上层有机相，55℃下氮气吹干，加入 50μL 甲基叔丁基醚，振荡 3s 后转移至样品瓶中，加盖，待测。

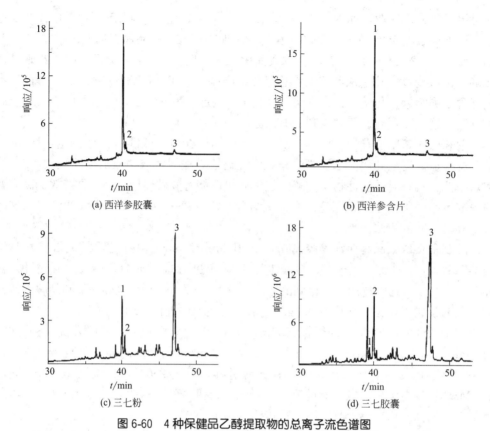

图 6-60　4 种保健品乙醇提取物的总离子流色谱图

色谱峰：1—20(S)-人参二醇；2—3β-乙酰基-20(S)-人参二醇；3—3β-乙酰基-20(S)-人参二醇-12-酮

GC-MS 条件：OV-1 色谱柱（17m×0.2mm×0.11mm）；程序升温，180℃ 开始，以 3.3℃/min 升至 231℃，然后以 30℃/min 升至 310℃，保持 2min；载气（He）恒压模式，柱前压 80kPa；分流进样，温度 280℃，分流比 10∶1；传输管温度 300℃；进样量 2μL；MS 采用 EI 离子源，200℃，70eV；SCAN 数据采集模式；溶剂延迟时间 4min。

图 6-61 为 8 种安眠镇静类药物及内标物的 GC-MS 分离结果。可见，分离情况良好，8 种化合物的回收率在 85%～97% 之间，检测限为 1～5mg/L，基本满足定性检测要求。此法适用于检测保健品中安眠镇静类药物。如果用 SIM 或者串级 MS 检测，检测限会降低至之前的 1/10～1/5。

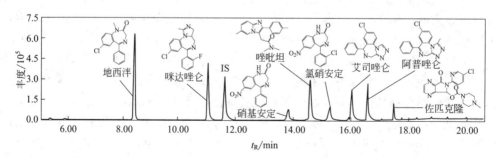

图 6-61　8 种镇静类药物的总离子流色谱图（IS 为内标物甲基睾酮）[84]

6.9　生命科学分析

6.9.1　引言

　　21 世纪是生命科学的世纪，当然还有材料科学和信息科学等。而学科的不断交叉、融合、分化，是科学发展的普遍趋势。分析化学通过与生命科学的交叉融合，形成了生命分析化学。生命分析化学是以生命体系内分子结构、相互作用及其时空动态变化为主要研究目标，用分析化学的方法精准测量生命活动中的化学过程，以期揭示生命过程的化学本质，为提高人类健康水平和改善生存环境服务。诚然，生命科学是研究人类和其他动物、植物、微生物的学科，生命分析化学同样涉及这些复杂的体系。

　　色谱以分离复杂样品著称，在生命分析化学领域发挥着重要的作用。当今生命科学的前沿领域有基因组学、转录组学、蛋白质组学、代谢组学和脂质组学等生命组学的研究，其中基因组学的 DNA 测序方法已经解决，蛋白质组学中 LC-MS 正在发挥不可替代的作用。GC 一般是分析可挥发物质的，可用于生命体系中小分子的分析。所以，GC 和 GC-MS 在生命科学中的应用主要集中在代谢组学和脂质组学领域，以及与疾病诊断、治疗相关的小分子药物分析。比如 GC 和 GC-MS 可用于某些疾病的诊断，通过对羊水的检测，可以发现原本很难发现的先天性疾病；能够对分娩或产后关键时期相关疾病的准确诊断；也可以通过测定血液和组织中 7-脱氢胆固醇水平升高来诊断因胆固醇合成不足而导致的史密斯-莱姆利-奥普茨综合征。GC-MS 还可用于识别人体呼吸中肺结核的生物标记物，以区别健康个体和疑似感染者，还可用于检测 130 多种不同的代谢紊乱，如甲基丙二酸尿症、异戊酸尿症。本节主要讨论 GC 和 GC-MS 在代谢组学和脂质组学分析中的应用。

6.9.2　代谢组学分析

　　代谢组学是 20 世纪 90 年代中期，基因组学、转录组学和蛋白质组学后出现的一个新的组学概念，它是系统生物学的重要组成部分。代谢组学是将生物机体看作完整的系统，通过对代谢物进行定量和定性分析，来研究机体的生理现象和病理特征的科学技术。代谢组学技术已运用于临床诊断、新药研发、药物有效性和安全性评价、环境毒理学以及植物代谢和微生物代谢等领域。

　　细胞内许多生命活动是发生在代谢物层面的，如细胞信号转导、能量传递等都是受代谢物调控的。基因与蛋白质的表达紧密相连，而代谢物则更多地反映了细胞所处的环境，这又与细胞的营养状态，药物和环境污染物的作用，以及其他外界因素的影响密切相关。代谢组学通过研究生物体对病理生理刺激或基因修饰产生的代谢物的质和量的动态变化表征机体受影响程度，作为评价药物安全性的有效手段在毒理学研究中得到广泛应用。比如，非靶标代谢组学研究发现了三羧酸循环代谢紊乱是马兜铃酸引发机体肾毒性的代谢特征；对小鼠肾组织中内源性代谢物的检测，可揭示顺铂诱导肾脏损伤与干扰脂质代谢和氨基酸代谢有关；研究选择性胎儿宫内生长受限与代谢异常的关系，等等。GC-MS 用于代谢组学分析大多是针对脂肪酸和氨基酸类代谢物，因此，样品要经衍生化处理，如硅烷化和酯化。下面举例说明 GC-MS 在代谢组学分析中的应用。

6.9.2.1 抗结核药致肾损伤的代谢组学研究

结核病是由结核杆菌引起的一种慢性传染病。异烟肼（INH）和利福平（RIF）均是WHO推荐的抗结核药物，常常联合使用治疗结核病。但临床研究发现，INH 和 RIF 联合使用可导致患者出现药物性肝损伤和肾组织损伤症状。INH 的毒性代谢产物肼会引起不可逆的肝细胞损伤和炎症；RIF 能够使肝脏出现坏死斑点，甚至出现弥漫性的坏死带，肝脏细胞伴有脂肪变性现象。用代谢组学的方法，以"INH＋RIF"为模型药物，建立抗结核药大鼠肾损伤模型，同时采用对机体急性肾损伤具有保护作用的谷胱甘肽进行干预治疗，基于 GC-MS 的代谢组学分析技术，可以研究大鼠在使用抗结核药物后肾组织中内源性代谢物的变化特征，结合组织病理学检查及生化指标分析，对揭示 INH 和 RIF 联用致大鼠肾损伤机制以及评价谷胱甘肽（GSH）的治疗效果、指导临床用药具有积极意义。

动物模型：实验前将 28 只 Wistar 大鼠（180～220g）置于相对温度为 22℃±2℃、相对湿度为 45%～60%、12h 昼夜循环的环境中适应性饲养 5 天，自由饮食，饮水。然后随机分为空白对照组（$n=10$）、模型组（$n=10$）和 GSH 干预组（$n=8$）。模型组和 GSH 干预组大鼠于第 1 天同时分别灌胃给予 INH[100mg/(kg·d)]、RIF[100mg/(kg·d)]，每天一次，连续灌胃 14 天，用于制备大鼠肾损伤模型。对照组灌胃给予等体积 0.5%羧甲基纤维素钠溶液[10mL/(kg·d)]作为空白对照。同时，从造模第 1 天起至第 14 天，GSH 干预组大鼠尾静脉注射还原型 GSH[250mg/(kg·d)]；空白对照组和模型组尾静脉注射等体积生理盐水。

样本制备：末次给药 2h 后，采集大鼠腹主动脉血液。在室温静置 1h 后分离血清，用于测定尿素氮和肌酐的水平。取大鼠同一部位的肾脏组织固定于福尔马林中，进行 HE（苏木精-伊红染色法）染色，分析组织病变情况。同时采集肾组织样本，立即置于液氮中淬灭，再置于−80℃保存，用于代谢组学分析。

取 20mg 肾组织，加 0.2mL 水研磨，取 50μL 匀浆液置于含有 10μL 1,2-^{13}C 肉豆蔻酸内标溶液的 1.5mL EP 管中，加 200μL 甲醇。涡旋混匀后离心，取 100μL 上清液置于另一个干净 EP 管中，并置于离心浓缩仪中挥干。向挥干后的样本中加入 30μL 10mg/mL 甲氧胺吡啶溶液，涡旋 5min 后振荡 1.5h，加 30μL BSTFA（含 1%TMS），混匀，振荡 0.5h 进行硅烷化反应。衍生化后的样品在 4℃以 18000r/min 离心 10min，吸取上清液，进样 GC-MS 分析。

为评估实验操作误差及仪器系统稳定性，通过将各个肾组织样本匀浆液等量混合，制备质量控制（QC）样品，同其他样品平行处理和分析。

GC-MS 分析条件：SE-54 毛细管柱（30m×0.25mm×0.25μm）；载气（He）流速 1.2mL/min；程序升温，60℃ 开始，保持 1min，到 14min 线性升温至 320℃，保持 5min；分流进样，分流比 20：1，进样量 1μL；MS 采用 EI 源；电离能量 70eV；传输管温度 250℃；离子源温度 280℃；采用全扫描，范围 m/z 50～500。分析样品前先运行 5 次 QC 样品以平衡系统，之后每运行 10 次样品分析后就运行一次 QC 样品，以监控仪器的稳定性。此外，进样前后采用 GC-MS 分析饱和脂肪酸甲酯混合标准品溶液，计算色谱峰的保留指数，以辅助定性。

数据处理：原始 GC-MS 文件经 ABF Converter 转换格式后导入 MS-DIAL 软件进行数据预处理，与 FiehnLib 数据库进行代谢物匹配，相似度＞80%的代谢物将和 NIST 库进行碎片离子峰匹配，以验证代谢物鉴定的准确性。最终得到包含样本名称、代谢物信息及峰高值的三维矩阵数据集。矩阵数据经 Loess 和 Pareto scaling 归一化后采用 Metabo Analyst 4.0 在线网站进行偏最小二乘法-判别分析及正交偏最小二乘法-判别分析。经 Loess 校准后的数据采用基于 One-way ANOVA 的检验，即 Kruskal-Wallis 检验进行多组间及两组间差异性比较。模型组与空白对照组及 GSH 干预组分别比较，差异性代谢物定义为组间比较变化倍数＞1.2（上调）或＜0.83（下调），且 $p < 0.05$。

图 6-62 是大鼠肾组织样品经过提取和衍生化后典型的 TIC，数据分析结果见表 6-26（详细讨论请参阅文献）。这一研究采用 GC-MS 代谢组学技术结合偏最小二乘法-判别分析等统计方法，探讨 INH 和 RIF 联用对大鼠肾组织中内源性小分子化合物代谢的影响。组织病理学及血清生化结果显示，给予 INH 和 RIF 后，大鼠血清中尿素氮和肌酐水平显著升高（$p < 0.05$），肾小管上皮中度空泡变性，证实了肾组织出现损伤。代谢组学数据提示，结核药物联用导致了大鼠肾组织中酪氨酸、脯氨酸、尿苷、棕榈烯酸等 31 种内源性物质代谢紊乱；主要导致了大鼠脂肪酸代谢、精氨酸和脯氨酸代谢异常。GSH 能降低大鼠血清中尿素氮的水平（$p < 0.05$），减轻大鼠肾小球系膜的增生情况，调控肾组织中棕榈烯酸、4-羟基丁酸、瓜氨酸、葡糖酸内酯、胍基乙酸和哌啶甲酸的代谢水平，有效改善抗结核药物引起的大鼠肾组织损伤。

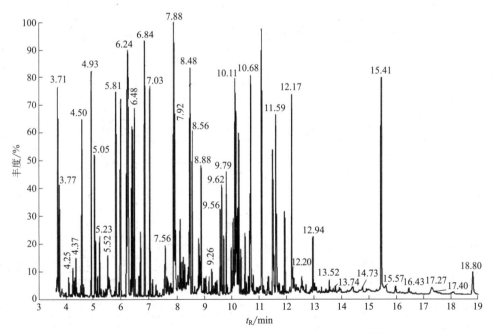

图 6-62　大鼠肾组织样品经过提取和衍生化后的 TIC[85]

（色谱峰归属见表 6-26 对应的 t_R）

表 6-26　INH 和 RIF 联用导致大鼠肾损伤的有关代谢物的数据[85]

代谢物	t_R/min[①]	特征离子(m/z)	显著性（p 值）		倍数关系（模型组/对照组）
			k-检验	对照组相对于模型组	
乳酸 Lactic acid	4.59	147	＜0.001	＜0.001	0.55

续表

代谢物	$t_R/\min$[①]	特征离子(m/z)	显著性(p 值)		倍数关系 （模型组/ 对照组）
			k-检验	对照组相对于模型组	
缬氨酸 Valine	5.81	144	<0.001	0.040	0.75
4-羟基丁酸 4-Hydroxybutyric acid	5.92	147	0.030	0.020	0.62
磷酸酯 Phosphate	6.25	299	<0.001	<0.001	0.57
脯氨酸 Proline	6.42	142	0.040	0.020	1.78
双-2-羟基丙胺 Bis-2-hydroxypropylamine	6.44	160	<0.001	<0.001	0.45
2,3-二羟基吡啶 2,3-Dihydroxypyridine	6.54	240	<0.001	0.020	1.28
尿嘧啶 Uracil	6.69	241	0.010	0.030	0.20
哌啶甲酸 Pipecolinic acid	6.89	156	<0.001	<0.001	0.75
胸腺嘧啶 Thymine	7.12	255	<0.001	<0.001	1.93
蛋氨酸 Methionine	7.90	176	<0.001	<0.001	1.45
肌酸 Creatine	8.15	115	<0.001	<0.001	0.65
胍基乙酸 Glycocyamine	8.28	171	<0.001	<0.001	0.19
5-氨基缬氨酸 5-Aminovaline	8.57	188	<0.001	<0.001	2.03
牛磺酸 Taurine	8.83	147	<0.001	<0.001	1.42
核糖 Ribose	8.88	103	0.030	0.010	1.22
α-氨基脂肪酸 α-Aminoadipic acid	9.03	260	<0.001	<0.001	1.31
瓜氨酸 Citrulline	9.17	184	<0.001	<0.001	0.61
1,5-脱水-D-山梨醇 1,5-Anhydroglucitol	9.83	217	<0.001	<0.001	1.29
葡萄糖酸内酯 Gluconic acid lactone	10.01	220	<0.001	<0.001	0.64
葡萄糖 Glucose	10.23	126	<0.001	0.010	0.64
棕榈烯酸 Palmitoleic acid	10.60	129	<0.001	<0.001	2.37
亚油酸 Linoleic acid	11.47[①]	81	0.010	<0.001	1.89
磷酸葡萄糖酸 Phosphogluconic acid	12.51	73	0.020	0.010	1.29
D-鞘氨醇 D-Erythro-sphingosine	12.56	204	<0.001	<0.001	2.33
尿苷 Uridine	12.70	73	<0.001	0.040	1.69
γ-氨基丁酸 γ-Aminobutyric acid	6.40,7.95	102,174	0.050	0.030	0.62
α-维生素 E α-Tocopherol	15.23	237	<0.001	<0.001	0.61
α-天冬酰胺 α-Asparagine	8.34,8.79	159,116	<0.001	<0.001	1.21
酪氨酸 Tyrosine	9.97,10.25	218	0.010	<0.001	0.79
胱氨酸 Cystine	11.92,11.78	146,218	<0.001	<0.001	0.77

① 有的代谢物有同分异构体，故有两个 t_R。

6.9.2.2 血府逐瘀汤治疗大鼠颅脑损伤的血浆代谢组学研究[86]

颅脑损伤的病死率和致残率较高，血府逐瘀汤由生地、川芎、赤芍、桃仁、红花、枳壳、甘草、当归、牛膝、桔梗、柴胡组成，该方剂具有活血祛瘀、行气止痛的功效，广泛用于治疗心脑血管病和脑外伤等。采用 GC-MS 方法，对假手术组和模型组大鼠血浆的代谢物进行定性定量分析，然后以 t 检验（t-test）、有监督的正交偏最小二乘-判别分析（OPLS-DA），就可筛选出具有显著差异的代谢物为潜在标志物，并观察其在治疗组中的时序变化。

实验采用大鼠颅脑损伤模型的血浆样本，共 148 例，分为治疗组、模型组、假手术组。假手术组的大鼠通过手术磨除骨窗，不予打击。模型组和治疗组大鼠采用相同高度、相同质量的自由落体打击，从而构建颅脑损伤大鼠模型。治疗组在造模后给予血府逐淤汤灌胃，模型组和假手术组给予等量生理盐水灌胃。然后分别收集各组灌胃后第 1、3、7、14 天的血浆样本。经类似于上例的样品处理和 GC-MS 分析，定性定量分析了 43 种重要的代谢物。模型组和假手术组的 t-检验结果显示 13 种代谢物存在显著差异。正交偏最小二乘-判别分析的分析结果也显示模型组和假手术组代谢差异明显。结合变量的投影重要性指标及 t-检验结果，筛选出乳酸、组氨酸、棕榈酸、色氨酸、亚油酸、油酸、硬脂酸作为潜在的生物标志物。观测这些标志物在治疗组中第 1、3、7、14 天的变化情况。结果表明，治疗组中乳酸、组氨酸、棕榈酸、亚油酸、硬脂酸的相对浓度逐渐降低，色氨酸的相对浓度先降低后升高，油酸的相对浓度先升高后降低，且 7 种代谢物的相对浓度在第 14 天时均接近于假手术组的水平。表明血府逐瘀汤对颅脑损伤具有一定的治疗作用，上述 7 种代谢物有可能作为生物标志物，用于监测颅脑损伤的治疗效果及恢复情况。

6.9.2.3 二维 GC 在代谢组学分析中的应用[87]

代谢组学力求分析复杂生物体系中的所有代谢产物，一维 GC 的分离度常常不能满足非靶向代谢组学的要求。基于多维 GC-TOF-MS 的联用技术，对复杂代谢产物实现高灵敏度、高分辨的数据采集，并开发其配套的数据处理软件，建立高通量的代谢组学分析平台，并将这些平台应用于疾病、药物、植物和微生物次生代谢产物的研究及其生化代谢网络的构建，这为分析复杂生物基质中的代谢物提供了强有力的支持。研究表明，采用 GC×GC-MS 检测到的色谱峰数量在信噪比不小于 50 时是一维 GC-MS 的 3 倍。有研究用 GC×GC-MS 测定了哺乳动物中胰岛素分泌细胞中的脂肪酸，结果显示样品中存在 30 种可识别的脂肪酸，这比之前在同类细胞中鉴定的脂肪酸多一倍。我们希望随着 GC×GC-MS 技术的发展，它在代谢组学分析中的应用会越来越多，以便更有效地发现代谢生物标志物和阐明疾病的机理。但是，与一维 GC-MS 一样，样品制备、代谢物衍生化处理和全面的数据分析仍然是制约 GC×GC-MS 广泛应用的因素。

6.9.3 脂质组学分析

脂质是自然界中存在的一大类极易溶解于有机溶剂，在化学成分及结构上非均一的化合物，主要包括脂肪酸及其天然的衍生物（如酯或胺），以及与其生物合成和功能相关的

化合物。一般把脂质分为八大类：脂肪酸类、甘油酯类、甘油磷脂类、鞘脂类、固醇酯类、孕烯醇酮脂类、糖脂类、多聚乙烯类。目前已经发现和鉴定的脂类化合物共有 4 万多种。脂质化合物在生命体内的代谢水平和功能的变化与细胞生理功能的实现和生命体病理性紊乱是密切相关的。研究证明，脂类化合物与细胞凋亡、信号传导、疾病感染、免疫功能，以及胎儿代谢缺陷都密切相关。脂质类化合物的代谢与糖尿病、肝癌、肾病、乳腺癌等密切相关。随着研究的深入和各种组学的出现，脂质组学也应运而生。脂质组学是对脂质分子种属及其生物功能的全面描述，主要研究与蛋白质表达有关的脂质代谢及其功能，包括基因调控等。其主要内容包括脂质及其代谢物分析鉴定、脂质功能与代谢调控（含相关关键基因、蛋白质、酶的研究）、脂质代谢途径及网络。目前脂质组学已经被广泛运用于药物研发、分子生理学、分子病理学、功能基因组学、营养学以及环境与健康等重要领域。脂质组学现在已成为生命组学最重要的内容，且是一个非常活跃的研究领域，尤其在临床诊断和治疗方面的重要性已经引起了科学界的广泛关注。比如有人研究了肥胖症、动脉粥样硬化、代谢综合征的血液和脑脊髓液的脂质组学，以及植物脂质组学。

大部分脂质化合物是难挥发的，因此，脂质组学的主要分析手段是 HPLC 和 HRMS，特别是 LC-MS 以及二维 LC-MS/MS。GC 的应用不是太多，而且主要集中在脂肪酸类化合物的分析。下面举例说明。

6.9.3.1 不同泌乳期中国人乳脂肪酸组成分析

人乳是新生儿和婴儿的最佳营养来源，既能保证能量供给，又为婴儿生长发育提供了必需的物质保障。占人乳 3%～5% 的脂质是人乳中主要的能量物质，比如磷脂，占人乳中总脂质的 0.5%～1.0%，是除了甘油三酯之外的人乳脂质重要组分。人乳中的脂肪酸处于动态变化之中，其组成和含量受地域、膳食摄入、昼夜变化、泌乳期以及个体差异等因素的影响，其中泌乳期不同对乳中脂质的变化起着重要作用。初乳中总脂质占乳体积的 2%，在泌乳的前几周总脂质含量会增加到 3%～5%，脂肪球的平均尺寸增大，各种脂肪酸的相对含量也会发生变化。例如，棕榈酸（C16：0）由初乳的 26.2% 降低到成熟乳的 21.8%，油酸（C18：1$n-9$）由初乳的 34.7% 降低到成熟乳里的 33%。人乳的脂肪酸组成又具有一定的共性，在所有的脂肪酸中，油酸（C18：1$n-9$）含量最大；不饱和脂肪酸中的油酸（C18：1）、亚油酸（C18：2）、亚麻酸（C18：3）等主要分布在甘油三酯的 Sn-1 和 Sn-3 位；Sn-2 位上的脂肪酸包含了大约 4% 的饱和脂肪酸和 60%～70% 的软脂酸。目前人乳中已经分离出了近 200 种脂肪酸。

人乳的脂质组学研究首先要分析其脂质组成，GC-MS 可用于脂肪酸的分析，磷脂和其他脂质则需要 LC-MS 分析。二者的样品提取步骤基本相同，只是 GC-MS 分析需要对脂肪酸进行衍生化处理，常用的是酯化方法。

样品制备：脂质提取采用改进的 Folch 法。人乳中脂质的提取方法如下：取人乳 0.2mL，经离心富集乳脂质球后加入 4.0mL 的二氯甲烷/甲醇（2：1，体积比）混合溶剂，再加入 0.2 倍体积的 0.9% 氯化钠溶液（氯化钠可促进某些酸性脂质和变性脂质的结合），旋混数秒，4000r/min 离心 10min。静置分层后将有机相转移至螺口玻璃管中。之后再加入 4.0mL 的二氯甲烷/甲醇（2：1，体积比）混合溶剂，重复上述操作 2 次，合并有机相并转移至旋转蒸发心形瓶中，40℃ 下蒸发除去有机溶剂，余下的组分复溶于 1.0mL 的色谱级二氯甲烷/甲醇（2：1，体积比）混合溶剂中，经 0.22μm 滤膜过滤后置于 1.0mL 进样瓶中，充氮气保护存放（−20℃）。此样品可以直接用 LC-MS 测定。然后加入 0.1mL 焦性没食子酸甲醇溶液（0.1g/mL），浓缩干燥后再加入 1.0mL KOH 甲醇溶液（0.028g/mL），置于 80℃±1℃ 水浴 5～10min 后加入 14% 的三氟化硼甲醇溶液 0.5mL，继续水浴加热 15min 完成脂肪酸的甲酯化。冷却至室温后将其移入 10mL 离心管中，用 1mL 饱和食盐水清洗螺口玻璃管 3 次，合并饱和食盐水于离心管中，加入 2mL 正己烷。剧烈振荡，5000r/min 离心 5min，取上层有机相，用 1.0mL 无菌注射器过 0.22μm 滤膜过滤后，装入样品瓶中，−20℃ 冻存后无结冰或浑浊现象产生，即可用 GC-MS 分析。

GC-MS 条件：OV-01 毛细管柱（100m×0.25mm×0.20μm）；程序升温，140℃ 开始，保持 5min，以 5℃/min 升至 180℃，保持 10min，再以 2℃ 升至 210℃，保持 15min，再以 10℃/min 升至 240℃，保持 8min；载气（He）流速 1mL/min；分流进样，温度 240℃，进样量 1μL。MS 采用 EI 源，离子源温度 230℃；传输管温度 250℃；溶剂延迟时间 9.5min；扫描范围为 50～500amu。

图 6-63 为脂肪酸甲酯化后的 GC-MS 分离结果。采用本法分析了东北地区收集的汉族人的初乳（分娩后 1～5 天）、过渡乳（分娩后 6～20 天）和成熟乳（分娩后 21 天以上）共 73 份。从人乳中鉴定出脂肪酸 27 种，脂肪酸的具体组成及相对含量差异显著。随着泌乳期的变化，人乳中饱和脂肪酸的相对含量在过渡乳中最高，达到了 39.02%；单不饱和脂肪酸的相对含量在整个泌乳期中差异并不显著；多不饱和脂肪酸从过渡乳的 24.91% 升高到成熟期的 29.05%，但其相对含量在初乳期和过渡期差异并不显著。与此同时，还用

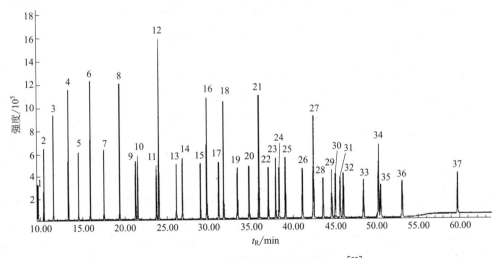

图 6-63 脂肪酸标准溶液甲酯化后的 TIC[88]

色谱峰：1—丁酸甲酯；2—己酸甲酯；3—辛酸甲酯；4—癸酸甲酯；5—十一烷酸甲酯；6—月桂酸甲酯；7—十三烷酸甲酯；8—肉豆蔻酸甲酯；9—肉豆蔻烯酸甲酯；10—十五烷酸甲酯；11—顺-10-十五烯酸甲酯；12—棕榈酸甲酯；13—棕榈油酸甲酯；14—十七烷酸甲酯；15—顺-10-十七烯酸甲酯；16—硬脂酸甲酯；17—反油酸甲酯；18—油酸甲酯；19—反亚油酸甲酯；20—亚油酸甲酯；21—花生酸甲酯；22—γ-亚麻酸甲酯；23—顺-11-二十烯酸甲酯；24—α-亚麻酸甲酯；25—二十一碳酸甲酯；26—二十碳二烯酸甲酯；27—山嵛酸甲酯；28—二十碳三烯酸甲酯；29—芥酸甲酯；30—二十碳三烯酸甲酯；31—花生四烯酸甲酯；32—二十三酸甲酯；33—二十二碳二烯酸甲酯；34—木蜡酸甲酯；35—二十碳五烯酸甲酯；36—神经酸甲酯；37—二十二碳六烯酸甲酯

LC-MS 分析了乳中磷脂，结果检出磷脂共 62 种。这些分析结果为人乳脂质组学的研究提供了数据参考[89]。

6.9.3.2　金枪鱼副产物中脂质提取与分析[90]

金枪鱼鱼油与普通鱼油最大的区别在于它富含 ω-3 多不饱和脂肪酸，这是一种人体不可缺少且自身又不能合成的重要营养元素，有调节免疫、健脑明目、抗炎、预防和治疗心脑血管疾病等多种功能。为提高金枪鱼副产物的利用率，有人研究了金枪鱼内脏中脂质的提取方法，并用 GC 和 LC-MS 分别对脂肪酸和磷脂类化合物的提取效率进行评价。实验证明，基于 1,2-二氯乙烷（DCE）结合丙酮沉淀法是最适合食品加工业的方法。

具体提取方法是：精密称取金枪鱼副产物样品 10.00g，加入 DCE/甲醇（1∶2，体积比）混合液 40mL 振荡混匀，加入 10mL 超纯水，以 10000r/min 高速冷冻离心 10min。转移下层清液。再向上清液和固形物中加入与第 1 次提取时等体积的 DCE，进行二次提取。根据上述操作重复提取 2 次。称取圆底烧瓶空瓶质量，将合并的下清液移入瓶中，使用旋转蒸发仪于 65℃蒸发 DCE，再次称取该瓶质量并与之前质量相减即为提取所得脂质混合物（包括磷脂、游离脂肪酸、甘油酯等脂质）质量。

用该方法从金枪鱼副产物中同时提取脂质和鱼油，得到磷脂和鱼油的得率分别为 0.94％和 7.31％。鱼油中主要含有 DHA、棕榈酸、油酸、EPA 等 18 种脂肪酸，其中多不饱和脂肪酸占 36.678％。从磷脂样品中共检出 16 种磷脂酰胆碱，14 种磷脂酰乙醇胺，11 种磷脂酰肌醇和 12 种磷脂酰丝氨酸。所有磷脂分子中包含 ω-3 多不饱和脂肪酸链的磷脂所占比例较高。

6.9.3.3　基于游离脂肪酸靶向脂质组学的脑缺血-再灌注血浆生物标志物的筛选[91]

大脑短暂性血液供应不足并出现症状就叫作短暂性脑缺血发作，是一种常见的急性脑血管病。短暂性脑缺血发作病人在 1～5 年内可能发生脑梗死。脑梗死病人中的 1/3～2/3 曾经发生过短暂性脑缺血。脑缺血再灌注时可造成脑功能严重受损。为了探讨脑缺血-再灌注的发病机制，寻找更有效的治疗方法，可以通过基于 GC-MS 的脂质组学方法，分析血浆和脑组织中的脂肪酸代谢通路，以期找到生物标志物。

采用大鼠脑缺血-再灌注模型，造模 24h 后，收集模型组与对照组大鼠的血浆及脑组织。采用脑切片与血浆生化指标证明造模成功后，采用 GC-MS 针对大鼠血浆中游离脂肪酸进行靶向代谢组学研究，内标物选择十三烷酸，衍生化方法选用甲酯化，衍生化试剂为浓硫酸/甲醇，抗氧化剂为 2,6-二叔丁基-4-甲基苯酚。GC 采用非极性柱，通过分析模型组和空白组的游离脂肪酸甲酯，可得到 4 种差异代谢物，分别为十六烷酸、十八烷酸、十八烯酸和十八碳二烯酸。这些代谢物均上调。由相关代谢通路分析结果显示，在脂肪酸合成代谢通路里，亚油酸代谢的途径在脑缺血-再灌注病发与治疗过程中变化显著。通过控制亚油酸的水平可以达到预防及治疗脑缺血-再灌注损伤的效果。这一脂质组学分析结果通过对脑缺血-再灌注损伤大鼠血浆游离脂肪酸的测定，并对脑缺血-再灌注损伤进行预后评估，为探讨脑缺血-再灌注损伤的成因及发病机制，以及开发治疗药物提供了科学数据支持。

6.9.4　体内药物分析

GC 在药物分析中的应用已在 6.5 节讨论过，但只是成药的分析。在生命分析中要涉及药理和毒理研究，包括新药开发过程中的质控方法、药物在体内的分布、药代动力学，等等，GC 和 GC-MS 也有很多应用。当然，GC 主要是对可挥发和半挥发性药物的分析。有些药物本身是难挥发的，就需要 LC-MS 进行分析，但如果其在体内的代谢物是小分子可挥发物，也可以用 GC 检测体内代谢。这就类似于代谢组学分析了。

用 GC 和 GC-MS 测定体内药物的浓度有三环抗抑郁药，如阿米替林、阿莫沙平、丙咪嗪、三甲丙咪嗪；还有氟西汀、芬太尼、非那吡啶、奎宁、沙纳唑、罗库溴铵、丙泊酚、异丙酚、盐酸丙哌维林及其代谢物，等等。我国在化学药方面的创新不足，但在中药的研究方面很有成效，下面举例说明中药体内浓度测定及药代动力学的研究。

药物在体内的吸收、分布、代谢和排泄统称为药物的体内过程，药物代谢与药代动力学是研究药物体内过程动态规律的科学。药物代谢探讨药物分子在体内不同器官发生的生物转化，药代动力学的核心是阐明体内药物及其代谢产物的浓度随时间变化的规律。药物代谢和药代动力学研究机体对药物的转运和转化功能，探讨该现象的化学和生物学基础，阐明其生物学意义，有助于人们更好地认识生命现象，促进药剂学、生物学、药理学、毒理学等诸多相关生命学科的发展。

20 世纪 70 年代以来，中药研究有了迅速的发展。中药药代动力学是借助于动力学原理，研究中药活性成分、组分、中药单方、复方在体内吸收、分布、代谢、排泄的动态变化规律及体内时量-时效关系，并用数学函数加以定量描述的一门边缘学科。基于此，中国协和医科大学药用植物研究所的科研人员研究了广藿香醇及广藿香油中广藿香醇药物代谢动力学[92]。需要指出，当时这一研究是采用 GC 配置 FID 检测进行分析的，如果采用 GC-MS 或者 GC-MS/MS 就会有更高的检测灵敏度，而且可以进一步鉴定代谢产物，获得更多的体内药物代谢信息。

采用大鼠作为动物模型，广藿香醇作为药物。分别采用静脉注射给药和灌胃给药后，定时取血浆以及组织样本作为分析对象。以丁香酚的甲醇溶液（20μg/min）为内标，对血浆及组织中广藿香醇进行定量分析。

生物样品的处理：于大鼠眼底取空白或含药血液 0.5mL，置于 1.0mL 肝素化离心管，3000r/min 离心 5min，取血浆于 -20℃ 低温冷冻保存，用前取出，融化备用。于干燥的 5mL 离心管中加入内标丁香酚甲醇溶液 200μL，氮气流吹干；加入 200μL 大鼠血浆，涡旋混匀；用 0.5mL：乙酸乙酯涡旋提取 1min，3000r/min 离心 5min，取有机相；再重复上述操作一次，合并两次提取的有机相，氮气流吹干；残渣用 200μL 甲醇溶解，10000r/min 离心 10min，上清液过 0.22μm 微孔滤膜，GC 进样分析。

色谱条件：气相色谱仪，配置 FID 检测器；SE-54 毛细管柱（30m × 0.32mm × 0.25μm）；程序升温，80℃ 开始，保持 1min，以 15℃/min 升至 200℃，保持 1min，再以 60℃/min 升温至 290℃，保持 1min；载气（N_2）流速 1mL/min；不分流进样，温度 300℃，进样量 1μL；检测器（FID）温度 300℃；空气流速 300mL/min，氢气流速 40mL/min，尾吹气（N_2）流速 40mL/min。

验证方法的专属性后，用加标空白样品做工作曲线。该法对广藿香醇的检测限为 10ng/mL，定量限为 25ng/mL。方法的相对回收率在 90%～110% 之间，方法的日内和日间相对标准偏差 RSD<10%，符合生物分析方法指导原则的要求。

用上述方法分别对大鼠给药后的胆汁、尿液、粪便、脑、心、肺、肝、脾、肾、睾

丸、胃、肠、肌肉和脂肪中的广藿香醇进行定量分析,以获得药物在体内的分布及动力学数据。用同样的方法还探讨了广藿香醇及广藿香油中广藿香醇在家兔及犬体内的药物动力学过程。

研究表明,广藿香油中其他成分对广藿香醇的影响非常明显,主要表现在药代动力学方面,静脉注射给药,广藿香油中其他成分与广藿香醇竞争从体内消除,使得广藿香油中广藿香醇的消除半衰期、血药浓度一时间曲线下面积等重要药物动力学参数均比广藿香醇单体化合物大;在药物体内分布方面,受广藿香油中其他成分的影响,广藿香油中广藿香醇的体内分布高于广藿香醇单体化合物。这一研究结果表明,药物各成分在体内的过程有时是相互影响的,在没有确定这种相互影响是否存在前,不能用其中的某种成分的单体化合物的体内过程代替中药制剂中该成分的体内过程。

6.10 化工与材料分析

化工分析是一个很广的应用领域,从原材料(很多来源于石油)分析、化工过程控制,到产品质量检验,GC 都发挥着重要作用。化工生产涉及众多行业,产品门类繁杂,分析方法多样,前面讨论过的顶空 GC 和 Py-GC,以及本章的石油分析、环境分析、药物分析等都涉及化工生产。因此,我们不再用专门的章节讨论化工分析,本节仅就日用化工中的化妆品分析和材料分析作一介绍。

6.10.1 化妆品分析

化妆品是指一大类日用化工产品,这类产品是以涂抹、喷洒或者其他类似方法,散布于人体表面的任何部位,如皮肤、毛发、指/趾甲、唇齿等,以达到清洁、保养、美容、修饰和改变外观,或者调整人体气味的目的。化妆品多种多样,一般根据其功能效果可分为清洁型、基础型、美容型和疗养型。化妆品分析包括成分分析、理化性能检测、可靠性能测试、老化性能测试、热稳定性测试、有害物质检测和阻燃防火测试等。GC 主要用于成分分析和有害物质检测,我国已经制定并实施的化妆品标准(见附录Ⅰ)。这些标准规定化妆品中各种成分的 GC 测定方法,如香料、防腐剂、有毒有害物质、禁用物质、限用物质等。在 6.7.3 节滥用药物检测中曾提及化妆品中斑蝥素的分析。下面举例说明 GC 在化妆品分析中的应用。

6.10.1.1 氯代烃类有机溶剂分析

化妆品生产过程中需要用有机溶剂来溶解和分散香精、杀菌防腐剂、表面活性剂、油脂和着色剂等,有时在某些化妆品中会发现一些有毒有害氯代烃类有机溶剂的存在。长期接触含有此类氯代烃类有机溶剂的化妆品会损害消费者的身体健康,如长期接触三氯乙烯和二氯甲烷会引起中毒性神经衰弱、自主神经紊乱和中毒性末梢神经炎,氯仿、四氯化碳、三氯乙烯、四氯乙烯和三氯丙烷等会引起脂肪肝、肝细胞坏死和肾功能减退等。我国《化妆品安全技术规范》中明确规定了禁止或限用 1,1,2-三氯乙烷、1,2,3-三氯丙烷、氯仿、四氯化碳、二氯乙烷类、二氯乙烯类、四氯乙烯、二氯甲烷等氯代烃类有机溶剂。因此,需要有效监测化妆品中氯代烃类有机溶剂的方法。国标 GB/T 35953—2018《化妆品中限用物质二氯甲烷和 1,1,1-三氯乙烷的测定 顶空气相色谱法》只规定了检测两种氯代烃溶剂的顶空 GC 方法，下面介绍一个 GC-MS 测定化妆品中 18 种氯代烃类有机溶剂的方法。

样品制备：称取 1.0g 化妆品试样，置于 50mL 离心管中，加入 5mL 饱和氯化钠溶液超声分散后，加入 5mL 正十四烷，常温下以 100r/min 振荡提取 20min，然后以 8000r/min 离心 3min，取部分上清液，过膜后进样分析。必要时用正十四烷稀释后再进样。

GC-MS 条件：DB-624 毛细管柱（30m×0.25mm×1.4μm）；程序升温，温度从 50℃ 开始，保持 5min，以 10℃/min 升至 240℃，保持 2min。载气（He）流速 1.0mL/min；分流进样，温度为 250℃，分流比 10:1，进样量 1.0μL。MS 采用 EI 源，电离能量 70eV，离子源温度 230℃；四级杆温度 150℃，传输管温度 280℃；SIM 模式检测，18 种氯代烃类有机溶剂的 MS 监测离子见表 6-27。

表 6-27　18 种氯代烃类有机溶剂的保留时间和监测离子[93]

序号	化合物	监测离子(m/z)	序号	化合物	监测离子(m/z)
1	偏二氯乙烯	61[①],96,63	10	三氯乙烯	130[①],132,95
2	二氯甲烷	49[①],84,86	11	1,1,2-三氯乙烷	97[①],83,61
3	反-1,2-二氯乙烯	61[①],96,98	12	四氯乙烯	166[①],129,94
4	1,1-二氯乙烷	63[①],65,83	13	1,1,1,2-四氯乙烷	131[①],117,95
5	顺-1,2-二氯乙烯	61[①],96,98	14	1,1,2,2-四氯乙烷	83[①],95,60
6	氯仿	83[①],85,47	15	1,2,3 三氯丙烷	75[①],110,61
7	1,1,1-三氯乙烷	97[①],99,61	16	五氯乙烷	167[①],117,130
8	四氯化碳	117[①],119,82	17	六氯乙烷	117[①],201,166
9	1,2 二氯乙烷	62[①],64,49	18	六氯-1,3-丁二烯	225[①],190,260

① 定量离子。

图 6-64 为 18 种氯代烃类有机溶剂的 SIM 色谱图。经方法学评价，在浓度 0.2～100mg/L 范围内，外标法定量线性关系良好，线性相关系数均不小于 0.9992。对 18 种溶剂的检出限和定量限分别为 0.033～0.049mg/L 和 0.10～0.15mg/L。18 种氯代烃类有机溶剂在口红和漱口水中的平均回收率分别为 92.4%～103.1% 和 93.3%～102.4%，相对标准偏差为 3.1%～5.3% 和 2.8%～5.4%。用该法测定了市场上 115 种化妆品，口红、

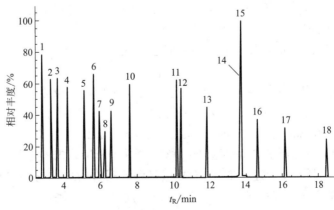

图 6-64　18 种氯代烃类有机溶剂的 SIM 色谱[93]

（色谱峰编号对应表 6-27）

香水、指甲油、眼影、粉底液、面霜、乳液、牙膏、漱口水等,涵盖了可能含有氯代烃有机溶剂的大部分商品。结果表明,3个指甲油样品检测出氯代烃有机溶剂四氯乙烯,不符合《化妆品安全技术规范》中的禁用要求,含量为 $11.4 \sim 42.0 \text{g/kg}$。该法与顶空 GC-MS 的测试结果吻合,但重复性更好,且分析时间短。

6.10.1.2　二甲基环硅氧烷的分析

二甲基环硅氧烷是一类以硅氧烷为主链的环状化合物,常见的有六甲基环三硅氧烷(D3)、八甲基环四硅氧烷(D4)、十甲基环五硅氧烷(D5)、十二甲基环六硅氧烷(D6)、十四甲基环七硅氧烷(D7)、十六甲基环八硅氧烷(D8)、十八甲基环九硅氧烷(D9)等,是合成硅油、硅树脂、硅橡胶的主要原料。硅油和硅树脂有良好的润滑性,广泛添加于各类化妆品中,其合成过程中未反应完全的二甲基环硅氧烷单体也会一并进入化妆品产品中。小分子的 D4 和 D5 等具有一定的挥发性,添加后可以使产品更易涂抹,用后皮肤能产生丝滑、清爽的感觉,在化妆品中有可能替代合成油脂和矿物油。但二甲基环硅氧烷类化合物在环境中有一定的持久性和生物富集性,对动物及人体内分泌、免疫、呼吸和神经系统均有不利影响,且具有特定的生殖毒性,还有可能引起慢性中毒甚至增加致癌风险。因此,国际社会对化妆品中二甲基环硅氧烷的含量做出了限制的规定。如日本在2010 年就将 D5 加入了化学品审查清单,加拿大环境保护法案于 2011 年禁止添加 D4 和D5 到护肤品中;欧盟 REACH 法规将 D4 和 D5 列入限制物质,规定在淋洗类化妆品中D4 和 D5 的添加量不得超过 0.1%。我国现行的化妆品管理法规对于化妆品中二甲基环硅氧烷的添加管理相对滞后,于 2021 年制定了国标 GB/T 40955—2021《化妆品中八甲基环四硅氧烷(D4)和十甲基环五硅氧烷(D5)的测定　气相色谱法》,规定用 GC 测定 D4和 D5。下面举一个用凝胶渗透色谱净化样品、用 GC-MS/MS 准确测定化妆品中 7 种二甲基环硅氧烷的方法。

样品制备:水溶性、水包油(O/W)型、油包水(W/O)型、全油脂系型化妆品。称取 1.0g 样品于玻璃离心管中,加入 $20 \mu\text{L}$ 正十六烷($n\text{-}C_{16}$)内标储备液(溶剂为 1∶1的乙酸乙酯-环己烷,浓度 40mg/L),涡旋混匀。

对于水溶性及 O/W 型化妆品:加入 1g 氯化钠并于涡旋混合器涡旋 2min,再加入10mL 乙酸乙酯-环己烷(1∶1)涡旋混合。对于 W/O 型化妆品:准确加入 10mL 乙酸乙酯-环己烷(1∶1)涡旋分散后,加入 1g 氯化钠涡旋。对于全油脂系型化妆品:加入10mL 乙酸乙酯-环己烷(1∶1)涡旋分散。

室温下超声提取 20min,以 4000r/min 离心 5min。上清液经无水硫酸钠脱水后过滤,待净化。

粉系型化妆品(胭脂和眼影)。称取 2.5g 样品于玻璃离心管中,加入 $50 \mu\text{L}$ 上述内标储备液,涡旋混匀。加入 12mL 乙酸乙酯-环己烷(1∶1)涡旋分散后,于室温下超声提取 20min,以 4000r/min 离心 5min。收集上清液于 25mL 比色管中,向残渣中再加入12mL 乙酸乙酯-环己烷(1∶1)重复提取一次,合并上清液,定容至刻度。待净化。

用 GPC 净化样品:将上述提取液 5mL 通过满环进样方式转移至自动凝胶净化系统中,色谱柱以聚苯乙烯凝胶填料(200~400 目)为填料,以乙酸乙酯-环己烷(1∶1)为洗脱液,流速 5.0mL/min。收集 12~20min 洗脱流出液,于旋转蒸发仪上 40℃浓缩至2.0mL,过 $0.22 \mu\text{m}$ 滤膜后供 GC-MS 测定。

GC-MS 条件：SE-54 毛细管柱（30m×0.25mm×0.25μm），温度从 50℃ 开始，保持 4min，以 15℃/min 升至 240℃ 并保持 5min。载气（He）流速 1.0mL/min；分流进样，温度 250℃，分流比 1：5，进样量 1μL。MS 采用 EI 源，电子能量 70eV，传输管温度 240℃，离子源温度 260℃，采用选择反应监测（SRM）扫描采集数据。7 种二甲基环硅氧烷及内标物正十六烷的定量离子和定性离子列于表 6-28。

表 6-28　二甲基环硅氧烷及内标物的定量离子和定性离子[94]

化合物	离子对(m/z)	碰撞能/eV	化合物	离子对(m/z)	碰撞能/eV
D3	191.0/119.0①；207.1/191.1	20,15	D7	281.1/73.1①；281.1/265.1	15,10
D4	265.1/249.1①；281.1/265.1	10,10	D8	355.1/73.1①；401.0/327.1	10,5
D5	267.0/251.1①；55.1/267.1	15,10	D9	355.1/267.1①；429.1/341.1	10,10
D6	341.1/73.1①；429.1/341.1	15,10	n-C₁₆	57.1/29.1①；71.1/43.1	10,5

① 定量离子。

在上述条件下，7 种二甲基环硅氧烷及内标分离良好，见图 6-65。目标物在 0.05～1.0mg/L 范围内定量线性良好，相关系数 0.994～0.998；检测限和定量限分别为 0.04～0.08mg/kg 和 0.12～0.24mg/kg；目标物的加标回收率为 85.3%～108.8%，相对标准偏差为 3.1%～9.4%。用该法对市场上随机购买 30 种化妆品进行检测，包括洗发水、精华液、O/W 型乳液、W/O 型防晒霜、口红、胭脂各 5 份，其中 9 份（3 份 W/O 型防

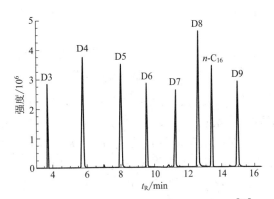

图 6-65　7 种二甲基环硅氧烷及内标的 TIC[94]

晒霜、2 份 O/W 型乳液、2 份口红、1 份洗发水和 1 份胭脂）检出二甲基环硅氧烷，主要检出物质为 D4 和 D5。与化妆品备案配方对比发现，4 份化妆品为人为添加，另外 5 份化妆品在备案配方表中未显示添加。此法的建立为加强我国化妆品中二甲基环硅氧烷的质量监督检查提供了技术支持。

6.10.1.3　防晒剂的测定

防晒剂有物理防晒剂和化学防晒剂。化学防晒剂由于防晒效果好、种类繁多而广泛用于化妆品中，但长期大量使用会对人体皮肤造成损害，引起皮肤不良反应，故世界各国对防晒剂的使用限量都有明确要求。我国《化妆品安全技术规范》规定了 25 种准用化学防晒剂和 2 种准用物理防晒剂。化妆品中化学防晒剂含量的检测方法主要有 HPLC、LC-MS、GC、GC-MS 等。下面举例说明 GC-MS 测定 13 种化学防晒剂含量的方法。

样品制备：称取 0.5g 化妆品试样于 50mL 容量瓶中，用二氯甲烷定容至刻度，涡旋振荡 30s，超声萃取 15min，取萃取液 1mL，再用二氯甲烷稀释至 50mL，经 0.22μm 有机系滤膜过滤，待测。

GC-MS 条件：SE-54 毛细管柱（30m×0.25mm×0.25μm）；程序升温，温度从 150℃ 开始，以 5℃/min 升至 290℃，保持 5min；载气（N₂）流速 1.0mL/min；分流进样，温度

260℃，分流比10∶1，进样量1μL。MS采用EI源，离子源温度230℃；四极杆温度150℃；电子能量70eV；采用SIM模式检测，13种防晒剂的定性和定量离子见表6-29。

表6-29 13种防晒剂的定性和定量离子[95]

序号	化合物	定量离子(m/z)	定性离子(m/z)
1	水杨酸乙基己酯(ES)	120	138,121
2	胡莫柳酯(HMS)	138	69,109
3	3-亚苄基樟脑(3-BC)	128	240,129
4	二苯酮-3(BP-3)	227	151,228
5	对甲氧基肉桂酸异戊酯(IMC)	178	161,133
6	4-甲苄亚基樟脑(4-MBC)	254	128,115
7	乙基己基二甲基对氨基苯甲酸(ED-PABA)	165	148,164
8	甲氧基肉桂酸乙基己酯(EHMC)	178	161,133
9	樟脑苯扎铵甲基硫酸盐(CBM)	240	283,134
10	奥克立林(OC)	204	232,248
11	丁基甲氧基二苯甲酰基甲烷(BMDBM)	310	135,295
12	甲酚曲唑三硅氧烷(DT)	221	73,369
13	二乙氨羟苯甲酰苯甲酸己酯(DHHB)	382	397,383

在上述条件下，13种防晒剂的分离结果见图6-66所示。经方法学评价，定量线性关系良好，相关系数均大于0.998，检测限为0.04～0.63mg/g；定量限为0.12～2.10mg/g。13种防晒剂在霜类基质中的加标回收率为88.7%～103.6%，RSD（$n=6$）为1.7%～4.9%，在乳类基质中的加标回收率为88.4%～102.3%，RSD（$n=6$）为1.2%～3.9%。美白类化妆品常添加防晒剂成分，为监管盲区。采用该法检测了5批含有防晒剂的美白类化妆品，其所含5种防晒剂的含量为0.8%～5.2%，符合相关要求。

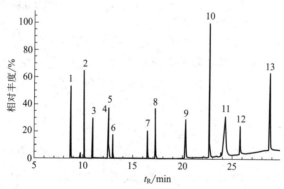

图6-66 13种防晒剂的TIC[95]

（峰编号对应表6-29的化合物编号）

6.10.1.4 香料的测定

香料是各类化妆品几乎必不可少的原料，而香料的分析是一个具有挑战性的问题，因为有的香料具有同分异构体。国标GB/T 24800.10—2009《化妆品中十九种香料的测定 气相色谱-质谱法》规定了测定香料的GC-MS方法，包括苧烯、苄醇、芳樟醇、2-辛炔酸甲酯、香茅醇、香叶醇、羟基香茅醛、丁香酚、异丁香酚、α-异甲基紫罗兰酮、丁苯基甲基丙醛、戊基肉桂醛、苯甲酸苄酯、水杨酸苄酯、肉桂酸苄酯等。

　　麝香是一类化妆品常用的原料，广泛用于香水、花露水、剃须水、膏霜等产品中。因天然麝香的资源有限，人们便合成了人工麝香。合成麝香香味独特、定香能力好，逐渐成为香精香料行业中天然麝香的替代物。合成麝香主要分为硝基麝香、多环麝香和大环麝香3类，在化妆品行业中硝基麝香和多环麝香大约占了该行业95％以上的市场份额。合成麝香具有较强的亲脂性，在环境中难降解，对人体有一定的生物毒性。因此，美国及欧盟的许多国家已将其列为高关注物质，并禁止或限制将其用于化妆品及与皮肤接触的产品中。我国的《化妆品安全技术规范》中明确将伞花麝香、葵子麝香和西藏麝香列为禁用物质，另规定了酮麝香、二甲苯麝香的使用限量。GB/T 22731—2017《日用香精》中除了上述禁用的3种麝香外，将二甲苯麝香和万山麝香也列在禁用名单中。地方标准 DB35/T 1610—2016《化妆品中葵子麝香等5种合成麝香的测定　气相色谱-质谱法》则规定用 GC-MS 方法测定5种合成麝香，国标 GB/T 40844—2021《化妆品中人工合成麝香的测定　气相色谱-质谱法》规定了测定11种人工合成麝香的 GC-MS 方法，包括5种禁限用硝基麝香（伞花麝香、葵子麝香、西藏麝香、酮麝香、二甲苯麝香）6种多环麝香（佳乐麝香、吐纳麝香、开许梅陇、特拉斯、萨利麝香和粉檀麝香）。下面举一个用同位素稀释-GC-MS/MS 测定10种合成麝香的方法。

　　样品制备：称取约 1.00g 样品于 15mL 具塞离心管中，加入 50μL 氘代吐纳麝香（d3-AHTN）和氘代二甲苯麝香（d15-MX）混标溶液（1.0mg/L 正己烷溶液），再加入 1.0mL 饱和氯化钠水溶液和 2.0mL 正己烷，于 40℃超声提取 20min，然后以 8000r/min 离心 3min，取上清液，剩余样品残渣用正己烷（每次 2.0mL）反复提取2次，合并上清液，氮吹浓缩至 1.0mL，过 0.45μm 滤膜，待检测。

　　GC-MS/MS（三重四极杆）条件：VF-WAXms 毛细管柱（30m × 0.25mm × 0.25μm）；程序升温，温度从 80℃开始，以 10℃/min 升至 160℃，再以 5℃/min 升至 175℃，保持 5min，然后以 1℃/min 升至 178℃，保持 1min，最后以 20℃/min 升至 220℃，保持 8min；载气（He）流速 1.0mL/min；不分流进样，进样量 1.0μL；0.75min 后开启分流阀。MS 采用 EI 源；电子能量 70eV；传输管温度 250℃；离子源温度 150℃；四极杆温度 230℃；检测模式 MRM，监测离子对与碰撞能量等列于表 6-30。

表 6-30　10 种合成麝香和 2 种氘代内标的 MS/MS 分析参数[96]

序号	化合物	监测离子对(m/z)	碰撞能量/eV	定量离子对(m/z)
1	开许梅陇（DPMI）	191/163,191/135	10,10	191/163
2	萨利麝香（ADBI）	229/187,229/173	10,10	229/187
3	粉檀麝香（AHMI）	229/187,229/173	10,10	229/187
4	佳乐麝香（HHCB）	243/213,243/187	10,10	243/213
5	特拉斯（ATII）	258/215,258/173	10,10	258/215
6	氘代吐纳麝香（d_3-AHTN）	246/204,246/190	10,10	246/204
7	吐纳麝香（AHTN）	243/187,243/159	10,10	243/187
8	氘代二甲苯麝香（d_{15}-MX）	294/276,282/264	10,5	294/276
9	二甲苯麝香（MX）	282/265,297/282	10,10	282/265

续表

序号	化合物	监测离子对(m/z)	碰撞能量/eV	定量离子对(m/z)
10	葵子麝香(MA)	268/253,253/106	10,10	268/253
11	西藏麝香(MT)	266/251,251/174	10,20	266/251
12	酮麝香(MK)	279/191,279/117	10,35	279/191

图 6-67 是 10 种合成麝香和 2 种氘代内标的 MRM 色谱图，可见 d_3-AHTN 和 AHTN 未能分开，但用提取离子对进行选择性地分离，就不影响定量准确性。以稳定同位素内标进行定量校正，可消减不同基质的影响，提高定量的准确度。d_3-AHTN 和 d_{15}-MX 的物化性质与目标物基本一致，且在化妆品中不存在，因此适合作为内标物质。本法选用 d_3-AHTN 作为 6 种多环麝香（DPMI、ADBI、AHMI、HHCB、ATII 和 AHTN）的内标物质，d_{15}-MX 作为 4 种硝基麝香（MX、MA、MT 和 MK）的内标物质。

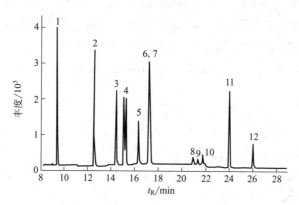

图 6-67　10 种合成麝香（5.0μg/L）和 2 种氘代内标的 MRM 色谱图[96]
色谱峰：1—DPMI；2—ADBI；3—AHMI；4—HHCB；5—ATII；6，7—d_3-AHTN，
AHTN；8—d_{15}-MX；9—MX；10—MA；11—MT；12—MK

经方法学考察，10 种合成麝香的线性范围为 1.0～100.0μg/L，相关系数均大于 0.99，定量限为 1.0～8.0μg/kg，加标回收率为 92.5%～102.0%，RSD 均小于 5%。用该法检测了 100 种市售水、乳液和膏霜类化妆品，共有 43 批次检出合成麝香类物质，检出率较高。值得注意的是，MA 已被全面禁用，但仍然有商家违规添加的现象。已禁用的 MX 和 MT 在所有样品中均未检出。

6.10.1.5　有害物质检测

化妆品中各种有毒有害物质虽然不及食品中的有毒有害物质对人们的健康影响大，但也不能忽视，尤其是长期使用化妆品的消费者。国标 GB 7916—1987《化妆品卫生标准》规定了化妆品中 359 种禁用物质和 57 种限用物质，还有 66 种限用防腐剂和 36 种限用紫外线吸收剂。总的来看，这些方法与食品中有毒有害物质相应的检测方法类似，在此就不详细讨论了。下面举例说明 GC-MS 测定化妆品中性激素的应用。

在化妆品中添加激素可以增加功效，但世界各国的法规都对化妆品中的激素含量有严格的规定。国标 GB/T 24800.2—2009《化妆品中四十一种糖皮质激素的测定　液相色谱/串联质谱法和薄层层析法》规定用 LC-MS/MS 和 TLC 测定化妆品中的糖皮质激素，行标

SN/T 2533—2010《进出口化妆品中糖皮质激素类与孕激素类检测方法》规定了检测糖皮质激素类与孕激素类的 LC-MS 方法。性激素主要具有控制附性器官和第二性征的作用，对体内糖、脂肪、蛋白质、盐等物质的代谢有不同程度的影响。当激素类药物直接作用于皮肤，能促进毛发生长、防止皮肤老化，具有除皱、增加皮肤弹性等作用，但长期使用有致癌作用。研究证明，己烯雌酚能引起细胞癌、子宫内膜癌、乳腺癌等。国标 GB 7916—1987 就规定了化妆品中禁用性激素，国标 GB/T 34918—2017《化妆品中七种性激素的测定　超高效液相色谱-串联质谱法》则规定了测定七种性激素的 LC-MS/MS 方法。因为激素多是难挥发性物质，所以少有 GC 或 GC-MS 分析性激素的报道。不过，有些性激素通过衍生化处理，就可用 GC 进行分析。

样品制备：称取水性化妆品试样 1.0g，用 2mL 乙醚振荡提取 3 次，合并提取液，氮气挥干后，加入 1mL 乙腈超声提取移出，再用 0.5mL 乙腈振荡洗涤，合并乙腈提取液，用氮气挥干。残渣加 0.5mL 甲醇，超声溶解后加入 3.5mL 蒸馏水，混匀。用 HLB 小柱进行 SPE。小柱预先用 3mL 甲醇、5mL 水、3mL 甲醇-水（1∶7）依次洗脱活化，然后用 3mL 乙腈-水（1∶4）的洗涤液洗涤 HLB 小柱，真空抽干，最后用乙腈溶液 7mL 洗脱。收集洗脱液，35℃氮气下挥干，分 2 次各加入 100μL 甲醇溶解残渣。合并甲醇溶解液到衍生化小瓶中，在氮气下吹干，加 40μL 七氟丁酸酐（HFBA），恒温 60℃放置 65min 进行衍生化反应。然后冷却至室温。待测。

GC-MS 条件：SE-54 毛细管柱（30m×0.25mm×0.25μm）；程序升温，柱温从 120℃开始，保持 2min，以 20℃/min 升至 200℃，保持 2min，以 3℃/min 升至 280℃，保持 5min；载气（He）流速 1.0mL/min；不分流进样，温度 270℃，进样量 1.0μL；传输管温度 280℃。MS 采用 EI 源，电子能量 70eV，溶剂延迟时间 10min；SIM 模式检测，参数见表 6-31。

表 6-31　7 种性激素衍生化产物的特征离子[97]

序号	化合物	特征离子（m/z）
1	己烯雌酚（DES）	341、447、660[①]
2	甲基睾丸酮（MT）	369、465、480[①]
3	睾丸酮（T）	320、467、680[①]
4	雌二醇（E2）	409、451、664[①]
5	雌三醇（E3）	449、663[①]
6	雌酮（E1）	409、422、466[①]
7	孕酮（P）	370、425、510[①]

① 为分子离子。

图 6-68 为 7 种性激素衍生化产物的 TIC，色谱峰对应的化合物名称见表 6-31。经方法学考察，平均回收率在 75%～109.7%之间，检测限为 0.025～0.050μg/mL，方法相对标准偏差为 8.4%～16.3%。该法可以用于水性化妆品中 7 种性激素的定性分析。

6.10.2　材料分析

当今材料科学迅猛发展，各种新材料不断出现。材料分析是保证材料质量必不可少的

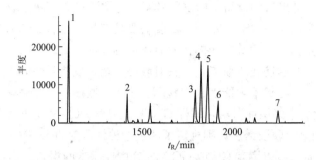

图 6-68　7 种性激素混合标准品衍生化产物的 TIC[97]
色谱峰：1—DES；2—MT；3—T；4—E2；5—E3；6—E1；7—P（缩写）

手段，各种分析技术，如电镜、能谱、色谱、质谱、分子光谱和原子光谱等在材料分析中都有应用，其中色谱占有重要的地位，特别是有机材料和复合材料领域，各种色谱技术发挥着非常独特的作用。目前我国在新材料领域与国际先进水平还有差距，分析技术的落后是其中的一个原因。GC 主要在材料的可挥发性成分分析方面拥有明显的优势，比如第 3 章介绍的顶空色谱，广泛用于分析各种材料中的残留溶剂等；Py-GC 用于高分子材料的分析表征等；在环境分析中 GC 用于装修材料中有毒有害气体分析；在食品分析中 GC 用于包装材料中有害成分的分析。本节主要讨论 GC 在分析各种材料中的元素或离子方面的应用。

6.10.2.1　元素分析

采用反应 GC 分析各种金属无机材料、半导体材料、地质样品以及催化剂中的碳、氢、氮、氧、硫等元素，是化学家都关心的问题。比如在 2000K 的温度下碳可以在氢气中通过等离子化学反应生成甲烷和乙烷，或者通过燃烧生成二氧化碳，再用 GC（可分别用 FID 和 TCD 检测）分析，就可精确测定碳元素。再比如，在 650℃左右，借助于粉末化镁和镍催化剂的作用，可以将元素 C、O、N、S、P、Si、Cl、Br 和 I 定量转化为 CH_4、H_2O、NH_3、H_2S、PH_3、I_2，然后用石墨化炭黑色谱柱进行分离。

在无机元素的 GC 分析中，传统的 GC 检测器如 FID 和 TCD 等由于灵敏度的限制而较少使用，MS 和 AED 则能提供较高的检测灵敏度。如 GC 与 ICP-MS 或电感耦合等离子体-原子发射光谱（ICP-AES）联用能够定量分析 C、H、O、Cl、Br、I、S、P、B 和 Si 等元素。GC 与原子吸收光谱（AAS）联用则是分析金属元素常用的技术。GC-AED 是最常用的选择性检测有机和无机金属化合物的技术，且能同时检测多种元素。这些联用技术的应用绝大多数涉及含 P、S、Si、B 或卤素的化合物，或者涉及 Hg、As、Se、Pb、Sn 的有机金属化合物。挥发性样品可以用萃取、净化和预浓缩等方法处理，然后用 GC 分析。复杂的挥发性混合物，如从煤和页岩油中提取的含有 S、P、Se、As、和 Si 化合物的合成燃料等，特别适合于用这些技术分析。不挥发的物质则可在 GC 分析前转化为烷基、硅烷基或氢化衍生物。当然，有些分析用 HPLC 及离子色谱更为有效。比如，对于纯的无机化合物或金属螯合物的全元素分析，GC 就不占优势了。

可用 GC 直接测定的元素还有 S、P 和 I。测定硫时多用 OV-17 固定液的色谱柱和 FPD。测定 S 时色谱图上可出现多个色谱峰，包括 $S_2 \sim S_{16}$，也可通过氢化反应将 S 转化

为 H_2S 后再分析。P 则可以 P_4 的形式用 GC 直接测定，I 的直接测定比较困难，因为色谱柱对元素碘的保留作用很强，所以，需要衍生化后再测定。

6.10.2.2 水分测定

GC 是测定各种材料中水分的有效方法，只要将水与样品中其他组分完全分离，则可用 TCD 测得 0.1% 的水分。气-固色谱是首选方法，固定相多用高分子填料，如 Porapaks Q、N、T，以及碳分子筛等。在许多多孔聚合物固定相上水峰的拖尾是明显的，在载气中加入极性成分如甲醇可以减少拖尾。多孔聚合物涂渍极性固定液如 PEG-20M 后也可有效地减少拖尾和提高选择性。

采用反应 GC 将水转化为氢气、甲烷、乙炔或其他有机化合物，就可以使用更灵敏的 FID 检测器间接测定气体、液体和固体中的微量水分。典型的反应为：

$$CaC_2 + H_2O \longrightarrow CaO + C_2H_2$$

分析固体和液体中的水分常用顶空 GC（见 3.1 节）。然而，酸和高浓度的低分子醇会干扰分析，原因是这些物质也可以与碳化钙反应生成额外的乙炔。卤化物的分析是 GC 的又一个应用领域。许多卤化物的反应活性大，故要求色谱系统的惰性好，ECD 是常用的检测器。工业上广泛使用的许多卤化物及其杂质均可用 GC 直接分析，如 PCl_3、$SiCl_4$、$TiCl_4$、SF_6、$SnCl_4$ 和 HCl 等。对于一些结构很稳定的卤代烃，如 CF_4、CCl_4、C_2Cl_6、C_3Cl_8、C_4Cl_6 和 C_6Cl_6 等，则可用传统的 GC 测定。

6.10.2.3 配位化合物分析

金属的测定一般是配合物形式进行的，即用一定的反应试剂与金属形成挥发性配合物，然后用 GC 分离测定。用 GC 测定某些金属的灵敏度可与其他金属测定方法相比，如 Be、Cr、Co、Al、Rh、Cu、Ni、Pd 和 V。β-二酮类则是使用最为广泛的金属离子反应试剂，它可以与几乎所有的金属形成配合物。然而，通过与这些试剂反应能测定的金属目前还只限于 Be、Al、Cr、Rh、Ni、Pd、Co、Cu 和 V。文献报道的方法主要使用 1,1,1-三氟丙烷-2,4-二酮，反应后再用溶剂萃取，使用 ECD 检测。

另一类重要的衍生化试剂是含硫配体，如 N,N-二烷基二硫代氨基甲酸酯、O,O'-二烷基二硫代磷酸酯以及二烷基二硫代次磷酸酯。黄原酸酯、硫代黄原酸酯和二硫代烷基化物与金属形成的配合物也有良好的 GC 性能。这些试剂与 β-二酮类的主要区别在于螯合环的大小，前者为四元环，而后者为六元环。二烷基二硫代氨基甲酸酯的氟化配合物与非氟化配合物相比有更高的挥发性和 ECD 相应值。文献报道用 GC 已经分析了至少 17 种氟化二烷基二硫代氨基甲酸酯衍生物，用 ECD 或 FPD（硫模式）检测时，检测限可达 ng 级。

在 GC 中使用的典型大环试剂是卟啉，金属卟啉的热稳定性较好，可以用石英毛细管柱在 300℃ 以上分离。不过，此类衍生物的分析目前还主要是鉴定原油中的金属卟啉，比如用高温毛细管色谱柱在 400℃ 可以分析页岩油中的氧钒基卟啉。

使用 GC 通过配位化合物测定微量金属的主要问题是这些络合物的色谱行为不很理想，常常有基线不稳、峰展宽、峰拖尾、可逆或不可逆吸附等现象。这些问题不仅与金属离子和配体本身有关，还与色谱柱材料、固定相极性、温度等因素有关。克服这些困难的一个途径是在载气中加入配体，但要求配体一定是可挥发的。而配体与注射器、进样系统和检测器的金属表面会发生反应，同时过量配体的存在给检测带来的问题都是需要考虑

的。比如载气中有配体时，就不能使用 ECD 检测。解决此问题的有效方法是使用大环或大二环配体以提高金属配合物的热稳定性，已有报道采用此类试剂可与某些金属形成非常稳定的衍生物。然而，这种试剂是有选择性的，即只适用于少数金属离子。

6.10.2.4　阴离子分析

用 GC 测定无机阴离子是离子色谱或 HPLC 的一种辅助方法，其关键问题是将阴离子转化为可挥发的中性衍生物，且具有良好的检测性能。在上文讨论分析金属时常常是形成配合物，而分析阴离子时常常是形成稳定的共价化合物。表 6-32 列出了 GC 测定阴离子常用的衍生化反应。

表 6-32　GC 分析阴离子常用的衍生化反应

反应试剂	待测阴离子	反应类型[①]	衍生物
1,2-芳基二胺	SeO_3^{2-} NO_2^-	缩合(HS)	苯并[c]硒二唑 苯并三唑
N-烷基-1,2-芳基二胺	NO_2^-	缩合(HS)	N-烷基苯并三唑
N-丁基-对甲苯磺酸酯	Br^-、I^-、CNS^-、NO_3^-	亲核取代(LS)	正丁基衍生物
五氯苄基-对甲苯磺酸酯	Br^-、I^-、CN^-、SCN^-	亲核取代(LS)	五氯苄基衍生物
五氯苄基甲烷磺酸酯	Br^-、I^-、CN^-、SCN^-	亲核取代(LS)	五氯苄基衍生物
五氯苄基溴化物	CN^-、SCN^-、NO_2^-	亲核取代(LS)	五氯苄基衍生物
甲基硫酸酯	CN^-、SCN^-、NO_2^-、I^-	亲核取代(LS)	甲基衍生物
乙基硫酸酯	CN^-、SCN^-、NO_2^-、I^-	亲核取代(LS)	乙基衍生物
三甲基氯硅烷	F^- SiO_4^{4-}、$Si_2O_7^{6-}$、$Si_3O_{10}^{8-}$	亲核取代(LS) 亲核取代(LS)	三甲基氟硅烷 三甲基硅烷硅酸酯
苯	NO_3^-	芳烃亲电取代(HS)	硝基苯
1-羟基丙烷-2,3-二硫酚	AsO_2^-、AsO_3^-	缩合(S)	二硫酚衍生物
1,2-乙烷二硫酚	MoO_4^{2-}	缩合(S)	二硫酚衍生物
苯基汞(Ⅱ)硝酸酯	Cl^-、Br^-、I^-	亲核取代(S)	卤代芳烃
N-甲基-N-(叔丁基二甲基硅烷)三氟乙酰胺	BO_3^-、SO_4^{2-}、PO_3^-、AsO_2^-、 VO_3^-、AsO_3^-、PO_4^{3-}	酸催化 亲核取代(LS)	特丁基二甲基硅烷衍生物
芳基伯胺	I^-、CN^-	苯基重氮盐分解(S)	芳基碘化物或氰化物
硼氢化钠	SeO_3^{2-}、AsO_2^-、AsO_3^-、PO_4^{3-}	还原(S)	氢化物
苯乙烯	Br^-	Br 的 1,2-加成(S)	二溴代苯乙烯
环氧乙烷	Cl^-、Br^-	HX 的 1,2-加成(S)	卤代醇
丙酮、3-戊酮	Br^-、I^-	碱催化的 X_2 取代(S)	α-卤代酮
H^+	CN^-、CO_3^{2-}、SO_3^{2-}、S^{2-}	酸碱反应(S)	酸或酸酐
Ce(Ⅳ)	N_3^-	氧化还原反应(HS)	N_2

　　① HS 表示高选择性；S 表示有选择性；LS 表示低选择性。

6.10.2.5 有机金属化合物

可用 GC 分析的有机金属化合物包括 Be 和ⅢA、ⅣA、ⅤA、ⅡB 族元素的烷基、芳基、乙烯基和硅烷基化合物，硅化合物（硅烷、氯烷基和氯芳基硅烷等），过渡金属、金属茂及其取代衍生物的羰基、芳羰基配合物等。大多数有机金属化合物的稳定性有限，较易于发生热解、水解、氧化或光氧化降解以及催化降解。所以，在 GC 分析的各个环节都要特别注意，包括取样、样品传送、进样方式和色谱柱的选择以及衍生化等。比如烷基化合物 Me_2Be、Me_3Al、Me_3Ga 和 Me_2Zn 对空气和水特别敏感，故需要对载气进行彻底的净化；溶剂要很好地脱气，且不含过氧化物等反应性杂质。

色谱柱的选择常常是有机金属化合物 GC 分析成败的关键，一般不能用有金属内表面的进样系统和色谱柱。有些金属有机化合物进入色谱柱后会造成色谱柱性能的明显降低，可能引起固定相的催化降解、金属有机化合物与固定液的化学键合、柱内金属分解产物的集聚。一旦色谱柱出现上述问题，可以采用三氟乙酰丙酮等试剂的蒸气连续通过色谱柱，以除去金属或氧化物沉淀而使色谱柱再生。

金属有机化合物的分离一般是容易的，除非是结构非常接近的异构体。比如对系列化合物 $M(PF_3)_n(CO)_{n-6}$（$n=0$ 到 6，M 可以是 Cr、Mo、W），必须用不同固定液的色谱柱相结合才能实现完全分离，而且分离上述每种元素的配合物都需要不同的色谱柱组合。

分析金属有机化合物的常用检测器有 TCD 和 FID，当被测物浓度不低于 1％时，这两种检测器均可给出满意的灵敏度。需要更高的检测灵敏度时，可采用 ECD 或元素选择性检测器，如 AED。对不挥发或反应活性大的金属有机化合物，则需要进行烷基化、硅烷化等衍生化处理。也有用 Py-GC 研究金属有机化合物的报道。表 6-33 列出了一些有机金属化合物的 GC 分析方法。

表 6-33　一些有机金属化合物的 GC 分析方法

被测物	预处理/萃取	衍生化	色谱柱	检测器
$PbMe_4$、$PbMe_3Et$、$PbMe_2Et_2$、$PbMeEt_3$、$PbEt_4$	溶剂萃取或吹扫-捕集	不需	非极性柱，如 OV-1	ECD 或 AAS(283.3nm)
$PbMe_3^+$、$PbMe_2^{2+}$ 等	衍生化为氯化物或二烷基二硫代氨基甲酸酯后用溶剂萃取	不需，也可用烷基化	非极性柱，如 OV-1	ECD 或 AAS(283.3nm)
$Me_2Sb(OH)_2$、$Me_2SbO(OH)$	吹扫-捕集	氢化	OV-3	AAS(217.6nm)
Me_2Hg	溶剂萃取	不需，也可转化为 MeHgCl 或 Hg	非极性 Chromosorb 101	AAS、AES (253.7nm)
$MeHg^+$	吹扫-捕集	转化为 MeHgCl 或 Hg	脱活的极性柱，如 DEGS	ECD、AAS、AES (253.7nm)
Me_3As、$Me_2AsO(OH)$、$MeAsO(OH)_2$、Me_3AsO	溶剂萃取或吹扫-捕集	氢化	DC-550 Chromosorb 101 涂以 5％ 的 PEG-20M	AAS (193.7nm)

续表

被测物	预处理/萃取	衍生化	色谱柱	检测器
Me_2Se^+、Me_2Se_2、Me_2SeO_2	甲醇萃取或吹扫-捕集	不需	QF-1 或 XE-60	AAS、AES (196.0nm)
R_4Sn、R_3SnX、R_2SnX_2、$RSnX_3$、$R_2SnOSnR_2$	从 HCl/NaCl 水溶液中萃取，并用硅胶柱预分离	氢化或烷基化	非极性柱	FPD(600nm) ECD、AAS、AES (224.6nm)

注：R=甲基（Me）、乙基（Et）、正丙基、正丁基、正辛基、环己基、苯基；X=Cl、OAc、OH 等。

6.10.3 其他应用

除了以上讨论的应用领域，GC 在涉及挥发性物质的分析方面还有很多用处。这里不再一一详细讨论，只作些简单提示。有兴趣的读者可以查阅文献，作进一步的了解。

① 在航天器、潜水艇和深潜器中安装有 GC 和/或 MS，可用来监测航天员和潜水员生活舱的空气质量，以保证人员的生命安全。在军事上 GC 可用于化学战剂（毒气）的分析。在正负离子对撞机中，GC 用于碰撞气氛的质量控制。

② 化工生产中原料质量的检验、生产工艺的控制和成品的质量控制方面，GC 发挥着重要作用。在自动生产线上 GC 能在线监测可挥发性物料配比的变化，并把结果反馈给控制车间，以作必要的调整，从而保证产品质量的稳定性，这被称为过程分析。

③ 在有机合成及催化剂的研究中，通过 GC 分析，了解反应的完成程度，研究催化剂的性能。在吸附材料的研究中，可用 GC 测定材料的比表面积和吸附性能等。

④ GC 还可用于很多物化参数的测定，比如溶液热力学分析、气体蒸气压的测定、络合常数测定、反应动力学研究以及维里系数测定等。

⑤ GC 还有一个特定的应用，即研究物质间的相互作用。将不易挥发的高聚物作为固定相，将小分子化合物作为样品（叫探针分子），根据其保留作用，可以判断高聚物的某些表面性能以及它与探针之间的相互作用强弱。这种方法被称为反 GC 或逆 GC。比如在火炸药领域，将硝化纤维素作为固定相涂覆在 GC 载体表面，甲醇或丙酮等作为探针分子，就可测定小分子与大分子之间的相容性。这在火炸药的增塑剂和中定剂研究中也有应用。

总之，GC 是一种用途非常广泛的分析技术，本章只是介绍了 GC 在一些典型领域的应用。随着科学的发展，GC 技术也在不断地完善。各种样品处理技术的发展，将大大提高 GC 的分析效率。电子技术和计算机技术使得 GC 分析实现了完全自动化，特别是网络时代和人工智能的发展，将为包括 GC 在内的各种仪器分析技术提供更强大的功能，使其发挥更大的作用。

进一步阅读建议

1. 杨海鹰，等. 气相色谱在石油化工中的应用［M］. 北京：化学工业出版社，2005.
2. 田颂九，等. 色谱在药物分析中的应用［M］. 北京：化学工业出版社，2006.
3. 蔡亚岐，等. 色谱在环境分析中的应用［M］. 北京：化学工业出版社，2009.

4. 王绪卿，等. 色谱在食品安全分析的应用 [M]. 北京：化学工业出版社，2005.

5. 廖杰，等. 色谱在生命科学中的应用 [M]. 北京：化学工业出版社，2007.

6. 胡净宇，等. 色谱在材料分析中的应用 [M]. 北京：化学工业出版社，2011.

7. 沈敏. 体内滥用药物分析 [M]. 北京：法律出版社，2003.

8. 汪正范. ATC011 液相色谱分析技术 [M]. 北京：中国质检出版社，2012.

习题和思考题

1. GC 在石油化工分析中有哪些应用？

2. 简述模拟蒸馏的原理及其用途。

3. 农药残留分析中用 QuEChERS 处理样品，简述其流程。

4. 室内装修材料可带来什么污染？采取什么方法监测？

5. 需要检测大气微颗粒中的 PAHs，请简述分析方法？

6. 什么方法最适合药物中残留有机溶剂的分析？

7. 用 GC 分析中药制剂中的农药残留，如何处理样品？

8. 食品安全的主要问题是什么？

9. 保健品中有兴奋剂苯丙胺类化合物添加时如何检测？

10. 法庭分析中如何处理生物检材（血液、尿液，组织）？

11. 火灾调查中 GC 有什么作用？

12. 用毛发作为检材分析毒品时如何处理样品？

13. GC 检测毒品常用什么固定液？

14. 为什么说 GC-MS 的分析能力比 GC 更强？

15. GC 在生命分析化学中起什么作用？

16. 为什么蛋白质组学分析中不用 GC？

17. 在材料分析中 GC 有什么应用？

18. 化妆品中的激素如何分析？

19. 什么是逆 GC？

20. GC 在战争中有什么用处？

21. 除了本书所讲的 GC 应用外，你还能想到哪些 GC 的应用？

参 考 文 献

[1]　Dean J A. Analytical Chemistry Handbook [M]. New York：McGraw-Hill，1998.

[2]　Kolb B，Ettre L S. Static Headspace-Gas Chromatography，Theory and Practice [M]. New York：Wiley-VCH，1997.（王颖，等译. 静态顶空-气相色谱理论与实践 [M]. 北京：化学工业出版社，2020）.

[3]　Rohreshneider L. Gas-chromatographische bestimmung flüchtiger komponenten in polystyrol durch automatische gasphasen-analyse der polymerlösungen [J]. Z Anal Chem，1971，255：345-350.

[4]　Gray V A. Organic volatile impurities testing initiative，an update [J]. Pharmacopeial Forum，1992，18：3205.

[5]　USP467 Organic volatile impurities/chemical tests [M] //USP-NF，Seventh supplement. 1992：3120 .

[6]　Wampler T P，Bowe W，Levy E J. Dynamic headspace analyses of residual volatiles in pharmaceuticals [J]. J Chromatogr Sci，1985，23：64-67.

[7]　Wampler T P，Bowe W A. Levy E J. Splitless capillary GC analysis of herbs and spices using cryofocusing [J]. Am Lab，1985，7（10）：76-81.

[8]　金熹高，黄俐研，史燚. 裂解气相色谱方法及应用 [M]. 北京：化学工业出版社，2009.

[9]　Tsuge S，Ohtani H，Matsubara H，et al. Some empirical considerations on the pyrolysis-gas chromatographic conditions required to obtain characteristic and reliable high-resolution pyrograms for polymer samples [J]. J Anal Appl Pyrol，1987，12：181-194.

[10]　Irwin W J. Analytical Pyrolysis [M]. New York：Marcel Dekker，1982.

[11]　Degano I，Modugno F，Bonaduce I，et al. Recent advances in analytical pyrolysis to investigate organic materials in heritage scienc [J]. Angew Chem Int Ed，2018，57：7313-7323.

[12]　Tamburini D. Analytical pyrolysis applied to the characterisation and identification of Asian lacquers in cultural heritage samples-A review [J]. J Anal Appl Pyrol，2021，157：105202.

[13]　池朗珠，李自运，蒋莹，等. 高温气相色谱法测定费-托合成蜡的碳数分布 [J]. 石油炼制与化工，2016，47（4）：101-104.

[14]　Schomburg G. Two-dimensional gas chromatography：principles，instrumentation，methods [J]. J Chromatogr A，1995，703：309-325.

[15]　Lorentz C，Laurenti D，Zotin J L，et al. Comprehensive GC×GC chromatography for the characterization of sulfur compound in fuels：A review [J]. Catal Today，2017，292：26-37.

[16]　Blomberg J，Riemersma T，van Zuijlen M，et al. Comprehensive two-dimensional gas chromatography coupled with fast sulphur-chemiluminescence detection：implications of detector electronics [J]. J Chromatogr A，2004，1050：77-84.

[17]　Vaye O，Ngumbu R S，Xia D. A review of the application of comprehensive two-dimensional gas chromatography MS-based techniques for the analysis of persistent organic pollutants and ultra-trace level of organic pollutants in environmental samples [J]. Rev Anal Chem，2022，41：63-73.

[18]　Xia D，Gao L R，Zheng M H，et al. A novel method for profiling and quantifying short- and medium-chain chlorinated paraffins in environmental samples using comprehensive two-dimensional gas chromatography-electron capture negative ionization high-resolution time-of-flight mass spectrometry [J]. Env Sci Technol，2016，50：7601-7609.

[19]　Lu X，Zhao M Y，Kong H W，et al. Characterization of cigarette smoke condensates by comprehensive two-dimensional gas chromatography/time-of-flight mass spectrometry（GC×GC/TOFMS）-Part 2：Basic fraction [J]. J Sep Sci，2004，27：101-109.

[20]　张文华，洪灯，雷美康，等. 超高效合相色谱法拆分和测定克伦特罗对映体 [J]. 色谱，2021，39：1347-1354.

[21] 魏祯，苑宏宇，刘俊希，等．基于合相色谱技术的麻黄多糖干预肺损伤小鼠粪便中短链脂肪酸测定方法的开发 [J]．中医药学报，2021，49：15-22．

[22] 汪志威，周思齐，李非里，等．实验室农药残留检测的测量不确定度评定—以 GB 23200.8-2016 测定草莓中 4 种农药残留为例 [J]．农药学学报，2020，22（1）：105-114．

[23] 肖细炼，李季，张彩明，等．三检测通道-气相色谱法快速分析天然气的组成 [J]．理化检验化学分册，2012，48：678-684．

[24] 张秋萍．气相色谱法分析天然气的组成 [J]．化学分析计量，2018，27：77-82．

[25] 杨翠定．石油化工分析方法：RIPP 试验方法 [M]．北京：科学出版社，1990：212．

[26] 王亚敏，杨海鹰．气相色谱仪多通道并行快速分析炼厂气方法的研究 [J]．分析仪器，2003（4）：41-46．

[27] 张齐，徐立英，乐毅．多维气相色谱技术在炼厂气分析中的应用 [J]．精细石油化工，2013，30（5）：83-86．

[28] 杨海鹰．气相色谱在石油化工中的应用 [M]．北京：化学工业出版社，2005：236-237．

[29] 王鹏，孙杨，刘哲益，等．薄层色谱-热辅助水解甲基化-气相色谱法测定生物柴油中的甘油酯 [J]．分析化学，2011，39：1427-1431．

[30] 陈美瑜，孙若男，林竹光．基质固相分散-气相色谱-离子阱串联质谱法分析牛奶中有机磷农药 [J]．分析试验室，2010，29（9）：65-69．

[31] 黄绍军，杜萍，杨俊，等．固相萃取-气相色谱-串联质谱法检测丽江玛咖中 41 种有机氯和菊酯类农药残留 [J]．食品科学，2020，41（16）：307-313．

[32] 张洪兰，罗毅．气相色谱法分离检定血中八种氨基甲酸酯 [J]．色谱，1994，12（2）：117-118．

[33] 胡明友，姚建花，王芳，等．自动固相萃取-气相色谱-串联质谱法测定饮用水中 18 种多环芳烃 [J]．中国卫生检验杂志，2020，30（16）：1936-1938．

[34] 赵红帅，刘保献，张大伟，等．ASE-GC-MS/MS 测定细颗粒物（PM2.5）中 24 种多环芳烃 [J]．分析试验室，2014，33（12）：1454-1458．

[35] 环境空气和废气 二噁英类的测定 同位素稀释高分辨气相色谱-高分辨质谱法：HJ 77.2—2008 [S]．北京：中国环境科学出版社，2008．

[36] 蔡亚岐，牟世芬，江桂斌．色谱在环境分析中的应用 [M]．北京：化学工业出版社，2009：12．

[37] 金宜英，田洪海，聂永丰，等．3 个城市生活垃圾焚烧炉飞灰中二噁英类分析 [J]．环境科学，2003，24（3）：21-25．

[38] 王帅，黄宣运，袁瑞，等．气相色谱法检测水产养殖底泥中 10 种羟基多氯联苯 [J]．环境化学，2018，37（7）：1575-1582．

[39] 耿霞，陈宇东．在食品和环境分析中使用大气压气相色谱质谱电离源（APGC）检测多溴联苯（PBBs）和多溴联苯醚（PBDEs）[J]．环境化学，2017，36（4）：934-936．

[40] 肖庆锋，秦文华．程序升温、程序升流双程序-气相色谱法测定工作场所空气中 12 种挥发性有机物 [J]．环境与职业医学，2018，35（11）：1046-1050．

[41] 王伯光，张远航，邵敏，等．预浓缩-GC-MS 技术研究室内空气中挥发性有毒有机物 [J]．环境化学，2001，20（6）：606-615．

[42] 王孝生，卢嘉，王冬梅，等．气相色谱-三重四级杆串联质谱法测定饮用水中十种硝基苯类污染物 [J]．安徽师范大学学报（自然科学版），2020，43（6）：549-553．

[43] 吴鹏，缪建洋．气相色谱法同时测定空气、废气中 4 种丙烯酸酯 [J]．化学分析计量，2006，15（3）：57-58．

[44] 许冬梅，许俊鸽，苑宝玲，等．稳定性同位素稀释吹扫捕集-气质联用法测定水中典型臭味物质 [J]．分析化学，2011，39（2）：248-252．

[45] 赵栩澜，杜晓松，高超，等．毛细管气相色谱法测定含硫恶臭气体混合物 [J]．分析试验室，2015，34：1263-1267．

[46] 冯琳，董人源，黄玉明．顶空固相微萃取气相色谱-火焰光度法测定废水中烷基硫醇硫化合物 [J]．分析化学，2009，37：563-567．

[47] 郭巧媛，王春苗，孙道林，等. HS-SPME-GC-MS/MS 测定 16 种硫醚类嗅味物质 [J]. 中国给水排水，2022，38：132-138.

[48] 邓爱华，庞晋山，彭晓俊，等. 气相色谱/双柱双检测器测定塑料制品中 10 种有机锡 [J]. 分析测试学报，2015，34（1）：35-42.

[49] 黄键，张文国，施锦辉，等. 气相色谱-质谱法同时测定海水中甲基汞、乙基汞和三丁基锡 [J]. 化学分析计量，2020，29（6）：51-55.

[50] 朱攀，张攀，黄学仲，等. 黄芪中五氯硝基苯残留量检测研究 [J]. 实用预防医学，2011，18（1）：154，192.

[51] 夏正晴，谢恩耀. 铁皮石斛浸膏中有机溶剂残留的方法学研究 [J]. 生物化工，2022，8：68-73.

[52] 李佩，李雪，洪建文，等. 注射用头孢尼西钠残留溶剂质量分析 [J]. 中国抗生素杂志，2022，47（2）：196-202.

[53] 谭鹏，朱薇，包晓明，等. 基于 HS-SPME/GC-QQQ-MS/MS 的冬虫夏草"腥气"辨识方法建立与应用 [J]. 中国实验方剂学杂志，2021，27（7）：100-111.

[54] 钱伟，韩乐，刘训红，等. 太子参药材特异气味成分的 HSGC-MS 分析研究 [J]. 现代中药研究与实践，2010，24（5）：25-27.

[55] 邓雨娇，许润春，曾陈娟，等. HS-SPME-GC-MS 分析美洲大蠊不同炮制品的腥臭味物质 [J]. 中国实验方剂学杂志，2019，25（24）：84-90.

[56] 王聪，谢磊，董雪瑞，等. 应用超临界流体萃取分离-气相色谱-质谱分析法建立中药温郁金的指纹图谱及其系统聚类分析 [J]. 理化检验-化学分册，2020，56（4）：389-394.

[57] 王金观，傅应华，朱玲仙，等. 气相色谱法同时测定复方醋酸地塞米松乳膏中樟脑和薄荷脑的含量 [J]. 中成药，2008，30（5）：685-687.

[58] 胡淑君，叶秀金，王彩媚，等. 气相色谱法测定苯氧乙醇中的有关物质 [J]. 中国药品标准，2021，22（3）：216-219.

[59] 韩超，胡贝贞，胡侠，等. 气相色谱—质谱法测定药品中克霉唑的含量 [J]. 分析科学学报，2021，37（2）：264-268.

[60] 章立，姚彤炜，曾苏. 柱前手性衍生化-毛细管气相色谱测定大鼠肝微粒体中安非他明对映体 [J]. 药物分析杂志，1998，18（5）：291-294.

[61] 李永新，张宏，毛丽莎，等. 气相色谱-质谱法测定熏肉中的多环芳烃 [J]. 色谱，2003，21（5）：476-479.

[62] 林泽鹏，林晨，王李平，等. 毛细管柱气相色谱法对果蔬汁和调味料中脱氢乙酸及 4 种对羟基苯甲酸酯的测定 [J]. 食品研究与开发，2018，39（14）：144-147.

[63] 邹哲祥，李耀平，林艳，等. 气相色谱法测定食品包装材料中五种抗氧化剂迁移量 [J]. 分析试验室，2017，36（9）：1067-1070.

[64] 孔祥一，庄丽丽，方恩华，等. QuEChERS-同位素稀释-气相色谱-串联质谱法测定动物源性食品中 9 种 N-亚硝胺类化合物 [J]. 色谱，2020，39：96-103.

[65] 杨斯超，张慧，汪俊涵，等. 柱前衍生化-气相色谱-质谱法定量测定食品中丙烯酰胺的含量 [J]. 色谱，2011，29（5）：404-408.

[66] 林晓珊，吴惠勤，黄晓兰，等. 气相色谱-串联质谱法快速测定乳制品中三聚氰胺及其 3 种类似物 [J]. 质谱学报，2014，35（6）：537-543.

[67] 郭亚坤. 常见易燃液体的全二维气相色谱质谱联用综合检验 [D]. 北京：中国人民公安大学，2018.

[68] 张景顺. 柴油及其燃烧残留物的全二维气质联用特征分析 [D]. 北京：中国人民公安大学，2021.

[69] 朱丹，孟品佳，何洪源. 动态液相微萃取-微波衍生化-GC/SIM-MS 测定毛发中的苯丙胺类毒品 [J]. 色谱，2007，25（1）：16-20.

[70] 国菲，王燕燕，孟品佳，等. 海洛因滥用者毛发中毒品代谢物的固相萃取-GC/MS 分析 [J]. 分析试验室，2010，29（2）：121-124.

[71] 孟品佳，王燕燕，王继芬，等. 血液中吗啡类毒品硅烷化气相色谱-质谱分析 [J]. 分析试验室，2009，28

(10): 13-16.

[72] 孟品佳，姚丽娟，王景翰，等. 生物检材中杜冷丁、美沙酮的萃取与检测 [J]. 中国人民公安大学学报（自然科学版），2004 (4)：7-9.

[73] 朱军，赵敬真，于忠山，等. 毒品来源推断技术在实际案例中的应用 [J]. 中国人民公安大学学报（自然科学版），2004 (4)：37-39.

[74] 张春水，郑珲，刘克林，等. 麦角酸二乙酰胺片剂的气相色谱-质谱定性分析 [J]. 质谱学报，2004，25（增刊）：161-162.

[75] 白璐，李倩，房宁，等. 固相萃取-气相色谱法检测生物检材中斑蝥素 [J]. 中国司法鉴定，2011 (2)：57-59.

[76] 吴惠勤，张春华，黄晓兰，等. 气相色谱-串联质谱法同时检测尿液中 15 种有毒生物碱 [J]. 分析测试学报，2013，32 (9)：1031-1037.

[77] 张成功，夏攀，等. 有机炸药的气相色谱-串联质谱分析 [J]. 中国司法鉴定，2009 (01)：22-25.

[78] 周红，孙玉友，徐建中. 气相色谱-质谱法对乳化炸药及其残留物中特征组分的分析 [J]. 分析测试学报，2008，27 (S1)：274-275.

[79] 杨树民. 兴奋剂与兴奋剂检测 [J]. 大学化学，2008，23 (2)：13-21.

[80] 温超，王静竹，朱天硕，等. 气相色谱-燃烧-同位素比质谱在检测尿样中外源性睾酮及其代谢物中的应用 [J]. 中国运动医学杂志，2020，39 (9)：725-731.

[81] 邢延一，刘欣，张玉梅，等. 气相色谱-高分辨质谱联用法检测人尿中 21 种兴奋剂 [J]. 药学学报，2012，47 (12)：1667-1670.

[82] 朱丽君，王鲁霞，武玲，等. 气相色谱内标法测定鱼油保健品中的 EPA 和 DHA 含量 [J]. 中国油脂，2019，44 (8)：130-133.

[83] 何旭，冯柏年，屠一峰，等. 气相色谱法同时测定大蒜精油保健品中 6 种活性有机硫化物 [J]. 分析试验室，2018，37 (11)：1285-1289.

[84] 芦春梅，王明泰，牟俊，等. 鹿茸保健品中 11 种性激素的气相色谱-串联质谱法分析 [J]. 色谱，2011，29 (6)：558-562.

[85] 黄新健，陈圣平，李天麟，等. 市售西洋参和三七保健品皂苷类成分的气质联用分析 [J]. 福州大学学报（自然科学版），2008，36 (6)：880-883.

[86] 王占良，张建丽，张亦农. 气相色谱-质谱联用法检测保健品中 8 种安眠镇静类药物 [J]. 质谱学报，2009，30 (5)：282-186.

[87] 彭琳秀，谢彤，单进军. 基于气相色谱-质谱联用的抗结核药致肾损伤代谢组学及谷胱甘肽治疗作用研究 [J]. 分析化学，2020，48 (9)：1160-1168.

[88] 范帆，张志敏，卢红梅. 基于气相色谱-质谱联用的血府逐瘀汤治疗大鼠颅脑损伤的血浆代谢组学研究 [J]. 分析测试学报，2020，39 (8)：967-973.

[89] Prodhan M A I, McClain C, Zhang X. Comprehensive two-dimensional gas chromatography mass spectrometry-based metabolomics//Shen Hu（Ed）. Cancer Metabolomics，Methods and Applications [M]. Switzerland：Springer International Publishing AG，2021：57-67.

[90] 张振. GC-MS 研究不同泌乳期中国人乳脂肪酸组成 [D]. 哈尔滨：东北农业大学，2014.

[91] 何扬波. 不同泌乳期中国汉族人乳磷脂组学及脂肪酸分析 [D]. 哈尔滨：东北农业大学，2016.

[92] 崔益玮，赵巧灵，俞喜娜，等. 基于 1,2-二氯乙烷体系的金枪鱼副产物中脂质提取与组学分析 [J]. 中国食品学报，2021，21 (2)：278-288.

[93] 张铭洋，韩克非，李清，等. 基于游离脂肪酸靶向脂质组学的脑缺血再灌注血浆生物标志物的筛选 [J]. 中国药学杂志，2020，55 (2)：111-115.

[94] 杨甫传. 常用中药广藿香和胡黄连药物代谢动力学研究 [D]. 北京：中国协和医科大学，中国医学科学院，2004.

[95] 汤娟，费晓庆，周佳，等. 气相色谱-质谱法同时测定化妆品中 18 种氯代烃类有机溶剂 [J]. 色谱，2021，39

(3)：324-330.

[96]　肖庚鹏，袁璐，罗春丽，等. 凝胶渗透色谱净化-气相色谱-串联质谱法同时测定不同配方体系化妆品中 7 种二甲基环硅氧烷 [J]. 色谱，2022，40（6）：576-583.

[97]　吕稳，李红英，刘杰，等. 气相色谱-质谱法测定化妆品中 13 种防晒剂 [J]. 色谱，2021，39（5）：552-557.

[98]　周静，张晓岚，徐红斌. 同位素稀释-气相色谱-串联质谱法测定化妆品中 10 种合成麝香 [J]. 质谱学报，2018，39（4）：476-484.

[99]　吴维群，沈朝烨，杨玉林，等. GC-MS 联用技术检测水性化妆品中性激素成分的方法研究 [J]. 环境与职业医学，2004，21（4）：307-309.

附录 I　我国有关 GC 分析的部分现行标准

本附录查询自全国标准信息服务平台（http://std.samr.gov.cn/）和食品伙伴网（http://www.foodmate.net/），查询日期为 2023 年 12 月 31 日，共查询到 1440 项涉及 GC 的现标准，其中国家标准 355 项，地方标准 187 项，行业标准 885 项，计量技术规范 4 项，团体标准 9 项，正在审批和公示的标准未列入。

标准代码：GB＝国家标准；DB＝地方标准；JJF＝计量技术规范；T＝团体标准。

行业标准：CJ＝城镇建设；DL＝电力；DZ＝地质矿产；EJ＝核工业；FZ＝纺织；GA＝公共安全；GH＝供销合作；HG＝化工；HJ＝环境保护；HS＝海关；HY＝海洋；JB＝机械；JY＝教育；LS＝粮食；LY＝林业；NB＝能源；NY＝农业；QB＝轻工；QX＝气象；SC＝水产；SF＝司法；SH＝石油化工；SJ＝电子；SL＝水利；SN＝出入境检验检疫；SY＝石油天然气；WS＝卫生；YB＝黑色冶金；YC＝烟草；YS＝有色金属。

由于内容较多，请扫描下方二维码关注化学工业出版社"化工帮 CIP"微信公众号，在对话页面输入"ATC010 气相色谱分析技术"获取附录电子版下载链接。

附录Ⅱ 本书所用英文缩写和符号表（以英文字母为序）

缩写和符号	中文全称	缩写和符号	中文全称
α	选择性因子,相对调整保留值	ELCD	电导检测器
A	峰面积	EPA	美国环保署
AED	原子发射光谱检测器	EPA	二十碳五烯酸
AFD	原子荧光检测器	EPC	电子气路控制
AOAC	国际公职分析化学家协会	ESI	电喷雾离子化
APCI	大气压化学电离	f'	相对定量校正因子
APPI	大气压光致电离	FAB	快原子轰击
ASE	快速溶剂萃取	F_c	色谱柱中载气的平均流速
ASTM	美国材料与试验协会	f_i	定量校正因子
β	相比	FID	火焰离子化检测器
BPC	基峰色谱图	F_o	载气体积流量
BSTFA	N,O-双三甲基硅基三氟乙酰胺	FPD	火焰光度检测器
BTA	N,O-双三甲基硅基乙酰胺	FT-ICR	傅里叶变换离子回旋共振
BTEX	苯、甲苯、乙苯、二甲苯混合物	FTIR	傅里叶变换红外光谱
CC	合相色谱	γ	拖尾因子
CI	化学电离	GC	气相色谱
CLD	化学发光检测器	GC×GC	全二维气相色谱
CPs	氯代石蜡	GC-AED	气相色谱-原子发射光谱联用
DART	实时直接分析	GC-FTIR	气相色谱-红外光谱联用
DDT	滴滴涕	GC-MS	气相色谱-质谱联用
DESI	解吸电喷雾电离	h	峰高
DHA	二十二碳六烯酸	H	理论塔板高度
DL	检测限（又称检出限）	HDPE	高密度聚乙烯
D_m	溶质在流动相中的分子扩散系数	H_{eff}	有效板高
		HPLC	高效液相色谱
DRO	柴油类有机物	HRMS	高分辨质谱
D_s	溶质在固定相中的分子扩散系数	I	保留指数
		ICH	国际人用药品注册技术协调会
ECD	电子捕获检测器		
EI	电子电离	ICP-MS	电感耦合等离子体质谱
EIC	提取离子色谱	IRD	红外光谱检测器

394

续表

缩写和符号	中文全称	缩写和符号	中文全称
IRMS	同位素比质谱	PCDDs	多氯代二苯并二噁英
IUPAC	国际纯粹与应用化学联合会	PCDFs	多氯二苯并呋喃
j	压力校正因子	PE	聚乙烯
K	分配系数	PFE	加压流体萃取
k	容量因子	PFPD	脉冲火焰光度检测器
kPa	10^3 帕斯卡	p_i	柱入口处压力
L	色谱柱长度	PI	聚异戊二烯
LC	液相色谱	PID	光离子化检测器
LC-MS	液相色谱-质谱联用	PLE	加压液体萃取
LDI	激光解吸电离	PLOT	多孔层开管柱
LOD	检测限	PMMA	聚甲基丙烯酸甲酯
LOQ	定量限	p_o	柱出口压力
LVI	大体积进样	PONA	汽油碳数族组成
MAE	微波辅助萃取	PP	聚丙烯
MALDI	基质辅助激光解吸附电离	ppb	$10^{-9}\,g/mL$
MCM	蒙特卡洛法	ppm	$10^{-6}\,g/mL$
μECD	微型电子俘获检测器	PPO	聚苯醚
MHE	多次顶空萃取技术	ppt	$10^{-12}\,g/mL$
MPa	10^6 帕斯卡	PS	聚苯乙烯
MRM	多反应监测	psi	磅/平方英寸
MS	质谱	PTFE	聚四氟乙烯
MSD	质谱检测器	PTV	程序升温汽化
MSTFA	N-甲基三甲基硅基三氟乙酰胺	PVA	聚乙烯醇
		PVAc	聚乙酸乙烯酯
MTBSTFA	N-甲基叔丁基二甲基硅基三氟乙酰胺	PVC	聚氯乙烯
		Py-FL	裂解荧光光谱
n	柱效,理论塔板数	Py-FTIR	裂解傅里叶变换红外光谱
n_{eff}	有效塔板数	Py-GC	裂解气相色谱
NMR	核磁共振谱	Py-HPLC	裂解液相色谱
NPD	氮磷检测器	Py-MS	裂解质谱
PA	聚酰胺	QL	定量限
PAHs	多环芳烃	Q-TOF	四极杆飞行时间
PBD	聚丁二烯	R	分离度
PBDEs	多溴联苯醚	R_h	峰高分离度
PC	纸色谱	RI	示差折光检测器
p_c	临界压力	RIC	重建离子色谱图
PCBs	多氯联苯	RSD	相对标准偏差

缩写和符号	中文全称	缩写和符号	中文全称
RTL	保留时间锁定	t_R	保留时间
SCAN	全扫描	t_R'	调整保留时间
SCFA	短链脂肪酸	t_R°	校正保留时间
SCOT	载体涂渍开管柱	TRT	从加热开始到设定温度所
SFC	超临界流体色谱		需时间
SFE	超临界流体萃取	u	载气线性流速（也称流量）
SIM	选择离子监测	$u(x_i)$	标准不确定度
SIMS	二次离子质谱	$U(x_i)$	不确定度
SN 或 TZ	分离数	$u_c(y)$	组合标准不确定度
SPE	固相萃取	UHPLC	超高效液相色谱
SPME	固相微萃取	UV-Vis	紫外-可见光吸收检测器
SRM	选择反应监测	V_g	比保留体积
SVOCs	半挥发性有机物	V_M	死体积
T_c	临界温度	V_N	净保留体积
TCD	热导检测器	VOCs	挥发性有机物
TEF	毒性当量因子	V_R	保留体积
TEQ	毒性当量	V_R'	调整保留体积
TG-FTIR	热失重-红外光谱联用	V_R°	校正保留体积
TIC	总离子流色谱图	W	峰（底）宽
TID	热离子检测器	$W_{1/2}$	半峰宽
TLC	薄层色谱	WADA	国际反兴奋剂机构
t_M	死时间	WCOT	壁涂开管柱
t_N	净保留时间	WHO	世界卫生组织
TOF	飞行时间		